U0814223

耐火材料与燃料燃烧

陈　敏　于景坤　王　楠　编著

东 北 大 学 出 版 社

· 沈　阳 ·

图书在版编目（CIP）数据

耐火材料与燃料燃烧 / 陈敏，于景坤，王楠编著 .— 沈阳 ：东北大学出版社，2005.12（2016.8重印）

ISBN 978-7-81102-211-7

Ⅰ. 耐… Ⅱ. ①陈… ②于… ③王… Ⅲ. 耐火材料 Ⅳ. TQ175.7

中国版本图书馆 CIP 数据核字（2005）第 135507 号

出 版 者：东北大学出版社

地址：沈阳市和平区文化路 3 号巷 11 号

邮编：110004

电话：024—83687331（市场部） 83680267（社务室）

传真：024—83680180（市场部） 83680265（社务室）

E-mail：neuph @ neupress.com

http：//www.neupress.com

印 刷 者：沈阳中科印刷有限责任公司

发 行 者：东北大学出版社

幅面尺寸：184mm × 260mm

印 张：22.625

字 数：579 千字

出版时间：2005 年 12 月第 1 版

印刷时间：2016年 8 月第 6 次印刷

责任编辑：孟 颖 责任校对：解 丽

封面设计：唯 美 责任出版：唐敏志

ISBN 978-7-81102-211-7 定 价：42.00 元

前　言

我国耐火材料资源丰富，耐火材料的生产与应用历史悠久。为了适应国民经济的飞速发展，近年来我国耐火材料的产量急剧增加。由于在资源、人力等方面的优势，我国耐火材料的生产在激烈的国际市场竞争中占有越来越重要的地位。但就目前我国耐火材料的产品结构而言，初级产品比重过大，高附加值优质产品比重小的不合理局面亟待改善。我国高温行业的发展，对耐火材料的质量、寿命及环保等方面提出了更严格的要求。而目前我国耐火材料企业普遍存在技术力量薄弱，从业人员整体素质不高的问题，严重地制约了我国耐火材料行业的发展和技术进步。因此，尽快解决人才短缺问题是进一步发展我国耐火材料行业的关键。

随着燃烧技术的发展，燃烧装置日新月异，科技人员必须认真学习燃料及其燃烧的基础理论知识，在工作中才能运用基本理论知识将各种燃烧装置复杂的具体问题抽象为一般问题，尽快寻找出解决问题的途径和方法。只有通过对理论知识的系统学习，才能开拓相关专业人员的知识面，增强其分析问题、解决问题的能力，培养其对新型燃烧技术的吸收和创造能力，才能促进燃烧技术的进步，促进能源的合理综合利用。

本书是为了适应冶金工程专业平台课的需要，开阔学生的专业知识面，兼顾原有色冶金、钢铁冶金及热能工程等专业的要求而编写的。作为传统学科，耐火材料和燃料燃烧两部分内容的知识体系已经比较完善，关于这两方面内容的专门教材已经很多。然而，到目前为止，尚没有兼顾耐火材料与燃料燃烧两部分内容的教材，给教学工作带来很多不便，教学效果也受到一定影响。此外，随着科学技术的不断更新和专业理论的进一步完善，原有关于耐火材料和燃料燃烧的教材中的部分知识已经陈旧，亟待补充最新的内容。因此，在学校教改的推动下，我们编写了这本集耐火材料和燃料燃烧两部分内容为一体的新教材。

全书共分上、下两篇。上篇为耐火材料部分，共有 10 章，包括铝硅系耐火材料、碱性及尖晶石耐火材料、碳复合耐火材料、含锆质耐火材料、不定形耐火材料、绝热材料、特种及新型耐火材料以及耐火材料应用等。其中第 1～9 章主要运用物理化学和无机材料学基本理论知识论述了各种耐火材料的原料组成和生产工艺与组织结构的关系，及其对耐火材料性能的影响机理。例如，在碳复合耐火材料中，通过热力学分析了抗氧化添加剂对提高碳复合耐火材料抗氧化性的作用机理以及耐火材料表面致密层的形成机理等。在第 10 章的耐火材料应用部分，主要阐述了根据各种高温设备的具体工作环境（包括温度、气氛及所接触金属液和渣相种类等）合理选择耐火材料的种类及砌筑方式等。这部分内容可以帮助学生掌握耐火材料的制备、性能检测以及损毁机理分析等方面的理论知识，从而使学生能够根据具体工作环境，合理选择耐火材料，培养学生独立从事耐火材料研究开发的工作能力。下篇为燃料燃烧部分。由于燃烧现象十分复杂，涉及到化学、热力学、流体力学、传热传质学及反应工程学等多方面的知识，本书选取燃料燃烧中的精华部分，分为5章进行阐述。主要包括气体、液体和固体三种燃料的组成特点及其表示方法，常用工程的燃烧计算和三种燃料的燃烧特点及各种燃烧器的结构介绍等。这部分内容可以帮助学生掌握燃料燃烧的基本知识，为其将来从事燃料与热工方面的研究打下良好的基础。

本书由东北大学材料与冶金学院陈敏、于景坤和王楠编著。初稿完成后，东北大学施月循教授对全书进行了详细审阅并提出了许多宝贵意见，在此表示深切谢意。本书的耐火材料部分，借鉴了徐维忠主编的《耐火材料》的部分内容，在此表示深深谢意。在本书出版过程中，材料与冶金学院许多同志给予了极大帮助，在此一并感谢。

由于时间仓促和作者水平有限，疏漏难免，恳切希望读者批评指正。

作　者

2005年10月

目　录

上篇　耐火材料

下篇 燃料燃烧

上篇　耐火材料

第 1 章

概　论

耐火材料是耐火度不低于 1 580℃的无机非金属材料和制品。耐火度是指材料在高温作用下达到特定软化程度时的温度，它标志着材料抵抗高温作用的性能。通常将使用温度在 1 000℃以上的工业窑炉用材料也看作耐火材料。

耐火材料的发展有着悠久的历史。可以说从有人类开始就有耐火材料，如旧石器时代取火用的燧石就可以称为耐火材料。但真正意义上的耐火材料，是在青铜器时代（大约公元前 3500 年）伴随着冶炼技术而产生的。1900 年以前，人们一直把砂石、耐火土等天然原料作为耐火材料直接使用。直到 1924 年，N. L. Bowen 和 J. W. Greig 发表了 Al_2O_3-SiO_2 二元相图，解释了黏土制品随 Al_2O_3 含量的增加，耐火度提高的原因，才真正为耐火材料的开发与应用提供了理论依据。与此同时，高温 X-射线衍射仪的发明为研究耐火材料提供了有效的技术手段。因此，20 世纪 30 年代，相继出现了 FeO-Al_2O_3，MgO-Al_2O_3-SiO_2，FeO-Al_2O_3-SiO_2相图，全面地掀起了耐火材料研究的高潮。

耐火材料作为高温技术服务的基础材料，它与高温技术尤其是高温冶炼工艺的发展关系密切，相互依存，互为促进，共同发展。在一定条件下，耐火材料的品种质量对高温技术的发展起着关键作用。

一百多年来，在钢铁冶炼发展的过程中，每一次重大演变都有赖于耐火材料新品种的开发。碱性空气转炉成功的关键之一是开发了白云石耐火材料。近年来，钢铁冶炼新技术，如大型高炉高风温热风炉、复吹氧气转炉、铁水预处理和炉外精炼、连续铸钢等，都无例外地有赖于优质高效耐火材料的开发。另外，耐火材料在节能方面也作出了重要贡献，如各种优质隔热耐火材料、陶瓷换热器、无水冷滑轨、陶瓷喷射管和高温涂料等的开发，都对高温技术的节能起到了重要作用。现代冶炼技术的发展和节约能源的形势，既对耐火材料提出了更严格的要求，又必须借助于新品种优质耐火材料的成功及发展。其他高温技术的发展也同样需要开发相应的优质耐火材料。因此，从事高温技术的工作者必须十分重视耐火材料的技术开发，使它能与钢铁冶炼和其他高温技术同步发展，并力求先行一步。

从全球范围来看，近年来耐火材料工业面临着严重的供大于求的局面，呈现出产量降低、企业重组、竞争加剧、研发创新力加强、服务用户的意识和能力增强的发展趋势。一方面，耐火材料的主要用户如钢铁、水泥、玻璃、有色金属等工业的技术和管理的进步导致耐火材料的消耗下降，同时对耐火材料的使用性能提出了新的更高的要求。另一方面，这些行业在激烈的市场竞争中向耐火材料提出了降低价格和消耗及提高使用寿命的要求，致使耐火材料生产企业不但要降低原料和生产成本，还要以更大的投入加快新技术和新产品的开发和应用。耐火材料品种则紧紧围绕用户工业的发展要求，实现长寿、节能、环保和多功能化。

进入 21 世纪以来，耐火材料生产能力严重过剩的局面愈显突出。2000 年全球耐火材料的年总产量在 2 300 万吨左右，而产能却在 3 500 万～4 000 万吨。近几年来，中国耐火材料的年总产量逾 1 000 万吨，且稳中有升，约占世界年总产量的一半。与日、美、欧洲等国家和地区相比，可谓“风景这边独好”。之所以如此，主要是我国的资源优势、劳动力优势和经济建设强劲的内需（如西部开发、西气东送、西电东送、南水北调等）拉动所致。例如我国钢产量从 1996 年首次突破 1 亿吨以来，稳居世界第一且一直攀升，2003 年超过 2 亿吨。水泥、有色、玻璃、陶瓷、石化等工业也都以前所未有的速度发展。近年来我国耐火材料的出口也在加大步伐。2002 年耐火制品出口达 64 万吨，耐火原料出口每年保持在 300 万～400 万吨。目前全球耐火材料工业总体形势具有以下主要特点。

(1) 总体供大于求，局部供不应求。全球耐火材料总体上供大于求，其中我国与独联体国家尤甚。这种状况在今后若干年内无望改变。局部区域仍存在供不应求的现象，如中东地区、伊朗、土耳其以及东南亚和非洲的一些国家，这些地方由于经济建设(有的是战后重建)的需要，钢铁、水泥、玻璃、有色金属等工业正在或即将蓬勃发展，而本土缺乏耐火原料资源、技术和装备，进口耐火材料是必然的补充。

(2) 全球化的理念增强。若干年前，许多发达和发展中国家，出于本民族工业的利益或政治的原因，在采购耐火原料或产品时，往往存在本地化、国产化的理念。随着世界经济全球化的到来，全球化的理念逐渐加强，用户在采购耐火材料时已突破地域和国度的限制，主要考虑的是产品的质量以及性价比，而不必非本地化或国产化不可。用户企业出于自身利益的考虑，使“地方保护主义”受到遏制。这无疑是经济全球化的一种体现，使许多耐火材料企业和用户企业受益。同时，耐火材料工业竞争也趋于全球化，而非区域性。

(3) 兼并重组形成新的格局。与其他工业一样，近年来世界耐火材料工业也经历着兼并重组的结构变化，兼并收购风靡全球。竞争力弱的一些中小企业濒临破产、倒闭；竞争力强的企业则正在强强联合，不断壮大，有的已有垄断之势。以总部设在奥地利的 RHI 集团公司为例，在过去的几年里已收购、兼并了 6 家跨国的大型耐火材料公司，形成了 2000 年销售收入达 16 亿美元的世界耐火材料工业的第一“大腕”。其他如 Cookson 公司、S.Gobain 公司等相继在近几年内完成兼并重组，形成 2000 年销售额分别为 12 亿和 10 亿美元的大型跨国公司。我国耐火材料工业也已面临着结构调整，虽然进展较慢，但势在必行。据国家统计局发布的 1 588 家国家大型工业企业中的 6 家耐火材料企业(营口青花集团公司、海城西洋耐火材料公司、海城华宇耐火材料集团公司、海城峰驰耐火材料总公司、太原刚玉特种耐火材料有限公司和洛阳耐火材料集团有限公司)，多数是在重组中脱颖而出的。但它们的年销售额都在 1 亿美元以下，目前的规模尚不足以与国外的大公司相提并论。可以说，我国耐火材料的现代企业结构仅初见端倪。

(4) 技术进步和创新的步伐加快，能力增强。耐火材料工业的技术进步与其用户工业的技术进步相辅相成，互为促进。受用户工业尤其是钢铁工业技术进步的驱使，近年来耐火材料的新原料、新产品、新技术和新装备可谓层出不穷，主要体现在以下几个方面。

① 越来越多新型的、高性能的人工合成原料被开发出来，为高性能耐火材料的研制和应用奠定了基础。

② 不定形耐火材料在整个耐火材料中所占的比例增加。以日本为最盛，目前其不定形耐火材料产量占全部耐火材料的比例超过60%。在钢铁工业用耐火材料中不定形耐火材料占70%以上。

③ 氧化物和非氧化物复合的耐火材料增多。继20世纪70年代将石墨引入耐火材料而刮起一股“黑旋风”以来，近年又出现了含塞隆(Sialon)、阿隆(Alon)、金属相的复合型耐火材料。

④ 新的成型和烧成工艺。如用浇注料制成各种预制件、氮化反应烧成等。

⑤ 简单化、机械化、高效化的新型筑衬施工方法。如自流浇注、喷涂、湿式喷射、预制件的采用等。

⑥ 功能型、环保型耐火材料增多。不少耐火材料不但能耐高温，还具有诸如透气、防堵塞、净化钢水等功能。含铬、沥青或其他有害挥发分的耐火材料正在被取代。

⑦ 先进的生产和施工设备。如高吨位等静压机、造粒设备、高温窑、高效搅拌机、泵送和喷射设备等。

我国耐火原料资源丰富，品种多，储量大，品位高。高铝矾土和菱镁矿蕴藏量大，品质优良，世界著名；耐火黏土、硅石、白云石和石墨等储量多，分布广，品质好；叶蜡石、硅线石、橄榄石和锆英石等储量多；隔热耐火材料的各种原料在各地都有储藏。另外，我国漫长的海岸线和内陆湖泊均蕴藏着大量的镁质原料资源。近年来，我国在提高耐火原料质量和人工合成原料方面，取得了较为显著的成就。因此，我国有发展优质耐火材料的资源优势。

我国生产耐火材料的历史悠久。特别是中华人民共和国成立以来，随着科学技术和工业水平的提高，为了适应金属冶炼和其他高温技术工业以及热能工程的需求，我国耐火材料工业有了重大的发展。新建了许多优质耐火材料生产厂和有关机构；开发出许多优质耐火材料新品种。最近国家提出调整钢铁工业结构布局，提高钢铁质量的钢铁政策，必将促进我国耐火材料工业依靠科学技术的进步和整体工业水平的提高，加强生产技术管理，以材料的质量和品种为中心，继续提高原料质量；发展合成原料，改进生产装备，全面提高产品质量和改善性能，积极开发优质新品种；合理利用和提高耐火材料服役寿命，进一步降低消耗，注重环境保护与资源的综合利用，保证和促进高温技术工业和热能工程以及国民经济的发展。

1.1 耐火材料的分类

耐火材料的种类很多，为了便于研究、生产和选用，通常按其共性与特性划分类别。其中按材料的化学矿物组成分类是一种基本分类方法，也常按材料的制造方法、性质、形状和尺寸、应用等来分类。

1.1.1 按化学矿物组成分类

(1) 氧化硅质耐火材料。是以二氧化硅为主要成分的耐火材料，主要品种有各种硅砖和石英玻璃制品。

(2) 硅酸铝质耐火材料。是以氧化铝和二氧化硅为基本化学组成的耐火材料，根据制品

中 Al_2O_3 和 SiO_2 含量分为半硅质耐火材料、黏土质耐火材料和高铝质耐火材料。

(3) 镁质耐火材料。是以氧化镁为主要成分和方镁石为主要矿物构成的耐火材料，依其次要的化学和矿物组成的不同包括镁砖、镁铝砖、镁硅砖、镁钙砖、镁铬砖、镁碳砖和镁白云石砖，以及冶金镁砂。

(4) 白云石质耐火材料。是以氧化钙(质量分数 40%～60%)和氧化镁(质量分数 30%～42%)为主要成分的耐火材料。主要品种有焦油白云石砖、烧成油浸白云石砖、烧成油浸半稳定性白云石砖、烧成稳定性白云石砖、轻烧油浸白云石砖和冶金白云石砂。

(5) 橄榄石质耐火材料。是一种 $w(MgO)=35\%\sim62\%$，$m(MgO)/m(SiO_2)=0.95\sim2.00$，由镁橄榄石为主要矿物组成的耐火材料。

(6) 尖晶石质耐火材料。是主要由尖晶石组成的耐火材料。主要品种有由铬尖晶石构成的铬质制品($w(Cr_2O_3)\geqslant30\%$)，由铬尖晶石、方镁石构成的铬镁质制品($w(Cr_2O_3)=18\%\sim30\%$，$w(MgO)=25\%\sim55\%$)和由镁铝尖晶石构成的制品。

(7) 含碳质耐火材料。这类材料中均含有一定数量的碳或碳化物。主要品种有由不定形碳构成的炭砖或炭块，由石墨构成的石墨制品，由碳化硅构成的碳化硅制品，由碳纤维及碳纤维与树脂或其他碳素材料复合为整体构成的材料。

(8) 含锆质耐火材料。这类材料中均含有一定数量的氧化锆。主要品种有以锆英石为主要成分的锆英石质制品，以氧化锆和刚玉或莫来石构成的锆刚玉和锆莫来石制品，以及以氧化锆为主要组成的纯氧化锆制品。

(9) 特殊耐火材料。是由较纯的难熔的氧化物、碳化物、硅化物和硼化物以及金属陶瓷构成的耐火材料。

1.1.2 按其他方法分类

(1) 按耐火材料制造方法分类。除天然矿石切割加工外，人造制品常根据其成型特点分为块状制品和不定形材料。依热处理方式不同分为不烧制品、烧成制品和熔铸制品。其中块状的烧成制品曾是生产与使用最普遍的耐火材料。但近年来，不定形耐火材料得到了快速发展。目前不定形耐火材料的产量占总耐火材料产量的60%以上。

(2) 按制品性质分类。评价耐火材料质量的高低主要以其性质优劣为依据，故耐火材料也常以其性质不同划分类别。其中依其耐火度的高低分为三类：普通耐火制品，耐火度1 580～1 770℃；高级耐火制品，耐火度 1 770～2 000℃；特级耐火制品，耐火度2 000℃以上。依其化学性质分为酸性耐火材料、中性耐火材料和碱性耐火材料。依其密度或导热性分为重质耐火材料和轻质耐火材料或隔热耐火材料。其他如依抗热震性和抗渣性等都可划分为若干类别。

(3) 按制品形状和尺寸分类。按制品形状和尺寸可分为标准砖、异型砖、特异型砖、管、耐火器皿等制品。

此外，依其应用分类可分为焦炉用耐火材料、高炉用耐火材料、炼钢炉用耐火材料、连铸用耐火材料、有色金属冶炼用耐火材料、水泥窑用耐火材料、玻璃窑用耐火材料等。

1.2 耐火材料的一般生产过程

耐火材料的品种和质量取决于耐火材料的原料及其生产工艺。在原料确定的情况下，耐火材料的生产工艺方法与制度是否正确与合理，对所得耐火制品的质量影响极大。耐火材料性能的控制，必须通过特定的工艺手段来实现。因此，耐火材料的生产者必须精于此道；使用者为能正确选用具有某一特性的耐火材料，使其物尽其用，也必须对耐火材料的生产工艺有所了解。

耐火材料的生产工艺流程如图 1-1 所示。对块状制品，一般包括如下几个过程：原料的加工→配料→混练→成型→干燥→烧成→拣选→成品。

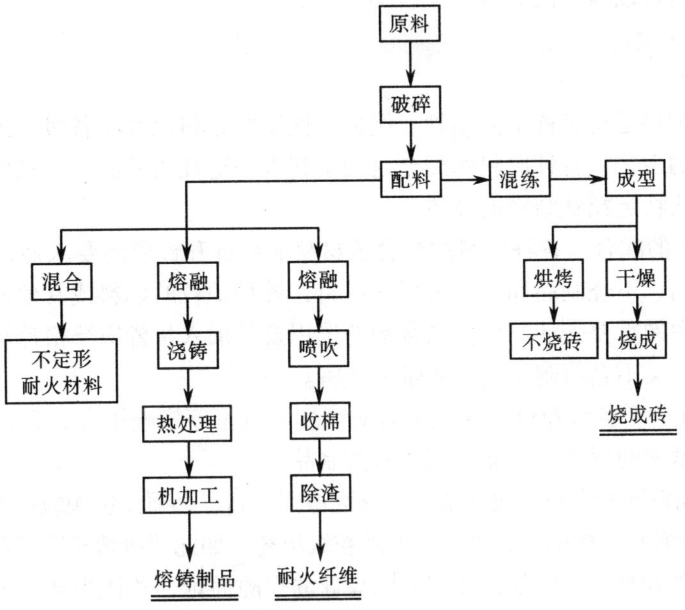

图 1-1 耐火材料生产过程示意图

1.2.1 原料的加工

原料的质量是耐火材料质量的基本保证。要发展优质高效的耐火制品，必须有纯净的质量均一和性质稳定的原料。因此，选取适宜作为耐火材料原料的天然矿石，开采后必须再经过加工。原料的加工主要包括原料的精选提纯(或均化、合成)，原料的干燥和煅烧，原料的破粉碎和分级。

(1) 原料的精选提纯和均化。为了提高原料纯度，一般需经拣选或冲洗，剔除杂质；有的还需采用适当的选矿方法进行精选提纯；原料中成分不均的需要均化；有的在精选后还可引入适量有益加入物，高性能的复合原料需采用人工合成方法。

(2) 原料的煅烧。为了保证原料的高温体积稳定性、化学稳定性和高强度，多数天然原料和合成原料需经高温煅烧制成熟料或经熔融制成熔块。熟料煅烧温度一般多控制在使其达到烧结致密化的范围内。对主晶相为氧化物的原料，烧结温度 T_s 约为其熔点 T_m 的 0.7～

0.9倍，即 $T_s \approx (0.7 \sim 0.9) T_m$，多高于制品的烧成温度，更高于制品的使用温度。熟料煅烧一般在竖窑或回转窑中进行。

有的原料，如软质耐火黏土作为黏合剂虽不经煅烧，但若含水过多，应经干燥，以便破碎和分级。

(3) 原料的破粉碎和分级。原料破粉碎是为了制成不同粒级的颗粒及细粉，以便于调整成分，进行级配，使多组分间混合均匀，便于相互反应，并获得致密的或具有一定粒状结构的制品坯体。一般先将颗粒破碎到极限粒径 40～50mm(粗碎)；再将粒度破碎到极限粒径 4～5mm(中碎)，然后细碎。细磨是将颗粒破碎到粒径小于 88μm 的细粉。生产普通耐火制品所用的颗粒料皆为中碎以后所获得的产品。

经破粉碎后的颗粒状产品，需依粒度粗细分级，以便合理配料。通常多以筛分方法将颗粒分级，对粉状料常以风选法分级。

1.2.2 配 料

耐火材料的配料是将各种不同品种、组分和性质的原料以及将各级粒度的熟料颗粒按一定比例进行配合的工艺。各种原料的配合是为了获得一定性质的制品。粒度的配合是为了获得最紧密堆积的或特定粒状结构的坯体。

(1) 各种原料的配合。各种原料的配合依材料的品种和性质的要求而定，不同制品各有特点。对烧结制品、不烧制品和不定形耐火材料，各种颗粒的熟料或其他瘠性料与各种结合剂的配合是配料中的重要一环。任何结合剂的选用及其加入量皆应严格控制，应保证其既有利于制品的生产，又不会给制品的性质带来危害。

(2) 粒度的配合。各级粒度的颗粒配合对砖坯的致密度影响极大。只有使各级粒度颗粒的堆积体达到最紧密的程度，才能得到致密的制品。

欲使多级不同粒度的颗粒组成的堆积体密度得到提高，必须使粗颗粒级中的空隙全部由细颗粒级填充，而细颗粒级中的空隙由更细的颗粒级填充，如此逐级填充即可获得最紧密堆积。

① 各级颗粒的粒径比。以紧密堆积的同径球的空隙而论，若使小球填于其中，小球的粒球必须小于大球堆积体的空隙尺寸。因此，两种球球径之比必须恰当。以圆球交错排列的堆积状态计算，大小两种球的球径比约为6.5。由此可见，若两级颗粒配合成堆积体时，粒径比在此值以上，对实现紧密的堆积是有利的。如此多级颗粒配合，更可实现致密化。采用此种粒径比很大的各级颗粒的配合常称为间断级配。在实际生产中为避免颗粒产生严重偏析，并充分利用各级颗粒，常采用粒级连续的颗粒，并以平均粒径划分为若干级别进行配合。

② 各级颗粒配合的比例(级配)。在保证粗细颗粒粒径比恰当的条件下，由各级颗粒组成的堆积体中，每级颗粒配合的数量，应以细者填满粗者的空隙为宜。

以密度相同的同粒径的圆球堆积体为例，其空隙率(P)约为38%。二级配合时，粗与细的数量比应为1:0.38。采取多级颗粒配合时，堆积体的空隙率变化如表 1-1 所示。

同粒径的粒状颗粒堆积体的空隙率约为45%。当多级配合超过 4 级时，空隙率变化不显著，为了简化工艺，普通烧结制品的粒度组成，一般为 3～4 级。以粒度粗、中、细三级配合为例，堆积体空隙率变化如图 1-2 所示，以粗颗粒 55%～65%，中颗粒 10%～30%，细颗粒 15%～30%较宜。通常为获得高密度的制品，并避免由这种级配组成的泥料产生颗粒偏析和便于制品的烧结，常采取细粉量较多的配合，如采取粗:中:细=(4～6):(2～1):

(4~3)。

表 1-1 各级粒度堆积体的空隙率变化

粒度级数	球体实体积/%		堆积体空隙率/%		空隙下降率/%
一级	$(1-P_1)$,	62.0	P_1,	38.0	—
二级	$(1-P_1P_2)$,	85.6	P_1P_2,	14.4	23.6
三级	$(1-P_1P_2P_3)$,	94.6	$P_1P_2P_3$,	5.4	9.0
四级	$(1-P_1P_2P_3P_4)$,	98.0	$P_1P_2P_3P_4$,	2.0	3.4
五级	$(1-P_1P_2P_3P_4P_5)$,	99.2	$P_1P_2P_3P_4P_5$,	0.8	1.2

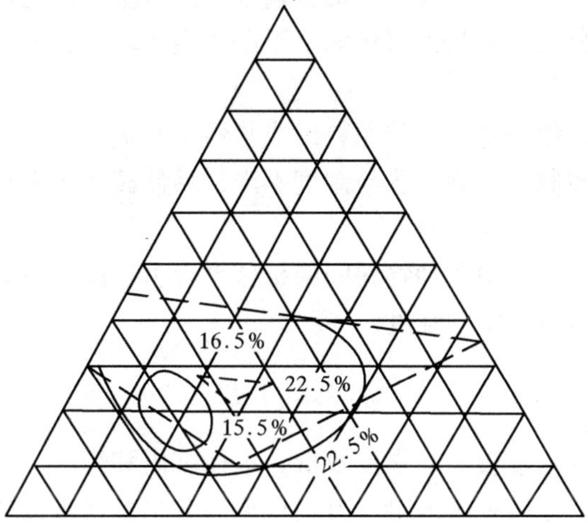

图 1-2 堆积体空隙率变化

③ 极限粒径的确定。耐火制品中颗粒的极限粒径，根据制品形状的复杂程度、断面尺寸大小或成型的方法以及对其组织结构和性质的要求而定。一般而论，形状复杂、断面小者，极限粒度应小；适当提高极限粒径，对制品的抗热震性可能有利。近于标准形状的普通烧结制品，极限粒径一般控制在2~3.5mm，大型块状制品可相应增大。

1.2.3 泥料的混练

混练是将合理配合的各种物料准确称量后，制成各种组分、颗粒均匀分布的泥料，并使泥料中各种物料实现结合良好的加工过程。

根据物料的组分和性质，采取适当的混练设备与方法。使各种物料通过对流、扩散和剪切等作用达到泥料均匀化和颗粒料与结合剂等的互相结合，既使泥料获得良好的成型性能，又避免了泥料中颗粒的再破碎和某些物料的散失或在混练过程中发生显著反应变质。

耐火材料泥料的混练多在湿碾机中进行。虽产量较低，电耗较高，并有使颗粒再破碎等缺点，但可获得均匀致密的泥料。高效行星式强制混合机混练泥料，颗粒不再经破碎，效率及质量较好。还有用双轴混料机的，但泥料质量较差。

某些耐火制品在泥料混练过程中，还需进行“困料”，即将经初混的泥料在一定温度、湿度的条件下贮放一定时间，然后再经二次混练，以改善泥料的质量。

1.2.4 成　型

成型的目的是将泥料制成具有一定形状和适当密度、强度的砖坯。对烧结制品和不烧砖，砖坯的致密度决定着制品的致密度，从而影响制品的许多物理化学性质和使用性能。因此，成型是这类耐火材料生产中很重要的一道工序。

砖坯成型方法很多，主要依泥料的性质、制品形状和对制品性质的要求而定。如对有流动性的泥料，采用注浆成型；对有可塑性的泥料，采用可塑法成型；对有触变性的泥料，经振动成型；对含水量较低(3%～6%)的半干泥料，采用半干压成型或捣打成型；干粉料用等静压成型等。对普通烧结制品和不烧砖，最普遍采用的方法为借助外力排除大部分空气，将泥料中的各级颗粒重新分布，使其致密化的半干压成型。对形状复杂的大型制品也常采用可塑法、振动法或捣打法。

半干压成型后，砖坯的密实度除受泥料组成与性质影响以外，还受压制外力、增压速度和加压时间等压制制度控制。压制方法与制度不当，易使砖坯出现缺陷。如果开始加压过大过快，气体未及时排出，易产生层裂。

经成型后的砖坯，由于其中各种物料间的机械结合力、静电引力及摩擦力的作用，使砖坯的形状保持下来，并具有一定的强度。

1.2.5 干　燥

许多成型后的砖坯含水量较高，强度较低，不便堆码和烧成，必须经干燥排除其中游离水分，使强度得到提高，才可装车入窑。有些成型后含水量已很低的砖坯，虽可码放适当高度，直接入窑，但入窑后还必须首先经过干燥阶段。

砖坯的干燥是热量传递过程，利用热空气或热废气将热量传递给砖坯，砖坯受热温度升高，使水分由砖坯内扩散逸出。必须控制适当的干燥制度，以使砖坯内水分向外扩散和表面水分蒸发的速率接近。由于砖坯在干燥过程中往往产生收缩，切忌砖坯表面干燥速率不当，以免造成开裂、鼓爆等缺陷。

砖坯干燥多采用隧道干燥器，也可采用室式干燥器和电热干燥器，还有采用炕室干燥器的，但后一种设备效率较低。

1.2.6 烧　成

烧成是绝大多数烧结耐火材料生产的最后一道工序，也是关系制品质量最重要的工序。

烧成是使砖坯在高温下发生一系列物理化学反应而达到烧结的目的，即砖坯形成一定高温稳定的物相和结构，定形，并获得具有相当高的密度、强度和其他各种性能的制品。

一般烧结制品在烧成过程中，除可能排除残余水分外，其中全部或部分物相可能首先发生矿物的分解和新矿物的形成，有的晶体可能发生晶型转变。随着温度的提高，可能发生固相反应、液相形成、新晶体形成和晶体长大，达到固相烧结和液相烧结。

(1) 固相烧结。砖坯中的晶体结构皆存在缺陷。这些晶体在温度升高到使其中质点的活动能力达到能克服周围质点的作用力时，就会发生扩散。由于质点扩散作用而使互相接触的同晶体或异晶体间进行固相反应，使晶体长大或形成新的晶体。最后经较充分的再结晶和聚集再结晶作用，使晶体长大和结合而烧结。

微小晶粒的晶格缺陷多，比表面较高，随温度的提高，固相反应易于进行。因此，砖坯中粉粒愈细，其所占比例愈大，并互相充分接触，愈有利于砖坯的烧结。

这种固相反应对由较纯原料组成的高级耐火材料的烧结具有重要的实际意义。

(2) 液相烧结。当温度升高到一定程度时，原料中的杂质或砖坯中其他组分，可共同作用形成液相。此种液相可将砖坯中的晶体润湿。在晶体之间，由于表面张力的作用，能使其互相靠近，并填充于砖坯的孔隙中，从而使其致密度提高。

液相的存在有助于减缓砖坯内因受热不均或新相形成或晶相转化可能产生的内应力。此外，液相的存在可使砖坯内溶解度较大的、细小的和缺陷较多的晶体溶于其中，并使其重结晶由液相中析出。

总之，液相的存在有助于砖坯的烧结。此种烧结作用称为液相烧结。液相烧结作用与液相的性质和数量有关。一般而论，液相黏度低和数量多有利于液相烧结。普通耐火材料的烧结多是由此种烧结完成的，但液相黏度低、数量多对制品的高温性能危害很大。因此，优质耐火制品应严格控制液相生成量。

耐火制品的烧成制度，即升温速率、最高温度、保温时间、冷却速率以及气氛等，影响制品内物相组成和组织结构，从而对制品的性质影响极大。应根据砖坯在高温下可能发生的化学和物理变化及变化速率与程度，如各组分间发生何种化学反应和伴有何种附加效应，及其在变化中可能产生的内应力，以及砖坯在烧成过程中的强度等情况，采取相应的方法与制度。此外，也应与制品的形状和尺寸相适应。

耐火材料的烧成通常在隧道窑和间歇式室窑中进行。前者生产效率及热效率较高；后者工艺灵活，适应性强。在确定烧成制度时应考虑窑炉构造及热工特点。

1.2.7 非烧结制品的生产特点

(1) 不烧砖的生产。不烧砖是不经烧成而能直接使用的耐火制品。其他生产工艺与烧成制品基本相同，只是不烧砖中各种粒状料和粉状料的结合，不是由物料经高温烧结完成的，而主要是靠加入的化学结合剂的作用实现的。因此也称之为化学结合耐火砖。

(2) 不定形耐火材料的生产。不定形耐火材料是由合理级配的粒状料和粉状料同结合剂或再加少量增塑剂、促硬剂或缓硬剂及其他外加剂等，按一定比例共同混合的不经成型和烧成而直接供使用的耐火材料。此种材料的生产工艺，以各种原料的配制并使其均化为中心环节。当以这种混合料筑成构筑物时，施工方法与技术对构筑物的性能影响很大。应根据不定形耐火材料混合料的工艺特性，采用相应的施工方法。

(3) 熔铸耐火制品的生产。将耐火原料在电炉中经高温熔化，并向模型中浇注，再经凝固退火而制成熔铸耐火制品。熔化的方法有还原熔融法和氧化熔融法。

1.3 耐火材料的主要用途与要求

1.3.1 耐火材料应用的主要领域

耐火材料是高温技术领域的基础材料，应用范围十分广泛，其中应用最为普遍的是在各种热工设备和高温容器中作为抵抗高温作用的结构材料和内衬。在钢铁冶金工业中，炼焦炉主要是由耐火材料构成的。炼铁的高炉及热风炉、各种炼钢炉、均热炉、加热炉等都绝不可缺少符合要求的各种耐火材料。不仅钢液的模铸要消耗大量耐火材料，连铸更需要一些优质耐火材料。炉外精炼没有优质品种的耐火材料也无从实现。统计结果表明，钢铁工业是需要耐火材料最多的部门，约占耐火材料总产量的60%。有色金属的火法冶炼及其热加工也离不开耐火材料。建材工业及其他生产硅酸盐制品的高温作业部门，如玻璃工业、水泥工业、陶瓷工业中所有高温炉窑或其内衬都必须由耐火材料构筑。其他如化工、动力、机械制造等工业高温作业部门中的各种焙烧炉、烧结炉、加热炉、锅炉以及其附设的火道、烟囱、保护层等都需要耐火材料。总之，当某种构筑物、装置、设备或容器在约1 000℃以上的高温下使用和操作时，因可能发生物理、化学、机械等作用，使材料变形、软化、熔融，或被侵蚀、冲蚀，或发生崩裂损坏等现象，不仅可能使操作无法持续进行，使材料的服役期中断，影响生产，而且污染加工对象，影响产品质量，故必须采用此种具有抵抗高温作用的耐火材料。

1.3.2　对耐火材料的基本要求

高温作业部门均要求耐火材料具备抵抗高温热负荷的性能。由于作业部门不同，甚至在同一炉窑的不同部位，工作条件也不尽一致。因此，对耐火材料的要求也有所差别。现以普通工业炉窑的一般工作条件为依据，对耐火材料的性能概括地提出以下几方面要求。

(1) 具有相当高的耐火度，抵抗高温热负荷作用，不软化，不熔融。

(2) 具有高的体积稳定性，残存收缩及残存膨胀小，无晶型转变及严重的体积效应，体积不收缩和仅有均匀膨胀。

(3) 具有相当高的常温强度和高温热态强度，高的荷重软化温度，高的抗蠕变性，抵抗高温热负荷和重负荷的共同作用，不丧失强度，不发生蠕变和坍塌。

(4) 具有好的抗热震性，抵抗温度急剧变化或受热不均影响，不开裂，不剥落。

(5) 具有良好的抗渣性，抵抗熔融液、尘和气的化学侵蚀，不变质，不蚀损。

(6) 具有相当高的密实性和常温、高温的耐磨性，抵抗火焰和炉料、料尘的冲刷、撞击和磨损，表面不损耗。

(7) 具有低蒸汽压和高化学稳定性，抵抗高温真空作业和气氛变动的影响，不挥发，不损坏。

此外，为了保证由块状耐火材料砌筑成的构筑物或内衬的整体质量，使抗渣性和气密性良好，并便于施工，还要求材料外形整齐，尺寸准确，保证一定的公差，并杜绝不允许存在的缺陷。为了承受搬运中撞击及可能发生的机械振动与挤压，要求材料必须具有相当高的常温强度。对有些特殊要求之处，有时还要考虑其导热性和导电性。

应该注意，虽然上述各点可作为评价耐火材料质量的依据，但是没有任何一种耐火材料能够完全满足所有上述要求。在选择或评价耐火材料时，必须使材料的突出特性与使用条件相适应，物尽其用，同时要进行经济核算。

第 2 章

耐火材料的性能

耐火材料的性能，是衡量和评价耐火材料产品质量的核心内容和基本依据。耐火材料的质量和性能，不但直接影响耐火材料应用部门的产品质量、生产成本和经济效益，有时甚至关系到生产和人身安全。耐火材料用户在实际生产过程中选择耐火材料，就是以耐火材料具体使用环境所要求的性能指标为依据。另一方面，通过评价耐火材料性能的优劣，也可以检查耐火材料生产过程中原料选择是否正确、生产工艺是否合理。因此，准确地评价耐火材料的品质特性和正确地评价耐火材料的性能特性，对于准确地选择耐火材料材质，研究开发优质耐火材料产品，充分把握耐火材料的综合性能，对促进耐火材料稳定生产，确保耐火材料在使用过程中的安全性和有效性具有十分重要的意义。

耐火材料的性能主要包括化学性能、热性能、物理性能、力学性能和微观组织结构等。耐火材料的综合性能，即耐火材料的品质特性和性能特性，主要是由上述各基本性能决定的。正确地评价耐火材料各基本性能，是评价耐火材料品质特性和性能特性优劣的基础和前提。本章主要介绍耐火材料的各基本性能及其评价方法。

2.1 耐火材料的宏观结构

耐火材料的宏观结构，即耐火材料自身的物理属性，主要包括气孔率、密度、吸水率、透气度、气孔孔径分布等，这些指标是评价耐火材料质量优劣的重要依据。耐火材料的物理性能与原料条件和生产工艺，包括原料的组成、粒度配比、混合、成型、干燥和烧成制度等密切相关。

2.1.1 气孔率

气孔率(porosity)是指耐火材料所含气孔的体积占耐火材料总体积的百分比。耐火材料中的气孔依照透气性原理可以分为三种：闭口气孔，封闭在材料中与外界不相通，不能为流体所填充；开口气孔，一端封闭而另一端与外界相通，能为流体所填充；贯通气孔，贯通材料的两面，能为流体所通过。如图 2-1 所示。通常将开口气孔和贯通气孔统称为开口气孔。

气孔种类不同，对耐火材料性能的影响程度也不同。闭口气孔由于不能为流体通过，因此对耐火材料性能的影响较小。开口气孔，特别是贯穿气孔，由于与外界环境相通，通过加速耐火材料内部与外界环境之间的物质和能量传递，对耐火材料性能的影响显著。耐火材料的气孔率，通常有三种表示方法。

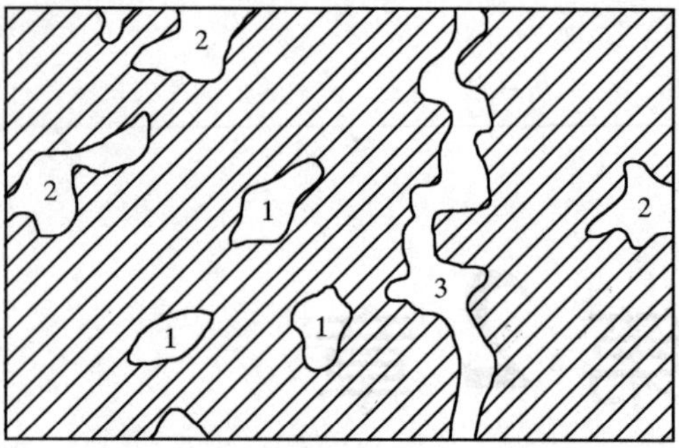

图 2-1　耐火材料中的气孔类型

1—闭口气孔；2—开口气孔；3—贯穿气孔

(1) 开口气孔率 P_a(也称显气孔率，apparent porosity)，即耐火材料中开口气孔(open pore，包含贯通气孔)的体积占耐火材料总体积的百分比；

(2) 闭口气孔率 P_c(closed porosity)，即封闭气孔的体积占耐火材料总体积的百分比；

(3) 总气孔率 P_t(也称真气孔率，total porosity)，即总气孔体积占耐火材料总体积的百分比。

以上三种气孔率用数学式表示为

$$\text{总气孔率}(P_t)=\frac{V_o+V_c}{V_b}\times100\% \tag{2-1}$$

$$\text{开口气孔率}(P_a)=\frac{V_o}{V_b}\times100\% \tag{2-2}$$

$$\text{闭口气孔率}(P_c)=\frac{V_c}{V_b}\times100\% \tag{2-3}$$

式中　V_o，V_c，V_b——开口气孔体积、闭口气孔体积和材料的总体积。

三种气孔率之间的关系为

$$P_t=P_a+P_c \tag{2-4}$$

在我国耐火材料行业，通常情况下所使用的气孔率为开口气孔率。它是大多数耐火材料的基本物性指标，其大小几乎影响耐火制品的所有性能，特别是强度、热导率、抗热震性等。耐火材料的主要性质与气孔率的关系如图 2-2 所示。

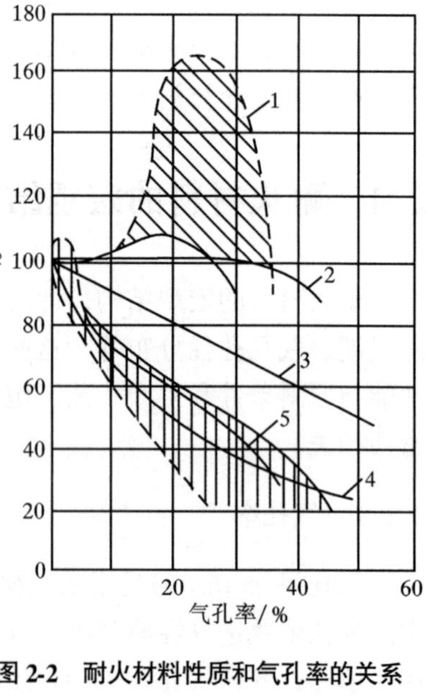

图 2-2　耐火材料性质和气孔率的关系

1—抗热震性；2—线胀系数；3—体积密度；4—热导率；5—耐压强度

耐火材料开口气孔率的测定的理论依据为阿基米得定律。致密耐火材料开口气孔率的测定方法，按照国家标准(GB/T2997—1982)和国际标准(ISO5017)的规定，采用体积为 50～100cm^3 的试样。首先称量试样的干燥质量，然后将试样放置于液体中抽真空，使液体充分饱和试样，称量试样在空气中的质量(称为饱和质量)和试样的表观质量(指饱和试样完全浸没在液体中时，试样的饱和质量与其排除液体质量之差)。开口气孔率的计算关系式为

$$P_a=\frac{m_3-m_1}{m_3-m_2}\times100\% \tag{2-5}$$

式中　P_a——耐火材料的显气孔率，%；

m_1——干燥试样的质量，g；

m_2——饱和试样的表观质量，g；

m_3——饱和试样在空气中的质量，g。

2.1.2　密　度

密度(density)是指材料的质量与其体积之比，单位为 g/cm³。当计量的体积所包含的气孔类型不同时，可将密度分为体积密度(bulk density，记为 D_b)、表观密度(apparent density，记为 D_a)和真密度(true density，记为 D_t)三种。

体积密度是指材料的质量(M)与其所包含的材料的实际体积和全部气孔体积之和的总体积(V_b)之比，即

$$D_b=\frac{M}{V_b}=\frac{M}{V_t+V_o+V_c} \tag{2-6}$$

式中　D_b——材料的体积密度，g/cm³；

M——试样的质量；

V_t——试样中材料的实际体积，cm³；

V_o——试样中开口气孔的体积，cm³；

V_c——试样中闭口气孔的体积，cm³。

体积密度表征耐火材料的致密程度，是衡量耐火原料和耐火制品质量标准中重要的基本指标之一。体积密度高的制品的气孔率小，其强度、抗渣性、高温荷重软化温度等一系列性能好。

致密耐火材料体积密度的测量方法与开口气孔率的测量方法相似。国家标准(GB/T2997—1982)和国际标准(ISO5017)规定体积密度的计算公式为

$$D_b=\frac{m_1D_1}{m_3-m_2} \tag{2-7}$$

式中　D_b——试样的体积密度，g/cm³；

m_1——干燥试样的质量，g；

m_2——饱和试样的表观质量，g；

m_3——饱和试样在空气中的质量，g；

D_1——试验温度下浸渍液体的密度，g/cm³。

表观密度是指材料的质量与其所含材料的实际体积和闭口气孔体积之和之比，即

$$D_a=\frac{M}{V_b}=\frac{M}{V_t+V_c} \tag{2-8}$$

式中　D_a——材料的表观密度，g/cm³；

M——试样的质量，g；

V_t——试样中材料的实际体积，cm³；

V_c——试样中闭口气孔的体积，cm³。

真密度是指材料的质量与其实际体积之比，即

$$D_t=\frac{M}{V_t} \tag{2-9}$$

根据国家标准(GB/T5071—1997)和国际标准(ISO5018)的规定，对于耐火材料的真密度，把材料破碎、磨细到颗粒内尽可能没有闭口气孔的程度后，用测量试样干燥质量和真实体积来测定真密度。真密度的计算公式为

$$D_t=\frac{m_1D_1}{m_1+m_3-m_2} \tag{2-10}$$

式中 D_t——试样的真密度，g/cm^3；

m_1——干燥试样的质量，g；

m_2——装有试样和选用液体的比重瓶的质量，g；

m_3——装有选用液体的比重瓶的质量，g；

D_1——试验温度下，选用液体的密度，g/cm^3。

真密度是由材料的矿物组成和结构决定的。当化学组成一定时，由材料的真密度可以判断其中的主要矿物组成，有时还可以据此判断一些晶体的晶格常数。而体积密度和表观密度标志着材料的密实程度，即反映材料中气孔体积含量的多少。材料的气孔率与密度之间的关系为

$$P_a=\left(1-\frac{D_b}{D_a}\right)\times 100\% \tag{2-11}$$

$$P_t=\left(1-\frac{D_b}{D_t}\right)\times 100\% \tag{2-12}$$

$$P_c=\left(\frac{1}{D_a}-\frac{1}{D_t}\right)\times 100\% \tag{2-13}$$

有些耐火材料由于在破碎、研磨过程中容易与外部环境发生反应，造成所测得的真密度出现误差。例如氧化钙在研磨过程中很容易吸收空气中的水分，所以要特别小心。为此，如果知道耐火材料的矿物组成，有时候可用耐火材料的理论密度（ρ）近似代替其真密度。理论密度的计算公式为

$$\rho=\frac{\sum m_i}{\sum m_i/\rho_i} \tag{2-14}$$

式中 ρ——试样的理论密度，g/cm^3；

m_i——材料中所含第 i 种矿相的质量，g；

ρ_i——材料中第 i 种矿相的理论密度，g/cm^3。

此外，由于耐火材料的真密度随矿物组成而变化，仅凭体积密度数值的大小很难比较不同组成耐火材料的致密性。因此，有时用相对密度，即体积密度占真密度(或理论密度)的百分比来评价耐火材料的致密性。

2.1.3 吸水率

吸水率(water absorption)是指耐火材料中的全部开口气孔被水充满时所吸收水的质量与干燥试样的质量之比，以百分率形式表示，即

$$W_a = \frac{m_3 - m_1}{m_1} \times 100\% \tag{2-15}$$

式中 W_a——吸水率，%；

m_1——干燥试样的质量，g；

m_3——饱和试样在空气中的质量，g。

吸水率通常用来在耐火原料生产中鉴定熟料的煅烧质量，原料煅烧得越好，吸水率数值就越小。一般要求熟料的吸水率小于5%。

2.1.4 透气度

透气度(permeability)是指耐火材料制品在一定压差下，允许气体通过的能力。透气度的计算公式为

$$K = 2.16 \times 10^9 \eta \frac{h}{d^2} \frac{Q}{\Delta p} \frac{2p_1}{p_1 + p_2} \tag{2-16}$$

式中 K——材料的透气度，μm^2；

η——试验温度下气体的动力黏度，Pa·s；

h——试样高度，mm；

Q——气体的体积流量，L/min；

p_1——气体进入试样端的压力，MPa；

p_2——气体逸出试样端的压力，MPa。

耐火制品的透气度由贯穿气孔的大小、数量和结构决定，与成型工艺和烧成制度密切相关。透气度不仅标志着耐火材料中贯穿气孔的情况及其密实程度，判断其物理力学性能的优劣，而且与流体的渗入及渣的侵蚀也密切相关。透气度高，耐火制品受气体渗透、碳素沉积作用和渣蚀作用大，高压热气体散失显著。通常要求耐火制品的透气度越低越好，但对某些特殊制品，如炼钢吹气用透气砖等透气性元件，则要求其具有一定的透气度。

2.1.5 气孔孔径分布

气孔孔径分布(pore size distribution)是指耐火材料中各种孔径的气孔（开口气孔）的体积占气孔总体积的百分比。

当气孔率相同时，孔径大的制品强度低。熔铸或隔热耐火制品中的气孔孔径可大于1mm，称为缩孔或大气孔；致密耐火制品中的气孔主要为毛细孔，孔径多为1～30μm；气孔微细化的制品，如致密高铝砖，其平均孔径小于1～2μm。

耐火制品的孔径分布、平均孔径和气孔的孔容积百分率，通常采用压汞法测定。其原理是汞在给定压力下浸入多孔物质的开口气孔，被浸入的细孔大小与所加压力成反比，即

$$D = -\frac{4\gamma\cos\theta}{p} \tag{2-17}$$

式中 D——孔径，μm；

p——压力，MPa；

γ——汞的表面张力，0.485N/m；

θ——汞的接触角，(°)。

平均孔径的计算公式为

$$\bar{D}=\frac{\int_0^{V_{ot}} D\mathrm{d}V}{V_t} \tag{2-18}$$

式中 $\bar{D}$——平均孔径，μm；

D——某一压力所对应的孔径，μm；

V_{ot}——开口气孔的总容积，cm^3；

$\mathrm{d}V$——孔容积微分值，cm^3。

孔容积百分率的计算公式为

$$V'=\frac{V_{Hg}-V_1}{V_{Hg}}\times 100\% \tag{2-19}$$

式中 V'——小于1μm的孔容积百分比，%；

V_{Hg}——汞压入总量，cm^3；

V_1——大于1μm孔径的汞压入量，cm^3。

2.2 耐火材料的热学性能及导电性能

耐火材料的热学性能主要包括比热容、热膨胀性和导热性等。这些性能是衡量耐火制品能否适应具体热过程和进行工业窑炉设计的重要依据。耐火材料的热学性能与原料组成、制造工艺、显微结构、晶相结构等密切相关。

2.2.1 比热容

比热容(specific heat capacity)是指1kg物质温度升高(或降低)1℃时所吸收(或放出)的热量。耐火材料的比热容取决于其化学矿物组成和温度。耐火材料的比热容可以根据试验测得，其与温度的关系为

$$c_p=c_0+aT+bT^2+cT^3+\cdots \tag{2-20}$$

式中 c_p，c_0——当温度为 T 和0℃时比定压热容，kJ/(kg·℃)；

a，b，c——试验测得的系数；

T——温度，℃。

常用耐火材料的比热容与温度的关系如图2-3所示。

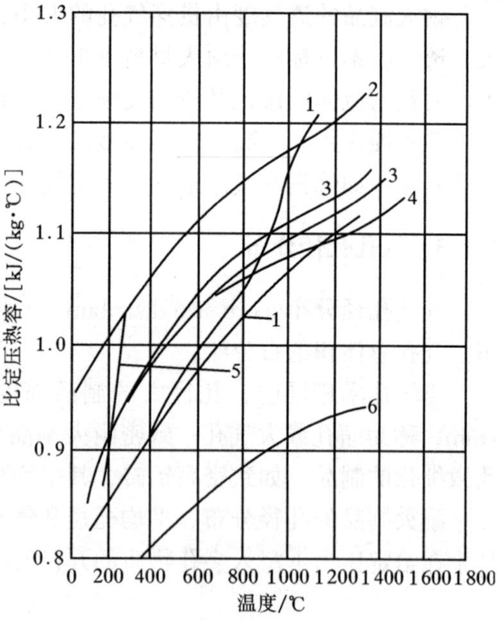

图2-3 耐火材料的平均比热容与温度的关系曲线

1—黏土砖；2—镁砖；3—硅砖；4—硅线石砖；5—白云石砖；6—铬砖

2.2.2 热膨胀性

热膨胀性(thermal expansibility)是指材料的尺寸随温度的升高(或降低)而增加(或减小)的性

能。耐火材料的热膨胀性是耐火材料使用时的重要性能之一。炉窑在常温下砌筑，而在高温下使用时炉体要膨胀。为抵消因热膨胀所产生的应力，需预留膨胀缝，而且必须根据耐火材料的热膨胀性和砌筑体的构造情况制定正确的烘烤制度。特别是当材料在急剧变化的条件下使用时，材料的热膨胀性很大，很容易遭受破坏，必须慎重考虑。

耐火材料的热膨胀性有两种表示方法，即线膨胀率和线胀系数。线膨胀率是指由室温至试验温度间，试样长度的相对变化率。它们是预留膨胀缝和砌体总尺寸结构设计计算的关键参数。线胀系数是指由室温至试验温度间，温度每升高1℃，试样长度的相对变化率。

耐火材料的热膨胀性的测定，通常采用顶杆式间接法和望远镜直读法。其中顶杆式间接法应用机械测量原理，将直径为8～10mm的柱体试样放入装样管内，试样的一端与顶杆接触。从室温开始以4～5℃/min的升温速度加热试样，记录不同温度下试样的长度，直至试验终点温度。

试样由室温至试验温度的各温度间隔的线膨胀率为

$$\rho = \frac{(L_t - L_0) + A_{K(t)}}{L_0} \times 100 \tag{2-21}$$

式中　ρ——试样的线膨胀率，%；

L_0——试样在室温下的长度，mm；

L_t——试样加热到试验温度 t 时的长度，mm；

$A_{K(t)}$——在温度 t 下仪器的矫正系数，mm。

试样由室温至试验温度的线胀系数为

$$\alpha = \frac{\rho}{(t - t_0) \times 100} \tag{2-22}$$

式中　α——试样的线胀系数，$10^{-6}℃^{-1}$；

ρ——试样的线膨胀率，%；

t_0——室温，℃；

t——试验温度，℃。

如图2-4所示为一些常用耐火制品的热膨胀曲线。

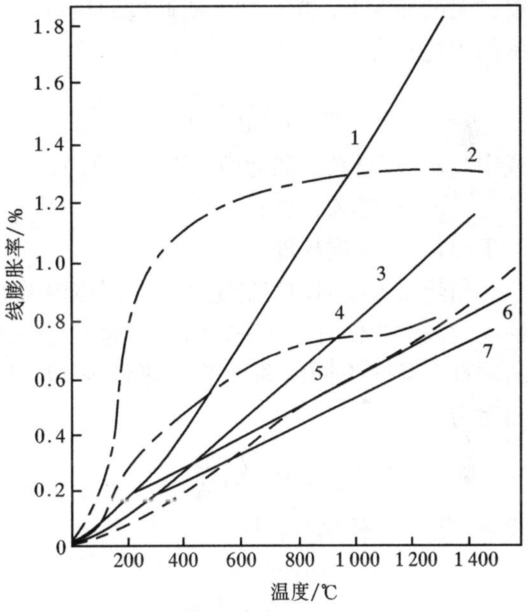

图2-4　常用耐火材料的热膨胀曲线

1—镁砖；2—硅砖；3—铬镁砖；4—半硅砖；5，7—黏土砖；6—高铝砖

各种耐火制品的热膨胀性差别很大，主要取决于其化学矿物组成，与制品的生产工艺无关。一般而言，由晶体构成的材料的热膨胀性与晶体中化学键的性质和键强有关。由共价键向离子键发展过程中，离子键强增加，其膨胀性也增加。具有较大键强的晶体和非同向性晶体中键强大的方向上，线胀系数较低。如碳化硅具有较高的键强，故线胀系数较低。又如层状结构的石墨，其垂直于 c 轴的层内原子键强大，线胀系数很低，仅为 $10^{-6}℃^{-1}$；而平行于 c 轴的层间分子键强小，线胀系数高达 $27\times10^{-6}℃^{-1}$。故凡由高度各向异性的晶体构成的多晶体，其线胀系数都很小，如堇青石和铝板钛矿多晶体都是低线胀系数的材料。具有氧离子紧密堆积结构的氧化物晶体，一般具有较高的热膨胀性。如 MgO，BeO，Al_2O_3，$MgAl_2O_4$ 和 $BeAl_2O_4$ 等都具有离子紧密堆积结构，故都具有很高的热膨胀性。

具有网状结构的玻璃制品，一般皆有很低的线胀系数，如石英玻璃全由硅氧四面体构成网络，正负离子间键强大，故线胀系数最小，仅为 $0.54\times10^{-6}℃^{-1}$。但是，当此种玻璃含有能使网络破断的碱金属氧化物时，则玻璃的线胀系数增大，而且随着加入的正离子与氧离子间键强的减小而增加。反之，若加入能参与网络构造使已断裂的硅氧网络重新连接起来的氧化物，例如在一定含量范围内，加入 B_2O_3，Al_2O_3，Ga_2O_3 等，随着加入量的增加可使线胀系数下降。若玻璃中含有键强大的离子，如 Zr^{2+}，Zr^{4+}，Th^{4+} 等，它们处于网络间隙中，对其周围硅氧四面体起聚集作用，增加了结构的紧密性，也使线胀系数下降。

2.2.3 导热性

耐火材料的导热性(thermal conductivity)，即其传递热量的能力，通常以导热系数来表示。热导率表示在能量传递过程中，在单位时间内、单位温度梯度下，单位面积所通过的热量。热导率的表达式为

$$\lambda=\frac{q}{(-\mathrm{d}T/\mathrm{d}x)} \tag{2-23}$$

式中 λ——材料的热导率，W/(m·℃)；

q——热流密度；

$\mathrm{d}T/\mathrm{d}x$——温度梯度。

当热流为单向均匀稳定状态，固体内的温度梯度为线性变化时，在一定时间内通过与热流方向垂直、温度不同的两面的总热量为 Q，则热导率为

$$\lambda=\frac{Q}{t}\frac{L}{F\Delta T} \tag{2-24}$$

式中 Q——传热量，J；

t——传热时间，s；

ΔT——热面与冷面的温差，℃；

L——试样厚度，mm；

F——传热面积，mm^2。

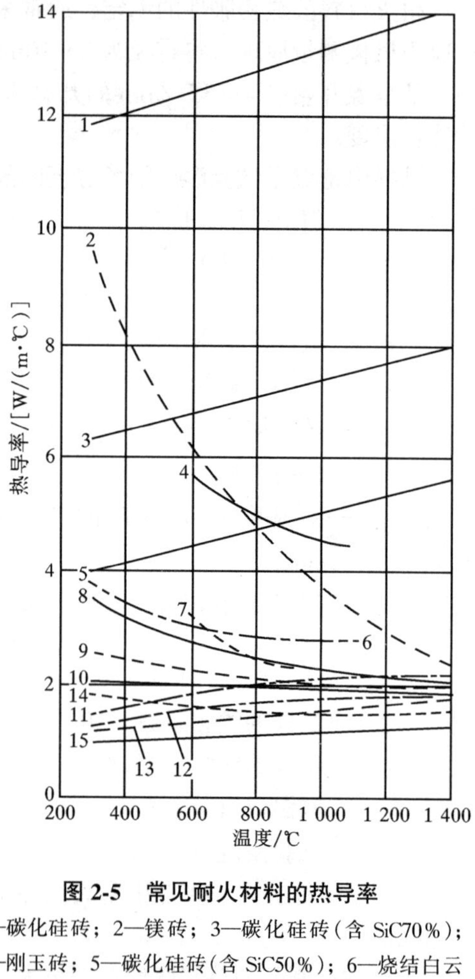

图 2-5 常见耐火材料的热导率

1—碳化硅砖；2—镁砖；3—碳化硅砖(含 SiC70%)；4—刚玉砖；5—碳化硅砖(含 SiC50%)；6—烧结白云石砖；7—氧化锆砖；8—铬镁砖；9—刚玉(含 α-$Al_2O_3$90%)；10—硅线石砖；11—橄榄石砖；12—铬砖；13—硅砖；14—致密黏土砖；15—黏土砖

各种耐火材料的热导率如图 2-5 所示。不同材质的热导率往往差别很大。在常温下，各种耐火材料的热导率可以从百分之几到数十(W/(m·℃))，最高值与最低值相差近千倍。随着温度升高，各种耐火材料的热导率差值虽趋于减小，但差别仍然很大。如 1 000℃时，轻质硅石的热导率仅为 0.35W/(m·℃)左右；再结晶碳化硅制品为 17.5W/(m·℃)左右；石墨可高达35W/(m·℃)。

耐火材料的热导率除受温度影响外，还与其化学矿物组成和组织结构密切相关。当耐火材料由晶体构成时，晶体的性质对热导率有明显的影响。众所周知，无机非金属材料的热导

率一般比金属低很多。这是由于无机非金属材料与具有金属键的金属不同，只有极少的自由电子。在这种材料中由自由电子引起的导热极为有限，而主要是由晶格振动偏离谐振程度而定。偏离谐振程度愈大，热导率愈小。而晶格振动偏离程度又随构成各组分物质摩尔质量的差别增大而增大，所以单质的热导率最大(石墨的热导率较大即在于此)。

具有复杂结构的晶体，对晶格的热辐射作用更大，热导率变得更小。如 MgO，Al_2O_3 和 $MgAl_2O_4$ 同为等轴晶，但因 $MgAl_2O_4$ 结构复杂，热导率较低。非同向性晶体，在沿晶体中质点密集的方向，热导率较大。如石英沿 c 轴方向质点堆积较密集，其热导率(13.6W/(m·℃))约为垂直于 c 轴方向者(7.2W/(m·℃))的 2 倍。又如层状结构的石墨，平行于层面方向的热导率约为垂直于层面方向的 4 倍。

若晶体存在缺陷，如形成置换型固溶体时，由于晶体结构的规则性遭受破坏，引起热散射现象，导致热导率降低。其它晶体缺陷如空位、位错等，也有相似的影响。同样，由于晶界的热散射现象，多晶材料的热导率较单晶者低；细晶粒构成的材料较粗晶粒构成者低。材料中含有杂质成分，由于也发生散射作用，故也使热导率降低。

当耐火材料中含有玻璃相时，由于非晶质的结构无序，原子间相撞几率大，故与晶体相比，导热系数较低。当耐火材料中含有气孔时，由于气体的热导率比固体小，所以随气孔率的增加，材料的热导率减小。这就是多孔材料热导率低的基本原因。

2.2.4　导电性

电弧炉、感应炉、等离子炉、电子轰击炉、电热式加热炉及其他一些炉子结构的某些元件，可以采用电器绝缘性能好的高级耐火材料制造。在管式电热器、电子工业、动力工业及新技术领域的某些装置上，可以采用耐火材料作电介体。在另外一些情况下，则恰恰相反，耐火材料应具有较高的导电性(electrical conductivity)。例如，利用耐火材料制作热电器、磁流体动力发电机装置等。因此，在每种具体情况下，耐火材料部件要符合用途要求，其导电性必须符合要求。

耐火材料的导电性，通常用电阻率表示。电阻率与热力学温度间的关系为

$$\rho = A e^{B/T} \tag{2-25}$$

式中　ρ——材料的电阻率，Ω·cm；

T——热力学温度，K；

A，B——与材料性质有关的常数。

耐火制品的电阻率，主要受其化学矿物组成、气孔率和温度等影响。例如，除碳质、石墨质和碳化硅制品外，大部分耐火材料在常温下是电的不良导体。但是，随温度升高，电阻减小，导电性增强，特别是在 1 000℃ 以上，导电性明显增强。如果加热到熔融状态时，会呈现出很高的导电能力。

气孔率对耐火制品导电有一定的影响，通常随气孔率的增加，电阻率增加。但在某些电阻率高的陶瓷中，气孔能使导电性提高。这主要是因为电荷沿气孔表面的迁移更方便(与表面扩散相似)。

杂质对电阻率的影响也很大。多元体系耐火材料中的杂质，并不是作为点状缺陷、电子缺陷及新的动力水平的来源影响电阻率，而是作为决定结晶界面上得到硅酸盐玻璃相的材料来源而影响导电性。对一般电阻率高的耐火材料而言，耐火材料的电阻率由基质成分和硅酸

玻璃相的电阻率共同决定。常温时，因两者的电阻率均较高，杂质成分的影响不明显。当温度升高时，玻璃相比结晶相的电阻率降低得快，结果能显著地提高耐火材料的导电性。

2.3 耐火材料的力学性能

耐火材料的力学性能是指耐火材料在承受载荷时抵抗形变和断裂的能力。耐火材料在承受载荷时，要产生形变。这种形变随载荷的增加而增大，一般首先经弹性变形再塑性变形直至断裂。根据作用于材料上的应力方向的不同，如压缩应力、拉应力、剪切应力、弯曲应力、摩擦力或撞击力等，相应地将材料的强度分为耐压强度、抗折强度、抗剪强度、耐磨性和抗撞击性等。

检验不同条件下耐火材料的力学性能，对于了解耐火材料抵抗破坏的能力、掌握材料的受损机理和研究开发高质量耐火制品都有着十分重要的意义。本节介绍耐火材料的主要力学性能指标，包括耐压强度、抗折强度、蠕变性、弹性模量和耐磨性等。

2.3.1 常温耐压强度

常温耐压强度(cold crushing strength，缩写为CCS)是指常温下材料的单位面积所能承受的最大压力，即

$$S=\frac{P}{A} \tag{2-26}$$

式中 S——试样的常温耐压强度，MPa；

P——试样破坏时所承受的最大载荷，N；

A——试样受压面积，mm^2。

国家标准(GB/T5072—1985)规定了致密耐火制品常温耐压试验方法：在常温下，用压力试验机以规定的速率，对规定尺寸的试样加载，直至试样断裂。然后根据所记录的最大载荷和试样承受载荷的面积，计算其抗压强度。图2-6是一些常用耐火材料的常温耐压强度。

常温耐压强度是耐火制品的重要技术指标之一。在一般热工设备中耐火材料所承受的静载荷不大，一般不超过0.1～0.2MPa，炉顶也不超过0.4～0.5MPa，大型高炉炉底砖、热风炉炉顶，最大载荷也不超过1.0MPa，除因运输和砌筑不当，使材料受撞击和挤压而可能产生破损外，很少因材料的常温耐压强度较低而破坏。现行标准中皆规定耐火制品的常温耐压强度不低于10～15MPa，对高级耐火制品要求在25～30MPa以上，主要是因为耐火制品的常温耐压强度是其组织结构的参数，特别是显微结构的敏感参数。而材料的显微结构的形成受其制备过程中各种工艺参数的制约，如原料的特征及配料比、颗粒大小和级配，以及颗粒间的结合、成型方法和烧结状态等，都对材料的显微结构有重要影响。因此，常温抗压强度是检验现行工艺状况的可靠方法。另外，通过材料的常温耐压强度可间接地评定其他力学性质的优劣，如一般耐火制品的常温耐压强度约为抗折强度的2～3倍，为抗拉强度的5～10倍；良好的耐磨性和耐冲击性等都与其较高的常温耐压强度相对应。而且，测定常温耐压强度的方法简便。因此，常温耐压强度是判断制品质量的常规检验项目。

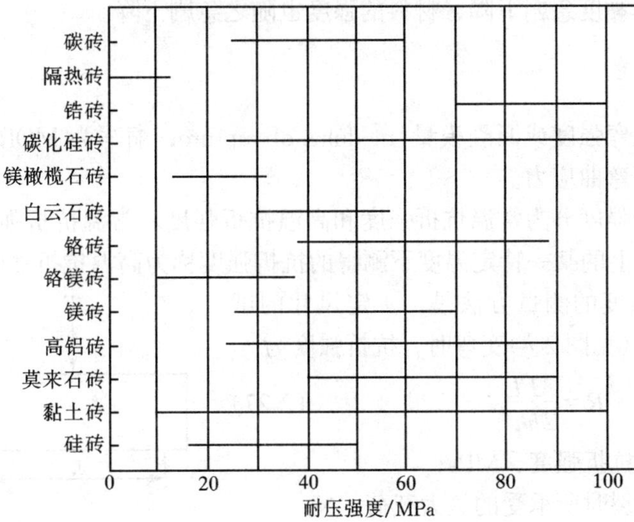

图 2-6　常见耐火材料的常温耐压强度

2.3.2　高温耐压强度

耐火材料的高温耐压强度(hot crushing strength，缩写为 HCS)是指材料在高于 1 000～1 200℃的高温热态下单位面积所能承受的最大压力(单位为 MPa)。耐火材料的耐压强度一般随温度的升高而有明显的变化。从常温起随温度升高，强度呈直线下降。此后，有些材料仍随温度升高而继续下降；有些材料当温度升至一定范围内时，则随温度升高而升高，并在某一特定温度下达到最大值，随后急剧下降。图 2-7 是一些常用耐火材料高温耐压强度随温度的变化情况。

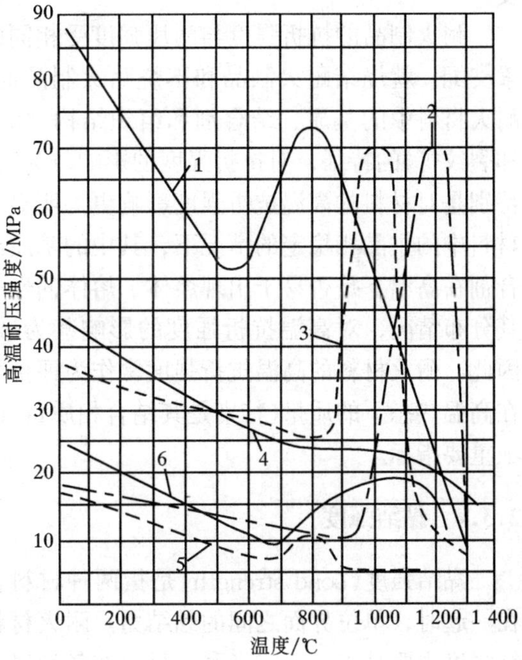

图 2-7　常见耐火材料的高温强度曲线

1—刚玉砖；2—黏土砖；3—高铝砖；4—镁砖；5，6—硅砖

耐火制品高温耐压强度的变化受材料中的某些组分，特别是其中的基质或其结合相在高温下发生的变化所控制。一般而言，完全由晶体构成的烧结耐火材料，因高温下其中晶粒及晶界易发生塑性变形，特别是当其加荷速度较小时更易发生塑性变形，故其强度随温度的升高而降低。当其中部分晶相间在高温下熔融或形成熔融体时，如硅砖、黏土砖和高铝砖，其基质主要由玻璃相构成，随着温度的升高，此种多相材料的强度也因显微结构随温度变化而降低。当温度进一步提高后，由于玻璃相的黏度由脆性变为强韧性，使材料颗粒间结合更为牢固，从而使强度明显提高。而后，随着温度

升高，因材料中熔体黏度急剧下降，材料的强度也随之急剧下降。

2.3.3　抗折强度

抗折强度亦称抗弯强度或断裂模量(modulus of rupture，缩写为 MOR)，是指材料单位面积所能承受的极限弯曲应力。

耐火材料的抗折强度分为常温抗折强度和高温抗折强度。常温抗折强度在常温下测得，在 1 000～1 200℃以上的某一特定温度下测得的抗折强度称为高温抗折强度。

耐火制品抗折强度的测量方法是，一定尺寸的试样在三点弯曲装置上(见图 2-8)变弯时，抗折强度为

$$R = \frac{3FL}{2bh^2} \tag{2-27}$$

式中　R——试样的抗折强度，MPa；

F——试样断裂时所承受的最大载荷，N；

L——两支点间的距离，mm；

b——试样宽度，mm；

h——试样高度，mm。

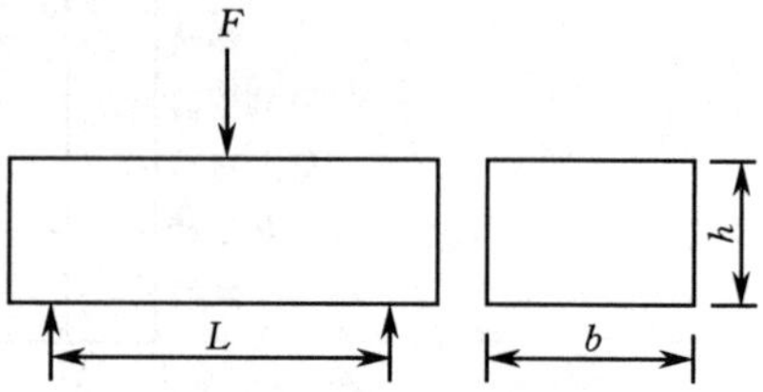

图 2-8　试样三点弯曲简图

图2-9 是一些常见耐火制品的高温抗折强度。

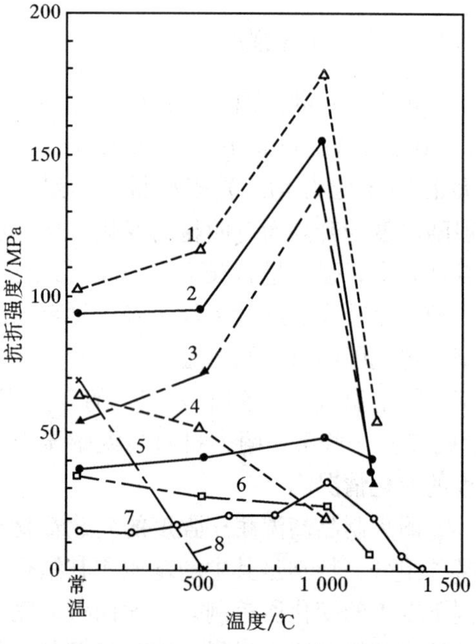

图 2-9　常见耐火材料的抗折强度曲线

1—白云石砖；2—高铝砖；3—叶蜡石砖；4—镁砖；5—硅砖；6—铬砖；7—熟料砖；8—不烧镁铬砖

耐火制品的抗折强度与耐压强度受相同的因素支配。就烧结耐火制品和不烧耐火制品而言，耐火材料中的基质、结合剂和组织结构(如气孔和裂纹等)的特征，对抗折强度的影响较为明显，特别是对材料的高温抗折强度影响更为明显。在材料中的主晶相稳定的情况下，其中的基质或结合剂在高温下是否易于出现熔体、熔体的性质及其分布情况，对高温抗折强度的影响甚为敏感。因此，耐火材料的高温抗折强度常作为评价材料在高温热态下的质量(特别是其结合相质量)的一项重要指标。

2.3.4　黏结强度

黏结强度(bond strength)是指两种材料黏结在一起时，单位界面之间的黏结力。耐火材料黏结强度主要是表征不定形耐火材料在各种温度及特定条件下的强度指标。不定形耐火材料在使用时，要有一定的黏结力，以使其有效地黏结于施工基体。

根据受力方向不同，耐火材料的黏结强度可分为抗弯黏结强度和抗剪切黏结强度。

国家标准(GB5024.3)规定了耐火泥浆冷态抗折强度试验方法。其要点是，用作试验的耐火泥浆将耐火砖试块黏结成一定尺寸的平行六面体试样，经烘干和焙烧后，在室温下以恒

定速率对试样黏结面施加弯曲应力，直至黏结面断裂。

抗折黏结强度为

$$R = \frac{3FL}{2bh^2} \tag{2-28}$$

式中　R——试样的抗折黏结强度，MPa；

F——试样黏结面断裂时所承受的最大载荷，N；

L——两支点间的距离，mm；

b——黏结面处试样的宽度，mm；

h——黏结面处试样的高度，mm。

国家标准(GB5024.4)规定了耐火泥浆冷态抗剪切黏结强度试验方法。其要点是，用作试验用的耐火泥浆将耐火砖试块黏结，经烘干或焙烧后，在室温下进行抗剪试验，直至黏结面断裂。

抗剪黏结强度为

$$B_s = \frac{F}{A} \tag{2-29}$$

式中　B_s——抗剪黏结强度，MPa；

F——试件黏结面断裂时的最大载荷，N；

A——试件的黏结面积，mm^2。

2.3.5　蠕变性

当耐火材料承受低于极限强度的一定应力时会产生塑性变形，变形量随负荷时间延长而增加，甚至导致材料破坏。这种受外力作用产生的变形随时间而增加的现象称为蠕变(creep properties)。耐火材料的高温蠕变性是指制品在高温应力作用下随着时间变化而发生的等温变形。高温蠕变性可分为高温压缩蠕变、高温拉伸蠕变、高温弯曲蠕变和高温扭转蠕变等。其中最常用的是高温压缩蠕变。压缩蠕变性以蠕变率 ε 来度量，即

$$\varepsilon = \frac{L_n - L_1}{L_0} \times 100\% \tag{2-30}$$

式中　ε——蠕变率，%；

L_0——试样原始高度，mm；

L_1——试样恒温开始时的高度，mm；

L_n——试样恒温 nh 后的高度，mm。

测定耐火材料蠕变的意义在于，研究耐火材料在高温下由于应力作用而产生的组织结构的变化，检测制品的质量和评价生产工艺。此外，测定耐火制品在不同温度和荷重下的蠕变曲线，可以了解制品发生蠕变的最低温度、不同温度下的蠕变率和高温应力下的变形特征，确定制品保持弹性状态的温度范围和呈现高温塑性的温度范围等。这在窑炉设计时，对预测耐火制品在实际应用中承受负荷的变化，评价制品的使用性能等有着实际意义。

耐火材料典型蠕变曲线如图 2-10 所示。耐火材料的蠕变主要受温度、应力、时间和材料结构的影响。材料所处的温度愈高，承受应力愈大，时间愈长，蠕变率就愈大。

当耐火材料完全由晶体构成时，蠕变除受到与晶体弹性有关的晶体的键强影响以外，主

要受晶体内空位扩散、位错移动、晶体滑移和晶粒间的结合状态控制。晶体缺陷较小，晶界较少以及晶间穿插结合较强，皆不易产生严重蠕变。

当材料含有玻璃相，特别是当玻璃相为连续相时，材料的蠕变受玻璃相控制。玻璃相的量愈多和黏度愈低，材料在低应力下即可产生黏性流动，故在高温下蠕变愈严重。当耐火材料中含有在高温下可能形成液相的杂质时，杂质形成的液相量愈多，其黏度随温度升高而降低愈快，则蠕变愈严重。耐火材料中晶粒边界处的气孔或裂纹可直接引起晶粒边界的滑移。另外，在高温下材料中的液相可向固相间的气孔中渗透，特别是向 25μm 以下的中小气孔中渗透，因而气孔的存在，通过液相的迁移影响蠕变。所以，材料的气孔对蠕变影响很大。提高材料的气孔率，实际上可以提高其蠕变率。

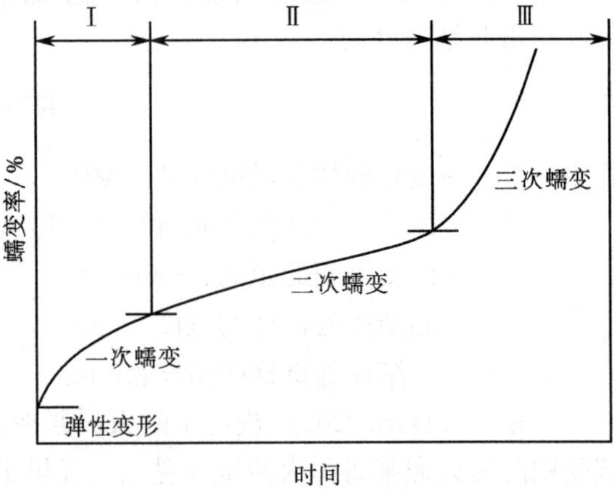

图 2-10　典型高温蠕变曲线

2.3.6　弹性模量

弹性模量(modulus of elasticity，缩写为 MOE)是指材料在外力作用下产生变形，在弹性极限内应力与应变(压缩或伸长)的比例关系。其数值为试样横截面积所受正应力与应变之比，亦可表征材料抵抗变形的能力。

当材料受到拉伸或压缩时，在弹性极限内的应力与应变之比，称为纵向弹性模量或杨氏模量，即

$$E=\frac{\sigma}{\varepsilon} \tag{2-31}$$

式中　E——弹性模量，MPa；

σ——材料所受应力，MPa；

ε——材料的应变。

当材料受剪切应力时，在弹性极限内剪切应力同剪切应变之比，称为切变模量，或称刚量模量，即

$$G=\frac{\tau}{\theta} \tag{2-32}$$

式中　G——切变模量，MPa；

τ——剪切应力，MPa；

θ——剪切应变，rad。

材料的弹性模量受晶体键强控制，即弹性模量与晶格粒子间结合力的大小密切相关。几种晶体中，原子晶体的共价键结合最强，故弹性模量最大；分子晶体的结合力最弱，弹性模量最小。若晶体中空位和位错等缺陷较多，或晶界、晶粒中解离充分，则弹性模量较低。另外，材料的弹性模量也与其密实程度和各组分间的结合强度等状况有关。一般而言，材料的

气孔率愈高，其弹性模量愈低。材料的各组分间结合较弱时，其弹性模量变小。由此可见，耐火材料的弹性模量还与材料内部各组分间的配合、泥料的制备和成型是否适当以及烧结是否充分有关。因此，对特定组分的耐火材料而言，也可依据弹性模量的高低评价其成型和烧结的优劣。

耐火材料的弹性模量一般随温度变化。多晶体的弹性模量，在一定的温度范围内，因多晶体内粒子间距增大，空位和位错等缺陷增加，随温度升高而缓慢降低。当温度达到某一范围时，还常有随温度升高而急剧下降的现象。这是晶界间滑移发展的结果。含有一定量玻璃相基质的耐火材料，在一定温度范围内，由于结构的致密化和结晶体间的结合力增强，弹性模量随温度升高而增加。当温度超过一定范围后，由于基质软化，转为下降，即弹性模量有一最大值。对此种材料，由其弹性模量随温度变化的状况，可以判定材料由弹性体转化为塑性-黏性变形体的温度范围。当材料随温度变化有晶型转化时，其弹性模量必随温度变化而有相应变化，并且多数可以其最小值作为标志。当材料物相随温度升高可能产生化合或分解反应时，或有某种气相不断形成和逸出，可能导致材料的致密度降低时，其弹性模量在此温度范围内必定随温度升高而降低，如不烧耐火制品多有此现象。镁砖在 600～700℃ 时出现最低值，也就是由于有一部分 MgO 消化后又发生分解而引起的。

耐火材料的弹性模量同其耐压强度、抗折强度和耐磨性有大致成正比的关系。耐火材料的弹性模量对其抗热震性影响甚大。

2.3.7　耐磨性

耐火材料的耐磨性(wearing resistance)是指耐火材料抵抗固体、液体和含尘气流对其表面的机械磨损作用的能力。

在多数情况下，耐火材料表面由机械磨损作用而造成的危害很严重。机械磨损常常是耐火材料工作表面损耗的直接原因。有时，机械磨损比化学侵蚀危害还大，或者由化学侵蚀作用引起的危害，因机械作用而加剧。如高炉上部耐火材料内衬和铁水沟常因耐磨性不足而损耗。焦炉碳化室耐火材料也易受焦炭磨损，炼钢转炉口、出钢口以及其他受气流冲刷和各种熔融液流经之处，都常因材料耐磨性不足而损耗。因此，耐磨性是耐火材料的一项重要性能指标。

耐火材料的耐磨性取决于材料的组成与结构。当材料为单一晶体构成的致密多晶时，其耐磨性主要取决于组成材料的矿物晶相的硬度。硬度越高，材料的耐磨性越好。当矿相为非同向性晶体时，晶粒越细小，材料的耐磨性越好。当材料由多相构成时，其耐磨性还与材料的体积密度或气孔率有直接关系，也与各组分间的结合强度有关。因此，对常温下某一耐火材料而言，其耐磨性能与耐压强度成正比，烧结良好的制品的耐磨性也较好。

耐火材料的耐磨性与温度有关。有的耐火材料(如铝硅系耐火制品)，一般认为它在一定温度下(如 700～900℃ 以内的弹性范围内)，温度愈高耐磨性愈差，即可认为当温度提高后随着弹性模量的增加，耐磨性有所降低。当温度继续升高，弹性模量达到最大值以后，随着弹性模量的降低，耐磨性又有所提高。如硅酸铝质耐火制品在 1 200～1 350℃ 时，耐磨性甚至优于常温时。当温度进一步提高，达到 1 400℃ 以上时，由于制品中的液相黏度急剧降低，耐磨性随之降低。但有些耐火材料，如含铬制品，随温度升高，耐磨性增加。

2.4　耐火材料的使用性能

耐火材料在使用过程中，除了要承受高温热负荷作用外，还要承受来自炉料和环境的重负荷作用和其他物理化学作用。耐火材料的使用性能，就是其在高温条件下抵抗这些来自外部的作用而不易损坏的性质。根据耐火材料的使用性能，不仅可以判断耐火制品的优劣，还可以根据具体使用条件，选择合适的耐火制品。耐火材料的使用性能主要包括：耐火度、荷重软化温度、重烧线变化率、抗热震性、抗渣性、抗酸性、抗氧化性、抗水化性和抗 CO 侵蚀性等。

2.4.1　耐火度

耐火度(refractoriness)是指耐火材料在无荷重条件下，达到特定软化程度的温度，表征材料抵抗高温作用的性能。

耐火度与熔点的区别在于，熔点是晶体加热时固相与液相处于平衡时的温度；耐火度是指多相体达到某一特定软化程度的温度。由于多数耐火制品为多相非均质材料，无一定熔点，从开始出现液相到完全熔化是一个渐变过程，在一个相当宽的温度区间内，液固两相并存。因此，为了准确表征耐火材料在高温下的软化和熔融特征，只能用耐火度来衡量。

国家标准(GB/T 7322—1997)规定了耐火材料耐火度的测量方法，其具体要点是，将被测材料制成与标准测温锥形状、尺寸(下底边长 8mm，上底边长 2mm，高 30mm)相同的截头三角锥，在规定的加热条件下，与标准测温锥弯倒情况相比较，直至试锥顶部弯倒接触底盘，此时与试锥同时弯倒的标准测温锥可代表的温度即为试锥的耐火度。试锥在不同熔融阶段的弯倒情况如图 2-11 所示。

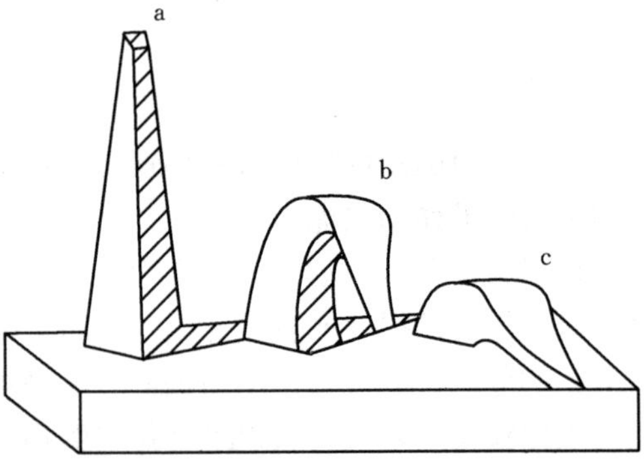

图 2-11　试锥在不同熔融阶段的弯倒情况

a—熔融开始以前；b—在相当于耐火度的温度下；c—在高于耐火度的温度下

耐火材料的耐火度通常用标准测温锥的锥号表示。各国标准测温锥规格不同，锥号所代表的温度也不一致。我国通用的标准锥通常以 WZ 加锥号来表示，锥号乘以 10 即为所代表的温度。如试锥与 WZ175 号标准锥同时弯倒，则试样的耐火度为 1 750℃ 。表 2-1 是一些常用耐火原料和制品的耐火度。

表 2-1　一些常用耐火原料和制品的耐火度

制　品	耐火度/℃	制　品	耐火度/℃
结晶硅石	1 730～1 770	高铝砖	1 770～2 000
硅　砖	1 690～1 730	镁　砖	>2 000
硬质黏土	1 750～1 770	白云石砖	>2 000
黏土砖	1 610～1 750		

耐火材料的试锥在高温下的弯倒程度，主要取决于固相和液相的数量比、液相的黏度和高熔点晶相的分散程度。通常锥体达到耐火度时，多数含液相约为70%～80%，液相黏度约为10～50Pa·s，并随材料不同而各异。因此，可以认为耐火材料耐火度的高低除与测定条件，特别是与试锥的粒度组成和升温速度以及某些材料与测定气氛有关外，主要受材料的化学和矿物组成控制。对于各种单一组分构成的耐火材料而言，主要取决于化合物熔点的高低；对于多组分构成的耐火材料而言，取决于主成分和其他成分的数量比。杂质会严重降低材料的耐火度。如对 Al_2O_3 质量分数在20%～80%之间的硅铝系耐火材料而言，耐火度 t 可近似地以 Al_2O_3 和杂质R的质量分数量估算，即 $t = 1580 + 4.386w(Al_2O_3\text{-R})$。因此，欲提高耐火材料的耐火度，必须提高主成分和主晶相的数量，并尽量降低杂质。

2.4.2 荷重软化温度

耐火材料的荷重软化温度(refractoriness under load)是指耐火制品在持续升温条件下承受恒定载荷产生变形的温度。它表示了耐火材料同时抵抗热负荷和重负荷两方面作用的能力，在一定程度上表明了制品在与其使用情况相似条件下的结构强度。

我国标准规定用示差-升温法测定耐火制品的荷重软化温度。其原理是，在规定的恒压载荷和升温速率下加热圆柱体试样，直到试样产生规定的压缩变形，记录升温时试样的形变，测定其达到规定形变量时的相应温度。所用试样直径为50mm，高50mm，中心孔径为12～13mm的中空的圆柱体。施加在试样上的载荷为0.2MPa。1 000℃以下时升温速度为4～5℃/min,高于1 000℃时为5～10℃/min。记录试样中心温度及变形量，绘制温度-变形曲线，再利用预先已测得的相当于通常试样高度的氧化铝管的温度-膨胀曲线，对试验所得的温度-变形曲线进行校正，分别报告自试样膨胀最高点起，压缩试样原始高度的变形量为0.5%，1.0%，2.0%和5.0%相对应的 $T_{0.5}$，$T_{1.0}$，$T_{2.0}$和 $T_{5.0}$，作为耐火材料的各级荷重软化温度。对有些耐火材料，当加热至某一温度时，突然溃裂或破裂，无法测定各种变形温度，则以发生此现象的温度作为溃裂点或破裂点。

各种耐火制品的荷重变形曲线和荷重变形温度分别如图2-12和表2-2所示。

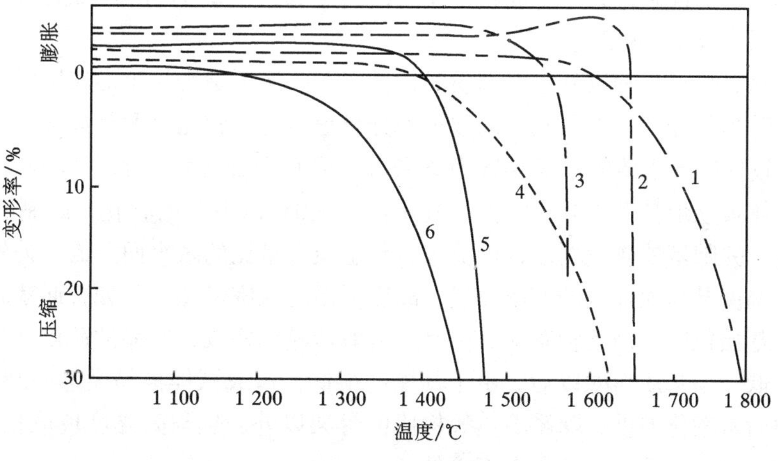

图2-12 各种耐火材料的荷重变形曲线

1—高铝砖($w(Al_2O_3)=70\%$)；2—硅砖；3—镁砖；4，6—黏土砖；5—半硅砖

表 2-2　几种耐火制品的 0.2MPa 荷重变形温度　℃

制　品	0.6% 变形温度(T_H)	4% 变形温度	40% 变形温度(T_K)	T_K-T_H
硅砖(耐火度 1 730℃)	1 650	—	1 670	20
一级黏土砖($w(Al_2O_3)=40\%$，耐火度 1 730℃)	1 400	1 470	1 600	200
三级黏土砖	1 250	1 320	1 500	250
莫来石砖($w(Al_2O_3)=70\%$)	1 600	1 660	1 800	200
刚玉砖($w(Al_2O_3)=90\%$)	1 870	1 900	—	—
镁砖(耐火度大于 2 000℃)	1 550	—	1 580	30

从图 2-12 可以看出，黏土砖的开始荷重软化变形温度较低，荷重变形温度曲线比较平缓，开始变形与变形达 30%时的温度相差近 350℃。镁砖的开始软化变形温度较高，开始变形后持续变形不足 10%即破裂。硅砖的开始软化变形温度较高，但达到软化变形温度后几乎立即溃裂。另外，从各种耐火材料的耐火度与其开始荷重软化温度的对比也可以看出，硅砖仅相差数十度；黏土砖一般相差数百度；普通镁砖大约相差千度以上。

各种耐火材料开始荷重软化温度和荷重变形温度曲线的不同，主要取决于制品的化学矿物组成，也在一定程度上与其微观结构有关。其中影响显著的因素主要有：主晶相的种类和性质，以及主晶相和次晶相间的结合状态；基质的性质和基质同主晶相、主晶相和次晶相的数量比及分布状态。另外，制品的致密度和气孔的状况也有一定的影响。

当制品完全由单相多晶体构成时，制品的荷重软化温度与晶相的熔点相对应。例如由高熔点晶体构成的高纯耐火制品的荷重软化温度必定较高。高纯烧结刚玉荷重开始软化温度可达 1 870℃。当制品中的高熔点晶体互相接触或互相交织形成坚强网络结构时，其荷重软化温度必定较高。反之，高熔点晶相呈孤立状态时，其荷重软化温度必定较低。如硅砖的相组成主要是鳞石英和少量方石英。由于鳞石英在砖中形成矛头状双晶互相交织的网络结构，故荷重软化温度皆很高，开始软化的温度多在 1 650℃以上，有的高达 1 800℃以上，高于鳞石英的熔点。又如普通镁砖，其中主晶相方镁石的熔点高达 2 800℃，但因主晶相被孤立，故荷重软化开始温度仅 1 550℃左右。

当制品中除高熔点晶相以外还有基质时，基质在高温下是否易于形成熔体，熔体的黏度是否易随温度升高而降低，以及基质的数量和分布等对荷重软化温度有显著影响。例如黏土砖和含 Al_2O_3 较低的高铝砖的主晶相皆为莫来石，因其中都有较多的富含 SiO_2 的玻璃质基质，莫来石晶体孤立地分散于其中。由于基质在 1 000℃以下开始软化，故制品开始软化变形的温度较低，并随基质含量增多，即莫来石与基质含量比的减小而降低。另外，由于此种基质的黏度随温度升高而降低的速率较慢，故变形温度范围较宽。又如普通镁砖的主晶相方镁石晶粒多被基质包围，而此种基质又由易熔硅酸盐晶体构成，制品的荷重软化温度受基质控制，因而较低。当基质熔融以后，由于其黏度很低，造成试样极易突然破裂。再如硅砖，其具有很高的荷重软化温度，除鳞石英等构成的骨架以外，也与高黏度玻璃相的基质有关。随着气孔率的增加，荷重软化开始温度降低。

综上所述，为了提高耐火制品的荷重软化温度，必须确保原料的纯度和烧成温度，降低基质含量，改善基质的性质与分布，提高制品的致密性和晶体的良好发育长大与结合。为此。必须正确选用原料组成及其配比和制定合理的工艺方法与制度。

荷重软化温度是评价耐火材料质量的一项重要的技术指标。测定荷重软化温度时的热负荷和重负荷共同作用的条件接近耐火材料服役时的许多实际状况，其中开始软化变形温度可作为在相近工作条件下大多数耐火材料使用温度上限的参考值。一般而言，除耐火材料在服役时所承受的重负荷很低以外，若在热负荷和重负荷的双重作用下服役，而且重负荷接近 0.2MPa 时，最高使用温度应该控制在此极限值以下。软化或由软化至溃裂的过程，可作为对材料的矿物组成与结构等特点及其工艺制度合理与否的判据，从而为改进耐火材料的质量和正确选材提供依据。应该指出的是，耐火材料的软化温度基本上是瞬时测定的，而绝大多数耐火制品在实际中是长期服役的，即长期在热负荷和重负荷共同作用下工作，从而使耐火材料的变形和裂纹易于持续地发展，并可导致损毁。随着重负荷增大，变形加快、加大。因此，耐火材料的荷重软化温度仅能在确定耐火材料的最高使用温度时参考。

2.4.3　重烧线变化率

重烧线变化率(linear change rate on reheating)是指烧成耐火制品再次加热到规定温度，保温一定时间，冷却到室温后所产生的残余膨胀或收缩。正号“+”表示膨胀，负号“-”表示收缩。

化学组成一定的耐火制品产生重烧线变化的原因，主要是耐火制品在烧成过程中，由于温度不均匀或时间不足等，导致烧成时一些物理化学反应进行不充分或部分组分有晶型转化。其中重烧膨胀是由于一些高密度的反应物形成低密度产物的反应，或高密度晶型向低密度晶型转化未充分完成所致。如由含 $Al_2O_3$70%左右的水铝石-高岭石型铝矾土为原料制成的高铝砖和由石英为原料制成的硅砖烧成不充分时，分别因二次莫来石化不足和鳞石英与方石英化不足而产生重烧膨胀。与此相反，重烧收缩是由于制品在烧成过程中的高密度化、晶型转化、形成新产物的反应和再结晶以及其他固相与液相烧结反应未充分完成所致。其中烧成温度及保温时间，通过形成的液相量及其表面张力和黏度，对收缩影响尤为显著。如镁质制品、刚玉制品、黏土制品，都易发生此种现象。

根据我国标准，测量重烧线变化率的试验方法是，从耐火制品上取长 50mm、宽 50mm、高 60mm 的长方形棱柱体，或 Φ50mm、高 60mm 的圆柱体，在加热炉内加热到规定的温度，保温一定时间，冷却后，测量试样长度。

重烧线变化率为

$$L_c = \frac{L_1 - L_0}{L_0} \times 100 \tag{2-33}$$

式中　L_c——试样重烧线变化率，%；

L_0——试样加热前的长度，mm；

L_1——试样加热后的长度，mm。

常用耐火制品的重烧线变化率指标如表 2-3 所示。

重烧线变化率是评价耐火制品质量的一项重要指标。对判别制品的高温体积稳定性，从而保证砌筑体的稳定性，减少砌筑体的缝隙，提高其致密性和耐侵蚀性，避免砌筑体整体结构的破坏，都具有重要意义。而且，由耐火制品的重烧变化，可判别耐火制品的生产工艺制度的合理性。

表 2-3 常用耐火材料的重烧线变化率

材　质	品　种	测试条件	指标值/%	
黏　土	N-1	1 400℃，2h	+0.1	-0.4
	N-2a	1 400℃，2h	+0.1	-0.5
黏土质	N-2b	1 400℃，2h	+0.2	-0.5
	N-3a，N-3b，N-4，N-5	1 400℃，2h	+0.2	-0.5
硅　质	JG-94	1 450℃，2h	≤0.2	
高铝质	LZ-75，LZ-65，LZ-55	1 500℃，2h	+0.1	-0.4
	LZ-48	1 450℃，2h	+0.1	-0.4
镁及镁硅质	MZ-91	1 650℃，2h	≤0.5	
	MZ-89	1 650℃，2h	≤0.6	

2.4.4　抗热震性

抗热震性(thermal shock resistance)又称热震稳定性、抗温度急变性、耐急冷急热性等，是指耐火制品对温度急剧变化所产生损伤的抵抗能力。

耐火材料在使用过程中，经常会遭受到温度急剧变化的作用，如冶金炉炉衬在两次熔炼的间歇中，盛钢桶衬砖在两次盛钢与浇注的交替中，其他非连续式窑炉或容器的间歇操作中，都因温度急剧变化，即热震作用而开裂、剥落和崩溃。因此，当耐火材料在使用中，其工作温度有急剧变化时，必须考察其抗热震性。

2.4.4.1　热应力

耐火材料在热震作用下发生开裂、剥落和破坏的根源，是由于材料在加工或冷却过程中热胀冷缩产生热应力所致。

均质材料内的热应力，既可发生在温度均匀时变形受到的约束，也可产生于其内部有温度梯度时变形受到的约束。当材料为非均质或由多相体构成时，由于晶体各相或各相间膨胀性不同，受温度变化影响，材料内部产生热应力。耐火材料多为非均质或多相，而且在热震作用下内部总存在温度梯度，必将产生热应力。由于耐火材料是脆性材料，韧性很低，抗拉强度和剪切强度都较低。当热应力达到制品的抗拉强度极限或剪切强度极限时，就产生裂纹或断裂。

耐火材料因热震而遭破坏的过程比较复杂，大致可分为裂纹的形成和裂纹的扩展两个阶段。

在裂纹形成过程中，导致材料产生裂纹的根本原因是热应力。当材料在弹性极限内加热或冷却，温度变化及温度分布均匀，变形完全受到约束时的热应力受材料的热膨胀系数、弹性模量和泊松比以及温度变化程度控制，此时的抗压应力和剪切热应力为

$$\sigma = \bar{\alpha}E(\Delta T)\frac{1}{1-\mu} \tag{2-34}$$

$$\tau = \bar{\alpha}G(\Delta T)\frac{1}{1-\mu} \tag{2-35}$$

式中　σ，τ——拉压热应力和剪切热应力，MPa；

$\bar{\alpha}$——材料的平均线胀系数，℃$^{-1}$；

E，G——弹性模量和切变模量，MPa；

ΔT——开始温度与计算热应力时的温度之间的温差，℃；

μ——材料的泊松比。

由式(2-34)，(2-35)可见，当材料内的热应力 σ 达到材料极限应力 σ_f，即材料的强度极限时，在加热和冷却过程中，其内部总存在一定的温度梯度。在材料的弹性极限内，耐压强度≫抗拉强度，剪切强度＞抗拉强度，故常因抗拉强度不足而开裂。在加热时，常在材料内部产生裂纹；在冷却时，常在材料表面产生裂纹。

2.4.4.2　抵抗热震开裂

若将耐火材料内产生热应力达到强度极限的温差作为极限温差，即安全温差，以 ΔT_f 表示。并以此作为材料抵抗裂纹形成能力的标志，则此极限温差为

$$\Delta T_f = \frac{\sigma_f(1-\mu)}{\bar{\alpha}E} \tag{2-36}$$

式中　ΔT_f——极限温差，即安全温差，℃；

σ_f——材料的极限应力，即材料的强度，MPa。

通常，将此材料抵抗热震而不产生裂纹的极限温差作为抵抗裂纹形成能力的标志，称之为抵抗热震开裂系数，并以 R 表示，即

$$R = \frac{\sigma_f(1-\mu)}{\bar{\alpha}E} \tag{2-37}$$

显然，若热震温差 $\Delta T < R$，材料不会产生裂纹；若热震温差 $\Delta T > R$，必导致材料形成裂纹。R 愈大，说明材料抵抗温度急剧变化而不开裂的能力愈强。

当制品缓慢加热或冷却时，表面温度与周围气温接近，导热性很高而厚度很小时，内部的温度变化速率很小，抵抗裂纹形成系数可以提高，常以 R'表示，即

$$R' = KR \tag{2-38}$$

式中　K　　大于 1 的系数。

当制品的表面加热速率和冷却速率固定，即恒速受热或冷却时，制品内部各点温差稳定，抵抗裂纹形成的能力还与材料的导温系数 a 有关，此时抵抗裂纹形成系数可以 R''表示，即

$$R'' = aR \tag{2-39}$$

由式(2-39)可以看出，为了避免材料因受热震而产生裂纹，必须降低材料的热膨胀系数。镁砖抗热震性较差，主要是由于其膨胀系数较高。由铝板钛矿($Al_2O_3 \cdot TiO_2$)构成的耐火材料抗热震性很高，正是由于其线胀系数很低所致。石英玻璃制品皆有非常好的抗热震性。由此可知，若温度变化时有晶型转化并产生体积效应，则对抗热震性的影响十分严重。如硅砖在 600℃ 以下抗热震性很低，就是因为有晶型转化。

提高材料的强度，特别是提高其抗拉强度、剪切强度以提高抗裂纹形成的能力，并同时降低材料的弹性模量以及泊松比，从而降低可能产生的热应力，对提高材料抗裂纹形成能力也是有效的。

2.4.4.3　抵抗热震损坏

当材料受热震作用形成裂纹以后，或材料中原有裂纹存在，若裂纹并不继之扩展，只以

微细的裂纹形式存在于材料之中，虽可使材料的结合强度降低，但并不会造成材料的剥落与损坏。只有当材料在形成裂纹之后，又继之使裂纹扩展、蔓延，才可造成材料的剥落和损坏。因裂纹的扩展造成的剥落和损坏称为热震损坏。热震损坏通常以弹性应变能与断裂表面能之间的平衡来判断。

当一个半径为 r 的受热球体沿径向的温度分布为抛物线形，球中心的热应力相当于材料极限应为 σ_f 时，球体所蕴藏的总弹性应变能为

$$W=\frac{4\pi r^3\sigma_f^2(1-\mu)}{3E} \tag{2-40}$$

若这些能量由于裂纹扩展产生的 N 个截面积为 $2A$ 的裂纹而消耗殆尽，裂纹扩展的单位断裂表面能为 γ，则裂纹扩展所支付的总断裂表面能为 $U=2AN\gamma$。根据弹性应变能与断裂表面能建立平衡 $W=U$，则可得裂纹扩展面积 $A=\frac{2\pi r^3(1-\mu)}{3NE\gamma}\sigma_f^2$。若将裂纹面积 A 和球的截面积(πr^2)之比看作相对裂纹面积 A'，则此相对裂纹面积与材料物性的关系为

$$A'=\frac{2\sigma_f^2(1-\mu)}{3E\gamma}\left(\frac{r}{N}\right) \tag{2-41}$$

由式(2-41)可见，球体愈大，则相对裂纹面积愈大；裂纹数量愈多，则相对裂纹面积愈小。相对裂纹面积是材料损坏的一种量度，其倒数可看作材料抵抗裂纹扩展的标志，称为抵抗热震损坏系数。一般认为，在相同的耐火材料之间，在未出现液相以下的温度范围内，断裂表面能的值无大差别。将此抵抗热震损坏系数以 R'''表示。则 R'''与材料物性的关系为

$$R'''=\frac{E\lambda}{\sigma_f^2(1-\mu)} \tag{2-42}$$

若对此抗热震损坏系数进一步分析，可认为在材料的弹性极限内，材料受热震达到极限应力 σ_f 时，仍取决于极限热应变与弹性模量，并以材料内产生裂纹的极限温差$\frac{\Delta T_f}{1-\mu}$作为极限应变，若将材料的极限应力 σ_f 以此极限热应变与弹性模量乘积代替，则裂纹损坏系数为

$$R''''=\frac{\gamma(1-\mu)}{\alpha^2\Delta T_f^2 E} \tag{2-43}$$

式中 ΔT_f 实际上为材料抵抗热震开裂系数 R。因此，若将抵抗热震开裂系数与抵抗热震损坏系数综合考虑，并将 R^2R'''作为一种抵抗热震系数，以 R^V 表示，则材料的这种抵抗热震系数为

$$R_V=\frac{\gamma\ (1-\mu)}{\alpha^2 E} \tag{2-44}$$

由抵抗热震损坏系数及抵抗热震开裂系数对比可知，裂纹扩展及裂纹损坏除仍受热膨胀性和弹性模量以及泊松比影响之外，还取决于材料的表面断裂能。材料的表面断裂能愈大，愈不易损坏。实践证明，若提高材料的表面断裂能，可有效地提高材料抵抗热震损坏的能力。若材料形成裂纹所急需的应变能，在裂纹形成之后裂纹扩展时被大量释放或消耗掉，则裂纹不会严重扩展，从而可提高材料抵抗热震损坏的能力。如镁质耐火材料，当制成具有细小气孔的、$m(CaO)/m(SiO_2)$高的制品时，由于它在各个温度下都具有较高断裂表面能(γ)，故较普通镁砖具有较高的抗热震性。又如生产高铝质耐火制品，当加入少量 ZrO_2 后，利用 ZrO_2 相变导致制品内形成许多微细裂纹，这些微细裂纹可使热应变储积的弹性能部分

释放，从而减轻裂纹的扩展，提高制品的抗热震性。

总之，影响耐火制品抗热震性指标的主要因素是制品的物理性质，如热导率等。一般而言，耐火材料的线胀系数越大，抗热震性越差；制品的热导率越高，抗热震性就越好。此外，耐火制品的组织结构、颗粒组成和制品形状等均对抗热震性有影响。

根据中国冶标(YB/T376.1—1995)，采用直形砖水急冷法测量耐火制品的抗热震性。具体方法是，将长为200～230mm、宽为100～150mm、厚为50～100mm的直形砖的受热端面伸入预热至1 100℃的炉内50mm，保温20min。保温过程完成后，从炉内取出试样，迅速将其受热端浸入流动冷水中急冷3min，用试样受热端面破损一半的循环次数表征其抗热震性。

2.4.5　抗渣侵蚀性

耐火材料的抗渣侵蚀性，简称抗渣性(slag corrosion resistance)，是指耐火材料在高温下抵抗炉渣侵蚀和冲刷作用而不易损坏的能力。

耐火材料在与熔渣直接接触的高温冶金炉、熔化炉、煅烧炉、水泥回转窑等窑炉和高温容器中，通过化学或物理化学作用，极易受熔渣侵蚀。另外，在许多热风炉、换热器、蓄热器等高温热交换的设备中，或在有些反应器和其他高温装置中，耐火材料虽然不直接与熔渣接触，但是固态物料、烟气中的尘料可与其接触，一些气态物质也可在耐火材料上凝结，它们都可在高温下与耐火材料反应形成熔融体，或形成性质不同的新产物，或使耐火材料中形成的一些组分分解，导致耐火材料损毁。通常，将耐火材料的这类(以化学或物理化学侵蚀为主要原因)侵蚀，也归为渣蚀。可见，渣蚀是耐火材料在使用过程中很常见的，有时甚至是最严重的一种损毁形式。因此，耐火材料的抗渣侵蚀性的好坏是影响耐火材料使用寿命的一个重要因素，也是判断耐火制品质量优劣的一项重要指标。增强耐火材料的抗渣性，对延长炉衬及其砌筑体的使用寿命，提高此类热工设备的热效率和生产效率，降低成本，减少产品因耐火材料引起的污染，提高产品质量都是很有意义的。

耐火材料受熔渣侵蚀的具体原因与过程很复杂。一般而言，可简略地分为两个阶段，即熔渣与耐火材料的接触与渗透，熔渣与耐火材料的反应与危害。

2.4.5.1　熔渣与耐火材料的接触和渗透

耐火材料受渣蚀的首要条件是耐火材料与熔渣或粉尘等其他外来物质接触。若这些物质仅与耐火材料的外表面接触，则渣蚀仅在外表面进行。此时渣蚀速率与熔渣和耐火材料外表面接触面积成正比，损毁往往是缓慢的、轻微的。实际上，耐火材料在服役过程中，熔渣和气体等经常侵入到耐火材料内部与其内表面接触而发生反应，从而引起严重的渣蚀。

通常情况下，熔渣主要通过三种途径渗入到耐火材料内部：耐火材料中的气孔和裂纹，耐火材料中的基质，耐火材料晶体间的晶界。

(1) 熔渣经毛细管和裂纹的渗入。熔渣与耐火材料外表面接触后，当其可浸润这种耐火材料时，熔渣在毛细管附加压力的推动下，即可由耐火材料的外表面向其内部渗透。根据拉普拉斯方程，此种毛细管附加压力为

$$\Delta p = 2\gamma_{GL}\cos\theta / r \tag{2-45}$$

式中　Δp——毛细管附加压力，×133.322 4Pa；

γ_{GL}——熔渣的表面张力，$\times 10^{-3}$N/m；

θ——熔渣与耐火材料的润湿角，(°)；

r——耐火材料内毛细管半径，cm。

若熔渣可完全浸润耐火材料，即 $\theta=0$，则 $\Delta p=2\gamma_{GL}/r$。若熔渣可部分浸润耐火材料，即 $\theta\neq0$，由于 $\cos\theta=\gamma_{SG}-\gamma_{LG}/\gamma_{GL}$（如图 2-13 所示，$\gamma_{SG}$，$\gamma_{GL}$和 γ_{LS}分别为耐火材料的表面张力、熔渣的表面张力和熔渣与耐火材料的界面张力），则$\Delta p=2(\gamma_{SG}-\gamma_{LS})/r$。可见，耐火材料的表面张力（$\gamma_{SG}$）愈大，熔渣对耐火材料的界面张力（$\gamma_{LS}$）愈小，则毛细管附加压力愈大。

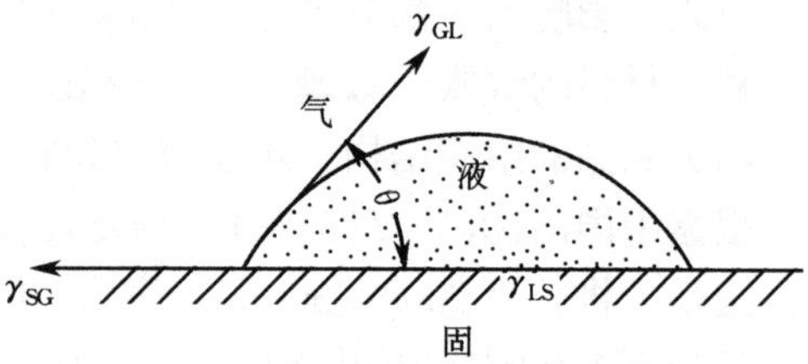

图 2-13　三相平衡示意图

若按确定黏性流体通过圆管流量的波肃叶（Poisuille）公式，并将 $\Delta p=2\gamma_{GL}\cos\theta/r$ 代入，则熔渣经由管径（r）和长度（L）的毛细管通过的数量（Q）为

$$Q=\frac{\pi r^3\gamma_{GL}\cos\theta}{4\eta L}=\frac{\pi r^3(\gamma_{SG}-\gamma_{LS})}{4\eta L} \tag{2-46}$$

式中　η——熔渣的黏度。

由式（2-46）可见，对具有一定性质的熔渣而言，可认为 γ_{GL}和 η 为定值，可统归为常数 A，则熔渣沿耐火材料毛细管渗入到耐火材料内部的数量取决于耐火材料的表面张力及熔渣与耐火材料界面张力之差、毛细管的半径及其长度，即

$$Q=A\frac{\gamma_{SG}-\gamma_{LS}}{L}r^3 \tag{2-47}$$

若不同熔渣渗入同一耐火材料中时，即可认为式（2-47）中 r 和 L 不变，可统归为常数 B，则熔渣沿毛细管渗入到耐火材料的数量取决于熔渣与耐火材料的界面张力和熔渣的黏度，即

$$Q=B\frac{\gamma_{GL}}{\eta} \tag{2-48}$$

若对 $CaO\text{-}Al_2O_3\text{-}SiO_2$ 系的熔渣沿镁质耐火材料的水平毛细管渗入材料内部进行考察，则经过时间 t 后，渗入深度为

$$h=(\gamma_{SG}\cos\theta\gamma\xi t/2\eta)^{1/2} \tag{2-49}$$

式中　ξ——熔渣渗入通道的曲折封闭状况系数，在 0～1 之间，其中 0 为曲折通道完全封闭，1 为曲折通道完全贯通；

t——熔渣渗入时间。

当耐火材料的显气孔率为 P，断面积为 A，则经过时间 t 后，熔渣渗入的体积为

$$V=AP(\gamma_{SG}\cos\theta\gamma\xi t/2\eta)^{1/2} \tag{2-50}$$

由式（2-50）可见，熔渣沿耐火材料毛细管和裂纹渗入到其内部的能力，从耐火材料方面来看，主要取决于耐火材料的表面张力、熔渣与耐火材料的润湿角、毛细管的半径和曲折封闭状况以及耐火材料的气孔率。为了避免或减缓熔渣向耐火材料中的渗透，必须使耐火材料的表面张力尽量降低和不受熔渣润湿；要提高耐火材料的致密性，使其无气孔或仅有封闭气孔，或使贯通气孔与开口气孔尽量减少。

（2）熔渣沿耐火材料基质的渗入。耐火材料的基质，一般含有较多的杂质成分。耐火材料在高温使用过程中，这些杂质容易形成低熔点相。当材料内存在气孔或裂纹和温度梯度

时，由基质所形成的熔体，可由热端向其冷端迁移。热端基质迁移后所残留的空隙，易成为熔渣渗入的通道。

若耐火材料致密性较高，基质无显著迁移。但在高温下，基质容易形成熔体，此种熔体中的一些组分扩散系数较大。当熔渣与耐火材料表面接触后，若熔渣中的组分与基质的组分的质量浓度相差较大，则可产生互扩散，使熔渣或其中的部分组分，经基质所形成的熔融体扩散到耐火材料内部。所形成的液相的黏度愈低，同熔渣的组分的质量浓度差愈大，熔渣愈易于向耐火材料中扩散。碱性耐火材料中的液相黏度一般皆较低，故较易于扩散。如当钢渣与镁质耐火材料接触时，由于熔渣中 Fe^{2+} 的质量浓度远高于其在耐火材料内部的质量浓度，熔渣中的 Fe^{2+} 就首先向耐火材料内的熔体中扩散。熔渣中的 Ca^{2+} 的质量浓度也高于其在耐火材料内熔体中的质量浓度，Ca^{2+} 也可进入砖内的熔体中。因此，耐火材料距工作面一定厚度层的基质内所含 Fe^{2+} 和 Ca^{2+} 增加，引起基质的组分和性质变化，形成变质层。反之，若耐火材料中液相内的一些组分的质量浓度高于其在熔渣中的质量浓度，也可以扩散到熔渣内。如在炼钢后期渣内 Mg^{2+} 的质量浓度较低，镁质耐火材料内液相中的 Mg^{2+} 会被熔渣夺取，从而使耐火材料直接损坏。

显而易见，当耐火材料中的基质为非连续相时，此种熔渣沿基质的迁入必将受到一定的限制。因此，提高耐火原料的纯度，减少耐火制品低熔点液相的生成量，是提高耐火材料抗渣侵蚀能力的最有效的手段之一。

此外，熔渣的组分也可以通过固相扩散进入材料，但比在熔体中的扩散速度慢得多，因此影响很小。

(3) 熔渣经晶界的迁入。众所周知，耐火材料一般由多晶体构成。当熔渣与耐火材料接触时，熔渣也可以经晶界渗入到耐火材料内部。熔渣沿晶界的迁入，取决于单相多晶体或多相多晶体间以及单相多晶体同熔渣间，或多相多晶体同熔渣间的各种界面张力的平衡条件，如图 2-14 所示。固-固界面张力(γ_{SS})和固-液界面张力(γ_{SL})间的关系为

$$\gamma_{SS}=2\gamma_{SL}\cos\frac{\varphi}{2} \tag{2-51}$$

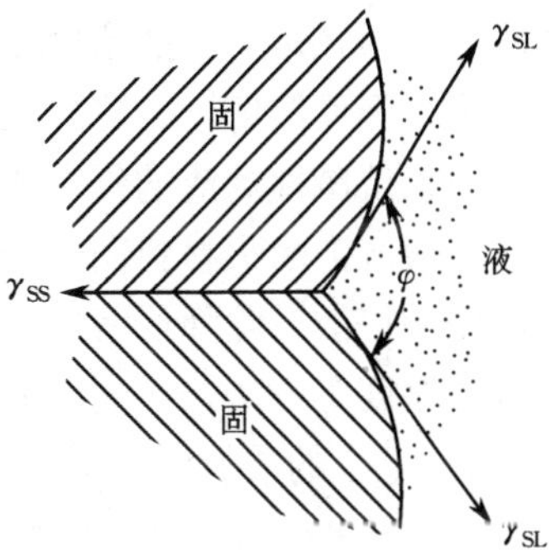

图 2-14　相间二面角

式中　φ——二面角，(°)。

由式(2-51)可以看出，若熔渣完全渗入晶界，即二面角 $\varphi=0$ 时，必须使 $\gamma_{SS}\geqslant 2\gamma_{SL}$。实际测量结果证实，当二面角 $\varphi=60°$时，即当 $\gamma_{SS}\leqslant 1.732\gamma_{SL}$时，熔渣就不会渗入耐火材料。

由此可见，熔渣沿晶界侵入耐火材料内部，主要取决于 γ_{SS}和 γ_{SL}。γ_{SS}愈大，熔渣愈易沿晶界渗入；γ_{SS}愈小，熔渣愈不易沿晶界渗入到耐火材料内部。因此，晶界愈少，熔渣愈不易迁入。

2.4.5.2　熔渣与耐火材料的反应及其危害

熔渣与耐火材料外表面和经迁移与内表面接触后，可发生以下反应：耐火材料向熔渣中溶解——单纯溶解；形成易溶的化合物——反应溶解；直接形成低熔物；发生使耐火材料还原的反应；发生使耐火材料组分氧化的反应；形成比容差别很大的新产物等。这些反应都引起耐火材料侵蚀，给耐火材料带来危害。当熔渣流动时，不仅通过对耐火材料的冲刷作用直

接对耐火材料进行侵蚀，还通过带走上述反应产物，促进反应进行，加速对耐火材料的侵蚀。

(1) 耐火材料向熔渣中溶解——单纯溶解和反应溶解。

① 控制溶解的因素。当熔渣与耐火材料接触时，若两者的某些组分的质量浓度相差较大，由于两者间的化学位相差较大，如耐火材料组分的质量浓度较高，具有较高化学位，而熔渣中的组分的质量浓度较低，则物质从化学位较高的耐火材料向化学位较低的熔渣传递，使耐火材料中的组分被熔渣溶解，直至该组分在耐火材料和熔渣中的化学位达到平衡，即溶解达到某一特定温度下的饱和浓度(溶解度)为止。

这种单纯溶解是许多耐火材料与熔渣进行反应的最主要形式。有人甚至认为渣蚀就是耐火材料的溶解过程。当耐火材料与外来物进行化学反应形成易溶化合物时，会加速耐火材料向熔渣中溶解。

② 溶蚀的危害。由单纯溶解和反应溶解引起的侵蚀通常称为溶蚀。它不仅直接造成耐火材料一些溶解组分的损失(改变了耐火材料的化学组成)，而且破坏了耐火材料的结构。当多相耐火材料中可溶物溶入渣中后，残留相被孤立，耐火材料的致密结构被破坏，加速了渣蚀。由于熔渣的化学组成改变，影响了熔渣的性质并在一定程度上影响了冶炼过程，其中的不溶性残留相还能给产品带来不利影响。

③ 降低溶蚀速度的措施。降低溶解速度，必须从以下几个方面采取措施：降低溶解度和耐火材料在熔渣中的浓度差值；降低扩散系数和提高扩散层厚度。

为了降低溶解度，除降低温度外，应尽量使熔渣与耐火材料间的化学位相近，如碱性耐火材料抵抗碱性熔渣的侵蚀能力很强，而酸性熔渣以选用酸性耐火材料为宜。

一般认为耐火材料向熔渣中溶解的传质过程处于扩散速度范围内。为了控制耐火材料向熔渣中的扩散，除降低溶解度外，还可通过提高熔渣中溶质的浓度、降低扩散系数以及提高扩散层厚度等方法来实现。如在炼钢炉中，当以镁质耐火材料为炉衬时，以白云石造渣，使渣中的 MgO 的质量浓度提高，即可使耐火材料的抗渣性得以改善。

(2) 耐火材料的结构崩裂。结构崩裂是指耐火材料受到侵蚀，当其物相和结构变化到一定程度时，耐火材料的崩坏现象。渣蚀引起的结构崩裂，一般认为是由于形成变质层和形成比容差别较大的产物引起的。

① 变质层的形成。变质层的形成，是由于熔渣的渗入所致。在渗入过程中，由于材料内温度梯度和熔渣黏度的影响，熔渣侵入到一定深度后，就不再继续渗透。从耐火材料热面到其内部一定的深度，就形成了组成与结构有别于原材料的变质层。而且熔渣在渗透时还发生“化学过滤”，沿熔渣的渗透方向，其化学组成和物相组成都可能不断地发生改变。因此，变质层内随其厚度的变化，其组成与结构也有一定差别。

② 结构的崩裂。在变质层的形成过程中，由于形成的产物间和原材料间的比容和热膨胀性等有差别，在变质层与原材料之间或变质层内各层之间，因各种物相摩尔体积变化而产生结构应力，并破坏其间的结合，形成裂纹，甚至产生剥落和崩裂。这种体积变化为

$$\Delta V = \frac{\sum V_{生成物} - \sum V_{反应物}}{\sum V_{生成物}} \times 100\% \tag{2-52}$$

式中 ΔV——体积变化百分率，%；

V——某一氧化物的摩尔体积，$V = nM/\rho$；

n——反应式中某一氧化物的物质的量；

M——反应式中某一氧化物的摩尔质量；

ρ——反应式中某一氧化物的理论密度。

如含 MgO 的碱性耐火材料同含 Fe_2O_3 的熔渣接触时，生成 $MgO \cdot Fe_2O_3$，即发生反应 $MgO + Fe_2O_3 \rightarrow MgO \cdot Fe_2O_3$。依式(2-52)计算结果可知此种反应伴生 2.1% 的线膨胀，因而使耐火材料产生结构崩裂。再如硅酸铝质耐火材料受碱蒸气的侵蚀，也是由于莫来石或刚玉和 SiO_2 等受氧化钠侵蚀形成霞石($Na_2O \cdot Al_2O_3 \cdot 2SiO_2$)，产生体积膨胀，导致结构崩裂。耐火材料中的气孔内在还原性气氛下发生碳素沉积，使耐火材料的结构破坏，也可认为是一种结构崩裂。

耐火材料受侵蚀形成变质层后，当温度波动时，由于各种变质层与未变质层间，或由于变质层内各物相间的热膨胀性差别，更易使此种崩裂激化。

当耐火材料的变质层崩裂剥落后，在侵蚀介质作用下还可形成新的变质层，产生新的崩裂，如此循环不已，就使耐火材料受到严重损毁。

结构崩裂是渣蚀最常见的损毁形式之一，在一些易产生较厚变质层的耐火材料中，因渣蚀产生结构崩裂，往往是最主要的原因。

③ 减缓结构崩裂的措施。避免耐火材料产生结构崩裂或减缓其危害，最主要的措施是降低熔渣的渗透性。为此，必须降低耐火材料受熔渣的润湿性，提高材料的致密性，降低材料中的杂质含量，以及减少晶界，尽量减少气孔、基质和晶界通道作用。

(3) 渣蚀的其他反应与危害。

① 加速熔毁。耐火材料在服役中仅受高温热负荷作用而熔融称为熔毁或熔损。当其与熔渣反应形成易熔物时，这种助熔作用，一方面使耐火材料的晶相骨架结构遭受破坏，高温强度受到严重损害，加速熔损过程；另一方面，由于液相的迁移，使材料收缩，造成材料及砌体开裂，加速渣蚀和破坏砌体的稳定性。

② 还原或氧化的危害。耐火材料组分被还原或氧化后，若产物在服役的温度下为气体，则因气体的逸出，直接导致耐火材料的部分消耗，导致结构疏松和结合强度降低，渣蚀危害加剧。如当硅质或镁质耐火材料同铁水接触时，铁水中的碳即可将耐火材料中的 SiO_2 和 MgO 还原成 SiO 或 Si 和 Mg。在一些用过的残砖中常见金属颗粒，就缘于此。又如熔渣与耐火材料接触时，含碳耐火材料的损毁，首先是从其中的石墨等含碳组分的氧化开始。

为了减缓耐火材料被还原的危害，应尽量将其中易还原的氧化物合成为较稳定的复合化合物，如镁铬砖中的 Cr_2O_3 与铁水接触时易被还原，但当与 MgO 化合为 $MgO \cdot Cr_2O_3$ 后，则还原程度降低。

③ 冲蚀。冲蚀是由于流体冲击耐火材料工作表面，使其中的固体颗粒直接损耗。当流动的熔渣冲击耐火材料表面时，由于流体的冲击、摩擦和挤压以及剪切等动力和静压力作用，极易产生或助长变形，导致材料表层直接损耗，又可因附渣层变薄或侵蚀面更新而加剧渣蚀。在耐火材料垂直的工作面上，当与熔渣形成的熔融体与熔渣的密度差别较大时，也可因流体的流动，使不同高度上的侵蚀有所区别。

总之，耐火材料的渣蚀主要受化学作用和物理化学作用，也受物理和机械作用的影响，这些作用往往交替进行。但是，就各种耐火材料与熔渣而言，甚至在作用的各个不同阶段，各种作用所占的分量也不尽相同。

2.4.5.3 耐火材料抗渣蚀性的测定

耐火材料的抗渣蚀性主要与耐火材料的化学矿物组成以及组织结构有关，另外还与熔渣的性质及与其相互影响的条件有关。评价耐火材料抗渣侵蚀性能的实验方法很多，如何合理选择实验方法而正确地评价耐火材料的抗渣性，涉及到很多实验技巧。具体的实验方法有静态法和动态法。

(1) 静态法。包括熔锥法、浸渍法和坩埚法。

① 熔锥法，亦称三角锥法。将耐火材料与炉渣分别磨成细粉，按不同比例混合，制成三角锥，其形状、大小与标准测温锥相同，然后按耐火度试验方法进行测试，以耐火度降低程度来表示耐火材料抗渣性的优劣。这是抗渣性实验中最简单的方法，但它只能反映化学矿物组成对抗渣性的影响，无法显示其他因素的影响。

② 浸渍法。将耐火材料切成圆棒状，在规定温度下，浸入炉渣中。浸渍一定时间后，取出观察其侵蚀情况，测量体积变化，计算侵蚀百分率。

③ 坩埚实验法。从耐火制品上取下边长约为80mm，高度为65mm的立方体，或钻取直径50mm，高50mm的圆柱体试样，在其顶面中心钻一直径为30～40mm，深度为30～40mm的孔(亦可由耐火材料直接压制成这种坩埚)，装入一定量的渣剂，然后将坩埚放入电炉的恒温区，加热至预定的实验温度并保温一定时间。冷却后，将坩埚从电炉中取出，并沿其中心面剖开，观察并测量侵蚀情况。耐火材料试样的抗渣蚀性，一般常用耐火材料试样的侵蚀量(或侵蚀深度)和熔渣在耐火材料试样中的渗透深度来分别表示。

坩埚法是目前最为常见的一种评价耐火材料抗渣蚀性的实验方法，其特点是方法简单，易于实现。其不足之处在于：由于实验中加入的渣剂量较少，在实验过程中随着耐火材料侵蚀量的增加，炉渣的化学成分将发生很大的变化；耐火材料试样内部不存在温度梯度，加之熔渣与耐火材料之间处于相对静止状态。所以，熔渣向耐火材料试样内部的渗入行为以及熔渣对耐火材料试样的侵蚀过程与实际炉内的耐火材料的侵蚀状况存在较大的差别；对于抗渣蚀性良好的，特别是含碳耐火材料试样，由于耐火材料的侵蚀量太少，不同耐火材料试样间抗渣蚀性的差异不明显，难以正确比较。

(2) 动态法。包括回转坩埚法、转动浸渍法、撒渣法、高温滴渣法和感应炉法。

① 回转坩埚法。将被测耐火制品加工制成多个断面为梯形的试样块，并将其砌在一个小型的回转窑内侧，形成坩埚。坩埚倾斜，与水平面成45°且可自由旋转，转速一般为0～10r/min。向坩埚内加入渣剂，然后点燃气体燃料加热坩埚。当渣剂完全熔化，且坩埚内温度达到实验温度后，启动旋转装置使坩埚旋转，进行渣侵蚀实验。在实验过程中，可根据需要随时向坩埚内补充渣剂。持续一段时间，将渣倒出。冷却后，拆下砌在一起的试样块，沿试样块的长度方向垂直渣蚀面将其切开，测量实验前后试样块厚度变化，计算渣蚀量，并以此作为评价耐火材料抗渣蚀性的指标。

回转坩埚法是在坩埚法的基础上发展起来的，目的在于加强耐火材料与熔渣间的相对运动，提高耐火材料的侵蚀速度，是一种比较好的动态评价耐火材料抗渣蚀性的方法。其特点是可以对多个耐火材料试样同时进行抗渣蚀性实验；可以随时补充渣剂或去除熔渣；由于在金属炉壳与砌筑的坩埚间可以再砌筑一层绝热材料，在耐火材料试样内部可以形成与实际使用条件下耐火材料内部相似的温度梯度。这种方法的不足之处在于试验温度和实验气氛不易控制。

② 转动浸渍法。亦称旋棒法。这种方法与浸渍法不同之处是将圆棒试样浸入熔渣旋转一定时间后取出，观察试样的侵蚀情况。

③ 撒渣法。将耐火材料切制成长方体试样，置于电炉内，加热到实验温度，将一定量的炉渣通过石英管分次均匀地撒布在试样顶面中心处，保温一定时间。冷却后，测量熔渣侵蚀前后试样的体积变化，计算其侵蚀百分率。

④ 高温滴渣法。将炉渣压制成棒状，与水平面成 10°插入加热耐火材料试样的实验炉内，试样的受蚀面与水平面成 30°斜靠在炉壁上。当加热到试验温度时，渣棒熔化，不断向前移动，使渣滴落在试样的受蚀面上，流蚀成沟。冷却后，从试样下边缘 38mm 处切开，测量渣蚀的宽度和深度，并测量蚀损的体积。

⑤ 感应炉法。把要测量的耐火材料做成小型感应炉炉衬，置于感应圈内，加入一定量的金属，待其熔化后，加入一定量的熔渣，在实验温度下保温一定时间。冷却后，切开炉衬的断面，观察比较其侵蚀情况。这种方法的特点是比较直观，对比性强，炉内气氛易于控制；缺点是设备复杂昂贵。

对于同一种耐火材料，采用上述不同实验方法对其抗渣蚀性进行测定和评价时，得到的实验结果经常会出现某些差异。引起这些差异的原因是多方面的。例如，实验室炉内气氛的差别，金属存在与否，熔渣的运动状态以及加热方式等。因此，在实验之前，应根据耐火材料的实际使用条件、耐火材料的性质以及抗渣蚀性实验的特点，对整个实验过程作认真的考虑和周密的设计，以达到预期的效果。

2.4.6　抗氧化性

抗氧化性(oxidation resistance)是指耐火材料在高温氧化气氛下抵抗氧化的能力。含有非金属氧化物的耐火材料，如含碳耐火材料或含碳化物和氮化物以及金属添加剂的耐火材料等，其中的非金属氧化物组分对耐火材料的抗渣侵蚀性能和抗热冲击性能等具有重要的影响。因此，这些耐火材料抗氧化性能的优劣，即耐火材料中非氧化物组分的氧化速度，对耐火材料的使用寿命有相当大的影响。

根据氧化剂状态的不同，耐火材料的氧化，一般分为气相氧化(耐火材料与空气，二氧化碳以及水蒸气等的反应)，液相氧化(耐火材料与熔渣中的 FeO 和 MnO 等的反应)和固相氧化(耐火材料中各组分之间的反应，如 MgO-C 体系中 MgO 和 C 的反应)。在评价耐火材料的抗氧化性能时，通常采用的是气相氧化法。

(1) 电炉加热法。首先，将耐火材料制成具有一定规则形状的试样，如立方体、长方体或圆柱体等；然后，将试样置于电炉中加热到预定温度，或将电炉加热到一定温度后再将试样直接放入炉中保温一定时间。

氧化实验结束后，将耐火材料试样切开，测量试样的氧化层厚度或氧化层面积，以此作为评价耐火材料抗氧化性能的指标。对于实验后比较疏松易损的耐火材料试样，须先用树脂固化后再切开。另外，加热前后试样的质量变化也常作为评价耐火材料抗氧化性能的辅助方法。

电炉加热法的特点是方法简单，易于实现，因此是目前评价耐火材料抗氧化性最常用的方法。但缺点是实验结果受电炉尺寸影响较大，炉内气氛也不易控制。另外，这种方法不能评价耐火材料内部的氧化或固相氧化，对于原质层和氧化层分界不清的耐火材料试样，测量时易产生误差。

(2) 炉床旋转式电炉加热法。这种实验方法后耐火材料试样的处理方式以及耐火材料抗氧化性能的评价方法均与电炉加热法相同，只是实验装置在电炉加热法的基础上加以改良。与电炉加热法相比，炉床旋转式电炉加热法的炉床可以自由旋转和上下升降，炉内温度分布均匀，实验过程中氧气分压波动较小。这种方法的特点是多种耐火材料的氧化实验可以同时进行，而且各试样间的氧化几乎互不影响，实验结果的精度也较高；不足之处是设备制作费用较高。

(3) 热天平实验法。热天平实验法是用白金(也可是耐火材料薄板或坩埚等)作托盘，将具有一定尺寸和形状的耐火材料试样，如立方体、长方体或圆柱体吊置于电炉中加热，同时记录试样随加热时间的质量变化。然后根据试样的质量变化率，评价耐火材料的抗氧化性能。对于含碳耐火材料来说，随着加热温度的升高和保温时间的延长，试样的质量减小。而对碳化物和氮化物耐火材料来说，加热以后耐火材料的质量一般是增加的。无论是含碳耐火材料，还是碳化物或氮化物等其他耐火材料，在加热中试样的质量变化率越小，表明耐火材料的抗氧化性能就越好。

热天平实验法的特点是设备简单，实验结果精确可靠，并可以根据连续测量耐火材料在加热过程中的质量变化结果，分析耐火材料的氧化机理和氧化过程的动力学行为。如果耐火材料中含有多个非氧化物组分可以氧化，并且各组分的氧化温度不同，可以同时掌握各组分的氧化规律和行为，对不同耐火材料的抗氧化性能作出正确的比较和评价。另外，与电炉加热法相同，将热天平实验法加热以后的试样切开，还可以观察分析耐火材料氧化层的厚度或氧化面积。

(4) 差热分析实验法。差热分析实验法是利用差热分析仪测定耐火材料试样在加热过程中的氧化开始温度和氧化终了温度，来评价耐火材料的抗氧化性能。耐火材料的氧化开始温度和氧化终了温度越高，则耐火材料的抗氧化性能越好。

差热分析实验法的特点是可以准确掌握耐火材料的氧化行为，炉内气氛也易于控制。当有多个组分氧化时，可以对各个组分的抗氧化性能进行评价。这种方法的缺点是，由于被测试样用台架小，被测试样的尺寸受到限制，一般只能用颗粒状或粉体状的耐火材料试样进行测量和评价。

(5) 气体质量分析实验法。气体质量分析实验法是利用卧式管式电炉和气体质量分析仪来分析评价耐火材料的抗氧化性能。在实验过程中，管内通惰性气体(如氩气或氮气)或氧化性气体。当炉内温度达到实验温度时，启动气体质量分析仪，连续测量从炉内排出的 CO 或 CO_2 的气体流量。通过分析不同加热温度下和保温时间中从炉内排出的 CO 或 CO_2 的气体总量，计算出耐火材料试样的氧化速度，并以此来评价耐火材料的抗氧化性能。耐火材料试样在加热过程中所产生的 CO 或 CO_2 的气体质量越小，则耐火材料的抗氧化性能越好。

同热天平实验方法一样，气体质量分析实验方法可以连续地分析和测量耐火材料的氧化性，其主要特点是可以控制炉内气氛，可以分析耐火材料氧化过程的动力学和氧化机理，可以对固相氧化，如对 FeO 与 C 以及 SiC，MgO 和 C 等反应开始温度和反应速度进行测量。缺点是设备投资大，实验过程复杂。

耐火材料中非氧化物组分的氧化速度，主要受加热温度和炉内氧分压的影响。因此，凡是影响炉内温度分布和炉内氧气浓度分布的因素都会影响耐火材料的氧化速度，进而影响对耐火材料抗氧化性能的准确评价。另外，当有多个非金属氧化物组分同时存在的情况下，要以氧化实验前后耐火材料试样质量增减量来评价耐火材料的抗氧化性时，应充分注意各非金属氧化物组分的氧化对耐火材料试样质量增减的影响。如果有两种(或两种以上)的非金属氧化物的氧化开始温度或终了温度接近时，在进行热重分析或差热分析时，可能引起质量变化曲线或放热曲线的峰值叠加。此时一定要辅以其他手段，认真分析，来确定各组分的氧化开始温度和氧化终了温度。另外，在实际的耐火材料抗氧化性能的评价过程中，应注意到具体实验条件等因素。

2.4.7　抗水化性

抗水化性(hydration resistance)是指耐火材料抵抗与环境中的水分发生反应的能力。氧化镁、白云石以及氧化钙等碱性耐火材料，由于其抗渣蚀性好，高纯度原料矿藏丰富以及价廉，被广泛地应用于冶金工业和水泥工业等高温领域。但是，在耐火材料储存和运输过程中，由于 MgO 和 CaO 具有吸潮和水化的缺点，在含有氧化镁、白云石以及氧化钙的耐火材料的制造、运输和储藏以及使用过程中，容易吸收空气中的水分而发生水化反应，导致耐火材料产生裂纹和粉化。这不但直接影响氧化镁、白云石以及氧化钙系耐火材料的使用效果，而且严重地限制了这些耐火材料的进一步应用。另外，在含碳耐火材料的生产过程中，常常添加各种抗氧化剂，其中金属铝是最为常用的一种。但是，金属铝在耐火材料的烧成和使用过程中，首先同耐火材料中的碳反应生成 Al_4C_3。Al_4C_3 具有较强的水化性，极易使耐火材料产生裂纹和破坏，降低耐火材料的使用效果。所以正确掌握和准确评价上述耐火材料在各种条件下的水化性能，对于进一步扩大氧化镁、白云石以及氧化钙等碱性耐火材料的应用领域，进一步提高含碳耐火材料的使用效果具有十分重要的意义。

(1) 热水实验法。热水实验法比较简单，一般只需要能够恒温的热水槽、恒温箱或热沙浴。采用热水实验法时，一般使用颗粒状耐火材料试样，其粒度最好为 1.0～1.5mm，或将耐火材料制成形状规则的长方体或正方体试样，试样的体积应小于 50mm×50mm×50mm。

实验时，首先将制备好的耐火材料试样充分干燥，称重并装入洗净的烧杯中。然后向烧杯中注入纯净水，使试样完全浸入水中。将烧杯置于温度已经恒定在预定实验温度的热水槽、恒温箱或热沙浴中，保温一定时间后，将烧杯中的剩余水滤掉，再将烧杯在 105～120℃下干燥 24h。然后称量耐火材料试样的质量，计算出水化实验过程中试样的质量增加率，并以此作为评价耐火材料抗水化性能的一个指标。试样的质量增加率为

$$\eta = \frac{W - W_0}{W_0} \times 100\% \tag{2-53}$$

式中　η——试样的质量增加率，%；

W——试样水化后的质量，g；

W_0——试样水化前的质量，g。

在考察耐火材料的水化反应速率时，常将其同耐火材料的水化反应率相联系。水化反应率通常可以由式(2-53)中的试样的质量增加率求得。如果水化实验所使用的耐火材料试样为 MgO，则 MgO 的水化反应为

$$MgO + aH_2O = aMg(OH)_2 + (1-a)MgO \tag{2-54}$$

由此可以求出 MgO 的反应率，即消化率，有

$$a = \eta / 44.7 \quad (2\text{-}55)$$

式中 a——MgO 的反应率，$0 \leqslant a \leqslant 1.0$。

同理，对于 CaO 系耐火材料来说，如果测得其质量增加率 η，则 CaO 的反应率为

$$a = \eta / 32.1 \quad (2\text{-}56)$$

在水化时间一定的情况下，η 和 a 的值愈大，耐火材料的水化速率愈大，耐火材料的抗水化性能愈差。

为了更准确地评价耐火材料的水化特性，除了利用上述的质量增加率和反应速率外，还可以借助于 X 射线衍射分析以及电子显微镜等手段，进一步分析和掌握耐火材料的水化过程及其机理。应该注意的是，使用块状或颗粒较大的耐火材料试样进行水化实验时，为了能够使耐火材料与水分充分接触，在向烧杯中注入纯净水之前，最好先对耐火材料试样进行真空处理，将其颗粒中的空气排净，使水能够进入到气孔内，然后再进行水化实验。

热水实验法的特点是方法简单，容易实现，适合于常温常压下长时间的水化实验，但不适用于粉体或粒度太小的耐火材料以及水化速率过快的耐火材料。

(2) 恒温恒湿箱实验法。恒温恒湿箱实验法利用温度和湿度可调的恒温恒湿箱对耐火材料试样进行水化实验。利用该种方法进行水化实验时，由于耐火材料试样直接接触的是水蒸气，实验时对耐火材料试样的形状和尺寸一般没有特殊要求，既可为粉体状、颗粒状，还可以是块状和整块耐火砖。

实验时，首先按实验要求设定恒温恒湿箱的温度和湿度值，然后通电加热。将充分干燥好的耐火材料试样称重。如果实验使用的耐火材料试样为粉体或颗粒状，应将其装入洁净的玻璃或陶瓷容器中，或装入透气性良好的尼龙或纤维容袋中，之前要称量所用的容器或尼龙袋的质量。当恒温恒湿箱的温度和湿度达到设定值后，将耐火材料试样放入恒温恒湿箱，并开始记录实验时间。当耐火材料试样为粉体时，为了使耐火材料的水化反应能够充分地进行，一般多将试样装入袋中，并将试样袋悬挂在恒温恒湿箱内。

测量不同水化时间下的耐火材料试样的质量，按热水实验法计算耐火材料试样的质量增加率。对于将试样盛于容器或装入袋中的实验，耐火材料试样的质量增加率为

$$\eta = \frac{W_t - W_1 - W_0}{W_0} \times 100\% \quad (2\text{-}57)$$

式中 W_t——经过时间 t 后耐火材料试样与盛装容器(或试样袋)的质量，g；

W_1——盛装容器或试样袋的质量，g；

W_0——耐火材料试样的原始质量，g。

恒温恒湿箱实验法的特点是方法简单，易于控制，试样一般不受形状和尺寸限制，且可以多个试样同时进行水化实验。由于可以任意设定实验温度和湿度，因此容易将水化试样的水化速率控制在耐火材料实际使用条件或在接近于实际使用条件下进行。由于对同一个试样可以进行多次称量，这种方法便于求得耐火材料的水化速率以及考察耐火材料的水化机理。缺点是一般不能控制恒温恒湿箱内的气氛，耐火材料水化后生成的氢氧化物很容易与恒温恒湿箱内气氛中的 CO_2 进一步反应，生成相应的碳酸化合物，导致实验结果产生误差，特别是对同一耐火材料试样多次称重的情况下，在打开恒温恒湿箱时，外部空气进入箱内，补充消耗掉的 CO_2，误差将更严重。另外，对水化速度较小的耐火材料，一般需要较长的水化时

间。

(3) 高压釜实验法。高压釜实验法的实验装置如图 2-15 所示。一般由密封压力容器和加热装置组成，同时配有排气阀、安全阀以及压力计和温度计等。密封容器的最大压力要求达到 0.49MPa。

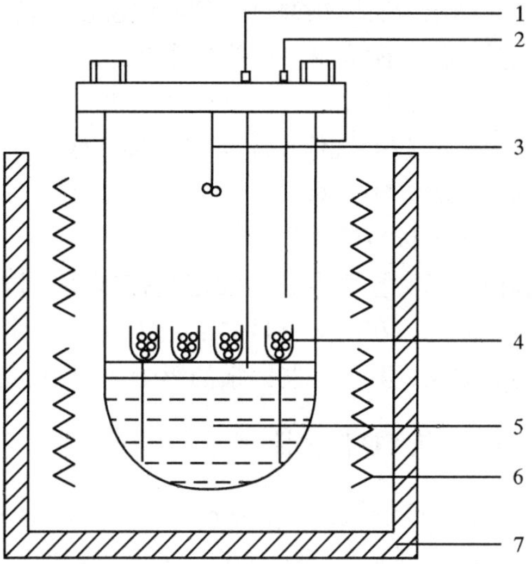

图 2-15　高压釜实验法装置图

1—热电偶 A；2—热电偶 B；3—风扇；4—试样容器；5—水；6—发热体；7—电炉

利用高压釜实验法进行水化实验时，一般应根据实验所使用的耐火材料的种类、形状和尺寸决定具体的实验方法和步骤。如果使用的耐火材料为标准碱性耐火砖，首先将耐火砖切割成 8 个体积相同的试样。如果使用的耐火材料为非标准型的耐火砖，则需从耐火砖上切取 8 个边长各为 60mm 的正方体。将制备好的耐火材料试样在 105～120℃下干燥后，取出其中 4 个试样放在高压釜底部的金属网上，并注意不要让试样与底部接触。

水化实验开始 30min 左右后，先将高压釜升压到 0.2MPa，然后放空 5min。再关闭排气阀继续加热 30min 左右，使高压釜的内部压力升高到实验设定值，并保持 3h。高压釜内的压力设定一般视耐火材料的种类而定，对于烧成砖，一般采用 0.29MPa；对于不烧砖，则常将压力控制在 0.49MPa。

当达到保温时间后，立即将高压釜内的压力降至常压，从中取出试样。空冷后，观察试样产生龟裂和剥落的情况，并测量 4 个试样的平均抗压强度。然后计算出水化实验前后耐火材料试样的抗压强度下降率，作为评价耐火材料抗水化性能的指标。耐火材料试样的抗压强度下降率为

$$C=\frac{C_1-C_2}{C_1}\times 100\% \tag{2-58}$$

式中　C——试样的抗压强度下降率；

C_1——水化实验前 4 个试样的平均抗压强度；

C_2——水化实验后 4 个试样的平均抗压强度。

实际上，受耐火材料的形状和尺寸等因素的限制，高压釜实验法所测得的实验参数以及对耐火材料抗水化性能的评价方法往往与热水实验法和恒温恒湿箱实验法相同，即通过测量水化实验前后耐火材料试样的质量变化，计算出试样的质量增加率以及耐火材料的水化反应速率，进而对耐火材料的抗水化性能进行评价。

如果耐火材料试样为颗粒状，还可以通过测量试样的粉化率，来评价耐火材料的抗水化性能或作为评价耐火材料抗水化性能的一种辅助方法。耐火材料试样的粉化率为

$$\theta=\frac{W_0-W_1}{W_0}\times 100\% \tag{2-59}$$

式中　W_0——实验前耐火材料试样的质量，g；

W_1——实验后耐火材料试样中大于 1.00mm 的筛上物质量。

高压釜实验法通过控制釜内温度，使其中的水蒸气达到饱和而实现釜内压力，其主要特点是，因为耐火材料试样的水化过程可在实验条件较为苛刻的高压下进行，水化实验可以在较短的时间内完成；由于试样的水化过程在封闭的容器内进行，水化反应生成的产物不会与空气中的 CO_2 气体反应，实验误差较小；一般不受耐火材料的种类、形状和尺寸大小的限制；实验方法相对比较复杂。

耐火材料的水化实验是在低温下进行的，实验温度比较易于准确控制，另外，只有在恒温恒湿箱实验法中需要设定和控制实验过程中的温度和湿度。而且，其温度控制也容易实现。因此，在耐火材料的水化实验中，因实验装置和实验条件引起的实验误差实际上是很小的。但是，其他一些因素的影响仍然不容忽视。

2.4.8 抗 CO 侵蚀性

抗 CO 侵蚀性(CO corrosion resistance)是指耐火材料在 CO 气氛下抵抗开裂或崩解的能力。耐火制品在 400～600℃下遇到强烈的 CO 气氛时，由于 CO 分解，游离碳就会淀析在制品上铁点的周围，使制品瓦解损坏。高炉冶炼过程中，在炉身 400～600℃的部位，由于上述原因而使耐火制品开裂和组织疏松，是高炉炉衬损毁的重要原因之一。降低耐火制品的显气孔率及氧化铁含量，可以增强其抵抗 CO 的侵蚀能力。

测定耐火材料抗 CO 侵蚀性的方法，只能作相对比较。美国《耐火材料在 CO 气氛中瓦解试验方法》规定，以 10 块长 228mm、横截面积 65mm×65mm 或 76mm×76mm 的试样为一组，分别从 10 块制品上切取，尽量保留其原砖表面。将装有干燥试样的直径 460mm、长 914mm 的加热室，在 N_2 气氛下加热到 495～505℃，试样达到试验温度后，通入 CO 气体改变加热室内气氛，使其至少含有 95%的 CO，按选定的一定时间通气后，检查一次试样。在每次检查之前，用高速 N_2 气流穿过加热室，以彻底冲除 CO，在冷却期间，保持 N_2 的低速气流。如一组试样中有半数在任一周期的末尾完全瓦解时，则该组试验结束。检查各试样的情况，可以分为 4 类：第一，未受影响，即没有出现掉粒或裂纹；第二，表面爆裂，即破损造成直径不大于 13mm 的剥落或表面爆裂；第三，开裂，即破损造成直径大于 13mm 的剥落或表面爆裂，或两者兼有；第四，毁坏，即试样破碎 2 块或 2 块以上，或用手一按即碎。英国《抗 CO 的测定方法》规定，以 2 块长 70mm、宽 50mm、厚 50mm 的棱柱体，或直径 50mm、高 70mm 的圆柱体为一组试样，分别从两块制品上切取，其中一块从制品的内部切取，另一块要有制品的一个原表面。试样放入架在加热炉内一段封闭的耐热玻璃管中，加热到 450℃保温，通入 CO 气体，流量为 2L/h，从加热炉的 3 个窗口，随时观察试样的变化情况。连续通气时间不得少于 200h，若在此时间内试样发生损坏，则试验结束。冷却时，必须以 N_2 流冲洗耐热玻璃管。实验结果以两种方式表达：第一，试样在 450℃下暴露于 CO 气氛中，若干小时未损坏；第二，试样在 450℃下暴露于 CO 气氛中，若干小时有碳沉积出现，总共若干小时，试样损坏。并描述每块试样的变化情况。

2.4.9 抗酸性

抗酸性是指耐火材料抵抗酸侵蚀的能力。耐火材料耐酸性能是根据《致密耐火制品耐酸性的测定》进行评价。(PRE/R22)中失重量分成三组：1 组失重量小于或等于 2%；2 组失重量大于 2%，但小于或等于 4%；3 组失重量大于 4%，但小于或等于 7%。根据 1、2、3

组失重量，按显气孔率分为两级：A 级显气孔率小于或等于 15%；B 级显气孔率大于 15%。耐酸耐火制品牌号的表示方法，是用失重量的组别号数加表示级别的字母。例如，高铝耐酸制品按 1A 表示该制品按 PRE/R22 中规定的耐酸性试验中失重量小于或等于 2%，其气孔率小于或等于 15%。

测定耐火制品抗酸性的方法一般选用硫酸作为侵蚀剂，如国际标准《致密定形耐火材料制品——抗硫酸的测定》(ISO 8890)和 PRE/R22，两个测定方法都规定将耐火材料制品磨碎，磨细为 0.63～0.80mm 的颗粒，放入质量分数为 70%的硫酸中，煮沸 6h，然后测定其质量损失，以原干料的质量分数表示。

2.4.10　抗碱性

抗碱性(alkali resistance)是指耐火材料在高温下抵抗碱侵蚀的性能。耐火材料在使用中会受到碱的侵蚀，例如在高炉冶炼过程中，随着加入原料带入含碱的矿物，这些含碱矿物对铝硅系及碳质耐火材料炉衬的侵蚀受碱的浓度、温度和水蒸气的影响，它关系到高炉炉衬的使用寿命。提高耐火制品的抗碱性，可以延长高炉的使用寿命。测定耐火材料抗碱性的方法，通常以无水 K_2CO_3 为侵蚀介质，有混合侵蚀法和直接接触熔融侵蚀法两种。

(1) 混合侵蚀法。将焦炭颗粒与无水 K_2CO_3 混合，把试块埋置其中，在高温密封条件下，对试块进行侵蚀反应，测定试块被侵蚀前后的尺寸变化或强度下降率。

(2) 直接接触熔融侵蚀法。在高温密封条件下，以熔融的 K_2CO_3 与试块直接接触进行侵蚀反应，测定试样被侵蚀前后各种性能的变化。

两种方法都是以变化量愈小表示抗碱性愈好。

国家标准(GB/T14983—1994)规定了耐火材料抗碱性实验方法。其原理是，在 1 100℃下，K_2CO_3 与木炭反应生成碱蒸气，对耐火材料试样发生侵蚀作用，生成的新碱金属的硅酸盐和碳酸盐化合物使耐火材料性能发生变化。测定结果用肉眼评定、显微结构分析和计算。

用肉眼评定分为三类：一类，表面黑色无缺损，断口仅侵蚀 1～4mm；二类，表面黑色，边角缺损严重，有细小裂缝，整个端口为灰黑色，只有核心少量未被侵蚀；三类，表面黑色且有明显裂缝，边角缺损严重，整个断口为黑色。

显微结构检验分为三类，如表 2-4 所示。

表 2-4　显微结构检验

等　级	显 微 结 构
一 类	空隙多被无定形碳充填，砖多被碱蚀生成含钾硅酸盐或碳酸盐化合物(砖保持原状，裂纹较小)
二 类	空隙多被无定形碳、碳酸钾充填，砖局部和颗粒周边被碱侵蚀生成钾霞石和石榴石化合物
三 类	空隙多被无定形碳、碳酸钾、铝酸钾充填，砖几乎全部被碱侵蚀成钾霞石和石榴石化合物

注：显微结构检验根据用户要求作判断参考。

强度下降率为

$$P_r = \frac{P_0 - P_1}{P_0} \times 100\% \tag{2-60}$$

式中　P_r——强度下降率，%；

P_0——试样抗碱实验前的常温耐压强度，MPa；

P_1——试样抗碱实验后的常温耐压强度，MPa。

线变化率为

$$L_c=\frac{L_1-L_0}{L_0}\times 100\% \tag{2-61}$$

式中　L_c——抗碱实验后试样线变化率，%；

L_1——抗碱实验后试样长度，mm；

L_0——抗碱实验前试样长度，mm。

计算每个试样的线变化率，取算术平均值。线膨胀以“+”号表示，线收缩以“-”号表示。强度下降率为主要评价依据，线变化率为评价辅助依据。

第 3 章

铝硅系耐火材料

铝硅系耐火材料是以 Al_2O_3-SiO_2 二元化合物为主要成分的耐火材料的统称。铝硅系耐火材料应用范围广泛，在耐火材料工业中占有十分重要的地位，其用量占整个耐火制品的50%以上。

铝硅系耐火制品按化学组成，即按制品成分从其自 SiO_2 的质量分数向 Al_2O_3 递增的顺序分为以下六类：

① 氧化硅质耐火材料，SiO_2 的质量分数大于 93%；

② 半硅质耐火材料，Al_2O_3 的质量分数为 15%～30%；

③ 黏土质耐火材料，Al_2O_3 的质量分数为 30%～48%；

④ 高铝质耐火材料，Al_2O_3 的质量分数大丁 48%；

⑤ 莫来石质耐火材料，Al_2O_3 的质量分数为 72%，SiO_2 的质量分数为 28%；

⑥ 刚玉质耐火材料，Al_2O_3 的质量分数大于 90%。

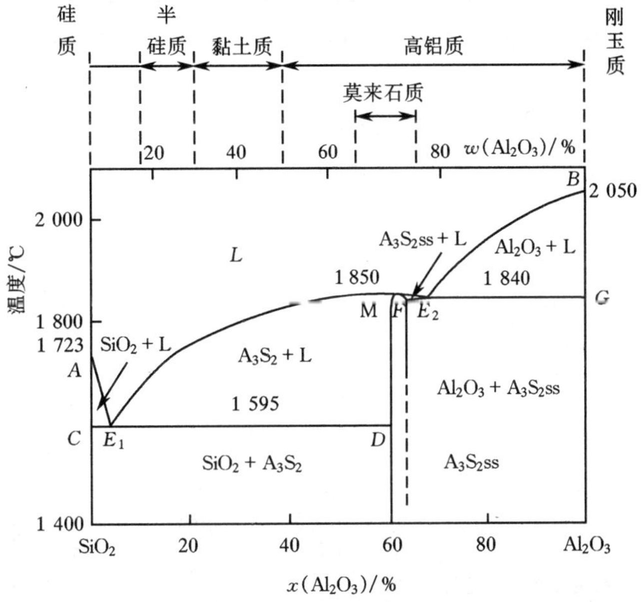

图 3-1 Al_2O_3-SiO_2 二元相图

Al_2O_3-SiO_2 二元系相图如图 3-1 所示。图中 *A* 点为 100% SiO_2 的熔点，*B* 点为 100% Al_2O_3 的熔点，*M* 点为莫来石的熔点。该相图多年来在铝硅系耐火材料生产和使用中一直占有十分重要的地位。本章就铝硅系耐火材料中主要制品加以阐述。

3.1 氧化硅质耐火材料

氧化硅质耐火材料的主要制品是硅砖，其中 SiO_2 的质量分数不低于 93%。硅砖是典型的酸性耐火材料，对酸性炉渣具有良好的抵抗性，对 Al_2O_3，FeO，Fe_2O_3 等氧化物也具有良好的抵抗性，但对碱性炉渣的抵抗能力差，易被 CaO，K_2O，Na_2O 等氧化物作用而破坏。硅砖的荷重软化温度高达 1 640～1 680℃，在高温下长期使用体积比较稳定。但硅砖抗热震性差，耐火度不够高。

3.1.1 SiO_2 的同素异型转变

硅砖的主要成分为 SiO_2，在不同的温度下以不同的形态存在。在耐火材料加热或冷却过程中，在一定的条件下常常发生晶型转变并伴有体积变化。因此，了解和掌握 SiO_2 的晶型转变规律及各晶型的性质，对硅质耐火材料的生产和使用具有十分重要的意义。

SiO_2 在常态下有 8 种形态的变体，其中 7 种为结晶形态，分别为 β-石英、α-石英，β-方石英、α-方石英，γ-鳞石英、β-鳞石英、α-鳞石英；另一种为非结晶态，即石英玻璃。SiO_2 各种结晶态的性质如表 3-1 所示。

表 3-1 SiO_2 各种结晶态的性质

晶 型	晶 系	折射率	双折射	真密度(25℃)/(g/cm³)	比 容	稳定温度范围/℃
β-石英	三方	$\beta=1.514\ 2$	+0.009 1	2.65	0.377 3	<573
		$\gamma=1.553\ 0$				
α-石英	六方	580℃时	580℃时	2.533	0.394 8	573～870
		$\beta=1.532\ 8$	+0.007 6			
		$\gamma=1.543\ 0$				
γ-鳞石英	斜方	$\alpha-\beta=1.469$	+0.004	2.37～2.35	0.440 5～0.425 5	<117
		$\gamma=1.473$				
β-鳞石英	六方	1.475	—	2.242（转变温度下）	0.446 0	117～163
α-鳞石英	六方		弱	2.228（转变温度下）	0.448 8	870～1470
β-方石英	斜方	$\alpha=1.484$	0.003	2.33～2.34	0.429 2～0.427 3	<180～270
α-方石英	立方	$\alpha-\beta=1.469$	均质的	2.229（转变温度下）	0.448 6	1 470～1 723
石英玻璃	无定形		均质的	2.203	0.453 9	>1 713±10(急冷)

SiO_2 各种结晶态在外界条件下，可以相互转化，而且这种相互转化是十分复杂的。根据转变特点和转变速度，SiO_2 的晶型转变可以分为两类，即缓慢型转化和快速型转化。SiO_2 的晶型转化如图 3-2 所示。

(1) 缓慢型转化。图 3-2 中水平方向的转化为缓慢型转化。这种转化从晶体的边缘开始，极其缓慢地进行到核心。特别是在 870℃下，仅在有强矿化剂存在时或者 α-石英被粉碎得足够细的情况下，α-石英才转化为 α-鳞石英。

缓慢型转化的温度界限只有在加热时间很长、原料粉碎得很细、存在强矿化剂的条件下才能实现。在实践中所看到的转化作用与图3-2差别很大，是如图3-3所示进行的。

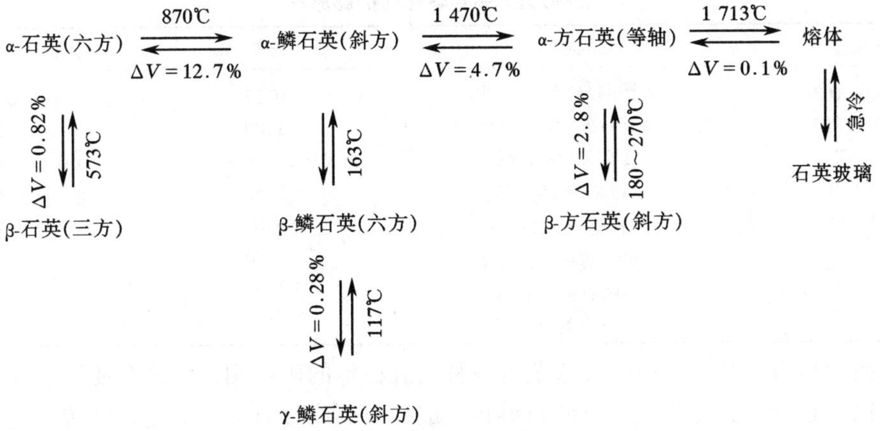

图3-2　SiO_2的理论晶型转变

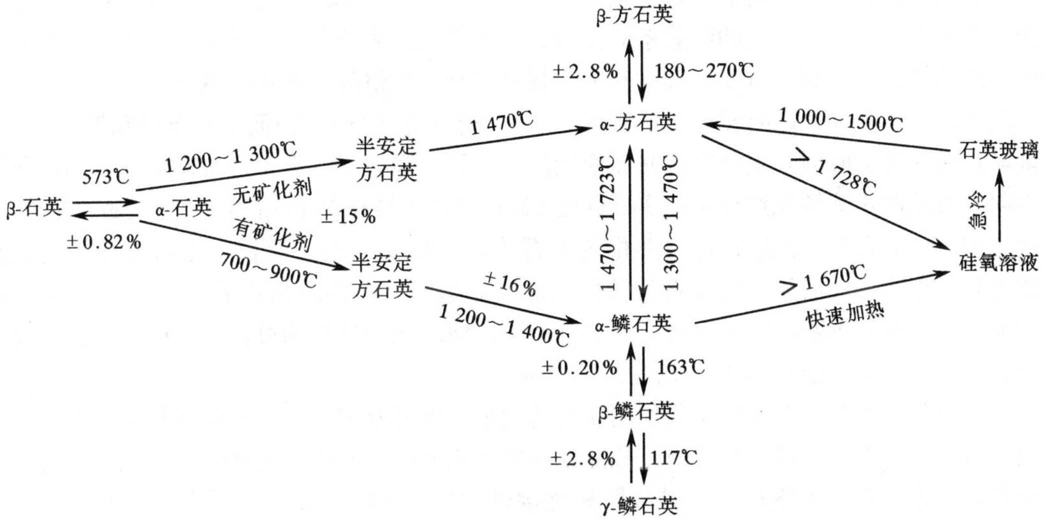

图3-3　SiO_2的实际晶型转变

缓慢型转化的速度和程度，取决于温度高低、保温时间、颗粒大小、显微组织(结晶的大小)、矿化剂的种类和数量。温度高，保温时间长，颗粒小，结晶细，矿化剂的量多且矿化作用强，则转化得快；反之则慢。

(2) 快速型转化。在图3-2中，垂直方向的转化为快速转化。当达到一定温度时这种转化就会骤然发生，且不是从结晶核心或边缘开始逐步进展，而是整个结晶同时骤然转变，转变是可逆的。

无论是缓慢型转化或快速型转化，都伴随着体积的变化。体积的变化直接影响硅砖的生产和使用。SiO_2的各种形态转化时发生的体积效应如表3-2所示。

各转变产生的体积变化是由于晶体结构的变化，各晶体的密度互不相同。测定密度变化可以估计晶型转变的程度。体积变化使砖内产生应力，如升温不当会导致制品的破裂，硅砖的烧成比其他耐火材料困难。硅砖在使用中也将发生各种晶型转变和体积变化，因此使用时也与其他耐火材料不同，在600℃以下必须注意缓热缓冷。

表 3-2 各种形态 SiO_2 转化时的膨胀率

转化温度/℃	结晶状态转化	线膨胀率/%	体积膨胀/%
117～163	γ-鳞石英↔α-鳞石英	+0.17	+0.50
200～210	β-方石英↔α-方石英	+1.00	+2.00～2.80
573	β-石英↔α-石英	+0.26～0.45	+0.86～1.30
870	α-石英↔α-鳞石英	+5.55	+14.4
1 250	α-石英↔α-方石英	+6.60	+17.4
1 470	α-鳞石英↔α-方石英	+1.05	—
1 670	α-鳞石英→液相	+1.05	—
1 713	α-方石英→液相	—	～+0.1

各种耐火材料的制造，最终要求获得一种高温稳定的矿物相，使之在使用过程中不发生变化，所以不难理解硅砖烧成要求使石英转变成鳞石英或方石英。但是，硅砖在烧成时并不能达到平衡，因此烧成的硅砖不是单相组织，而是方石英、鳞石英、石英同时存在的复相组织。方石英、鳞石英和石英的熔点分别为1 723，1 670和1 600℃，为了提高硅砖的耐火度，希望转变为方石英。方石英的线胀系数比鳞石英变动大，鳞石英在硅砖中呈矛头双晶相互交错的网络结构，对提高荷重变形温度和力学强度有利，残留的石英越少越好。

为了加速石英在烧成时转化为低密度的晶体(鳞石英和方石英)而不显著降低其耐火度，并能防止砖坯烧成时因发生过度膨胀而使制品产生松散和开裂，常常加入矿化剂。当矿化剂存在时，石英的实际转化过程是：β-石英在573℃很快地转化为 α-石英，在1 200～1 470℃温度范围内，α-石英很快地转化为亚稳定方石英。同时 α-石英、亚稳定方石英和矿化剂及杂质等相互作用形成液相，侵入石英颗粒及形成亚稳定方石英时出现的裂纹中，促进 α-石英和亚稳定方石英不断地溶解于所形成的液相中，使之成为硅氧的过饱和熔体，然后以稳定的鳞石英形态，不断地从熔体中结晶出来。

加速石英转化为鳞石英的矿化作用能力的大小，主要取决于所加矿化剂与砖坯中硅氧在高温时所形成的熔体数量及其性质，即液相开始形成温度、液相的黏度和润湿能力、液相的结构及数量等因素。矿化作用以碱金属氧化物(Li_2O，K_2O，Na_2O 等)为最强，FeO，MnO次之，CaO，MgO较差。但矿化作用的强弱，不是选择矿化剂的标准。因为矿化作用强的矿化剂，如果用于快速转化的硅石原料，则作用过于剧烈，易产生裂纹，烧成成品率降低。Li_2O，K_2O，Na_2O 等碱金属氧化物虽然开始出现液相温度很低，液相黏度很小，但干燥时这类化合物的盐类会析到砖坯表面，使在烧成过程中内层和外层呈现不同的矿化作用，降低烧成制品的性能，而且它还能强烈降低硅砖的耐火度，因此，不能用它们作矿化剂。在生产中为了保证得到更高的鳞石英化程度，一般很少采用一种氧化物作为矿化剂，而是同时加入两种氧化物作矿化剂(即复合矿化剂)。CaO，FeO，MnO及其复合物作为矿化剂，对硅砖的耐火度降低不大，且能保证硅砖在高温时具有高的力学强度。目前生产中应用最普遍的矿化剂是CaO和FeO复合矿化剂，由于MnO资源比较少，而且成本较高，很少被采用。

3.1.2 硅砖的生产

生产硅砖的原料主要有硅石，其次还有少量的废硅砖(大约20%左右)以及矿化剂等。为了保证硅砖的质量，一般要求硅石中 SiO_2 的质量分数大于96%(我国多数大于98%)，

Al_2O_3，Fe_2O_3，TiO_2及碱金属氧化物等杂质的总质量分数一般要小于2%。为了生产出高质量的致密硅砖，要求原料越致密越好。

硅砖的生产工艺流程如图3-4所示。与其他耐火制品相比，硅砖生产工艺的不同之处在于，其原料不经过煅烧，直接配用破粉碎和筛分后的硅石颗粒料和细粉。另外，需要加矿化剂。其中，铁鳞是矿化剂，而石灰既是矿化剂，其消化以后得到的石灰乳又是结合剂。

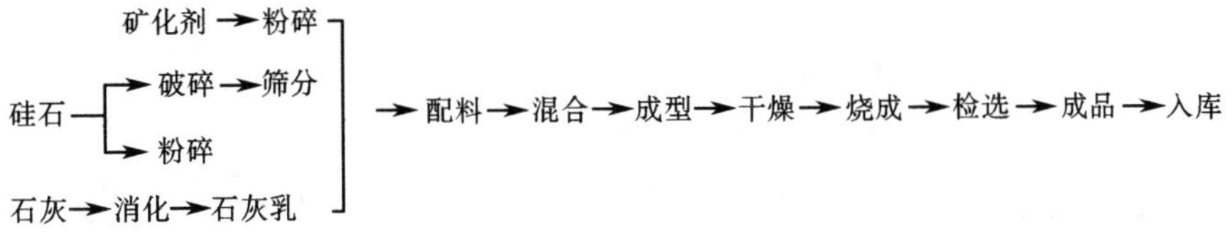

图3-4 硅砖生产工艺流程

硅砖烧成是硅砖生产中最重要的工序。硅砖的物理性能、外形和成品率在很大程度上决定于硅砖烧成的热工制度。硅砖在加热过程中有晶相转化，并伴随体积变化的效应。这是硅砖与黏土砖、高铝砖、镁砖在烧成上的根本区别。

硅砖烧成的目的，是使石英充分转化和制品充分烧结，从而获得所要求的强度。硅砖烧成的效果决定于硅石转化的程度和转化的趋向，也就是真密度的高低，残余线膨胀的大小和鳞石英化的多少。为了烧成高质量的硅砖，必须严格控制升温速度。典型升温制度如表3-3所示。

表3-3 典型硅砖烧成升温制度

温度区间/℃	升温速度/(℃/h)
<600	20
600～1 100	25
1 100～1 300	10
1 300～1 350	5
1 350～1 430	2

3.1.3 硅砖的性质

硅砖的性质，包括化学矿物组成、真密度、体积密度、耐火度、荷重软化温度、高温体积稳定性、抗热震性以及抗渣性等，与原料的性质、晶型转变状况以及制造工艺等诸多因素密切相关。

(1) 化学矿物组成。硅砖中SiO_2的质量分数应大于93%。一般硅砖中的晶相为鳞石英和方石英以及少量的残存石英，基质为玻璃相。

(2) 真密度和体积密度。硅砖真密度的大小是判断其晶型转变程度的重要标志之一。一般硅砖的真密度小于$2.38g/cm^3$，优质硅砖的真密度为$2.33～2.34g/cm^3$。硅石为$2.65g/cm^3$。如表3-4所示，鳞石英化程度愈高，则烧成硅砖真密度愈小。因此，根据硅砖的真密度可以判断硅砖的矿物组成。

硅砖的体积密度与气孔率有关。一般硅砖的显气孔率为17%～25%，体积密度为$1.8～1.95g/cm^3$。硅砖的成型压力愈高，体积密度愈大。增大体积密度可以提高硅砖的结构强度、导热性和抗渣性。

表 3-4　硅砖的真密度及其矿物组成的质量分数

真密度/(g/cm^3)	矿物组成的质量分数/%			
	鳞石英	方石英	石　英	玻璃相
2.33	80	13	0	7
2.34	72	17	3	8
2.37	63	17	9	11
2.39	60	15	9	16
2.40	58	12	12	16
2.42	53	12	17	18

(3) 耐火度。硅砖的耐火度较低，为 1 670～1 730℃。随着 SiO_2 的质量分数、晶型、杂质种类和数量的不同稍有变化，但波动不大。SiO_2 的质量分数愈高、杂质的质量分数愈低，则耐火度愈高。特别当 Al_2O_3，K_2O，Na_2O 的质量分数增加时，硅砖的耐火度降低。总之，硅砖的耐火度不高，不能满足强化冶炼的要求。

(4) 荷重软化温度。硅砖的荷重软化温度较高，一般为 1 620～1 670℃，与其耐火度接近。这主要是因为构成硅砖的主晶相为具有矛头双晶的鳞石英形成的网状结构和基质黏度较大的玻璃相所致。硅砖在荷重作用下加热从开始软化变形到其破坏之间温度间隔不大，一旦达到软化温度便迅速破坏，致使荷重软化变形温度范围很窄。开始软化温度与其耐火度接近，这是硅砖的一个特殊性能。

(5) 体积稳定性。硅砖在加热过程中，除了存在一般的热膨胀外，还发生晶型转变并伴有体积膨胀。如果砖内存在未转变的残余石英，高温下将继续转变成鳞石英或方石英，产生较大的体积膨胀。普通硅砖从常温加热到 1 450℃时，体积膨胀率为 1.5%～2.2%，而从 1 450℃冷却到 250℃时，体积收缩，最终残余膨胀率为 0.1%～0.9%。优质硅砖的残余膨胀不超过 0.3%～0.4%。硅砖加热和冷却时体积膨胀与收缩变化曲线如图 3-5 所示。

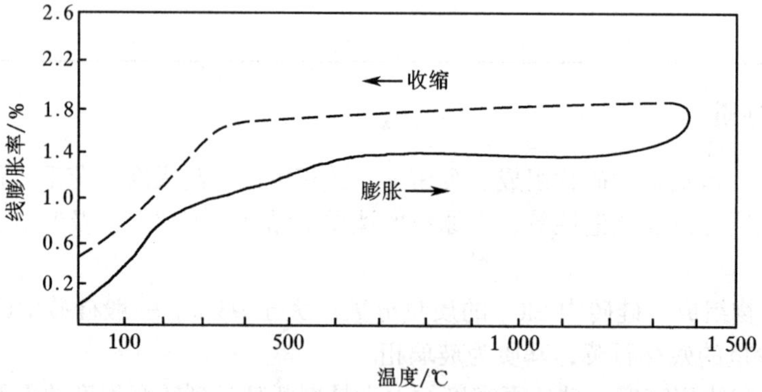

图 3-5　密度为 2.39g/cm³ 硅砖加热和冷却时的膨胀与收缩曲线

(6) 抗热震性。由于温度剧烈变化时，硅砖内部的结晶发生快速型转变，体积突然膨胀或收缩，产生较大的内应力，使硅砖崩裂或剥落。因此，硅质耐火制品的抗热震性很差，在 850℃下水冷仅为 1～2 次。但是，当硅砖的使用温度在 600℃以上波动时，由于结晶不发生快速型转变，它的抗热震性较好。

(7) 抗渣性。作为酸性耐火材料，硅砖对酸性和弱酸性炉渣以及含腐蚀性气体的炉气的抗侵蚀能力很强。对含有 CaO 和 FeO 的炉渣侵蚀作用也有一定的抵抗能力。这是由于 SiO_2 与 CaO 或 FeO 共存时，SiO_2 吸收一定数量的 CaO 和 FeO 后，在高温下生成两种互不相溶的黏度较大的液相，不易形成熔滴或渗入砖的气孔中。

虽然硅砖的耐火度不是很高，但荷重软化温度较高，高温结构强度大，而且在600℃以上长期使用时稳定性好，能抵抗酸性炉渣的侵蚀。因此，目前主要用于砌筑玻璃熔窑和焦炉。用硅砖砌筑焦炉炭化室隔墙，在高温下具有良好的稳固性和气密性，使用寿命可达 10～15 年，如使用得当，可达 25 年以上。硅砖曾用作酸性转炉的内衬砖。电炉炉顶、反射炉拱顶、蓄热室及沉渣室过去也广泛采用硅砖砌筑，现在已逐渐被高铝砖及镁铝砖代替。

用硅砖砌筑的炉窑在加热烘烤过程中，应缓慢升温，以免因膨胀过急而使砌体破坏。

3.1.4　其他氧化硅质耐火制品

3.1.4.1　高密度导热性硅砖

为了适应焦炉大型化和强化生产的需要，对焦炉硅砖的质量提出了更高的要求。在保证焦炉稳固性和力学强度的前提下，适当减薄炭化室隔墙的厚度，以强化传热过程，缩短炭化时间。因此，需要生产具有密度高、结构强度大和导热性能高的硅砖。

一般采用高硅质原料，经高压成型。在尽量减少玻璃相的数量和降低气孔率的同时，掺入 CuO，Cu_2O，TiO_2，Fe_2O_3 等导热能力强的金属氧化物，获得气孔率为 16%左右、体积密度超过 1.95g/cm^3，热导率大于 18W/(m·℃)、力学强度高的高密度高导热性硅砖。各种金属氧化物对硅砖导热性的影响次序为：氧化铜＞氧化铁＞氧化钛。随着金属氧化物的掺入，硅砖导热能力显著提高，但对制品的耐火度、荷重软化温度有影响。因此，金属氧化物的加入量一般不超过 2%。表 3-5 为某厂研制的高密度高导热性硅砖的性能。

表 3-5　某厂高密度高导热性硅砖的性能

种类	化学组分的质量分数/%				耐火度/℃	显气孔率/%	体积密度/(g/cm^3)	耐压强度/MPa	荷重软化温度/℃	热导率/[W/(m·℃)]
	SiO_2	TiO_2	Fe_2O_3	CuO						
含铁	94.12	—	2.50	—	1 670～1 690	16.5	1.96	48	1 660	18.30
含铜	93.03	—	—	1.50	—	17.1	1.96	69	1 650	19.95
含钛	93.52	1.63	1.08	—	1 670～1 690	17.4	1.95	56	1 660	18.22

3.1.4.2　石英玻璃制品

石英玻璃制品也称熔融石英制品，作为耐火材料有两类：石英玻璃制品和石英玻璃再结合制品。

(1)石英玻璃制品。石英玻璃制品是 SiO_2 单一组分的玻璃相，为非晶质结构。以硅石或硅化物为原料，经高温熔化或气相沉积而成。主要制品有管、棒、板、块和纤维等。

石英玻璃制品的主要性能有：化学稳定性好，耐高温，线胀系数很小，抗热震性很高，并具有良好的电绝缘性，能透过红外线和紫外线。广泛应用于机电、冶金、化工、建材及国防等工业部门。

石英玻璃按透明度分为透明和不透明两种。不含或含有少量气泡等散射质点的石英玻璃呈透明状态，故称其为透明石英玻璃。透明石英玻璃长期在高温下使用会失透，一般安全使用温度为 1 100℃，短时间内可使用到更高的温度。含有大量微小气泡等散射质点的石英玻璃为不透明石英玻璃，一般采用硅石高温熔炼而成。其隔热性能比透明石英玻璃好，其他性能不如透明石英玻璃。

(2)石英玻璃再结合制品。石英玻璃再结合制品也称熔融石英再结合制品，或称熔融石英陶瓷制品和石英玻璃烧结制品。它以石英玻璃为原料，先制成细粉，然后加入结合剂，经再结合或快速烧成而制成再结合制品。

石英玻璃再结合制品仍保持有石英玻璃的特性，即耐酸性能强、耐火性能好、线胀系数很小($0.5\times10^{-6}℃^{-1}$)，抗热震性很好，而且热导率很小，耐磨和耐冲刷性好，高温抗折及抗拉强度高。因此，常用作钢铁冶金和有色冶金的浸入式水口砖等，使用效果好。其缺点是长期在 1 100℃以上使用时，会由于高温析晶而产生开裂和剥落。

3.2 黏土质耐火材料

黏土质耐火材料是指 Al_2O_3 的质量分数为 30%～46%的耐火材料。黏土质耐火材料为弱酸性制品，因其资源丰富，生产工艺简单，成本低，故应用广泛。

3.2.1 黏土耐火材料化学组成及其相平衡

黏土制品的高温性能主要取决于制品的化学矿物组成。所以利用 Al_2O_3-SiO_2 二元相图(见图 3-1)，从理论上可以了解黏土制品的理论相组成及其随化学组成和温度的变化规律，对指导黏土质耐火制品的生产和使用有着十分重要的意义。

从 Al_2O_3-SiO_2 二元相图可以看出，黏土质耐火材料常温下平衡相为方石英和莫来石($3Al_2O_3\cdot2SiO_2$)。莫来石的理论组成为 71.8%Al_2O_3 和 28.2%SiO_2，熔点为 1 850℃。温度升高到 1 595℃时有低熔点共晶成分的熔融物生成。其共晶成分为 5.5%Al_2O_3 和 94.5%SiO_2。

黏土质耐火材料中常含有 Fe_2O_3，TiO_2，CaO，MgO，K_2O，Na_2O 等 5～6 种杂质。随着这些杂质的质量分数的增加，制品内形成液相的温度降低，冷却到 1 595℃以下也不能完全转变为结晶相。有一部分则转变成非晶质的玻璃相，使制品的耐火性能降低。

3.2.2 黏土耐火制品的分类

黏土耐火制品主要有黏土砖和不定形耐火材料。黏土耐火制品因其生产简便，价格便宜，广泛应用于高炉、热风炉、均热炉、退火炉、锅炉、铸钢系统以及其他热工设备，是消耗量较大的耐火制品之一。

黏土砖分为普通黏土砖、多熟料黏土砖、全生料黏土砖和高硅质黏土砖等品种。

普通黏土砖指 Al_2O_3 的质量分数为 36%～42%的品种，产量高，用途广。普通黏土砖由可塑性强、分散性大的软质黏土与一部分黏土熟料配制而成，概括地分为黏土-熟料砖和高岭土-熟料砖。按耐火度的高低，将黏土质耐火制品划分为四个等级：特级品，高于 1 750℃；一级品，1 730～1 750℃；二级品，1 670～1 730℃；三级品，1 580～1 670℃。

多熟料黏土砖是指含熟料的质量分数 80%以上，结合黏土的质量分数 20%以下的制品，多熟料黏土砖由于坯料大都处于瘠化状态，在制造过程中不易变形，可以保证砖坯的外形尺寸，使烧成的制品具有较理想的体积密度、力学强度、抗热展性和较高的耐火度。

全生料黏土砖也称无熟料黏土砖，是用可塑性低、分散性弱、收缩很小的硬质黏土或叶蜡石制成的。由于这种原料固有结合水分少，粉碎后虽然吸收了一定的外加水分，仍可保持原有的颗粒组成，因此可以不另加熟料，而且烧成品并不会因没有熟料而产生收缩现象。全生料黏土砖的主要理化指标如表 3-6 所示。

表 3-6　不同等级全生料黏土砖的理化指标

指　标	一　等	二　等	三　等
化学组分的质量分数/%			
SiO_2	59.52	67.12	68.66
Al_2O_3	38.70	31.02	26.77
Fe_2O_3	1.60	1.72	2.26
耐火度/℃	1 730	1 690	1 650
体积密度/(g/cm^3)	2.56	2.49	2.40
显气孔率/%	—	19.97	16.85
常温耐压强度/MPa	16.8	18.1	21.1
0.2MPa 荷重软化温度/℃			
开始点	1 100	1 020	960
4%变形	1 360	1 320	1 205
重烧线变化率/%	+0.50	+0.55	+0.61

高硅质黏土砖的主要原料有瘠化黏土(煅烧过的硬质黏土、高岭土或叶蜡石)和天然石英砂。根据原料类别，高硅质砖可分为石英-高岭石质高硅砖和石英-黏土质高硅砖两种。前者 SiO_2 的质量分数最高可达 75%～80%，耐火度大于 1 710℃，显气孔率一般均大于 25%；后者是用含有石英岩的黏土或在烧结的黏土中加入石英砂配制。制品的耐火度较低，一般在 1 610～1 700℃之间。高硅质黏土砖在一定的温度下体积稳定，长期使用并不产生过大的体积膨胀或收缩，而且荷重软化温度也高于普通黏土砖，非常适用于砌筑蓄热室或盛钢桶内衬。

3.2.3　黏土质耐火材料的原料

黏土质耐火材料的原料为耐火黏土。耐火黏土的矿物组成主要是高岭石，并伴有少量的石英、硫铁矿、金红石、蜡石及有机物等杂质。耐火黏土的性能主要取决于高岭石，但杂质的危害极大。其中危害最大的是 Fe_2O_3 和 TiO_2，它们使砖坯在烧成时产生鼓泡、熔洞及黑斑等缺陷，会降低烧成率和制品耐火性能。因此，Fe_2O_3 及 TiO_2 的质量分数应小于 1.2%～1.5%。MgO，CaO，K_2O，Na_2O 等杂质的存在会抑制莫来石化，而且使制品的耐火度、荷重软化温度显著下降。因此，上述杂质的质量分数应严格控制在：CaO+MgO 小于 0.6%～1.5%，Na_2O+K_2O 小于 1.5%，杂质总的质量分数必须小于 6%。

高岭石的组成为 $Al_2O_3\cdot 2SiO_2\cdot 2H_2O$，其理论成分的质量分数为 Al_2O_3 39.48%，SiO_2 46.60%，H_2O 13.92%。经煅烧以后成分为 Al_2O_3 45.87%，SiO_2 54.12%。硬度较低，一般为 1～3，真密度为 2.61～2.68g/cm^3。实际上，由于含有少量的杂质，黏土质耐火材料的组成并非只有 Al_2O_3 和 SiO_2 两种，而且 Al_2O_3 和 SiO_2 的质量分数的变化也较大。

高岭石在煅烧时发生脱水分解、化合、结晶、晶体长大等一系列物理化学变化，并伴有较大的体积变化，一般不能直接用来制造砖坯，必须在高温窑内加热煅烧成熟料方可使用。高岭石在加热煅烧过程中的物理化学变化过程如下。

(1) 脱水分解。在 450～550℃下高岭石发生分解，排除结构水，形成偏高岭石。此过程为吸热反应，反应式为

$$\underset{\text{高岭石}}{Al_2O_3\cdot 2SiO_2\cdot 2H_2O}\xrightarrow[\text{吸热}]{450\sim550℃}\underset{\text{偏高岭石}}{Al_2O_3\cdot 2SiO_2}+2H_2O\uparrow \tag{3-1}$$

(2) 偏高岭石分解和莫来石化。当加热温度继续升高时，偏高岭石分解为无定形 Al_2O_3 和 SiO_2，加热至 900～1 200℃时便形成莫来石和方石英。此过程的反应式为

$$Al_2O_3 \cdot 2SiO_2 \longrightarrow Al_2O_3(\text{无定形}) + 2SiO_2(\text{无定形}) \tag{3-2}$$

$$Al_2O_3(\text{无定形}) \xrightarrow{930\sim960℃} \gamma\text{-}Al_2O_3(\text{结晶形}) \tag{3-3}$$

$$3\gamma\text{-}Al_2O_3 + 6SiO_2(\text{无定形}) \xrightarrow{1\,100\sim1\,200℃} 3Al_2O_3 \cdot 2SiO_2 + 4SiO_2(\text{无定形}) \tag{3-4}$$

$$4SiO_2(\text{无定形}) \xrightarrow{1\,250\sim1\,300℃} 4SiO_2(\text{方石英}) \tag{3-5}$$

莫来石($3Al_2O_3 \cdot 2SiO_2$)在 1 100～1 200℃下理论生成量可达 60%以上，但晶体缺陷多，晶粒细小。温度达 1 200℃以上莫来石晶体长大，1 500～1 600℃下莫来石晶体长大结束。归纳起来综合反应式为

$$3(\underset{\text{高岭石}}{Al_2O_3 \cdot 2SiO_2} \cdot 2H_2O) \xrightarrow{450\sim1\,300℃} \underset{\text{莫来石}}{3Al_2O_3 \cdot 2SiO_2} + \underset{\text{方石英}}{4SiO_2} + 6H_2O\uparrow \tag{3-6}$$

在煅烧过程中，在 600～1 000℃下缓慢产生体积收缩，在 900～1 000℃以上收缩急剧增加，大约在 1 250～1 350℃终止。在生产过程中，为了避免收缩的危害和促进莫来石晶体的发育和长大，煅烧时升温速度不宜太快，而且温度也不宜过高，以免过烧。一般最高煅烧温度不超过 1 400℃。

3.2.4 黏土耐火制品的生产

黏土耐火制品生产流程的选择，主要取决于原料的性质或成品的质量要求。其工艺流程大致有三种，如图 3-6 所示。

流程(Ⅰ)是制造一般黏土制品，如黏土砖、浇铸用砖等采取的工艺流程，而流程(Ⅱ)、(Ⅲ)是制造优质黏土制品的工艺。这两种工艺的不同在于后者是将部分软质黏土以泥浆形式加入泥料中。多熟料黏土质制品采用这一工艺流程生产，可以显著地改善泥料的成型性能及制品的物理和高温性质。

(1) 原料准备。主要是黏土熟料的制备和结合黏土的制备。其中，熟料的制备是将耐火黏土原料经高温煅烧制成各级颗粒料和细粉，结合黏土的制备是将黏土粗碎、干燥、细磨成粉及调浆。

(2) 配料、混练与成型。以煅烧的耐火黏土熟料为瘠料，配以一定比例的结合黏土，制成混合料。混合料中熟料所占比例多，称为多熟料制品。此种制品体积稳定性高，其他性质也较好，但需要强力成型。多熟料砖是目前生产与应用最广泛的黏土制品。

混合料经混练或经困料再混练后成型。成型的方法很多，但目前对多熟料制品多采用半干压成型。成型方法及成型压力对砖的致密度、结构强度和抗渣性等均有影响。

(3) 干燥。黏土砖砖坯含水量依成型方法而不同，半干压成型坯含水量低，水分蒸发时几乎不发生收缩，可快速干燥，或直接装车入窑。含水较多的砖坯，可预先采用适当的自然风干或热气加热干燥，然后送入隧道窑。干燥过程控制的关键因素为干燥速度，应以保证砖坯不变形、不开裂和具有一定强度为原则。控制最终进入烧成窑内的砖坯含水量在 2%以下。

(4) 烧成。烧成的目的是使砖坯烧结，使其具有一定强度的外形尺寸、致密性与气孔率，力学强度要高，体积稳定性较好，耐火性能良好。

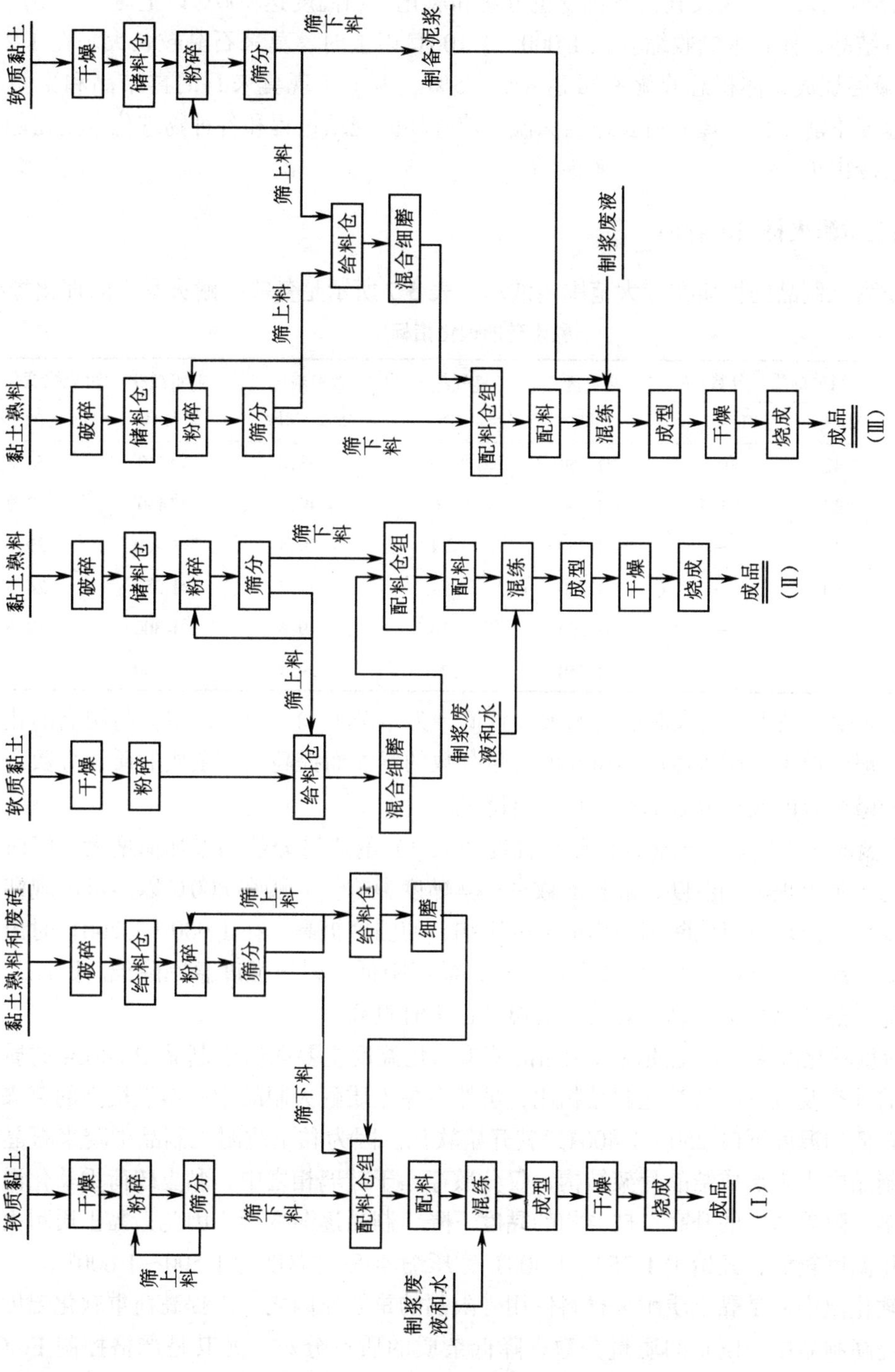

图 3-6 黏土质耐火制品的生产工艺流程

烧结过程中砖坯的基质部分要发生一系列物理化学变化，即其中的结合黏土和熟料细粉在烧结过程中进行各种反应。当加热至 200～900℃时，砖坯结合黏土分解脱水，体积收缩约 2%～2.5%，杂质矿物及其他有机物也分解和氧化。当温度达 900℃以上时，开始产生液相和莫来石结晶，体积继续收缩。在 1 000～1 100℃以上时，莫来石晶粒长大。在 1 250～1 350℃下最终烧成，体积总收缩率可达 4%～5%。为了实现莫来石的再结晶和聚集再结晶，烧成速度不能太快。烧成后要适当保温，使砖坯的烧结过程和各种物理化学变化趋于一致。最后缓冷出炉。

3.2.5 黏土质耐火材料的性质

黏土质耐火制品的性质在较大范围内波动。表 3-7 所示是各等级耐火黏土的理化指标。

表 3-7 黏土砖的理化指标

牌 号	化学组分的质量分数/%		耐火度	显气孔率	常温耐压	荷重软化	重烧线变化率/%
	Al_2O_3	Fe_2O_3	/℃	/%	强度/MPa	温度/℃	1 450℃×2h
ZGN-42	≥42	≤0.6	≥1 750	≤15	≥58.8	≥1450	58.8
GN-42	≥42	≤1.7	≥1 750	≤16	≥49.0	≥1430	49.0
RN-42	≥42	—	≥1 750	≤24	≥29.4	≥1 400	29.4
RN-40	≥40	—	≥1 730	≤24	≥24.5	≥1 350	24.5
RN-36	≥36	—	≥1 690	≤16	≥19.6	≥1 300	19.6
N-1	—	—	≥1 750	≤22	≥29.4	≥1 400	29.4

(1) 耐火度。黏土质耐火制品的耐火度较低，为 1 580～1 770℃，主要与制品的化学组成有关。一般情况下，耐火度随 Al_2O_3 的质量分数的增加而提高，随杂质的质量分数，尤其是 Fe_2O_3 和碱金属的质量分数的增加而显著降低。

(2) 高温耐压强度。黏土砖高温耐压强度随 Al_2O_3 的质量分数的增加而增大。同时受低熔点物质高温下出现液相温度、液相的数量及其黏度影响。一般在 800℃以上可出现塑性变形。塑性变形的出现可以消除制品内应力的影响，使强度提高。在 1 000～1 200℃时出现较大值。当温度超过 1 200℃时，形成大量液相，黏度降低，耐压强度急剧降低。因此，即使在炉墙单面受热的条件下，黏土砖使用的温度也不宜过高。

(3) 荷重软化温度。黏土质耐火制品的荷重软化温度主要取决于制品中 Al_2O_3 的质量分数和杂质的种类及数量。与其他制品相比，虽然在黏土质耐火制品中有熔点很高的莫来石晶相，但在较低的温度下(1 250～1 400℃)就开始软化。因为黏土质耐火制品中莫来石晶相数量少，在制品中尚未形成结晶骨架结构，仅分散存在于玻璃相之中，黏土砖荷重软化温度比硅砖低很多。随着温度的升高，玻璃相的黏度下降，制品逐渐变形。因此，黏土质耐火制品的荷重软化温度较低，开始于 1 250～1 400℃，压缩 40%时温度为 1 500～1 600℃。

荷重软化温度低是黏土质耐火材料使用受限制的重要原因之一。提高荷重软化温度的有效途径是提高制品中 Al_2O_3 的质量分数，降低杂质的质量分数，尤其是严格控制 Fe_2O_3 及 MgO，CaO，K_2O，Na_2O 等杂质的质量分数。另外，还可采用混合细磨和多熟料配料以及适当提高制品的烧成温度的方法。

(4) 高温体积稳定性。黏土质耐火制品长期在高温条件下使用，会产生残余收缩。这是由于在生产过程中加入一定数量的结合剂(如结合黏土)，在烧成时矿化作用不彻底造成的。一般情况下，残余收缩为0.2%～0.7%，不超过1%。

(5) 抗热震性。黏土质耐火制品的抗热震性好，普通黏土砖在1 100℃下水冷循环达10次以上，多熟料黏土砖可达50～100次或更高。黏土砖抗热震性好的原因主要是莫来石及整个制品的线膨胀系数小(平均$4.5\times10^{-6}\sim5.8\times10^{-6}℃^{-1}$)，而且比较均匀，过程中不发生晶型转变所引起的体积变化。而且熟料颗粒之间尚有许多裂纹，可以缓冲应力作用。增加熟料量和颗粒的合理级配，提高成型压力，适当降低烧成终止温度，增加莫来石晶体数量并减少玻璃相的质量分数都能提高制品的抗热震性。

(6) 抗渣性。黏土质耐火制品属酸性耐火材料，抵抗弱酸性炉渣侵蚀的能力强，对酸性和碱性炉渣的抵抗能力较差。提高制品的致密度，降低气孔率，能提高制品的抗渣性能。增大Al_2O_3的质量分数，抗碱性渣侵蚀能力提高，随SiO_2的质量分数的增加，抗酸性渣的能力增强。

3.2.6　其他黏土制品

3.2.6.1　半硅质耐火制品

半硅质耐火制品是指组成中SiO_2的质量分数大于65%，$Al_2O_3+TiO_2$的质量分数小于30%的耐火材料。主要制品有半硅砖和蜡石砖，属半酸性耐火材料。

制造半砖质耐火制品的原料为含有天然石英杂质而含Al_2O_3很少的耐火黏土或蜡石。还可利用高岭土或石英岩选矿的尾矿提取的半硅质料作原料。

这种原料中含有比普通耐火黏土更多的SiO_2，比硅质原料含有更多的Al_2O_3。在烧成过程中SiO_2发生一定的同素异晶转变，如在1 250℃以前石英转变为方石英，体积膨胀，其中黏土质部分则因脱水分解及易熔物形成液相，而发生体积收缩，故在1 350～1 410℃下烧成时，体积膨胀与收缩变化的结果相互抵消，最终体积变化很小。这是半硅质耐火制品的一个突出特点。

半硅质耐火制品的主要特点是体积稳定性好，对酸性、弱酸性炉渣有较好的抵抗能力，对含SO_2的高温烟气也有良好的抵抗能力，荷重软化变形温度较高。半硅砖主要用于砌筑盛钢桶内衬及燃烧室和高温烟道，使用寿命高于黏土砖。

3.2.6.2　黏土质不定形耐火材料

黏土质耐火材料除黏土砖外，还有黏土质不定形耐火材料。表3-8是某厂生产的黏土浇注料的理化性能指标。因浇注料的整体性以及黏土质耐火材料抗热震性和抗蠕变性能好，由这种黏土浇注料砌筑的衬体的使用寿命是普通耐火砖的2～3倍。

表3-8　某厂生产的黏土浇注料的理化性能指标

型号	Al_2O_3的质量分数/%	骨料	最高使用温度/℃	耐火度/℃	体积密度/(g/cm³)	烧后线变化率/% 1 000℃	烧后线变化率/% 1 200℃	烧后抗压强度/MPa 110℃×24h	烧后抗压强度/MPa 1 000℃×3h	烧后抗压强度/MPa 1 300℃×3h
NC-1	≥40	黏土	1 200	≥1 600	2.2	−0.2	±0.5	20	25	30
NC-2	≥45	黏土	1 300	≥1 650	2.2	−0.2	±0.5	20	25	30

3.3 高铝质耐火材料

高铝质耐火材料是 Al_2O_3 的质量分数大于 48% 的硅酸铝质耐火材料的统称。按 Al_2O_3 的质量分数的不同，高铝质耐火材料一般划分为三个等级：一等，$w(Al_2O_3) > 75\%$；二等，$w(Al_2O_3) = 60\% \sim 75\%$；三等，$w(Al_2O_3) = 48\% \sim 60\%$。

根据矿物组成，高铝质耐火材料可分为低莫来石及莫来石质（$w(Al_2O_3) = 48\% \sim 71.8\%$），莫来石-刚玉质及刚玉-莫来石质（$w(Al_2O_3) = 71.8\% \sim 95\%$）和刚玉质（$w(Al_2O_3) = 95\% \sim 100\%$）。在 Al_2O_3 的质量分数小于 71.8% 的范围内，随 Al_2O_3 的质量分数的增加，制品中主晶相莫来石增加；在 Al_2O_3 的质量分数大于 71.8% 的范围内，随 Al_2O_3 的质量分数的增加，制品中主晶相莫来石减小而刚玉相增加。制品的耐火性随 Al_2O_3 的质量分数的增加而提高。

3.3.1 高铝质耐火材料的原料

高铝质耐火材料的原料主要有高铝矾土、蓝晶石、红柱石、硅线石及工业氧化铝等。其中，高铝矾土是高铝质耐火材料的主要原料。我国高铝矾土中的耐火矿物为：水铝石（α-$Al_2O_3 \cdot H_2O$）和高岭石（$Al_2O_3 \cdot 2SiO_2 \cdot 2H_2O$），有的高铝矾土含波美石（$\gamma$-$Al_2O_3 \cdot H_2O$）或三水铝石（$\alpha$-$Al_2O_3 \cdot 3H_2O$），有的含少量天然刚玉（$\alpha$-$Al_2O_3$）。高铝矾土的主要杂质有 Fe_2O_3，TiO_2，CaO，MgO，K_2O 和 Na_2O 等。其中含 TiO_2 较多，但分布均匀，Fe_2O_3 分布不均匀，含 CaO 和 MgO 较少，一般为 0.3%～0.5%。

高铝矾土不能直接用来制砖坯，必须先经高温煅烧制成熟料，才能制砖。高铝矾土熟料的生产方法与黏土熟料相似，但烧结过程较困难。

高铝矾土在煅烧过程中发生一系列物理化学变化，由水铝石和高岭石为主要矿物的高铝矾土的煅烧过程大致分为三个阶段，即分解脱水和莫来石化阶段、二次莫来石化阶段和重结晶烧结阶段。

(1) 分解脱水和莫来石化阶段。

$$\underset{\text{水铝石}}{\alpha\text{-}Al_2O_3 \cdot H_2O} \xrightarrow{400\sim600℃} \underset{\text{游离刚玉}}{\alpha\text{-}Al_2O_3} + H_2O\uparrow \tag{3-7}$$

$$\underset{\text{高岭石}}{Al_2O_3 \cdot 2SiO_2 \cdot 2H_2O} \xrightarrow{400\sim600℃} \underset{\text{偏高岭石}}{Al_2O_3 \cdot 2SiO_2} + 2H_2O\uparrow \tag{3-8}$$

$$3(Al_2O_3 \cdot 2SiO_2) \xrightarrow{>950℃} \underset{\text{莫来石}}{3Al_2O_3 \cdot 2SiO_2} + \underset{\text{无定形石英}}{4SiO_2} \tag{3-9}$$

高铝矾土的脱水反应一般开始于 400℃，至 400～600℃ 反应激烈，在 700～800℃ 反应完成。水铝石脱水后，在较高温度下，逐步转变为游离刚玉。高岭石脱水后，形成无水高岭石。在 950℃ 以上，无水高岭石转变为莫来石和非晶质二氧化硅，后者在高温下转变为方石英。

(2) 二次莫来石化阶段。二次莫来石化也称次生莫来石化，是指高铝矾土中所含高岭石分解并形成莫来石后，析出的无定形 SiO_2 与水铝石分解后形成的游离刚玉发生反应再次生成莫来石的过程。其反应式为

$$\underset{\text{游离刚玉}}{3Al_2O_3} + \underset{\text{无定形石英}}{2SiO_2} \xrightarrow{1\,200\sim1\,500℃} \underset{\text{二次莫来石}}{3Al_2O_3 \cdot 2SiO_2} \qquad (3\text{-}10)$$

二次莫来石化反应始于 1 200℃，随着温度的升高，该反应加剧，同时伴随着约 10%的体积膨胀。二次莫来石化反应的完成依 $m(Al_2O_3)/m(SiO_2)$的不同而不同。$m(Al_2O_3)/m(SiO_2)$越接近 2.55，其反应各完成温度越高(1 500℃左右)。$m(Al_2O_3)/m(SiO_2)$比值较大者，反应完成温度偏低，一般为 1 400～1 500℃。

在二次莫来石化反应完成的同时，高铝矾土中的 Fe_2O_3，TiO_2 和其他杂质与 Al_2O_3，SiO_2 形成液相。该液相的存在，有助于二次莫来石化的进行，同时也为重结晶烧结准备了条件。

(3) 重结晶烧结阶段。在二次莫来石化阶段，由于液相的形成，已经发生某种程度的烧结作用，但是这时的烧结进程非常缓慢。只有随着二次莫来石化阶段的完成，重结晶烧结作用才开始迅速进行。在 1 400℃或 1 500℃以上，在液相的作用下，刚玉和莫来石晶体长大，同时气孔迅速缩小，气孔率降低，物料逐渐趋于致密。一等矾土熟料主晶相为刚玉，仅有少量的莫来石，有时还有少量的钛酸铝；二等矾土主晶相为发育完好的莫来石结晶，还有刚玉集合体；三等矾土熟料主晶相为莫来石，还有较多的玻璃相。在这个阶段，矾土的烧结速度明显加快。平均每提高 10℃，吸水率降低 1%～1.5%。达到烧结温度之后再提高温度时，由于膨胀，吸水率反而上升。

3.3.2　高铝质耐火材料的相组成及其显微结构

高铝质耐火材料中主要矿相为莫来石和刚玉。莫来石($3Al_2O_3 \cdot 2SiO_2$)是 Al_2O_3-SiO_2 系统中唯一稳定的化合物。其晶体结构为斜方晶系，柱面角(110)∧(110) = 89°3′，光学角 $2V$ = 40°～50°，N_g = 1.654，N_m = 1.644，N_p = 1.642。研究结果表明，莫来石存在 α-莫来石、β-莫来石和 γ-莫来石三种变体。其中 α-莫来石是由符合化学式 $3Al_2O_3 \cdot 2SiO_2$ 的含 71.8% Al_2O_3 和 28.2% SiO_2(质量分数)的纯材料组成，β-莫来石含有呈固溶体状态存在的残余氧化铝，γ-莫来石则含有少量以固溶体状态存在的 Fe_2O_3 和 TiO_2。这三种变体均可由人工方法制得，但在天然矿物中发现有 β-莫来石和 γ-莫来石。β-莫来石可含有 78% Al_2O_3，由 α 型到 β 型，其晶格常数显著变化；当存在少量 Fe_2O_3 和(或)TiO_2 时，变为 γ 型，晶格常数增大。

刚玉(α-Al_2O_3)晶体结构属三方晶系，在它的结构中 O^{2-} 近似地呈六方最密堆积排列，Al^{3+} 填充在 6 个 O^{2-} 形成的八面体空隙中。因为 Al^{3+} 与 O^{2-} 的数目不等(2∶3)，所以只有 2/3 的八面体空隙被填充。刚玉的最简单单位晶格是锐角菱面体，其边长为 0.513nm，平均角为 56°16′。图 3-7 示出了刚玉结构中两片连续堆积的 O^{2-} 层的排列，右边的 O^{2-} 以 ABAB…方式重接于左边之上。可以看出，结构中 3 个 O^{2-} 组成的面，形成了相邻的 2 个八面体的公共面，因此这些 3 个 O^{2-} 面都连接了一对 Al^{3+}。

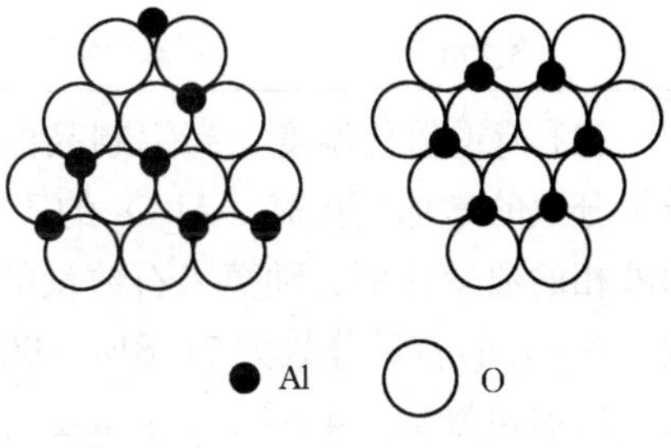

图 3-7　刚玉结构中两片连续的 O^{2-} 层

高铝质耐火材料的显微结构特征决定于制品中的结晶相及玻璃相的组成及其数量。

一等高铝砖的主晶相为柱状或粒状刚玉，质量分数达 70%以上；少量莫来石，质量分数为10%～20%。这说明结晶相之间的直接结合起主导作用。质量分数为5%～10%的玻璃相杂乱地分布于其中。

二等高铝砖的显微结构特征是，结合率很高的莫来石晶体与晶体之间呈网络结构，玻璃相分布在网络结构的空隙之中，因而其高温强度高，抗蠕变性能好。高温下尽管有少量的液相存在，但它只填充于网络结构中。

三等高铝砖中，玻璃相的质量分数高达20%，莫来石晶体仅仅镶嵌在玻璃相集合体中，玻璃相在很大程度上控制着形变作用。在低温阶段，起填充作用的结晶相有助于增加其强度。随着温度升高，玻璃相的流动性增加，莫来石的填充、增强作用显著降低，变形速率明显加快，高温力学性能表现最差。

3.3.3 高铝质耐火材料生产工艺特点

高铝质耐火制品的生产工艺大致与多熟料黏土制品的生产工艺相似。原料经高温煅烧成熟料后，经破碎和磨细，筛分分级，再经配料、混练或经困泥再混练、成型、干燥和高温烧成。制品的烧成比黏土质耐火制品困难得多，条件控制更加严格。

当采用人造高纯度的高铝质原料时，由于杂质的质量分数低，可以获得品质优良的高铝质耐火制品。

3.3.4 高铝质耐火材料的性质

高铝质耐火材料与黏土质耐火材料相比较，突出的特点是耐火度及荷重软化温度高，随Al_2O_3的质量分数的增加，抗渣性能显著改善。

(1) 耐火度。高铝质耐火材料的耐火度波动范围大，一般为1 770～2 000℃，主要受Al_2O_3的质量分数的影响，随着制品中Al_2O_3的质量分数的增加而提高。同时耐火度还受杂质的质量分数和种类的影响，与制品的矿相结构有关，如表3-9所示。

表3-9 高铝质制品的矿物组成与耐火度

$w(Al_2O_3)$/%	$w(SiO_2)$/%	矿物组成	耐火度/℃	使用温度/℃
>95	—	刚玉	1 790～2 000	1 700～1 750
70～95	19～3	莫来石、刚玉	1 800～1 950	1 600～1 670
45～70	44～36	莫来石、方石英	1 770～1 850	1 450～1 650

(2) 荷重软化温度。高铝制品的荷重软化开始变形温度高于1 400℃，并随着Al_2O_3的质量分数的增加而提高。Al_2O_3的质量分数小于71.8%的制品，荷重软化温度取决于莫来石和液相的数量比例，随莫来石数量的增加而提高。液相的数量和性质对荷重软化点有明显影响。Al_2O_3的质量分数为71.8%～90%时为莫来石、刚玉质制品，随Al_2O_3的质量分数的增加，玻璃相数量基本不变，刚玉虽有增多，但莫来石却减少，故荷重软化温度提高不显著。Al_2O_3的质量分数超过90%以后，随Al_2O_3的质量分数的增加，玻璃相数量减少，荷重软化温度显著提高，由Al_2O_3的质量分数90%时的1 630℃升至Al_2O_3的质量分数100%时的1 900℃。温度与Al_2O_3的质量分数的关系如图3-8所示。

(3) 导热性。高铝质耐火制品比黏土质制品具有更高的导热能力。其原因是高铝质制品中导热能力很低的玻璃相较少，而导热能力较好的莫来石和刚玉质晶体的质量分数增加，提

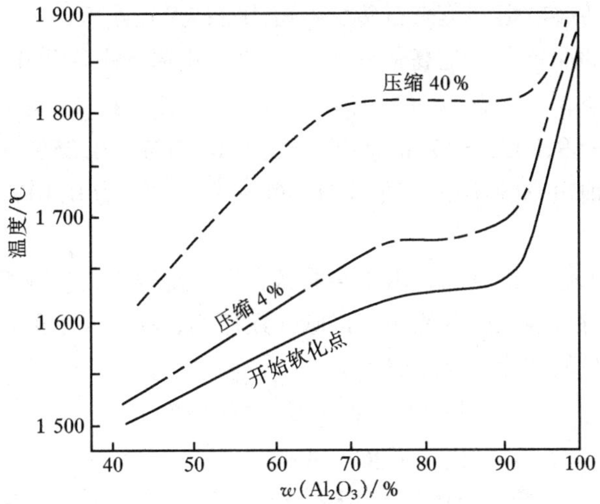

图 3-8　高铝砖中 Al_2O_3 的质量分数和荷重软化温度的关系

高了制品的导热能力。

(4) 抗热震性。高铝质耐火制品的抗热震性介于黏土质制品和硅质制品之间，850℃水冷循环仅 3～5 次。这主要是由于刚玉的线胀性较莫来石高，而无晶型转化之故。提高高铝制品的抗热震性是亟待解决的重要课题。目前，以改善制品的颗粒结构，降低细粒料的质量分数及提高熟料临界颗粒尺寸和合理级配，来提高制品的抗热震性。具有合理结构的高铝砖抗热震性可提高到上述冷热循环 30 次以上。

(5) 抗渣性。高铝质耐火制品的主要成分为 Al_2O_3。Al_2O_3 为两性氧化物，当制品为莫来石-刚玉质结构时，抗渣性随 Al_2O_3 的质量分数的增加而增强，随液相的减少而提高。高铝质耐火制品既能抵抗酸性渣的侵蚀，又能抵抗碱性渣的作用。但抗碱性渣的能力不及镁质材料，却优于黏土质材料，并随着莫来石和刚玉的质量分数的增加而增强。

此外，高铝质耐火制品的抗渣性能，还与制品在渣中的稳定性有关。如在 CaO-FeO-Al_2O_3-SiO_2 平衡系中，刚玉质制品稳定性较差，而在没有 FeO 的 CaO-MgO-Al_2O_3-SiO_2 平衡系中，刚玉质和莫来石-刚玉质制品的稳定性明显改善，抗渣性提高。经高压成型和高温烧成，使制品的气孔率降低，能够有效地提高制品的抗渣性。

3.3.5　高铝质耐火材料的应用

高铝质耐火制品具有一系列比黏土质耐火制品更加优良的耐火性能，是一种应用效果好、使用广泛的耐火材料，在钢铁冶金及有色冶金炉窑上得到了广泛的应用。与黏土质耐火制品相比，可有效地提高炉窑的使用寿命。在一些冶金炉顶上应用，效果也比硅砖好，如采用高铝砖吊挂炉顶的使用寿命比硅质吊顶寿命延长一倍以上，高铝砖电炉炉顶的寿命比硅砖高 2～5 倍。

3.4　高铝质熔铸制品

高铝质熔铸制品是指高铝质配合料经高温熔化后浇注成一定形状的制品。目前，采用电熔法生产电熔莫来石砖、电熔锆莫来石砖、电熔刚玉砖及锆刚玉砖。

电熔高铝质制品的原料主要是高铝矾土及工业氧化铝。高铝矾土除含 Al_2O_3 和 SiO_2 之外，还含有少量的杂质，主要有 Na_2O，CaO，MgO，TiO_2，Fe_2O_3 等。工业氧化铝 Al_2O_3 的质量分数为 99.0%～99.5%，SiO_2 的质量分数为 0.10%～0.25%，Na_2O 的质量分数为 0.30%～0.55%，其他组成的质量分数(如 Fe_2O_3，TiO_2 等)为 0.10%～0.05%。灼减量为 1%～2%。

用高铝矾土生产电熔高铝制品，由于杂质的存在，高温下易生成低熔点硅酸盐，影响制品的性能。故在电熔时可加入少量焦炭，以碳作还原剂，将杂质中的铁还原出来，形成硅铁加以去除，提高了制品的性能。反应过程为

$$Fe_2O_3 + 3C = 2Fe + 3CO\uparrow \tag{3-11}$$

$$SiO_2 + 2C = Si + 2CO\uparrow \tag{3-12}$$

$$2Fe + Si = Fe_2Si\downarrow \tag{3-13}$$

反应生成的硅铁合金的真密度比 Al_2O_3 熔体大而沉于炉底，与高铝质熔体分离。将高铝质熔体在铸模内浇铸成一定尺寸的制品后，经过 10 天左右的热处理，消除内应力，增大晶相，减少玻璃质的数量，以获得优质的熔铸制品。

高铝质熔铸制品的主要性能是：制品致密度高，气孔率低；耐火度和荷重软化温度高；制品的晶体结构发育完整、晶粒粗大，化学稳定性好；高温结构强度大；导热性好；抵抗熔渣侵蚀能力强。

高铝质熔铸制品广泛用于钢铁冶金、有色冶金、玻璃工业、化工及其他工业炉窑工作条件非常苛刻的部位。如用作有色冶金炉水口、高炉炉腹内衬，加热炉无水冷滑轨等，使用寿命比一般耐火制品高得多。但成本高，价格昂贵。

高铝质熔铸制品的性能如表 3-10 所示。

铝硅系耐火材料是目前产量最大、应用最为广泛的耐火材料。在冶金工业中的应用如表 3-11 所示。

表 3-10　高铝质熔铸制品的性质

性能指标	莫来石	锆莫来石	刚　玉	锆刚玉
化学组分的质量分数/%				
SiO_2	19.3～21.6	25	-0.5	20
Al_2O_3	70.1～75.5	60	>98	45
ZrO_2	—	7～9	—	29～31
TiO_2	0.9～1.9	3.5	—	0.8
Fe_2O_3	—	1.0	-0.7	0.5
体积密度/(g/cm^3)	2.9～3.3	2.85	2.7～3.5	3.1
显气孔率/%	<10	—	—	—
耐压强度/MPa	245～490	294	20～300	392
荷重软化温度/℃	>1 700	1 700	>1 750	1 690
耐火度/℃	1 825～1 920	>1 800	>1 920	>2 000

表 3-11　铝硅系耐火材料应用简况

设备名称	$w(Al_2O_3)/\%$		
	30～46（黏土质）	48～90（高铝质）	90～100(刚玉质)
高炉	上部炉身	炉身下部、炉腰	炉腹、下部炉筒
热风炉	格子砖	格子砖、燃烧室	燃烧段
电弧炉	炉门、炉底非工作层	炉顶	门拱电极环
钢水包	非工作层	内衬、磨损段	流钢砖
加热炉(钢)	炉墙、炉顶、燃烧室	炉墙、炉顶	无水冷滑轨
加热炉(有色)	非工作层、烟道	炉衬	
反射炉	渣线以上炉墙、燃烧室	炉顶、炉墙(上部)	水口砖
熔铝炉	炉墙非工作层	炉顶、炉墙、炉底	
锡电炉	非工作层	非工作层、渣线衬砖	
回转窑	较冷段	高温段、燃烧段	
锅炉	拱、墙、烟道	炉内衬	

第 4 章

碱性及尖晶石耐火材料

碱性耐火材料是化学性质呈碱性的耐火材料，一般指以氧化镁、氧化镁与氧化钙或氧化钙为主要化学成分的耐火材料。目前，常用的碱性耐火材料的主要品种有镁质、白云石质、石灰质、镁铬质、镁铝质及镁锆质耐火材料。通常，这类耐火材料的耐火度都很高，抵抗碱性渣的能力很强，是炼钢碱性转炉、电炉、混铁炉、许多有色金属的火法冶炼炉中使用最广泛且最重要的一类耐火材料，也是玻璃熔窑蓄热室、水泥窑等高温带最常用的耐火材料。由于碱性耐火材料具有不易向钢液中传氧和有效去除非金属夹杂等净化钢水的作用，随着洁净钢冶炼技术的进步，其在冶金行业得到越来越广泛的重视。

尖晶石质耐火材料是指以镁铝尖晶石、镁铬尖晶石及复合尖晶石为主晶相的耐火材料，属中性。但这类耐火材料的矿物组成、结构和许多性质同镁质耐火材料中的一些品种相近，故在对耐火材料进行分类时常将它们划在一起。

4.1 镁质耐火材料

以氧化镁为主要成分和以方镁石为主要晶相的耐火材料统称为镁质耐火材料。镁质耐火材料因其资源丰富、耐火度高、抗渣侵蚀能力强、价格便宜等优点得到广泛的应用。我国是菱镁矿资源储存丰富的国家，矿石质地优良，广阔的海岸线和盐湖，及提取氧化镁技术的美好前景，为发展镁质耐火材料提供了得天独厚的条件。

4.1.1 镁质耐火材料的分类

镁质耐火制品主要是镁砖。镁砖的种类有烧成镁砖和不烧镁砖。烧成镁砖按结合方式可分为硅酸盐结合镁砖、直接结合镁砖和再结合镁砖。不烧镁砖按结合方式可分为化学结合镁砖和沥青结合镁砖等。不烧镁质制品中，以熔融镁砂制成的制品也常称为熔融镁质制品。此外，镁质耐火制品还有不定形镁质耐火材料。不定形镁质耐火材料中的主要制品是冶金镁砂。按化学组成，烧成镁砖可分为以下几类。

(1) 普通镁砖。以烧结镁石为原料，经烧结制成，MgO 的质量分数 91% 左右，以硅酸盐结合的镁质耐火制品。这是一种生产和使用最为广泛的镁质耐火制品。

(2) 直接结合镁砖。以高纯烧结镁砂为原料，经烧结制成的，MgO 的质量分数 95% 以上，是方镁石晶粒间直接结合的镁质耐火制品。

(3) 镁钙砖。以高钙的烧结镁石为原料，经烧结制成，CaO 的质量分数 6%～10%，$m(CaO)/m(SiO_2)\geqslant 2$,是硅酸二钙结合的镁质耐火制品。

(4) 镁硅砖。以高硅的烧结镁石为原料，经烧结制成，SiO_2 的质量分数 5%～11%，$m(CaO)/m(SiO_2)\ll 1$,是镁橄榄石结合的镁质耐火制品。

(5) 镁铝砖。以烧结镁石为主要原料，并加入适量富含 Al_2O_3 的材料，经烧结制成，Al_2O_3 的质量分数 5%～10%，是镁铝尖晶石结合的镁质制品。

(6) 镁铬砖。以烧结镁石为主要原料，并加入适量铬矿，经烧结制成，Cr_2O_3 的质量分数 8%～20%，是镁铬尖晶石结合的镁质制品。

由于镁铝尖晶石和镁铬尖晶石具有良好的使用性能，以上两个体系中 Al_2O_3 和 Cr_2O_3 的质量分数已经有了明显的增加，并发展成为一个独立系列——尖晶石系耐火材料。有关尖晶石系耐火材料的内容，将在 4.4 节中详细介绍。

镁碳砖作为传统的含碳镁质复合耐火材料，已经是一种技术成熟的优质耐火材料制品。目前影响镁碳砖寿命的主要因素是制品中碳氧化的问题。因此，镁碳质复合耐火材料的内容将在碳复合耐火材料部分介绍(见第 5 章)。

4.1.2　镁质耐火材料的组织结构特点

4.1.2.1　主晶相

镁质耐火材料的主要成分是氧化镁，其主晶相是方镁石。许多镁质耐火制品中还含有硅酸盐或尖晶石及一些其他组分。但是，主晶相方镁石的性能及其在高温下的行为，直接控制着镁质耐火材料的性能。

(1) 方镁石。方镁石多由煅烧碳酸镁制得，如煅烧由碳酸镁构成的菱镁矿在 1 000℃左右即可获得方镁石。有的国家和地区也由海水提取。

方镁石是氧化镁唯一的结晶形态，属等轴晶系，NaCl 型晶体结构。晶格常数和真密度分别随煅烧温度的升高而增大和减小。充分烧结的方镁石晶格常数可达 0.42nm，真密度为 3.61g/cm³。

方镁石的化学活性很大，极易与水或大气中的水分进行水化反应，即 $MgO + H_2O \rightarrow Mg(OH)_2$,并伴随很大的体积膨胀效应。其化学活性随煅烧温度升高而降低，如菱镁矿经 1 000℃左右煅烧。因方镁石晶格常数较大，晶体缺陷多，活性极高。通常称由此种方镁石构成的产品为轻烧镁砂或苛性镁砂。此种产品不宜直接作为镁质耐火材料使用。轻烧镁砂经 1 650℃以上煅烧后，方镁石的晶体缺陷减少，晶格排列紧密，密度提高，活性降低，抗水化能力提高。通常称由此种方镁石构成的产品为烧结镁砂或死烧镁砂。镁质耐火材料的主晶相就是由这种化学活性较低的方镁石构成的。镁质耐火制品中的 MgO 的质量分数愈高，说明制品中方镁石的质量分数愈高。

方镁石属离子晶体，离子间静电引力大，晶格能高达 3 935kJ/mol，故熔点很高，达 2 800℃。但当温度达 1 800℃以上时，便可产生 MgO 的升华现象，而且其稳定性随温度提高和压力减小而降低。如当 CO 的压力和金属镁的蒸气压皆为 1.01×10^2Pa 时，在1 270℃即可分解，即产生 $MgO+C \rightarrow Mg(g)+CO(g)$ 的反应；当 CO 的压力为 1.01×10^5Pa 时，在平衡状态下，金属镁的蒸气压力为 10.1Pa 时，则在 1 600℃下即可分解。通常炼钢温度多在 1 600℃以上，因此，由方镁石构成的耐火材料在此种高温下的还原气氛中极易被还原。$MgO+C=Mg(g)+CO(g)$ 最低反应温度如表 4-1 所示。

表 4-1　$MgO+C=Mg(g)+CO(g)$ 最低反应温度　℃

p_{Mg}/Pa	1.01×10^5	1.01×10^4	1.01×10^3	1.01×10^2
$p_{CO}=1.01\times10^5$Pa	1 860	1 720	1 610	1 510
$p_{CO}=p_{Mg}$	1 860	1 610	1 420	1 270

方镁石的活性经高温煅烧后虽有降低，但仍较高。在潮湿介质中易水化生成 $Mg(OH)_2$，并伴有一定的体积膨胀。因此，镁质耐火制品应采取防潮措施。

方镁石的热膨胀性较高，在 20～1 000℃下平均线胀系数为 $14\times10^{-6}℃^{-1}$。因此，由方镁石构成的镁质耐火材料抗热震性普遍较差。

(2) 镁方铁矿。当 MgO 与含铁介质或在还原气氛下与铁的氧化物接触时，在 MgO-FeO 二元系中，由于 Mg^{2+} 和 Fe^{2+} 的半径相近，分别为 0.065nm 和 0.071nm，故很容易相互置换形成连续固溶体 [(Mg，Fe)O]。例如氧化镁与铁氧化物在还原气氛中在 800～1 400℃下，很容易形成此种固溶体，称之为镁方铁矿。MgO-FeO 体系中镁方铁矿的存在如图 4-1 所示。

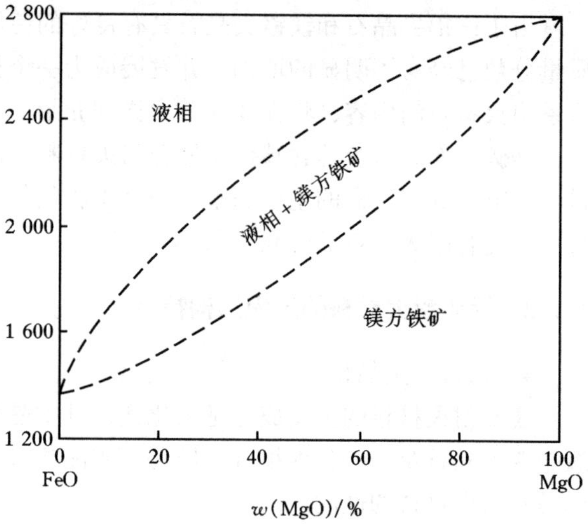

图 4-1　MgO-FeO 二元相图

由于镁和铁相对原子质量的差别，镁方铁矿的真密度随铁固溶量的增多而增加。随 FeO 固溶量的增多，镁方铁矿在高温下出现液相和完全液化的温度均降低。但是，同可形成最低共熔物的其他二元系相比，降低幅度不大，如当(MgO)与(FeO)的质量比为 1∶1 时，出现液相的温度仍高达 1 850℃，完全液化的温度超过 2 000℃。所以，由镁方铁矿为主晶相构成的镁质耐火材料是一种能够抵抗含铁渣的优质耐火材料。

4.1.2.2　镁质耐火材料的结合相

镁质耐火材料的高温性质，除了取决于主晶相方镁石以外，还受其间的结合相控制。若结合相为低熔点相，则制品在高温下抵抗热、重负荷和耐侵蚀性能会显著降低；反之，若结合相间无异相存在，主晶相间直接结合，则上述性能会显著提高。而且，方镁石间结合相的种类和赋存状态，还影响制品的其他使用性能。所以有必要对镁质耐火制品的几种结合相和结合状态及其对制品性能的影响和质量的控制等予以讨论。

镁质耐火材料的结合相主要有如下几种。

(1) 铁酸镁(镁铁尖晶石)。当方镁石与铁的氧化物在氧化气氛中(如在空气中)接触时，方镁石与 Fe_2O_3 在 600℃下即开始形成铁酸镁($MgO\cdot Fe_2O_3$，简写为 MF)。当温度提高至 1 200～1 400℃，反应就更加活跃。铁酸镁具有尖晶石类结构($R^{2+}O\cdot R_2^{3+}O_3$)，故又称之为镁铁尖晶石。在空气中 **MgO-Fe_2O_3** 二元系状态如图 4-2 所示。

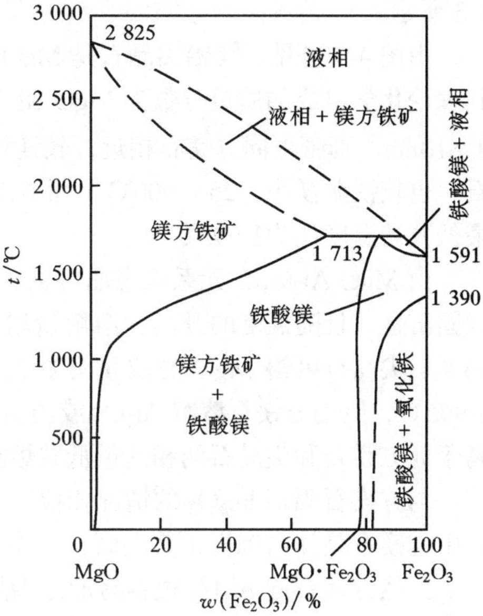

图 4-2　MgO-Fe_2O_3 二元相图

铁酸镁是 MgO-Fe_2O_3 二元系中唯一的二元化合物，其理论化学组成的质量分数为 MgO 20.1%，Fe_2O_3 79.9%。它同其他尖晶石类晶体相同，属等轴晶系。其晶格常数为 0.836nm。真密度较方镁石重，为 4.20～4.49g/cm^3。线胀系数较高，但较方镁石低，25 ～ 900℃ 下为 12.7×10^{-6}～12.8×10^{-6}℃$^{-1}$。在 1 713℃下分解为镁方铁矿和液相。

铁酸镁在 1 000℃以上可显著地固溶于方镁石中，使方镁石形成镁方铁矿。溶解度随温度升高而增大，在接近 1 713℃时，最高溶解 Fe_2O_3 的质量分数达 70%。虽然铁酸镁在 1 713℃下即可分解出现液相，但当其固溶于方镁石中形成方铁矿后，却可使此固溶体出现液相的温度有所提高。铁酸镁向方镁石中溶解后，由于形成的阳离子类晶格内有空位的异价形固溶体，并储存了较高的晶体能量，提高了活性，可明显地改善方镁石的烧结和再结晶，特别是在烧结初期。由于带有 18 个电子层的严重极化的离子，对主要是在烧结初期进行的表面扩散有很大影响。铁酸镁向方镁石的溶解，虽可使方镁石出现液相和完全液化的温度降低，但与方镁石溶解 FeO 的情况相似，影响不甚严重，方镁石吸收大量 Fe_2O_3 后仍具有较高的耐火度。

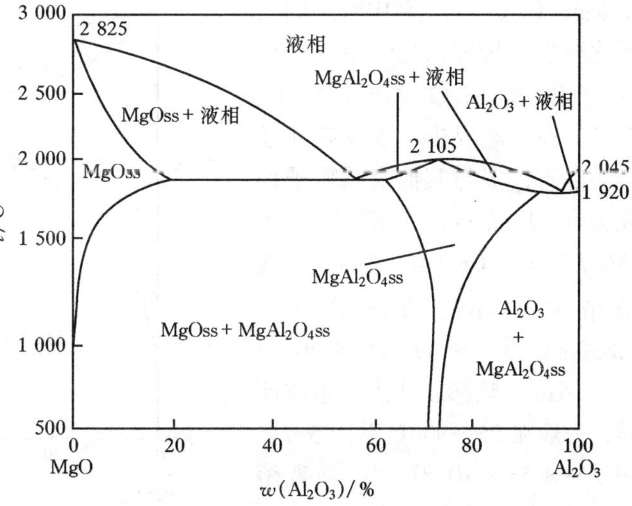

图 4-3　MgO-Al_2O_3 二元相图

当固溶铁酸镁的方镁石由高温向低温冷却时，所溶解的铁酸镁可再从方镁石晶粒中以各向异性的树枝晶体或晶粒包裹体沉析出来。此种尖晶石沉析于晶体表面，多见于晶体的解理、气孔和晶界处。通常，称此种由晶体中沉析出来的尖晶石为晶内尖晶石。

如温度再次升高，在冷却时沉析出来的晶内尖晶石，可能又发生可逆溶解。如此温度循环，发生溶解↔沉析变化，并伴有体积效应。

（2）镁铝尖晶石。在镁质耐火材料中，由于天然原料菱镁矿中不可避免地含有 Al_2O_3 杂质，有时为改善镁质耐火材料基质的高温性能，人为地加入含有 Al_2O_3 的组分。当 Al_2O_3 同方镁石在 1 500℃下共存时，如在镁质耐火材料烧成过程中或在高温下服役时，即可经固相反应形成镁铝尖晶石（$MgO\cdot Al_2O_3$，简写为 MA）。若所用原料为 γ-Al_2O_3，则此种反应在 γ-Al_2O_3 转向 α-Al_2O_3 的温度下，即在 1 000℃左右就可急速地进行。此种尖晶石与方镁石的关系，如 MgO-Al_2O_3 二元相图，如图

4-3 所示。

由图 4-3 可见，镁铝尖晶石是 MgO-Al_2O_3 二元系中唯一的二元化合物，常简称尖晶石。其理论化学组成的质量分数为 MgO 28.3%，Al_2O_3 71.7%。等轴晶系，晶格常数为0.809～0.810nm。真密度同方镁石相近，较镁铁尖晶石低，为 3.55g/cm^3。线胀系数显著低于方镁石，也较铁酸镁小，25～900℃下为 $6.7\times10^{-6}℃^{-1}$。熔点高达 2 105℃，MgO-$MgO\cdot Al_2O_3$ 最低共熔温度约为1 995℃。

由 MgO-Al_2O_3 二元系状态图可见，方镁石与尖晶石在约1 500℃以上有明显互溶，并形成固溶体，且随温度的升高，溶解量增多。在1 995℃下，方镁石可溶 Al_2O_3 的质量分数达 16%；尖晶石可溶 MgO 的质量分数为 10%左右。虽然方镁石与尖晶石最低共熔温度为 1 995℃，但当方镁石溶解 Al_2O_3 或当尖晶石溶解 MgO 形成固溶体后，出现液相的温度却皆高于此方镁石和尖晶石两相的最低共熔点。

与方镁石固溶 Fe_2O_3 的情况相似，当固溶 Al_2O_3 的方镁石从高温冷却时，镁铝尖晶石也可由方镁石晶体内沉析于其表面，并伴有体积效应。

虽然方镁石同 Al_2O_3 很容易形成尖晶石，但 $MgO\cdot Al_2O_3$ 聚集再结晶的能力较弱。所以，只有在较高温度下，通常高于1 600℃，才能得到充分的烧结。

当等物质的量的 MgO 和 Al_2O_3 之间进行反应时，因方镁石和刚玉的比容较尖晶石小，伴生正体积效应，可使之构成紧密的碱性炉衬。

(3) 镁铬尖晶石。在镁质耐火材料中，主要是在镁铬砖中，除了含有方镁石等矿物外，还含有此种镁铬尖晶石($MgO\cdot Cr_2O_3$，简写为 MC 或 MK)。MgO-Cr_2O_3 二元相图如图 4-4 所示。

由图 4-4 可见，镁铬尖晶石是 MgO-Cr_2O_3 二元系中唯一的二元化合物。其理论化学组成的质量分数为 MgO 21%，Cr_2O_3 79%。在自然界中，很少有纯镁铬尖晶石，多与其他金属离子构成复合尖晶石，一般形式为 (Mg，Fe)O·(Cr，Al，Fe)$_2$O$_3$。纯镁铬尖晶石的晶格常数为 0.832nm，真密度为 4.40～4.43g/cm^3。热膨胀性依其组成而异，一般在 25～900℃下为 5.7×10^{-6}～$8.55\times10^{-6}℃^{-1}$。纯者熔点约 2 400℃。MgO-$MgO\cdot Cr_2O_3$ 最低共熔温度大于2 300℃。此种尖晶石同铁酸镁和镁铝尖晶石相似，与方镁石在高温下也可互溶，溶解量也随温度升高而增大，随冷却而沉析。但溶解的起始温度和溶解最高量不尽相同。在 1 600℃下方镁石可溶 Cr_2O_3 的质量分数大于 10%以上；在 2 350℃附近可溶 Cr_2O_3 的质量分数达 40%，介于 $MgO\cdot Fe_2O_3$ 和 $MgO\cdot Al_2O_3$ 之间。

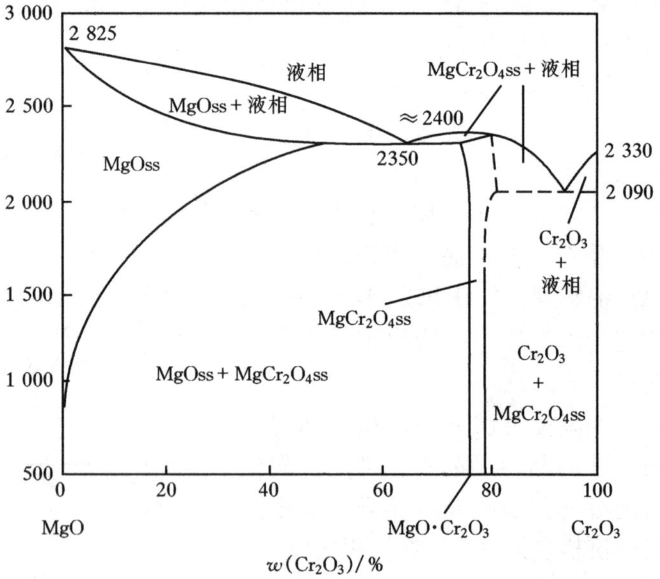

图 4-4　MgO-Cr_2O_3 二元相图

由上述 $MgO\cdot Fe_2O_3$，$MgO\cdot Al_2O_3$ 和 $MgO\cdot Cr_2O_3$ 三种尖晶石与方镁石的相关系对比，可得出以下结论。

三种尖晶石分别是这三个二元系中唯一的二元化合物。虽然随着尖晶石的增多，其与方镁石构成的系统，完全液化的温度都有所下降，但不严重。这些尖晶石都具有较高的熔点或分解温度，与 MgO 的最低共熔温度都较高，其中共熔温度按（$MgO\text{-}MgO\cdot Cr_2O_3$）>（$MgO\text{-}MgO\cdot Al_2O_3$）>（$MgO\text{-}MgO\cdot Fe_2O_3$）顺序递减。可见，以方镁石为主晶相，由这些尖晶石为结合相构成的镁质耐火材料开始出现液相的温度都很高。其中尤以镁铬尖晶石最为突出。

三种尖晶石在高温下都可部分地溶解于方镁石中而形成固溶体，且溶解度随温度升降而变化，发生尖晶石的溶解↔沉析，并对固溶体的性质有一定的影响。只是在开始溶解温度、各温度下的溶解度和在 $MgO\text{-}MgO\cdot R_2O_3$ 共熔温度下的最高溶解量有所不同。三种 R_2O_3 在方镁石中的溶解度按 $Al_2O_3 < Cr_2O_3 \ll Fe_2O_3$ 顺序递增，如图 4-5 所示。

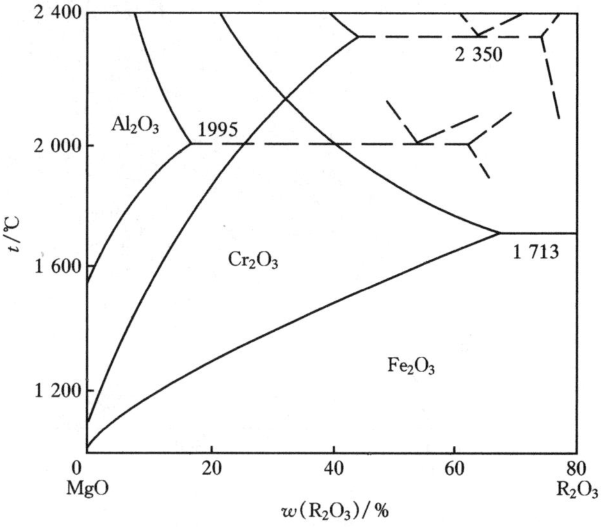

图 4-5　$MgO\text{-}R_2O_3$ 二元相图

R_2O_3 固溶于方镁石中，形成阳离子空穴，因此能够促进烧结。其促进烧结的影响顺序为 $Fe^{3+} > Cr^{3+} > Al^{3+}$。

由于方镁石固溶 R_2O_3，使 $MgO\text{-}MgO\cdot Cr_2O_3$ 系开始形成液相的温度有所提高。以 $MgO\text{-}MgO\cdot R_2O_3$ 系中固溶等量 R_2O_3 而论，由于 $MgO\cdot Cr_2O_3$ 的熔点最高，同方镁石的共熔温度最高，溶解量也较高。溶于方镁石形成固溶体后开始出现液相温度最高，故在镁质耐火材料中，除高纯镁石材料外，含铬尖晶石的镁质耐火材料是最优秀的。

若将 $MgO\text{-}MgO\cdot Al_2O_3$ 和 $MgO\text{-}MgO\cdot Fe_2O_3$ 对比，虽然方镁石同铁酸镁的共熔温度较低，仅为 1 713℃，但由于其在方镁石中的溶解度较高，故当 R_2O_3 的含量相同时，溶解 Fe_2O_3 的固溶体开始出现液相的温度较高，对含此种镁铁尖晶石的镁质耐火材料的高温强度影响反而较轻。

(4) 硅酸盐相。在镁质天然原料菱镁矿中往往还含有 CaO 和 SiO_2 等杂质，故在镁质材料中同方镁石共存的还有一些硅酸盐相。同方镁石共存的各种硅酸盐相如 $MgO\text{-}CaO\text{-}SiO_2$ 三元相图所示(见图 4-6)。

在 $MgO\text{-}CaO\text{-}SiO_2$ 三元系中，按共存的平衡关系，同方镁石共存的硅酸盐相依体系中的 $n(CaO)/n(SiO_2)$不同而异。如图 4-6 中Ⅲ，Ⅳ，Ⅴ和表 4-2 所示。

表 4-2　　同方镁石共存的硅酸盐矿物

$n(CaO)/n(SiO_2)$	0	0～1.0	1.0	1.0～1.5	1.5	1.5～2.0	2.0
$n(CaO)/n(SiO_2)$	0	0～0.93	0.93	0.93～1.4	1.4	1.4～1.87	1.87
硅酸盐矿物	M_2S	M_2S-CMS	CMS	CMS-C_3MS_2	C_3MS_2	C_3MS_2-C_2S	C_2S

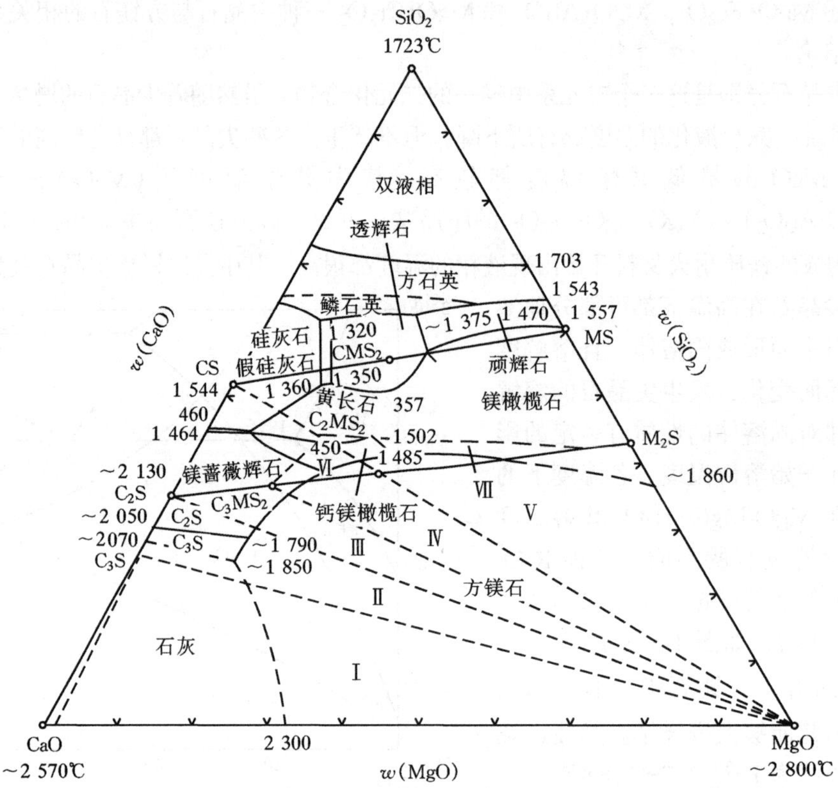

图 4-6　MgO-CaO-SiO₂ 三元相图

由表 4-2 可以看出，当系统中 $n(CaO)/n(SiO_2)$为 0～2 时，同方镁石共存的硅酸盐分别为镁橄榄石(2MgO·SiO₂，简写为 M_2S)、钙镁橄榄石(CaO·MgO·SiO₂，简写为 CMS)、镁蔷薇辉石(3CaO·MgO·2SiO₂，简写为 C_3MS_2)和硅酸二钙(2CaO·SiO₂，简写为 C_2S)。其中镁橄榄石熔点最高，为 1 890℃，M_2S-MgO 最低，共熔温度为 1 860℃；钙镁橄榄石在 1 498℃下即分解熔融；镁蔷薇辉石在 1 575℃下分解；硅酸二钙熔点最高，为 2 130℃，C_2S-MgO 共熔温度为 1 800℃。因而，当 $n(CaO)/n(SiO_2) \ll 1$ 时，由于同方镁石共存的为高熔点的镁橄榄石或硅酸二钙，故存在此种硅酸盐相的镁质制品在高温下出现液相的温度很高；而当 $n(CaO)/n(SiO_2)$为 1～2(质量比为 0.93～1.87)时，则由于存在易熔的钙镁橄榄石和镁蔷薇辉石，镁质制品出现的液相温度很低，远低于方镁石的熔点。

(5) 镁质耐火材料中各种矿物的共存关系依材料的化学组成差别而有所不同。当材料只含有 MgO，CaO，Al_2O_3，SiO_2 等组分时，在相平衡条件下，镁质耐火材料中共存的矿物关系包含在 MgO-C_2S-MA-M_2S 四面体内，如图 4-7 所示。依 $n(CaO)/n(SiO_2)$不同，共存矿物分别为：$n(CaO)/n(SiO_2)$为 2～1.5 时，MgO-C_2S-MA-C_3MS_2 共存，开始出现液相温度为 1 387℃；$n(CaO)/n(SiO_2)$为 1.5～1.0 时，MgO-C_3MS_2-MA-CMS 共存，开始出现液相温度为 1 366℃；$n(CaO)/n(SiO_2)$为 1.0～0 时，MgO-CMS-MA-M_2S 共存，开始出现液相温度为 1 380℃。

实际上，镁质耐火材料的化学组成更接近于 MgO-CaO-Al_2O_3-Fe_2O_3-SiO_2，若就此五元系来讨论镁质耐火材料的矿物组成，并认为全部 Fe_2O_3 都结合为 MF，全部 Al_2O_3 都结合为

MA，在平衡状态下，与方镁石共存的矿物种类及其含量，可通过各种矿物的摩尔质量之比，由材料化学组成的质量分数计算得出。$n(CaO)/n(SiO_2)$在 0～2 范围内的矿物含量如表 4-3 所示。

上述系统开始出现液相的温度皆在 1 300～1 400℃。当 $n(CaO)/n(SiO_2)>2$ 时，系统中再无 M_2S，CMS 和 C_3MS_2 等硅酸盐矿物，其中 CaO 除可生成 C_2S 以外，若剩余 CaO 与 Fe_2O_3 的质量比小于 1.4，与 Al_2O_3 的质量比小于 2.2，则可形成 C_4AF，即此系统与方镁石共存的矿物为：$C_2S=2.87S$，$C_4AF=2.16(C-1.87S)$，$MF=1.25(F-0.33C_4AF)$，$MA=1.40(A-0.21C_4AF)$。若系统中 CaO 余量形成 C_4AF 以外，与 Fe_2O_3 余量之质量比小于 0.70，则还可形成 C_2F，即此系统中与方镁石平衡共存的矿物为 $C_2S=2.87S$；$C_4AF=4.77A$；$C_2F=2.42A(C-1.87S-2.20A)$；$MF=1.25(F-1.57A-0.58C_2F)$。

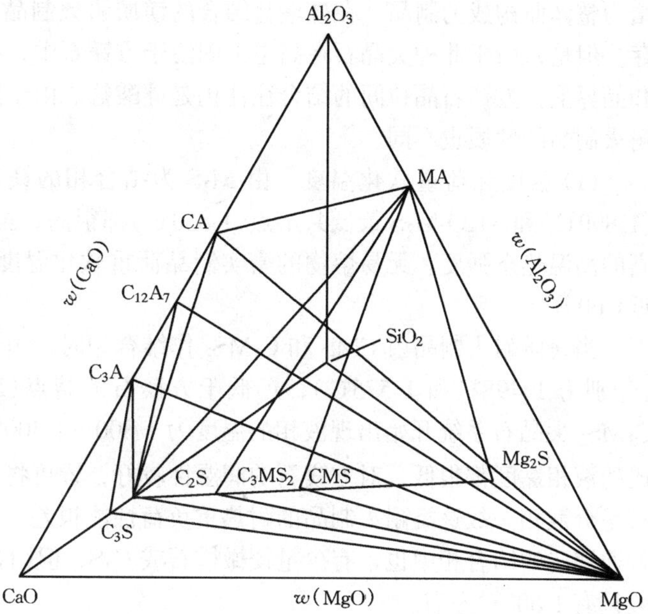

图 4-7　$CaO-MgO-Al_2O_3-SiO_2$ 四元相图

表 4-3　$n(CaO)/n(SiO_2)$为 0～2 范围内与方镁石共存的平衡相

$n(CaO)/n(SiO_2)$	平衡相及其含量
0～1.0	$MF=1.25F$；$MA=1.40A$；
(0～0.93)*	$M_2S=2.34(S-1.07C)$；$CMS=2.79C$
0～1.5	$MF=1.25F$；$MA=1.40A$；
(0.93～1.4)*	$CMS=2.60C(3S-2.14C)$；
	$C_3MS_2=2.73(2.14C-2S)$
1.5～2.0	$MF=1.25F$；$MA=1.40A$；
(1.4～1.87)*	$C_3MS_2=2.73(4S-2.14C)$
	$C_2S=2.87(2.14C-3S)$

注：F，A，S，C 分别代表 Fe_2O_3，Al_2O_3，SiO_2，CaO 的质量分数；* 为质量比。

4.1.3　各种镁质耐火材料的性质

由不同结合相与主晶相方镁石构成的各种镁质耐火材料虽具有很高的耐火度，一般皆高于 1 920℃，抗碱性渣侵蚀的能力也强，但依结合相的种类、性质、数量和分布的不同，制品的性质也有一定差别。

4.1.3.1　硅酸盐结合的镁质耐火制品

硅酸盐结合的镁质耐火制品是指由 M_2S，CMS，C_3MS_2 和 C_2S 等硅酸盐相将方镁石联结为整体而构成的制品。在硅酸盐结合的镁质耐火制品中，镁铁尖晶石(MF)也与方镁石共存。但是，由于此种尖晶石在高温下固溶于方镁石中，在冷却时由晶粒内沉析于晶粒解理面和晶界上，方镁石晶粒间的结合往往仍是硅酸盐。由于这些硅酸盐相的性质不同，这类镁质耐火制品的性质也不同。

(1) 强度和荷重软化温度。由 M_2S 为结合相的镁质制品，如镁硅砖，其 M_2S 的熔点(1 890℃)和 MgO-M_2S 最低共熔点(1 860℃)都很高，虽然制品常温强度不高，但却具有较高的高温热态强度。无易熔物的密实制品荷重软化温度可达1 600℃以上，普通镁硅砖也接近1 600℃。

当镁质耐火制品由 CMS 和 C_3MS_2 作结合相时，由于 CMS 和 C_3MS_2 的分解温度都很低(分别为 1 498℃和 1 575℃)，远低于方镁石的熔点(2 800℃)，也低于 M_2S，MgO-CMS-C_3MS_2 尖晶石系统开始出现液相的温度为 1 300～1 400℃。而且，此种硅酸盐在高温下所形成的液相黏度都很低，对方镁石的润湿性较好，皆可将方镁石晶体包围，呈连续相，使方镁石呈分散相。故这类耐火制品的耐热重负荷性能很差。荷重软化温度很低，仅 1 400℃左右。普通镁砖的结合相中也常有少量镁橄榄石或 C_2S，但因含有此类易熔物，故荷重软化温度一般只有 1 500℃左右。

由 C_2S 结合的镁砖(如镁钙砖)，由于 C_2S 具有很高的熔点(2 185℃)，MgO-C_2S 共熔点 1 800℃，所以开始产生液相的温度很高。在相当高的温度下(如炼钢温度)，晶相间无液相形成。它同方镁石之间的结合为固相间的直接结合。而且，C_2S 的晶格能较高，在高温下的塑性变形较小，结晶体又呈针状和棱角状，故由 C_2S 结合的镁砖具有很高的高温强度。无易熔物的致密制品荷重软化温度可达 1 700℃。

如前所述，镁质耐火制品中与方镁石共存的硅酸盐结合相，以哪一种为主，取决于材料化学组成中的 $n(CaO)/n(SiO_2)$，所以可认为以硅酸盐结合的镁质耐火材料的高温性能受其化学组成中 $n(CaO)/n(SiO_2)$控制。当 $n(CaO)/n(SiO_2)$不同时，M_2S-C_2S 系统中硅酸盐的耐火度的变化和镁质耐火材料(以方镁石 90% 与 M_2S-C_2S 系统的硅酸盐 10% 构成，经 1 580℃烧成)的荷重软化温度的变化都明显地依赖于 $n(CaO)/n(SiO_2)$，如图 4-8 所示。

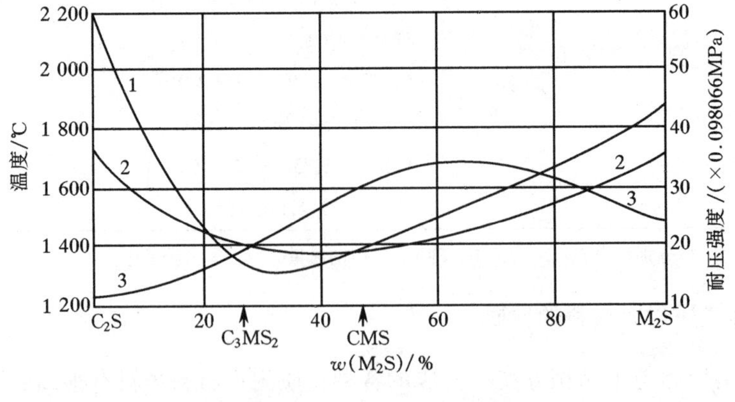

图 4-8 $n(CaO)/n(SiO_2)$对耐火材料性能的影响

1—耐火度；2—荷重软化温度；3—耐压强度

(2) 抗热震性。镁质耐火制品的抗热震性都较低，这主要是由于方镁石的热膨胀性较高。在 20～1 000℃下平均线胀系数为 $14\times10^{-6}℃^{-1}$。另外，普通镁质耐火制品中含有一定量的铁酸镁等矿物，在温度变化时，反复固溶于方镁石中和脱溶，产生结构应力，而且当由晶粒中沉析于晶粒的解理面和晶界处时，阻碍方镁石晶粒沿此解理面滑移，使高温塑性降低，进一步影响其抗热震性。但结合相不同，制品的抗热震性也有一定差别。

由 M_2S 结合的镁砖，由于 M_2S 的热膨胀性较高，20～1 500℃下平均热膨胀系数为 $11\times10^{-6}℃^{-1}$，故制品的抗热震性仍然较低。但在硅酸盐结合的镁砖中，它还是比较高的。

由 CMS 结合的制品，因 CMS 的各向异性，热膨胀性在 x 轴方向较高，为 $13.6\times10^{-6}℃^{-1}$，故抗热震性低；普通镁砖经 1 100℃水冷循环仅 2～3 次。

(3) 抗渣性。虽然镁质耐火制品具有抵抗碱性渣侵蚀的能力，但依结合相的不同，也有一定差别。

当以 M_2S 结合的镁质制品中含铁量较高时，特别是在还原气氛下同 Fe 直接接触时，除 MgO 可与 FeO 形成固溶体以外，M_2S 也可发生镁铁置换形成铁橄榄石($2FeO\cdot SiO_2$，简写为 F_2S)，并共同形成无限固溶体[M_2S-F_2S]ss。虽然 M_2S 因镁铁置换及 F_2S 的形成与高温下镁蒸气的逸出而使结构破坏，并因 F_2S 的溶入而可能降低出现液相的温度，耐火度也有所降低，但不甚严重。如 M_2S 中固溶 F_2S 的质量分数达 10%，即固溶 FeO 约占 5.4%时，此种[M_2S-F_2S]ss 开始出现液相温度约为 1 750℃，耐火度约为 1 800℃。而且，若材料中存在的 MgO 数量较多，此种 MgO 可在高温下溶解更多的 FeO，而避免 F_2S 的形成，即发生 $4MgO+2FeO\cdot SiO_2\rightarrow 2[MgO\text{-}FeO]ss+2MgO\cdot SiO_2$ 反应。因此，此种以 M_2S 为结合相的镁质耐火材料具有一定的抵抗含铁介质侵蚀的性能。

由 CMS 和 C_3MS_2 结合的镁质耐火制品，由于在服役过程中极易形成液相，而且，这些液相又呈连续相，使外来杂质易于沿此种液相通道迁入耐火材料内部，促进熔渣向内部侵蚀，而且形成较厚的变质层，导致结构崩裂。故由此类易熔硅酸盐结合的镁质制品，抗渣蚀能力较差。

通常，含有 CMS 或 C_3MS_2 的普通镁砖中，往往还含有铁酸镁。这类镁质耐火制品，在遭受氧化和还原气氛影响时，由于 $MgO\cdot Fe_2O_3\leftrightarrow[MgO\text{-}FeO]ss$ 的转化，其体积也随之发生显著变化，如图 4-9 所示。这种变化成为该耐火制品损坏的主要原因。由此可见，当气氛经常变化时，对镁质制品中的含铁量应予以限制。

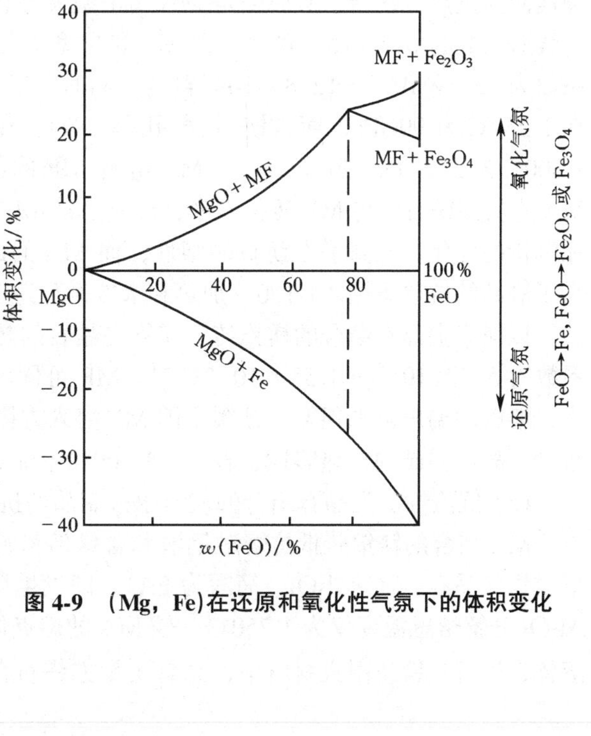

图 4-9　(Mg, Fe)在还原和氧化性气氛下的体积变化

由 C_2S 结合的镁质制品，由于 C_2S 的形成及同方镁石的直接结合，使液相润湿方镁石晶粒的能力大为下降，既可使制品内(因杂质带入)可能形成的少量液相从方镁石晶粒表面排挤到晶粒的间隙中(呈孤立状)，又可使外来液相不易渗入到制品内部，从而大大提高这种制品的抗渣能力。实践证明，$n(CaO)/n(SiO_2)$很高的镁砖，对炼钢的初期渣的抵御能力是很高的。

4.1.3.2　尖晶石结合的镁质耐火制品

尖晶石结合的镁质耐火制品是指主要以镁铝尖晶石($MgO·Al_2O_3$)或镁铬尖晶石($MgO·Cr_2O_3$)或复合尖晶石［$(Mg, Fe)O·(Cr, Al, Fe)_2O_3$］为结合相的制品。如前所述，镁铁尖晶石(MF)虽与方镁石共存，但对制品的主晶相起主要结合作用的仍然是镁铝尖晶石和镁铬尖晶石等。

由于上述各种尖晶石的性质不尽相同，故所含尖晶石的种类、数量和分布不同的镁质耐火制品的性质也有相应差别。

(1) 强度和荷重软化温度。尖晶石结合镁质耐火制品的高温强度和荷重软化温度，一般都较普通镁砖高。

以镁铝尖晶石结合的镁质耐火制品，如镁铝砖，由于MA的熔点和MgO-MA的共熔温度都较高，分别为2 105℃和1 995℃，故单纯由方镁石与此种尖晶石构成的镁质耐火制品在1 995℃以下不会出现液相。这种尖晶石若以占镁质耐火制品的30%计，在高温下只有少部分溶于方镁石(这是由于开始溶解的温度已高达1 500℃以上)。其多数则存在于方镁石晶粒之间，构成方镁石晶粒间的联结相。此联结相在高温下与方镁石皆呈固态，因而常称此种尖晶石为第二固相或次晶相。此种尖晶石晶体之间与方镁石晶粒间多呈直接结合。而且，气孔率较小，一般为18%～20%，由此种尖晶石结合的镁质耐火制品具有很高的高温强度。当制品中含有杂质时，其中也可能有易熔硅酸盐相存在，只要此种硅酸盐不呈连续相，而固相间仍直接结合，则制品仍会具有较高的高温强度。荷重软化温度可达1 750℃以上。

(2) 抗热震性。尖晶石结合的镁质耐火制品的抗热震性，一般都较普通镁砖好。

MA结合的镁砖，如镁铝砖，较仅含MF的普通镁砖具有较好的抗热震性。因而常称此种镁砖为抗热震镁砖。其原因是MA属正型尖晶石，具有较低的热膨胀性，25～900℃下平均线胀系数为6.7×10^{-6}℃$^{-1}$，而MF属反型尖晶石，热膨胀性高，25～900℃下平均线胀系数为12.7×10^{-6}～12.8×10^{-6}℃$^{-1}$。同时，MA的弹性模量较低，在常温下为230GPa，在1 250℃为90GPa，而方镁石(气孔率2%)，在常温下为1169GPa，1 200℃为588GPa，1 300℃为539GPa。另外，由于MA溶解MF的能力较MF在方镁石中的溶解度大得多，MA能从方镁石中将MF转移出来，形成[MA-MF]ss，消除了因温度波动而引起的MF溶解和沉析的变化，提高了方镁石的塑性，而MA的此种溶解和沉析变化影响又较小，从而提高了制品的抗热震性。1 100℃加热和水冷循环达20次左右。

以镁铬尖晶石结合的镁铬砖，镁铬尖晶石的热膨胀性也较低，25～900℃下的平均线胀系数为5.7×10^{-6}～8.55×10^{-6}℃$^{-1}$。MF可固溶于MC中形成[MC-MF]ss，且溶解度很大，溶解的温度范围很宽，减缓了因MF溶入方镁石和其中沉析的影响，而且含CMS量也较少，故镁铬砖的抗热震性也较好。1 100℃下加热和水冷循环达25次。

(3) 抗渣性。尖晶石结合的镁质耐火制品的抗渣性，一般优于普通镁砖。

MA结合的镁铝砖抵抗熔融钢液和含铁溶渣侵蚀的能力较强。虽然MA与FeO反应可形成铁尖晶石($FeO·Al_2O_3$，简写为FA)，即发生反应$MA + FeO \leftrightarrow MgO + FeO·Al_2O_3$，$FeO·Al_2O_3$分解熔融温度仅为1 750℃，较MA的熔点低380℃以上，但MA与FA可形成连续固溶体，而且在镁质耐火材料中，总有大量方镁石存在，同FeO形成镁方铁矿。故由MA结合的镁铝砖能吸收相当数量的 FeO，而不致严重降低其出现液相的温度。

当熔渣中含有较多的 CaO 时，MA 与 C_2S 的共熔点仅 1 418℃，远低于它们的熔点，故 MA 受此种熔渣侵蚀时，其高温性质有所降低。但是，由于 MA 与方镁石直接结合，两者间的界面张力远低于 MA 或 MgO 的表面张力，从而使熔渣渗入这些界面的速度和深度都小于普通镁砖，故抗渣性优于普通镁砖。

优质镁铝砖中含易熔物较少，且气孔率较低，熔渣也不易渗入，故形成变质层的危害也较轻。

以 MA 结合的镁砖，由于 MA 在氧化或还原气氛下较稳定，故在气氛变化条件下使用时，同含 MF 较多的镁砖相比，耐久性较高。

镁铬砖的耐蚀性有以下特点：MF 和 MA 都可固溶于 MC 中形成 [MC-MF]ss 和 [MC-MA]ss 连续固溶体。MF 和 MA 固溶于 MC 后液相面边界温度增加。即随 Cr_2O_3 质量分数的相对提高，出现液相温度提高，在一定温度下液相量降低。而且，当系统中有硅酸盐相共存时，随 $m(Cr_2O_3)/m(Al_2O_3)$ 和 $m(Cr_2O_3)/m(Fe_2O_3)$ 的增加，尖晶石相在硅酸盐中的溶解度也逐渐降低。如图 4-10 和图 4-11 所示。所以以镁铬尖晶石 MC 为结合相，代替 MF 和 MA，对提高制品的高温强度和耐蚀等性能都是有利的。

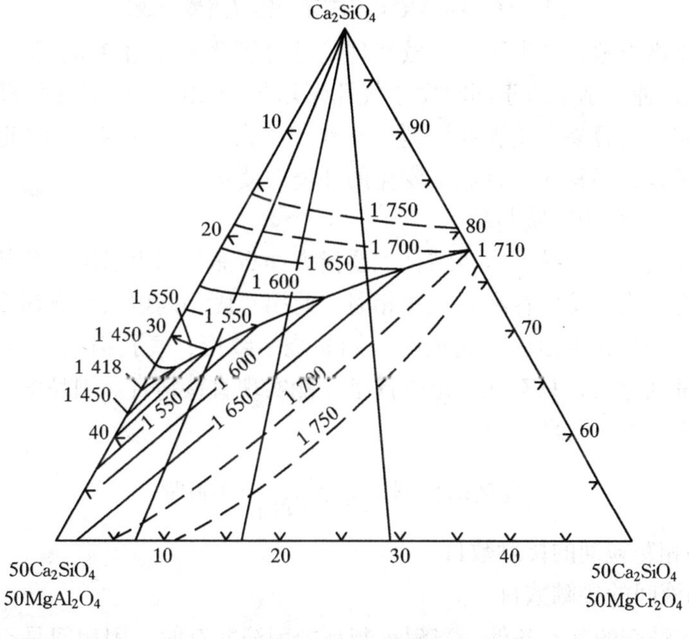

图 4-10　MA-MC-C_2S 系统（质量分数）

在自然界中，铬尖晶石大多取自铬矿石，因此并非单纯由 MC 构成，而多为不同尖晶石的固溶体复合尖晶石 $[(Mg, Fe^{2+})\cdot(Cr, Al, Fe^{3+})_2O_4]$，其中对尖晶石构成的制品体积稳定性影响大的主要成分为铬铁矿（$FeO\cdot Cr_2O_3$，简写为 FK）。

由含 FeO 的铬铁矿结合的镁质耐火制品，因铬铁矿对气氛很敏感，氧化产生收缩，还原产生膨胀。含铁高的尖晶石，在氧化气氛下，从 350℃ 开始到 1 000℃ 显著氧化，其中的 FeO 氧化为 Fe_2O_3。氧化终了，Fe_2O_3 与 Cr_2O_3 形成固溶体，因晶格常数由大变小，体积收缩。若随后发生还原作用，则在 450℃ 开始，到 1 050℃ 左右结束，又使 Fe_2O_3 转化为 FeO，

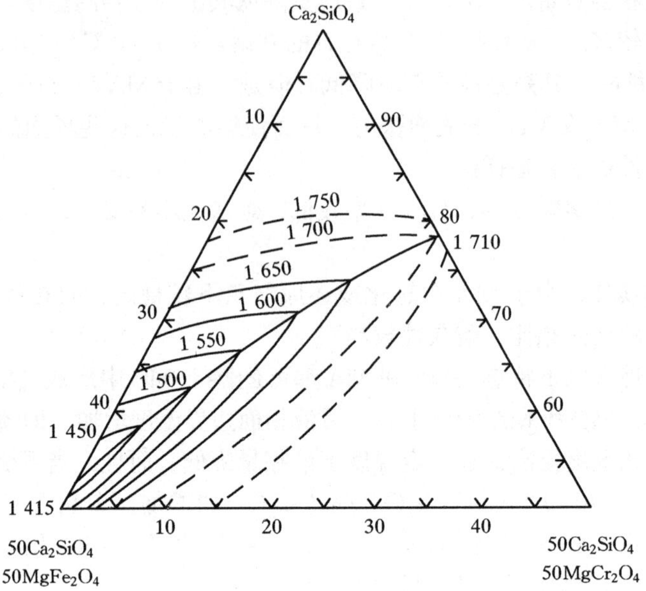

图 4-11　MF-MC-C_2S 三元相图（质量分数）

形成尖晶石，因晶格松弛，产生膨胀。虽然理论计算膨胀不超过 3%，但实际上可达 30%，线膨胀率达10%。这种差别是由于同时发生气孔率增加的原因。由于气孔容积大，一度氧化再次还原的铬铁矿，很容易发生脆性开裂——常“爆胀”或“爆裂”。因此，含铁较高的铬尖晶石结合的镁铬砖，不宜在气氛经常变化的环境中使用。

4.1.3.3　直接结合的镁质制品

前已述及，镁质耐火制品的直接结合主要指方镁石晶粒间无易熔硅酸盐相间隔而直接互相联接的结构状态。当系统中存在第二固相时，此第二固相间以及与方镁石间的直接联接也称为直接结合。当制品完全由固相构成时，制品烧结致密，气孔消失，即可达固-固直接结合。当制品中固液共存时，只有在一定条件下才能实现直接结合。制品中固相间直接结合的程度以直接结合率来衡量，即

$$直接结合率=\frac{N_{ss}}{N_{ss}+N_{sl}}\times 100\% \tag{4-1}$$

式中　N_{ss}——固相颗粒间的接触数目；

N_{sl}——固液间的接触数目。

(1) 实现直接结合的基本条件。当耐火制品中固液共存时，固相间是否结合，取决于晶粒间界面张力 γ 的平衡条件，即取决于固-液界面形成的二面角 φ。如图 2-14 所示，当晶粒界面张力(γ_{ss})与固液界面张力(γ_{sl})处于平衡条件时，关系式为

$$\gamma_{ss}=2\gamma_{sl}\cos\frac{\varphi}{2} \tag{4-2}$$

γ_{ss}与 γ_{sl}的差别可决定固相与液相的分布状态：若 $\gamma_{ss}<\gamma_{sl}$，则 $\varphi>120°$，液相被孤立成包囊状存在于晶粒之间；若 $\gamma_{ss}/\gamma_{sl}=1\sim1.732$，则 $\varphi=60°\sim120°$，液相部分穿插在晶界之间，存在于三个晶粒交界处；若 $\gamma_{ss}/\gamma_{sl}>1.732$，则 $\varphi<60°$，液相存在于整个晶界，并在三个晶粒交界处成为三角形棱柱；若 $\gamma_{ss}/\gamma_{sl}\geqslant2$，则 $\varphi=0°$，液相将晶粒完全包围。

固相和液相在呈各种二面角时的分布，如图 4-12 所示。

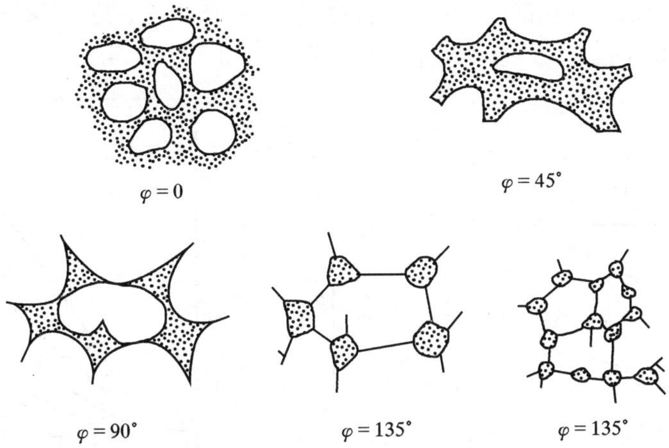

图 4-12　各种二面角固相与液相的分布

由于固相间的直接结合率取决于 γ_{ss}/γ_{sl}，所以，当固相的种类和性质确定，γ_{ss}不变时，直接结合率取决于 γ_{sl}，即取决于液相的性质和液相与固相的界面关系。若液相组分的变化也影响固相时，则 γ_{ss}也随之变化。若变化的结果，使 γ_{ss}降低和 γ_{sl}提高，则必有利于直接结合。反之，则对直接结合不利。

(2) 方镁石-液相系统的直接结合。在方镁石-液相系统中，溶入的少量 R_2O_3 和硅酸盐中的 $m(CaO)/m(SiO_2)$，对直接结合有显著影响。

① R_2O_3 对直接结合的影响。当耐火材料中只有方镁石主晶相，无尖晶石，也无游离 CaO 时，若取一定量氧化镁(如质量分数为 85%)并使含 CMS 量不变(如质量分数为 15%)，以 R_2O_3 和 Cr_2O_3 不断取代等量的 MgO 制成配料，经成型和在 1 550℃下煅烧，冷淬的试样中方镁石颗粒与液相间的二面角和 N_{ss}/N_{sl}如图 4-13 和图 4-14 所示。

图 4-13 中 *ab* 线表示在煅烧温度下溶解尖晶石的饱和极限。在 *ab* 线以外，混合物在1 550℃下除含有镁方铁矿和液相外，还含有尖晶石。

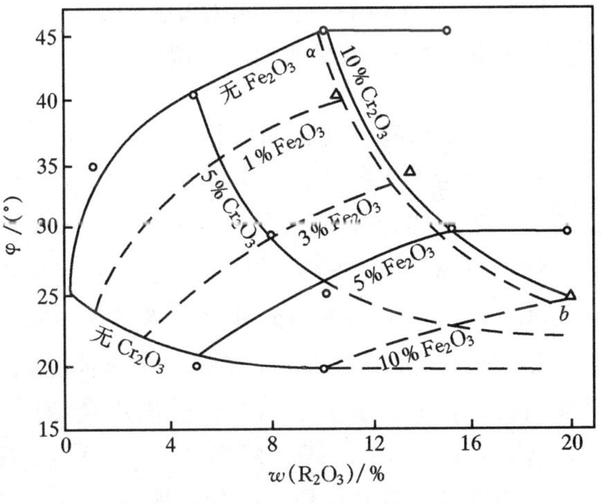

图 4-13　加入 Cr_2O_3 和 Fe_2O_3 对方镁石形成二面角的影响

由图 4-13 和图 4-14 可见，在系统中只有方镁石和液相时，加入 Cr_2O_3 使二面角增大，从而促进直接结合，而加入 Fe_2O_3，作用则相反。

当系统中以加入 Al_2O_3 取代 MgO 时，也有与 Fe_2O_3 相近似的作用。

加入 Cr_2O_3 之所以使二面角增加，是由于 Cr^{3+}可溶于镁方铁矿 R_2O_3 中，并在方镁石和硅酸盐界面处析出，而 Cr_2O_3 在硅酸盐液相中的溶解度都很低。因而在降低方镁石晶粒间的晶界能的同时，提高固液界面能，使 γ_{ss}/γ_{sl}下降，二面角增大，直接结合率提高。

② $m(CaO)/m(SiO_2)$对直接结合的影响。向质量分数分别为 MgO 85%、硅酸盐 15% 的试样中加入少量 R_2O_3 取代部分 MgO，含硅酸盐量不变，经 1 725℃煅烧 2h 后，依硅酸盐的 $m(CaO)/m(SiO_2)$不同，其中直接结合率的变化如图 4-15 所示。

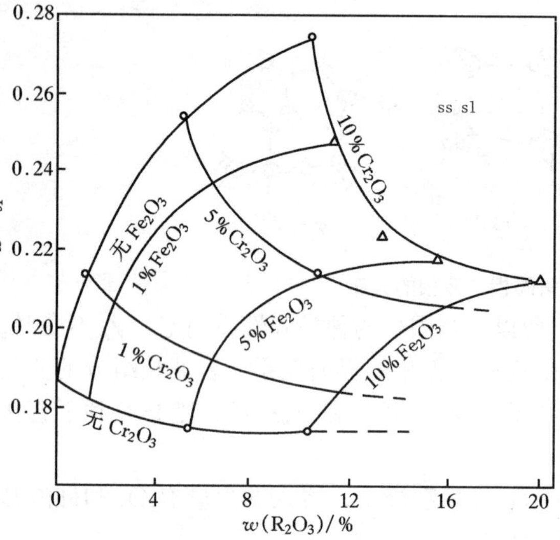

图 4-14 加入 Cr_2O_3 和 Fe_2O_3 对方镁石间接触同方镁石液相接触比值的影响

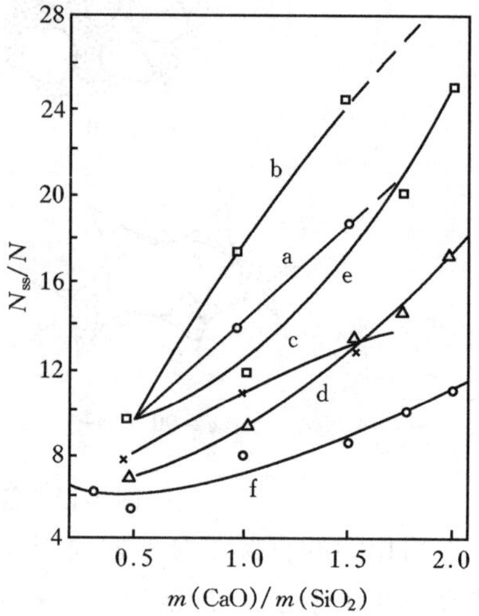

图 4-15 $m(CaO)/m(SiO_2)$对氧化镁-硅酸盐混合物的 N_{ss}/N 影响

混合物中氧化镁与硅酸盐的质量比为 85:15，1 725℃煅烧；
a—无加入物；b—5%Cr_2O_3；c—5%Fe_2O_3；
d—1%Al_2O_3；e—1%Al_2O_3+1%Cr_2O_3；
f—5%Al_2O_3

当系统中只有方镁石和液相时，不论混合物中有无 R_2O_3，凡 $m(CaO)/m(SiO_2)$增大，皆可使直接结合率提高，其中以加入 Cr_2O_3 影响最为突出。当加入 Fe_2O_3 或 Al_2O_3 时，则直接结合率较未加者有所降低。

随 $m(CaO)/m(SiO_2)$增大，直接结合率提高的原因是液相中 MgO 的饱和浓度会随 $m(CaO)/m(SiO_2)$的提高而降低。当固相和液相二者间的组成差别增大时，会使 γ_{sl}增大。

(3) 固-固-液系统的直接结合。在两种固相和液相共存的系统中，如在镁铬砖和镁铝砖以及白云石砖中，由于第二固相的出现会使固-固接触率增加。如在 MgO-MC-CMS 混合物中，含有 CMS 15%，其余 85% 由 MgO 和 Cr_2O_3 共同组成的各试样经成型和 1 700℃煅烧后，其中直接结合率较单一固相者明显提高，如图 4-16 所示。

在 MgO-MA-CMS 系中也有这种现象。对比 MA，MF 和 MC 三种尖晶石在固-固-液系统中的作用，MC 具有最高的 MgO-尖晶石接触程度及总固-固接触程度。尖晶石中的 Al_2O_3 和 Fe_2O_3 被 Cr_2O_3 部分取代，也能提高 MgO-尖晶石的接触程度。以 C_2S 和 M_2S 作为次晶相，有助于提高直接结合率。在 MgO-游离 CaO-液相系统中，例如白云石砖中也有此种作用。

固-固-液系统中，固相间的直接结合率较固-液系统高，是因为不同晶粒间的界面能低于同晶粒间的界面能，$\gamma_{AB}<\gamma_{AA(BB)}$，即在不同晶粒间与液相形成的二面角比同晶粒间与液相形成的二面角大，液相在不同晶粒间的渗透能力要低于在同晶粒间的渗透能力。故当含液相

量一定时，第二固相的出现会使固-固结合增加。

在方镁石-尖晶石-液相系统中，在高温下，各种尖晶石可被选择性地溶解于方镁石和硅酸盐熔体中，其中镁铬尖晶石在熔体中的溶解度最低，如以 R_2O_3 表示尖晶石在熔融硅酸盐中的溶解度，顺序为 $Cr_2O_3 \ll Al_2O_3 < Fe_2O_3$，故以 MC 为第二相的镁质耐火材料更易获得较高的直接结合率。

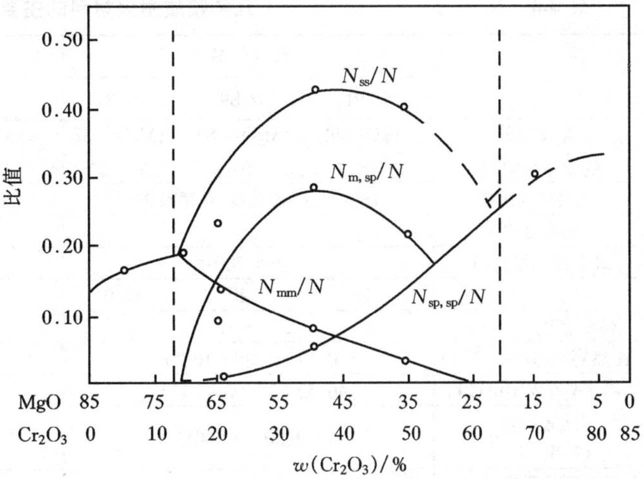

图 4-16 1 700℃下 $m(MgO)/m(Cr_2O_3)$ 对各种界面接触的影响

耐火材料主晶相间、主晶相与次晶相间和次晶相间的直接结合以及在有外来熔剂吸入和含液相量增加的服役条件下，仍能保持高度直接结合的能力，是耐火材料的极其重要的特性，是保证其具有优良的耐高温性和耐侵蚀性的重要标志。

如何提高耐火材料的直接结合率，从而保证其具有优良的性能，取决于耐火材料的原料与工艺，即原料的精选与熟料的高温煅烧、精确配料、充分混练和高压成型以及高温烧成等制度。

4.1.3.4 碳结合镁质制品

碳结合镁质制品由焦油结合耐火制品和烧成油浸耐火制品发展演变而来，该镁质制品主要是镁碳砖。热处理后，制品中碳素形成的连续网络相将方镁石晶粒包裹起来。

4.1.3.5 镁质不定形耐火材料

镁质不定形耐火材料是以各级粒度的烧结镁砂为原料加适当结合剂不经成型和烧成而制成的混合料。其中，冶金镁砂是主要品种之一，分为普通冶金镁砂和合成冶金镁砂。普通冶金镁砂是由烧结镁石经破碎和筛分后制成的 MgO 的质量分数在 78%以上的不定形耐火材料，其配料工作主要是根据使用部位对粒度的要求不同而调整粒度组成。合成镁砂是将高钙低硅菱镁矿或与白云石矿等原料破碎，加入适量铁矿石等助熔剂，混匀后制成料球，在 1 800℃煅烧而成熟料。此种熟料即为合成冶金镁砂，经破碎调整粒度后即可使用。合成镁砂的配料除要求含方镁石外，还要求含有适量 C_2F 或 C_4AF，以便于烧结。另外也含有一定量的 MF 和 C_2S。要控制 C_2S 的量，以免影响烧结和引起烧结料疏松。一般要求 MgO 的质量分数在 80%左右，Fe_2O_3 和 CaO 的质量分数分别为 8%和 7%左右，SiO_2 的质量分数要小于 6%。

几个主要品种镁质耐火材料的化学矿物组成和各项主要物理性质的技术指标如表 4-4 所示。

表 4-4　　几种镁质耐火材料的主要性质

	普通镁砖			镁硅砖	镁铝砖	
	MZ-91	MZ-89	MZ-87	MGZ-82	ML-80(A)	ML-80(B)
化学组分的质量分数/%	$w(\mathrm{MgO})\geqslant 91$ $w(\mathrm{CaO})\leqslant 3$	$w(\mathrm{MgO})\geqslant 89$ $w(\mathrm{CaO})\leqslant 3$	$w(\mathrm{MgO})\geqslant 87$ $w(\mathrm{CaO})\leqslant 3$	$w(\mathrm{MgO})\geqslant 82$ $w(\mathrm{SiO_2})=5\sim 10$ $w(\mathrm{CaO})\leqslant 2.5$	$w(\mathrm{MgO})\geqslant 80$ $w(\mathrm{Al_2O_3})=5\sim 10$	
主要矿物组成	方镁石,镁橄榄石,钙镁橄榄石			方镁石,镁橄榄石	方镁石,镁铝尖晶石	
耐火度/℃					≥2 100	
最高使用温度/℃	~1 700			1 650~1 700	1 650~1 700	
气孔率/%	≤18	≤20	≤20	20	18	20
体积密度/(g/cm³)	2.6~3.0			2.6	2.8	
比热容/[kJ/(kg·℃)]	$0.97+2.89\times 10^{-4}t$					
热导率/[W/(m·℃)]	$46.52\sim 29.08\times 10^{-4}t$					
线胀系数/($\times 10^{-6}$℃$^{-1}$)	14.3(20~1 000℃)			11(20~700℃)	10.6(20~1 000℃)	
常温耐压强度/MPa	≥58.8	≥49	≥39.2	≥39.2	≥39.2	≥29.4
0.2MPa 荷重软化温度/℃	≥1 550	≥1 540	≥1 520	≥1 550	≥1 600	≥1 580
抗热震性/次	2~3				≥3	
抗渣性	好			好	好	

	镁铬砖				镁碳砖
	MGe-20	MGe-16	MGe-12	MGe-8	MGIBB
化学组分的质量分数/%	$w(\mathrm{MgO})\geqslant 40$ $w(\mathrm{Cr_2O_3})\geqslant 20$	$w(\mathrm{MgO})\geqslant 45$ $w(\mathrm{Cr_2O_3})\geqslant 16$	$w(\mathrm{MgO})\geqslant 55$ $w(\mathrm{Cr_2O_3})\geqslant 12$	$w(\mathrm{MgO})\geqslant 60$ $w(\mathrm{Cr_2O_3})\geqslant 8$	$w(\mathrm{MgO})=76\sim 79$ $w(\mathrm{C})=13\sim 15$
主要矿物组成	方镁石,镁铬尖晶石				方镁石,石墨
耐火度/℃					
最高使用温度/℃	~1 700				
气孔率/%	23	23	23	24	5
体积密度/(g/cm³)	~2.8				2.86~2.96
比热容/[kJ/(kg·℃)]	$0.789+3.47\times 10^{-4}t$				
热导率/[W/(m·℃)]					
线胀系数/($\times 10^{-6}$℃$^{-1}$)					
常温耐压强度/MPa	≥24.5	≥24.5	≥24.5	≥24.5	≥39.2
0.2MPa 荷重软化温度/℃	≥1 550	≥1 550	≥1 550	≥1 530	
抗热震性/次	>25				
抗渣性	特好				特好

4.1.4　镁砖的生产工艺特点

镁质(或镁铝质)耐火制品的一般生产过程是以较纯净的菱镁矿或由海水、盐湖等提取的氧化镁为原料，经高温煅烧制成烧结镁砂(硬烧镁砂、死烧镁砂)，或经电熔镁砂等熟料，然后将熟料破粉碎，依制品品种经相应混料，再依次经泥料制备、成型、干燥、烧成等工序烧制而成，如图 4-17 所示。镁砖的烧结温度较高，一般镁砖的烧成温度为 1 500～1 600℃，高纯镁砖的烧成温度高达 1 700～1 900℃。化学结合镁砖的生产工艺基本相同，只是采用化学结合剂结合无需高烧成温度，仅需适当的低温热处理即可制成不烧镁砖。

4.1.5 镁质耐火材料的应用

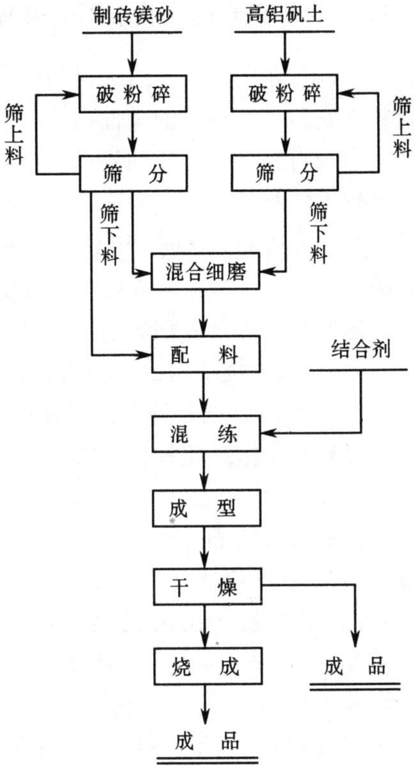

图 4-17 镁砖及镁铝砖生产工艺流程

(1) 普通镁砖。能经受钢液、熔渣的高温热负荷、流体的流动冲刷和钢液与强碱性渣的化学侵蚀。因此，凡遭受上述作用的冶炼炉的内衬，如转炉、电炉、混铁炉、有色金属冶炼炉、均热炉和加热炉的炉床，以及水泥窑和玻璃窑蓄热室等处都可使用此种耐火制品。但因其耐热震性较差，故不宜使用于温度急剧变化之处。另外，由于其热膨胀性较大和荷重软化温度较低，用于高温窑炉炉顶时必须用吊挂方式。

(2) 镁钙砖和镁硅砖。可用于同普通镁砖使用条件相同之处，由于这些制品荷重软化温度较高，且镁钙砖抗碱性渣的性能更优良，镁硅砖也具有抗各种渣的能力，故适用范围更为广泛。如镁钙砖用于受碱性渣侵蚀处效果更佳。但此种制品抗热震性较差，易崩裂。镁硅砖还可用作玻璃熔窑蓄热室上部温度变化较小的格子砖。

(3) 镁铝砖。可代替普通镁砖，用于遭受上述作用部位的效果良好。由于此种制品抗热震性优良，荷重软化温度也较高，故也可用于遭受周期性温度波动之处，如用于水泥窑高温带和玻璃熔窑蓄热室等处，使用效果明显优于普通镁砖，还可用于其他高温炉窑，如高温隧道窑等的炉顶之上。

(4) 镁铬砖。宜于在高温、渣蚀和温度急剧变化的条件下服役。用在同镁铝砖相似的工作条件之处，如在有色金属冶炼炉、水泥窑的高温带和玻璃窑蓄热室中，效果更佳。但不宜使用在气氛频繁变动的条件下。

(5) 直接结合镁砖。具有较高的高温强度和优良的抗蚀性，用于遭受高温、重荷和渣蚀严重之处，使用效果一般都优于上述普通镁质耐火制品。

4.2 白云石质耐火材料

白云石质耐火材料是以白云石为主要原料，以 CaO 和 MgO 为主要成分的碱性耐火材料。一般化学组成的质量分数分别为 CaO 40%～60%，MgO 30%～40%。另外，对含 MgO 较高的(MgO 50%～85%，CaO 10%～40%) MgO-CaO 系耐火材料，常称为镁白云石耐火材料。通常，将白云石质耐火材料分为两大类：一类为含游离 CaO 的白云石耐火材料，另一类为稳定性白云石耐火材料。

白云石质耐火材料与镁质耐火材料相同，也是一种强碱性耐火材料，具有优良的耐碱性熔渣的能力。由于含 CaO 较多，此种材料具有一些不同于镁质耐火材料的特性。

4.2.1　含游离 CaO 的白云石耐火材料

当前，在白云石质耐火材料中，生产应用最广泛的就是此种含游离 CaO 的白云石耐火材料。它是一类重要的碱性耐火材料。主要品种有冶金白云石制品、沥青白云石制品、轻烧油浸白云石制品、烧成油浸白云石制品、半稳定性白云石制品以及镁白云石烧成油浸制品和镁钙碳不烧制品。这些白云石耐火制品都是由烧结白云石或烧结镁白云石为主要原料制成的。其主要成分是 MgO 和 CaO。除杂质外，绝大多数制品中还含有一定量的碳。主晶相由方镁石和石灰(CaO)共同构成。含游离 CaO 的白云石耐火材料的性能皆受此两种主晶相控制。这些制品都是炼钢炉中特别是转炉中广泛使用的主要耐火材料。

4.2.1.1　烧结白云石耐火材料的矿物组成

含游离 CaO 的各种白云石耐火材料的主晶相和易熔物的特点以及碳的作用如下。

(1) 主晶相。此种白云石耐火制品的主晶相是方镁石和石灰。石灰与方镁石相似，也具有很高的熔点(2 570℃)。它属于立方晶系，晶格棱边长 0.479 9nm，真密度为 3.32g/cm^3。此两种氧化物的二元系中无二元化合物。共熔温度很高，达 2 370℃，如图 4-18 所示。故由纯 MgO 和 CaO 构成的耐火材料在 2 370℃以下不会出现液相，从而使其具有很高的耐火度。若两种晶体实现直接结合，必具有很高的高温强度。

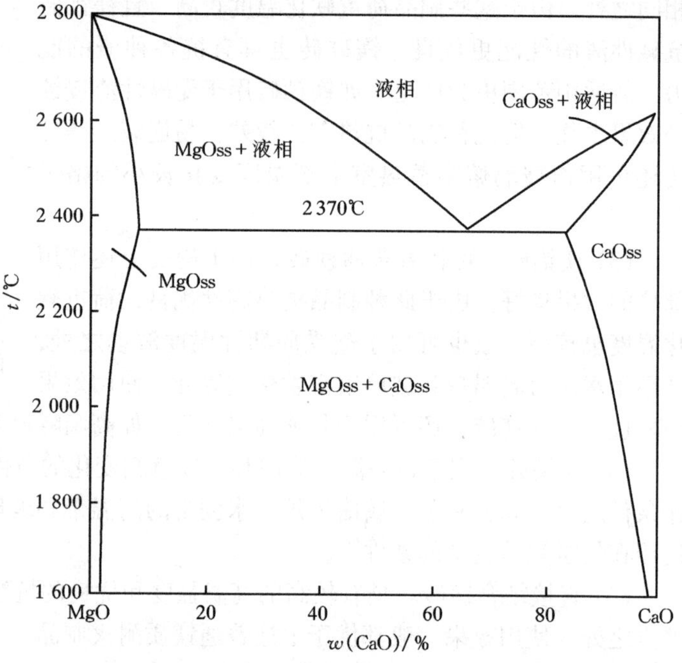

图 4-18　MgO-CaO 二元相图

由图 4-18 可见，CaO 和 MgO 共存时，在高温下具有一定的互溶性。溶解度随温度升高而增大。CaO 在 MgO 中的溶解度由 1 620℃时的 0.9%升到 2 370℃时的 7.8%。MgO 在 CaO 中的溶解度由 1 620℃时的 2.5%升到 2 370℃时的 17%。由此可见，在前述的镁质耐火材料中，若有硅酸盐存在，MgO 也可从硅酸盐中夺取 CaO 以生成 MgO-CaO 固溶体，从而影响系统中 $m(CaO)/m(SiO_2)$。MgO 与 CaO 的互溶，引起材料中相组成的相应变化并促进材料的烧结。

(2) 易熔物。在天然白云石矿石中除含 CaO 和 MgO 外，往往含有少量的 Al_2O_3，SiO_2，Fe_2O_3 等组分。这些组分同 MgO 和 CaO 也可发生反应，生成另外一些矿物，并给白云石耐火材料的生产和性质以及使用寿命带来危害。

在 MgO 和 CaO 与上述氧化物构成的混合料中，由于 CaO 的活性比 MgO 高，在加热过程中 CaO 首先同 SiO_2，Al_2O_3 和 Fe_2O_3 等反应形成钙化合物。在此 CaO-MgO-Al_2O_3-SiO_2-Fe_2O_3 系中，若存在游离 MgO 和 CaO，当其中 $m(Al_2O_3)/m(Fe_2O_3)<0.64$ 时，则在平衡条

件下，此系统中与 MgO 和 CaO 共存的矿物为 C_4AF，$2CaO·Fe_2O_3$(简写为 C_2F)和 3CaO·SiO_2(简写为 C_3S)。当其中 $m(Al_2O_3)/m(Fe_2O_3)>0.64$ 时，则与 MgO 和 CaO 共存的矿物为 C_4AF，$3CaO·Al_2O_3$(简写为 C_3A)和 C_3S。C_4AF 在 1 415℃分解熔融，C_2F 熔点 1 449℃，CaO-C_2F 共熔点 1 438℃，C_3A 在 1 535℃分解为 CaO 和液相。CaO-MgO-C_3A 系出现液相温度仅为 1 450℃。C_3S 不一致熔融，出现液相温度虽然很高(约 2 070℃)，但 CaO-MgO-C_3S 系出现液相温度只有 1 850℃。CaO-MgO-C_3S-C_2F-C_4AF 系和 CaO-MgO-C_3S-C_3A-C_4AF 系最初出现液相的温度则分别小于 1 280℃和 1 300℃。因此，在由 CaO 和 MgO 构成的白云石耐火材料中，所含的 SiO_2，Al_2O_3 和 Fe_2O_3 起强烈的助熔作用，是有害杂质。通常，对白云石中的这些助熔剂以 AFS 标之。欲提高白云石耐火材料的耐高温的性能，必须严格控制这些助熔剂(AFS)的量。如对烧成油浸白云石砖要求 $w(AFS)<3\%$。

4.2.1.2　含游离 CaO 白云石耐火制品的生产特点

同镁质耐火制品相比，含游离 CaO 白云石耐火制品的生产，都因其组成中含有游离 CaO，而必须采取相应措施。

(1) 烧结白云石的煅烧。由碳酸镁和碳酸钙复盐[$CaMg(CO_3)_2$]组成的天然白云石的理论组成的质量分数为 CaO 30.41%，MgO 21.87%；$m(CaO)/m(MgO)=1.39$。当 $m(CaO)/m(MgO)<1.39$时，称之为镁质白云石；$m(CaO)/m(MgO)>1.39$ 时，称之为石灰质白云石。纯净的天然白云石在 730～760℃下，其中 $MgCO_3$ 首先分解，继之在 880～940℃下 $CaCO_3$ 分解，CO_2 气体逸出后，残留 MgO 和 CaO。煅烧产物的理论组成的质量分数为 CaO 58.17%，MgO 41.83%。此种煅烧后的白云石疏松多孔，密度仅为 1.45g/cm^3 左右，气孔率高达 50%以上，活性甚高，极易水化。通常，在低于 1 200℃下煅烧的产品称为轻烧白云石，不宜作为耐火材料使用。欲获得作为耐火材料原料的密度达 3.3g/cm^3 以上和活性很低的烧结白云石，必须经 1 650℃以上，纯者甚至要在 1 900℃下煅烧。此种分解后的白云石中 CaO 和 MgO 约各占一半，互相妨碍晶体发育长大，且两者共熔温度很高(2 370℃)，不易烧结。白云石在煅烧过程中产物的气孔率、体积密度和水化能力随煅烧温度的变化分别如图 4-19 和图 4-20 所示。

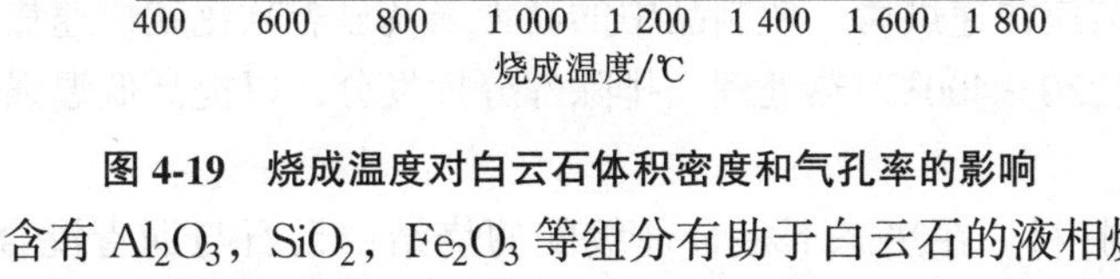

图 4-19　烧成温度对白云石体积密度和气孔率的影响

天然白云石中含有 Al_2O_3，SiO_2，Fe_2O_3 等组分有助于白云石的液相烧结。但如前所述，这些杂质对烧结白云石及其制品起强烈助熔作用。另外，当天然白云石中含 SiO_2 较多时，在白云石煅烧过程中可能局部形成 C_2S。C_2S 在冷却过程中因发生相变并伴有体积效应而导致白云石熟料溃散。因此，应高温煅烧，以使白云石熟料中的C_2S充分化合成 C_3S，或急冷抑制其晶型转化以防熟料溃散。若生产合成白云石熟料，则可加适量稳定剂。

含游离 CaO 的白云石耐火材料，除了直接利用天然白云石作原料进行高温煅烧制成烧

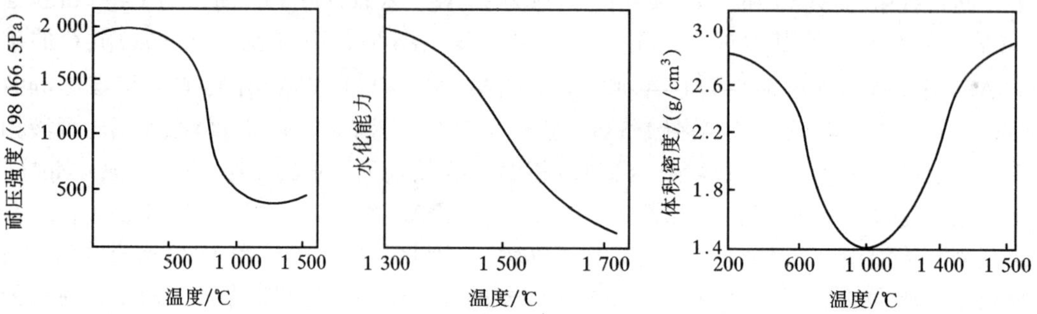

图 4-20 煅烧温度对烧结白云石物性指标的影响

结白云石以外，根据对制品性质和使用的要求，还可人工合成白云石熟料。如为提高白云石中 MgO 的量，可人工合成镁白云石熟料。对此，多利用优质菱镁矿和白云石为原料，经 1 100℃左右轻烧和细粉碎，分离和清除杂质，按要求配料，再经高压成球或制坯，在 1 700℃以上高温下煅烧(即经二步煅烧)而成。对于此种镁白云石熟料，w(MgO) = 55%～80%，w(CaO) = 15%～40%,杂质很低，w(AFS)＜3%；矿物组成主要为方镁石和游离氧化钙，另有质量分数为 3%～4% 的 C_2S，C_2F 和 C_4AF；体积密度较高，为 3.28～3.32g/cm^3;吸水率很低，仅在 1%左右；抗渣性、常温强度和高温强度均较高；大气稳定性较普通烧结白云石有所提高。

(2) 含游离 CaO 白云石制品的生产。各种含游离 CaO 白云石制品的生产特点如下。

① 冶金白云石。同冶金镁砂的生产相似，冶金白云石既可通过直接将烧结白云石破碎、筛分和合理级配而制成，也可合成冶金白云石熟料，即在破碎成数毫米的白云石颗粒中加入少许铁鳞，经高温(1 750～1 850℃)煅烧制成。这种合成冶金白云石熟料的化学组成的质量分数为 MgO 30%～38.6%，CaO 53.5%～55.4%；矿物组成主要为方镁石、石灰、铁酸二钙及微量铁铝酸四钙。

② 焦油沥青白云石制品。这是长期以来生产及使用的一种不烧白云石耐火制品。将烧结白云石破粉碎和筛分，经合理级配并在 150～180℃下预热，然后在热态下按先加粗颗粒，再加结合剂后加细粉的顺序，与 5%～6.75%热塑冷固性的、软化点大于 110℃的脱水焦油沥青混合，使混合料保持在略高于沥青软化点的温度，再经热压或热震成型，待坯体冷却硬化后，即可作为耐火制品，砌筑于冶炼炉上。此种制品制成后，虽有憎水性的焦油沥青将白云石熟料包裹并将其结合为整体，但仍不宜久存，更不可受潮，应随产随用。由此种制品砌筑的冶金炉，使用前应快速烘烤，使制品中的沥青未及显著软化就快速焦化。有的在使用前还预先经适当温度(250～400℃)热处理，排除部分挥发分，以提高低温强度，避免在使用初期塌落。

③ 沥青结合捣打料。在热态下将合理级配的烧结白云石与沥青混合均匀，架设胎模，在热态下捣打或震动密实，构成整体炉衬。对此种混合料常称为沥青结合捣打料。此种整体炉衬无砌缝危害，但应避免受组成偏析和捣打或震动操作影响，以保证质量稳定。由此种沥青白云石构成的整体炉衬，也需快速烘烤。

④ 轻烧油浸白云石制品。当上述沥青结合的白云石制品制成后，若在强还原气氛下经 800～900℃轻烧，使沥青中的挥发分逸出，碳素半焦化，然后将此轻烧制品在真空容器中抽

真空(一般真空度为 90 659～98 658Pa)，再在 0.2～0.5MPa 压力下浸加热到 50～250℃的热态沥青，使制品中的空隙皆充满沥青，则可使制品的密实度进一步提高，含碳量进一步增多。多次轻烧油浸效果更好。

⑤ 烧成油浸白云石和镁白云石耐火制品。白云石制品多是利用高纯高密度的烧结白云石或烧结镁白云石为原料。镁白云石制品多是采用二步煅烧法制成的合成镁白云石熟料。生产时，将充分烧结的白云石或镁白云石熟料，经破粉碎、筛分和合理配合，与 3%左右脱水有机结合剂在热态下搅拌和成混合料，再经成型并在 1 000～1 700℃下烧成，最后经抽真空和高压浸沥青处理而制成。

⑥ 镁钙碳制品。这种制品多利用高质量的烧结镁白云石为主要原料，加入适量碳黑和石墨等碳素材料，以残碳率较高的无水有机结合剂结合，依结合剂性质在常温或热态下混练并经高压成型制成，属于不烧制品。若成型后再经轻烧焦化并油浸处理，则可明显提高制品性能。

⑦ 半稳定性白云石制品。它是以半稳定性白云石熟料为原料，以烧成油浸方法生产的制品。半稳定性白云石熟料是将白云石细粉碎后，加铁鳞混匀，经成球后煅烧制成的。此种半稳定性白云石的颗粒表面形成了 C_2F 薄膜，从而可在一定程度上防止游离 CaO 的水化，提高白云石耐火制品的大气稳定性。但是，这种制品的耐高温性能却受到危害。

4.2.1.3　含游离 CaO 白云石耐火制品的性质与应用

含游离 CaO 白云石耐火制品的突出特点是抗碱性渣的性能好，高温强度也较高，但大气稳定性很差。

(1) 强度。未经高温烧成的沥青结合的白云石耐火制品，当气孔率与普通镁砖相近，约为 20%左右时，其常温强度一般较经高温烧成的普通镁砖稍低，约相当于普通镁砖的 50%～65%。此种制品的强度除与其密实度有关以外，也与含沥青的量密切相关。沥青用量过低，制品中存在大空隙，强度低；沥青量过多，制品性脆，强度也低。因此沥青用量必须适当，通常控制在 5%～6.75%为宜。

沥青结合制品的强度，随温度的提高，因沥青软化而降低，甚至因自重而变形。制品中沥青量愈高，降低愈严重。由此种制品砌筑的炉衬或由这类材料捣打的构筑物，在沥青未焦化以前，在升温过程中停留时间较长，极易变形甚至倒坍。故制品宜经轻烧焦化处理，否则必须快速烘烤砌体或整体构筑物。

当沥青中的挥发分逸出，沥青焦化后，制品具有相当高的强度。特别是在热态下的强度显著提高，如将焦化和未焦化的制品对比，在 260℃下加热 15min 后的耐压强度约提高 1～10 倍，甚至更高，依含沥青量而异。当制品中的残存碳量经多次油浸而增多时，制品焦化后的强度更可提高。此种焦化后的制品砌于冶金炉上，在使用初期不会塌落。

若制品中的残存碳在升温过程中被大量氧化，则其强度必将严重降低。为避免此种危害，制品的致密性应尽量提高；制品的焦化处理必须在还原气氛下进行，绝不能在强氧化条件下“焦化”。

白云石制品的高温强度较高，尤其是由高纯高密度的烧结白云石制成，并经烧成油浸的制品，其荷重软化温度一般可达1 500～1 570℃，由高纯高密度烧结镁白云石制成的可达1 700℃。这与白云石质制品主晶相间的直接结合率很高相对应。各种 $m(CaO)/m(MgO)$的混合物与 10% Fe_2O_3 共存的系统在 1 550℃下晶粒间的直接结合率如图 4-21 所示。另外也与

CaO-MgO 系出现液相的温度很高和碳存在的积极作用有关。但是，当制品中 Al_2O_3 和 Fe_2O_3 等杂质较多，在高温下形成的熔体不仅在主晶相间隙中，并且侵入晶界，在碳被氧化后，则会严重降低。

一旦制品受潮发生水化作用，无论是常温强度还是高温强度，均会显著降低。

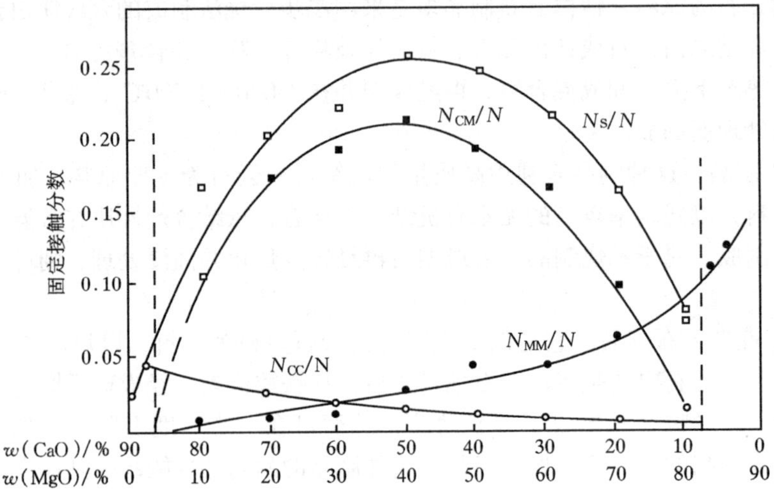

图 4-21 不同 m(CaO)/m(MgO)的混合物与 Fe_2O_3 共存时 CaO-MgO 的接触情况

(2)抗渣性。当含游离 CaO 白云石耐火制品同碱性熔渣接触时，由于它是强碱性耐火材料，加之含碳结合剂和油浸处理增碳的结果，制品的组分既不易溶于碱性渣中，熔渣也不易渗入制品内部。

以炼钢初期渣而论，其中含 SiO_2 量较高，白云石制品中 CaO 的存在可以增大熔渣与耐火材料的二面角，减少熔渣对耐火材料的润湿，降低熔渣向耐火材料内部渗透的速度。而且由于制品中游离 CaO 与 SiO_2 作用，也不易形成 CMS 和 C_3MS_2 等低熔物，而易形成高熔点的 C_2S。反之，若耐火材料中仅有 MgO，则因 MgO 晶粒与熔渣间的二面角小，易受熔渣润湿，并易受 SiO_2 侵蚀形成 CMS 等易熔物。所以，在此条件下，CaO 的抗渣性较 MgO 好。

对炼钢后期渣来说，含 FeO 量很高。白云石中的 MgO 可吸收 FeO 形成镁方铁矿，不易形成熔融体。当在耐火制品表面形成此镁方铁矿时，可使晶粒长大，即 MgO-FeO 固溶体的形成，起到了保护白云石耐火材料的作用。若制品为由含 MgO 量较高的高密度的烧结镁白云石构成，则抵抗此种熔渣的作用更强。反之，若耐火材料中仅有 CaO，则可与 FeO 或 Fe_2O_3 形成易熔物。故在此情况下，MgO 抵抗侵蚀的性能又优于 CaO。

由此可见，含游离 CaO 白云石耐火材料对炼钢熔渣的综合抵抗性能是良好的。特别是由高纯高密度的镁白云石熟料为原料并经油浸处理的制品，加入适量碳素材料并经油浸处理的镁钙碳制品，抗渣性更为优良，与镁碳质耐火制品相近或相当。

由于含游离 CaO 白云石耐火材料，特别是由高纯高密度烧结白云石制成的和增碳的白云石耐火制品，有抵抗炼钢碱性熔渣侵蚀的良好性能，加之成本较低，故长期以来世界上许多国家都以此种白云石耐火材料作为炼钢转炉、电炉炉衬的主要材料。

(3) 大气稳定性。含游离 CaO 的白云石耐火制品在大气中的稳定性皆较差，游离 CaO 极易吸收大气中的水分而水化疏松。抗水化性能很差是此种耐火制品的重要缺点。从而在相当大的程度上影响此种制品更广泛的生产与应用。烧结白云石中含 CaO 量愈多，大气稳定性愈差。反之，含 MgO 量越多，抗水化性越强。故合成镁白云石熟料，一般都较普通烧结白云石有较强的抗水化性。白云石熟料煅烧温度越高，越密实，抗水化性越好。但与镁质材料相比，仍很差。为了提高白云石耐火材料的稳定性，对含游离氧化钙的熟料，还常常采取如下措施。

① 表面涂层。采用金属有机化合物在 CaO 系耐火材料的表面上涂层，然后通过加热分解使金属有机化合物形成氧化物薄膜并均匀地黏结在耐火材料的表面。这种方法对于处理颗粒状和粉状耐火材料更为有效。因此非常适合于 CaO 系不定形耐火材料的生产。

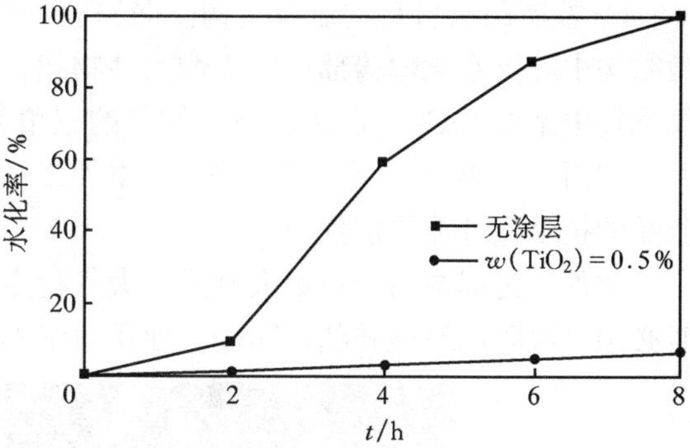

图 4-22　TiO_2 加入量对水化率的影响

图 4-22 示出了使用钛的有机化合物对 CaO 进行表面处理时化合物的加入量(按 TiO_2 进行计算)对于 CaO 水化速度的影响。通过表面涂层处理，可以大幅度地提高 CaO 的抗水化能力。

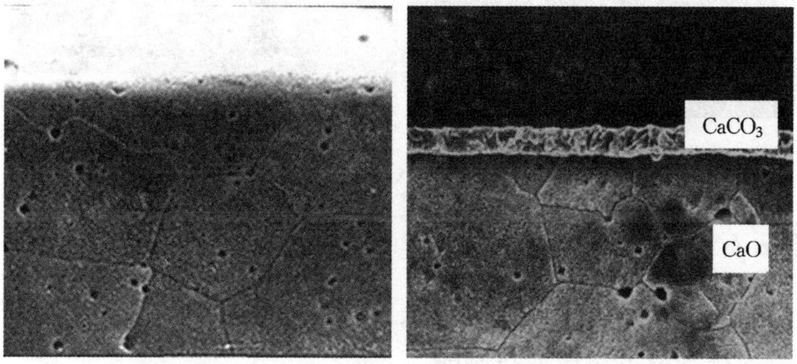

(a) 处理前　　(b) 处理后

图 4-23　700℃碳酸化处理前后钙砂的横断面照片

② 碳酸化处理。对含有游离 CaO 的耐火材料进行碳酸化处理，可以在耐火材料表面形成致密的 $CaCO_3$ 保护膜，如图 4-23 所示。

碳酸化处理后，耐火材料的抗水化性能得到显著改善。图 4-24 是碳酸化处理前后耐火材料的水化增重曲线。未经碳酸化处理的试样，水化增重量随时间线性增加，经过 7 天后，水化增重达到 20%；经过碳酸化处理的试样，在水化过程的初期，出现一个 7 天的导入期，在这段时间内，试样没有明显的质量变化。经过 3 周以后，增重才达到 20%。

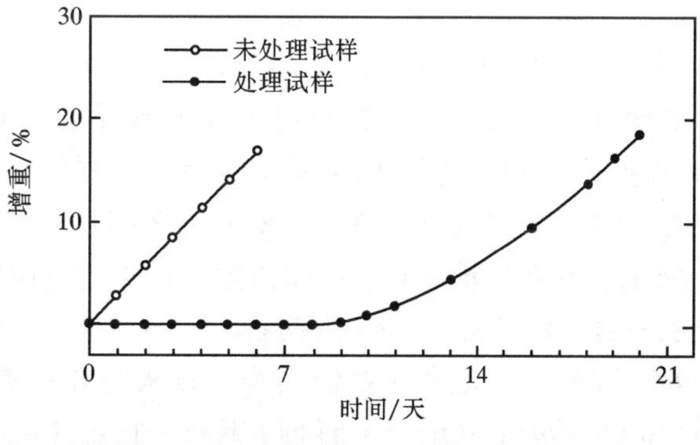

图 4-24　耐火材料在 70℃、90%相对湿度条件下的水化增重情况

但是，研究表明，碳酸化处理只适用于具有较高致密程度的耐火材料。如果致密性较

差，碳酸化处理以后不能较好地控制碳酸化率，容易在耐火材料内部产生显微裂纹，导致耐火材料的强度降低。

③ 控制耐火材料的显微结构。向原料中添加一些组分，烧成以后通过在耐火材料的显微结构中的抗水化薄弱部位形成憎水性物相，可以明显地提高含钙制品的抗水化性能。如向氧化钙中添加 ZrO_2，通过在 CaO 结晶的三角区形成 $CaZrO_3$，可以显著地提高制品的抗水化性，如图 4-25 所示。特别是随 ZrO_2 添加量的增加，生成的 $CaZrO_3$ 将 CaO 包裹起来以后，制品的抗水化性能更加优异。

此外，为提高白云石耐火制品的大气稳定性，生产时必须以防水材料包覆；运输及储存时必须采取防潮措施并随产随用；使用时绝不应同水和水汽接触。

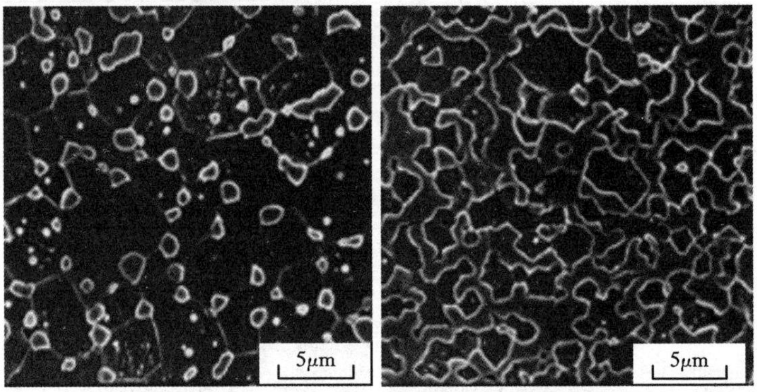

图 4-25　添加 ZrO_2 的 CaO 烧结体的显微结构

4.2.2　稳定性白云石制品

稳定性白云石是指大气下稳定性很高的人工合成的无游离 CaO 的白云石熟料。由此种熟料制成的耐火制品称为稳定性白云石制品。

4.2.2.1　化学和矿物组成稳定性

白云石熟料和制品的化学组成的质量分数为 CaO，MgO 各 40%左右，$SiO_2$13%～15%，$m(CaO)/m(SiO_2)\approx 2.8$，$R_2O_3$ 约为 5%。主要矿物为 C_3S 和方镁石以及少量 C_2S 和 C_4AF。在此 $CaO-MgO-SiO_2-Al_2O_3-Fe_2O_3$ 系中，根据 $m(Al_2O_3)/m(Fe_2O_3)$的不同，其中还可能含有 C_2F 或 C_3A。在系统处于平衡下，各种含矿物的量可由其化学组成计算。当 $m(Al_2O_3)/m(Fe_2O_3)>0.64$ 时，系统中共存矿物为 $C_4AF=3.04F$，$C_3S=3.80(3KH-2)S$，$C_3A=2.65(A-0.64F)$，$C_2S=8.61(1-KH)S$，其余为方镁石。当 $m(Al_2O_3)/m(Fe_2O_3)<0.64$ 时，共存矿物为 $C_4AF=4.77A$，$C_3S=3.80(3KH-2)S$，$C_2F=1.70(F-1.57A)$，$C_2S=8.61(1-KH)S$，余量为方镁石。C，S，A，F 和 KH 分别为 CaO，SiO_2，Al_2O_3，Fe_2O_3 的质量分数和石灰饱和系数的简写。石灰饱和系数(KH)与 $m(Al_2O_3)/m(Fe_2O_3)$有关。当 $m(Al_2O_3)/m(Fe_2O_3)>0.64$ 时，$KH=[w(CaO)-1.65w(Al_2O_3)-0.35w(Fe_2O_3)]/[2.8w(SiO_2)]$；当 $m(Al_2O_3)/m(Fe_2O_3)<0.64$ 时，$KH=[w(CaO)-1.1w(Al_2O_3)-0.7w(Fe_2O_3)]/[2.8w(SiO_2)]$。

4.2.2.2　稳定性白云石熟料及制品的生产

稳定性白云石熟料采用优质天然白云石和石英砂以及磷灰石为原料，经细粉碎后，再经正确配料、高压成球或压坯和高温煅烧而成。

配料应按消除游离 CaO 和尽量生成 C_3S，即使 KH 尽量接近于 1 的原则进行，以免生成大量 C_2S，因 C_2S 易发生晶型转化而影响熟料和制品的结构稳定性。实际上，由于原料组成的波动、混料未充分均匀化和高温煅烧系统难以达到平衡，往往仍存在 C_2S，仍需加入磷灰石($3CaO \cdot P_2O_5$)作为稳定剂，以便形成 C_2S 固溶体，抑制 C_2S 晶型转化。

高压成球或高压成坯与高温煅烧是保证其中各组分接触和反应形成预期矿物以及提高熟料密度的重要措施。一般在1 600℃左右保温 6～8h 煅烧成熟料。

稳定性白云石制品是将熟料破粉碎、筛分、合理级配后，加入 4%～6%水混均和成型即可制成不烧制品。因为稳定性白云石熟料的细粉即可作为结合材料，通称为白云石水泥，它和水后形成水化物并凝结硬化。也可加入适量的纸浆废液，经混合、成型、干燥，在 1 350～1 450℃下烧成制品。

4.2.2.3 稳定性白云石制品的性质和应用

(1) 强度和荷重软化温度。稳定性白云石耐火制品的主晶相为硅酸三钙(质量分数大于 40%)和方镁石(质量分数大于 30%)。这些都是具有高分解温度和熔点的矿物。但是普通白云石制品由于所含低熔物较多，此种制品的耐火度和高温强度，较含游离 CaO 的白云石制品低，荷重软化温度约为 1 500℃。但常温强度较高，气孔率为 18%～24%的制品，其耐压强度为 50～70MPa。

(2) 抗热震性。由于制品中的矿物组成热膨胀较大，线胀系数约为 $12.5 \times 10^{-6}℃^{-1}$，故制品的抗热震性较差。常温至 1 300℃循环只有 3～5 次，但不亚于普通镁砖。

(3) 抗渣性。硅酸三钙和方镁石都是碱性氧化物和复合氧化物，此种制品抗碱性渣的能力很强。当碱性渣中含有较多的 SiO_2 时，也具有较好的抵抗能力，因为即使 C_3S 与之反应，形成的 C_2S 熔点仍较高。

(4) 大气稳定性。由于无游离 CaO 存在，制品具有较高的抗水化性，在大气中不易吸潮而疏松化。但是，由于其中含有许多可水化的矿物 C_3S，C_2S 和方镁石，故在运输储存中仍需防潮。

这种稳定性白云石制品可代替普通镁砖使用，主要用于各种炼钢炉的副炉底和炉衬的安全层、加热炉均热床和高温段炉底，以及水泥回转窑高温带、化铁炉和盛钢桶的内衬等。

各种白云石耐火制品的主要性质如表 4-5 所示。

表 4-5 白云石耐火制品的主要性质

性能	含游离 CaO 的白云石制品		稳定性烧成白云石制品
	沥青结合不烧制品	烧成油浸制品	
化学组分的质量分数/%			
CaO	15～33	18～32	20～40
MgO	55～80	59～69	40～65
AFS	<1.5～3.5	<3.5	8～15
SiO_2			
耐火度/℃	>1 920	>1 920	>1 820
气孔率/%	5～7	1～2	16～22

续表 4-5

性　能	含游离 CaO 的白云石制品		稳定性烧成白云石制品
	沥青结合不烧制品	烧成油浸制品	
体积密度/(g/cm³)	2.9～3.0	3.1～3.15	2.6～2.8
平均线胀系数(25～1 000℃)/($\times10^{-6}$℃$^{-1}$)	12～14	12～14	12～13
常温耐压强度/MPa	35～45	40～80	60～80
荷重软化温度/℃	>1 650	>1 650	>1 700
抗热震性/次			3～5
抗渣性	很好	很好	好

4.3 镁橄榄石耐火材料

镁橄榄石耐火材料是以镁橄榄石为主晶相的耐火材料，多用橄榄岩等作为主要原料制成，其中经成型的制品称为镁橄榄石砖。

4.3.1 镁橄榄石耐火材料的主要组成

镁橄榄石耐火材料的化学组成：w(MgO) = 37% ～62%，m(MgO)/m(SiO_2)波动于 0.95～2.00。主晶相镁橄榄石 w(M_2S) = 65% ～75%。其余为 MF 和其他矿物。m(MgO)/m(SiO_2)>1.33者往往含有少量方镁石。

橄榄石熔点较高，达1 890℃，它与顽辉石(MgO·SiO_2，简写为 MS)都是 MgO-SiO_2 二元系中的二元化合物。它与 MgO 的共熔温度很高，达 1 850℃。与此相反，它与顽辉石共存出现液相的温度却很低，仅 1 557℃，如图 4-26 所示。

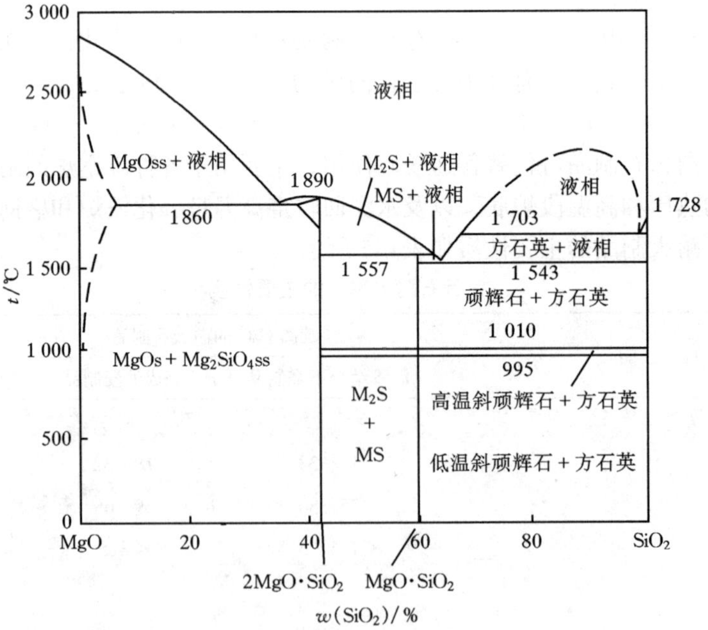

图 4-26　MgO-SiO_2 二元相图

镁橄榄石在还原状态同铁直接接触时，由于Mg^{2+}和Fe^{2+}半径相近，镁铁置换形成无限固溶体，如图4-27所示。从而使系统出现液相的温度降低，制品的耐火度也随之降低。而且，在氧化气氛下，$2FeO·SiO_2$在700℃时即可分解为Fe_2O_3和SiO_2。这些Fe_2O_3在开裂面和晶粒界面析出，并在1 400℃以上与M_2S反应形成MF和MS。FeO的氧化和MF的生成都伴有很大的体积膨胀。若此种Fe_2O_3析出后，随后在还原气氛下，再次成为$2FeO·SiO_2$而消失，但在橄榄石晶粒上形成的裂隙却仍然存在。故当此种材料中含铁的氧化物的量较高或受铁质侵蚀后，极易在气氛性质频繁变动的情况下产生松散作用。

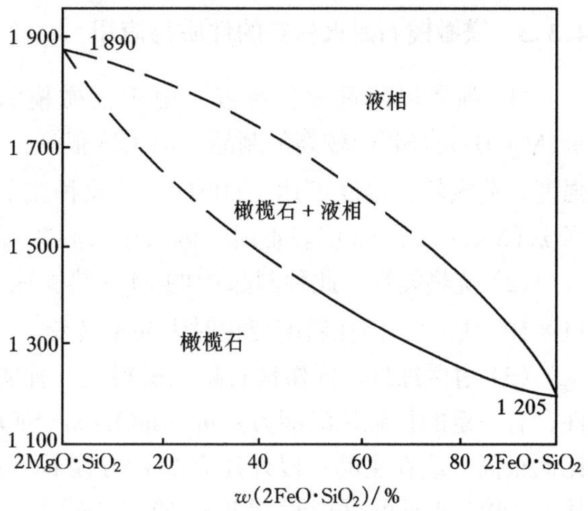

图4-27　$2MgO·SiO_2$-$2FeO·SiO_2$二元相图

4.3.2　镁橄榄石耐火材料的生产特点

4.3.2.1　镁橄榄石耐火材料的原料

生产镁橄榄石耐火材料的主要原料为橄榄岩和纯橄榄岩。这些矿石主要由橄榄石[$2(MgFe)O·SiO_2$]组成,并含有辉石。其中纯橄榄岩矿物成分较单纯，橄榄石的质量分数为85%～100%，辉石的质量分数为0～15%。这种原料中无含水和受热分解矿物，在受热时灼减和收缩都很小，体积稳定。可不经高温煅烧直接作为耐火材料使用。既可经切割制成块状制品，或经粉碎、筛分、合理级配后制成不定形耐火材料，也可加结合剂经成型或再经烧成制成不烧或烧成制品。若原料中含蚀变产物，含水矿物蛇纹石[$Mg_6(Si_4O_{10})(OH)_8$]和滑石[$Mg_3(Si_4O_{11})(OH)_2$]，则不宜不经预烧直接使用。对此应经预烧，并需外加适量轻烧MgO或镁砂制成团块预烧，以保证体积稳定和形成大量M_2S。含蛇纹石的原料加镁砂的块团预烧温度为1 400～1 450℃。原料煅烧应在氧化气氛下进行，以使铁的氧化物处于高价态，保证产品的体积稳定性。

当原料中含铁氧化物量较高时，对材料的抵抗高温性能和体积稳定性有影响，FeO氧化及MF形成的膨胀松散效应，也使材料难于烧结。故橄榄石中FeO的质量分数大于10%时，不宜作为耐火材料。

4.3.2.2　镁橄榄石烧结制品的生产

此种制品的生产工艺与镁砖基本相同。若为保证原料中的SiO_2和MS都形成M_2S，FeO形成MF，以提高制品的高温性能，需加入轻烧MgO或死烧镁砂。以细粉的形式加入，可强化制品的基质。由于镁橄榄石生熟料都是瘠性料，宜用黏结性较高的结合剂，如浓度较大的纸浆废液与$MgCl_2$溶液等，用量依成型方法而定，所含水分的总质量分数约为3%～5%。制品的烧成与熟料煅烧相同，应控制在氧化气氛下进行。此种制品烧成范围较窄。烧成温度依基质中$m(MgO)/m(SiO_2)$而定，$m(MgO)/m(SiO_2)$较高者，一般烧成温度在1 550℃左右。

4.3.3 镁橄榄石耐火材料的性质与应用

(1) 强度和荷重软化温度。由于镁橄榄石的熔点较高，MgO-M_2S 共熔温度也很高，$m(MgO)/m(SiO_2)$较高的制品，耐火度很高，在 1 800℃以上。此种制品也具有较高的高温强度。荷重软化温度可达 1 600℃。故此种制品可用于高温下受重负荷较大的情况。但是，当 $m(MgO)/m(SiO_2)$较低时，因其中有顽辉石共存，故耐火度和高温强度都较低。

(2) 抗热震性。此种制品中的 M_2S 热膨胀性较高，20～1500℃下平均线膨胀系数约为 $11\times10^{-6}℃^{-1}$，但在温度变化时无晶型转变，故具有一定的抗热震性。

(3) 耐侵蚀性。镁橄榄石耐火材料是一种弱碱性耐火材料。对 Fe_2O_3 侵蚀有较强的抵抗性，有一定的抗碱性渣能力。$m(MgO)/m(SiO_2)$较高者，即矿物组成主晶相镁橄榄石所占比例很高，或在主晶相以外还有少量方镁石者抗渣性较好。但是，由于 M_2S 同 CaO 接触，从 1 400℃起即可反应形成易熔的 CMS，同 Al_2O_3 接触在 1 250℃ 以上就易形成堇青石($2MgO\cdot2Al_2O_3\cdot5SiO_2$)。此种堇青石在 1 460℃下分解熔融，故此种制品既不宜用在受强碱性渣侵蚀之处，也应避免直接与黏土质高铝质耐火材料接触。由于 M_2S 在高温下(如在 1 650℃以上)可被碳素材料分解，发生反应

$$2MgO\cdot SiO_2+3C\rightarrow2Mg\uparrow+SiO\uparrow+3CO\uparrow$$

从而使 M_2S 消失，故应避免与它接触。

由于此种制品中的 M_2S 与铁直接接触时，易形成 [M_2S-F_2S]，使出现液相的温度降低，而且铁氧化物在气氛变动下易导致晶粒松散，故不宜在气氛经常变动的情况下使用。

镁橄榄石耐火材料可部分代替镁砖，主要用作有色金属冶炼炉的炉衬材料、炼钢转炉和电炉的安全衬、玻璃熔窑蓄热室格子砖、煅造加热炉和水泥窑的内衬材料等。

4.4 尖晶石耐火材料

尖晶石耐火材料是以尖晶石族矿物为主晶相或以尖晶石与方镁石共同构成主晶相的耐火材料。当前，生产与应用最广泛的尖晶石耐火材料有两大类：以镁铝尖晶石为主晶相或以镁铝尖晶石与方镁石或与刚玉共同构成主晶相的镁铝尖晶石质耐火材料，常称尖晶石耐火材料；以镁铬尖晶石为主晶相或以镁铬尖晶石与方镁石或与 Cr_2O_3 共同构成主晶相的铬质和铬镁质耐火材料。在这类耐火材料中，依其中含方镁石与尖晶石的量不同，有许多品种，其性质也有相应差别，基本变化是由弱碱性向中性发展。无方镁石而富铝和富铬的尖晶石属中性耐火材料。

4.4.1 镁铝尖晶石质耐火材料

前已述及，镁铝尖晶石(MA)的理论化学组成的质量分数为 MgO28.3%，$Al_2O_3$71.7%。它具有很高的熔点，达 2 105℃。尖晶石与方镁石的共熔温度也很高，达 1 995℃。在 1 500℃以上，MgO 还可溶于尖晶石，在 1 995℃下固溶量约为 10%，当 MgO-MA 系中含 MgO 量超过尖晶石的理论组成 10%左右，即系统中的 MgO 的质量分数为 38%～28%，此种富镁尖晶石开始出现液相的温度还随系统中 MgO 的质量分数接近于理论组成的变化，由

约 1 995℃提高到约 2 105℃。尖晶石与刚玉的共熔温度也很高，大于 1 900℃。刚玉也可溶于尖晶石中，在约 1 900℃下固溶量可达 90%以上。因此，在 1 900℃以上，此种富铝尖晶石出现液相的温度也很高。

4.4.1.1　镁铝尖晶石的合成

镁铝尖晶石的合成方法和技术很多。最简单和最直接的是在氧化物混合料之间的直接反应法，即利用纯净的氧化镁与氧化铝材料配料，然后再经压球和烧结或电熔制成均质的合成尖晶石料块，最后再经破粉碎制成粒状和粉状料。

(1) 烧结尖晶石。以烧结法生产合成尖晶石时，宜采用活性较高的氧化物，如用轻烧镁石和工业氧化铝，较用烧结镁石和电熔刚玉易于烧结。也可直接用碳酸盐或草酸盐共同磨细，以代替纯氧化物。

配料中无论是 MgO 还是 Al_2O_3 过剩时，都会形成尖晶石固溶体，促进混合料烧结，分别制成富镁尖晶石和富铝尖晶石。与化学计量尖晶石相比，富镁尖晶石可含过量的(约 3%) MgO。当原料中含 SiO_2，CaO，Fe_2O_3 等杂质较多时，为使过剩的 MgO 将这些杂质结合成镁化合物，配料中 MgO 总过剩量可达 20%。富铝尖晶石可含过量 Al_2O_3(约 3%)。在烧结尖晶石中加入适量含 Cr_2O_3 的铬矿，也可因形成固熔体使晶格畸变促进烧结，而且硅酸盐熔体中 Cr_2O_3 的质量分数增高，将恶化对晶相的润湿，使熔体聚集于晶间空隙中，晶相直接结合率提高。一般铬矿加入量约为 15%～20%。但是，应尽量避免由铬矿引入硅酸盐杂质的危害。

由烧结法制成的合成尖晶石熟料，在生产中由富镁尖晶石到富铝尖晶石，可任意调节组成，甚至还可有游离 MgO 和 Al_2O_3，分别构成 MgO-MA 和 MA-Al_2O_3 系的尖晶石熟料。其中以 MgO-MA 系熟料生产与使用较多。但是，当 MgO 和 Al_2O_3 过多时，都可因其在 MA 中的固溶量随温度降低而从 MA 晶粒中沉析出来。

生产烧结尖晶石应采用对混合料无污染的暂时性结合剂，并经较高压力压成团块，以获得最佳密度。一般在 100MPa 左右压力下成型，无层裂为宜。

由于 Al_2O_3 与 MgO 混合料压制的团块在 1 000～1 400℃下形成尖晶石时产生 5%～8%的体积膨胀，不易烧结，而且尖晶石在烧结过程中固溶度随温度升高而提高，尖晶石的晶粒又不易长大，烧结尖晶石的煅烧温度应在 1 750℃以上，以获得晶粒较大和总气孔率很低而致密度很高的合成料块。

烧结致密的合成尖晶石，晶粒平均为 20～30μm，致密度可达 90%以上。一般体积密度可达 3.25g/cm^3，其中富铝尖晶石者稍大一些。矿物组成中主晶相为镁铝尖晶石，多直接接触。另外可能有少量方镁石或刚玉等次晶相存在，依含 MgO 和 Al_2O_3 的量而定。另外还有少量硅酸盐相 M_2S，CMS，C_3MS_2，C_2S 和堇青石($2MgO·2Al_2O_3·5SiO_2$)存在于晶粒间的空隙中。硅酸盐矿物的种类依杂质中 $m(CaO)/m(SiO_2)$而定，当 $m(CaO)/m(SiO_2)$大时，熔体对晶体的润湿性低。

(2) 熔铸尖晶石。合成镁铝尖晶石也可以熔融法生产。若生产富镁尖晶石熔块，配料中 MgO 的质量分数应控制在 35%～50%，不宜过高和偏低，否则熔体的黏度高而难浇注。以尖晶石化学计量的组成配料，熔体浇注后的熔块内尖晶石约占 80%～95%，其余为硅酸盐矿物和玻璃状物质。这些硅酸盐因在熔炼过程中向外层迁移，故多集中于熔块外围。含过量 MgO 的熔体在冷凝时，组成有偏析，使熔块成为非均质结构。富镁尖晶石在共熔温度以上析出纯尖晶石，分布在熔块下部；在共熔温度以下析出的尖晶石晶体为溶有方镁石的固溶体，分布在熔块上部。熔块各部分密实性也不一致，上部及边部蜂窝形的气孔多，一般占熔块的20%～30%。按化学计量配成的尖晶石熔块，气孔最多。

4.4.1.2 镁铝尖晶石耐火制品

镁铝尖晶石耐火制品主要有不烧和烧成块状制品，也可以合成尖晶石作成不定形耐火材料，用以构成整体构筑物和喷补内衬。

(1) 镁铝尖晶石耐火制品的生产。尖晶石耐火制品的生产工艺与普通镁砖的生产过程基本相同。但在配料组分中的各级颗粒料由烧结合成尖晶石或电熔合成尖晶石构成，或两者混合。细粉可用经1 000～1 400℃合成的轻烧尖晶石，也可用 MgO 和 Al_2O_3 的混合料。应适当降低极限粒度和细粉料的粒度，使细粉料粒度小于63μm甚至小于10μm，并采用多级间断级配配料，使细粉占35%～42%。以避免泥料混练和成型时粗颗粒再破碎和对制品的抗热震性不利，并便于烧结。

坯体应高压成型和高温烧成。成型压力一般可波动于120～200MPa，依配料组分和不出现颗粒再破碎和层裂为度。若采用的合成轻烧尖晶石为细粉，坯体在约1 300℃开始烧缩到1 550℃体积即可稳定。对100%的尖晶石细粉坯体经1 750℃烧成，坯体收缩约达16%～17%，体积密度可达3.45g/cm^3，已达理论密度的96%以上。若采用 MgO 和 Al_2O_3 的混合料作为细粉，在约1 000～1 400℃产生膨胀，此后开始烧结，烧成温度必须在1 650～1 750℃保温10h甚至更高温度下烧成。

(2) 镁铝尖晶石耐火制品的性质。这种经1 750℃高温烧成的镁铝尖晶石耐火制品，气孔率很低(小于9%)，体积密度达3.22～3.23g/cm^3。气孔率在12%～17%者体积密度为2.9～3.1g/cm^3。制品内高熔点晶粒间直接结合率很高，故常温和高温强度很高，荷重软化温度1 700～1 750℃，抗蠕变能力也很强。此种制品抵抗硅酸盐与含铁熔渣渗透能力强，不易形成厚变质层，特别是当制品中含8～25μm的气孔体积很少时更是如此。同时，它抵抗熔渣直接侵蚀的性能优良。总之，抗渣性远优于镁铝砖。此种制品在真空中的挥发性小，特别是以熔融颗粒为主的合成尖晶石制品，抵抗真空挥发的性能很好。由于此种尖晶石的线胀系数较低，为8.2×10^{-6}℃$^{-1}$，故抗热震性也较好，1 300℃水冷循环达6～13次。只是当制品中 MgO 或 Al_2O_3 过多时，在MA中的固溶量随温度高低变化而溶解和沉析时，其抗热震性有所降低。另外，由于含铁氧化物的量很少，当气氛变化时，体积稳定性很好。

这种制品用于有色金属冶炼炉中铜镍炉和炼铝炉内衬、电炉炉盖、盛钢桶内衬、炼钢炉外精炼真空处理装置内衬、水泥煅烧窑高温带内衬和玻璃熔窑蓄热室格子砖等处的优质耐火制品。

4.4.2 镁铬尖晶石耐火材料

镁铬尖晶石耐火材料是以镁铬尖晶石为主晶相或镁铬尖晶石与方镁石共同构成主晶相的耐火材料。目前，主要品种有铬砖和铬镁砖。

铬镁砖既可用烧结镁石和铬矿为主要原料经配料、成型和烧结或以化学结合剂结合制成，也可经烧结或电熔预合成镁铬尖晶石，然后再经烧结或以化学结合剂结合制成；铬砖主要是以铬矿为原料制成的。

镁铬尖晶石耐火材料化学性质基本依其中镁石和铬矿配比，即 $m(MgO)/m(Cr_2O_3)$，由高到低从弱碱性向中性变化，其他物理和使用性质也有一定差别。

4.4.2.1　铬镁砖

烧结铬镁砖的生产有一次烧成法和预合成尖晶石再烧成法。一次烧成多是以烧结镁砂和精选的铬矿颗粒共同构成颗粒料，而在细粉中只用镁砂细粉与粒状料共同组成配料，或在细粉中也加部分精选的铬矿细粉共同组成配料，然后加入结合剂制成泥料，再经成型和烧成制成普通铬镁砖。预合成尖晶石再烧成铬镁砖，通常是以轻烧的氧化镁和精选铬矿为原料，按含 MgO 量较镁铬尖晶石的化学计量过量的配合料，经高压成球或成块，在 1 850℃以上煅烧或经电熔制成合成镁铬尖晶石，经破粉碎和粒度分级，并以此作为各级颗粒料，合理级配，再配以粒度小于 83μm 甚至更细的轻烧氧化镁或烧结镁砂与铬矿细粉，共同组成供制砖的混合料，然后加入有机结合剂制成泥料，在 150～200MPa 下成型和高温烧成。由于镁铬尖晶石烧结比镁铝尖晶石烧结性差，此种制品一般在弱氧化焰下经 1 720～1 800℃烧成，保温时间长短依达烧结而定。此制品称预合成铬镁砖或熔融再结合铬镁砖。也可制成不烧铬镁砖。

同镁铬砖相比，该制品含 MgO 量较低，含 Cr_2O_3 量较高，一般 $w(MgO)=25\%\sim55\%$，$w(Cr_2O_3)$为 18%～30%。主要由方镁石和镁铬尖晶石构成，晶粒间多呈直接结合，硅酸盐相很少。方镁石与铬矿颗粒接触处有微裂纹。气孔率约 15%左右；常温和高温强度都很高，常温耐压强度可达 60～70MPa，1 400℃下热态抗折强度达 8.6MPa 左右，荷重软化温度可达 1 670～1 690℃。此种制品的线胀系数虽较高，20～1 400℃下为 $12.7\times10^{-6}\sim13.2\times10^{-6}℃^{-1}$，但由于显微结构的特点，抗热震性还较好，1 300℃至水冷达 8～11 次。但熔融制品的抗热震性较其他直接结合制品低。通常抗熔渣侵蚀的性能较镁铝尖晶石制品强。

这种制品特别是预合成和熔融再结合制品可有效地使用于有色金属冶炼炉，如用于铜镍转炉内衬热应力最大部位，耐用性很高。也可用于钢液真空处理装置的内衬和玻璃熔窑蓄热室格子体中。

4.4.2.2　铬砖

铬砖主要以铬矿为原料制成，其主要组成为铬尖晶石[(Fe，Mg)O(Cr，Fe，Al)O_3]。

铬砖可用铬矿直接制成。将铬矿制成颗粒和细粉，与一定量含镁材料和结合剂混合，经成型、干燥后，在 1 550℃下烧成制品。因为铬矿中 FeO 和 Fe_2O_3 较多，并常夹有以蛇纹石等镁的硅酸盐为主的脉石，将铬矿晶粒包围，而且在高温下还与复合尖晶石中的铁化合物形成低熔物，故对制品的耐火性能有严重影响。为了使脉石转化为镁橄榄石，生产时要加入 10%～25%的镁砂。

这种材料组分变动很大，其中 $w(Cr_2O_3)=30\%\sim35\%$，甚至更高，$w(SiO_2)=5\%\sim9\%$，$w(Fe_2O_3)=12\%\sim15\%$，$w(Al_2O_3)=22\%\sim26\%$，$w(MgO)=15\%\sim25\%$；制品的气孔率 20%～25%；体积密度 2.8～3.1g/cm^3；常温耐压强度 30～60MPa；荷重软化温度大于1 500℃；属中性耐火材料，与酸性或碱性耐火材料的作用都较弱；主要用于碱性与酸性耐火材料的隔离层，或作为有色金属冶炼炉的炉衬。但不宜用于直接与铁液接触和气氛性质变化频繁的部位。

几种尖晶石制品的主要性能见表 4-6。

表 4-6 几种尖晶石制品的化学组成及主要性能

项　目	镁铝尖晶石砖 A	镁铝尖晶石砖 B	镁铬尖晶石砖	铬　砖
化学组分的质量分数/%				
SiO_2	0.3	0.3	3.0～5.0	5～9
Al_2O_3	19.5	19.0	9.5～21.0	22～26
Fe_2O_3	0.1	0.1	9.5～11.5	12～15
Cr_2O_3	—	—	23.0～28.0	30～35
MgO	79.0	78.6	38.0～40.0	15～25
耐火度/℃	>1 920	>1 920	—	>1 850
气孔率/%	15.2	16.9	20～24	20～25
体积密度/(g/cm^3)	3.00	2.96	2.93～3.09	2.8～3.1
耐压强度/MPa	68.6	42.2	27.6	29.4～58.8
荷重软化温度/℃	>1 700	>1 700	—	>1 500
线膨胀率(1 000℃)/%	1.0	1.0	−0.3～−0.7 (1 600×2h 残余)	—
热态抗折强度(1 400℃)/MPa	2	4.4	—	
抗热震性(1 000℃至空冷)	15	15	30	—

第 5 章

碳复合耐火材料

碳复合耐火材料是指以耐火原料和碳素材料为主要成分原料，并添加适量结合剂及其他添加剂而制成的材料。鳞片状石墨在所有已知的可利用碳资源中尺寸最大、抗氧化性最强，因此是碳复合耐火材料的重要组成部分。

20 世纪 80 年代以前，焦油结合砖和烧成油浸砖是国内外转炉用的主要耐火材料。这类耐火材料中的碳由焦油或沥青碳化而成，属无定形碳。由于其含量不高，主要起填充气孔的作用，因此不能大幅度提高耐火材料的使用性能。随着顶吹转炉(包括顶底复吹转炉)、超高功率电炉、炉外精炼、连续铸造及铁水预处理等工艺的出现，原有的耐火材料的某些性能已不能满足要求。这些设备和技术除了要求耐火材料具有足够的强度外，还要求具有良好的抗渣性及抗热震稳定性。为了提高耐火材料的抗渣性，就要提高其体积密度，降低气孔率，但随着气孔率的下降和体积密度的提高，耐火制品的抗热震稳定性却下降了。因此，传统的耐火材料难以满足上述要求。由于石墨很难被熔渣浸润，具有良好的导热性和韧性，把石墨引入到耐火材料中，能提高耐火材料的抗渣性和抗热震稳定性，使上述要求得以实现。

5.1　碳复合耐火材料的分类及其特性

5.1.1　碳复合耐火材料的分类

(1) 按原料组成来分，碳复合耐火材料主要有镁碳质、镁钙碳质和铝碳质三类。

(2) 按结合方式来分，碳复合耐火材料主要有陶瓷结合制品和碳结合制品。

典型的陶瓷结合制品有烧成油浸砖、黏土或高铝石墨制品等。其结构特点是通过高温烧成在耐火材料之间形成某种陶瓷结合，碳素材料填充在耐火材料颗粒之间或者气孔内。虽然烧成铝碳滑板及浸入式水口等耐火制品中也存在一些结合碳膜，但其主要结合方式为陶瓷结合，仍属于陶瓷结合型碳复合耐火材料。

碳结合耐火制品一般为不烧耐火材料，其生产工艺一般是先将结合剂和粗颗粒混合均匀，使结合剂在粗颗粒表面形成一层薄膜，然后加入耐火材料细粉及石墨，混合均匀后成型、热处理后，作为结合剂的树脂固化形成一个固化树脂框架把耐火材料组分和石墨结合起来。制品经碳化后，树脂框架被碳化而成为碳框架。碳框架的连续性及强度对制品的性质有很大影响。对耐火材料及石墨的浸润性能好且残碳高的结合剂，会形成完整性好、强度高的碳框架。这种把耐火材料及石墨颗粒结合起来的碳被称为结合碳，以区别于作为材料主要成分的石墨碳。

理想的碳结合耐火材料的显微结构如图 5-1 所示。结合碳在颗粒周围形成一层结合碳膜，此膜构成一空间碳网络将颗粒结合起来，石墨和陶瓷细粉位于粗颗粒之间。结合剂对耐火材料及石墨的润湿性愈好，结合碳框架的连续性愈好，渗入耐火材料及石墨基质中的框架分支愈多，耐火材料的强度也愈高。为了得到合理的显微结构，应对耐火材料及石墨的粒度有一定要求，这一点和一般的耐火材料生产没有原则性的差别。但是，由于石墨呈片状结构，有较强的取向性，在成型过程中会沿垂直压制方向取向，甚至造成层裂。

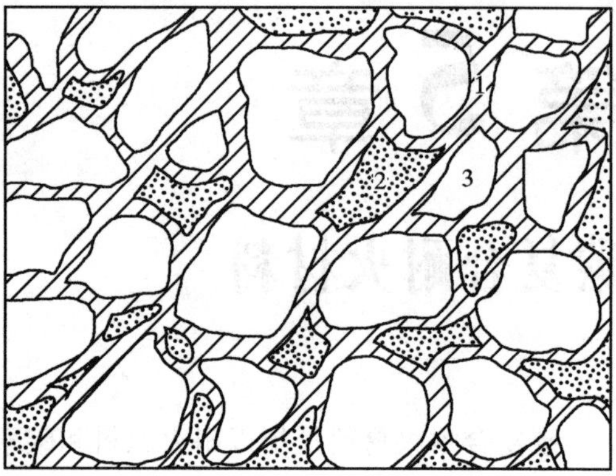

图 5-1　碳复合耐火材料结构示意图

1—结合碳；2—石墨粉料；3—颗粒料

(3) 按热处理程度的不同，碳复合耐火材料分为不烧制品和烧成制品两种。

不烧碳结合砖包括 MgO-C 砖、MgO-CaO-C 砖、Al_2O_3-SiC-C 砖、MgO-Al_2O_3-C 砖等。这类砖的特点是使用固定碳的质量分数大于 95% 的鳞片状石墨为原料。烧成制品包括连铸用的铝碳质中间包滑板、长水口、浸入式水口、铝锆碳滑板、锆碳质浸入式水口渣线套等。

(4) 不定形碳复合耐火材料。不定形碳复合耐火材料主要是指含碳可浇注耐火材料。由于不定形耐火材料生产工艺简单和生产成本低等优点，近年来碳复合不定形耐火材料也得到了很大的发展。

5.1.2　碳复合耐火材料的特性

根据碳复合耐火材料的原料组成及结构特点，碳复合耐火材料具有如下特点。

(1) 耐火度高。由于碳复合耐火材料由高熔点的氧化物(或碳化物)与碳组成，且氧化物与碳之间一般没有共熔关系，因此碳复合耐火材料的耐火度普遍较高。

(2) 高温强度好。由于碳复合耐火材料的耐火度高且颗粒间存在着牢固的碳结合网络，因此碳复合耐火材料的高温强度很高。

(3) 抗渣蚀性能好。由于耐火制品中碳对熔渣的润湿较大，不易被熔渣所浸润，因此碳复合耐火材料具有良好的抗渣性。

(4) 抗热震性好。由于石墨的热导率小(1 000℃时为 229W/(m·℃))，线胀系数低(0～1 000℃时为 $1.4\times10^{-6}\sim1.5\times10^{-6}$℃$^{-1}$)以及弹性模量较小($E=88.2$GPa)，碳复合耐火材料具有良好的抗热震性能。

(5) 抗蠕变性能好。由于耐火材料颗粒间以及颗粒与石墨间存在着牢固的碳结合网络，不易产生滑移，因此碳复合耐火材料具有良好的高温抗蠕变性能。

碳在高温条件下与氧接触时容易发生氧化反应而损失，常常导致耐火材料组织结构恶化。因此，为提高其抗氧化性，常加入 Al，Si，Mg 及其合金、碳化物或氮化物等各种添加剂，使碳复合耐火材料成为多组分的复杂体系。对含碳耐火浇注料，由于石墨不易被水润湿，它在浇注料中的分散性很差，最终导致耐火制品的气孔率增大和强度下降，使含碳浇注料的应用受到限制。

5.2 碳复合耐火制品的生产

碳复合耐火材料的生产工艺，根据原料组成和烧成程度的不同而异。本节主要介绍镁碳、镁钙碳、铝碳等体系耐火材料的生产工艺。

5.2.1 镁碳砖

镁碳砖是以镁砂和石墨为主要原料制成的耐火制品。

镁碳砖是日本于 20 世纪 70 年代初发展起来的一种耐火制品。最初使用于超高功率电炉热点部位，从而延长了电炉寿命。自 70 年代末，日本又将镁碳砖应用到转炉各部位，与以前用焦油浸渍烧成镁白云石砖砌筑相比，转炉寿命提高约 1 倍以上。我国于 70 年代末研究开发出镁碳砖，首先在电炉热点部位推广使用，并获得良好效果。自 80 年代初开始逐步在转炉上推广使用，与以前的炉衬材质相比，转炉寿命提高 1 倍以上。

镁碳砖属不烧制品，所用的主要原料有镁砂、石墨、结合剂、添加物。其生产工艺因结合剂种类不同稍有差异，如图 5-2 和图 5-3 所示，但一般包括原料准备、配料、混练、成型、热处理等主要工序。

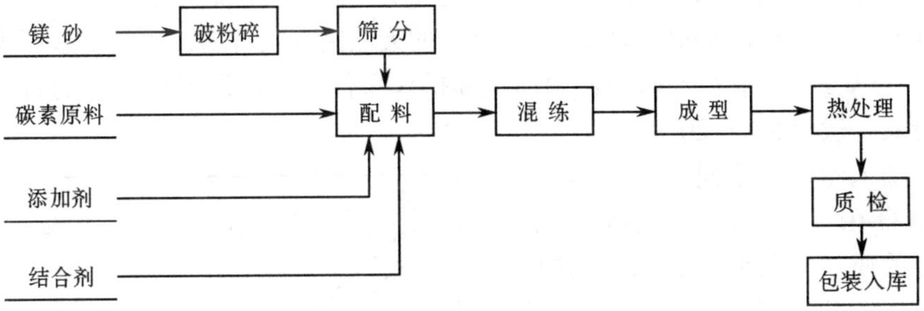

图 5-2 树脂结合镁碳砖生产工艺流程

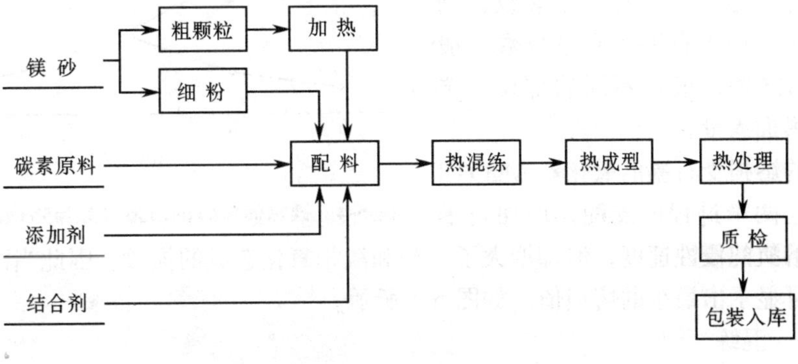

图 5-3 沥青结合镁碳砖生产工艺流程

5.2.1.1　原料

生产镁碳砖的镁砂一般采用含 MgO 量高的电熔镁砂或烧结镁砂，通常要求 MgO 的质量分数为 95%～99%，$m(CaO)/m(SiO_2)>2$，结晶大的镁砂。生产时依使用条件，可选用不同品级的电熔镁砂或烧结镁砂，或在烧结镁砂中配入一定量的电熔镁砂。

(1) 镁砂。大颗粒镁砂的绝对膨胀量比小颗粒大，加之镁砂膨胀系数比石墨大得多，在镁碳砖中镁砂大颗粒/石墨界面比镁砂小颗粒/石墨界面产生的应力大，因而将产生较大的裂纹。而镁碳砖中镁砂临界粒度尺寸小时，会具有缓解热应力的作用。从制品性能方面考虑，临界粒度变小，制品的开口气孔下降，气孔孔径变小，有利于制品抗氧化性的提高，同时物料间的内摩擦力增大，成型困难，造成密度下降。

因此，在生产镁碳砖时，要概括地确定镁砂的临界粒度是非常困难的。通常需要根据镁碳砖的特定使用条件来确定镁砂的临界粒度尺寸。一般而言，在温度梯度大、热冲击激烈的部位使用的镁碳砖需选择较小的临界粒度；要求耐蚀性高的部位，则选择较大的临界粒度尺寸。例如风眼砖、转炉耳轴、渣线用镁碳砖，镁砂的临界粒度选用 1mm，而一般转炉、电炉用镁碳砖的临界粒度选用 3mm；另外转炉不同部位的镁碳砖，由于使用条件的不同，临界粒度尺寸也有所区别。

此外，为使镁碳砖中颗粒与基质部分线膨胀能保持整体均匀性，并有利于基质部分氧化后结构保持一定的完整性，基质部分需配入一定数量的镁砂细粉。若配入的镁砂细粉太细，则会加快 MgO 的还原速度，从而加快镁碳砖的损毁。小于 10μm 的镁砂易与石墨反应，所以在生产镁碳砖时最好不配入这种太细的镁砂。一般而言，镁碳砖中不大于 74μm 的镁砂与石墨的质量比应小于 0.5，而超过 1 时，则会使基质部分的气孔率急剧增大。

(2) 石墨。一般选用结晶发育完整、纯度高的天然鳞片状石墨，通常要求石墨中含碳的质量分数为 92%～99%，生产时随使用部位和操作条件不同选用不同品级的石墨。加入石墨的质量分数一般为 8%～20%。

石墨的加入量应与不同砖种及不同的使用部位结合在一起考虑。一般情况下，若加入石墨的质量分数小于 10%，则制品中难以形成连续的碳网，不能有效地发挥碳的优势；加入石墨的质量分数大于 20%，生产时成型困难，易产生裂纹，制品易氧化，所以加入石墨的质量分数一般在 8%～20% 之间，根据不同的部位，选择不同的石墨加入量。

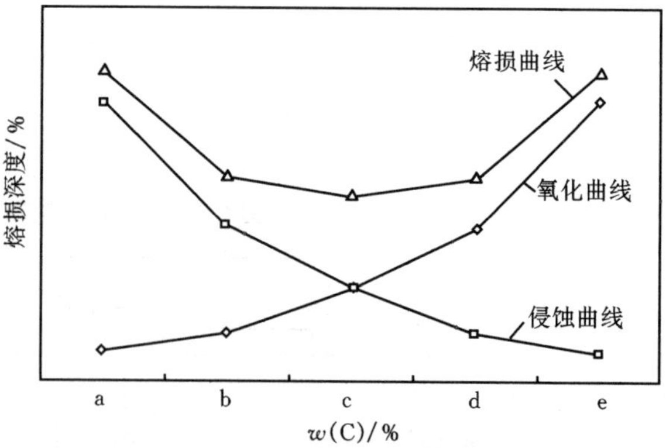

图 5-4　镁碳砖中碳的质量分数与熔损深度的关系

镁碳砖的熔损受石墨的氧化和 MgO 向熔渣中溶解这两个过程的支配，增加石墨量虽能减轻熔渣的侵蚀速度，但却增大了气相和液相氧化造成的损毁。因此当两者平衡时的石墨加入量可显示出最小的熔损值。如图 5-4 所示。

5.2.1.2　混练

混练设备常常选用行星式混砂机或高速混砂机。为了保证混练的均匀性，需将结合剂(酚醛树脂)预热至35～45℃。混练时投料顺序为镁砂骨料、结合剂、石墨、细粉和添加物。视不同的混练设备，混练时间略有差异。若在行星式混练机中混练，首先将粗、中颗粒混合 3～5min，然后加入树脂混碾 3～5min，再加入石墨，混碾 4～5min，最后加入镁砂粉及添加剂的混合粉，混合 3～5min，并使总的混合时间在 20～30min 左右。若混合时间太长，则易使镁砂周围的石墨与细粉脱落，且泥料因结合剂中的溶剂大量挥发而发干；反之，若太短，则混合料不均匀，且可塑性差，不利于成型。理想的泥料模型如图 5-5 所示。

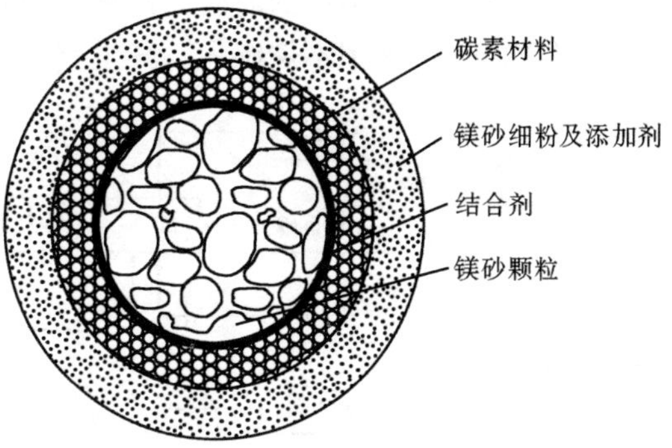

图 5-5　MgO-C 泥料的理想混练结果

5.2.1.3　成型

成型是提高填充密度，使制品组织结构致密化的重要途径，因此需要高压成型，同时严格按照先轻后重、多次加压的操作规程进行压制，由于镁碳砖的膨胀，模具需要缩尺(一般为 1%)。

生产镁碳砖时，常用砖坯密度来控制成型工艺，一般压力机的吨位越大，砖坯的密度越高，同时混合料所需的结合剂越少(否则因颗粒间距离的缩短，液膜变薄使结合剂局部集中，造成制品结构不均匀，影响制品的性能，并产生弹性后效而造成砖坯开裂)。一般镁碳砖砖坯的体积密度应控制在 2.9g/cm^3 左右，再根据砖的尺寸选择不同的成型设备。成型设备应根据实际生产的制品尺寸加以选择，一般情况下其选择规则如表 5-1 所示。

表 5-1　制品受压面积与压砖机吨位的一般对应关系

加压面积/(mm×mm)	115×230	300×160	400×200	600×200	700×200	900×200
摩擦机吨位/t	300	400	600	800	1 000	1 500
液压机吨位/t	600	800	1 200	1 600	2 000	3 000

5.2.1.4　热处理制度

酚醛树脂结合的镁碳砖，可在 150～200℃下进行热处理，树脂可直接(热固性树脂)或间接(热塑性树脂)地硬化，使制品具有较高的强度，一般处理时间为 24～32h，相应的升温制度如表 5-2 所示。

表 5-2　镁碳砖硬化处理升温制度

硬化处理升温制度	结合剂状态	处理措施
50～60℃	树脂软化	保　温
100～110℃	溶剂大量挥发	保　温
200 或 250℃	结合剂缩合硬化	保　温

5.2.2　镁钙碳砖

镁钙碳砖是以氧化镁、氧化钙和碳为主要成分而生产的耐火制品。

随着碳复合碱性耐火材料的发展，从 20 世纪 80 年代开始出现了各种镁钙碳砖的研究和使用。由于氧化钙具有优异的热力学稳定性和良好的精炼效果，特别是有利于钢水去除磷硫，其应用正得以不断扩大，可以用作转炉、电炉、炉外钢包精炼炉的炉衬。随着日益增长的高温冶炼和洁净钢生产的需要，镁钙碳砖的应用将会得到进一步提高。

镁钙碳砖亦多属于不烧制品，其生产工艺如图 5-6 所示。

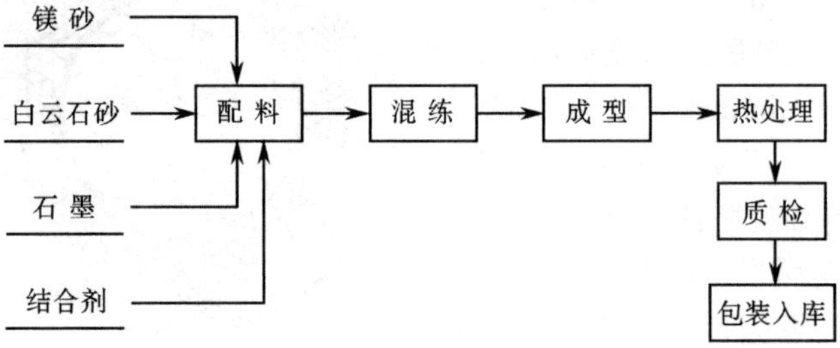

图 5-6 镁钙碳砖的生产工艺流程

5.2.2.1 原料

生产镁钙碳砖的主要原料包括烧结镁砂(或电熔镁砂)、白云石和鳞片状石墨等。由于氧化钙抗水化性差，白云石砂要采用粗颗粒，镁砂采用细颗粒。

在生产镁钙碳砖配料中，不宜加入 Al 粉和 Si 粉。因为加入 Al 粉和 Si 粉虽可以提高制品的抗氧化性，但同时提高了熔损速度，降低了使用寿命。

结合剂可以采用煤沥青系结合剂，也可以采用石油重质油系高碳结合剂，或采用经过特殊改性处理的无水酚醛树脂作结合剂。当采用煤沥青系和石油重质油系高碳结合剂时，通常需要在热态下混练和成型。

5.2.2.2 混练与成型

当采用特殊改性处理的酚醛树脂作结合剂时，可采用和酚醛树脂结合的镁碳砖相同的生产工艺，即在常温下混练成型。为了制得高体积密度的砖坯，需要采用高压力成型。在高成型压力下的砖坯密实过程中，颗粒(尤其是粗颗粒)可能被破碎，产生许多没有被结合剂膜包裹的新生表面，这些新生表面在通常的大气环境下极易水化，因此不能存放。为了克服此缺点，可采用焦油结合白云石砖和镁砖生产中的某些方法：其一是对砖坯进行热处理，使沥青重新分布，从而使断裂的白云石颗粒表面重新得到沥青膜的较好包裹覆盖；其二是采用低压振动成型方法。因为成型压力相当低，白云石颗粒没有破碎的危险，全部可以被沥青膜包覆，从而提高了其抗水化能力。

为了防止制品在储存和运输过程中发生水化，经 150～250℃ 硬化处理的镁钙碳砖一般采用密封包装。

对于高碱度渣、高 TFe 含量(Fe_2O_3 质量分数 30%)和低碱度渣、高 TFe 含量的条件下，熔损量比镁碳砖大。这是因为 CaO 与铁的氧化物反应生成低熔点化合物，还因炉渣中铁的氧化物使砖中石墨氧化脱碳。但是，对于低碱度低氧化铁含量的炉渣，镁钙碳砖中的 CaO 与炉渣中的 SiO_2 反应，使炉渣的碱度提高，形成硅酸二钙高熔点反应层，抑制了炉渣的渗透和石墨的氧化，使得镁钙碳砖在这种使用条件下，抗熔损性优于镁碳砖。日本川崎钢铁公司千叶厂 85t 顶底复吹转炉在冶炼不锈钢时，长时间处于高温和低碱度的使用条件下，炉衬用镁白云砖和镁碳砖因剥落等原因侵蚀严重，因此开发了不烧镁钙碳砖。其侵蚀率比镁白云石砖降低了 20%～40%，比石墨含量相同的不烧镁碳砖降低了 5%。表 5-3 示出了镁钙碳砖与镁白云石砖、镁碳砖的性能比较，其中镁钙碳砖的使用效果较好。日本黑崎窑业公司开发的镁钙碳砖不仅耐蚀性和抗氧化性能好，而且能在衬砖表面形成很好的挂渣层，起到保护衬砖的作用。因此在炉外精炼装置上使用，其耐用性是镁碳砖的 2 倍。

表 5-3　　镁钙碳砖与镁白云石砖、镁碳砖的性能比较

砖　种	镁白云石砖	镁碳砖	镁钙碳砖				
	A	B	C	D	E	F	G
化学组分的质量分数/%							
MgO	90.4	88.3	73.5	68.6	73.6	74.3	68.5
CaO	8.3	1.0	15.5	20.3	15.4	14.8	15.5
C	—	10.3	10.3	10.3	10.3	10.4	15.3
显气孔率/%	13.0	1.7	5.8	4.0	5.7	5.7	4.9
体积密度/(g/cm^3)	13.0	2.98	2.86	2.89	2.88	2.89	2.86
常温耐压强度/MPa							
常　温	19.42	21.58	8.93	9.03	8.83	8.83	7.06
1 400℃	3.63	3.92	5.40	5.30	5.30	5.49	4.41

5.2.3　铝碳质耐火材料

铝碳质耐火材料是指以刚玉(或高铝矾土、莫来石)和碳素为主要原料，加入碳化硅、金属硅等抗氧化添加剂等，用沥青或树脂一类有机结合剂黏结而成的碳复合耐火材料。广义地讲，以氧化铝和碳素为主要成分的耐火材料就称为铝碳质耐火材料。

铝碳质耐火材料产生的背景，是随着冶金技术的进步，特别是连续铸钢技术和铁水预处理技术的发展，人们要求耐火材料具有良好的抗侵蚀和抗热震稳定性，使得高铝原料和碳素原料复合的铝碳质耐火材料得到迅速发展。目前，铝碳制品以其良好的性能广泛用作连铸滑板、长水口、浸入式水口、整体塞棒，铁水预处理容器(如鱼雷罐车和铁水罐等)的内衬等。另外，用于现代高炉出铁沟的耐火材料(简称铁沟料)也是以 Al_2O_3 为主要原料，添加 SiC 和 C 制成的 Al_2O_3-SiC-C 不定形耐火材料。虽然铁沟料品种众多，有捣打料、可塑料、浇注料、振动料等，结合方式除沥青或树脂结合之外，还有化学结合、水泥和黏土结合等，但亦属于铝碳质耐火材料的范畴。

按生产工艺来分，可将铝碳质耐火材料分为两大类：不烧铝碳质耐火材料和烧成铝碳质耐火材料。

不烧铝碳质耐火材料(简称铝碳砖)属于碳结合材料。由于其抗氧化性明显优于镁碳砖，抗 Na_2O 系渣侵蚀的性能优良，因此在铁水预处理设备中得到了广泛的应用。烧成铝碳质耐火材料(简称烧成铝碳砖)属于陶瓷结合型，或者说属于陶瓷-碳复合结合型。它大量用作连铸用滑动水口滑板，长水口、浸入式水口及上下水口砖、整体塞棒等。烧成铝碳砖以其高强度、高抗侵蚀性能及高的抗热震稳定性，成为长寿型的铸锭用耐火材料。

烧成铝碳砖(如铝碳质滑板)的生产工艺如图 5-7 所示。其生产工艺要点是：在氧化铝原料(如烧结刚玉、电熔刚玉或烧结刚玉及合成莫来石料)中掺入碳素原料，并添加硅粉、SiC 粉、铝粉等少量其他原料，以酚醛树脂或沥青为结合剂，经配料、混合、等静压成型(或机压成型)，在还原气氛中 1 300℃左右烧成，再经热处理和油浸及机械加工而成。

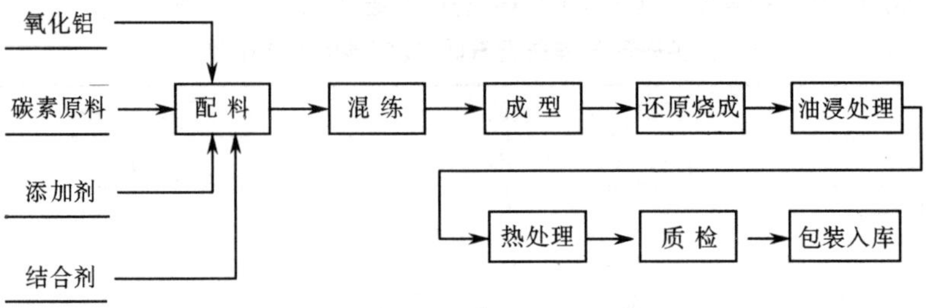

图 5-7 铝碳砖生产工艺流程图

在铝碳砖的制造过程中，越来越多地采用高纯原料，如 Al_2O_3 的质量分数大于 98%～99.5%的烧成刚玉或电熔刚玉，Al_2O_3 的质量分数在 70%～76%的合成莫来石，或硅线石、红柱石，也有的采用优质矾土熟料。另外，为了改善成型性能和促进烧结，有时加入少量黏土，所以滑板中一般含有一定数量的 SiO_2。刚玉抗渣蚀性能好，它的膨胀系数明显高于莫来石，而一定数量的莫来石的存在有利于提高滑板的抗热震稳定性。随着 SiO_2 质量分数的增加，滑板的抗侵蚀性有可能下降。西欧各国和日本的滑板中一般含质量分数为 5%～12%的 SiO_2，合成莫来石的质量分数最多不超过 30%。国内烧成铝碳滑板中多数含 SiO_2 量较低，有的几乎不含 SiO_2。

碳素原料的种类没有特别限制，如鳞片石墨、人造石墨、石油沥青焦、冶金焦、无烟煤、木炭、炭黑等。多数情况下采用纯度较高的鳞片石墨(固定碳的质量分数大于 91%)，并认为，鳞片石墨的抗氧化性强，成型性好。但非晶质炭素容易与添加剂 Si 粉反应，有利于改善制品的显微结构，提高其抗蚀性能和力学性能。因此采用两种或多种碳素原料效果更好。

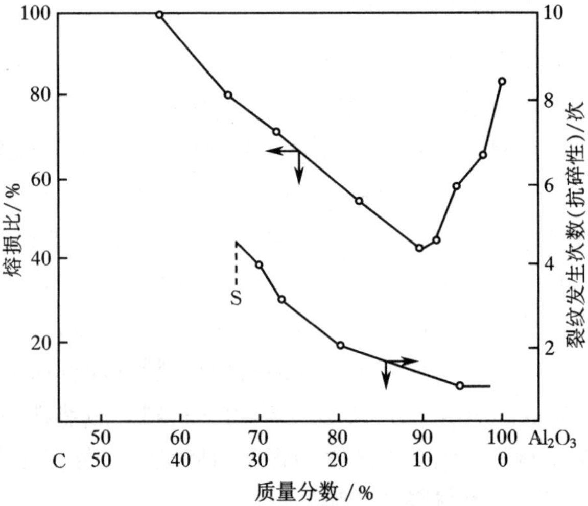

图 5-8 铝碳砖中碳含量对耐渣蚀和耐剥落性的影响

S 为无热裂纹

碳素原料的加入量对滑板抗侵蚀性和抗热震稳定性有重大影响如图 5-8 所示。碳的质量分数在 10%左右时，抗侵蚀性最佳。而随着含碳量的增加，抗热震性明显改善。从抗侵蚀和抗热震性两方面考虑，多数滑板碳的质量分数应控制在 10%左右。滑板中总碳的质量分数波动在 7%～15%。

为了进一步提高铝碳制品的抗热震性，通常将铝碳砖改性，即用锆莫来石代替莫来石原料，最终获得铝锆碳耐火材料。尽管通过增加铝碳砖中碳的质量分数也可以提高制品的抗热震性，但随着碳的质量分数的增加，制品的抗氧化性能降低，因此通过增加碳的质量分数的方法提高热震性是不可取的。

5.2.4 铝镁碳砖

铝镁碳砖是以特级高铝矾土熟料或刚玉砂、镁砂和鳞片状石墨为主要原料制成的耐火材料。镁铝碳砖除了具有耐蚀性和耐剥落性的优点外，还由于受热生成尖晶石而显示出较高的残余线收缩率，因此是一种最新发展的碳复合耐火材料。典型铝镁碳砖的理化性能指标如表 5-4 所示。

表 5-4　不同成分的铝镁碳砖的理化性能

	化学组分的质量分数/%				体积密度 /(g/cm³)	显气孔率 /%	常温耐压强度 /MPa	线膨胀率 (1000℃)/%
	Al_2O_3	MgO	SiO_2	C				
砖 A	76	7	2	10	3.15	4.2	82.6	0.81
砖 B	78	7	4	5	3.05	7.5	101.5	0.84

以特级高铝矾土熟料为原料，因其含有一定比例的 SiO_2 和其他杂质，并且结构不致密，抗炉渣侵蚀性差。为提高其抗渣性，可用电熔或烧结刚玉代替部分特级高铝矾土熟料。为提高制品的抗氧化性和高温强度，加入少量金属粉，但这会使抗热震性有所降低。

铝镁碳砖主要用作使用条件苛刻的盛钢桶内衬等。

5.3　高温条件下耐火材料内部的碳-氧反应

碳复合耐火材料在高温使用条件下，各组分之间发生着复杂的化学反应。这些反应的发生，对耐火材料的结构和性能将产生重要的影响。如碳-氧反应的发生，一方面可能使耐火材料内部的碳氧化损失而使耐火材料的抗热震性和抗渣蚀性降低；另一方面，也可能促进耐火材料的显微结构得以改善，并在表面形成致密层，提高耐火材料的抗蚀性。由于碳-氧反应是高温条件下耐火材料内部反应的基础，并对耐火材料的使用寿命有重要影响，因此对碳-氧反应的研究意义重大。

5.3.1　碳-氧反应热力学

高温条件下，碳的主要氧化反应为

$$\text{(a)}\quad C(gr) + \frac{1}{2}O_2 = CO(g),\qquad \Delta G^{\ominus} = -117\,989 - 84.4T \quad (kJ/mol) \tag{5-1}$$

$$\text{(b)}\quad C(gr) + O_2 = CO_2(g),\qquad \Delta G^{\ominus} = -396\,455 - 0.084T \quad (kJ/mol) \tag{5-2}$$

$$\text{(c)}\quad CO(g) + \frac{1}{2}O_2 = CO_2(g),\qquad \Delta G^{\ominus} = -278\,466 - 84.5T \quad (kJ/mol) \tag{5-3}$$

$$\text{(d)}\quad C(gr) + CO_2 = 2CO(g),\qquad \Delta G^{\ominus} = -160\,477 - 168.8T \quad (kJ/mol) \tag{5-4}$$

式中　C(gr)——石墨碳。

根据热力学平衡原理，当化学反应平衡时，有

$$\Delta G^{\ominus} = -RT\ln K_p \tag{5-5}$$

式中　R——气体常数；

T——热力学温度，K；

K_p——等压平衡常数，是一个仅与热力学温度有关的常数。

根据式(5-1)～(5-5)可计算得到在各温度下反应的平衡常数，结果如表 5-5 所示。

表 5-5 **碳-氧反应的平衡常数 $\lg K_p$**

温度/K	$C(s)+1/2O_2=CO(g)$	$C(s)+O_2=CO_2(g)$	$CO(g)+1/2O_2(g)=CO_2(g)$	$C(s)+CO_2(g)=2CO(g)$
600	14.322	34.404	20.081 5	−5.759
700	12.950 5	29.505	16.555	−3.604
800	11.918	25.829	13.911 5	−1.994
900	11.111 5	22.969	11.857 5	−0.746
1 000	10.463	20.679	10.216	0.247
1 100	9.929 5	18.804	8.875	1.055
1 200	9.483	17.242	7.759	1.724
1 300	9.102 5	15.919	6.816	2.287
1 400	8.775	14.784	6.009	2.766
1 500	8.489	13.800	5.311	3.178
1 600	8.237 5	12.939	4.701	3.536
1 700	8.014	12.178	4.164	3.850
1 800	7.814	11.502	3.687 5	4.127
1 900	7.634 5	10.896	3.262	4.372
2 000	7.471 5	10.351	2.879 5	4.592

根据平衡常数的定义以及固体纯碳的活度 $[a_C]=1$，各反应的平衡常数为

$$K_{p(a)}=\frac{p_{CO}}{[a_C][p_{O_2}]^{1/2}}=\frac{p_{CO}}{[p_{O_2}]^{1/2}} \tag{5-6}$$

$$K_{p(b)}=\frac{p_{CO_2}}{[a_C][p_{O_2}]}=\frac{p_{CO_2}}{p_{O_2}} \tag{5-7}$$

$$K_{p(c)}=\frac{p_{CO_2}}{[p_{CO}][p_{O_2}]^{1/2}}=\frac{p_{CO_2}}{p_{CO}p_{O_2}^{1/2}} \tag{5-8}$$

$$K_{p(d)}=\frac{[p_{CO}]^2}{[a_C][p_{CO_2}]}=\frac{p_{CO}^2}{p_{CO_2}} \tag{5-9}$$

对式(5-6)两边取对数，得

$$\lg K_{p(a)}=\lg p_{CO}-\frac{1}{2}\lg p_{O_2}$$

整理得

$$\lg p_{CO}=\frac{1}{2}\lg p_{O_2}+\lg K_{p(a)} \tag{5-10}$$

同理，由式(5-7)～(5-9)可得

$$\lg p_{CO_2}=\lg p_{O_2}+\lg K_{p(b)} \tag{5-11}$$

$$\lg p_{CO_2}=\frac{1}{2}\lg p_{O_2}+\lg p_{CO}+\lg K_{p(c)} \tag{5-12}$$

$$\lg p_{CO}=\frac{1}{2}\lg p_{CO_2}+\frac{1}{2}\lg K_{p(d)} \tag{5-13}$$

在这个 C-O 体系中，有两种元素和四种物质，根据吉布斯定律可知，其独立反应数为

$R=4-2=2$。

故由(a)～(d)反应中的任何两个反应都可描述 C-O 体系的反应。取反应(a)和(b)，根据式(5-10)和(5-11)，当温度为 1 600K 时，有

$$\lg p_{CO}=\frac{1}{2}\lg p_{O_2}+8.2375 \tag{5-14}$$

$$\lg p_{CO_2}=\lg p_{O_2}+12.939 \tag{5-15}$$

根据式(5-14)和(5-15)，计算不同 $\lg p_{O_2}$所对应的 $\lg p_{CO}$和 $\lg p_{CO_2}$，其结果如表 5-6 所示。

表 5-6　1 600K 下不同 $\lg p_{O_2}$所对应的 $\lg p_{CO}$和 $\lg p_{CO_2}$

$\lg p_{O_2}$	−24	−20	−16.475	−16	−12
$\lg p_{CO}$	−3.762 5	−1.762 5	0	0.237 5	2.237 5
$\lg p_{CO_2}$	−11.061	−7.061	−3.536	−3.061	0.939 0

根据表 5-6 的计算结果，可以绘出图 5-9 所示 CO 和 CO_2 分压与 O_2 分压的对应关系。随着 p_{O_2} 的增加，p_{CO}和 p_{CO_2} 均增加。当 $\lg p_{CO}=0$($p_{CO}=0.1$MPa)时，$\lg p_{CO_2}=-3.536$，$\lg p_{O_2}=-16.475$，即 $p_{CO}\gg p_{CO_2}\gg p_{O_2}$。这说明当温度为 1 600K 时，在碳过剩的条件下，碳氧体系的气相中主要是 CO。根据不同温度下气相组成的计算结果可知(见图 5-10)，在低温条件下，碳氧体系的气相主要是 CO_2，当温度达 1 000℃以上时，则主要是 CO。碳复合耐火材料在使用过程中，其内部总有过剩的碳存在，因此，可以认为，在高温条件下，碳复合耐火材料内部的气相主要是 CO。当对碳复合耐火材料在高温条件下进行热力学分析时，可以近似认为 $p_{CO}\approx 0.1$MPa。

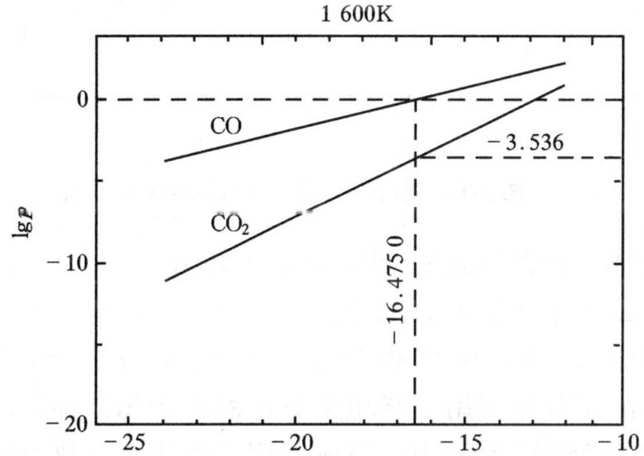

图 5-9　1 600K 下 C-O 体系中 CO 和 CO_2 与 O_2 平衡分压的关系

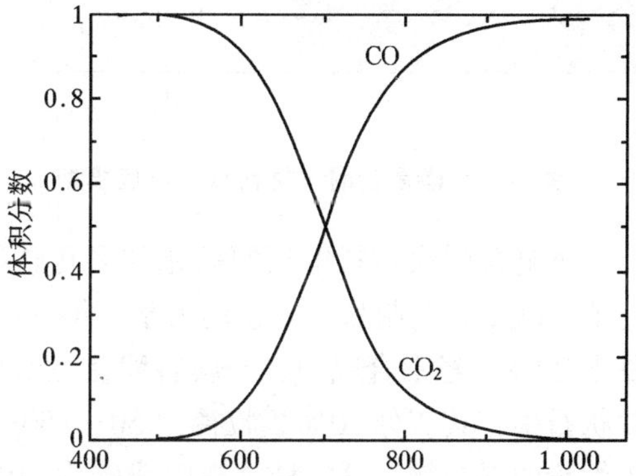

图 5-10　C-O 体系中气相组成

5.3.2　碳复合耐火材料中碳氧反应动力学

通过对碳-氧反应的动力学研究，一般认为，多相氧化反应在表面活性位上，即氧化活性中心上进行。常见的活性中心有空位、位错，其他结构缺陷及端点原子等。因此，氧化反应的速率主要取决于碳材料的结构。然而在碳复合耐火材料中，碳的氧化要比纯碳氧化复杂得多。在碳复合耐火材料中，除了易被氧化的碳以外，还有不被氧化的氧化物及气孔。碳复

合耐火材料的氧化过程模型如图 5-11 所示。由图可见，耐火材料右边部分已被氧化成为脱碳区。在脱碳区内，碳已被氧化，所形成的孔隙和原气孔构成许多扩散通道(图中用虚线示出一条)。在这种情况下，碳氧化过程可描述为：氧气穿过试样表面的边界层，通过扩散通道进入砖内，到达气-固界面，并在界面和碳进行反应，反应产物通过扩散通道扩散出去。Wicke 给出多孔碳材料氧化过程的 Arrhenius 图，如图 5-12 所示。由图可见，反应过程随温度的变化可分为三个阶段：在低温阶段，气-固界面反应速率很慢，相当于图 5-12 中第Ⅰ段。在这种情况下，由于扩散速度大于反应速度，在气孔通道内几乎不存在氧浓度梯度，因此，试样内的氧化反应是均匀的。这种情况发生在氧化的初期，此时并未形成明显的脱碳带。随反应温度的升高，气-固反应速度加快，变得与扩散速度相当，直至超过扩散速度。在这种情况下，整个过程由通过气孔的扩散所控制，相当于图 5-12 中第Ⅱ段。这种现象发生在氧化进行到一定程度，已形成脱碳层的情况下。如果温度再进一步提高，界面反应速度和扩散速度变得足够大，则反应变为由反应物和产物通过多孔体外表面的边界层的扩散所控制，相当于图 5-12 中第Ⅲ段。

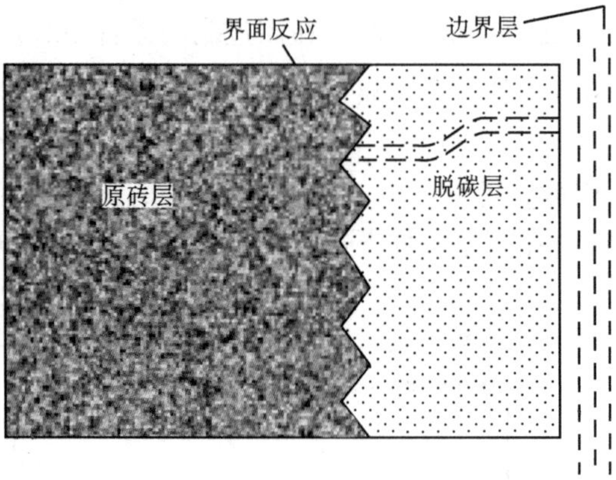

图 5-11　碳复合耐火材料氧化反应模型

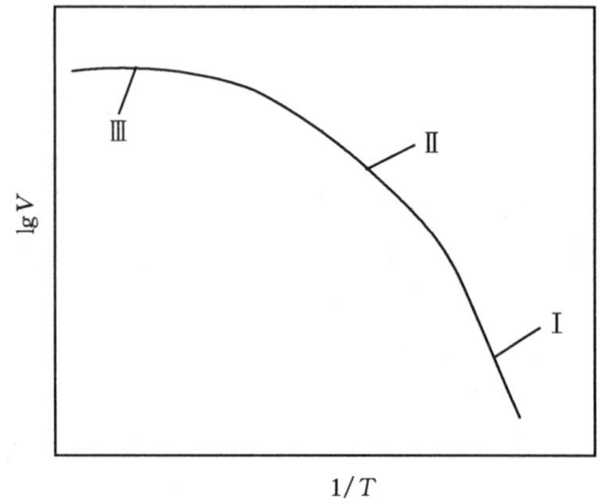

图 5-12　多孔碳材料氧化的 Arrhenius 图

碳复合耐火材料中碳的氧化和多孔碳材料中碳的氧化的情形相似。Özgen 和 Rand 曾研究了 Al_2O_3-石墨制品的氧化动力学。第一种试样组分的质量分数为 $Al_2O_3$50%，石墨 30%和黏土 20%，经混合成型、干燥后埋在焦炭中于 1 400℃保温 3h 烧成。试样中的石墨采用鳞片状石墨，其灰分 10%，粒径为 50～150μm；氧化铝采用 75%电熔氧化铝和 25%活性氧化铝细粉的混合物。第二种试样以残碳为 60%的沥青为结合剂，其配料组分的质量分数为细磨沥青 10%，石墨细粉 34%，Al_2O_3 56%，经混合后在室温下成型，在 1 400℃惰性气氛中碳化。第三种试样为树脂结合试样，其制造过程为先把 Al_2O_3 和石墨成型，再将之放在酸化聚糠醇中进行真空浸渍处理，然后在 85℃下聚合 20h，再进一步在 1 400℃下处理 20h，最后在 1 400℃的惰性气氛下碳化，所得试样的最终组分的质量分数为 $Al_2O_3$60%，石墨 36%及树脂碳 4%。上述各试样的性能如表 5-7 所示。在等温氧化试验以前，先在圆柱形试样的两端或侧面涂上一层易熔玻璃，在还原气氛下重新加热到 1 100℃，使其形成保护层，以造成只从端头或者只从侧面氧化的条件。然后在 700～1 200℃的温度范围内，将试样在空气中进行等温氧化，测定不同时间的氧化率。

表 5-7　Al_2O_3-石墨试样的性能与动力学参数

试　样	石墨粒度与质量分数/%	体积密度/(g/cm^3)	总气孔率/%	气孔率(孔径小于 1μm)/%	气孔率(孔径大于 1μm)/%
黏土结合(熔融 Al_2O_3 + 活性 Al_2O_3，成形压力 83.36MPa)	细 10	2.64	0.22	0.05	0.17
	细 30	2.41	0.19	0.08	0.11
	细 50	2.15	0.19	0.12	0.07
	粗 10	2.61	0.21	0.03	0.18
	粗 30	2.38	0.20	0.07	0.13
沥青结合	细 35	2.12	0.28	0.05～0.20	0.08～0.23
树脂结合	细 36	2.53	0.16	0.10	0.06
黏土结合(成形压力 14.8MPa)					
熔融 Al_2O_3	细 30	2.55	0.16	0.06	0.10
活性 Al_2O_3	细 30	2.32	0.20	0.20	0.00
熔融 Al_2O_3 + 活性 Al_2O_3	细 30	2.19	0.26	0.06	0.20

试　样	碳的总容积分数 θ_g	脱碳层的气孔率 ε/%	$K/(\times 10^5 cm^2/s)$	径向表观有效扩散系数/(cm^2/s)	径向有效扩散系数/(cm^2/s)
黏土结合(熔融 Al_2O_3 + 活性 Al_2O_3，成形压力 83.36MPa)	0.12	0.33	3.20	0.150	0.20
	0.33	0.49	2.25	0.280	0.40
	0.49	0.63	2.25	0.420	0.58
	0.12	0.32	2.95	0.135	0.20
	0.33	0.49	2.10	0.260	0.36
沥青结合	0.40	0.66	2.70	0.420	0.60
树脂结合	0.44	0.58	2.00	0.350	0.50
黏土结合(成形压力 14.8MPa)					
熔融 Al_2O_3	0.35	0.48	2.25	0.300	0.43
活性 Al_2O_3	0.32	0.49	1.73	0.210	—
熔融 Al_2O_3 + 活性 Al_2O_3	0.30	0.53	3.10	0.350	0.48

图 5-13 给出黏土结合氧化铝-石墨(质量分数为 30%)试样的氧分率 α 和时间的关系。由图可见，在高温(高于 950℃)下，各温度下的 α-t 曲线非常接近，而与低温(753℃)下的曲线相差甚远。这说明两者为不同机理所控制，前者为扩散所控制，后者为界面反应速率所控制。图 5-14 给出未经氧化的试样 A、经 700℃ 氧化后(氧化率 $\alpha = 70\%$)的试样 B 及经 1 000℃ 氧化后(氧化率 $\alpha = 70\%$)的试样 C 的横断面图。由图可以看出，尽管 B、C 两试样的氧化率相同，但在试样 B 的整个横断面上，氧化程度均匀，说明气孔内沿径向方向的氧浓度梯度极小，氧化反应由界面反应速度控制，横断面上没有明显的脱碳区。在试样 C 的横断面上，则存在明显的脱碳区，说明在径向有较大的氧浓度梯度，氧化反应由扩散控制。

图 5-15 给出各种不同组成、不同结合剂的端头封闭试样的 Arrhenius 图。此图和 Wicke 所提出的多孔碳材料的 Arrhenius 图相似，只是第Ⅱ阶段不甚明显。由图可见，在高温阶段，曲线平坦，活化能小，是扩散控制的特征。在低温阶段，曲线斜率大，活化能高，是化学反应控制的特征。

在扩散控制区域(高于 950℃)内，上述反应可以用多孔体内反应速率方程表示为

$$f(\alpha) = 2K\frac{1}{F}\left(\frac{A}{V}\right)^2 t \tag{5-16}$$

式中　$f(\alpha)$——氧化率 α 的函数；

K——反应速率常数；

F——几何因子；

A——材料的外表面积；

V——材料容积。

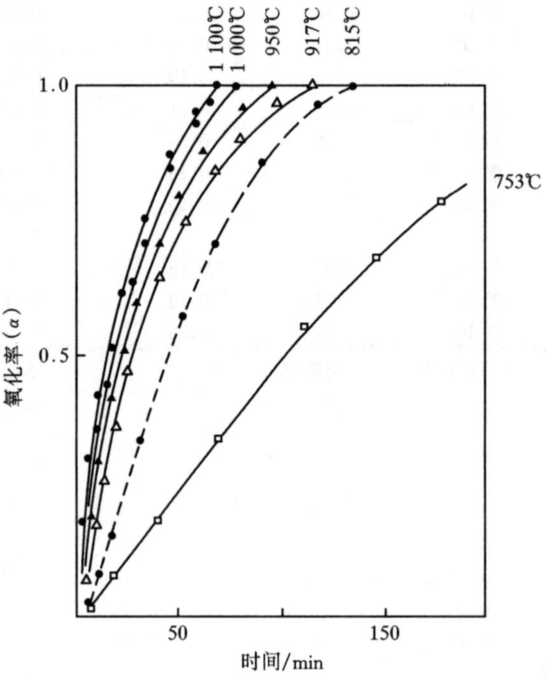

图 5-13 端头封闭的黏土结合 Al_2O_3-C 试样中石墨的氧化率和反应温度与时间的关系

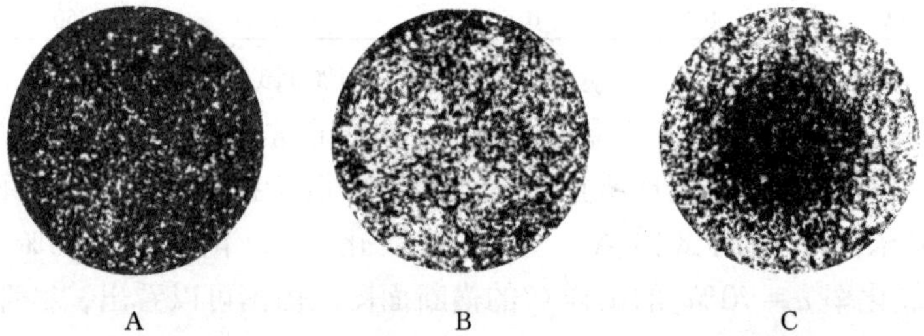

图 5-14 端头封闭的黏土结合 Al_2O_3-C 试样在空气中等温氧化后的横断面图

对于一个单面反应，厚度为 x_0 的无限平板，有 $F=1$，$(A/V)=x_0^2$ 和 $f(\alpha)=\alpha^2$。对于一个半径为 r_0 的长圆柱体，有 $F=2$，$(A/V)^2=4r_0^{-2}$ 和 $f(\alpha)=\alpha+(1-\alpha)\lg(1-\alpha)$。若把侧面封闭的情况看成无限大平板，则有

$$\alpha^2=\frac{8K}{x_0^2}t=K_1t \tag{5-17}$$

若把两端头封闭的情况看成圆柱体，则有

$$\alpha+(1-\alpha)\ln\ (1-\alpha)=\frac{4K}{r_0^2}=K_2t \tag{5-18}$$

反应速率常数可表示为

$$K=\frac{2D_eC_{O_2}}{\theta_g\rho_m} \tag{5-19}$$

式中　D_e——氧在氮气中通过脱碳层气孔的有效扩散系数；

C_{O_2}——试样外部氧气的浓度；

θ_g——石墨在材料中的容积分数；

ρ_m——石墨相的理论密度。

根据试验结果所得到的某些数据亦列于表5-7中。

应该指出，上述诸方程是在下述假定的基础上建立的，即认为在含碳层和脱碳层之间边界平面上石墨消耗的摩尔速率等于通过脱碳气孔到达边界层平面的氧扩散流速率，同时还假定石墨氧化的气体产物全部为CO。由于这些假定和实际情况有一定差别，因此会给计算结果带来一定误差。但可以应用这些方程来定性地分析影响反应动力学的因素。

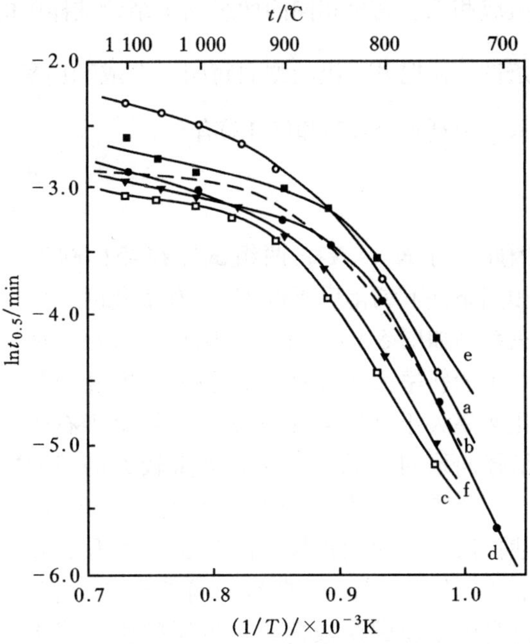

图5-15　Al_2O_3-C试样的Arrhenius图

黏土结合：a—10%细石墨；b—30%细石墨；c—30%粗石墨；d—50%细石墨，碳结合；e—36%粗石墨，沥青结合；f—35%石墨，树脂结合

碳复合耐火材料的显微结构对氧化反应动力学有很大影响。作为扩散通道的脱碳层内的气孔是由原砖的气孔和碳被氧化掉以后所形成的孔隙构成。脱碳层内的气孔率、气孔形状、孔径分布及气孔取向等对气体扩散有很大的影响，因此，原砖中石墨的多少、分布情况等作用是显而易见的。由式(5-19)可以看出，反应速率常数 K 和有效扩散系数 D_e 成正比。有效扩散系数可表示为

$$D_e=\frac{D}{\tau}\varepsilon \tag{5-20}$$

式中　ε——气孔率；

τ——气孔结构的曲折度，通常取为气孔率的倒数，则式(5-20)可写成

$$D_e=D\varepsilon^2 \tag{5-21}$$

脱碳层中气孔率应为原砖气孔率 ε_0 与结合碳及石墨烧尽后所构成的气孔率之和。由结合碳所形成的气孔率等于结合碳的容积分率 θ_c。由于石墨中含有少量灰分，它造成的气孔率应等于其容积分率乘以其含碳率。同时，由于鳞片状石墨易取向配置，因而还应乘以取向系数 φ，即由石墨烧尽后形成的气孔率为 $\varphi f\theta_g$，则总气孔率为

$$\varepsilon=\varepsilon_0+\theta_c+\varphi f\theta_g \tag{5-22}$$

式中取向系数 φ 是垂直于扩散流方向上石墨的面积分数和它在砖中容积分数之比。

同样，式(5-19)可改写为

$$K=\frac{2C_{O_2}D_e}{\rho_m(\varphi\theta_g+\theta_c)} \tag{5-23}$$

石墨颗粒的取向性会导致氧化反应的各向异性，下面的试验结果充分说明了这一点。把

组成和工艺完全相同的两组黏土结合试样中的一组的端头用易熔玻璃封闭，造成径向氧化的条件，而把另一组的侧面封闭，造成轴向氧化的条件。同时，使试样尺寸符合 $\frac{2r_0^2}{x_0^2}=1$ 的关系。根据式(5-17)和(5-18)有

$$\frac{K_1}{K_2}=\frac{2r_0^2}{x_0^2} \tag{5-24}$$

因此，有 $K_1=K_2$，两组试样在经1 000℃相同条件下氧化后所得 $F(\alpha)$和氧化时间的关系，如图 5-16 所示。由图可以看出，曲线Ⅰ的斜率大于曲线Ⅱ的斜率，即径向氧化速率大于轴向氧化速率。这是由于石墨沿径向取向的结果，在石墨量较大的情况下，会造成垂直压制方向上的连通气孔，使扩散速率大大加快。由图 5-16 可见，在氧化初期，$F(\alpha)$-t 曲线不符合直线方程，这是由于脱碳层较薄，边界层的影响很大所致。

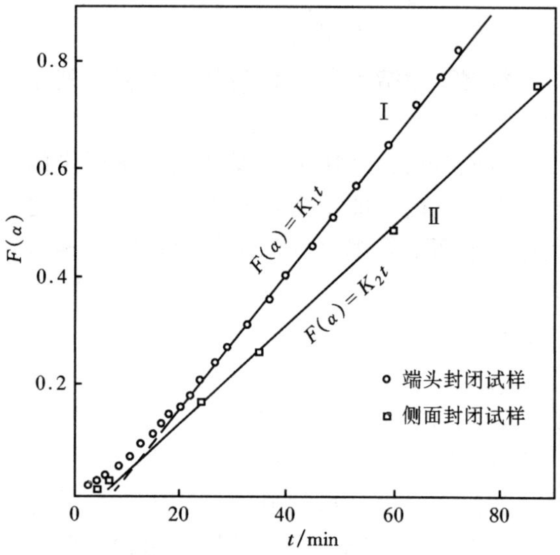

图 5-16　石墨取向对氧化反应动力学的影响

由表 5-7 可以看出，石墨的质量分数为10%的试样的 K 最大，反应最快。含质量分数为 30%和 50%的石墨试样的 K 变化不大，但径向有效扩散系数和径向表观有效扩散系数(假定石墨的容积分数和反应界面上石墨的面积分数相等时所得到的径向扩散系数)随含石墨量的升高而增大。它反映了含碳区和脱碳区界面上碳面积的分数对反应的影响，此分数愈小，反应界面移动得愈快。式(5-19)可以用来讨论含碳量对氧化速率的影响。含碳量的增加，一方面增大了脱碳层的气孔率，使有效扩散系数 D_e 增大，起到增大 K 的作用；另一方面增大了 θ_g 和 ρ_m，K 减小。对于质量分数为 10%的石墨的试样，θ_g 和 ρ_m 的影响较大。当石墨的质量分数大于 30%之后，脱碳层内的气孔率已足够大，进一步增加石墨量及提高气孔率对反应的影响就不明显了。

至此，讨论了扩散控制反应的情况，即在高温下氧化反应的动力学。事实上，即使在低温下，扩散的影响也是不可忽略的。

韦远、刘玉成和董履仁曾研究了镁碳砖在 O_2 及 CO_2 气氛中，在 1 100～1 500℃的范围内的脱碳动力学。他们首先假定氧化反应由反应物在气相及脱碳层内的扩散控制。建立了一个双相传质的模型，并计算出其有效扩散系数 D_e，同时计算了反应物在脱碳层内的单相传质有效扩散系数 D_c。图 5-17 示出了 D_c/D_e 和脱碳反应时间的关系。由图可以看出，当氧化反应进行大约 5min 后，$D_c/D_e\approx1$，即只有在开始脱碳的很短时间内气相扩散才参与对氧化反应的控制，一旦脱碳层形成，则氧化反应主要由脱碳层内的扩散控制。因此，脱碳层的气孔率及气孔曲折度对脱碳层内的扩散有决定性的影响。此外，他们还提出，抗氧化添加剂除了具有优先氧化的特性外，还具有被氧化后体积膨胀的特点，从而降低了脱碳层的透气性，减弱了对石墨的氧化。另外，在耐火材料中碳氧化的同时，如果气相组分在耐火材料表面被

氧化而沉积下来并形成氧化物致密层，则石墨的氧化将进一步减弱。

碳的形态和结构是影响氧化的另一个重要因素。通常，无定形碳比石墨易氧化，有晶格缺陷的石墨比晶格完整的石墨易氧化。另外，石墨中的杂质对其抗氧化性也有显著影响。研究中发现有些石墨材料在一定的气氛下氧化时，石墨内部的氧化比其表面严重。这种现象被称为“逆氧化现象”。其原因在于石墨中的杂质对石墨氧化的催化作用。例如，Morgan 等人研究了 $V(CO_2)/V(CO)$ 在 80∶20～94∶6 的范围内，温度在 875～1 025℃之间石墨的逆氧化过程中，铁氧化物、钙氧化物对石墨氧化有显著的催化作用。催化作用的强弱与其价态有关，高价铁的催化活性最小，FeO 次之，单质铁的催化活性最高。在 800℃时，单质铁可使 C-CO_2 反应速率增加 5 个数量级。铁氧化物对碳氧化的催化机理的反应式为

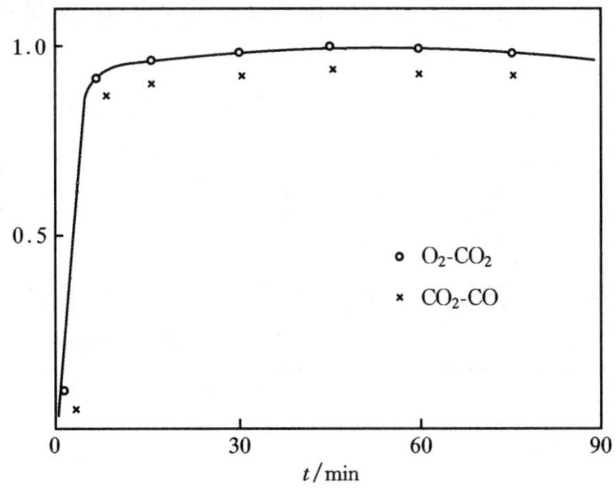

图 5-17　单相传质扩散系数 D_c 与双向传质系数 D_e 比和氧化时间的关系

$$FeO + CO \rightarrow Fe + CO_2 \tag{5-25}$$

$$Fe + C \rightarrow FeC \tag{5-26}$$

$$FeC + CO_2 \rightarrow Fe + 2CO \tag{5-27}$$

某些元素，如 S，Cl 或 P 与铁共存时可以起到阻碍铁还原的作用，从而降低其催化活性。相反，Li_2O 的存在大大促进了 FeO 的还原，提高了其催化活性。钡盐的存在促进了 Fe_3C 的生成，它是CO_2-C 反应的催化剂。

钙化合物也是 CO_2-C 反应的催化剂。$CaCO_3$ 是最常见的杂质，其催化机理为

$$CaCO_3 \rightarrow CaO + CO_2 \tag{5-28}$$

$$CaO + C \rightarrow Ca + CO \tag{5-29}$$

$$Ca + CO_2 \rightarrow CaO + CO \tag{5-30}$$

有时，微量杂质的存在会对石墨的氧化产生显著的催化作用。图 5-18 示出两种高纯石墨的氧化速率与温度的关系。由图可以看出，两者的氧化速率有较大差别，但它们所含杂质的差别仅在 10^{-6}级别上，如表 5-8 所示。

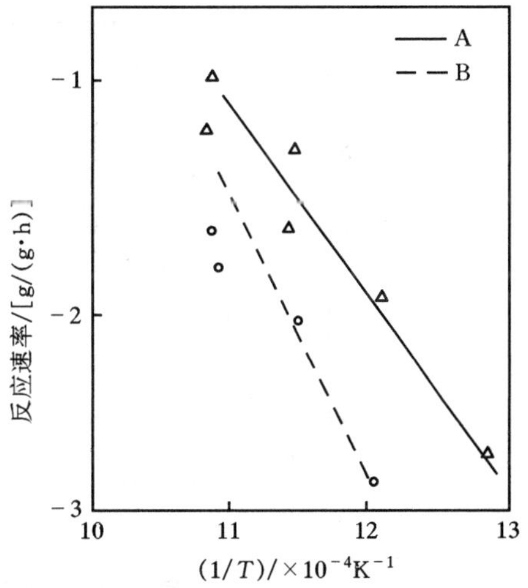

图 5-18　微量杂质对石墨氧化速度的影响

表 5-8　　图 5-18 中两种不同石墨中杂质的质量分数　　$\times10^{-6}$

试样	Cu	Cr	Ca	Co	Pb	Sn	Al	Fe	Mn	Ni	Ti	Zn	Mg	V	灰分
A	1.36	1.16	250	0.6	0.14	17.3	20	140	0.06	16.3	21.3	0.81	0.32	153	1 900
B	0.6	0.056	0.82	0.011	0.15	0.05	1.38	4.2	6.037	0.15	—	—	—	—	—

石墨制品的“逆氧化现象”可能在碳素制品表面未被明显破坏的情况下，在石墨制品的内部产生较大的氧化空洞。

石墨是碳复合耐火材料的重要组成部分。若灰分中的某些物质对氧化反应有促进作用，就会破坏石墨颗粒，引起碳复合耐火材料基质的结构变化。因此，在制造高级碳复合耐火材料而选择石墨时，除了注意含灰分量外，还应考虑灰分的组成及分布状况。

气氛是影响氧化速率的另一个重要因素。田畑˚/弘等人研究了水蒸气、O_2 和 CO_2 对四种镁碳砖试样氧化速率的影响，如表 5-9 所示。

表 5-9　气氛影响试验中耐火材料组成的质量分数　%

原　料	试样 A	试样 B	试样 C	试样 D
99%MgO	80	80	80	80
98%石墨	20	20	20	20
98%Al	—	3(外加)	—	—
50%Al-Mg	—	—	3(外加)	—
98%B_4C	—	—	—	3(外加)

注：外加为酚醛树脂结合剂。

四种试样在一定的气流中分别在 1 000，1 250 和 1 500℃下保温 2h 后测定脱碳层的厚度，所得结果如图 5-19 所示。由图可以看出，CO_2 对镁碳砖试样中碳的氧化能力最弱。由于氧气流量仅为水蒸气流量的 1/5，其脱碳层厚度为水蒸气氧化试样的 70%，可见氧气氧化时的反应速率要大得多。三种气氛的氧化顺序为 $O_2 \gg H_2O > CO_2$。韦远等人的工作也发现，在氧气作用下的脱碳速率为在 CO_2 作用下的脱碳速率的 2.5～3 倍。

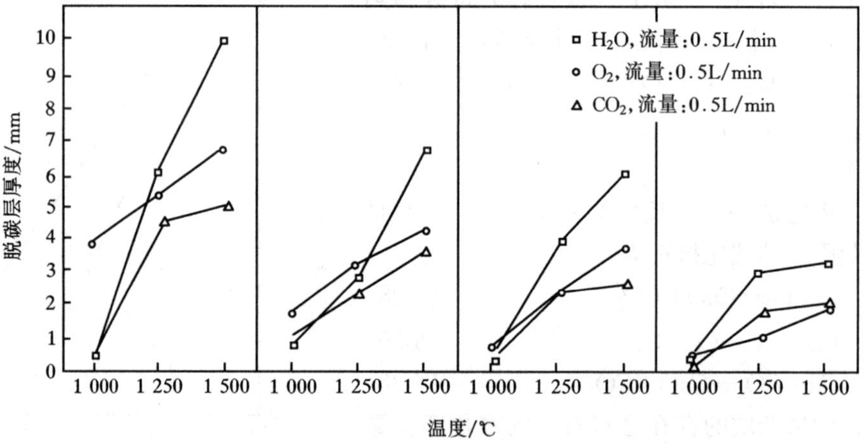

图 5-19　气氛与温度对镁碳试样氧化速率的影响

当碳在 CO_2 气氛中被氧化时，由于生成了 CO，所以实际气氛为 CO_2+CO。p_{CO_2}/p_{CO}，即 p_{CO_2} 对氧化速率有影响。图 5-20 给出一种镁碳砖试样(树脂结合，质量分数 15%，电熔镁砂为原料)在 CO_2+CO 气氛中，在 1 400℃下，从开始试验 5～20min 区间内的失重率和 p_{CO_2} 的关系，可见随着 p_{CO_2} 的增大，失碳率增大，$p_{CO_2}>0.02$MPa 后，两者呈直线关系。

氧化反应温度是影响氧化速率的一个重要因素。由图 5-18 可以看出，随着温度的升高，氧化速率加快。韦远等人发现，在纯氧气氛中某种镁碳砖试样氧化初期，脱碳率随温度升高而下降，如图5-21所示。在同一温度下，脱碳速率随时间的延长而下降。这种情况可能是由于随反应的进行，脱碳层厚度增大，扩散阻力增大，导致脱碳速率下降的缘故。

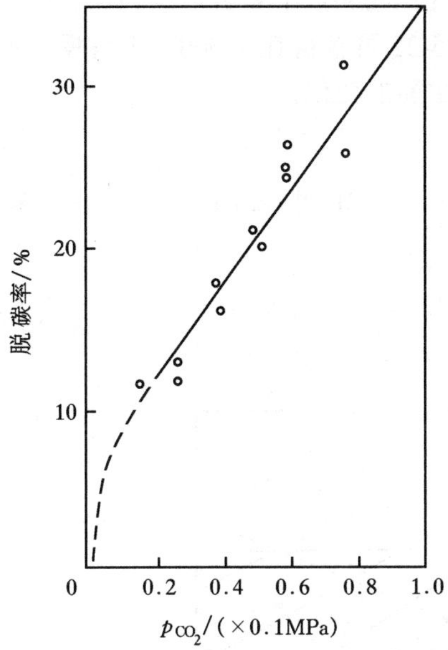

图5-20 镁碳砖在 CO_2+CO 气氛中的脱碳率与 p_{CO_2} 的关系

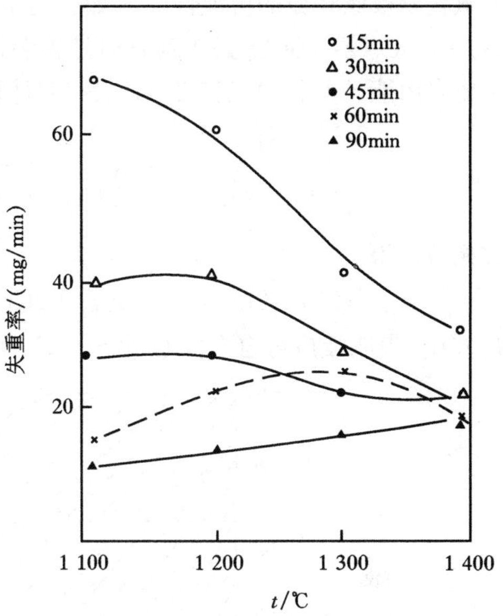

图5-21 镁碳砖试样脱碳速率与温度的关系

5.4 耐火材料内部及其与钢液和炉渣之间的反应

许多重要的碳复合耐火材料由碳(石墨和结合碳)与耐火氧化物(MgO，CaO，Al_2O_3，SiO_2等)或者硅酸盐构成。在高温下，这些物质与碳发生反应的可能性及其对制品结构及性能所产生的影响是人们所关心的问题。此外，碳复合耐火材料在使用过程中还要与炉渣接触，碳、耐火氧化物与炉渣及钢液之间的反应对耐火材料的使用寿命和钢液的质量都有极其重要的影响。

5.4.1 与碳共存时氧化物的稳定性

现需要研究的问题是在高温下氧化物被碳还原的可能性。根据热力学原理，一个反应进行的可能性可根据自由能的变化判断。反应自由能的变化为

$$\Delta G = \Delta G^{\ominus} + RT\ln K \tag{5-31}$$

式中 $\Delta G^{\ominus}$——反应标准自由能的变化，kJ/mol；

R——气体常数，8.314 3J/(K·mol)；

T——热力学温度，K；

K——平衡常数。

在平衡条件下，$\Delta G=0$，$\Delta G^{\ominus}=-RT\ln K$。若 $\Delta G<0$，反应正向进行；若 $\Delta G>0$，反应逆向进行。

在多数情况下利用反应标准自由能的变化 $\Delta G^{\ominus}$，足以判断反应进行的可能性和方向。

因此，根据耐火氧化物及 CO，CO_2 的标准生成自由能即可对碳存在的情况下氧化物的稳定性作出判断。图 5-22 给出了氧化物的标准生成自由能与温度的关系。据此可判断在不同温度下氧化物被碳还原的可能性。例如，为了判断 Cr_2O_3 在 1 300℃下是否被碳还原，即反应 $3C(s)+Cr_2O_3(s)=3CO(g)+2Cr(s)$ 是否会进行，从图 5-22 可查得在 1 300℃下各反应的标准生成自由能，并利用式(5-32)，(5-33)计算出反应自由能的变化：

$$2C+O_2(g)=2CO(g) \qquad \Delta G^{\ominus}=-497.9\text{kJ/mol} \tag{5-32}$$

$$\frac{4}{3}Cr(s)+O_2(g)=\frac{2}{3}Cr_2O_3(s) \qquad \Delta G^{\ominus}=-481.2\text{kJ/mol} \tag{5-33}$$

两式相减，得

$$3C+Cr_2O_3(s)=3CO(g)+2Cr(s) \qquad \Delta G^{\ominus}=-25.1\text{kJ/mol} \tag{5-34}$$

$\Delta G^{\ominus}<0$，表明反应可自左向右进行，即 Cr_2O_3 在 1 300℃下可以被还原。

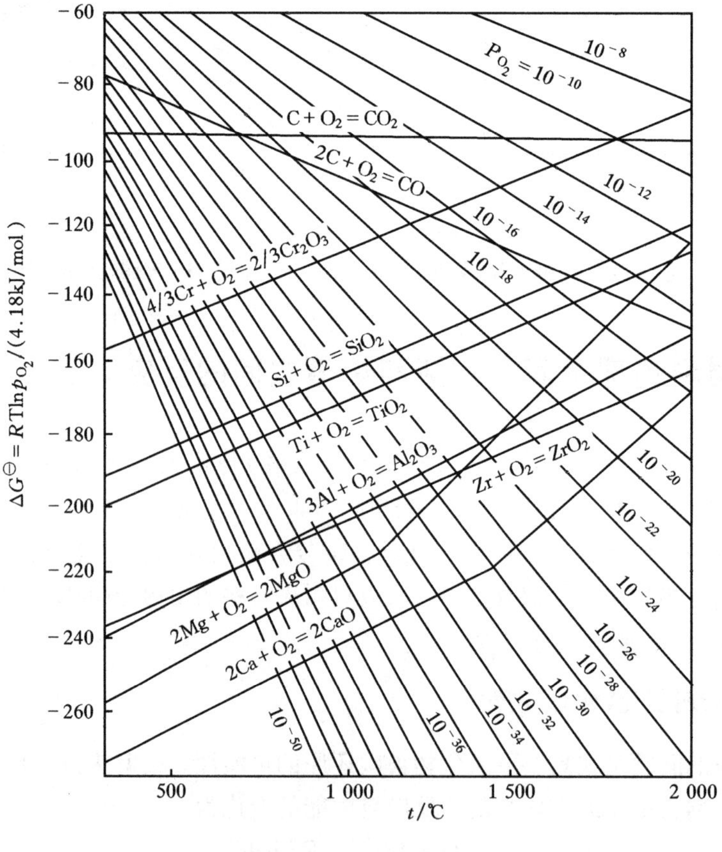

图 5-22　氧化物标准生成自由能与温度的关系

由以上计算可见，Cr_2O_3 被碳还原的反应自由能的变化等于 CO 标准生成自由能 $\Delta G^{\ominus}_{CO}$ 和 Cr_2O_3 标准生成自由能 $\Delta G^{\ominus}_{Cr_2O_3}$ 之差。当 $\Delta G^{\ominus}_{CO}<\Delta G^{\ominus}_{Cr_2O_3}$ 时，Cr_2O_3+C 反应的自由能变化为负值，反应能够进行；反之，反应则不能进行。由图 5-22 可见，当 $\Delta G^{\ominus}_{CO}$-t 曲线和 $\Delta G^{\ominus}_{Cr_2O_3}$-$t$ 曲线相交时，$\Delta G^{\ominus}_{CO}=\Delta G^{\ominus}_{Cr_2O_3}$，即反应达到平衡；当温度高于 1 220℃时，反应的自由能变化 $\Delta G^{\ominus}<0$，反应可以自左向右进行。当温度低于 1 220℃时，$\Delta G^{\ominus}>0$，上述反应不能进行，即 1 220℃为碳存在情况下稳定的临界温度。同理可得 MgO 的临界温度为

1 850℃，SiO_2 为 1 660℃，Al_2O_3 为 2 050℃，ZrO_2 为 2 140℃，CaO 为 2 150℃。此外，可以利用图 5-22 根据各氧化物的标准自由能来判断它们稳定性大小，如在 1 200℃下，CaO 最稳定，然后依次为 MgO，ZrO_2，Al_2O_3，SiO_2 和 Cr_2O_3。

应该指出，这里所讨论的问题是对封闭体系 $p_{CO}=0.1$MPa 而言的，如MgO被还原生成CO和 Mg(g)的反应的临界温度为 1 850℃是对 $p_{CO}=p_{Mg}=0.1$MPa 而言的，如 p_{Mg}改变，临界温度值也就改变了。

5.4.2　MgO-C，MgO-CaO-C 及 MgO-CaO-SiO_2 反应热力学

由于镁碳耐火材料的重要性，MgO-C 反应是研究得最多的反应。MgO-C 系中可能存在的三个主要反应为

(a) $2Mg(g)+O_2(g)=2MgO(s)$

$$\Delta G_{(a)}=\Delta G^{\ominus}_{(a)}+RT\ln K_p=-1\ 504\ 850+429.2T+4.183RT\ln\frac{1}{p^2_{Mg}p_{O_2}}\quad (kJ/mol) \tag{5-35}$$

(b) $2C(s)+O_2(g)=2CO(g)$

$$\Delta G_{(b)}=-223\ 372-175.27T+4.183RT\ln\frac{p^2_{CO}}{p_{O_2}}\quad (kJ/mol) \tag{5-36}$$

(c) $MgO(s)+C(s)=Mg(g)+CO(g)$

$$\Delta G_{(c)}=-640\ 739+302.2T+4.183RT\ln p_{Mg}p_{CO}\quad (kJ/mol) \tag{5-37}$$

达到平衡时，有 $\Delta G=0$。可计算出各温度下反应(a)～(c)的 $\Delta G^{\ominus}$和 p_{Mg}及 p_{CO}。所得结果如图 5-23 所示。根据此图可查出某一温度下平衡 Mg 蒸气压及 CO 蒸气压。如在炼钢温度(1 600℃)下，$p_{CO}\approx0.1$MPa 时，$p_{Mg}=0.02$MPa。

MgO-C系是一个三元素(C，Mg，O)五组分(C，CO，O_2，Mg，MgO)体系，体系的独立反应仅有(5－3)＝2 个。若取

$$2MgO(s)=2Mg(g)+O_2(g)\text{及}MgO(s)+C(s)=Mg(g)+CO(g)$$

为独立反应，当温度为 1 600℃时，有

$$p^2_{Mg}p_{O_2}=2.45\times10^{-20} \tag{5-38}$$

$$p_{Mg}p_{CO}=6.76\times10^{-3} \tag{5-39}$$

方程式(5-38)和(5-39)中含有三个未知数，必须再有一个方程才能解出。在封闭体系中，因碳过剩，氧压不可能大，与 p_{CO}及 p_{Mg}相比，可忽略不计，且反应体系中的 Mg 和 CO 都是通过反应 $MgO(s)+C(s)=Mg(g)+CO(g)$产生的，即

$$p_{Mg}=p_{CO} \tag{5-40}$$

解式(5-38)～(5-40)，可得 $p_{Mg}=p_{CO}=0.16\times10^{-3}$MPa，$p_{O_2}=3.67\times10^{-19}$MPa。

对于一个敞开体系，取 $2Mg(g)+O_2(g)=2MgO(s)$及 $2C(s)+O_2(g)=2CO(g)$为基本反应，可得

$$p_{CO}=0.1\text{MPa} \tag{5-41}$$

$$p_{O_2}/p^2_{CO}=1.78\times10^{-5} \tag{5-42}$$

$$p^2_{Mg}p_{O_2}=2.45\times10^{-20} \tag{5-43}$$

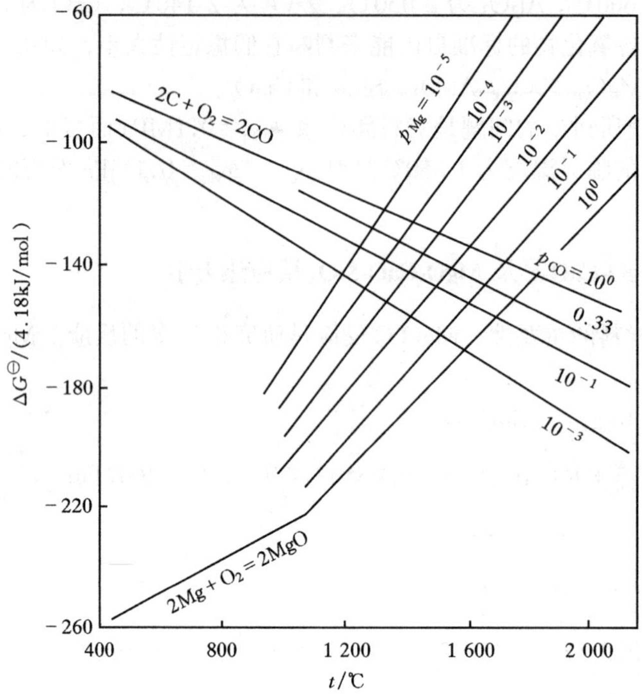

图 5-23　MgO-C 体系中反应的 $\Delta G^{\ominus}$ 与温度、p_{Mg} 及 p_{CO} 的关系

解方程式(5-41)～(5-43)可得在 1 600℃ 下，含碳层内各气体分压为：$p_{CO}=0.1$MPa，$p_{Mg}=6.6\times10^{-4}$MPa，$p_{O_2}=5.6\times10^{-17}$MPa。所得 p_{Mg} 与由图 5-23 所得结果相比，有数量级上的差异。

MgO-CaO-C 系是另一个重要的碳复合耐火材料体系。由于 CaO 对钢水的净化作用，其已愈来愈引起人们的重视。在本体系中应考虑的反应为

(d) $CaO(s)+C(s)=Ca(g)+CO(g)$　　$\Delta G^{\ominus}=668\ 025-275.5T$　(kJ/mol)　　(5-44)

(e) $MgO(s)+C(s)=Mg(g)+CO(g)$　　$\Delta G^{\ominus}=613\ 018-289.7T$　(kJ/mol)　　(5-45)

$$K_{(d)}=p_{Ca}p_{CO} \tag{5-46}$$

$$K_{(e)}=p_{Mg}p_{CO} \tag{5-47}$$

式(5-45)和(5-46)包含三个未知数，要求出 p_{Ca}，p_{Mg} 和 p_{CO}，尚需另一个方程式。由方程(5-45)及(5-46)可知，1mol C 和 1mol MgO 或者 CaO 生成 1mol CO 及 1mol Mg 蒸气或 Ca 蒸气。所以，体系中 CO 的分压 p_{CO} 应等于 Mg 蒸气压 p_{Mg} 和 Ca 蒸气压 p_{Ca} 之和，即

$$p_{CO}=p_{Mg}+p_{Ca} \tag{5-48}$$

解(5-46)～(5-48)方程式可得

$$p_{CO}=\sqrt{K_{(e)}+K_{(d)}} \tag{5-49}$$

$$p_{Mg}=\frac{K_{(e)}}{(K_{(e)}+K_{(d)})^{1/2}} \tag{5-50}$$

$$p_{Ca}=\frac{K_{(e)}}{(K_{(e)}+K_{(d)})^{1/2}} \tag{5-51}$$

根据式(5-49)～(5-51)，可计算出各温度下的 p_{Mg}，p_{Ca} 和 p_{CO}，所得结果如表 5-10 所

示。需要说明的是，在计算中认为白云石为 MgO 和 CaO 的混合物，它们的活度都为 1。此外，由于热力学数据来自不同的资料，不同处的计算数据可能稍有差异，但不影响结论。

表 5-10　高温下含碳白云石耐火材料中 Mg，Ca 和 CO 的平衡分压　×0.1MPa

温度/℃	p_{Mg}	p_{Ca}	p_{CO}	$\sum p$
1 500	3.448×10^{-2}	1.487×10^{-4}	3.463	6.926×10^{-2}
1 600	1.040×10^{-1}	5.499×10^{-4}	1.046×10^{-1}	2.092×10^{-1}
1 700	2.798×10^{-1}	1.820×10^{-3}	2.816×10^{-1}	5.632×10^{-1}
1 800	6.949×10^{-1}	5.184×10^{-3}	7.001×10^{-1}	1.400 2

在实际碱性耐火材料中，SiO_2 是常见的杂质。因此，有时考虑 SiO_2 的影响。

(f) $SiO_2(s,l)+C(s)=SiO(g)+CO(g)$　$\Delta G^{\ominus}=678\ 900-331.96T$　(kJ/mol)　(5-52)

(g) $MgO(s)+C(s)=Mg(g)+CO(g)$　$\Delta G^{\ominus}=613\ 018-289.67T$　(kJ/mol)　(5-53)

SiO_2 可以固体化合物的形式存在，也可存在于熔体中，其活度不等于 1。其被碳还原反应的平衡常数为

$$K_f=\frac{p_{SiO}p_{CO}}{a_{SiO_2}a_C} \tag{5-54}$$

式中　a_{SiO_2}，a_C—SiO_2 和 C 的活度，C 为固体纯物质，$a_C=1$，根据 Rein 和 Chipman 等人的研究结果，在 1 600℃下，MgO-CaO-SiO_2 系中取 $a_{SiO_2}=0.17$。

$$p_{SiO}p_{CO}=0.017K_f \tag{5-55}$$

同理，对 MgO-C 系有

$$p_{Mg}p_{CO}=K_g \tag{5-56}$$

MgO-C 和 SiO_2-C 反应是在同一体系中进行的，有

$$p_{CO}=p_{SiO}+p_{Mg} \tag{5-57}$$

联立方程式(5-55)～(5-57)，可得

$$p_{SiO}+p_{Mg}=(0.017K_f+K_g)/p_{CO} \tag{5-58}$$

$$p_{CO}=(0.017K_f+K_g)^{1/2} \tag{5-59}$$

由式(5-58)和(5-59)计算得到的各温度下的 SiO，Mg 和 CO 的分压如表 5-11 所示。由表可见，p_{SiO}比 p_{Mg}小 1～2 个数量级，碳主要是和 MgO 反应。此外，当温度高于1 600℃时，反应加快；达到1 760℃时，总压力达到 1.01×10^5Pa，此温度高于纯 MgO 时的温度。

表 5-11　CO，Mg，SiO 的平衡分压　×0.1MPa

温度/℃	SiO	Mg	CO	SiO+Mg+CO
1 400	0.000 2	0.009 8	0.010 0	0.020 0
1 500	0.001 1	0.033 7	0.034 8	0.069 6
1 600	0.004 1	0.102 0	0.106 1	0.212 2
1 700	0.013 6	0.275 5	0.289 2	0.578 3
1 760	0.026 6	0.476 9	0.503 3	1.006 8
1 800	0.040 7	0.677 3	0.716 5	1.434 5

应该指出，上述计算假设 SiO_2 的活度在所研究的温度范围内变化不大。同时，含 SiO_2 量不高，有大量纯 MgO 存在，可认为 $a_{MgO}=1$。

Carniglia 根据 Ca_2SiO_4 和 $CaSiO_3$ 的标准分解自由能，用有限差量法算出 SiO_2 的“校正生成自由能”，所得结果和某些化合物的标准生成自由能如图 5-24 所示。根据图 5-24 可方便地计算

出不同气体分压下反应进行的临界温度，结果如表5-12与表5-13所示。当反应温度高于此温度时，有 $\Delta G<0$，反应即可进行。实际上，在转炉中 $p_{CO}=p_{SiO}$ 的情况是难以出现的，比较接近实际的情况是 $p_{CO}=10p_{SiO}$，而 p_{CO} 接近 1.01×10^5Pa。由表5-12和表5-13可以看出，硅酸盐比游离 SiO_2 难被碳还原，也比MgO难被碳还原。游离 SiO_2 在砖中一般是不可能存在的。因此，在镁碳耐火材料中，即使有少量硅酸盐存在，被优先还原的仍是MgO。

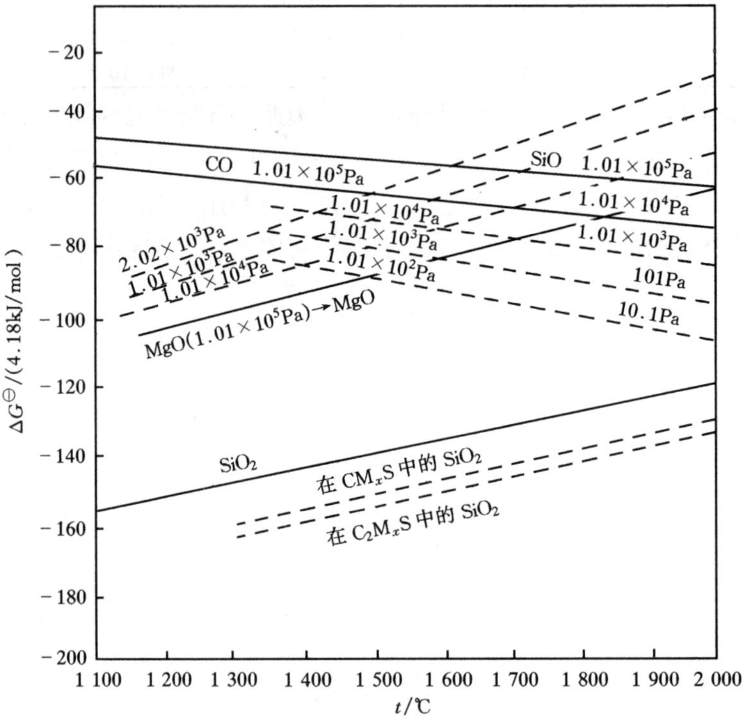

图5-24　镁碳耐火材料中某些化合物的标准生成自由能和校正自由能

表5-12　MgO-C反应生成Mg(g)和CO(g)反应的临界温度　℃

p_{CO}	Mg(g)分压下的临界温度($\Delta G<0$)				
	0.1MPa	10^{-2}MPa	10^{-3}MPa	10^{-4}MPa	10^{-5}MPa
0.1MPa	1 860	1 720	1 610	1 510	1 420
$=p_{Mg}$	1 860	1 610	1 420	1 270	

表5-13　碳与 SiO_2 及硅酸盐反应生成 SiO_2(g)和CO(g)的临界温度　℃

反应物	p_{CO}	SiO(g)分压下的临界温度(ΔG<0)				
		0.1MPa	10^{-2}MPa	10^{-3}MPa	10^{-4}MPa	10^{-5}MPa
SiO_2	0.1MPa	1 750	1 640	1 530	1 440	1 350
	$=p_{SiO}$	1 750	1 530	1 350	1 190	
CM_xS	0.1MPa	1 900	1 790	1 680	1 580	1 490
	$=p_{SiO}$	1 900	1 680	1 490	1 320	
C_2M_xS	0.1MPa	1 930	1 820	1 710	1 610	1 520
	$=p_{SiO}$	1 930	1 710	1 520	1 350	

5.4.3　Al-O-C 系反应热力学

本系统的反应涉及 Al_2O_3 被还原的可能性以及金属铝作为抗氧化添加剂加入到碳复合耐火材料中的作用。后者将在下一节中详细讨论。

和 MgO-C 反应不同，Al_2O_3-C 反应可能产生的蒸气相种类较多，有 Al，Al_2O，AlO，Al_2O_2，AlO_2，AlC 等，涉及的主要反应有

(a) $\frac{1}{2}Al_2O_3(s)+\frac{3}{2}C(s)=Al(g)+\frac{3}{2}CO(g)$

(b) $Al_2O_3(s)+2C(s)=Al_2O(g)+2CO(g)$

(c) $\frac{1}{2}Al_2O_3(s)+\frac{5}{2}C(s)=AlC(g)+\frac{3}{2}CO(g)$

(d) $\frac{1}{2}Al_2O_3(s)+\frac{1}{2}CO(g)=AlO_2(g)+\frac{1}{2}C(s)$

(e) $Al_2O_3(s)+C(s)=Al_2O_2(g)+CO(g)$

(f) $\frac{1}{2}Al_2O_3(s)+\frac{1}{2}C(s)=AlO(g)+\frac{1}{2}CO(g)$

(g) $2Al(l)+3CO(g)=Al_2O_3(s)+3C(s)$

根据 MgO-C 反应中介绍的相似方法可计算出各反应的平衡常数，所得结果列于表 5-14 中。根据表中所列数据可计算出不同温度下各蒸气的平衡分压。

表 5-14　不同温度下 Al_2O_3-C 反应的平衡常数($\lg K_p$)

反　应　式	1 127℃	1 227℃	1 327℃	1 427℃	1 527℃	1 627℃	1 727℃	1 827℃
$\frac{1}{2}Al_2O_3(s)+\frac{3}{2}C(s)=Al(g)+\frac{3}{2}CO(g)$	−15.308	−12.882	−10.765	−8.904	−7.254	−5.784	−4.464	−3.724
$Al_2O_3(s)+2C(s)=Al_2O(g)+2CO(g)$	−19.350	−16.167	−13.392	−10.954	−8.796	−6.875	−5.152	−3.601
$\frac{1}{2}Al_2O_3(s)+\frac{5}{2}C(s)=AlC(g)+\frac{3}{2}CO(g)$	−26.110	−22.787	−19.887	−17.335	−15.073	−13.055	−11.243	−9.609
$\frac{1}{2}Al_2O_3(s)+\frac{1}{2}CO(g)=AlO_2(g)+\frac{1}{2}CO(s)$	−17.737	−18.110	−16.922	−15.585	−14.398	−13.338	−12.388	−11.529
$Al_2O_3(s)+C(s)=Al_2O_2(g)+CO(g)$	−22.906	−20.114	−17.679	−15.788	−13.642	−11.953	−10.438	−9.074
$\frac{1}{2}Al_2O_3(s)+\frac{1}{2}C(s)=AlO(g)+\frac{1}{2}CO(g)$	−17.683	−15.579	−13.742	−12.125	−10.692	−9.412	−8.264	−7.227
$2Al(l)+3CO(g)=Al_2O_3(s)+3C(s)$	19.560	16.226	13.315	10.755	8.488	6.466	4.650	3.014

图 5-25 示出 1 327℃下不同气相的平衡分压与 p_{CO}的关系。可见，在 $p_{CO}\approx0.1$MPa 的条件下，含 Al 的凝聚相为Al_2O_3固体。此外，各气相的分压都不高，分压较高的气相为 Al(g)，Al_2O(g)和 AlO(g)。由此可见，主要反应为(a)，(b)和(f)。

除了上述各系统外，其他含碳系统，如 Al_2O_3-SiO_2-C 系中的一些硅酸盐，在适当条件下都可能被碳还原。只要利用热力学数据按上述相似方法进行计算，即可对反应进行的可能性作出判断。

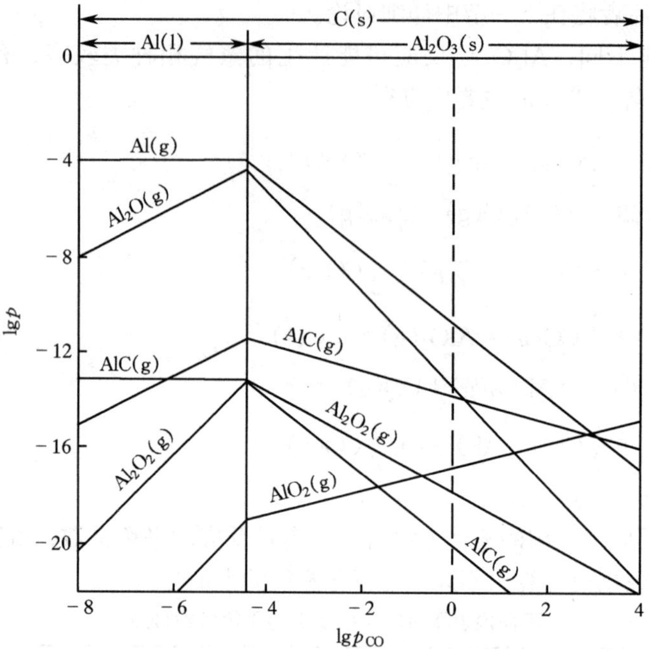

图 5-25　1 600K 下 Al-O-C 系中气相平衡分压与 p_{CO}的关系

5.4.4　碳复合耐火材料中氧化物和碳反应的动力学

经对碳与耐火氧化物之间的热力学分析，可对反应进行的可能性作出判断。与碳-氧反应的动力学相似，碳与氧化物之间的反应过程包括两个阶段：碳和氧化物之间的反应及反应产物通过脱碳层的扩散。

为研究石墨和 BeO，MgO，Al_2O_3，MgO · 3.3Al_2O_3，ThO_2 和 TiO_2 之间的反应，Komarek等人将纯度高的氧化物和石墨细粉混合均匀放入石墨加热元件炉中加热，通过测定放出的 CO 量来研究其反应动力学。石墨粉的量大大超过氧化物的量，相当于一个氧化物颗粒被大约 50 个石墨颗粒包围，以防止氧化物颗粒相互烧结。通过试验发现，MgO，MgO·3.3Al_2O_3 和 TiO_2与石墨之间的反应服从线性定律。Al_2O_3 和 ThO_2 服从抛物线定律。BeO 和石墨的反应在 2 018～2 186K 的温度范围内服从线性定律，在 1 788～2 018K 的温度范围内则服从抛物线定律。各反应的速率常数如表 5-15 所示。

表 5-15　氧化物和石墨反应的速率常数

氧　化　物	温度范围/K	反应速率常数(K)
MgO	1 625～1 831	$K=6.34\times10^{-2}\exp(-59\ 800/RT)$
MgO·3.3Al_2O_3	1 888～1 988	$K=1.82\times10^{-2}\exp(-59\ 500/RT)$
BeO	2 018～2 186	$K=7.64\times10^{-3}\exp(-61\ 300/RT)$
Al_2O_3	1 580～1 723	$K=2.42\times10^{28}\exp(-31\ 600/RT)$
BeO	1 788～2 018	$K=1.01\times10^{-10}\exp(-40\ 000/RT)$

Komarek 认为，氧化物颗粒与石墨颗粒之间的反应不是固-固扩散控制反应，而是通过气相进行的，因为按一般固-固反应模式，发生一定程度的反应后，会在氧化物表面形成一个金属碳化物或金属碳氧化合物层，而反应物通过这一表面层的扩散是整个反应的控制步骤。由金属碳化物的性质可知，Mg 的碳化物是不稳定的，而 Be 的碳化物即使在高温下也是稳定的。但 MgO 和石墨之间的反应和 BeO 与石墨之间的反应都服从线性规律，而且活化能非常接近。因此，它们与石墨之间的反应不可能由扩散控制，而是通过气相进行的，即氧化物分解以原子氧的形式进入气相，原子氧吸附到石墨表面，CO 从石墨表面脱附。以 MgO-C 反应为例，其过程为

$$MgO(s) = Mg(g) + \frac{1}{2}O_2(g)$$

$$O(MgO，CO_2 \text{ 及 } O_2 \text{ 中的氧原子}) + C = O{:}C(\text{表面络合物})$$

$$O{:}C(\text{表面络合物}) = CO(g)$$

$$MgO(s) + CO(g) = Mg(g) + CO_2(g)$$

以 O:C 表面络合物的脱附为控制步骤。这一机理与 Ergun 所提出的 CO_2 和石墨反应的情况相同，两者的活化能也很接近。

此外，由表 5-15 还可以看出，在服从线性规律的几个反应及所研究的温度范围内，反应速率常数的指数项也很接近。因此，速率常数之比基本上为反应速率之比，与反应温度的关系不大。若以 BeO 和石墨反应的速率常数为 1，则各反应速率常数之比为

$$K_{MgO} : K_{MgO\cdot 3.3Al_2O_3} : K_{BeO} = 8.23 : 2.38 : 1$$

即 BeO 被碳还原的速度最慢，MgO 被还原的速度最快，$MgO\cdot 3.3Al_2O_3$ 界于两者之间。

以上讨论了氧化物颗粒与石墨颗粒之间的反应，即两颗粒之间的界面反应。就碳复合耐火材料而言，一旦脱碳层形成，反应物及反应产物的扩散会对整个反应过程产生重大影响，如 Carniglia 认为整个反应由 Mg(g)和 CO(g)向外扩散控制。田畑゛⁄弘等人曾对镁碳砖中 MgO-C 反应的动力学进行了较详细的研究。他们以纯度都为 99.9% 的电熔镁砂与鳞片状石墨制成 A，B 两种试样（如表 5-16 所示），置于压力为 0.1kPa 的真空烧结炉内分别加热到 1 000，1 200，1 300，1 400，1 500和1 600℃，保温 0，20，40min，通过测定它们的质量变化率来研究反应动力学。

表 5-16　　用于研究 MgO-C 反应动力学的镁碳砖试样

项　目	试样 A	试样 B
化学组分的质量分数/%		
MgO	90.5	74.0
C	9.5	26.0
MgO 最大粒径/mm	1.144	0.296
MgO 最小粒径/mm	0.178	0.063
MgO 平均粒径/mm	0.586	0.163
石墨粒径/mm	<0.147	<0.147

两试样的失重率与温度及时间的关系如图 5-26 所示。由图可见，当温度高于1 300℃时，开始出现较明显的失重。随着温度的升高和保温时间的延长，失重率增大。当温度低于 1 400℃时，A，B 两试样的失重率差别甚小，而当温度超过1 400℃时，含石墨量高、镁砂粒度小的 B 试样的失重率比 A 试样大得多。对试验后砖的显微结构研究表明，在失重小的情

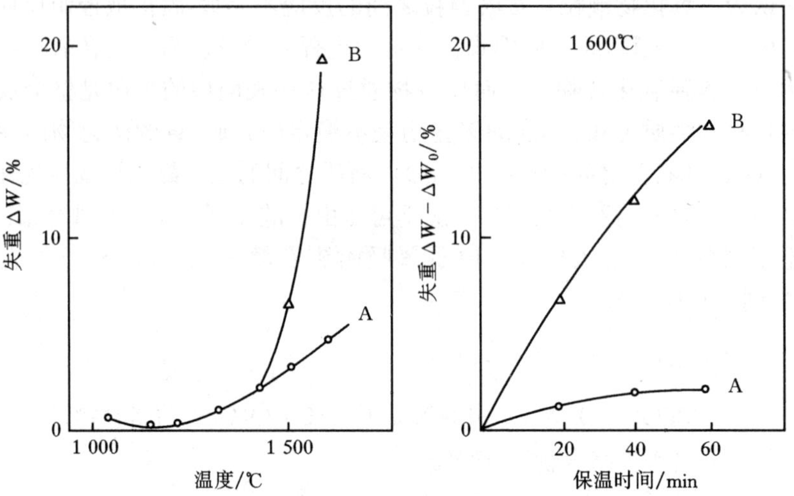

图 5-26 加热温度和保温时间对镁碳砖试样失重率的影响

况(如在1 000℃下加热 60min)下，试验后的砖与原砖差别甚小。但经1 600℃加热后，在 A，B 两种试样中，镁砂颗粒和石墨之间有明显的间隙。间隙的大小随保温时间的延长而增大，且试样 B 中 MgO 颗粒与石墨之间的间隙比在试样 A 中的大。田畑˚/弘等人对气相反应机理表示怀疑，他们认为反应中可能产生的气相分子如 MgO(g)，Mg(g)等，即使有也非常少。此外，加热到高温时烧成镁砖的失重率非常小，而镁碳砖的失重率却非常大，难以用气相反应机理解释。他们提出的MgO 颗粒和碳界面反应的模型，如图 5-27 所示。MgO 和石墨在它们的界面与因反应而形成的间隙之间的反应点上进行反应，反应产物通过这些间隙扩散出去。整个反应可以由反应点上的化学反应控制，也可以由反应产物通过脱碳层的扩散控制。

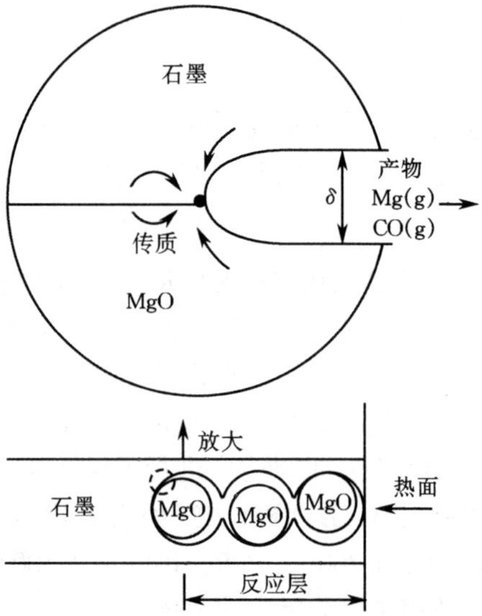

图 5-27 MgO-C 反应的动力学模型

在化学反应控制阶段，质量减少的速率与反应面积成正比，即

$$\frac{d(\Delta W)}{dt}=K_rS_r \tag{5-60}$$

式中 K_r——化学反应速率常数；

S_r——反应面积。若 S_r 为常数，$t=0$ 时，$\Delta W=0$，则有

$$\Delta W=K_rS_rt \tag{5-61}$$

当反应产物通过脱碳层的扩散为控制步骤时，失重速率服从抛物线方程，即

$$\Delta W^2=2K_dt \tag{5-62}$$

式中 K_d——反应速率常数。

根据试验结果得到试样 A 和 B 的反应速率常数分别为 $1.5\times10^{-4}/(\text{min}\cdot\text{cm}^2)$ 和 $2.3\times$

$10^{-4}/(\mathrm{min \cdot cm^2})$。其原因可能是由于试样 B 中镁砂的粒度小，和石墨的接触点多所致。

两个试样失重率的 Arrhenius 图如图 5-28 所示。由图可见，两个试样的表观活化能分别在1 240℃和1 350℃左右发生变化，且低温下的活化能反而比高温下的小。田畑·弘等估计低温下的失重可能是石墨中含碳物质及灰分挥发所致。高温下 B 试样的活化能(318kJ/mol)和 Leonard 等人所得结果(264kJ/mol)接近。但试样 A 的活化能却比 B 大约小一半。此外，田畑·弘等人还注意到这些活化能值和 MgO 中 Mg 的自扩散系数(332kJ/mol)以及 O 的自扩散系数(259kJ/mol)非常接近。因此，他们提出，本阶段中MgO-C之间的反应可能由 Mg 和 O 在 MgO 中的自扩散控制。如果此设想成立的话，由于晶界扩散比体积扩散快，多晶氧化镁和碳的反应速率将比单晶氧化镁快，大晶粒氧化镁和碳的反应速率比小晶粒的慢。

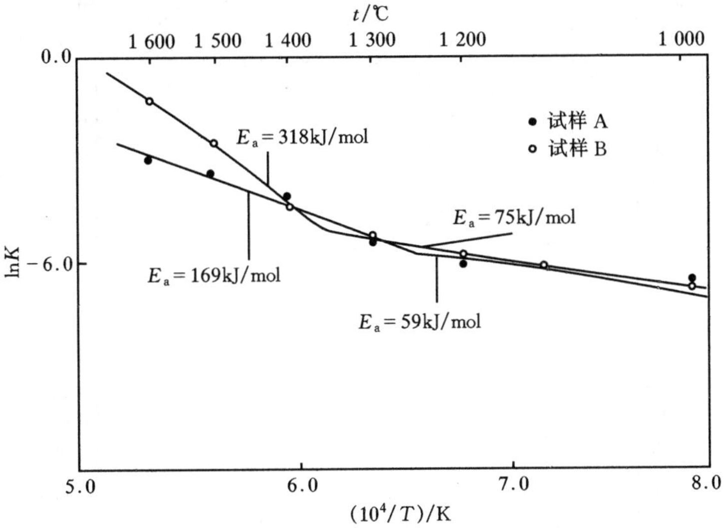

图 5-28　试样失重率的 Arrhenius 图

Leonard 等人研究了气氛对 MgO-C 反应的影响。他们将焦油镁砖在空气、He 与 CO 中反应，并将在1 204℃和1 482℃下分别加热 45min 和 60min 后的失重定为 1，以便和其他条件下的失重量进行对比。各种加热条件下的归一化失重量如图5-29所示。由图可见，在 He 气氛中，1 510℃和1 593℃下的归一化失重大于 1，而在 CO 气氛中的归一化失重却远远小于 1。有趣的是，尽管在 He 气氛中与在 CO 气氛中的反应速率相差很大，但两者的失重速度的 Arrhenius 图为同一条直线(见图 5-30)，活化能为 261.9kJ/mol。从而 Leonard 支持控制步骤为从石墨表面脱附的观点。

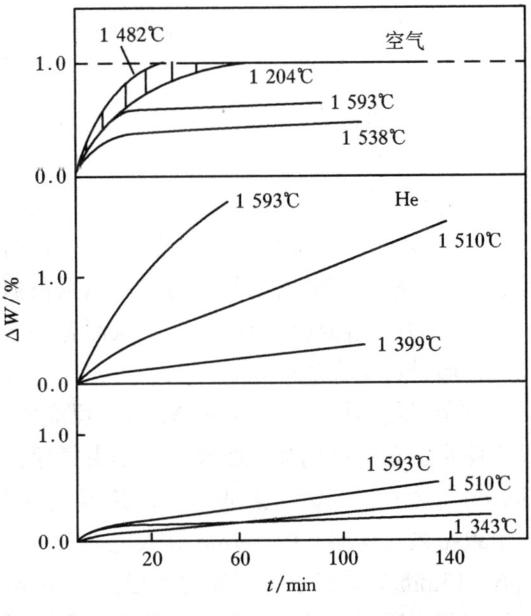

图 5-29　气氛对 MgO-C 反应速率的影响

综上所述，可以看到，人们对碳复合耐火材料中碳与氧化物之间的反应机理的认识尚不是很清楚。但总的看法是，整个反应可分为界面化学反应与气相扩散反应两阶段。界面反应机理可能是通过气相进行的，由 CO 从碳表面脱附所控制；也可能是固相界面反应，由Mg或者O在氧化镁晶体中的扩散所控制。当脱碳层达到一定厚度之后，即转入反应产物气相扩散控制阶段。

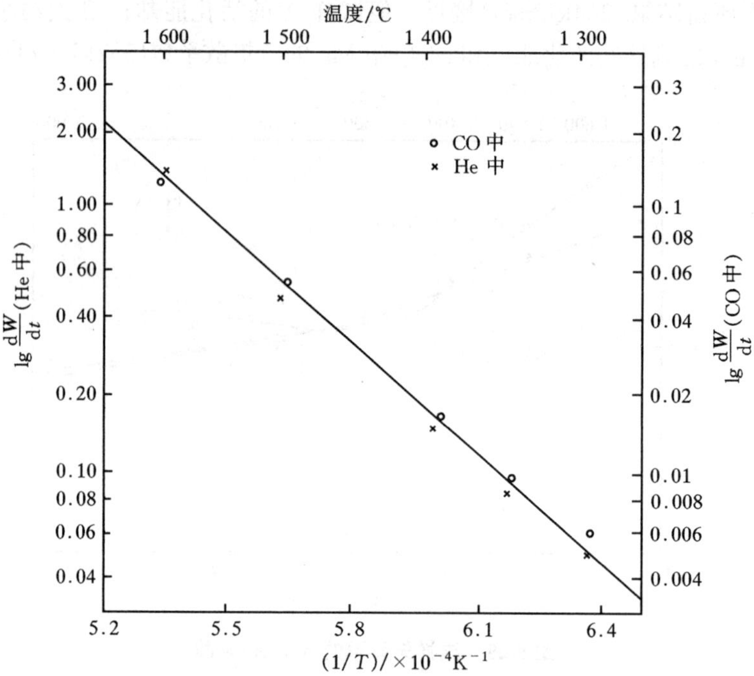

图 5-30 不同气氛中试样失重率的 Arrhenius 图

5.4.5 氧化物和碳之间的反应对碳复合耐火材料显微结构及抗侵蚀性的影响

在所有的氧化物-碳反应中，MgO-C 反应是最重要的，也是人们研究得最多的一种反应。关于 MgO-C 反应对产品性能的影响有两种不同的观点：其一认为此反应破坏了砖的结构，消耗了碳，因而对制品有害；其二则根据在使用过程中发现致密氧化镁层这一事实，认为致密层的形成阻碍炉渣的侵入，从而有利于提高砖的抗渣性。为此，人们对致密层的形成以及性质进行了许多研究。

致密氧化镁层是由于砖内 MgO-C 反应所产生的镁蒸气向工作面扩散的过程中遇到氧化性气体又重新被氧化沉积而成。它是由气相沉积方式得到的，因此有较高的纯度和致密度。Herron 等人在研究渣对焦油浸渍镁砖侵蚀时发现，在渣蚀试样的含渣层与脱碳层之间存在一个致密氧化镁层。Pickering 等人把沥青镁砖在空气中加热到炼钢温度后发现，在砖内深约 6～13mm 处形成了致密氧化镁层。Leonard 和 Baker 等都报道过在渣蚀试样及转炉砖中发现致密氧化镁层，但也有未发现致密氧化镁层的报道。

能否形成致密氧化镁层与试验条件或操作条件有关。Sung-Mankim 等人曾研究不同渣对致密氧化镁层的影响，他们发现渣中氧化铁的存在是致密层形成的必要条件。致密层的厚度随炉渣中 $m(CaO)/m(SiO_2)$ 及 MgO 的质量分数的增加而增加，并认为 MgO 溶入渣中是致密层破坏的主要原因。他们选用两种试验渣，一种渣中含 FeO，另一种渣中不含 FeO，并采用 Al_2O_3 为示踪剂，成分如表 5-17 所示。镁碳砖试样经1 600℃渣蚀 2h 后发现，在 A 渣侵蚀的残砖中存在较完整的致密层，而经 B 渣侵蚀的残砖中却未发现致密层的存在。用电子探针对残砖中不同深度处的化学成分进行分析，所得结果如图 5-31 所示。

表 5-17　试验渣的化学成分的质量分数　%

渣样号	CaO	SiO_2	$m(CaO)/m(SiO_2)$	FeO	MnO	Al_2O_3
A	41.40	27.00	1.5	15.30	6.30	10.00
B	50.67	33.03	1.5	—	6.30	10.00

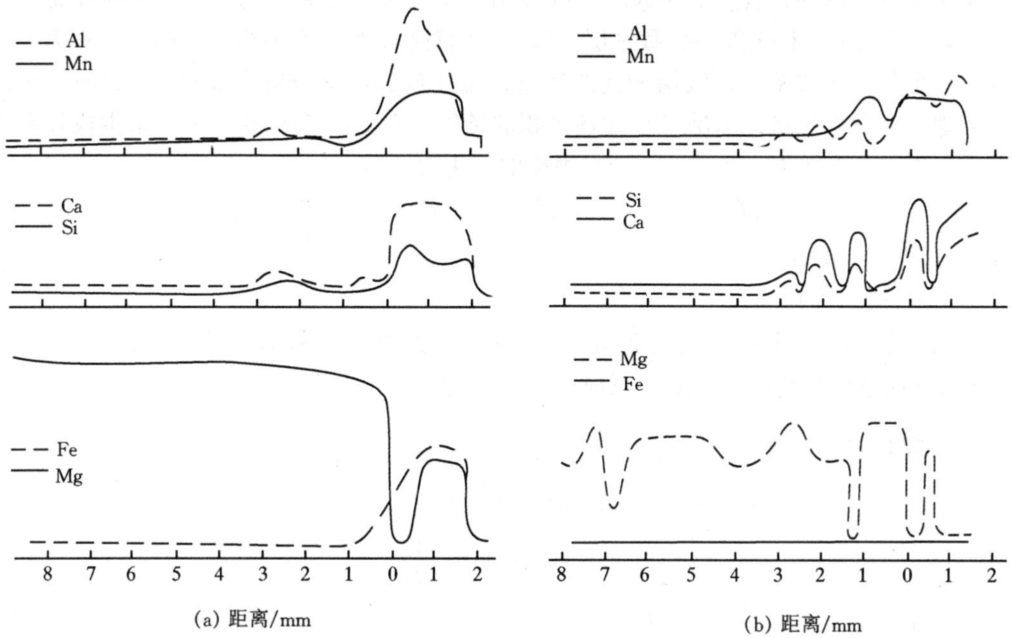

图 5-31　渣蚀残砖的化学成分随深度的变化

由图可见，在 A 渣侵蚀的试样中，在砖和渣的界面处(零位处)左侧(砖内)的 Al，Mn，Ca，Si 的量都很低，与砖的未变带接近，而在经 B 渣侵蚀后的试样中的零位处左侧的 Al，Mn，Ca，Si 的量则较原砖显著增加。这证明在 A 渣侵蚀的试样中，由于形成了致密的 MgO 层，阻止了渣的渗透。只有当使 MgO 溶于渣中时，砖才会进一步被蚀损。但渡边等人用表 5-18 所示的渣所进行的试验表明，即使在渣中不含 FeO 的情况下也可以形成致密氧化镁层，并认为致密氧化镁层不仅可以在反应带和未变带的界面上形成，而且可以在致密层和原砖的界面处向砖内生长。他们提出致密氧化镁层的生成和发展包括两个方面：一方面砖内 MgO-C反应所生成的 Mg(g)向工作面扩散，遇到氧化性气体被重新氧化沉积；另一方面则是在砖内部，在高温下 MgO-C 反应生成一定量的 Mg(g)和 CO(g)，当温度降低时，它们的浓度超过平衡浓度，又会重新逆向反应生成 MgO 和 C。他们通过对试验砖的扫描电镜研究发现，在砖内存在不同于原料碳的沉积碳，并在致密氧化镁层和原砖的界面上存在大量针状氧化镁晶粒。若反复进行加热-冷却循环试验，这些针状 MgO 就可发育成致密氧化镁层。转炉操作存在加热-冷却循环条件，因此针状 MgO 也可能形成致密氧化镁层。

表 5-18　　试验渣的化学成分的质量分数　　%

CaO	SiO_2	Al_2O_3	MgO
45	15	30	10

于景坤等也研究了致密氧化层的形成机理。他们认为，耐火材料内部产生的镁蒸气，在向外部扩散的过程中能否在耐火材料表面被氧化并沉淀下来，与耐火材料的使用条件，即与耐火材料所处环境的气氛和温度密切相关。理论上讲，只有当耐火材料内部产生的镁蒸气压足够大，能使其扩散到耐火材料表面，并在耐火材料表面有较强的氧化性气氛条件下，才能使氧化镁沉积下来。由于上述各研究的实验条件不同，因此可能产生不同甚至相反的实验结果。

除了镁碳砖以外，近年来 MgO-CaO-C 系耐火材料受到重视。这种耐火材料在使用过程中是否能同时生成 MgO 和 CaO 致密层，以及它们对制品性能有何影响等问题一直为人们所关注。根据与形成致密氧化镁层相同的理由，通过 CaO-C 反应所生成的 Ca(g)向工作面扩散，若遇到氧化性气氛，满足 CaO 重新沉积的条件，则 CaO 会重新沉积下来生成致密氧化钙层。根据热力学等温方程式，反应自由能的变化为

$$\Delta G = -\Delta G^{\ominus} + RT\ln J_p = -RT\ln K_p + RT\ln J_p \tag{5-63}$$

式中　K_p——平衡常数；

J_p——压力商。

比较 K_p 和 J_p 即可对反应的正逆方向作出判断。$J_p < K_p$，反应自左向右进行；$J_p = K_p$,反应达到平衡；$J_p > K_p$，反应自右向左进行。

对反应 $CaO(s) = Ca(g) + \frac{1}{2}O_2(g)$，有

$$\Delta G^{\ominus} = 187\ 900 - 45.70T \tag{5-64}$$

$$\ln K_p = 9.986 - 41\ 062 \times \frac{1}{T} \tag{5-65}$$

$$J_p = p_{Ca} p_{O_2}^{1/2} \tag{5-66}$$

同理，对于反应 $MgO(s) = Mg(g) + \frac{1}{2}O_2(g)$

$$\ln K_p = 10.73 - 38\ 188 \times \frac{1}{T} \tag{5-67}$$

$$J_p = p_{Mg} p_{O_2}^{1/2} \tag{5-68}$$

为了计算 J_p，p_{Ca}和 p_{Mg}可利用表 5-10 中的值。p_{O_2}则应采用炉渣体系的氧分压，它和炉渣的成分、温度有关，通常可根据 FeO 在 CaO-FeO-SiO_2 系中的活度计算出其平衡分压而得。

在 1 665～1 809K 的温度范围内有

$$FeO(l) = Fe(l) + \frac{1}{2}O_2(g)$$

$$\Delta G^{\ominus} = 54\ 850 - 10.47T \tag{5-69}$$

$$K = \frac{a_{Fe(l)} p_{O_2}^{1/2}}{a_{FeO(l)}} \tag{5-70}$$

$$\lg p_{O_2} = 4.576 - \frac{23\ 973}{T} + 2\lg a_{FeO(l)} \tag{5-71}$$

在 1 809～2 000K 的温度范围内有

$$FeO(l) = Fe(l) + \frac{1}{2}O_2(g)$$

$$\Delta G^{\ominus} = 56\ 900 - 11.82T \tag{5-72}$$

$$\lg p_{O_2} = 5.166 - 24\ 869 \times \frac{1}{T} + 2\lg a_{FeO(l)} \tag{5-73}$$

根据上列诸式计算得到的不同温度下炉渣体系的氧分压列于表 5-19 中。根据表 5-19 计算得 $CaO(s) = Ca(g) + CO(g)$ 及 $MgO(s) = Mg(g) + CO(g)$ 两反应的压力商及平衡常数，如表 5-20 和表 5-21 所示。由表 5-20，5-21 可以看出，两反应的压力商比平衡常数大几个数量级，满足 MgO 和 CaO 重新沉积的条件。相对来说，Ca(g)的蒸气压比 Mg(g)的蒸气压小得多，生成的 CaO 层较薄且疏松。由于 CaO-C 比 MgO-C 反应慢，由此可以设想，白云石-碳耐火材料中 MgO 和 CaO 可以起到协同的作用。MgO-C 反应较快，以利于生成致密氧化镁层，起到阻碍炉渣渗入的作用，又由于 CaO-C 反应较慢，CaO 可以起到维持砖结构的作用。若此种耐火材料的抗水化性得到妥善解决，白云石-碳耐火材料的应用前景将非常广阔。

表 5-19　不同温度及活度（$a_{FeO} = 1.0$，0.1）下炉渣体系的平衡氧分压 p_{O_2}（0.1MPa）

活　度	1 500℃	1 600℃	1 700℃	1 800℃
$a_{FeO} = 1.0$	1.138×10^{-9}	7.727×10^{-9}	3.648×10^{-8}	1.479×10^{-7}
$a_{FeO} = 0.1$	1.138×10^{-11}	7.727×10^{-11}	3.648×10^{-10}	1.479×10^{-9}

表 5-20　不同温度下分解反应 $CaO = Ca(g) + \frac{1}{2}O_2(g)$ 的平衡常数与压力商

温　　度	1 500℃	1 600℃	1 700℃	1 800℃
K	6.690×10^{-14}	1.138×10^{-12}	1.50×10^{-11}	1.50×10^{-10}
J	5.017×10^{-9}	4.834×10^{-8}	3.476×10^{-7}	1.994×10^{-6}
J'	5.017×10^{-16}	4.834×10^{-9}	3.476×10^{-8}	1.994×10^{-7}

注：J 和 J' 分别表示 $a_{FeO} = 1.0$ 和 0.1 的压力商。

表 5-21　不同温度下分解反应 $MgO = Mg(g) + \frac{1}{2}O_2(g)$ 的平衡常数与压力商

温　　度	1 500℃	1 600℃	1 700℃	1 800℃
K	1.549×10^{-11}	2.185×10^{-10}	2.344×10^{-9}	1.995×10^{-8}
J	1.163×10^{-6}	9.146×10^{-6}	5.344×10^{-5}	2.498×10^{-4}
J'	1.163×10^{-7}	9.146×10^{-7}	5.344×10^{-6}	2.498×10^{-5}

注：J 和 J' 分别表示 $a_{FeO} = 1.0$ 和 0.1 的压力商。

除了 MgO 和 CaO 以外，只要满足下述条件，任何氧化物的致密层都可能在其碳复合耐火材料中生成：在使用温度下，碳还原氧化物所生成的金属蒸气的分压足够大，它在向砖外扩散过程中与环境气氛中的氧分压所得到的压力商大于该氧化物分解反应的平衡常数。显然，致密氧化物层的形成与否和操作条件密切相关。Jeonard 等人根据试验结果总结得到表 5-22，表中所显示的结果仅在所列举的条件下成立。

由表 5-22 可以看出，当温度低于 1 482℃时，不生成致密氧化镁层。但有报道指出，在加金属镁的沥青镁砖中，经1 200℃ 加热后，即可出现氧化镁致密层。由表中还可以看出，在 CO 气氛及惰性气氛中不能生成致密 MgO 层。这和 Bake 的结果一致，他提出镁碳砖在 AOD 炉中使用时不生成致密 MgO 层是因为气氛中氧分压太低所致。表 5-22 中所列举的不生成致密层的氧化物，如 Al_2O_3，ZrO_2 和 CaO 等，可能和它们的金属蒸气压偏低或者碳的质量分数低有关。

表 5-22 碳复合耐火材料中致密氧化物层生成的条件

制品	残碳的质量分数/%	显气孔率/%	杂质的质量分数/%	$m(CaO)/m(SiO_2)$
98%MgO 烧成油渍	2.0~2.2	17~18	2(CaO, SiO_2, B_2O_3)	0.9~1.2
95%MgO 烧成油渍	2.2~2.6	14~16	5(CaO, SiO_2, R_2O_3)	>1.8
95%MgO 沥青结合	≈4.0	14~16	5(CaO, SiO_2, R_2O_3)	>1.8
焦油结合白云石 $w(MgO)\approx40\%$	≈0.4	14~16	<1(SiO_2, Fe_2O_3)	
镁铬，60%MgO		18~20	11Fe_2O_3，17Cr_2O_3	0.33
沥青结合 CaO	3~5	20~30	微量	
沥青结合 Al_2O_3	3~5	20~30	微量	
沥青结合 ZrO_2	3~5	20~30	微量	
沥青结合 ZnO	3~5	20~30	微量	
沥青结合 SiO_2	3~5	20~30	微量	

制品	保温温度/℃	气氛	渣覆盖	致密层	备注
98%MgO 烧成油渍	≥1 482	CO_2	未	有	低铁海水镁砂
	≥1 482	空气	未	有	
95%MgO 烧成油渍	≥1 482	空气	未	有	天然镁砂
	<1 482	空气	未	未	
	≥1 482	空气	有	有	
	≥1 482	CO_2	未	有	
	≥1 482	惰性或 CO	未	无	
95%MgO 沥青结合	≥1 482	空气	未	有	天然镁砂
	<1 482	空气	未	无	
	≥1 482	CO_2	未	有	
	≥1 482	惰性或 CO	未	无	
焦油结合白云石	≥1 482	空气	未	有	
$w(MgO\approx40\%)$	≥1 482	CO_2	未	有	
镁铬，60%MgO	1 593	空气	未	无	浸渍，982℃碳化，再浸渍
沥青结合 CaO	1 599	空气	未	无	
沥青结合 Al_2O_3	1 621	空气	未	无	
沥青结合 ZrO_2	1 760	空气	未	无	
沥青结合 ZnO	960	空气	未	有	
沥青结合 SiO_2	1 599	空气	未	有	

5.5 抗氧化剂在碳复合耐火材料中的作用机理

碳复合耐火材料在抗渣性及抗热震稳定性方面的优势为石墨的存在。一旦石墨被氧化，其优势将丧失殆尽。为了提高碳复合耐火材料的抗氧化性，常加入少量金属(或合金)、碳化物或氮化物等作为添加剂，如 Si，Al，Mg，Zr，SiC，B_4C 和 BN 等。某些添加剂还可以较大幅度地提高制品的高温强度。添加剂的作用原理大致有两个方面：一方面是从热力学观点出发，即在工作温度下，添加物或者添加物和碳反应的生成物与氧的亲和力比碳与氧的亲和力大，优先于碳被氧化，从而起到保护碳的作用；另一方面，从动力学的角度考虑添加剂与 O_2，CO 或者 C 反应生成化合物改变碳复合耐火材料的显微结构，如提高致密度、堵塞气孔、阻碍氧及反应产物的扩散等。

5.5.1　常见添加剂与氧的亲和力

碳复合耐火材料中常见添加剂和氧反应的标准自由能变化与温度的关系，如图 5-32 所示。据此可判断它们是否对碳的氧化起抑制作用，如在炼钢温度(1 650℃)下，Al 对氧的亲和力大于碳，则可以起抑制碳被氧化的作用。但 SiC 对氧的亲和力比碳的亲和力小，故不能抑制碳被氧化。

对于不烧 Al_2O_3-C 砖，若使用 Al，Si 和 SiC 添加剂，在铁水预处理体系(1 350℃)中使用时，Al，Si 和 SiC 都能起到抑制碳氧化的作用。但对于在连铸系统(约 1 550℃)中使用的烧成 Al_2O_3-C 砖来说，由于经过 1 300℃左右烧成，其中 Al 已全部转变为 Al_4C_3 与 AlN，Si 部分转变为 SiC 和 Si_3N_4。由图 5-32 可知，只有 Al_4C_3 与 Si 能优先于碳氧化而保护碳，而 SiC，Si_3N_4 和 AlN 不能对碳的氧化起抑制作用。

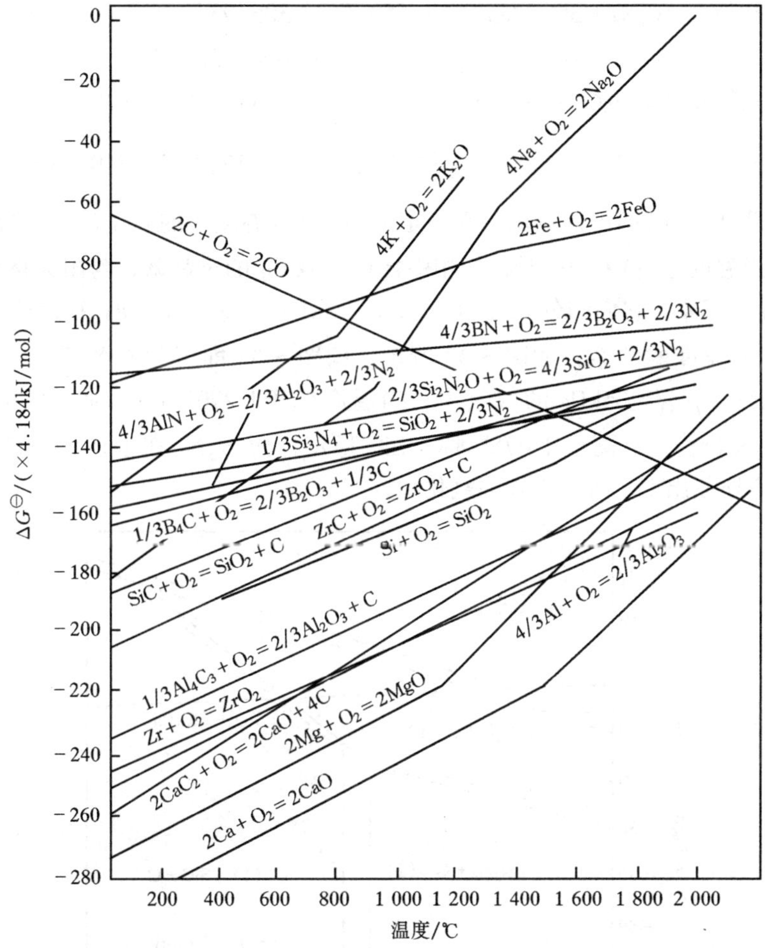

图 5-32　碳复合耐火材料中常见添加剂与氧反应的标准生成自由能

值得提出的是，在有固体碳存在且温度达 1 000℃以上时，气相中含 CO_2 和 O_2 的量甚微，这时碳的氧化是否被抑制取决于 CO 是否可被还原为碳。因此，仅仅根据图 5-32 来对比与氧的亲和力是不够的，还需要考虑添加剂和 CO 的反应。SiC 是否会对碳的氧化起抑制作用应研究以下反应：

$$SiC(s) + 2CO(g) = SiO_2(s) + 3C(s)$$

$$\Delta G^{\ominus} = -616\ 297 + 11.43T\lg T + 303.5T - 38.31T\lg p_{CO} \quad (5\text{-}74)$$

由式(5-74)可得 $p_{CO}=0.1$MPa，$T=1\ 809$K，$\Delta G^{\ominus}=0$；$p_{CO}=35$kPa，$T=1\ 720$K，$\Delta G^{\ominus}=0$。这表明，当 $p_{CO}=0.1$MPa 时，若温度低于1 536℃，SiC 对碳的氧化有抑制作用。当 $p_{CO}=35$kPa 时，若温度低于1 447℃，SiC 对碳的氧化有抑制作用。

5.5.2 Si-C-N-O 系添加剂的作用

属于 Si-C-N-O 系的添加剂有 Si，SiC，Si_3N_4(只考虑 β 型)等，主要凝聚相还有 SiO_2，C 及 Si_2N_2O。与此系统有关的反应为

$$SiC + 2CO = SiO_2 + 3C \quad \Delta G^{\ominus} = -616\ 297 + 11.43T\lg T + 303.5T \quad (5\text{-}75)$$

$$3SiC + 2N_2 = Si_3N_4 + 3C \quad \Delta G^{\ominus} = -559\ 775 + 305.93T \quad (5\text{-}76)$$

$$2SiC + CO + N_2 = Si_2N_2O + 3C \quad \Delta G^{\ominus} = -638\ 696 + 313.72T \quad (5\text{-}77)$$

$$Si_2N_2O + 3CO = 2SiO_2 + 3C + N_2 \quad \Delta G^{\ominus} = -610\ 645 + 378.70T \quad (5\text{-}78)$$

$$\frac{4}{3}Si_3N_4 + 2CO = 2Si_2N_2O + \frac{2}{3}N_2 + 2C \quad \Delta G^{\ominus} = -531\ 012 + 219.55T \quad (5\text{-}79)$$

根据式(5-75)至(5-79)可计算出，在一定的 p_{N_2} 下各温度下的 $\Delta G^{\ominus}$。通常在有固体碳存在的情况下，当温度超过1 000℃时，气相中含 CO_2 及 O_2 的量甚微，与耐火材料接触的主要为 CO 和 N_2 混合气体，它们的分压分别为 $p_{CO}=35$kPa，$p_{N_2}=66$kPa。在此两压力下，Si-C-N-O 系的 $\Delta G^{\ominus}$和温度的关系，如图 5-33 所示。据图 5-33 即可判断各添加剂的稳定情况，如在 $p_{N_2}=66$kPa，$p_{CO}=35$kPa 的气氛中，当温度低于1 270℃时，SiO_2 稳定；在1 270～1 675℃下，Si_2N_2O 稳定；高于 1 675℃时，SiC 稳定，而 Si_3N_4 在上述各条件下均不稳定，可能和 CO 反应还原出 C，而抑制碳的氧化。

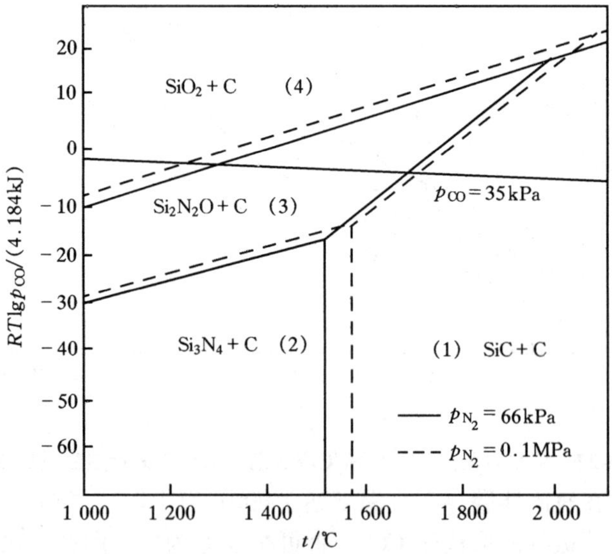

图 5-33 SiC-C-N-O 系在不同的氮气分压下各凝聚相的优势区图

山口明良对 SiC 添加剂的抗氧化机理描述如下：首先是 SiC(s)和 CO(g)反应生成 C(s)和 SiO(g)，即 SiC(s) + CO(g) = SiO(g) + 2C(s)。生成的碳沉积在 SiC 表面上，导致 p_{CO}减小而 p_{SiO}增大，SiO 向周围扩散与 CO 反应生成 SiO_2(s)和 C(s)，即 SiO(g) + CO(g) = SiO_2(s) + C(s)。上述反应将 CO 还原为 C，并且体积膨胀约 3.7 倍，使气孔阻塞，砖的致密度提高，因而提高了砖的抗氧化能力。

5.5.2.1　Al 添加剂

Al 为最常见的抗氧化添加剂之一。其抗氧化机理是与 CO 反应生成碳，即

$$2Al(l) + 3CO(g) = Al_2O_3(s) + 3C(s)$$

并伴随着 2.4 倍的体积膨胀，促使结构致密，降低气体的扩散系数，从而起到抑制氧化的作用。研究发现，在使用后的加金属 Al 的不烧 Al_2O_3-SiO_2-C 滑板砖的工作面附近存在含金属 Fe 的 Al_2O_3 保护层，阻碍砖的氧化。为了说明这一现象，佐藤康等人对此进行了分析。由于 Al 和 C 在所研究的温度下不能共存，他们根据 Al_2O_3-Al_4C_3-C 三元系的热力学分析，得到在 1 800K 下，$\lg p_{CO}$，$\lg p_{Al(g)}$和 $\lg p_{Al_2O(g)}$之间的关系，如图 5-34 所示。

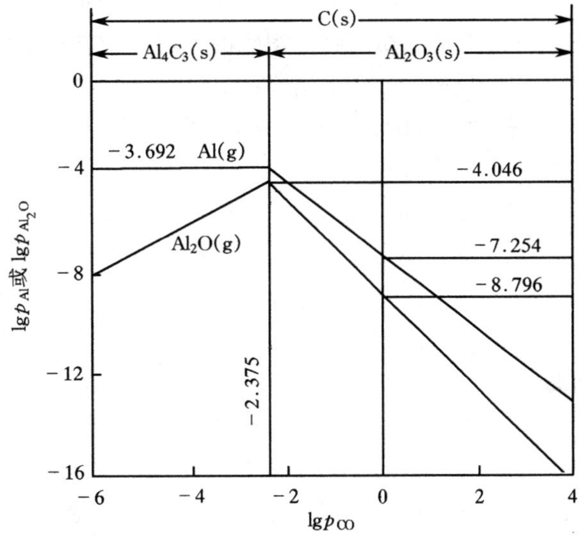

图 5-34　1 800K 下 Al_2O_3-Al_4C_3-C 系中稳定凝聚相、$p_{Al(g)}$和 $p_{Al_2O(g)}$随 p_{CO}的变化

由图可见 Al_4C_3 和 Al_2O_3(s)共存的条件是 $\lg p_{CO} = -2.375$。同样，根据 SiO_2-SiC-C 三元系的热力学数据可计算得到在 1 800K 下各气相的平衡分压，如图 5-35 所示。由图可以看出，在 $\lg p_{CO} = -2.375$ 的条件下，SiO_2 不稳定，会发生下列反应并形成 Al_2O_3 和 SiC：

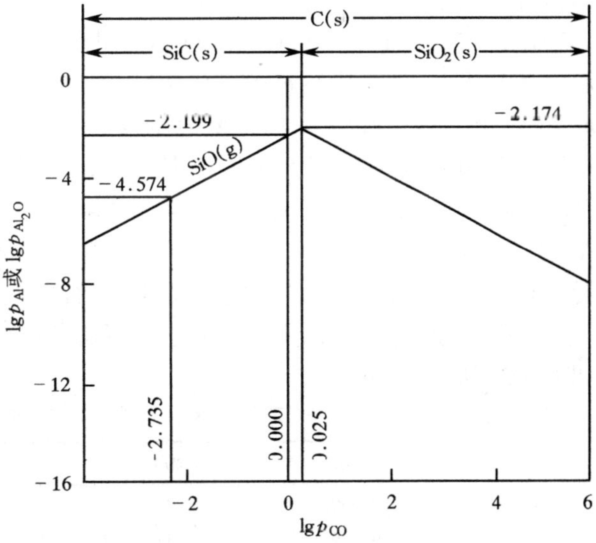

图 5-35　1 800K 下 SiO_2-SiC-C 系中稳定凝聚相和 $p_{SiO(g)}$随 p_{CO}的变化

$$4Al(g) + 3SiO_2(s) + 3C(s) = 2Al_2O_3(s) + 3SiC(s)$$

$$Al_2O(g) + SiO_2(s) + C(s) = Al_2O_3(s) + SiC(s)$$

上述反应导致砖组织的致密化，从而提高了其抗氧化能力及高温强度。至于工作面上含金属铁的 Al_2O_3 保护层的形成，则应由钢液中的 FeO(l)被还原而得到，可能的还原剂有C(s)，Al_4C_3(s)，Al(g)，Al_2O(g)，SiO(g)等，可能的还原反应

为如下 5 个，同时给出在1 800K时的平衡常数：

(a) $FeO(l)+C(s)=Fe(s)+CO(g)$　　$\lg K_p=3.185$

(b) $3FeO(l)+2Al(g)=Al_2O_3(s)+3Fe(s)$　　$\lg K_p=24.063$

(c) $2FeO(l)+Al_2O(g)=Al_2O_3(s)+2Fe(s)$　　$\lg K_p=15.166$

(d) $FeO(l)+SiO(g)=SiO_2(s)+Fe(s)$　　$\lg K_p=5.334$

(e) $9FeO(l)+Al_4C_3(s)=2Al_2O_3(s)+9Fe(s)+3CO(g)$　　$\lg K_p=42.912$

根据平衡常数可计算得到的上述 5 个方程式满足自左向右进行，产生金属 Fe 的条件：

对于反应(a)，$\lg p_{CO}<3.185$；

对于反应(b)，$\lg p_{Al}>-12.093$；

对于反应(c)，$\lg p_{Al_2O}>-15.166$；

对于反应(d)，$\lg p_{SiO}>-5.334$；

对于反应(e)，$\lg p_{CO}<14.304$。

通常在耐火材料中 $\lg p_{CO}\leqslant 0$，故(a)，(e)两方程式可以满足。同时，根据图 5-33 和图 5-34 可知，反应式(b)，(c)，(d)也能满足向右进行的条件，但保护层主要由 Al_2O_3 构成。推断主要的反应可能为(b)，(c)。究其原因可能是砖内部 Al 和 Al_2O 的平衡分压($\lg p_{Al}=-3.692$，$\lg p_{Al_2O}=-4.046$)比保护层附近的平衡分压($\lg p_{Al}=-12.093$，$\lg p_{Al_2O}=-15.166$)高得多，Al(g)和 Al_2O(g)向工作面扩散，与钢液中的 FeO(l)相遇，按式(b)，(c)反应形成含 Fe 的 Al_2O_3 保护层所致。若不添加金属 Al，则砖内反应生成的 SiO(g)向工作面扩散，析出 SiO_2，与 FeO 形成 SiO_2-FeO 低熔化合物。

对于烧成含碳制品，如烧成 Al_2O_3-C 制品，在煅烧过程中金属 Al 要转化为 AlN 和 Al_4C_3，即使是不烧含碳制品，在使用过程中也可能发生上述反应，从而对碳复合耐火材料的抗氧化性发生影响。山口明良曾研究（46% Al + 34% MgO + 20% C）试样和(33%Al+67%C)试样在 600～1 500℃的温度范围内的反应。保温 1h 后相组成如图 5-36 所示。由图可见，当温度在 600℃以下时，砖内部无变化；当温度在 700℃时，砖内部开始生成 Al_4C_3 和 AlN；到 800℃时，Al 急剧减少；到 900℃时，Al 完全消失。经 700～1 300℃加热后，有 Al_4C_3 存在；经 1 400℃加热之后，Al_4C_3 不能确认。AlN 在 700℃左右生成，随温度的升高而增多，但在试块表面其生成却随温度升高而减少，由此可以推断，制品中金属 Al 的变化过程是先变成 Al_4C_3 和 AlN，随着温度的升高，Al_4C_3 转化为 Al_2O_3 或者 AlN，后者与 CO 反应最后转化为 Al_2O_3。这就是 Al 抑制氧化的根本原因所在。

下面对 Al_4C_3-CO 及 AlN-CO 反应进行研究。Al-C-N-O 系各化合物及组分的热力学数据如表 5-23 所示。

表 5-23　不同温度下 Al-C-N-O 系的热力学数据($\lg K_p$)

组　元	1 200K	1 400K	1 600K	1 800K	2 000K
C(s)	0.000	0.000	0.000	0.000	0.000
CO(g)	9.479	8.771	8.234	7.811	7.469
Al(l)	0.000	0.000	0.000	0.000	0.000
Al(g)	−7.437	−5.528	−4.107	−3.010	−2.139
Al_2O_3(s)	56.374	45.862	37.990	31.877	26.997

续表 5-23

组　元	1 200K	1 400K	1 600K	1 800K	2 000K
$Al_2O(g)$	10.071	9.020	8.213	7.571	7.045
$AlO(g)$	1.136	1.430	1.642	1.801	1.925
$Al_2O_2(g)$	19.007	16.073	13.856	12.118	10.717
$AlO_2(g)$	8.546	7.281	6.327	5.579	4.977
$Al_4C_3(s)$	6.570	4.927	3.692	2.729	1.957
$AlC(g)$	−20.482	−16.330	−13.229	−10.829	−8.918
$AlN(s)$	8.203	6.163	4.636	3.450	2.504
$AlN(g)$	−14.784	−12.207	−10.285	−8.798	−7.616

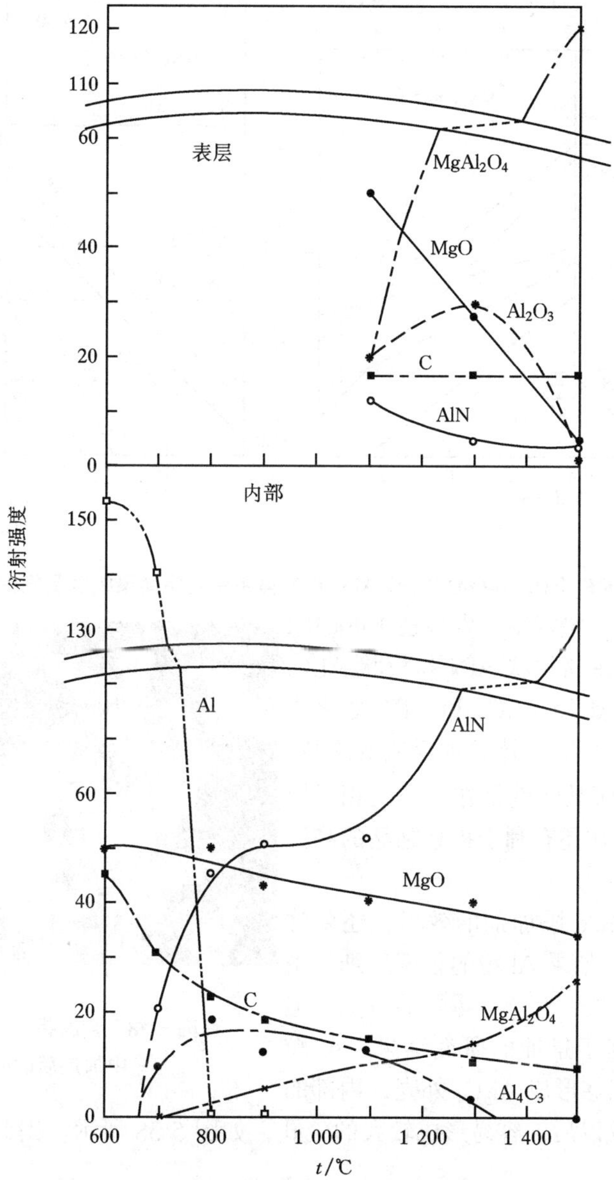

图 5-36　Al-MgO-C 试样在 600～1 500℃下埋碳保温 1h 后相组成的变化

根据表 5-23 可以计算出不同温度下各气相种类的平衡分压及确定稳定凝聚相的存在状况，Al-C-O 系和 Al-C-N-O 系在 1 600K 下各平衡分压的关系如图 5-37 所示。由图可见，在上述两体系中 Al_4C_3 和 AlN 稳定区的 $\lg p_{CO}$ 限定值分别为 -3.814 和 -1.402；在使用过程中实际 $\lg p_{CO}$ 可能会超过此两值，则下述两反应得以向右进行：

$$Al_4C_3(s) + 6CO(g) = 2Al_2O_3(s) + 9C(g)$$

$$2AlN(s) + 3CO(g) = Al_2O_3(s) + N_2(g) + 3C(s)$$

上述两反应不仅将 CO 还原为 C，而且生成稳定的 Al_2O_3 相，使体积膨胀，提高了砖的致密度，从而提高了制品的抗氧化能力。

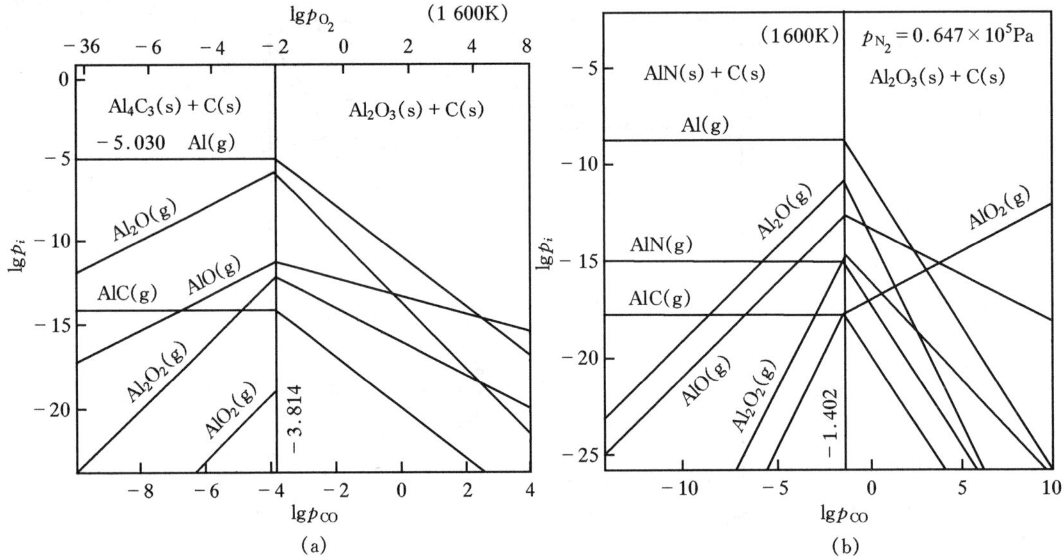

图 5-37　1 600K 下(a)Al-O-C 和(b) Al-O-C-N 体系中稳定凝聚相区及气相的平衡分压

同时，通过扫描电镜观察，发现在 1 400℃、保温 3h 的试块中存在晶须状 AlN 和板状 Al_4C_3 晶体。这是因为在 Al 经 Al_4C_3 和 AlN 变化为 Al_2O_3 的过程中多种含 Al 气体参加反应的缘故。AlN 晶须和 Al_4C_3 板状晶体就是在这类气相反应中生成的，它们的存在还有利于提高制品的高温强度。

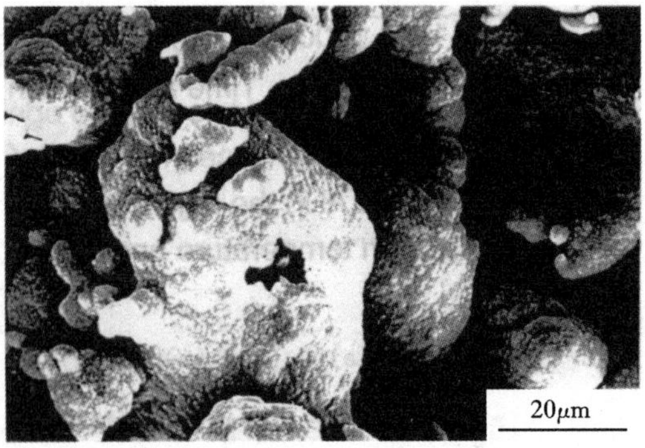

图 5-38　金属铝-石墨成形体在 CO 中加热后的显微结构

此外，为了确保 Al 添加剂的效果，还要注意添加 Al 粉的粒度。如果 Al 粉的粒度过细，由于其氧化反应过于剧烈，有产生爆炸的可能。但粒度不宜过大，根据于景坤的研究结果，Al 粒与 C 反应在其表面能够形成 Al_3C_4 外壳，内部的 Al 在高温条件下蒸发以后，容易形成较大的气孔，如图 5-38 所示。因此，铝粉的粒度应小于 40μm。

5.5.2.2　B_4C 添加剂

和其他添加剂一样，在研究 B_4C 的作用时首先要研究 B-O-C 系中在使用温度下的稳定性以及和 CO 反应的可能性。该系统有关反应的平衡常数如表 5-24 所示。

表 5-24　　不同温度下 B-O-C 系中各反应的平衡常数($\lg K_p$)

反应方程式	1 400K	1 500K	1 600K	1 700K	1 800K	1 900K	2 000K	2 100K
$\frac{1}{2}B_4C(s)+3CO(g)=B_2O_3(g)+\frac{7}{2}C(s)$	2.234	1.345	0.019	-0.548	-1.694	-2.412	-3.058	-3.639
$\frac{1}{2}B_4C(s)+2CO(g)=B_2O_2(g)+\frac{5}{2}C(s)$	0.113	-0.409	-0.866	-1.267	-1.622	-1.939	-2.225	-2.482
$\frac{1}{4}B_4C(s)+2CO(g)=BO_2(g)+\frac{9}{4}C(s)$	-6.237	-6.347	-6.443	-6.526	-6.595	-6.656	-6.712	-6.760
$\frac{1}{4}B_4C(s)+CO(g)=BO(g)+\frac{5}{4}C(s)$	-4.276	-3.982	-3.726	-3.501	-3.300	-3.120	-2.961	-2.856
$\frac{1}{4}B_4C(s)=B(g)+\frac{1}{4}C(s)$	-13.266	-11.862	-10.635	-9.554	-8.593	-7.735	-6.964	-6.266
$\frac{1}{2}B_4C(s)=B_2(g)+\frac{1}{2}C(s)$	-21.310	-19.256	-17.461	-15.879	-14.477	-13.226	-12.102	-11.087
$\frac{1}{4}B_4C(s)+\frac{3}{4}C(s)=BC(s)$	-21.014	-18.950	-17.145	-15.558	-14.148	-12.889	-11.758	-10.737
$\frac{1}{6}B_4C(s)+CO(g)=\frac{1}{3}B_2O_3(l)+\frac{7}{6}C(s)$	2.620	1.907	1.285	0.740	0.258	-0.171	-0.556	-0.903
$B_2O_3(l)=B_2O_3(g)$	-5.625	-4.669	-3.838	-3.151	-2.469	-1.899	-1.369	-0.931
$B_2O_3(l)+C(s)=B_2O_2(g)+CO(g)$	-7.746	-6.129	-4.722	-2.836	-2.397	-1.426	-0.557	-0.226
$\frac{1}{2}B_2O_3(l)+\frac{1}{2}CO(g)=BO_2(g)+\frac{1}{2}C(s)$	-10.167	-9.207	-8.372	-7.636	-6.983	-6.400	-5.878	-5.404
$B_2O_3(l)+C(s)=B_2O_2(g)+CO(g)$	-8.206	-6.842	-5.655	-4.611	-3.688	-2.864	-2.127	-1.502
$\frac{1}{2}B_2O_3(l)+\frac{3}{2}C(s)=B(g)+\frac{3}{2}CO(g)$	-17.196	-14.722	-12.564	-10.664	-8.981	-7.479	-6.130	-4.912
$B_2O_3(l)+3C(s)=B_2(g)+3CO(g)$	-29.169	-24.976	-21.317	-18.100	-15.252	-12.713	-10.434	-8.379
$\frac{1}{2}B_2O_3(l)+\frac{5}{2}C(s)=BC(g)+\frac{3}{2}CO(g)$	-24.944	-21.810	-19.074	-16.668	-14.536	-12.633	-10.924	-9.383

根据表中的数据可计算得到不同温度下各气相分压之间的关系，并确定各凝聚相的稳定区。如图 5-39 所示为在 1 600K 和 1 800K 下的计算结果。由图可以看出当温度为 1 327℃ 和 1 527℃ 时，只有在 $\lg p_{CO} \leqslant -1.285$ 和 $\lg p_{CO} \leqslant -0.258$ 的情况下 B_4C 系才是稳定的，而砖内的 CO 分压常接近 0.1MPa，因此，B_4C 是不稳定的，会和 CO 反应：

$$\frac{1}{2}B_4C(s) + 3CO(g) = B_2O_3(g) + \frac{7}{2}C(s)$$

$$\frac{1}{2}B_4C(g) + 2CO(g) = B_2O_2(g) + \frac{5}{2}C(s)$$

$$\frac{1}{4}B_4C(s) + CO(g) = BO(g) + \frac{5}{4}C(s)$$

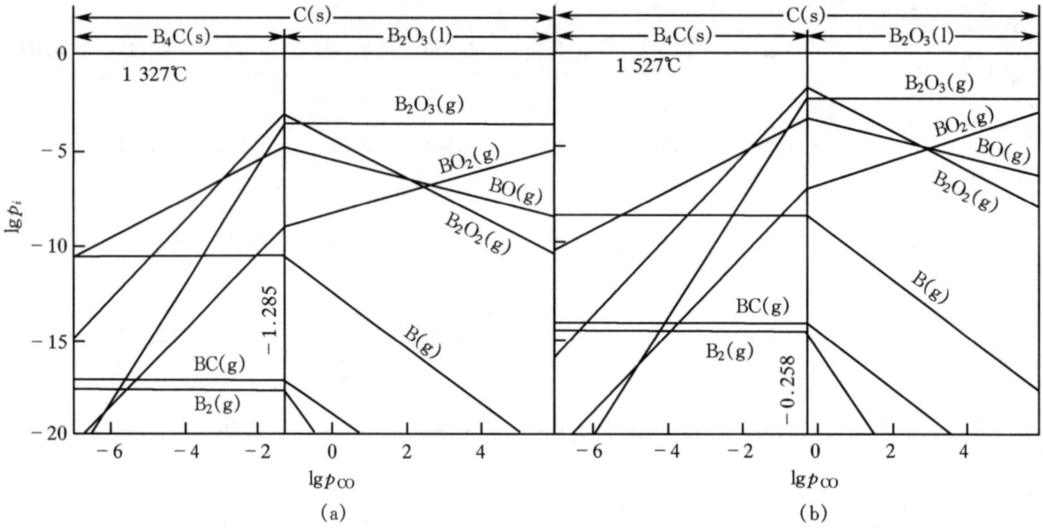

图 5-39 (a) 1 600K 和(b) 1 800K 下 B-O-C 系中稳定凝聚相区及气相的平衡分压

随着这些反应的进行，B_4C 颗粒附近的 p_{CO} 下降。周围环境中的 CO 向 B_4C 颗粒表面扩散而使上述反应继续进行。同时，生成的 B_2O_2(g) 和 BO(g) 会向周围扩散并与周围的 CO ($p_{CO} \approx 0.1$MPa) 继续反应：

$$B_2O_2(g) + CO(g) = B_2O_3(l) + C(s)$$

$$BO(g) + \frac{1}{2}CO(g) = \frac{1}{2}B_2O_3(l) + \frac{1}{2}C(s)$$

上述反应中 CO 被还原为碳，抑制碳的氧化。同时产生的 B_2O_3 可以和 MgO 等耐火氧化物反应生成低熔点化合物，所生成的液相可以阻塞气孔，形成保护层以阻止氧气的侵入。图5-40 给出三凝聚相共存时 $\lg p_{CO}$ 和温度的关系。此曲线为 B_4C(s) 和 B_2O_3(l) 与碳共存的分界线。由图可见，在常见的使用条件($p_{CO} \approx 0.1$MPa)下；只有温度低于 1 585℃ 时，它才能和 CO 反应转变为 B_2O_3。当温度高于 1 585℃ 时，B_4C 已是一稳定相，它无优先氧化的优势，因而不能起到抑制碳氧化的作用。

5.5.2.3 几种新型添加剂

如前所述，Al 是一种最常见的含碳耐火材料抗氧化添加剂，有着良好的抑制碳氧化的效果。但是，由于 Al 在高温条件与碳反应生成的 Al_4C_3 具有易水化的缺点，一旦制品处于

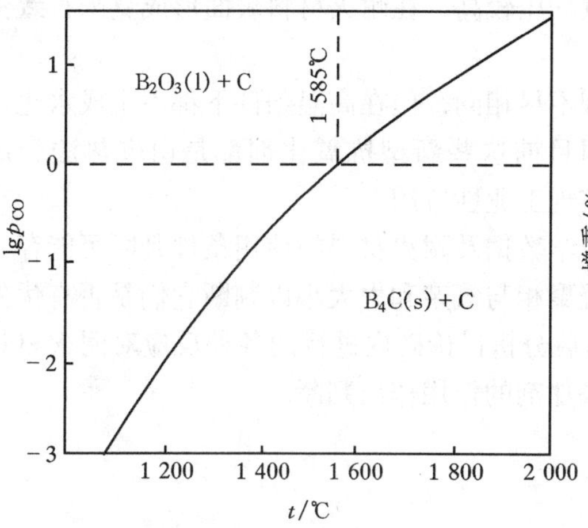

图 5-40　B4C，B_2O_3 和 C(s)三相共存时平衡 p_{CO}与温度的关系

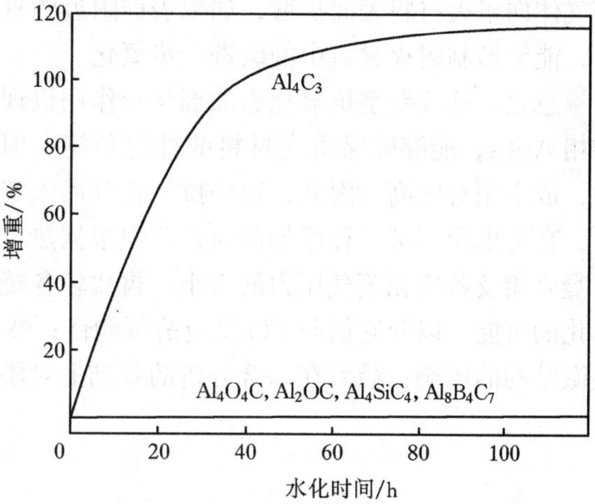

图 5-41　各种碳化物在恒温恒湿条件下水化增重曲线

低温条件下，容易因水化而恶化耐火材料的质量。因此，近几年日本研究开发了几种新型的抗氧化添加剂，主要包括 Al_4O_4C，Al_2OC，Al_4SiC_4，$Al_8B_4C_7$ 等。

通过水化试验研究发现，这些新型添加剂具有不水化的优点(如图 5-41 所示)，而且耐火材料在高温下使用时，这些化合物与 CO 反应的过程中，也没有 Al_4C_3 生成，因此添加这些新型抗氧化剂的耐火制品，具有优良的防水化特性。

现以 Al_4SiC_4 为例，讨论抗氧化剂的作用机理。如图 5-42 所示，Al_4SiC_4 在 CO 气氛下加热时，首先按式(5-80) 与 CO 反应，生成 Al_2O_3，SiC 和 C。生成的 SiC 与 CO 进一步反应，生成 SiO_2 并析出 C(见反应式(5-81))。同时，生成的 SiO_2 与 Al_2O_3 进一步反应生成莫来石(见反应式(5-82))。从 Al_4SiC_4 的相变行为可知，在 CO 条件下加热的过程中，没有水化性相 Al_4C_3 产生，因此不必担心会像添加 Al 一样因水化而恶化耐火材料质量的问题。

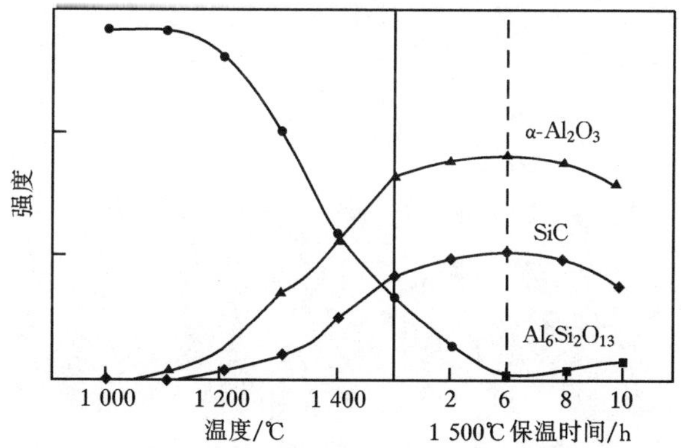

图 5-42　Al_4SiC_4 在 CO 中不同温度下加热及保温时的组成变化

$$Al_4SiC_4+6CO=2Al_2O_3+SiC+9C \tag{5-80}$$

$$SiC+2CO=SiO_2+3C \tag{5-81}$$

$$3Al_2O_3+2SiO_2=3Al_2O_3\cdot 2SiO_2 \tag{5-82}$$

另外，由于反应(5-80)和(5-81)都是多级反应，在与 CO 反应过程中产生的 AlO 及 SiO

等气体向耐火材料表面扩散，如果表面附近的氧分压较高，在耐火材料表面形成莫来石致密层，能够抑制耐火材料中的碳进一步氧化。

总之，这些新型抗氧化添加剂尽管作用机理不尽相同，但在高温条件下都不生成水化性物相 Al_4C_3，能够确保耐火材料的性能稳定。但目前这些新型抗氧化剂都是由碳热法合成的，成本相对较高。因此，这些抗氧化剂尚未实现工业性应用。

在考虑应用某一种添加剂时，首先根据热力学数据及耐火材料的使用条件判断可能存在的凝聚相及各气相蒸气压力的大小；再比较各凝聚相与氧亲和力大小以判断它们是否有优先氧化的可能，以及它们与 CO 反应的可能性；然后分析讨论砖内进行的各种反应对耐火材料显微结构的影响；最后在综合分析的基础上对添加剂的作用作出判断。

第 6 章

含锆质耐火材料

含锆质耐火材料是指含有氧化锆(ZrO_2)或锆英石($ZrO_2 \cdot SiO_2$)的耐火材料。本章仅介绍以锆英石为主要原料制成的锆英石耐火材料和锆刚玉耐火材料。

6.1 锆英石质耐火材料

锆英石质耐火材料是以锆英石精矿砂为主要原料制成的，其中包括纯锆英石耐火材料制品和锆英石与其他耐火组分组成的复合制品。这些制品既可用烧结法制得，也可用熔粒再结合法制成。前者称烧结锆英石制品；后者称熔粒再结合锆英石制品。另外，还有锆英石不定形耐火材料。

6.1.1 锆英石

6.1.1.1 锆英石的性质

锆英石($ZrO_2 \cdot SiO_2$)是 ZrO_2-SiO_2 二元系中唯一的二元化合物，其理论组成的质量分数为 ZrO_2 67.2%，SiO_2 32.8%。自然界中的锆英石实际上常含有少量化学性质与 ZrO_2 相近的氧化铪($HfO_2$0.5%～3.0%）和氧化钍(ThO_2 0～2.0%)。

锆英石属四方晶体，真密度为 4.6～4.8g/cm^3，锆英石的热膨胀性很低，室温至 1 400℃下平均线胀系数约为 $4.5 \times 10^{-6}℃^{-1}$，比莫来石还低。导热性较高，热导率随温度升高而降低，100℃ 下为 6.69W/(m·℃)；400℃ 下为 5.0W/(m·℃)；1 000℃ 下为 4.18W/(m·℃)。

锆英石的常温和高温强度都很高，常温耐压强度约 150MPa，荷重软化温度大于 1 500℃。弹性模量较高，室温下约为 230GPa；1 150℃下为 100GPa。

锆英石难以与酸发生作用，也不易被一些熔融金属润湿和与之发生反应。对炉渣、玻璃液等都有良好的抵抗性。但易受碱金属、碱土金属的作用而分解。

6.1.1.2 锆英石的热稳定性

锆英石在1 676℃下分解为四方型 ZrO_2 和方石英，如图 6-1 所示。此 ZrO_2 溶有质量分数不大于 0.1%的 SiO_2，即 0.3%的 $ZrSiO_4$，故为四方型 ZrO_2 固溶体。当温度达 687℃时，热分解产物除了四方型 ZrO_2 以外，开始出现液相。

锆英石发生热分解的温度，说法不一，这可能与其分解所形成的产物在冷却时又重新化合为锆英石有关。另外，锆英石的热分解温度受加热温度与加热时间影响。如 Curtis 和 Sowman 用美国佛罗里达州产的高纯锆英石在电炉中加热并保温 2h，测得不同温度下锆英石离解为 ZrO_2 的量(从1 540℃开始，到1 870℃时达 95%)，如图 6-2 所示。若受热时保温时间延长，例如保温 6h，则锆英石在1 760℃下即可热分解完毕。若锆英石中有杂质，则热分解温度更有所降低。

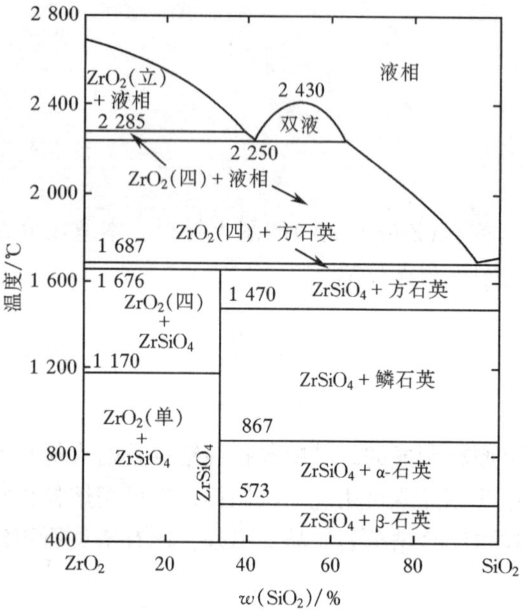

图 6-1　ZrO_2-SiO_2 二元相图

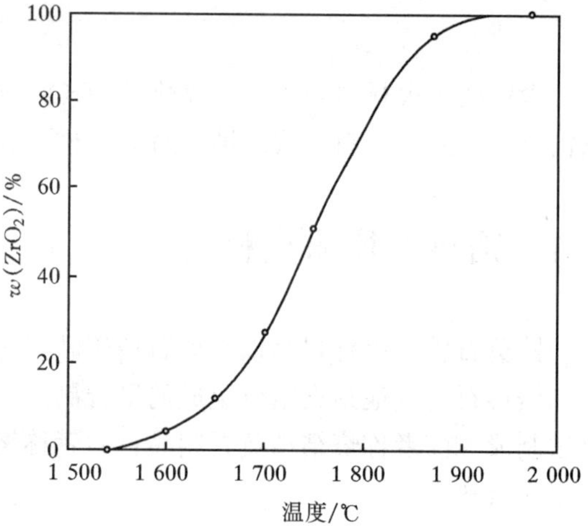

图 6-2　锆英石分解 ZrO_2 生成量与温度的关系(各温度保温 2h)

锆英石分解产物之一方石英的真密度比原来的锆英石小得多，故产生较大的体积膨胀，导致其抗热震性降低。若将锆英石加热到很高温度，SiO_2 一旦挥发逸出，则残留的 ZrO_2 在温度变化时因晶型转化产生不规则热膨胀，使其抗热震性变坏。

锆英石开始分解，其强度降低。为避免锆英石耐火制品受此危害，锆英石耐火材料使用温度应控制在1 670℃以下为宜。

6.1.1.3　锆英石的再结合

锆英石热分解后形成的 ZrO_2 和 SiO_2，在温度降低时，还可重新结合为锆英石，特别是当缓冷时更是如此。如熔融热分解的试样在1 450℃下保温 3h，可全部再结合为锆英石。若锆英石在加热时已有 75%游离 ZrO_2 的材料在1 500℃下保温一星期，即可完全再结合。

6.1.2　纯锆英石耐火制品

纯锆英石耐火制品是以锆英石为主晶相，简称锆英石耐火制品，是含锆质耐火材料的重要种类之一。

6.1.2.1　纯锆英石耐火制品的生产

(1) 原料处理。锆英石耐火制品的原料是精选的锆英石矿砂，简称锆砂。其中含锆英石的质量分数约90%。

锆英石精矿砂粒度很细，而且单一，一般为0.1～0.2mm，不宜直接制砖。欲获得有粗颗粒的纯锆英石制品，通常要对精矿砂预先煅烧或高温熔融制成锆英石熟料团块。煅烧熟料时首先将一部分精矿砂磨成细粉，与另一部分精矿砂混合，用暂时性有机结合剂黏结制成料球或荒坯，在1 500～1 700℃(低于锆英石分解温度)下煅烧成密实的团块。若存在碱金属氧化物或MgO和CaO等矿化剂，则可在1 050℃以上的较低温度下煅烧。锆英石砂在煅烧时从900℃开始产生收缩，达到大约1 350℃时趋于收缩停止，此后反而有所膨胀，在1 700℃以后又急剧收缩。锆英石精矿砂团块经煅烧后致密性提高，体积密度可达3.5g/cm^{3}以上。

若以细粉料生产纯锆英石制品，则可直接将精矿砂在1 450℃下煅烧，经急冷使其疏松，然后再磨细。

(2) 制品生产。生产纯锆英石制品宜采用暂时性的结合剂，如亚硫酸盐纸浆废液、糊精和木质素等，也可用乙基硅酸盐、烷基酸钙和磷酸以及水玻璃等。若用可塑耐火黏土作结合剂，制品便于成型和烧结，但往往会引起制品耐火度和体积稳定性降低。特别是当配料中加入的黏土量较高时，影响尤为显著，如图6-3所示。

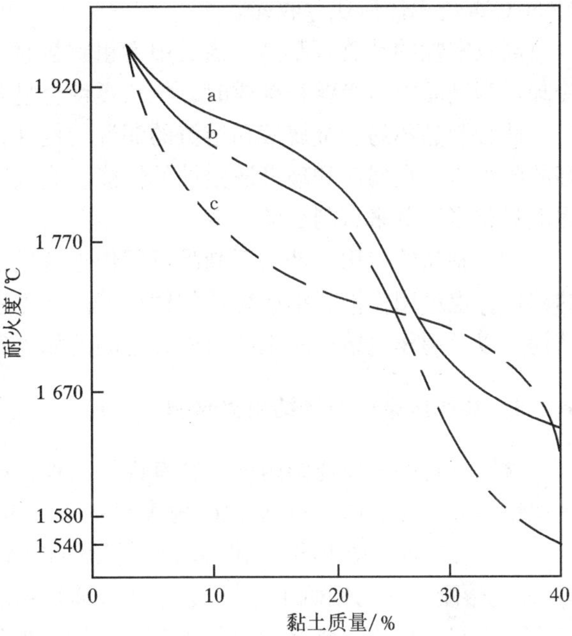

图6-3 黏土对锆英石耐火度的影响

a—$m(SiO_2)/m(Al_2O_3)\approx3.2$，含碱量极少，耐火度1 670℃，以石蜡为主要成分的黏土；b—$m(SiO_2)/m(Al_2O_3)\approx3.5$，含碱量4.5%，耐火度1 520℃，为游离石英的硅质黏土；c—$m(SiO_2)/m(Al_2O_3)\approx1.3$，含碱量在0.8%以下，耐火度1 750℃，硬质黏土

为促进纯锆英石制品的烧结，在配料中常加入少量的CaO，$Ca(OH)_2$，MgO或MgF_2以及其他矿化剂。这种添加剂在高温下促使$ZrO_2 \cdot SiO_2$分解，与ZrO_2形成ZrO_2固溶体并进入玻璃相中，从而促进烧结。

用纯锆英石配料时，为保证制品有良好的性质及精确的形状，其颗粒粒度、结合剂和外加剂的数量等都必须精确配合。对含有各级粗颗粒的制品，需多级颗粒配料，细粉的比表面积和量应比普通耐火制品高，以利于制成致密的坯体和便于烧结。若坯体完全由细颗粒组成，细粉的最大粒度通常为44μm以下，其中数微米级者应占多数。成型时，根据对制品体积密度的要求，普通制品一般以挤泥法和干压法成型；致密者多用泥浆浇注法；高致密者常用泥浆浇注和等静压法。配料中各种组成应与成型方法相对应。纯锆英石制品必须在较高的温度下烧成，高致密的制品需更高的温度。根据坯体中细粉的性质、含量和矿化剂的种类与数量，最高烧成温度一般在1 700℃左右，应控制在使坯体烧结面不发生显著变形的温度下，并与保温时间相对应。

6.1.2.2 纯锆英石制品的性质和应用

(1) 制品的性质。纯锆英石制品含ZrO_2的质量分数为65%左右，几乎全部由锆英石晶体组成，只有极少量玻璃相和游离ZrO_2。真密度4.55g/cm^{3}左右，最高达4.62g/cm^3，普通制品体积密度 3.6～3.8g/cm^3，显气孔率大于 13%；致密制品体积密度 3.8～4.0g/cm^3；显气孔率 5%左右；高致密性制品，体积密度大于 4.1g/cm^3，显气孔率小于 1.0%。

由于此种制品几乎全部由锆英石晶体组成，仅含极少量玻璃相，在高温下黏度也很高，故耐火度很高，大于1 825℃。制品的常温耐压强度 100～430MPa，抗折强度达 17.8～76.3MPa。荷重软化温度大于1 650℃，并随矿化剂减少和烧成温度提高而增加，高者可达1 750℃。因而它是一种在高温下抵抗热重负荷共同作用优良且耐磨性较好的耐火制品。

锆英石的热膨胀性较低，又经高温烧成，故制品的体积稳定性较高。室温至1 400℃下，热膨胀率仅为 0.5%。1 500℃下 2h 重烧，残存收缩率仅为 0.04%～0.20%。有的制品经1 650℃重烧无任何残存收缩。

高致密性的锆英石制品，当其中无粗颗粒时，抗热震性较差。在使用时必须缓慢加热或冷却。当制品由多级颗粒构成时，抗热震性会显著提高。

此种制品不易受金属液和熔渣的润湿与侵蚀，特别是不易受铝及其合金润湿。故具有良好的耐熔渣、金属液和玻璃液侵蚀的性能。高致密的制品性能更佳，例如受碱性熔渣侵蚀的程度只相当于莫来石制品的 1/3。

(2) 制品的应用。锆英石制品可用作连铸用盛钢桶中的内衬以及其他受熔渣侵蚀极严重的部位，也可用作铜、铝冶炼炉的铸口等。还可用于玻璃熔窑与玻璃液直接接触之处和上部结构，以及用作电熔锆刚玉砖与硅砖之间的隔离砖。

6.1.3 其他含锆英石烧结耐火材料

含锆英石的其他烧结耐火材料有许多品种，如锆英石-氧化铝耐火制品、锆英石-氧化铝-氧化铬耐火制品、锆英石-碳化硅耐火制品以及其他耐火制品。还有锆英石不定形耐火材料。

(1) 锆铝砖。锆英石-氧化铝耐火制品简称锆铝砖。在锆英石的配料中添加氧化铝质材料(如电熔刚玉或高铝矾土熟料)，生产普通烧结耐火制品，经高温烧成而得。与致密的纯锆英石耐火制品相比，含 ZrO_2 低(如当含 Al_2O_3 的质量分数为 26%～13%时，ZrO_2 的质量分数为 37%～54%)；体积密度较小，气孔率略高，显气孔率一般为 15%～24%；强度稍低。当加入的电熔刚玉细粒度含量很高时，强度较高；荷重软化温度相近或稍低；耐火度有所降低，如其中 Al_2O_3 较高者，其底限为1 790℃；热膨胀性和热导率相近；制品气孔率较高，抗热震性有明显提高；抗金属液和熔渣性略低。这些性状差别基本上随含氧化铝的量增多而变得显著。其制品主要用于盛钢桶衬砖和连续铸钢中间盛钢桶内衬。

(2) 锆铝铬砖。锆英石-氧化铝-氧化铬耐火制品简称锆铝铬砖。这是在锆英石和氧化铝配料中加入少量氧化铬超细粉而制成的耐火制品。加入氧化铬超细粉，既有利于坯体密度的提高，强化基质的耐高温性，又可降低熔渣的渗透性，增强抗渣性。此种制品的许多性质与锆英石-氧化铝耐火制品相近，但其抗渣性较好。

(3) 锆英石碳化硅砖。锆英石碳化硅砖是在纯锆英石砖配料中加入碳化硅而制成。加入碳化硅可提高制品的抗渣性和耐磨性。在锰钢盛钢桶中使用，寿命较长。

此外，在一些普通酸性耐火材料配料中加入一定量锆英石，组成复合耐火材料，可使这些普通耐火材料的性质(特别是抗渣性)得到一定的改善。

6.2　锆质熔铸耐火制品

锆质熔铸耐火制品以含 ZrO_2 的材料为主要原料，经熔化、浇注、凝固和退火，并经机械加工而制成。锆质熔铸耐火制品，依其主要组成，可分为锆莫来石制品和锆刚玉制品。目前，生产与使用广泛的主要是熔铸锆刚玉制品，并依其中 ZrO_2 的质量分数分为许多品种。

6.2.1　熔铸锆刚玉制品的矿物组成

熔铸锆刚玉制品按其组分论，属于 Al_2O_3-ZrO_2-SiO_2 系的耐火材料，简称为熔铸 AZS 制品。由于具体组成和熔融液的熔化以及冷却过程的差别，析出的矿物晶体、制品的结构和性质也不尽一致。

熔铸锆刚玉制品的组成一般都处在 Al_2O_3-ZrO_2-SiO_2 系的 ZrO_2 初晶区内，如图 6-4 所示。熔融液在正常冷却过程中，ZrO_2 晶体首先析出，然后沿 ZrO_2-Al_2O_3 二元共晶线析出 ZrO_2 与 Al_2O_3 的共晶体，最后当冷却到 Al_2O_3-ZrO_2-SiO_2 的共晶温度时，析出莫来石。由于

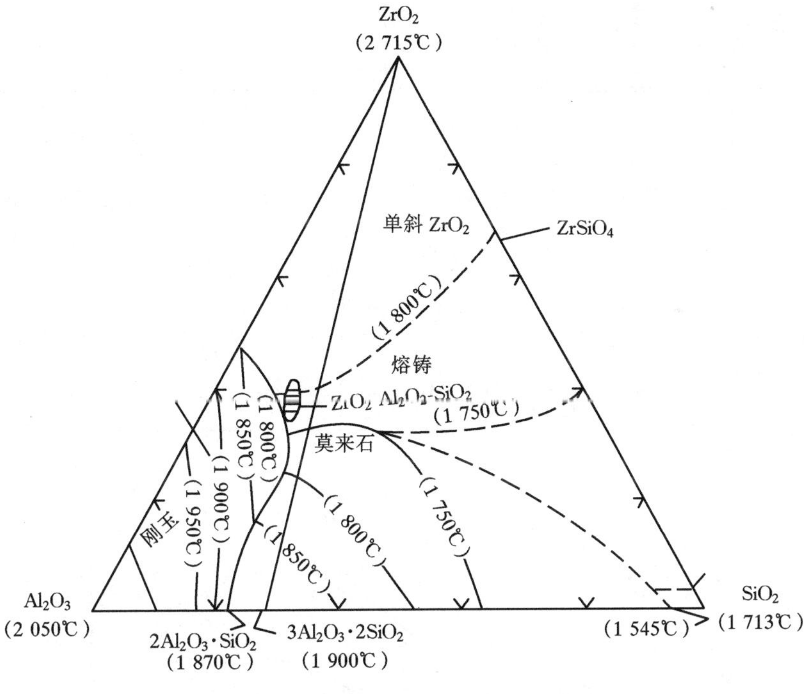

图 6-4　Al_2O_3-ZrO_2-SiO_2 三元相图

组分中含有少量 R_2O_3，使熔融液在冷却时一般并未析出莫来石，而以玻璃相形式残留于制品中。如含 ZrO_2 近 33%的制品，随着熔融液中 Na_2O 含量增加，锆刚玉基质中莫来石的形成受到抑制，而玻璃相却增加，约在 Na_2O 1.5%附近，莫来石完全消失，玻璃相含量可达 20%，如图 6-5 所示。故熔铸锆刚玉制品的矿物组成为 ZrO_2 晶体和刚玉，另外还有玻璃相。

ZrO_2 晶体在常温下为单斜型锆石，真密度为 5.56g/cm^3，加热到约1 100℃转化为四方 ZrO_2，真密度为 5.74g/cm^3，体积收缩。此四方 ZrO_2 冷却到约 950℃左右又转化为单斜锆

石，体积膨胀，如图6-6所示。故熔铸锆刚玉制品在常温下的矿物组成为斜锆石、刚玉、斜锆石与刚玉的共晶体，玻璃相介于其间。制品的性能，取决于这些物相的性质、数量、分布及结合状态。

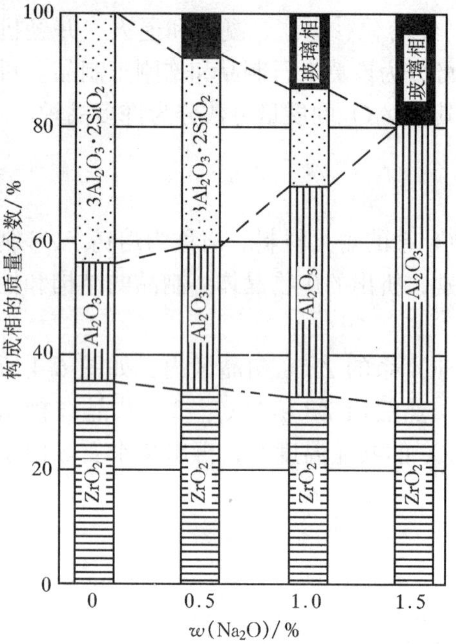

图 6-5　Na_2O 对 AZS 熔铸制品矿物组成的影响

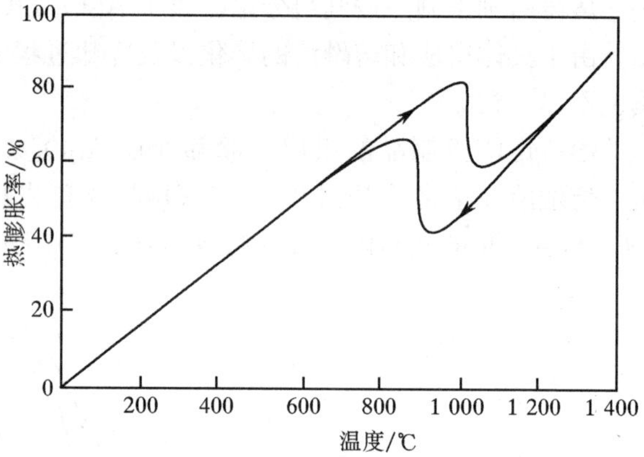

图 6-6　锆刚玉砖的热膨胀曲线

在上述 AZS 制品中玻璃相的化学组成接近钠长石($Na_2O·Al_2O_3·6SiO_2$)。因少量 ZrO_2 溶于其中，其软化温度约为 850℃，比钠钙硅酸盐玻璃的软化温度高得多，如图 6-7 所示。而且，此种玻璃相在高温下的黏度也非常大，在1 200℃下，约为同温度下钠钙硅酸盐玻璃的数万倍，提高了 4 个数量级，几乎与固体相似。上述性质，对制品的耐高温性能虽有不利影

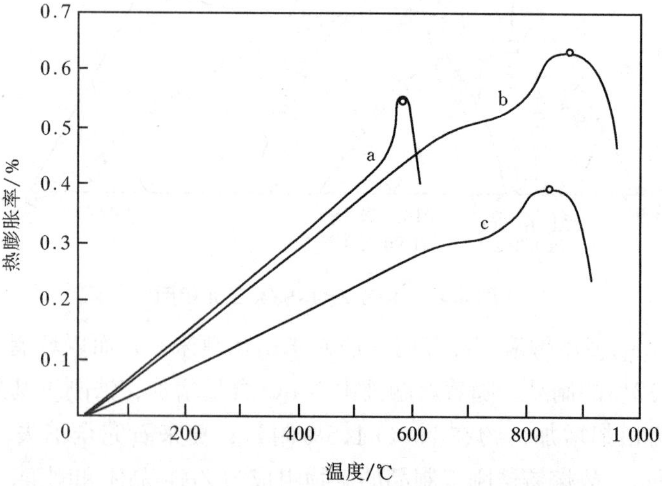

图 6-7　AZS 砖的基质玻璃相和钠长石玻璃软化温度

a—钠钙硅酸盐玻璃；b—钠长石玻璃；c—基质玻璃

响，但并不甚严重。而且玻璃相介于各种晶体的间隙中，在高温下，对AZS制品中晶相转化所带来的异常变形，还可起缓冲作用。但应指出，此种制品中一般玻璃相的质量分数较高。如含$ZrO_2$33%的普通制品，玻璃相达20%左右。因此，此种玻璃相的性状，特别是其中杂质含量和其所处的价态，影响玻璃相在高温下的行为，进而对制品的性质有重要影响，应予以严格控制。

6.2.2 熔铸锆刚玉耐火制品

6.2.2.1 熔铸锆刚玉耐火制品的生产要点

(1) 制品的生产过程。熔铸锆刚玉耐火制品是以精选的锆英石矿砂或锆英石砂再经脱硅处理的产品和工业氧化铝为原料。首先将粉状原料混合制成料球，在电弧炉内(约2 000℃)熔化。然后，将熔融液浇注入砂模或金属模内，铸成具有一定形状的粗坯或制品，并经退火处理。最后，经切割和磨平等机械加工制成具有一定形状和尺寸的制品。

(2) 熔化。熔化时除应保证适当的熔化温度外，气氛对熔融液的组成和性质以及制品的性质影响很大，应严格控制。当熔化采用埋弧操作，即在还原气氛下进行时，称还原熔化法，简称还原法。此时，由于电极存在而未充分氧化的CO和C，在高温下还原熔融物料和熔融液中的部分组分，即可能发生以下反应：

$$SiO_2 + C \rightarrow Si + CO_2$$

$$Fe_2O_3 + C \rightarrow 2FeO + CO$$

$$2TiO_2 + C \rightarrow Ti_2O_3 + CO$$

这些组分的还原使系统中的组分增加，液相线下降，制品中玻璃相的软化温度和黏度下降，容易从制品内部渗出，使制品的晶体易受侵蚀。另外，此种被还原的组分易从与其接触的熔融物中夺取氧，使溶于熔融液中各成分的溶解度降低，或变成不溶物，当此种制品与玻璃液接触时，溶于玻璃液中的SO_3变成SO_2，因SO_2在玻璃液中的溶解度降低而成为气泡。

当熔化采用长弧或吹氧操作，即在氧化条件下进行时，电极中的碳充分氧化，称为氧化熔融法，简称氧化法。此时，熔融液和制品基质中的金属氧化物处于高价态，玻璃相软化温度和黏度都较高，不易由制品中渗出，制品耐侵蚀性良好。对与其接触的熔融物的发泡危害也小。故生产优质制品一般皆采用氧化熔融法。两种熔融方法所制得的熔铸锆刚玉制品在玻璃液中受侵蚀的情况如图6-8所示。

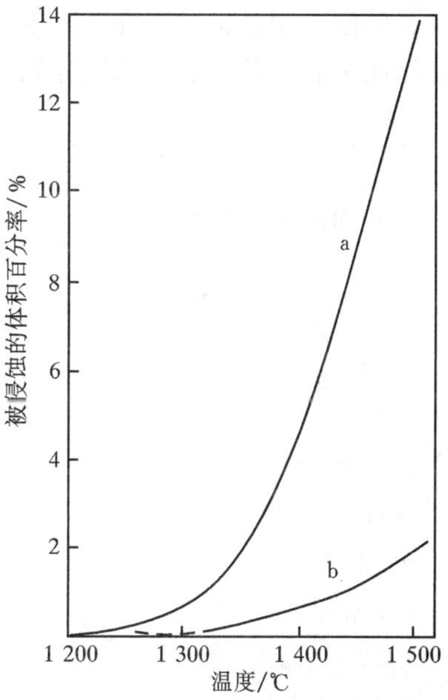

图6-8 AZS砖受侵蚀情况

a—还原法；b—氧化法

(3) 浇注与退火。熔铸耐火制品的熔融液浇注后，在凝固过程中，因体积收缩而在浇注口下方形成缩孔。缩孔附近杂质富集，结构疏松，耐侵蚀性极差。缩孔愈大危害愈严重。为尽量减轻其危害，在浇注时可采用两次浇注法、倾斜浇注法、切去缩孔法。

6.2.2.2　熔铸锆刚玉制品的性质和应用

(1) 制品的性质。熔铸锆刚玉制品是当前生产和使用最广泛的熔铸耐火制品。根据其中 ZrO_2 质量分数的高低，划分为若干品种。如含 ZrO_2 33%左右者，称 33# 锆刚玉制品；含 36%者，称 36# 锆刚玉制品；含 41%者，称 41# 锆刚玉制品；含 45%者，称 45# 锆刚玉制品等。

锆刚玉制品主要由耐高温和耐侵蚀的单斜锆石和刚玉以及两者的共晶体组成，高黏度的玻璃相介于晶体间隙中。此种制品中的晶体是由熔融液中直接析出的，各种结晶发育良好，一般晶粒较大，晶体稳定性很高。除缩孔部分外，组织结构甚密实，致密性远比普通烧结制品高。所存在的气孔也多为封闭性的，且晶体相互交错，故力学性能和耐磨性良好，外来杂质也不易侵入制品内部。所以，此种制品耐侵蚀性是很好的。另外，此类制品中的 ZrO_2 在 900～1 150℃加热和冷却过程中，因可能发生晶型转化而伴有不规则变形。虽然制品中有高黏度玻璃相存在，可部分缓解其危害，但在上述温度范围内，温度急剧变化或反复变化，也会产生龟裂。因此，在烤窑时应缓慢升温。

(2) 制品的应用。这种制品是用于直接与金属液和熔渣接触处抵抗侵蚀的良好材料，是玻璃熔窑受侵蚀最严重的关键部位不可缺少的材料。用于金属冶炼炉和容器中受渣蚀严重之处效果也很好。但是，此种材料不宜用于 900～1 150℃温度频繁变化的部位。

锆刚玉制品也可用烧结法生产，制成烧结锆刚玉砖。同理，也可生产锆莫来石砖。几种含锆耐火制品的主要技术指标如表 6-1 所示。

表 6-1　含锆耐火材料的主要技术性能指标

	锆英石砖	烧结锆刚玉砖	熔铸锆刚玉砖
化学组分的质量分数/%			
ZrO_2	38～65	10～20	33～40
SiO_2	28～52	70～80	—
Al_2O_3	—	—	45～51
SiO_2	—	—	10～16
主要矿物组成	锆英石	刚玉，斜锆石	斜锆石，刚玉
耐火度/℃	1 825～1 850	—	—
气孔率/%	8～25(总)	15～23	0.1～0.15
体积密度/(g/cm^3)	2.7～4.25	2.92～2.93	3.4～3.7
线膨胀率(1000℃)/%	0.3～0.6	—	0.7～0.8
常温耐压强度/MPa	25～430	13.7～22.7	>300
荷重软化温度/℃	1400～1750	—	>1700
残存线收缩率(1500×2h)/%	0～+2	—	—
抗热震性	好	很好	较好
抗渣性	好	好	耐熔融玻璃极好

第 7 章

不定形耐火材料

不定形耐火材料是由合理级配的粒状和粉状料与结合剂共同组成的不经成型和烧成而直接供使用的耐火材料。通常，对构成此类材料的粒状料也常称骨料；对粉状料称掺合料；对结合剂称胶结剂，这类材料无固定的外形，可制成浆状、泥膏状和松散状，因而也统称为散状耐火材料。用此种耐火材料可构成无接缝的整体构筑物，故还称之为整体性耐火材料。

不定形耐火材料的基本组成是粒状和粉状的耐火物料。依其使用要求，可由各种材质组成。为了使这些耐火物料结合为整体，除极少数特殊情况外，一般皆加入不同品种和适当数量的结合剂。为改进其可塑性，可加入少量适当的增塑剂。为满足其他特殊要求，还可分别加入少量适当的促硬剂、缓硬剂、助熔剂、防缩剂和其他外加剂。

不定形耐火材料的种类很多，可依所用耐火物料的材质分类，也可按所用结合剂的品种分类。通常，多根据其工艺特性分为浇注或浇灌耐火材料(简称浇注料或浇灌料)、可塑耐火材料(简称可塑料)、捣打耐火材料(简称捣打料)、喷射耐火材料(简称喷射料)、投射耐火材料(简称投射料)和耐火泥等。耐火涂料也可认为是一种不定形耐火材料。按工艺特性划分的各种不定形耐火材料的主要特征如表 7-1 所示。

表 7-1　各种不定形耐火材料及其主要特征

种　类	定义与主要特征
浇注料	以粉粒状耐火物料与适当结合剂和水等配成，具有较高流动性的耐火材料。多以浇注或(和)振实方式施工。结合剂多用水硬性铝酸钙水泥。用绝热的轻质材料制成者称为轻质浇注料
可塑料	以粉粒状耐火物料与黏土等结合剂和增塑剂配成，呈泥膏状，在较长时间内具有较高可塑性的耐火材料。施工时可轻捣和压实，经加热获得强度
捣打料	以粉粒状耐火物料与结合剂组成的松散状耐火材料。以强力捣打方式施工
喷射料	以喷射方式施工的不定形耐火材料，分湿法和干法施工两种。因主要用于涂层和修补其他炉衬，还分别称为喷涂料和喷补料
投射料	以投射方式施工的不定形耐火材料
耐火泥	由细粉状耐火物料和结合剂组成的不定形耐火材料。有普通耐火泥、气硬性耐火泥、水硬性耐火泥和热硬性耐火泥之分。加入适量液体制成的膏状和浆状混合料，常称耐火泥膏和耐火泥浆。用于涂抹之时用，也常称涂抹料

不定形耐火材料的化学和矿物组成主要取决于所用的粒状和粉状耐火物料。另外，还与结合剂的品种和数量有密切关系。由不定形耐火材料构成的构筑物或制品的密度主要与组成

材料及其配比有关。同时，在很大程度上取决于施工方法和技术。一般而言，与相同材质的烧结耐火制品相比，多数不定形耐火材料由于成型时所加外力较小，在烧结前甚至烧结后的气孔率较高；在烧结前构筑物或制品的某些性能可能因产生化学反应而有所变动，有的中温强度可能稍有降低；由于结合剂和其他非高温稳定的材料存在，其高温下的体积稳定性可能稍低；由于其气孔率较高，可能使其耐侵蚀性较低，但抗热震性一般较好。

通常，不定形耐火材料的生产只经过粒状、粉状料的制备和混合料的混练过程，过程简便，成品率高，供应较快，热能消耗较低。根据混合料的工艺特性采用相应的施工方法，即可制成任何形状的构筑物，适应性强，用在不宜用砖块砌筑之处。多数不定形耐火材料可制成坚固的整体构筑物，可避免因接缝而造成的薄弱点。当耐火砖的砌体或整体构筑物局部损坏时，可利用喷射进行冷态或热态修补，既迅速又经济。用作砌筑体或轻质耐火材料的保护层和接缝材料尤为重要，用以制造大型耐火制品也较方便。

鉴于上述优点，近年来不定形耐火材料得到快速发展。目前在各种加热炉中，不仅广泛使用普通不定形耐火材料，还可使用轻质不定形耐火材料，并向纤维化方向发展。在熔炼炉中，不定形耐火材料的应用也在进一步发展。不定形耐火材料在有的国家已发展到约占全部耐火材料产量的70%以上。

7.1 浇注耐火材料

浇注料是一种由耐火物料制成的粒状和粉状材料。这种耐火材料形成时要加入一定量结合剂和水分，它具有较高的流动性，适用于以浇注方法施工的不定形耐火材料。

为提高其流动性或减少加水量，还可另加塑化剂或减水剂。为促进其凝结和硬化，可加促硬剂。由于其基本组成和施工、硬化过程与土建工程中常用的混凝土相同，因此也常称此种材料为耐火混凝土。

7.1.1 浇注料用的瘠性耐火原料

7.1.1.1 粒状料

粒状料可由各种材质的耐火原料制成。以硅酸铝质熟料和刚玉材料用得最多。根据需要，还经常用到硅质、镁质、铬质、锆质和碳化硅质材料。

当采用硅酸铝质原料时常用蜡石、黏土熟料和高铝矾土熟料。硅线石类天然矿物可不经煅烧直接使用。但是蓝晶石不宜直接用作粒状材料，由于此种矿物在1 200～1 400℃下形成莫来石时发生急剧的体积膨胀，若将其制成粉状料，适当加入不定形耐火材料之中，可防止烧缩。红柱石在莫来石化时的膨胀性介于硅线石和蓝晶石之间，直接使用效果不及硅线石。烧结和熔融的合成莫来石，可用作浇注料的优质原料。烧结和熔融刚玉制成的各级粒状料可制成高温性能良好、耐磨和宜于在强还原气氛下使用的不定形耐火材料。

硅质材料中的硅石由于在中温下体积膨胀较大，高温下与碱性结合剂的反应强烈，体积稳定性和抗热震性都很低，因此用者极少。在硅质材料中的熔融石英，由于其线胀系数极小，抗热震性很好，并且耐酸性介质的侵蚀，可作为在中温下使用而且要求抗热震性很高的化学工业的一些窑炉所用浇注料的原料。

镁质材料是制造耐碱性熔渣侵蚀的镁碳浇注料和铺加热炉炉底浇注料的主要原料。当采用此种材料配制浇注料时，不应使用含水的结合剂。

铬质材料的质量因产地而异，可用于加热炉中气氛变化不大的部位。在制造碱性同酸性材料间隔层的浇注料中，用此种原料较适宜。

锆质材料，如锆英石，可作为配制锆英石浇注料的主要原料。

碳化硅是配制浇注料的优良材料。它很适宜于用作耐高温、耐磨或要求高导热之处的浇注料原料。

一般认为，以烧结良好的吸水率为1%～5%的烧结材料作为粒状料，可获得较高的强度。以熔融材料作为粒状料，因其表面不吸水，易使浇注料中粗颗粒的下部集水较多，使颗粒与结合剂之间结合强度降低，而且在使用过程中也不易烧结为密实的整体。若以超细粉的形式加入，则不仅对强度无不利的影响，而且可提高耐侵蚀性。

若欲生产体积稳定性较高和抗热震性很好的不定形耐火材料，可选用线胀系数小的材料作为粒状料。如在中温下使用的浇注料，除可使用熔融石英外，利用 SiO_2-Al_2O_3-MgO 系的堇青石和 SiO_2-Al_2O_3-Li_2O 系的锂辉石作为粒状料，就具有此种效果。

浇注料的粒状料也可用轻质多孔的材料制成。另外，也可使用纤维质的耐火材料。

7.1.1.2 粉状料

浇注料中的粉状料，对实现瘠性料的紧密堆积，避免粒度偏析，保证混合料的流动性，提高浇注料的致密性与结合强度，保证体积稳定性，促进其在服役中的烧结和提高其耐侵蚀性都是极重要的。因此粉状料的质量必须得到保证。

在浇注料中，由于结合剂的加入，往往产生助熔作用，使浇注料基质部分的高温强度和耐侵蚀性有所减弱。为提高基质的质量，避免基质部分可能带来的不利影响，常采用与粒状料的材质相同但质地更优的材料作为粉状料，以使浇注料中的基质与粒状料的品质相当。

浇注料中粉状料的粒度必须合理，其中应含一定数量粒度为数微米级甚至小于 1μm 的超细粉。

浇注料的基质部分在高温下一般要发生收缩，由体积稳定的熟料所制成的粒状料却因受热而膨胀。两者间产生较大的变形差，并因此引起内应力，甚至在结合层之间产生裂纹，降低耐侵蚀性。为避免此种现象，除应尽量选用线胀系数较小的耐火材料作为粒状料以外，在构成基质的组分中应加入适量膨胀剂。

通常，依瘠性料材质的不同而对浇注料分类，并分别生产和使用。

7.1.2 浇注料用结合剂

结合剂是浇注料中不可缺少的重要组分。由于不定形耐火材料在使用前未经高温烧结，瘠性物料之间无普通烧结制品所具有的陶瓷结合或直接结合，只有靠结合剂的作用，才可使其黏结为整体，并使构筑物或制品具有一定强度。

浇注料浇注于模型中和振捣密实后，要求结合剂应及时凝结硬化，在短期内即具有相当高的强度。但是，为保证混合料便于施工，以获得组分分布均匀和结构密实的结合体，结合剂的凝结速度又不宜太快。另外，结合剂不得对不定形耐火材料的高温性能带来不利的影响，故结合剂的性质和用量必须适当。

可作为不定形耐火材料结合剂的物质很多。根据其化学组成，可分为无机结合剂和有机结合剂；根据其硬化特点，可分为气硬性结合剂、水硬性结合剂、热硬性结合剂和陶瓷结合剂。浇注料所用的结合剂多为具有自硬性或加少量外加剂即可硬化的无机结合剂。最广泛使用的是铝酸钙水泥(高铝水泥)、水玻璃和磷酸盐。

7.1.2.1　铝酸钙水泥

铝酸钙水泥常指一种以铝酸钙为主要成分的水泥，有普通高铝水泥、含氧化铝量较高的高铝水泥-65和低钙高铝水泥。

铝酸钙水泥的化学组成主要是Al_2O_3和CaO，有的还有Fe_2O_3和SiO_2。其矿物组成为铝酸一钙($CaO·Al_2O_3$，简写为CA)、二铝酸钙($CaO·2Al_2O_3$，简写为CA_2)、七铝酸十二钙($12CaO·7Al_2O_3$，简写为$C_{12}A_7$)以及钙黄长石($2CaO·Al_2O_3·SiO_2$，简写为C_2AS)、铁铝酸四钙($4CaO·Al_2O_3·Fe_2O_3$，简写为C_4AF)等。通常根据其化学矿物组成分为三类，如表7-2所示。浇注料使用的主要是低铁的淡黄色的高铝水泥和白色的低钙高铝水泥。

表7-2　几种铝酸钙水泥的化学组分的质量分数(%)和主要矿物

水泥类别	SiO_2	Al_2O_3	Fe_2O_3	CaO	$m(Al_2O_3)/m(CaO)$	主要矿物	颜　色
高铝水泥①	3～9	35～45	10～17	36～40	0.85～1.3	CA，C_4AF，C_2AS	灰到黑
高铝水泥②	3～6	60～65	1～3	29～40	1.2～2.2	CA，C_2AS	淡　黄
低钙高铝水泥	0～1.4	68～80	0～1	17～27	2.8～4.7	CA，CA_2，α-Al_2O_3	白　色

注：高铝水泥①、②和低钙高铝水泥分别称为普通水泥、高铝水泥-65和纯铝酸钙水泥。

(1) 铝酸钙水泥的水化和硬化。高铝水泥与水接触后可发生水化反应，然后在适当条件下硬化。浇注料用高铝水泥中可水化的矿物主要是CA和CA_2。其中含钙较高的水泥以含CA为主，低钙水泥中CA_2与CA的质量之比约等于1。

CA具有很高的水硬活性，它的水化及水化物的结晶，对水泥的凝结和硬化有重要影响。凝结虽不甚快，但硬化迅速，是高铝水泥获得强度特别是早期强度的主要原因。CA的水化过程和水化产物与养护温度有密切关系。当温度不同时，水化反应的过程和产物也不同，如下式：

$$CaO·Al_2O_3 + H_2O \xrightarrow{<20\sim22℃} CaO·Al_2O_3·10H_2O(\text{六方})$$

$$CaO·Al_2O_3 + H_2O \xrightarrow{>25℃} 2CaO·Al_2O_3·8H_2O(\text{六方}) + Al_2O_3·3H_2O$$

$$\xrightarrow{35\sim45℃} 3CaO·Al_2O_3·6H_2O(\text{六方}) + Al_2O_3·3H_2O$$

CA_2的水化反应与CA基本相似，但其水化反应速度较慢，早期强度较低，而后期强度较高，其水化反应式为

$$CaO·2Al_2O_3 + 13H_2O \longrightarrow CaO·Al_2O_3·10H_2O + Al_2O_3·3H_2O$$

此种CA_2水化反应的速度随着养护温度提高，可显著提高。

一般认为，CAH_{10}或C_2AH_8都属六方晶系，其晶体呈片状或针状，互相交错结合，可形成坚强的结晶集合体。氢氧化铝凝胶又填充于晶体骨架的空隙中，形成致密的结构，从而使水泥石获得很高的强度。C_3AH_6属立方晶系，多为粒状晶体，晶体之间的结合较差，故

由此种水化产物构成的水泥石的强度一般都较低。不同水化物对水泥石强度的促进作用排序为 $CAH_{10} > C_2AH_8 \gg C_3AH_6$。

铝酸钙水泥的水化和水化后的凝结与硬化以及水泥石的强度还与调制水泥浆时所用的水量(水灰比)有关。对每种水泥来说，在一定的施工条件下水灰比都有一个最佳值。这说明，水灰比的提高有利于水泥的水化，但是水灰比过高，凝结硬化缓慢，水泥石的结构密实度也随之降低，强度即急剧下降；水灰比过小使水泥浆的流动性降低，从而也不易获得结构致密的水泥石。以各种水泥为结合剂，以熔融氧化铝制成的浇注料干燥后的强度随水灰比变化的曲线如图 7-1 所示。

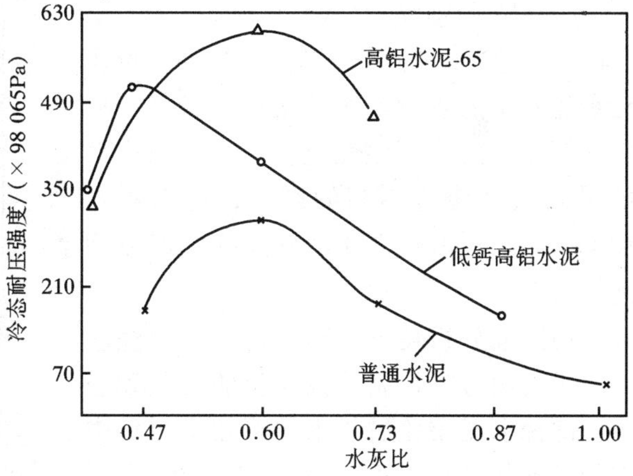

图 7-1　各种水泥配置的浇注料强度与水灰比的关系

随着养护龄期的延长，铝酸钙水泥中各种可水化的矿物持续水化，水泥浆由无水相经水化、溶解逐渐形成胶体，并随水化铝酸钙结晶而凝结硬化，强度不断增加，形成坚固的水泥石。各种水泥所制浇注料的强度随时间变化曲线如图 7-2所示。

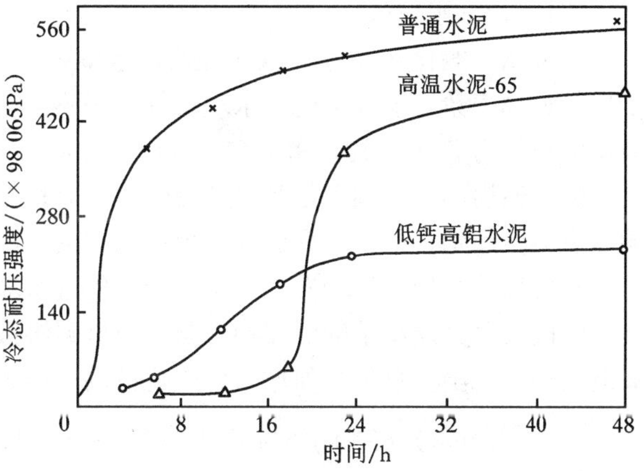

图 7-2　各种水泥所制浇注料的强度发展曲线

由此可见，以铝酸钙水泥为结合剂，必须严格控制配料时的水灰比，并应采取正确的养护措施，使混合料在适当的温度和湿度下水化和硬化。

由于此种水泥必须经水化和在潮湿环境下硬化，故常称水硬性结合剂。

(2) 水泥产物在加热过程中强度的变化。铝酸钙水泥硬化后的水化产物在加热过程中可发生脱水分解反应和结晶化等变化。主要水化物 CAH_{10}，C_3AH_6 和 AH_3 的转化为

$$CAH_{10} \xrightarrow{>110℃} C_3AH_6 + AH_3$$

$$C_3AH_6 + AH_3 \xrightarrow{225\sim295℃} C_{12}A_7 + Ca(OH)_2 + AH + Al_2O_3$$

$$C_{12}A_7 + Ca(OH)_2 + AH + Al_2O_3 \xrightarrow{510\sim550℃} C_{12}A_7 + CaO + Al_2O_3$$

$$C_{12}A_7 + CaO + Al_2O_3 \xrightarrow{>600℃} C_{12}A_7 + CA + Al_2O_3$$

$$C_{12}A_7 + CA + Al_2O_3 \xrightarrow{>1\,000℃} C_{12}A_7 + CA + CA_2 + CA_6$$

水化产物在脱水和转化前后的真密度不同，固体实体积变化很大，使水泥石的结构密实度和强度相应降低。水泥石强度随温度的变化，如图 7-3 所示。当加热温度提高到水化物的脱水分解和转化过程完成以后，强度的变化就趋于平缓，直至在高温下水泥石逐渐烧结，强

度又显著提高。

(3) 铝钙水泥的耐火性能。水泥中各组分的熔点分别为 C_4AF 1 415℃，$C_{12}A_7$ 1 455℃，CA 1 608℃，CA_2 1 770℃。硬化后水泥石中的各种产物的熔点均较低。故铝酸钙水泥的耐高温性能较差，对浇注料的耐高温性能有不利的影响，特别对含 Al_2O_3 量较低而含 CaO 量较高的水泥影响尤为显著。

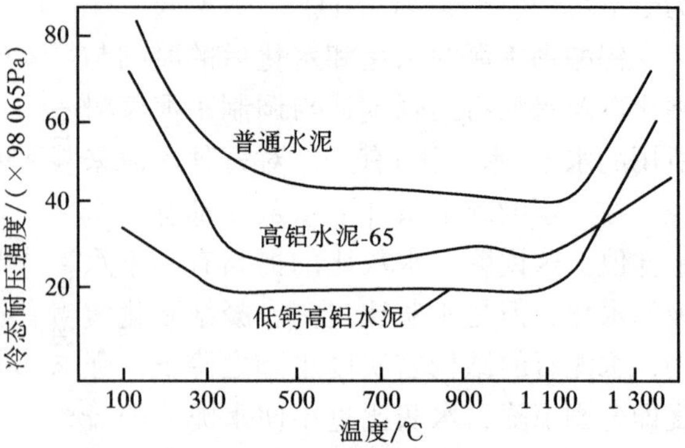

图 7-3　浇注料的强度随温度变化曲线

由以上分析可见，铝酸钙水泥是浇注料的重要组分，控制着浇注料的硬化和强度。此种水泥硬化后的水泥石在受热后中温强度显著降低，耐高温性质也较差。因此，为保证浇注料构成的构筑物在服役中强度稳定和耐高温，水泥用量不宜过多，甚至应力求降低其用量，而部分代之以对浇注料的高温性能无危害并且粒度小于 1μm 的具有自硬性的高活性超细粉。

7.1.2.2　水玻璃

水玻璃一般化学式为 $Na_2O \cdot nSiO_2$ 或 $Na_2O \cdot nSiO_2 \cdot xH_2O$。其中 n 为 SiO_2 与 Na_2O 的分子比，通称模数。模数不同，水玻璃的成分不同。模数愈高，黏结能力愈强。浇注料用的水玻璃的模数为 2.0～3.0，密度为 1.30～1.40g/cm³。

通常使用的水玻璃多是黏稠状液体，具有良好的黏结性。此种黏结性依凝结硬化条件不同而有某些差别，但都与形成的凝聚结构有关。

在常温下，硬化较缓慢。在生产中为促进水玻璃的硬化，往往添加一定量的促硬剂。通常多用酸或含金属离子的外加物，与水玻璃碱溶液发生中和作用，加速硅酸钠的水解，使硅氧凝胶不断析出并凝聚。如加入硅氟化钠的反应式为

$$2(Na_2O \cdot nSiO_2) + Na_2SiF_6 + 2(2n+1)H_2O \longrightarrow 6NaF + (2n+1)Si(OH)_4$$

由于加入硅氟化钠，加速水解反应和形成硅氧凝胶，硅氧凝胶体的形成式为

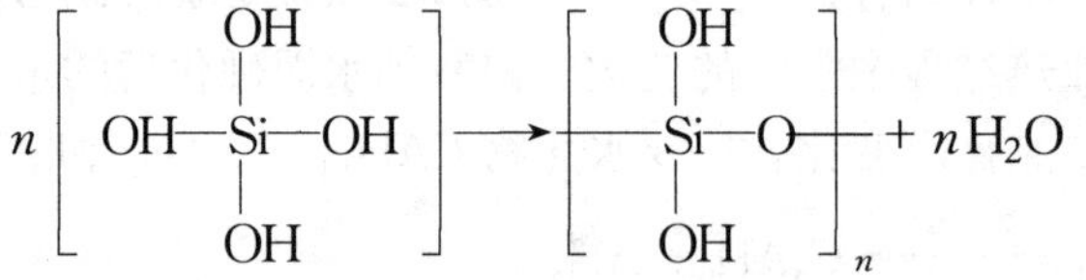

硅氧凝胶凝聚和重结晶促进了水玻璃的硬化。由于此种水玻璃加促硬剂后在大气中即可硬化，故常称为气硬性结合剂。水玻璃加促硬剂的硬化速度在很大程度上取决于 Na_2SiF_6 的加入量，加入量愈多硬化愈快。但 Na_2SiF_6 是强熔剂，它会严重降低耐火材料的耐火性质，因此一般加入量为水玻璃用量的 10%～12%。Na_2SiF_6 有毒，使用时应注意安全。

水玻璃硬化体加热到 50℃以上即开始脱水，超过 100℃时硅氧凝胶中的大部分水分即可排除，到 300℃基本排尽。水分排除后，凝胶体产生紧缩，使水玻璃硬化体的结构致密和强度提高。

在 300～500℃内，水玻璃硬化体的结构无明显变化。此后，当温度升高到 600℃附近，体积略为膨胀，结构略为疏松，强度稍有下降。水玻璃的模数愈大，这种影响也愈突出。

当加热到 700～900℃时，由于局部逐渐出现液相，故强度又有所降低。水玻璃的模数愈小，加入的 Na_2SiF_6 数量愈多，此种现象愈严重。

7.1.2.3　磷酸及磷酸盐结合剂

磷酸与一些耐火材料反应可生成酸式磷酸盐。如磷酸与黏土质或高铝质耐火材料反应可形成酸式磷酸铝 $Al(H_2PO_4)_3$。无论是磷酸与耐火材料反应形成的磷酸铝，还是直接使用这类酸式磷酸盐作为结合剂，因其具有相当强的胶凝性，可将一些不定形耐火材料黏结成为坚强的整体，故应用广泛。

(1) 磷酸铝的凝结与硬化。酸式磷酸铝在加热过程中，变成焦磷酸铝和偏磷酸铝，并随之发生聚合反应：

$$2Al(H_2PO_4)_3 \xrightarrow{250\sim300℃} Al_2(H_2P_2O_7)_3 + 3H_2O\uparrow$$

$$\frac{n}{2}Al_2(H_2P_2O_7)_3 \xrightarrow{300\sim400℃} nAl(H_2P_3O_{10}) + \frac{n}{2}H_2O\uparrow$$

$$Al(H_2P_3O_{10}) \xrightarrow{\sim500℃} Al(PO_3)_3 + H_2O\uparrow$$

$$nAl(PO_3)_3 \xrightarrow{>800℃} [Al(PO_3)_3]_n$$

上述脱水过程，虽有失重并发生收缩，但因结合剂用量少，结合体体积较稳定，仅气孔率有所提高。强度不仅未降，反而由于此种新化合物的形成和聚合以及同时形成较强的黏附作用，使结合体的强度显著提高。由于磷酸铝结合剂只有在远高于常温的条件下(约 500℃左右)才可获得相当高的强度，故常称之为热硬性结合剂。

(2) 磷酸铝硬化体在高温下的变化。随着温度的提高，从 500～900℃，硬化体的冷态强度虽逐渐降低，但热态强度却持续增长。与水泥结合剂相比，此种结合剂硬化体的中温强度较高，可认为是一种优点。从1 000℃左右到1 300～1 500℃为止，硬化体中的各种磷酸铝，都先后分解成 $AlPO_4$ 和 P_2O_5。P_2O_5 挥发后，只残留 $AlPO_4$。此种残留 $AlPO_4$ 在温度高于1 760℃时还可分解，只残留 Al_2O_3。随着磷酸盐的分解和 P_2O_5 的挥发，强度有所降低，当硬化体中含有杂质，在高温下出现液相时，热态强度有显著降低，但冷态强度因烧结却有提高。

7.1.2.4　其他结合剂

浇注料常用的其他结合剂还有氯化物和硫酸盐等无机物。其中，硫酸铝水解生成碱式盐，然后生成氢氧化铝，并逐渐形成氢氧化铝凝胶体而凝结硬化，故在不定形耐火材料中应用也较普遍。另外，生产碱性不定形耐火材料常用氯化镁。生产高铝质、锆质和其他中性耐火材料也常用聚氯化铝。

由于结合剂在不定形耐火材料中的重要作用，通常，也按所用结合剂的品种，将浇注料分类并命名，如铝酸盐水泥浇注料、水玻璃浇注料、磷酸盐浇注料等。

7.1.3　浇注料的配制与施工

浇注料的各种原料确定以后，首先要经过合理的配合，再经搅拌制成混合料，有的混合料还需困料。根据混合料的性质采取适当方法浇注成型并养护，最后将已硬化的构筑物经正确的烘烤处理后投入使用。

7.1.3.1　浇注料的配合

(1) 颗粒料的配合。对各级粒度的颗粒料，根据最紧密堆积原则进行配合。

由于浇注料多用于构成各种断面较大的构筑物和制成大型砌块，粒状料的极限粒度可相应增大。但是，为避免粗颗粒与水泥石之间在加热过程中产生的胀缩差值过大而破坏两者的结合，除选用低膨胀性的粒状料以外，应适当控制极限粒度。一般认为，振动成型者应控制在10～15mm以下；机压成型者应小于10mm；大型制品或整体构筑物不应大于25mm；皆应小于断面最小尺寸的1/5。

各级颗粒料的配比，一般为3～4级，颗粒料的总量约占60%～70%。

在高温下体积稳定且细度很高的粉状掺合料，特别是其中还有一部分超细粉的掺合料，对浇注料的常温和高温性质都有积极作用，应配以适当数量，一般认为细粉用量在30%～40%为宜。

(2) 结合剂及促凝剂的确定。结合剂的品种取决于对构筑物或制品性质的要求，应与所选粒状和粉状料的材质相对应，也与施工条件有关。

当制造由非碱性粒状料组成的浇注料时，一般多采用水泥作结合剂。采用水泥作结合剂，应兼顾对硬化体的常温和高温性质的要求，尽量选用快硬高强而含易熔物较少的水泥，其用量应适当，一般认为不宜超过12%～15%。为避免硬化体的中温强度降低和提高其耐高温的性能，水泥用量应尽量减少，而代之以超细粉的掺合料。

若采用磷酸或磷酸盐作结合剂，则应视对浇注料硬化体性质的要求和施工特点，采用相应浓度的稀释磷酸或磷酸盐溶液。以浓度为50%左右的磷酸计，其外加用量一般控制在11%～14%。若以磷酸铝为结合剂，当 $n(Al_2O_3)/n(P_2O_5)=1:3.2$，相对密度为1.4时，外加用量宜控制在13%左右。由于此种结合剂配制的浇注料硬化体在未热处理前凝结硬化慢，强度很低，故常外加少量碱性材料以促进凝固。若以普通高铝水泥作促凝剂，一般外加量为2%～3%。

若采用水玻璃，应控制其模数及密度。当其模数为2.4～3.0，相对密度为1.30～1.40时，一般用量为13%～15%。若用硅氟酸钠促硬剂，其用量一般占水玻璃的10%～12%。

其他结合剂及其用量，也依瘠性料的特性对硬化体的性质及施工要求而定。

(3) 用水量。各种浇注料皆含有与结合剂用量相应的水分。这些水分可以在结合剂与瘠性料组成混合料后再加入，如对易水化且凝结速度较快的铝酸钙水泥就常以此种形式进行。也可以预先与结合剂混合制成一定浓度的水溶液或溶胶的形式加入，如对需预先水解才可具有黏结性的结合剂则主要以此种形式进行。当结合剂与水反应后不变质时，为使结合剂在浇注料中分布均匀，也往往预先同水混合，如前述磷酸和水玻璃等就是如此处理的。

就水泥结合剂而言，水泥的凝结硬化速度与硬化后的强度除与水泥特性有关外，主要由加水量决定(即水灰比)决定。最适当的水灰比应依水泥品种而相应地在其水灰比-强度曲线上选取，并以近于最高峰者为宜。浇注料的水灰比-强度曲线一般皆为其有单峰特征的曲线，但其峰值却不尽相同(见图7-1)。它不仅依水泥品种而异，而且颗粒料的吸水率、形状、表面特征和施工时密实化的手段不同时，峰值也有所改变。在生产上，为保证浇注料的强度，在选用适当的水灰比时，应全面考虑以上各个方面。一般对由普通高铝水泥结合的硅酸铝质熟料制成的浇注料，采用的水灰比多为0.4～0.65。其中以振动成型者常取0.5～0.65，混合料的水分约为8%～10%；机压成型者常取0.4左右，混合料水分约为5.5%～6.5%。为了减少浇注料中的水分，提高硬化体的密度，在浇注料中应加适当增塑减水剂。

7.1.3.2　浇注料的困料

以水泥结合的浇注料制成混合料后，不久即凝固硬化，不应困料。水玻璃加促硬剂后制成者，在空气中久存也自硬，也不困料。当瘠性料中加入磷酸溶液制成混合料后，瘠性料中的金属铁等杂质与酸反应，形成气体，使混合料鼓胀、结构疏松，使硬化体强度降低，故需困料，即加入部分酸混成混合料后，在15～28℃以上，静置一段时间，使气体充分逸出，然后再加余酸混合。若在混合料制备过程中加入适当抑制剂，也可不必困料。

7.1.3.3　浇注料的浇注与成型

浇注料的流动性一般较捣打料为好。因此，多数浇注料仅经浇注或再经振动，即可使混合料中的组分互相排列紧密和充满模型。

7.1.3.4　养　护

浇注料成型后，必须根据结合剂的硬化特性，采取适当的措施进行养护，促其硬化。铝酸钙水泥要在适当的温度及潮湿条件下养护，其中普通高铝水泥应首先在较低温度(低于35℃)下养护，凝固后浇水或浸水养护3天；低钙高铝水泥养护7天，或蒸汽养护24h。对某些金属无机盐要经干燥和烘烤。如水玻璃结合者要在15～25℃空气中存放3～5天，不许受潮，也可再经300℃以下烘烤。但绝不可在潮湿条件下养护，更不许浇水，因硅酸凝胶吸水膨胀，失去黏结性，水溶出后，强度更急剧降低。磷酸盐制成者，可先在20℃以上的空气中养护至少3天，然后再经350～450℃烘烤。未烘烤前，也不许受潮和浸水。

7.1.3.5　烘　烤

浇注料构成热工设备的内衬和炉体时，一般应在第一次使用前进行烘烤，以便逐步排除其中的物理水和结晶水，使其体积和某些性能达到使用时的稳定状态及某种程度的烧结。烘烤制度是否适当，对使用寿命有很大影响。制订烘烤制度的基本原则是升温速度与可能产生的脱水及其他物相变化和变形相适应。在急剧产生上述变化的某些温度阶段内，应缓慢升温甚至保温相当时间。若烘烤不当或不经烘烤立即快速升温投入使用，则极易产生严重裂纹，甚至松散倒塌，在特大特厚部位甚至可能发生爆炸。硬化体的烘烤速度依结合剂及构筑物断面尺寸不同而异。以水泥浇注料为例，可大致分为三个阶段：

(1) 排除游离水。以10～20℃/h的速度升温到110～115℃，保温24～48h。

(2) 排除结晶水。以15～30℃/h的速度升温到350℃，保温24～48h。

(3) 均热阶段。以15～20℃/h的速度升温到600℃，保温16～32h。然后以20～40℃/h的速度升温到工作温度。构筑物断面大者升温速度取下限，保温取上限；小者相反。

7.1.4　浇注料的性质

浇注料的性质由所用原料决定，其中许多性质在相当大程度上取决于结合剂的品种和数量。另外，也在一定程度上受施工技术控制。

(1) 强度。浇注料粒状料的强度一般皆高于结合剂硬化体的强度和其同颗粒之间的结合强度，故浇注料的常温强度实际上取决于结合剂硬化体的强度。中温和高温下强度的变化，也主要发生于或首先发生于结合剂硬化体中，故可认为高温强度也受结合剂控制。由于结合剂硬化体的强度受温度影响而变化，故由浇注料构成的制品或构筑物的内部结构在服役中变成具有不同强度层的层状结构。这种因水泥石分解脱水使结构疏松和因形成层状结构并使其易于剥落的状况，往往是水泥制成的浇注料损毁的主要因素之一。

(2) 耐高温性能。若所选用的粒状和粉状料具有良好的耐火性，而结合剂的熔点既高又不至于和耐火物料发生反应形成低熔物，则浇注料必定具有相当高的耐火性。若所用粒状和粉状料的材质一定，则浇注料的耐高温性能在相当大程度上受结合剂控制。如在一般铝酸钙水泥所配制的浇注料中，多数或绝大多数易熔组分总是包含在水泥石中，所以水泥的用量对浇注料的耐火度和软化温度等高温性质的影响也十分显著。铝酸钙水泥浇注料中水泥的质量分数对其耐火度的影响如图 7-4 所示。磷酸盐和水玻璃结合者也有类似影响。另外，浇注料硬化后的高温体积稳定性较低和抗渣性较差等特点也与此有关。一般来说，浇注料的抗热震性较同材质的烧结制品优越。这主要是由于浇注料硬化体的结构特点，能吸收或缓冲热应力和应变。

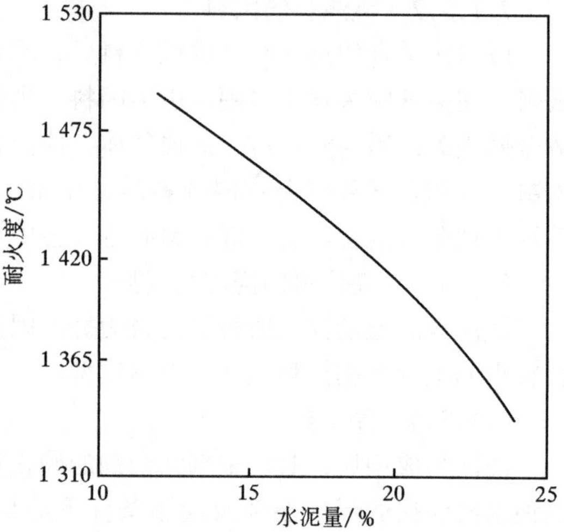

图 7-4　浇注料的耐火度与水泥质量分数的关系

7.1.5　浇注料的应用

浇注料是目前生产与使用最广泛的一种不定形耐火材料，主要用于构筑各种加热炉内衬等整体构筑物。某些由优质粒状料和粉状料组成的品种也可用于冶炼炉。如铝酸钙水泥浇注料，可广泛用于各种加热炉和其他无渣、无酸碱侵蚀的热工设备中。磷酸盐浇注料根据耐火粉粒料的性质既可广泛用于加热金属的均热炉和加热炉中，也可用于出铁钩、出钢口以及炼焦炉、水泥窑中直接同熔融金属和高温热处理物料接触的部位。冶金炉和其他容器中的一些部位，使用优质磷酸盐浇注料进行修补也有良好效果。在一些工作温度不甚高，要求耐磨损的部位，使用磷酸盐浇注料更为适宜。若选用刚玉质或碳化硅耐火物料制成浇注料，一般在还原气氛下皆有较好的效果。若在浇注料中加入适当钢纤维构成钢纤维浇注料，则耐撞击和耐磨损，使用效果很好。

7.2　可塑耐火材料

可塑耐火材料是由粒状和粉状物料与可塑黏土等结合剂和增塑剂配合，加少量水分，经充分混练，形成一种呈硬泥膏状并在较长时间内保持较高可塑性的不定形耐火材料。

粒状和粉状料是可塑料的主要组分，其质量分数一般为 70%～85%。它可由各种材质的耐火原料制成，常依材质对可塑料进行分类并命名。由于这种不定形耐火材料主要用于不直接与熔融物接触的各种加热炉中，一般多采用黏土熟料和高铝质熟料。轻质可塑料可由轻质粒状料制得。

可塑性黏土是可塑料的重要组分，其质量分数只有 10%～25%，但对可塑料和其硬化体的结合强度，对可塑料的可塑性，对可塑料和其硬化体的体积稳定性、耐火性都有很大影响。在一定意义上，可认为黏土的性质和数量控制着可塑料的性质。

7.2.1　可塑料的性质

7.2.1.1　可塑料的工作性

可塑料一般要求具有较高的可塑性，而且经长时间储存后，仍具有一定的可塑性。

可塑性除与黏土特性及其用量有关以外，主要取决于水分的数量，它随水量的增多而提高。但水量过多会带来不利的影响，一般以5%～10%为宜。

为了尽量控制可塑料中的黏土用量和减少用水量，可外加增塑剂。其增塑作用可能有以下几种：使黏土颗粒的吸湿性提高，使黏土微粒分散并被水膜包裹；使黏土中腐殖物分散并使黏土颗粒溶胶化；使黏土-水系统中的黏土微粒间的静电斥力增高，稳定溶胶；将阻碍溶胶化的离子作为不溶性的盐排除于系统之外等。可作为增塑剂的材料很多，如纸浆废液、环烷酸、木素璜酸盐、木素磷酸盐、木素铬酸盐以及其他无机和有机的胶体保护剂等。

欲使可塑料的可塑性在其保存期内无显著降低，不能采用水硬性结合剂。

7.2.1.2　可塑料的硬化与强度

为了克服以软质黏土作结合剂的可塑料在施工后硬化缓慢和常温强度过低等缺点，往往加入适量的气硬性和热硬性给合剂。如硅酸钠、磷酸盐和氯化盐等无机盐及其聚合物。

可塑料中无化学结合剂者称普通可塑料。此种可塑料在未烧结前的强度很低，但随温度升高和水分逸出而提高。经高温烧结后，冷态强度增大。在高温下热态强度随温度上升而降低。各种温度下的冷态和热态强度如图7-5所示。

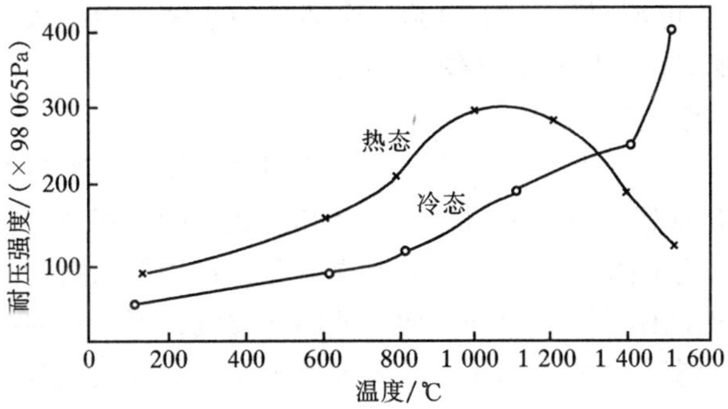

图7-5　普通可塑料在不同温度下的耐压强度

加有硅酸钠的可塑料在施工后的强度随温度升高而增长较快，在施工后可较快地拆模。但是，在干燥过程中，这种结合剂可能向构筑物或制品的表面迁移，不利于水分的顺利排除，引起表皮产生应力和变形。另外，施工后的可塑料碎屑也不宜再用。含有此种结合剂的可塑料宜用于建造工期较长的大型窑炉和炉顶等处。

磷酸铝是可塑料中使用最广泛的一种热硬性结合剂。施工后经干燥和烘烤可获得很高的强度。

7.2.1.3　可塑料在加热过程中的收缩

可塑料中含有较多黏土和水分，在干燥和1 000℃以上加热过程中，往往产生很大的干缩和烧缩。如不加助胀剂的可塑料干缩4%左右；在1 100～1 350℃下出现的总收缩可达7%左右。为防止收缩，减少其危害，还需另外采用助胀剂，即在黏土和配料的其他细粉中加入在热处理或使用过程中可能发生膨胀的物质，以抵消黏土产生的收缩。通常，多在配料的细粉中加入适量(5%～15%)的蓝晶石细粉。蓝晶石在1 380℃左右分解形成莫来石和 SiO_2 时，急剧产生 15%～20%的体积膨胀，可抵消可塑料中基质部分的高温收缩。此种可塑料在加热时的变形如图 7-6 所示。

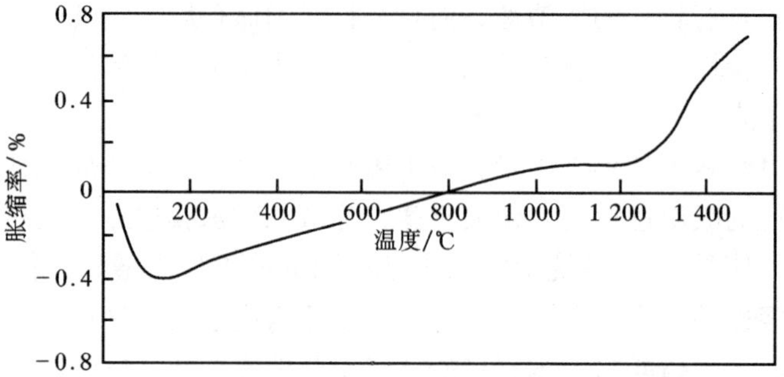

图 7-6　可塑料的加热变形

可塑料中加入少量蓝晶石虽可抵消一部分在高温下产生的收缩，但干燥收缩仍然存在。为了解决在热处理或第一次使用时未达烧结前的体积稳定，有时还可加入适量的小于 1μm 的超细粉，如刚玉、锆英石和石英等超细粉，以代替部分黏土，既对减少收缩有所裨益，对高温负荷能力也有提高。

一般而言，由于可塑料中含有相当数量的黏土，其高温负荷下的变形较其他不定形耐火材料为高，故常将体积稳定性视为一项重要技术指标，并作为质量分级的主要内容。如有的国家规定，高级黏土质可塑料加热到1 400℃冷却后的收缩率应不大于 4%；特级黏土质可塑料加热到 1 600℃冷却后的收缩率应在 2.5%以下。

7.2.1.4　可塑料的抗热震性

与相同材质的烧结耐火制品和其他不定形耐火材料相比，可塑料的抗热震性较好。其主要原因有几方面：由硅酸铝质耐火原料作为粒状和粉状料的可塑料，在加热过程中和在高温下使用时，不会产生由于晶型转化而引起的严重变形；在加热面附近的矿物组成为莫来石和方石英的细小结晶，玻璃体较少，沿加热面向低温侧过渡，可塑料的结构和物相递变而非激变；可塑料具有均匀的多孔结构，膨胀系数和弹性模量一般都较低等。

7.2.2　可塑料的配制和使用

可塑料的配制过程：一般先配料，再混练、脱气并挤压成条，最后经切割或再挤压成块、饼或其他需要的形状，密封储存，供应使用。有的也采用其他密实化手段，如经振实、压实等制成料块。

可塑料在施工时勿需特别的技术。当用以制成炉衬时，将可塑料由密封容器中取出，铺在吊挂砖或挂钩之间，用木锤或气锤分层(每层厚 50～70mm)捣实即可。在尚未硬化前，可进行表面加工。为便于使其中水分排出，每隔一定间隔打通气孔。最后根据设计预留胀缩缝。若用以制整体炉盖，可先在底模上施工，经干燥后再吊装。

可塑料特别适用于各种加热炉、均热炉、退火炉、渗碳炉、热风炉、烧结炉等，也可用于小型电弧炉的炉盖、高温炉的烧嘴及其他类似的部位。使用温度主要依所用粒状和粉状料的品质而异。如普通黏土质者可用于1 300～1 400℃温度下；优质者用于1 400～1 500℃；高铝质者用于1 600～1 700℃，甚至更高；铬质者1 500～1 600℃。

7.3 其他不定形耐火材料

在不定形耐火材料中，除上述浇注料和可塑料以外，广泛使用的品种还有捣打料、喷射料和投射料以及耐火泥。

7.3.1 捣打料

捣打料是由耐火原料制成的粒状和粉状料，常含有适当的结合剂，经合理级配和混练而制成，呈松散状。与干硬性的浇注料相似，但有的并无自硬性结合剂。通常，需经强力捣打的方式施工。

7.3.1.1 捣打料的组成

捣打料中粒状和粉状料所占的比例很高，而结合剂和其他组分所占的比例很低，甚至全部由粒料、粉料组成。故粒状和粉状料的合理级配是重要的一环。

粒料、粉料可由各种材质制成，依使用需要而定。无论采用何种材质，由于捣打料主要用于与熔融物直接接触之处，要求粒料、粉料必须具有高的体积稳定性、致密性和耐侵蚀性。通常，两者都采用经高温烧结或熔融的材料，用于感应电炉者还应具有绝缘性。

在捣打料中常依粒料、粉料的材质和使用要求选用适当的结合剂。有的捣打料不用结合剂，或只加少量助熔剂以促进其烧结。在酸性捣打料中常用硅酸钠、硅酸乙酯和硅胶等结合剂。其中干式捣打料以使用硼酸盐居多。碱性捣打料常用镁的氯化盐、硫酸盐、磷酸盐及其聚合物，也常使用含碳较高且在高温下可形成碳结合的有机物沥青和树脂以及暂时性的结合剂。如白云石、镁碳质捣打料多由沥青或树脂结合。其中干式捣打料多加适当含铁的助熔剂。铬质捣打料也常用芒硝。高铝质和刚玉质捣打料常使用磷酸和铝的酸式磷酸盐、氯化盐和硫酸盐等水溶液，也可用暂时性结合剂。黏土质捣打料有时仅加适当软质黏土，或再加少量上述结合剂。含碳质捣打料主要使用形成碳结合的结合剂。在捣打料中不用各种水泥。

捣打料中一般不加增塑剂和缓凝剂之类的外加剂，所含水分也较低。当采用非水溶性有机结合剂时，混合料中无水。在有些捣打料中，还使用耐火纤维作为增强材料。

7.3.1.2 捣打料的性质

与同类材质的其他不定形耐火材料相比，捣打料呈干的或半干的松散状，多数在成型之前无黏结性，因而只有以强力捣打才可获得密实的结构。用暂时性结合剂制成的多数捣打料未烧结前的常温强度较低，只有在加热达到烧结时，强度才可显著提高。用化学结合剂和由含碳结合剂制成的捣打料，经适当热处理后，使结合剂产生强力结合作用或使其中的含碳化合物焦化后才获得高的强度。

捣打料的耐火性和耐熔融物侵蚀的能力，可通过选用优质耐火原料，采用正确配比和强力捣实而获得。同浇注料和可塑料相比，高温下它具有较高的稳定性和耐侵蚀性。但是，其使用寿命在很大程度上还取决于使用前的预烧或在第一次使用时的烧结质量。若加热面烧结为整体而无龟裂并与底层不分离，则使用寿命可得到提高。

7.3.1.3 捣打料的施工和使用

捣打料可在常温下施工，但当采用热塑性有机材料作结合剂时，要热拌和热捣施工。

成型后，针对混合料的硬化特点，采取不同加热方式促其硬化或烧结。对含无机质化学结合剂者，应根据结合剂硬化特性，采用相应的热处理方法，促其硬化，硬化达相当强度后可拆模烘烤；对含热塑性碳素结合剂者，待冷却使捣打料具有相当强度后再脱模。脱模后在使用前应迅速加热使其焦化。对不含常温和中温下硬化的结合剂，常在捣实后带模进行烧结，如硅质捣打料仅加1%～2%硼酸制造电感应炉炉衬时，将混合料填入铁心模外捣实后，即可通电加热烧结。捣打料炉衬既可在使用前预先烧结，也可在第一次使用时采取合适热工制度的热处理方法来完成。

捣打料主要用于与熔融物料直接接触的各种冶炼炉中作为炉衬材料。除用以构成整体炉衬外，也用以制造大型制品。

7.3.2 喷射耐火材料

喷射料以压缩气体为动力，用喷射机具喷射。喷射料广泛应用于冶金炉炉衬的修补，因此也常称喷补料。

自20世纪40年代初以来，随着喷射机具和技术的改进，喷射料有了很大的发展与提高，现已成为许多工业窑炉炉衬使用的一种最重要的不定形耐火材料。它既可在冷态下用于构筑和修补炉衬以及涂覆成保护层，更宜于用在热态下修补炉衬。冷态施工时，与浇注方式相比，它的工期短，在高空施工不需模型与支架，可获得结构致密的构筑物。热态下修补用之，由于损坏处及时修补，可延长炉衬使用寿命，使生产率得到提高，有时还可使耐火材料的单耗降低。

7.3.2.1 喷射料的组成

喷射料主要是由各种耐火的粒状和粉状料组成，含结合剂量一般较低，还往往含有适量助熔剂以促进烧结，多数还加有少量水分。

(1) 粒状和粉状料。应根据炉内可能达到的最高使用温度、温度波动范围、炉渣性质和对炉衬性质的要求来选定材质。当用于涂覆盖在其他炉衬之上时，其材质应与原炉衬相当，两者的化学性质、耐火度、高温强度和变形、线膨胀率等应相近。通常，根据粒状和粉状料的材质将喷射料分类，如常用的有高硅质、黏土质、高铝质、铬镁质、镁铬质、镁质、白云石质、碳化硅质和锆英石质等。

对粒状材料的极限粒度，应根据喷射机的结构和喷补层的厚度以及喷射方法(如湿法或干法)不同，适当选择。极限粒度选择不当，对喷射料与基底间的附着性和回弹损失有很大影响。回弹损失指喷射于基底之上时被弹回而未能附着于其上的那部分的数量。颗粒级配不仅对喷射层的结构密实性有影响，与附着性和回弹损失的高低也有很大关系。一般来说，湿式喷射料的颗粒过粗和粗粒过多或过少，对喷射层的密度都不利；而且颗粒粗和粗粒多往往导致回弹损失较大。可以认为，在一定范围内，附着率随细粉量的增加而提高。干式喷射料则相反，一般认为以粗粒较多而细粉较少为宜。通常湿法用粒状料的粒度多为0.5mm；干法用的可达6～7mm，甚至更大。

(2) 结合剂。除冷态喷射有时可使用水泥之外，热态喷射不宜采用水泥，因其高温附着性较差。快速凝结的化学结合剂，不仅可使喷射层迅速地获得必要的强度，而且会与底衬迅速地结合成牢固的整体，避免从炉衬之上滑落，因而应用较多。最常使用的如硅酸钠、磷酸盐和聚磷酸盐等，有的也用氯化盐或硫酸盐。其中，硅酸钠的附着率较高，但磷酸盐的中温强度很高且耐侵蚀性较强，因而应用最多。另外，也常用有机质结合剂。结合剂的用量应控制适当，特别是含低熔物较多者更应少用。否则，烧缩过大。

(3) 助熔剂。热态喷射除可加结合剂外，有的还另加或只加少量助熔剂，以利于其快速烧结。

(4) 水分。水分在喷射料中的作用有利有弊。加水较多，喷射料的黏度较小，有利于喷射操作，但对喷射层的体积稳定性、结构密实性、强度和抗热震性以及对炉子的热效率等却有不利影响。另外，对喷射层的形成过程也有不利作用，如热态喷射时，水分的汽化使喷射层的烧结延缓；冷态喷吹时，使喷射层的干燥速度降低。当加水不足时，喷射料缺乏黏结性，回弹损失大而附着率低。因此，喷射料的水分应根据对喷射层的质量和厚度的要求以及喷射机具的性能和操作技术等权衡确定。高的可达 25% 以上，低的为 16% 左右，直至完全采用干混合料，而仅在喷嘴端部混以少量水分进行喷射。

与湿法相比，干法用料不需预先混练，但喷射操作较复杂；喷射回弹损失多达 20% 左右；喷射层的厚度大，可达 50～60mm；喷射层的结构较致密和耐侵蚀性好。湿法用料必须预先混练，但喷射操作较简便；喷射回弹损失少，仅 5% 左右；喷射层厚度也较薄，一般仅 20～25mm；喷射层的结构致密性较低和耐侵蚀性较差。

7.3.2.2　喷射料的性质和应用

喷射料的附着性是其重要性质之一。就材料而言，影响与基底间附着性的最主要因素是混合料本身的黏结性。因此，凡可使物料的黏结性得到提高的措施都可使其与基底间的附着性提高。特别是结合剂的作用最为重要。在热态下不用结合剂进行喷补时，添加有助于烧结的助熔剂也对附着性有影响。

同浇注料相比，以喷射方式施工可获得高密实度和高强度的喷射层。两种施工方法对强度的影响尤以在常温和中温下最为显著。两种施工方法对冷态耐压强度的影响如图 7-7 所示。喷射施工强度较高的原因是混合料的各种颗粒具有很高的动量，可连续地喷射入底层材料之内，颗粒之间堆积紧密，嵌合牢固，从而形成强的结合。

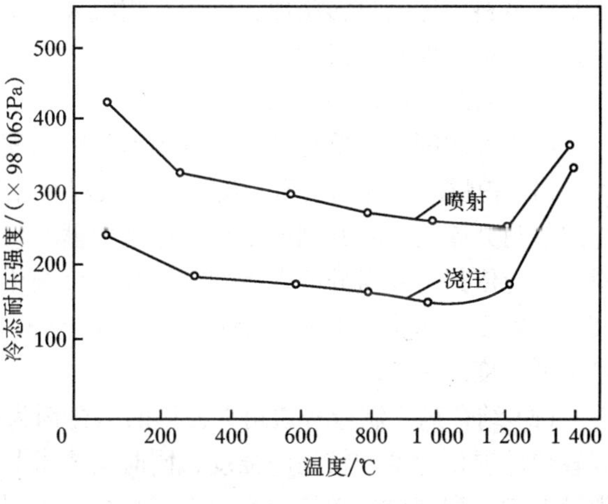

图 7-7　不同施工方法对耐火材料冷态强度的影响

喷射料的耐侵蚀性与材质有关。与浇注法相比，由于喷射施工可使构筑物的密度得到提高，因而耐侵蚀性也较高。

若喷射料中含水较少和结合剂用量较低，其收缩也较低。

7.3.2.3　喷射料的应用

喷射料是修补冶金炉的主要材料。在金属冶炼过程中，由于广泛采用此种材料对冶金炉及时进行合理的喷补，使炉衬寿命得到明显提高。一般而论，炉衬侵蚀面大，热态喷补以湿法较好；填补局部严重侵蚀的部位，用干法者较多。另外，在各种工业窑炉中，用此种材料喷射于被保护的基底材料上，作为保护层，也有很好的技术经济效果。

7.3.3　投射耐火材料

投射耐火材料的组成和性质与喷射料相同，只是将喷射施工法改为用高速运转的投射机具。以 50～60m/s 的线速度，将混合料投射于基底之上。主要适用于圆形的窑炉和容器，如常用以构筑整体性盛钢桶和铁水罐内衬。

7.3.4　耐火泥

耐火泥是由粉状物料和结合剂组成的供调制泥浆用的不定形耐火材料。主要用作砌筑耐火砖砌体的接缝和涂层材料。

7.3.4.1　耐火泥的作用

耐火泥用作接缝材料时，其质量优劣对砌体的质量有相当大的影响。它可以调整砖的尺寸误差和不规整的外形，以使砌体整齐和负荷均衡，并可使砌体构成坚强和严密的整体。以抵抗外力的破坏和防止气体、熔融液的侵入。当作为涂料时，其质量的好坏对保护层是否能使底层充分发挥其应有的效用和延长使用寿命有极密切的关系。

7.3.4.2　对耐火泥浆的基本要求

一般情况下，向耐火泥中加水或水溶液或焦油，调成泥浆。耐火泥浆必须具备良好的流动性和可塑性，便于施工；在施工和硬化后应具有必要的黏结性，以保证与砌体或基底结为整体，使之具有抵抗外力和耐气、渣侵蚀的作用；应具有与砌体或基底材料相同或相当的化学组成，以免不同材质间发生危害性的化学反应，并避免从耐火泥处首先蚀损；应有与砌体或基底材料相近的热膨胀性，以免互相脱离，使耐火泥层破裂；体积要稳定，以保证砌体和保护层的整体性和严密性。

7.3.4.3　耐火泥的配制

耐火泥的配制主要是制备和选用粉状料和配结合剂。

(1) 粉料。可选用材质与砌体或基底材料相同或相近的各种烧结充分的熟料和其他体积稳定的耐火原料，将其制成细粉。通常根据粉料的材质将耐火泥分类。有时对相同材质的原料，还应依其主要组分的含量划分等级，分级生产和使用。粉状料的粒度依使用要求而定。其极限粒度一般小于 1mm，有的还小于 0.5mm 或更细，按砖缝或涂层厚度而定，一般不超过最低厚度的 1/3。

(2) 结合剂。制造普通耐火泥用的结合剂为塑性黏土。欲要求耐火泥在常温和中温下具有较快的硬化速度和较高的强度，同时又要求其在高温下仍具有优良性质，应掺入适当的化学结合剂，配制成化学结合耐火泥或复合耐火泥。化学结合耐火泥依结合剂的凝结硬化特点分为气硬性耐火泥、水硬性耐火泥和热硬性耐火泥。气硬性耐火泥常用硅酸钠等气硬性结合剂配制；水硬性耐火泥以水泥作结合剂制成；热硬性耐火泥常用磷酸和磷酸盐等热硬性结合剂配成，此种耐火泥浆硬化后除在各种温度下都具有较高强度外，收缩小，接缝严密，耐侵蚀性强。

7.3.4.4　耐火泥的应用

在工业窑炉中，根据砌筑体的性质、使用环境和施工特点分别选用各种耐火泥。常用的几种耐火泥的组成和用途如表 7-3 所示。

表 7-3　**常用耐火泥的组成和用途**

种类		组成			最高使用温度/℃	用途
		粉状料	可塑料	结合剂		
普通耐火泥	硅　质	软质硅石、烧硅石		软质黏土、膨润土		硅砖砌体的接缝和修补
	半硅质	蜡石、硅质黏土		软质黏土、蜡石质黏土		半硅质砌体的接缝和修补
	黏土质	硬质黏土熟料		软质黏土		黏土砖砌体的接缝
	高铝质	高铝熟料		软质黏土、膨润土、有机结合剂		高铝砖砌体的接缝
	铬　质	铬矿、铬砖屑		膨润土、软质黏土		铬砖、铁壳砖的接缝
	镁　质	镁砂		膨润土		镁砖砌体的接缝
化学结合耐火泥	硅　质	软质硅石、烧硅石	软质黏土	硅酸钠、磷酸铝等	1 400～1 600	焦炉、气体反应器用硅砖的接缝和修补
	黏土质	硬质黏土熟料	软质黏土	硅酸钠、磷酸铝等	1 200～1 500	锅炉、焦炉、换热器、高炉、热风炉、均热炉等高铝砖砌体的接缝和修补
	高铝质	高铝熟料	软质黏土	硅酸钠、磷酸铝等	1 600	均热炉、高炉、加热炉等高铝砖砌体的接缝和修补
	碳化硅质	碳化硅	软质黏土	硅酸钠、磷酸铝等	1 550	碳化硅砖的接缝和修补

第 8 章

绝热材料

绝热耐火材料是指能起绝热作用的天然或人工制造的耐火材料，又称之为保温材料或轻质材料。应用绝热材料的根本目的在于降低高温热工设备砖砌体的热损失，提高热效率，增加产量，降低能源消耗。

高温热工设备，如冶金炉窑，通过炉体的散热损失约占总供给热量的 15%～45%。当砌筑炉体应用绝热材料以后，就可以显著地减少此种热损失，节约燃料消耗量。而且，合理应用绝热材料后，可缩短炉窑的加热和冷却时间，提高炉子的周转率，有利于强化冶炼和提高产品质量，并使炉体结构轻型化，简化炉体的钢结构，以及改善劳动条件和工作环境。

高温炉窑通过炉墙的热损失，有炉墙以导热的形式向外散热和砖砌体的蓄热损失两种形式。连续性操作炉窑以散热损失为主，间歇式操作的热工设备主要是蓄热损失。所以要针对热损失的形式，合理选择和应用绝热材料。

轻质绝热材料既可使以导热方式散失的热量减少，又可使因蓄热损失的热量减少，从而获得最佳节能效果。

8.1 绝热材料的特征与分类

8.1.1 绝热材料的主要特征

绝热材料的主要特征为：气孔率高，一般为 65%～78%；体积密度小，一般不超过 1.3g/cm^3，目前工业上常用体积密度为 0.5～1.0g/cm^3；热导率小，多数小于 1.26W/(m·℃)；重烧收缩率小，一般不超过 2%。因此，绝热材料也称为轻质隔热材料。

8.1.2 绝热材料的分类

8.1.2.1 按使用温度分类

(1) 低温绝热材料。使用温度低于 900℃。主要制品有硅藻土砖、石棉、膨胀蛭石、矿渣棉等。

(2) 中温绝热材料。使用温度为 900～1 200℃。主要制品有硅藻土砖、膨胀珍珠岩、轻质黏土砖及耐火纤维等；

(3) 高温绝热材料。使用温度高于1 200℃，主要制品有轻质高铝砖、轻质刚玉砖、轻质镁砖、空心球制品及高温耐火纤维制品等。

8.1.2.2　按体积密度分类

(1) 一般绝热材料。体积密度不大于1.3g/cm^3。

(2) 常用绝热材料。体积密度为0.5～1.0g/cm^3。

(3) 超轻绝热材料。体积密度小于0.3g/cm^3。

8.1.2.3　按制造方法分类

(1) 用多孔材料直接制取的制品。如硅藻土及其制品。

(2) 用可燃加入物制得的制品。如在泥料中加入容易烧烬的锯末、炭粉等，使烧结制品具有一定的气孔率，主要制品为轻质砖。

(3) 用泡沫剂制得的制品。在泥浆料中加入起泡剂(如松香皂)，并用机械方法处理制得多孔轻质耐火制品。

(4) 用化学法制取的制品。在泥浆料中加入碳酸盐和酸，苛性碱或金属铝和酸等，借助于化学反应产生的气体使制品形成气孔而制得。

(5) 轻质耐火混凝土。

(6) 耐火纤维及制品。

此外，还可按原料分为黏土质、高铝质、镁质和硅质绝热材料。

8.2　轻质耐火材料的绝热条件

绝热材料之所以能绝热，其根本原因是材料的导热性差。全部绝热材料的热导率都很小。

8.2.1　常温下轻质耐火材料的绝热条件

绝热材料是多相组合体。构成绝热材料的固相大多数是非金属氧化物(晶质和玻璃质)。它本身热导率并不一定很小，但当此种制品内存在许多气孔并充满气体时，由于气体的导热性很差，如空气在0℃时热导率为0.023W/(m·℃)，常温下热导率小于0.03W/(m·℃)，500℃时为0.06W/(m·℃)，从而使固相和气相构成热导率很低的轻质材料，或颗粒状材料间充满气体的散状材料，或纤维状材料间充满气体的棉、毡状材料，都具有很低的导热性。

8.2.2　高温下轻质多相材料的导热性

绝热材料的热导率与温度成直线关系，随温度的升高而增大，即

$$\lambda_t = \lambda_0 + bt \tag{8-1}$$

式中　λ_t——温度为t℃时的热导率，W/(m·℃)；

λ_0——温度为0℃时的热导率，W/(m·℃)；

b——温度系数。

由于轻质多相材料中含有大量的气相，轻质制品热导率随温度升高而增大的速度比致密

制品热导率的提高要慢。

8.2.3 轻质多相材料导热性与宏观结构的关系

轻质多相材料的热导率与体积密度成直线关系。随着体积密度的增大，固体粒子直接接触几率增加，热导率增大。

由于轻质多相材料由固相(晶质和玻璃质)和气相组成，其热导率与气孔率的关系为

$$\frac{\lambda_b}{\lambda_s}=\frac{P^{\frac{2}{3}}+\frac{\lambda_s}{\lambda_a}(1-P^{\frac{2}{3}})}{P^{\frac{2}{3}}-P+\frac{\lambda_s}{\lambda_a}(1-P^{\frac{2}{3}}+P)} \tag{8-2}$$

式中 λ_b——轻质多孔材料的热导率，W/(m·℃)；

λ_s——固体的热导率，W/(m·℃)；

λ_a——气孔内气体的热导率，W/(m·℃)；

P——轻质多相材料的气孔率，%。

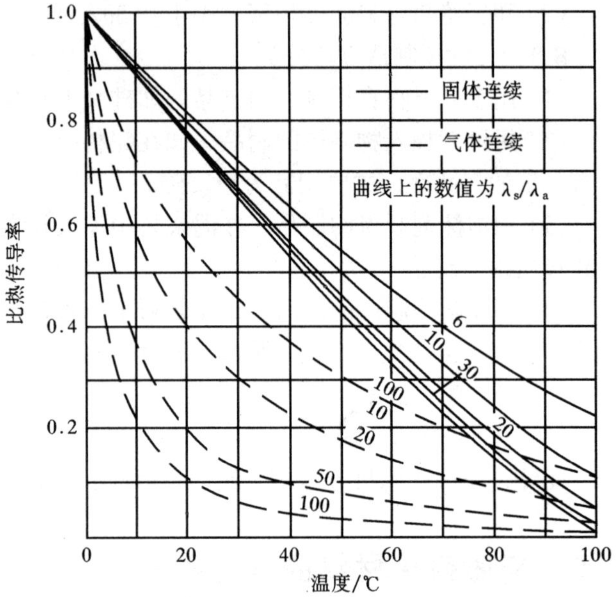

图 8-1 气孔率和热导率的关系

图 8-1 所示为轻质多相材料热导率与气孔率的关系。不难看出，轻质多相材料的热导率，随气孔率的增加几乎是直线下降。当气孔率达到一定值后，下降速度缓慢，以致趋于稳定。

热导率与气孔的大小也有关系。若气孔率小，气孔尺寸愈小，分布均匀，则增大气孔率，使热导率降低。当气孔率达到一定值后，气孔尺寸变大，增强了气孔壁间的热辐射和气孔内的气体对流换热，气孔率继续增大，对热导率的影响变小。可见，大气孔会使制品的绝热性能降低，尤其是在高温条件下更明显。气孔的尺寸对热导率的影响如图 8-2 所示。

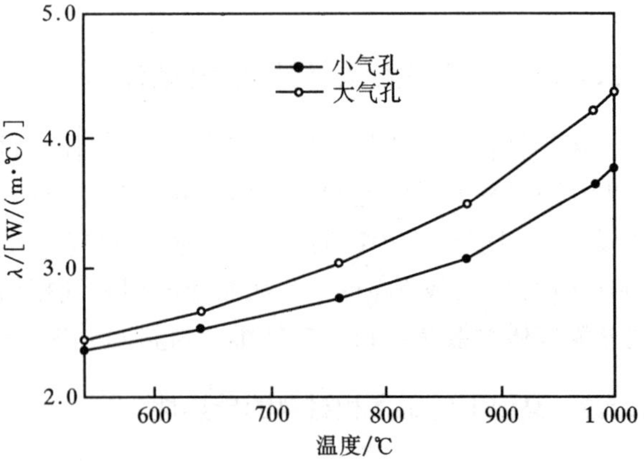

图 8-2 热导率和温度及气孔尺寸的关系

8.3　多孔轻质耐火制品

8.3.1　多孔轻质耐火制品的生产

多孔轻质耐火制品主要有轻质砖、空心球制品和轻质耐火混凝土。生产方法很多，但无论采用何种方法，根本目的在于制取气孔率高、气孔尺寸小、分布均匀、体积密度小、稳定性高、绝热性能好及强度较高的耐火制品。

8.3.1.1　燃烬加入物法

这是目前制造轻质耐火制品的常用方法。可用以生产轻质黏土砖、轻质高铝砖和轻质硅砖等。主要加入物为锯末、木炭和煤粉等，目前还加入聚氯乙烯空心球。泥料含水量为25%～35%，为改善其成型性能，混合好的泥料，须经困料。成型采用可塑法。料坯经干燥，于500～1 000℃氧化气氛中，将可燃物完全燃烬，最后在1 250～1 300℃下烧成。制品体积密度较大，一般为1.0～1.3g/cm^3，强度较高，使用温度可达1 350～1 400℃。

8.3.1.2　泡沫法

泡沫法主要用于生产轻质高铝砖。先将由高铝熟料、结合黏土或加锯末组成的混合料加水，制成含水25%～30%的浆状泥料，送入打泡机中制造泡沫，混合均匀，然后将泡沫饱和的泥浆进行浇注，连同模子一起干燥，在1 300～1 350℃下烧成。最后对烧制品进行修整，保证其尺寸准确。这种制品气孔率高，体积密度一般为0.9～1.0g/cm^3。

泡沫法采用的起泡剂主要是松香皂溶液，稳定剂用水胶和钾明矾调制而成。

8.3.1.3　化学法

化学法都是利用加入物在泥浆中发生化学反应产生气泡来实现的。如在泥浆中加入白云石和硫酸，就可发生化学反应产生气泡，其反应式为

$$MgCa(CO_3)_2 + 2H_2SO_4 = MgSO_4 + CaSO_4 + 2H_2O + 2CO_2\uparrow \qquad (8\text{-}3)$$

向有外加物的泥浆中加入促凝剂半水石膏($CaSO_4 \cdot 0.5H_2O$)，然后注入模中，在模中产生气泡，体积膨胀。促凝剂的加入量以浆料膨胀，升到模子指定位置凝固完毕为宜。连模一起干燥，脱模后，在1 240～1 300℃下烧成。

8.3.1.4　泡沫熟料法

泡沫熟料法先用化学法或泡沫法制成轻质多孔熟料(体积密度为0.90～1.01g/cm^3)作骨料，然后加一定量的结合剂(如结合黏土)，再在1 360～1 410℃下烧制成轻质耐火制品。

8.3.1.5　耐火空心球及制品

以耐火物料构成空心球的散状耐火材料称为耐火空心球。目前，应用较多的是氧化铝空心球和氧化锆空心球。此外，还有玻璃、陶瓷和炭素空心球等。将耐火空心球再结合可制成各种空心球制品。

由于耐火空心球耐高温、保温性能好，有较好的抗热震性能和较高的强度，受到特别的重视。氧化铝、氧化锆及炭素空心球制品最高使用温度可达1 800℃以上。可用作钼丝炉、二硅化钼炉等高温电炉炉衬、高温火焰炉内衬、连铸用水口及真空感应电炉的充填材料。

空心球的生产，最常用的为电熔喷吹法，即将原料(如工业氧化铝)在电炉内熔融成液态，

用压缩空气或高压蒸汽喷吹成直径不等的空心散状球体。另外，也可用易燃烬的树脂等有机物作成球体，然后在球表面上喷洒黏结剂，再在其上黏附上一层耐火细粉，如氧化铝粉，经干燥并烧成，有机物烧失，残留壳体即为空心球。若生产氧化锆空心球，则以氧化锆为原料，加质量分数为4%～6%的 CaO 作稳定剂，然后采用电熔喷吹法制取空心球。空心球喷制如图 8-3 所示。

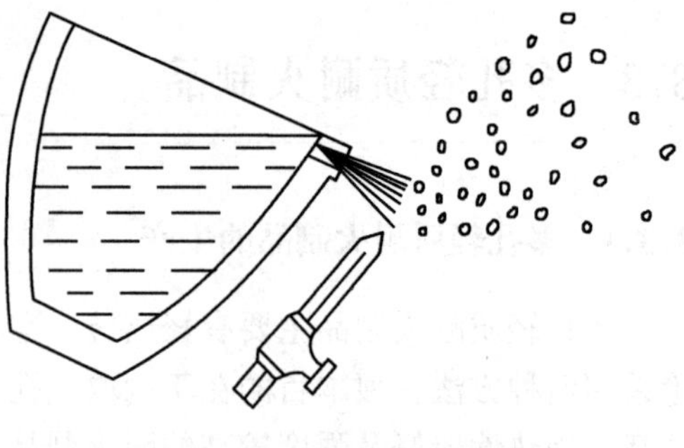

图 8-3　空心球喷制示意图

8.3.2　多孔轻质制品的性质

8.3.2.1　轻质硅砖

轻质硅砖是以硅石为原料，采用燃烬加入物法或化学法制成的含 SiO_2 的质量分数大于91%的多孔轻质砖，也可制成不烧制品。

轻质硅砖的一些性能与致密硅砖接近。其体积密度较小，为 0.90～1.10g/cm³；耐压强度较低，为 1.96～5.83MPa；导热性较低，350℃时热导率为 3.40～4.19W/(m·℃)；抗热震性有所提高；高温下有微小的残余膨胀，1 450℃时的膨胀率小于 0.2%。

8.3.2.2　轻质黏土砖

轻质黏土砖是含 Al_2O_3 的质量分数为 30%～48%的具有多孔结构的轻质耐火制品。主要是采用可塑泥料燃烬加入物、泥浆泡沫法或化学法制成的多孔制品。

轻质黏土砖的体积密度为 0.75～1.20g/cm³；耐压强度为 0.98～5.88MPa；300℃时热导率为 0.795～2.93W/(m·℃)。使用温度一般为 900～1 250℃，最高使用温度为1 200～1 400℃，我国轻质黏土砖的性能如表 8-1 所示。

表 8-1　　我国轻质耐火材料的性能指标

性　能	NG-1.5	NG-1.3a	NG-1.0	NG-0.8	NG-0.6	NG-0.4
体积密度/(g/cm³)	≤1.5	≤1.3	≤1.0	≤0.8	≤0.6	≤0.4
常温耐压强度/MPa	≥5.88	≥4.41	≥2.94	≥2.45	≥1.47	≥0.98
重烧线变化不大于 2%的试验温度/℃	1 400	1 400	1 350	1 250	1 200	1 150
热导率(350±25℃)/[W/(m·℃)]	≤0.7	≤0.60	≤0.5	≤0.35	≤0.25	≤0.20
允许使用温度/℃	1 400	1 300	1 300	1 250	1 200	1 150

8.3.2.3　轻质高铝砖

轻质高铝砖指含 Al_2O_3 的质量分数大于 48%，主要由莫来石与玻璃相或刚玉相与玻璃相组成的具有多孔结构的耐火制品。其性能优于轻质硅砖和轻质黏土砖。

轻质高铝砖的性能如表 8-2 所示。气孔率为 66%～76%，体积密度为 0.4～1.35g/cm³；耐压强度 0.145～0.784MPa；350℃和 500℃下热导率分别为 0.2～0.5W/(m·℃)和 2.9～5.82W/(m·℃)；重烧线变化小；抗热震性较好。可以长期在1 250～1 350℃下使用，最高使用温度为1 350～1 650℃。当 Fe_2O_3 和 SiO_2 的质量分数小时，能抵抗 H_2，CO 等还原性气体的作用。用轻质高铝砖砌筑的炉内可以通入氢、氮、甲烷等保护性气体，使被处理的工件不发生氧化。轻质高铝砖是加热炉、退火炉用的优质节能型筑炉材料。

采用工业氧化铝及高铝矾土等原料生产的轻质高铝砖和轻质刚玉砖耐火度高达 1 800℃，

最高使用温度可达1 250℃。

表 8-2 轻质高铝砖的性能指标

性 能	NG-1.0	NG-0.9	NG-0.8	NG-0.7	NG-0.6	NG-0.5	NG-0.4
化学组分的质量分数/%							
Al_2O_3	48	48	48	48	48	48	48
SiO_2	2.0	2.0	2.0	2.0	2.0	2.0	2.0
体积密度/(g/cm³)	≤1.0	≤0.9	≤0.8	≤0.7	≤0.6	≤0.5	≤0.4
常温耐压强度/MPa	≥3.92	≥3.43	≥2.94	≥2.45	≥1.96	≥1.47	≥0.78
重烧线变化不大于2%的试验温度/℃	1 400	1 400	1 400	1 350	1 350	1 250	1 250
热导率(350±25℃)/[W/(m·℃)]	≤0.5	≤0.45	≤0.35	≤0.35	≤0.30	≤0.25	≤0.250

8.3.2.4 轻质混凝土

轻质混凝土是用轻质骨料和粉料，加胶结剂、外加剂，按一定数量比配合和制成混合料，直接浇注成具有多孔结构的整体式炉衬或制成多孔制品。它除具有混凝土的特性外，还具有绝热、保温和体轻等轻质材料的性能，并有一定的承重能力。目前，这种材料发展较快，应用较广。

轻质混凝土的种类很多，可按轻质骨料种类和胶结剂种类以及施工方法划分。

按轻质骨料的种类分为膨胀珍珠岩轻质混凝土、膨胀蛭石轻质混凝土、空心球耐火混凝土、陶粒轻质混凝土及复合轻质骨料混凝土等。轻质混凝土的性能主要与轻质骨料、粉料及胶结剂的性能和用量有关。轻质骨料在混凝土中起着骨架和主体作用，其种类、级配等直接影响制品的强度、体积密度、导热能力及其他耐火性能。粉料多是和骨料同一材质的细粒物料。制品中掺加一定量的粉料，可使制品的强度有较大的提高，对体积密度影响不大。

按胶结剂种类分为水泥胶结轻质混凝土、无机物胶结轻质混凝土、有机物胶结轻质混凝土和复合胶结轻质混凝土。胶结剂起胶结作用，其性能和用量影响制品的强度、体积密度及重烧线变化和使用温度。常用的胶结剂有硅酸盐水泥、铝酸盐水泥、水玻璃、磷酸、磷酸盐、火山灰水泥和硫酸铝等。

按施工方法分为轻质骨料混凝土、泡沫轻质混凝土和加气轻质混凝土。加气耐火混凝土是用耐火粉料、胶结剂和外加剂按比例配合，采用化学法制造的具有多孔结构的耐火混凝土。它具有强度高、导热能力低、体积密度小和使用温度较高等优点。

硅酸盐水泥和铝酸盐水泥轻质混凝土的性能如表8-3和表8-4所示。

表 8-3 硅酸盐水泥轻质混凝土性能

质量配合比	荷重软化温度/℃	烧后耐压强度/MPa	烧后线变化/%
火山灰水泥:黏土砖粉:硅藻土砖粉:轻质黏土砖粉 1 : 0.5 : 0.45 : 0.3	780	6.96(780)* 8.72(1 010)	-0.5(500)*
火山灰水泥:黏土砖粉:硅石砂:硅石块 1 : 0.5 : 0.45 : 0.3	800	0.98(900) 1.57(110)	-0.61(700) -0.28(300)
火山灰水泥:黏土砖粒:轻质黏土砖砂:轻质黏土砖块 1 : 0.5 : 0.78 : 1.52	1 100	3.53(900) 5.98(110)	-0.40(900) -0.06(300)
硅酸盐水泥:黏土砖粉:硅藻土砖粉:轻质黏土砖粉 1 : 0.5 : 0.78 : 1.52	1 130	4.41(900) 9.11(300)	-0.34(900) -0.11(300)

续表 8-3

质量配合比	体积密度/(g/cm³)	最高使用温度/℃	水灰比
火山灰水泥∶黏土砖粉∶硅藻土砖粉∶轻质黏土砖粉 1 ∶ 0.5 ∶ 0.45 ∶ 0.3	1.10	500	1.20
火山灰水泥∶黏土砖粉∶硅石砂∶硅石块 1 ∶ 0.5 ∶ 0.45 ∶ 0.3	0.74	600	1 600
火山灰水泥∶黏土砖粒∶轻质黏土砖砂∶轻质黏土砖块 1 ∶ 0.5 ∶ 0.78 ∶ 1.52	1.36	800	0.93
硅酸盐水泥∶黏土砖粉∶硅藻土砖粉∶轻质黏土砖粉 1 ∶ 0.5 ∶ 0.78 ∶ 1.52	1.38	900	0.93

注：表中括号内数值为对应烧成温度,℃。

表 8-4　　铝酸盐水泥及水玻璃轻质混凝土性能

质量配合比	烧后线变化/%			荷重软化温度/℃	
				开始	4%
矾土水泥∶蛭石砂∶蛭石块 1 ∶ 0.47 ∶ 0.21	−0.20(300)*	−0.51(900)*		900	1 060
矾土水泥∶陶粒砂∶陶粒 1 ∶ 0.34 ∶0.83	−0.13·(300)	−0.17(900)		1 050	1 120
矾土水泥∶珍珠岩∶轻质高铝砖粉 1 ∶ 2 ∶ 2	−0.28(500)	−0.36(800)	0.36(1 300)	1 230	1 310
水玻璃∶黏土硅粉∶陶粒砂∶陶粒 1 ∶ 1.4 ∶ 1.26 ∶1.61	−0.07(300)	+0.13(900)		950	970
硅石块∶黏土砖粉∶膨胀蛭石砂∶膨胀蛭石块 1 ∶ 0.88 ∶ 0.32 ∶ 0.19	−0.20(300)	+0.12(800)		870	920
纯铝酸钙水泥∶氧化铝粉∶氧化铝空心球 1 ∶ 1.15 ∶ 2.85			+0.12(1 300)	1 520	>1 600

质量配合比	热导率/[W/(m·℃)]	体积密度/(g/cm³)	最高使用温度/℃	水灰比
矾土水泥∶蛭石砂∶蛭石块 1 ∶ 0.47 ∶ 0.21	1.96～3.88 (<400)	0.865	800	1.20
矾土水泥∶陶粒砂∶陶粒 1 ∶ 0.34 ∶0.83		1.32	900	1.00
矾土水泥∶珍珠岩∶轻质高铝砖粉 1 ∶ 2 ∶ 2	2.51～4.27 (<1 200)	1.05	1 300	0.93
水玻璃∶黏土硅粉∶陶粒砂∶陶粒 1 ∶ 1.4 ∶ 1.26 ∶1.61		1.39	800	
硅石块∶黏土砖粉∶膨胀蛭石砂∶膨胀蛭石块 1 ∶ 0.88 ∶ 0.32 ∶ 0.19		0.99	700	0.93
纯铝酸钙水泥∶氧化铝粉∶氧化铝空心球 1 ∶ 1.15 ∶ 2.85	3.37～8.88	1.60	1 600	0.93

注：表中括号内数值为对应烧成温度,℃。

8.3.2.5　其他轻质制品及性能

(1) 硅藻土制品。硅藻土制品是用天然硅藻土为原料制成的。天然硅藻土为藻类有机物腐败后形成的一种松软多孔矿物，具有良好的绝热性能。主要成分为 SiO_2，主要杂质有 MgO，Al_2O_3，Fe_2O_3 和 CaO 等。硅藻土制品的体积密度为 0.45～0.68g/cm³；气孔率大于

72%；耐压强度约为0.39～6.8MPa；400℃时热导率为0.19 ～0.938W/(m·℃)；耐火度约1 280℃；最高使用温度为900～1 000℃。

(2) 膨胀蛭石。膨胀蛭石是一种铁质、镁质含水硅酸盐类矿物，其组成为$(Mg \cdot Fe)_3 \cdot (H_2O) \cdot (Si \cdot Al \cdot Fe)_4O_{10} \cdot 4H_2O$。具有薄片状结构，层间含水的质量分数为5%～10%，受热后体积膨胀，形如蠕动水蛭，故名蛭石。体积膨胀率为10～30倍，膨胀后的体积密度为0.1～0.3g/cm^3，吸水率达40%，常温热导率为0.523～0.628W/(m·℃)，耐火度为1 300～1 370℃，使用温度为900～1 000℃。膨胀蛭石的主要性能如表8-5所示。

表8-5　膨胀蛭石的主要性能

性　　能	Ⅰ　级	Ⅱ　级	Ⅲ　级
体积密度/(g/cm^3)	0.1	0.2	0.3
允许工作温度/℃	1 000	1 000	1 000
热导率/[W/(m·℃)]	0.465～0.582	0.523～0.640	0.582～0.698
粒径/mm	2.5～2.0	2.5～2.0	2.5～2.0

(3) 石棉。石棉是一种具有纤维状结构，可分剥成微细而柔软的纤维物的总称。常用石棉为蛇纹石石棉(温石棉)，其化学组成为$3MgO \cdot 2SiO_2 \cdot 2H_2O$，并含有少量Fe，Al，Ca等杂质。纤维轴向抗张强度可达294MPa，加热到600～700℃时结构水全部逸出，强度降低，进而变脆、粉化和剥落。1 500℃下纤维熔融。

石棉制品热导率为1.21～3.024W/(m·℃)；介电性良好；具有耐热、耐碱、绝热、绝缘和防腐蚀等性能；可制成各种型材。最高使用温度为500～550℃，长期使用温度应低于500℃。

(4) 珍珠岩制品。珍珠岩是酸性玻璃质火山熔岩。将天然珍珠岩在400～500℃下脱水后急热至1 150～1 380℃，体积急剧膨胀，得到体积密度为0.04～0.065g/cm^3，导热系数为0.523W/(m·℃)的膨胀珍珠岩绝热材料。其耐火度为1 280～1 380℃，安全使用温度为800℃。膨胀珍珠岩制品具有化学稳定性好，绝热、隔声、防火、阻燃等特性。各种珍珠岩及其制品的性能如表8-6及8-7所示。

表8-6　常温下(25～50℃)膨胀珍珠岩性能

密度/(kg/m^3)	比热容/[kJ/(kg·℃)]	冷却率/(℃/h)	导温系数/(m^2/h)	热导率/[W/(m·℃)]
43.2	0.67	5.46	0.002 43	0.07 0 3
58.3	0.67	4.93	0.002 18	0.08 5 8
171	0.67	3.56	0.001 58	0.018 16
224	0.67	3.32	0.001 48	0.221 6

(5) 水渣和矿渣棉。水渣是冶金熔渣用冷水冲入水池急冷后得到的轻而疏松的散状粒料。矿渣棉则为熔融高炉渣用高压蒸汽喷射成雾状冷却后制成的纤维状渣棉。它们的主要特点是耐高温、热导率小，可制成疏松多孔的绝热制品。可在900℃以下使用。

(6) 漂珠。发电厂锅炉燃烧粉煤时产生的高温熔融煤灰骤冷形成的玻璃质球体，质地轻、中空、能漂于水面，故称漂珠。其矿物组成的质量分数为玻璃相约80%～85%，莫来石相10%～15%，其他5%。因其主要相组成为玻璃相，故在高温下易析晶，一般漂珠开始析晶温度为1 100℃。

表 8-7　各种珍珠岩制品性能

制品名称	结合剂	体积密度 /(g/cm³)	热导率 /[W/(m·℃)]	耐压强度 /MPa	使用温度 /℃
硅酸盐珍珠岩制品	耐火黏土 正磷酸	0.25～0.40	0.814～1.705 (600℃)	0.638～1.47	1 150
水玻璃珍珠岩制品	水玻璃	0.118～0.30	0.64～0.93	0.294～1.176	600～700
烧结黏土珍珠岩制品	40%～50% 耐火黏土	0.20～0.40	0.698～1.396	0.49～0.98	900
轻质珍珠岩制品	11%～15%水玻璃 (1.40～1.42)	0.10～0.20	0.523～0.814 (20±5℃)		600～700
碳化珍珠岩制品	石灰和水成型 碳化处理	0.20～0.30	0.582～0.814	0.294～0.98	<500
沥青珍珠岩制品	沥青	0.30～0.45	0.814～1.047 (20℃)		50～160
塑料珍珠岩制品	酚醛树脂 古马隆树脂	0.25～0.28	0.651～0.698	0.588～0.78	

漂珠可制成各种绝热制品。一些绝热砖性能如表 8-8 所示。它的耐火度为1 610～1 730℃；软化变形温度1 200～1 250℃；最高使用温度 900～1 200℃。

表 8-8　超轻高强度漂珠绝热砖性能

牌　号	$w(Al_2O_3)$/%	$w(Fe_2O_3)$/%	热导率 /[W/(m·℃)]	耐压强度 /MPa	最高使用温度 /℃
高铝质 0.4～1.3 系列	48～60	1～3	0.59～1.26	1.961	1 400
黏土质 0.4～1.3 系列	35～48	2～3	0.40～1.26	1.961～19.6	1 200～1 300

各种中低温绝热材料的共同特点是体积密度低，热导率小。几种常用材料的性能如表 8-9 所示。

表 8-9　超轻高强度漂珠绝热砖常用材料性能

牌　号	膨胀珍珠岩	膨胀蛭石	硅藻土	石　棉	矿渣棉
体积密度/(g/cm³)	0.045～0.065	0.1～0.2	0.35～0.95	0.6～0.8	0.1～0.3
热导率/[W/(m·℃)]	0.067～0.163	0.167	0.25	0.197	0.201
最高使用温度/℃	1 000	900～1 000	900	500	600

8.3.3　多孔绝热材料的应用

多孔轻质绝热材料只有在不超过其最高允许使用温度条件下，才能发挥绝热作用。因此，要根据炉窑的结构特点和工作条件、节能目的与要求、使用寿命的要求，合理选用绝热材料。例如铜反射炉，非工作层可以采用强度较高的轻质黏土砖或耐火纤维构筑，内衬因受熔渣的侵蚀和剧烈的火焰冲刷，只能用重质耐火砖砌筑，不能用多孔轻质绝热材料。绝热材料层应用在炉墙的外表面或是热面，其绝热效果不同。一般连续操作的炉窑，采用外绝热方式较合理，即在工作层用致密的耐火砖砌筑，而非工作层采用轻质砖，可显著降低散热损失，节能率达10%以上，并且保证了炉墙的强度和稳固性。间歇式操作的炉窑，如果采用外绝热，虽然散热损失减少了，但蓄热损失的增加有时会超过散热损失，因此多采用内绝热方式，以减少蓄热损失。有的非熔炼炉的炉墙甚至全部采用轻质砖砌筑，节能效果显著。

根据多孔轻质绝热材料的性能和特点，使用中应充分注意以下问题。

(1) 抗渣性差，不能直接与熔体(熔渣和金属液)接触，不能与高温高速炉尘接触。熔炼炉炉墙内衬原则上不宜采用多孔轻质材料，渣线以上部位慎用。

(2) 重烧收缩大，使用温度应低于烧成温度50～100℃。

(3) 力学强度和耐磨性能较差，不能用于启开频繁和震动强烈的部位，不能重载重压，要防撞防碰。在砌筑时膨胀缝布置要合理，以防膨胀挤碎。

8.4　耐火纤维及其制品

耐火纤维是纤维状的耐火材料，是一种高效绝热材料。它既具有一般纤维的特性，如柔软、强度高，可加工成各种纸、带、线绳、毡和毯等，又具有普通纤维所没有的耐高温、耐腐蚀和大部分抗氧化的性能，克服了一般耐火材料的脆性。目前，耐火纤维的生产和应用得到了迅速的发展，各种高温炉窑应用耐火纤维后，节能效果非常显著。

8.4.1　耐火纤维的特点

(1) 耐高温。最高使用温度可达1 250～2 500℃。最常用的石棉仅为500～550℃，矿渣棉为580～830℃，而硅酸铝质纤维达1 000℃以上。

(2) 导热能力低。耐火纤维在高温下导热能力很低，如1 000℃时，硅酸铝质纤维的导热能力只有黏土砖的20%，为轻质黏土砖的38%。

(3) 体积密度小。0.1～0.2g/cm^3，是一般黏土砖的1/20～1/10，为轻质黏土砖的1/10～1/5。因此，工业炉窑应用耐火纤维代替耐火砖，可使炉体质量减轻，炉墙厚度变薄。如加热炉采用纤维炉衬，可使原重质炉衬减轻80%。

(4) 化学稳定性好。除强碱、氟、磷酸盐外，几乎不受化学药品的侵蚀。

(5) 抗热震性好。无论是纤维材料或是制品，均有耐火砖无法比拟的良好的抗热震性。

(6) 热容量低。纤维材料的热容量只有耐火砖的1/72，为轻质黏土砖的1/42。用耐火纤维作炉衬，蓄热损失小，节省燃料，升温快，对间歇式作业炉窑尤为明显。

(7) 柔软、易加工。可制成多种产品和任意形状部件，施工方便，劳动强度低，效果好。

8.4.2　耐火纤维的生产方法

(1) 熔融喷吹法。将原料在高温电炉内熔融，形成稳定的流股引出，用压缩空气或高压蒸汽喷吹成纤维丝。

(2) 熔融提炼法和回转法。高温炉熔融物料形成流股，再进行提炼或通过高速回转的滚筒而制成纤维。

(3) 高速离心法。用高速离心机将流股甩制成纤维。

(4) 胶体法。将物料配制成胶体盐类，并在一定条件下固化成纤维坯体，最后煅烧成纤维。

此外，还有载体法、先驱体法、单晶拉丝法和化学法等。

8.4.3　耐火纤维的分类及使用温度

- 耐火纤维
  - 天然石棉　600℃
  - 非晶质
    - 玻璃棉　<400℃
    - 岩　棉　<400℃
    - 渣　棉　<600℃
    - 石英玻璃质纤维　<1 000～1 200℃
    - 硅酸铝质纤维
      - 一般制品　<1 200℃
      - 加 Cr_2O_3 制品　<1 200～1 400℃
      - 高铝质　<1 200～1 400℃
  - 多晶质
    - 石英纤维　<1 200℃
    - 高铝纤维　<1 400℃
    - 二氧化锆纤维　<1 600℃
    - 钛酸钾质纤维　<1 100～1 200℃
    - 碳纤维　<2 500℃
    - 硼纤维　< 500℃
  - 单晶质
    - 碳化硅　<2 000℃
    - 氧化铝　<1 800℃
    - 氧化镁　<1 800℃
  - 复合纤维(多相)-钨
    - 硼　<1 700℃
    - 碳化硅　<1 900℃
    - 碳化硼　<1 700℃
  - 金属纤维
    - 钢　<1 400℃
    - 碳素钢　<1 400℃
    - 钨　<3 400℃
    - 钼　<2 600℃
    - 铍　<1 280℃

8.4.4　硅酸铝质耐火纤维

硅酸铝质耐火纤维是目前发展最快、高温工业炉窑上应用最多的耐火纤维。主要品种有普通硅酸铝质纤维、高纯硅酸铝质纤维、含铬硅酸铝质纤维和高铝质纤维等。

8.4.4.1　硅酸铝质纤维制品

(1) 纤维棉。纤维棉是加工制成带、板、毯、毡、纤维块和纤维水泥、纤维喷涂料、捣打料及纤维浇注料的原料，可直接作高温炉窑绝热纤维充填料。

纤维棉的纤维长短不一，为松散状。体积密度小，热导率很低而且充填性能好。其主要性能如表 8-10 所示。

(2) 纤维毡。纤维毡为纤维交错黏压而成的具有一定强度的纤维制品。纤维毡可制成高温板材，施工时不必留膨胀缝，施工使用方便。

表 8-10　硅酸铝质耐火纤维棉性能

性　能	指　标	性　能	指　标
体积密度/(g/cm³)	0.03～0.10	热导率/[W/(m·℃)]	
		400℃体积密度为 0.1g/cm³ 时	0.410
堆积密度/(g/cm³)	0.10～0.25	400℃体积密度为 0.13g/cm³ 时	0.377
渣球含量/%	1～10	400℃体积密度为 0.16g/cm³ 时	0.349

(3) 湿纤维毡。将纤维毡用胶状铝质或硅质无机结合剂浸渍，装入塑料袋，使其呈湿润状态贮存。按施工需要剪裁、切割成各种形状应用。

(4) 纤维带。采用加 5%～10%有机纤维或结合剂或加入无机结合剂，将纤维制成条带状制品。加有机结合剂时制品能保持其强度和挠曲性，而加无机结合剂时，制品挠曲性能差。

国外各种耐火纤维制品的性能如表 8-11 所示。

表 8-11　国外各种耐火纤维棉的性能

性　能	体积密度/(g/cm³)	热导率/[W/(m·℃)] (中间温度 600℃)	线收缩/% (1 230℃×6h)
纤维	0.05～0.20	0.586～0.298	
纤维(原料)	0.10	0.461	
纤维(洗过)	0.10	0.30	
毡	0.05～0.14	0.544～0.298	
带	0.20～0.22	0.251～0.272	
块	0.24～0.32	0.376	5.4
板	0.20～0.60	0.416～0.335	2.0～5.3
层状	0.70～0.80	0.416～0.335	2.3
捣打料	0.30～0.50	0.376	5.5
耐火混凝土	0.30～1.30	0.335～0.753 6	3.1

8.4.4.2　硅酸铝质耐火纤维的性能

(1) 化学组分。我国生产的硅酸铝质耐火纤维的化学组分如表 8-12 所示。

(2) 耐火度及使用温度。硅酸铝质耐火纤维的耐火度多数可达 1 700℃以上。

表 8-12　硅酸铝质耐火纤维的化学组分及其性能

性　能	化学组分的质量分数/%							纤维长	纤维直径	使用温度
	Al_2O_3	SiO_2	Fe_2O_3	TiO_2	Cr_2O_3	K_2O	Na_2O	/mm	/mm	/℃
普通硅酸铝纤维	45～51	49～52	<1.2	0.2～0.85	3.2～5.5	0.2	0.20	20～250	2～5	<1 000
高纯硅酸铝纤维	49～52	49～51	≤0.2	<0.2	3.2～5.5	0.2	0.24	20～250	2～5	<1 100
含铬硅酸铝纤维	46～51	46～48	0.3～0.8	—	3.2～5.5	0.1	0.25	20～100	2～5	<1 150～1 200
高铝质纤维	55～62	35～45	0.2～0.5	0.2～0.3	3.2～5.5	0.2	0.25	10～100	2～5	<1 150～1 200

硅酸铝质耐火纤维的主要化学组分为 Al_2O_3 和 SiO_2，矿物组成为玻璃质。这个玻璃质呈现高铝玻璃和高硅玻璃两分相相对独立存在和相互穿插的结构。因此，在空气中长期加热的条件下，于 900℃时开始有莫来石晶体析出，1 300℃时莫来石量达到最大，1 100℃时有方石英析出。耐火纤维的析晶现象温度的升高而增加，与此同时，莫来石晶体长大。纤维弹性和强度下降，体积产生收缩，致使纤维粉化剥落。

硅酸铝质耐火纤维从非晶态转变为结晶态的相变过程，造成性能发生突变性降低。所以，长期安全使用的最高温度为 900℃。短期使用时，普通硅酸铝质纤维的使用温度不超过 1 000℃，高纯硅酸铝质纤维不超过1 100℃，高铝质和含铬质纤维不超过1 150～1 200℃。

(3) 硅酸铝质纤维的导热性。纤维制品为固态纤维与空气组成的混合结构，空隙率达 90％以上。大量低导热能力的空气充满空隙，破坏了固相分子的连续网络结构。因此，耐火纤维制品的导热能力低，保温性能好。耐火纤维制品中的导热过程包括固体纤维的导热和空隙中气体的导热，以及空隙内气体的对流换热和孔壁间的辐射传热。实际上耐火纤维的热导率是综合传热效果的总和。影响耐火纤维制品热导率的因素还有体积密度、纤维方向、温度和炉内气氛等。

由于在耐火纤维制品中三种传热方式同时存在，空隙率比较高，因此，一般热导率受辐射传热影响较大，并随温度升高而增大。如图 8-4 所示。

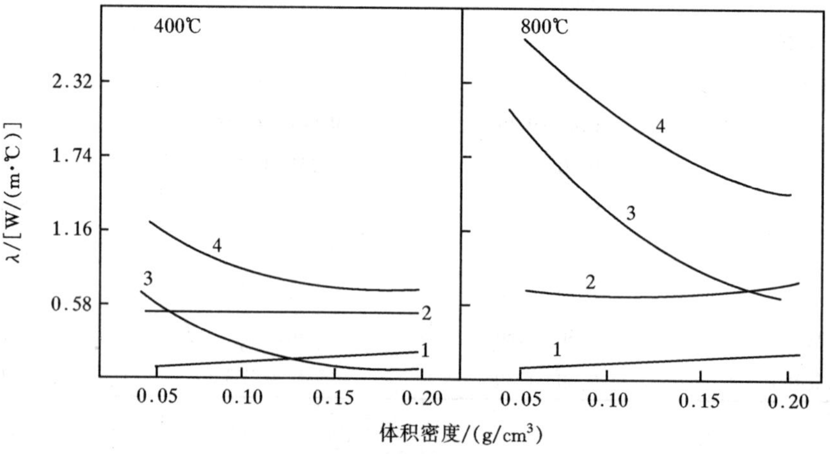

图 8-4　耐火纤维不同传热方式传热量

1—纤维导热；2—空气传导；3—辐射传热；4—综合热导率

耐火纤维的热导率与体积密度的关系如图 8-5 所示。一般热导率随体积密度增大而降低，但降低的幅度逐渐减小，以致当体积密度超过一定范围后，热导率不再降低，反而有增大的趋势。热导率的这种变化规律受到制品的空隙率、气孔大小及气孔性质的影响。当体积密度小(0.01～0.08g/cm^3)时，制品内的气体对流换热及辐射传热量增加，使得热导率随体积密度的减小而呈指数关系增大。当体积密度大于 0.096g/cm^3 时，耐火纤维制品内闭口气孔比例增加，热传递过程以导热为主，热导率随体积密度的增加而降低。当体积密度达 0.24～0.32g/cm^3 时，固体纤维之间直接接触点增加，随着体积密度的增加，热导率有增大的趋势。因此，耐火纤维的选用，有一个最佳的体积密度范围，一般为 0.10～0.18g/cm^3。此时耐火纤维的热导率最小。

炉内气氛对耐火纤维热导率有较大的影响，如在 N_2 50％，H_2 50％的气氛中耐火纤维的导热系数几乎要比在空气中大1倍；在含$H_2$100%的气氛中，比在空气中大2倍左右。因此，在相同条件下，含氢炉气的炉衬要比在空气中的厚1倍左右，才能达到同等的绝热效果。

耐火纤维制品用作层铺式炉衬时，纤维方向与热流同向，热导率主要取决于制品的导热能力；采用叠砌式炉衬时，纤维方向与热流方向垂直，辐射热量增加，在相同条件下较层铺式炉衬热导率增大20%～30%。

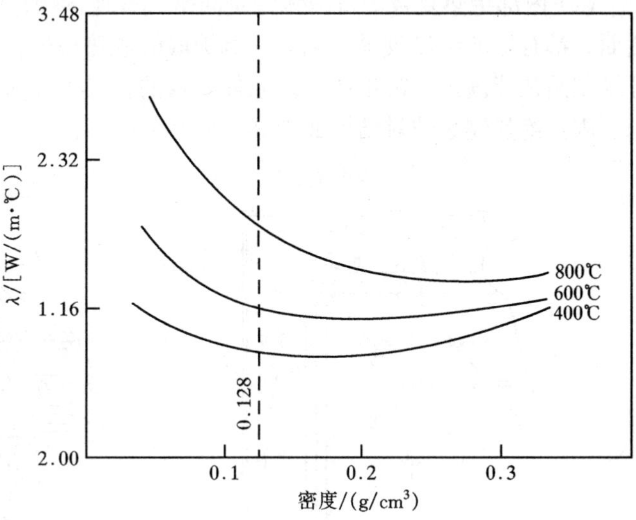

图 8-5 耐火纤维热导率与密度的关系

8.4.5 耐火纤维的应用

耐火纤维制品在工业炉窑上的应用，取得了明显的节能效果。据统计，一般连续性操作炉窑节能率为3%～10%，间歇式操作热工设备节能率可达10%～30%甚至更高。

耐火纤维属高效节能型绝热材料，主要用作各工业部门的高温窑炉的内衬材料、高温密封填充材料、挡火板等。据行业权威部门统计，各工业部门改造高温窑炉所需耐火纤维制品如下：机械工业原有电炉80 000台，每年新增2 000台，燃料炉25 000台，每年需要耐火纤维制品约8 000t；冶金工业有各种工业炉2 500多台，每年需要纤维制品约2 000t；中国船舶公司有锻造炉300台；热处理炉1 300台，每年需要纤维制品约2 000t；电力工业各电厂的锅炉及管道包扎，每年需要纤维制品约5 000t；石油化工工业的常压炉、减压炉、加氢炉、胆氢炉、乙烯裂解炉和炼油炉等每年需要耐火纤维制品约8 000t；陶瓷工业的梭式炉、隧道窑等每年需要耐火纤维制品约5 000t；建材工业的水泥窑、玻璃窑、隧道窑每年需耐火纤维制品约5 000t；有色工业的各种窑炉，如铝电解槽、罩式退火炉等，每年需要耐火纤维制品约2 000t；国防工业具备的电加热炉、火焰炉、蒸汽干燥炉等，每年需要纤维制品约2 500t；航天航空工业具备的电加热炉、火焰炉等，每年需要纤维制品约3 000t；其他各种喷涂炉每年需要耐火纤维约5 000t。据有关资料显示，2003年我国耐火纤维制品的需求量在5万吨左右，预计2010年，国内耐火纤维制品的需求量将达到10万吨左右，中高档耐火纤维制品约占5.5万吨。

工业炉上应用耐火纤维的形式有纤维镶贴炉衬结构和全纤维炉衬两种。

8.4.5.1 耐火纤维镶贴炉衬

采用耐火纤维镶贴炉衬有三种形式：外绝热，将纤维粘贴或锚固于炉墙的冷面；内部绝热，将纤维粘贴或镶贴在炉墙的热面；中间绝热，将纤维层置于炉墙中间。由于中间绝热弊病较多，很少采用。镶贴耐火纤维一般为毡制品，厚度为20～50mm，以40～50mm为好。

常用黏结剂有磷酸盐、硅胶与水玻璃调和剂，或矾土水泥与磷酸盐配制泥浆等。

(1) 外部绝热复合炉衬。此种绝热方式是将耐火纤维毡镶贴于炉衬的冷面，或将耐火纤维毡(或板)衬于炉壳与炉墙冷壁之间。这种结构只需应用低温纤维制品或轻质砖。

(2) 内部绝热复合炉衬。无论是间歇式或连续操作的炉窑，耐火纤维制品镶贴于炉衬的热面，都有好的绝热效果。既能降低炉墙的散热损失，又使蓄热损失显著减少。因此，耐火纤维制品凡能满足炉窑生产工艺条件要求的，尽可能采用此种绝热结构。

内部绝热镶贴炉衬结构如图 8-6 所示。

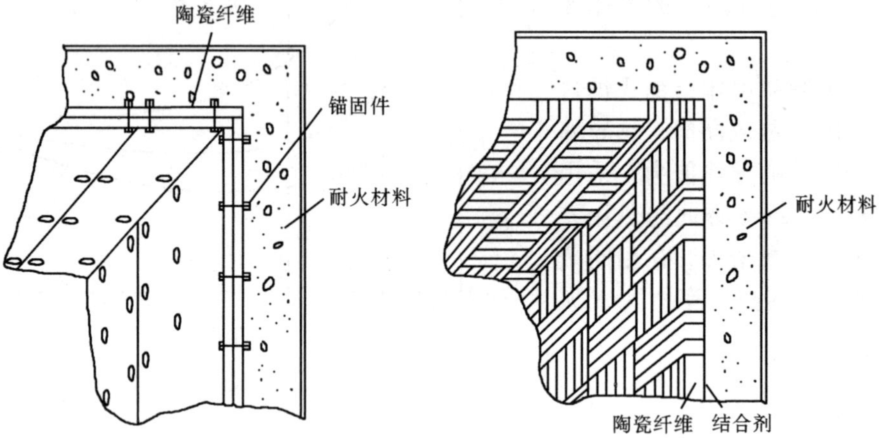

图 8-6 镶贴式安装方法

8.4.5.2 全纤维炉衬

采用全纤维炉衬，可大幅度地降低能耗，改善炉子的热工操作，节省钢材，减轻炉体质量，延长炉子寿命，改善作业环境和确保生产安全，但一次性费用较高。

全纤维炉衬分为层铺法、叠砌法、异形组合法等结构形式。组装方法有锚固法、砌筑法和粘贴法等。

(1) 层铺式炉衬。层铺式炉衬如图 8-7 所示。具有施工简便、炉衬严密等优点。纤维制品以平面作工作面，表层纤维丝全长都受火焰侵蚀、冲刷，易剥落，需要昂贵的耐热合金作紧固件，并暴露于火焰之中，而被侵蚀、氧化后，易导致纤维毯大面积脱落，修补困难。

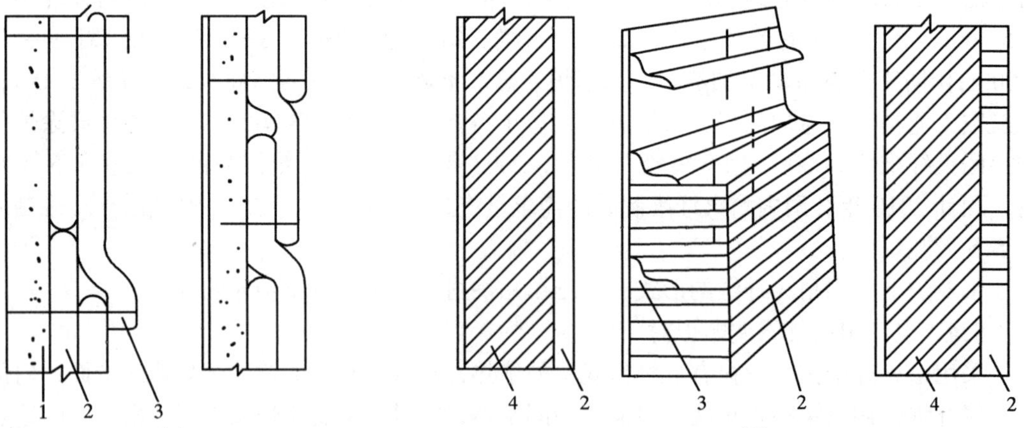

图 8-7 全纤维炉衬结构示意图

(a) 层铺式炉衬；(b) 叠砌式炉衬；

1—低温纤维；2—耐火纤维层；3—紧固装置；4—耐火砖壁

(2) 叠砌式炉衬。叠砌式炉衬结构如图 8-7 所示。其特点是耐火纤维制品的端面垂直于炉壁，属组装式，缝隙较多，气密性不好，施工麻烦。但只有端头受到火焰的侵蚀和冲刷，基本上不产生剥落现象。

综合上述两种结构形式的特点，一般采用层铺式和叠砌式相结合的组合炉衬，并用锚固夹板夹紧，交错排列，穿条铆固。这种全纤维炉衬既保持了层铺式的严密性，又利用了叠砌式耐蚀性强的特点，使用后取得了良好的节能效果，延长了炉子寿命，有利于强化生产。

此外，还可以采用喷涂法施工，获得无接缝的纤维整体炉衬；用涂抹法施工，在耐火砖炉衬表面涂抹强度大、耐冲蚀的纤维绝热层；现场浇注或预制耐火纤维混凝土等。

耐火纤维及其制品用途如表 8-13 所示。

表 8-13　耐火纤维及其制品用途

用　途	松散棉	毡(毯)	异型制品	纸	绳制品
绝热材料	缓冷感应电炉周围绝热层热处理炉背衬绝热	精密铸造壳体绝热，高炉热风炉背衬绝热，大口径管焊接头部缓冷	铸造用保温帽，浇注帽口，铝水汤道	铝水汤道，盛铝桶内衬	
充填剂	工业炉砖壁膨胀缝填料	工业炉砖壁膨胀缝填料			
密封材料	薄板钢卷退火炉罩的密封，均热炉密封	薄板钢卷退火炉罩的密封，均热炉密封	工业炉气体防漏铝水出口用塞头		工业炉窑及管道接头密封
衬垫材料					锅炉、高温压力容器用衬垫
过滤材料		铂精炼炉尘回收用过滤器			
吸声材料		高温场所吸声	小型水暖锅炉噪声的吸声		
炉窑内衬材料		金属热处理炉、石油加热炉、陶瓷烧成窑、加热炉内衬	小型水暖锅炉燃烧室、气体燃烧室、空调燃烧、小型热处理炉内衬		

第 9 章

特殊及新型耐火材料

特殊及新型耐火材料是在传统陶瓷和一般耐火材料的基础上发展起来的一种新型耐高温无机材料。其中，特殊耐火材料也称高温陶瓷材料。它以高纯度、高熔点的无机非金属材料为基本组分，采用高温陶瓷工艺或其他特殊工艺制成，具有纯度高、熔点高、高温结构强度大、化学稳定性和热稳定性好等特性。特殊耐火材料可分为纯氧化物耐火材料、难熔化合物(即高熔点碳化物、氮化物和硼化物等)和高温复合材料(即金属陶瓷材料和高温无机涂层材料等)三类。新型耐火材料主要是指由氧化物和非氧化物复合而成的兼备氧化物和非氧化物特性的耐火材料。

特殊耐火材料与普通耐火材料有相同之处，但也有很大的不同。所谓普通耐火材料，通常是指可直接用矿物作原料，以干压法为主的成型工艺，大部分制品在1 600℃以下温度烧结的一类耐火材料，如黏土质、高铝质、硅质、镁质、叶腊石质和白云石质等耐火材料。相对于这些普通耐火材料而言，特殊耐火材料具有如下几个特点。

(1) 特殊耐火材料的大多数材质的组成已经超出了硅酸盐的范围，纯度高，一般的纯度均在95%以上，特殊要求的在99%以上。所用的原料几乎都是人工合成或是将矿物经过机械、物理、化学方法提纯的化工料，而极少直接引用矿物原料。这些材质的熔点都在1 728℃以上。

(2) 特殊耐火材料的制造工艺不局限于干压法，除了应用传统的注浆法、可塑法等成型工艺外，还采用了诸如等静压、气相沉积、化学蒸镀、热压、熔炼、等离子喷涂、轧膜和爆炸等成型新工艺，并且成型用的原料大多采用微粒级的细粉料。

(3) 特殊耐火材料成型以后的各种坯体需要在很高温度下和各种气氛环境中烧成，烧成温度一般均为1 600～2 000℃甚至更高。烧成设备除了烧成普通耐火材料用的高温倒焰窑和高温隧道窑外，还经常使用各种各样的电炉，如电阻炉、电弧炉和感应炉等。这些烧成设备可以提供不同坯体烧成所需的气氛环境和温度。如氧化性气氛、还原性气氛、中性气氛、惰性气氛和真空等。某些特殊电炉的温度可高达3 000℃以上。

(4) 特殊耐火材料的制品更加丰富。它不仅可以制成像普通耐火材料那样的砖、棒、罐等厚实制品，也可以制成像传统陶瓷那样的管、板、片、坩埚等薄型制品，还可以制成中空的球状制品、高度分散的不定形制品、透明或不透明制品、柔软如丝的纤维及纤维制品、各种宝石般的单晶，以及硬度仅次于金刚石的超硬制品。特殊耐火材料的应用如表 9-1 所示。

表 9-1　　特殊耐火材料的主要用途

用途		使用温度/℃	应用材料
特殊冶炼	冶炼U的坩埚		BeO，CaO，ThO_2
	冶炼Pt，Pa的坩埚		ZrO_2，Al_2O_3
	钢水连续测温套管	1 700	ZrB_2，MgO-Mo
	连续铸钢浸入式水口	>1 500	SiO_2
	高级合金二次精炼炉衬	1 700	MgO-Cr_2O_3
	熔炼Ga，As等单晶坩埚	1 200	AlN，BN
航天	导弹头部雷达天线保护罩	≥100	Al_2O_3，ZrO_2，HfO_2 耐火纤维
	洲际导弹头部防护材料		碳纤维＋酚醛
	火箭发动机燃烧室内衬、喷嘴	~500 2 000~3 000	SiC，Si_3N_4，BeO，石墨纤维 复合材料
原子能	原子能反应堆核燃料	≥1 000	UO_2，UC，THO_2
	核燃料涂层		BeO，Al_2O_3，ZrO_2，SiC，ZrC
	吸收中子控制棒	≥1 000	HfO_2，B_4C，BN
	中子减速剂	1 000	BeO，BeC，石墨
	反应堆反射材料	1 000	BeO，WC，石墨
飞机及潜艇	喷气机压缩机叶片		碳纤维＋塑料
	机身机翼结构部件	300~500	碳纤维复合材料，硼纤维复合材料
	潜艇外壳结构部件		碳纤维复合材料
新能源	磁流体发电电极材料等	2 000~3 000	ZrO_2，SiC，BeO，LaB_6，$ZrSrO_3$
	钠流电池介质隔膜	300	β-Al_2O_3
	高温燃料电池固体介质	>1 000	ZrO_2
特种电炉	高温发热元件	1 500~3 000	ZrO_2，ThO_2，$MoSi_2$，SiC，石墨
	炉膛炉管材料	1 500~2 200	Al_2O_3，ZrO_2，SiC
	高温观测窗	1 000~1 500	透明 Al_2O_3
	炉膛隔热材料		泡沫 Al_2O_3，Al_2O_3，ZrO_2 空心球

9.1　纯氧化物耐火材料

纯氧化物耐火材料是以高熔点、高纯度(不小于99%)氧化物为原料，用高温陶瓷工艺方法或其他特殊工艺方法制成的耐火制品。纯氧化物耐火材料又称氧化物陶瓷，主要包括氧化铝、氧化锆、氧化镁、氧化钙和氧化铁等。

纯氧化物耐火材料具有熔点高(高于2 000℃)、密度大、高温结构强度高、抗热震性和化学稳定性好等优良性能。因此，纯氧化物耐火材料在冶金工业、航天、原子能、电子工业和新能源等科学技术和工业部门中得到广泛应用。在冶金工业中，纯氧化物耐火材料可用作高温窑炉的炉衬、炉管，熔炼纯金属、合金或其他高纯物质用的坩埚，热电偶保护套管，高温发热元件，快速测定钢液中和炉气中含氧量的测氧探头、连续铸钢用的水口、熔融金属的过滤器和输送管道、阀门等。在航天工业中，可用作火箭发动机燃烧室内衬、喷嘴、导弹头部雷达天线保护罩，导弹瞄准用陀螺仪等。在原子能工程中，可用作核反应堆的材料、核燃料的涂层、快中子慢化剂、反射层材料和控制棒材料等。在新能源开发中，可用作磁流体发电机通道绝缘材料和电极材料、钠硫电池介质隔膜和高温燃料电池固体介质等。

9.1.1 氧化铝制品

氧化铝制品是应用最广泛的一种特种耐火材料，原料多为工业氧化铝，主要化学组分的质量分数为 Al_2O_3 99%～99.5%，特殊需要时可达99.9%，杂质 SiO_2 0.1%～0.15%，Na_2O 0.3%～0.5%，灼减量为1%～2%。氧化铝制品是氧化物耐火材料中用途最广、价格最廉的一种。

生产氧化铝制品，一般采用注浆法、模压法、挤压法或热压法成型。纯的氧化铝坯体须经1 000℃以下及1 000～1 600℃两段缓慢加热后，在1 800℃下高温烧成。

氧化铝有多种同质异型晶体，常见的有 α-Al_2O_3，β-Al_2O_3 和 γ-Al_2O_3 三种。γ-Al_2O_3 为低温型，真密度为 3.60g/cm^3，1 200℃以上开始转化为高温型 α-Al_2O_3；β-Al_2O_3 是一种含有碱金属的铝酸盐，真密度为 3.30～3.63g/cm^3，当加热到1 400～1 500℃时开始分解，1 600℃时转变为 α-Al_2O_3；α-Al_2O_3 是各种变体中最稳定的结晶形态，真密度为 3.94～4.01g/cm^3。氧化铝制品几乎完全由刚玉(α-Al_2O_3)构成。

氧化铝制品耐火度为 2 000℃，荷重软化温度为 1 850℃，通常使用温度为1 800℃，极限使用温度为1 950℃。硬度大，莫氏硬度为 9，仅次于金刚石。具有良好的化学稳定性，高纯致密氧化铝制品能抵抗各种熔融金属(如铍、镍、铝、钒、锰、铁、钴等)的侵蚀；与各种硫化物、氯化物、砷化物及硫酸、盐酸、硝酸等不反应；对氢氧化钠、玻璃、炉渣等的抗蚀能力强；但在高温下会与硅、碳、钛、锆、氧化钠、浓硫酸等反应。100℃下热导率为 28.9W/(m·℃)，且随温度升高而降低。20～1 000℃下平均线胀系数为 8.6×10^{-6}℃$^{-1}$。热稳定性与制品微观结构、尺寸大小及形状有关，注浆成型致密氧化铝坩埚1 700℃至常温热震循环为 4 次，电熔刚玉砖为 14 次。力学强度高，耐压强度为1 500～5 000MPa，抗折强度为 150～250MPa。电绝缘性好，常温电阻率约为 $10^{15}\Omega\cdot$cm。

氧化铝制品用途广泛，在冶金工业中用于制造熔炼各种高纯金属及高温合金的坩埚，高温炉内衬及保温材料(如氧化铝空心球砖及氧化铝纤维材料)、热电偶保护套管等。机械工业中用于制造耐高温、耐磨零部件、模具、刀具等；电子工业中用于制造高温绝缘瓷件、电路基板、雷达天线罩和电火花塞等。透明氧化铝可用于制造高级灯管、微波整流罩。单晶氧化铝可用于制造激光元件、仪表轴承。医学中可作为生物工程材料，如人工关节等。

9.1.2 氧化镁制品

氧化镁制品是以纯度大于 99%的氧化镁(MgO)为原料，用高温陶瓷工艺方法或其他特殊工艺方法制成的耐火材料。不同来源的氧化镁，性能有较大的差异。高纯度氧化镁陶瓷制品一般为氢氧化镁制取的氧化镁，具有最好的烧结性能。氧化镁制品大多采用压制法或捣打法或注浆法成型。坯体先在1 250℃下素烧，然后再封装在刚玉匣钵中于1 750～1 800℃下保温数小时烧成。

氧化镁熔点为 2 800℃，具有很高的使用温度。真密度为 3.58g/cm^3，抗折强度为 100MPa，线膨胀系数为 13.5×10^{-6}℃$^{-1}$，热稳定性差。常温下与水或水蒸气接触易水化生成 $Mg(OH)_2$，并伴随有体积变化，使制品粉化。在氧化气氛下稳定，使用温度可达2 000℃以上；在还原气氛及真空下易挥发、分解，使用温度不得超过1 700℃。在高温条件下与碳接触易被还原成金属镁。氧化镁为碱性氧化物，能抵抗碱性渣及熔融铂族金属侵蚀，但遇酸性渣及Cu，Mn等金属会发生反应，对酸性物质不稳定，在稀酸中易分解。

氧化镁不与Fe，Ni，U，Th，Zn，Al，Mo，Mg，Cu，Pa，Co及硼合金等发生作用，可用作上述金属熔炼坩埚、铸模和炉衬材料。在原子能工业中用作熔炼高纯度U及Th的坩埚。在电子工业中用作高温绝缘材料、热电偶丝的套珠及保护套管，可用于测量超过2 000℃的高温，还可用作各种高温炉的炉衬材料。

9.1.3 氧化锆制品

氧化锆制品是以纯度大于99%的氧化锆(ZrO_2)为原料，用高温陶瓷工艺方法或其他特殊工艺方法制成的耐火材料。氧化锆熔点为2 700℃，莫氏硬度为7。氧化锆有三种变体，低温型为单斜结晶(密度为5.68g/cm^3)，高温型为立方结晶(密度为6.27g/cm^3)，两者间有四方结晶(密度为6.10g/cm^3)。在加热过程中三种变体发生如下转变：

$$\text{单斜型}\underset{900\sim1\,000℃}{\overset{1\,100\sim1\,200℃}{\rightleftharpoons}}\text{四方型}\overset{2\,370℃}{\rightleftharpoons}\text{等轴型}\overset{2\,680℃}{\rightleftharpoons}\text{熔化}$$

单斜型与四方型之间可相互转变，并伴有7%的体积突变。冷却至1 000℃时四方结晶转变为单斜结晶，体积膨胀，可导致制品开裂。因此，只用纯氧化锆很难制造出烧结而不发生晶型转变的致密氧化锆制品，必须采取使其稳定化的措施。

制取稳定氧化锆的方法为在氧化锆细粉中加入适量的氧化钙、氧化镁、氧化钇和氧化铈等阳离子，经高温处理，使其形成立方晶型的氧化锆固溶体。此种氧化锆固溶体在加热或冷却过程中不再发生单斜氧化锆和四方氧化锆的转变，从而达到稳定化的目的。

氧化锆热导率小(1 000℃，2.09W/(m·℃))，线胀系数大(25～1 500℃，9.4×10^{-6}℃$^{-1}$)，高温结构强度高，1 000℃时耐压强度可达1 200～1 400MPa。导电性好，具有负的电阻温度系数，1 000℃时电阻率10^4Ω·cm，1 700℃时电阻率6～7Ω·cm。化学稳定性好，2 000℃以下对多种熔融金属、硅酸盐、玻璃等不起作用。苛性碱、碳酸盐和各种酸(浓硫酸和氢氟酸除外)的溶液与氧化锆不发生反应。

氧化锆坩埚用于熔炼铂、铑、铱等贵重金属及合金。氧化锆砖用于2 000℃以上的高温炉衬。氧化锆不被熔融铁所润湿，可用作盛钢桶、流钢槽的内衬和连铸的水口材料。氧化锆棒体可作为发热元件，用于氧化气氛下2 000～2 200℃的高温炉。氧化锆固体电解质可作为快速测定钢液、铜液及炉气中含氧量的测氧探头及高温燃料电池的隔膜等。此外，稳定氧化锆可用作火焰喷涂或等离子喷涂料。

9.1.4 氧化钙制品

氧化钙制品是以纯度大于99%的氧化钙(CaO)为原料，用高温陶瓷工艺方法或其他特殊工艺方法制成的耐火材料，氧化钙熔点为2 570℃，真密度为3.08～3.46g/cm^3，随煅烧温度的提高而增大；莫氏硬度为6；0～1 700℃下平均线胀系数为13.8×10^{-6}℃$^{-1}$，热导率随温度升高而降低，100℃时为14.2W/(m·℃)，1 000℃时为7.0W/(m·℃)。抗熔融金属、碱性渣及熔融磷酸钙的侵蚀。此外，由于氧化钙的分解压低，其化学稳定性很高，可以在高温真空条件下使用。

氧化钙难于烧结，在大气中稳定性低，易于水化，这是生产氧化钙制品的最大困难。为了提高氧化钙制品的稳定性，常加入1%～5%的稳定剂。最有效的稳定剂有TiO_2，BeO和

Fe_2O_3 + MgO 等。它们在烧结过程中，在 CaO 晶体表面上生成易熔的低共熔物，既利于烧结，又能防止 CaO 晶体的水化。

氧化钙坩埚用于铂和铂族金属的冶炼。高纯度氧化钙坩埚在原子能工业中用于冶炼高纯度铀及钚，或作为金属钙还原四氟化铀制取铀的容器。含有 TiO_2 稳定剂的砖可用作回转窑内衬。

9.1.5　氧化铍制品

氧化铍(BeO)制品是以纯度大于 99.5%的氧化铍(BeO)为原料，用高温陶瓷工艺方法或其他特殊工艺方法制成的耐火材料。氧化铍熔点为2 550℃；密度为 3.03g/cm^3；莫氏硬度为 9；50～1 000℃下线胀系数为 $5.1\times10^{-6}\sim8.9\times10^{-6}$℃$^{-1}$；导热性与金属铝相当，抗热震性好，1 400℃至室温热循环次数大于 12 次；力学强度低，但温度升高时强度变化不大；介电常数高；介质损耗少。在有水蒸气的高温介质中于1 000℃开始挥发。耐酸性物质的侵蚀能力差，耐碱性物质的侵蚀能力较强，但强碱(如苛性碱)能腐蚀氧化铍，与氟及氟化物易发生反应。与过氧化氢、氢、氮、碳酸气、二氧化硫、硫、溴、碘和氨不发生反应。

氧化铍化学稳定性较好，特别是抗还原能力在所有氧化物中是最强的，是盛装熔融金属和提炼稀有金属的最好的耐火材料。氧化铍坩埚已用于真空感应炉中熔炼稀有金属和高纯铂、铍等。氧化铍制品还可以用作原子反应堆中的中子减速剂和反射材料，以及电子工业中的高频绝缘、散热器件等。

但氧化铍价格昂贵，而且有剧毒，使用受限制，要注意安全防护。

9.1.6　氧化钍和氧化铀制品

(1) 氧化钍制品。氧化钍熔点为 3 050℃，最高使用温度可达2 500℃，是最耐高温的氧化物之一。氧化钍在氧化气氛中非常稳定，但易被还原，故不能在还原气氛中使用。一般不与金属作用，具有良好的抗渣性能，可用作贵金属熔炼坩埚。氧化钍在高温下有导电性能，可用作电阻发热体，在氧化气氛下工作可调至 2 000℃。氧化钍具有放射性，使用时要注意安全防护。

(2) 氧化铀制品。氧化铀熔点为2 878℃，是核能工业的原料。最高使用温度为2 200℃。抗氧化性能差，抗冲击能力弱。在还原气氛中比较稳定。具有放射性，使用时须加强安全防护。

部分氧化物制品的性能如表 9-2 所示。

表 9-2　　部分氧化物制品的性能

性　能	Al_2O_3	BeO	MgO	ThO_2	UO_2	TiO_2	ZrO_2 (5%CaO)	CaO
熔点/℃	2 050	2 550	2 800	3 050	2 878	1 825	2 650	2 570
最高使用温度/℃	1 950	1 900	1 900	2 500	2 200	1 600	2 000	2 000
体积密度/(g/cm^3)	3.97	3.03	3.58	10.01	10.02	4.17	6.1	3.32
硬度(莫氏)	9	9	6	7			7～8	4.5

续表 9-2

性能		Al_2O_3	BeO	MgO	ThO_2	UO_2	TiO_2	ZrO_2 (5%CaO)	CaO
比热/(kJ/kg·℃)	常温(20℃)	0.879	1.005	0.963	0.243 (50℃)	0.703 (17℃)	0.234	0.502	0.963 (20～1 000℃)
	500℃	1.047	2.093	1.089					
抗拉强度/MPa	常温	2.06	2.06	1.37	1.18			0.9	
	1 000℃	1.96	0.59	1.08	0.67			1.45	
线胀系数/($\times10^{-6}℃^{-1}$)	常温	6	8	11	21	11.2	7.5	7.2	13
	1 000℃	9	9	15	17	(27～126℃)	(100～1 000℃)	(70～1 000℃)	(20～1 000℃)
热导率/[W/(m·℃)]	100℃	289	293	343	84	63	57	17	168
	1 200℃	54	163	59	32	32	25	21	71
抗热冲击		良	优	可	差	差	可	可	差
稳定性	氧化气氛	优	良	优	优	差	优	优	优
	还原气氛	良	优	差	良	良	差	良	差
	酸性渣	良		差	差			良	差
	碱性渣	良	可	良	良			差	良

9.2　氮化物耐火材料

氮化物耐火材料是以人工合成氮化物为主要原料，采用粉末冶金工艺或其他特殊工艺方法制成的一种耐火制品。氮化物耐火材料主要有氮化硅(Si_3N_4)、氮化硼(BN)、氮化铝(AlN)，氮化钛(TiN)等。

氮化物属难熔化合物，多为立方晶系和六方晶系。熔点高，仅次于碳化物，一些主要氮化物的熔点如表 9-3 所示。大部分氮化物高温下易升华解离，如氮化硼升华解离温度为3 000℃，氮化铝为2 450℃，氮化硅为1 900℃。氮化物硬度高，莫氏硬度一般均在 8 以上，如立方氮化硼硬度接近于金刚石，氮化硅莫氏硬度为 9，但六方氮化硼除外，莫氏硬度只有2，被称为白色石墨。氮化物在空气中易氧化，抗氧化性最好的是氮化硅，在1 200℃的氧化气氛中稳定，其他氮化物在 600～700℃下即可氧化，不能稳定存在，只能在中性或还原气氛中使用。氮化物抗熔融金属侵蚀性强，抗热震性能好，具有良好的抗化学侵蚀性能及电绝缘性能。

表 9-3　　主要氮化物的熔点　　℃

氮化物	熔点	氮化物	熔点	氮化物	熔点
HfN	3 310	TaN	3 236	BN	300
ZrN	2 980	TiN	2 950	UN	2 650
TbN	2 630	BeN	2 200	NbN	2 050
VN	2 050	Si_3N_4	2 000		

9.2.1　氮化硅的性质

氮化硅(Si_3N_4)是一种耐高温的材料，在1 900℃下分解为氮和被氮所饱和的硅熔融物。

Si_3N_4有两种晶型：低温型α-Si_3N_4和高温型β-Si_3N_4。在温度低于1 400℃时，能生成α-Si_3N_4,而在较高温度下则生成β-Si_3N_4。加热时，在1 500℃左右发生α-β型的转化。通常，采用反应烧结法，在1 400℃左右制成α-Si_3N_4和β-Si_3N_4的混合体(本书除特别标明者外，Si_3N_4即指此种混合体)。

α-Si_3N_4的真密度为3.18g/cm^3；β-Si_3N_4的真密度为3.21g/cm^3；工业氮化硅，即α-Si_3N_4和β-Si_3N_4混合物的真密度为3.19 ±0.01g/cm^3。

Si_3N_4的强度与其密度成正比，两者都很高，蠕变很小，如常温耐压强度为506～633MPa；即使在高温下也降低得很少，如在1 000℃热态下其抗折强度仍达140～160MPa，荷重软化温度高达1 800℃以上；在1 200℃下荷重24MPa，1 000h后，其变形仅为0.5%。氮化硅的弹性模量与碳化硅相近，Si_3N_4为119GPa，SiC为115GPa。可见，Si_3N_4是一种耐热重负荷共同作用能力很强的材料。

Si_3N_4的硬度很高，莫氏硬度为9，与SiC相近。因为其强度高，硬度又高，所以也是一种很耐磨的材料。

氮化硅与氧化物相比，热膨胀性很低，而导热性较高。Si_3N_4在20～1 020℃下，平均线胀系数为2.75×10^{-6}℃$^{-1}$。热导率为9.47W/(m·℃)。故Si_3N_4是一种抗热震性很强的材料，1 200～20℃气冷，热循环大于1 400次不破坏。

Si_3N_4对氢氟酸以外的所有无机酸都有良好的抵抗性，不被金属液尤其是非铁金属液润湿，能耐大部分有色金属，如Al，Pb，Sn，Zn等熔融液的侵蚀，对Mg的抵抗性略小，对Cu则更小。在700℃以上，Fe能将Si_3N_4分解并析出氮，但它仍能在不太长时间内抵抗铁水与钢水的侵蚀。所以，它是一种耐酸液、耐金属液和熔渣侵蚀的材料。

在高温下，Si_3N_4能被氧气或水蒸气氧化，并析出方石英，其反应式为

$$Si_3N_4+3O_2=3SiO_2+2N_2 \tag{9-1}$$

$$Si_3N_4+5O_2=3SiO_2+4NO \tag{9-2}$$

$$Si_3N_4+6H_2O=3SiO_2+4NH_3 \tag{9-3}$$

但是，这种氧化与温度和材料的致密程度有关。而且随时间进展，逐渐在其表面形成方石英薄膜，起到了保护作用而使氧化过程减缓。氮化硅被空气氧化的程度与温度的关系，如图9-1所示。因此，氮化硅也是一种耐氧化的材料。耐氧化的温度可达1 400℃，在还原性气氛中最高使用温度可达1 870℃。

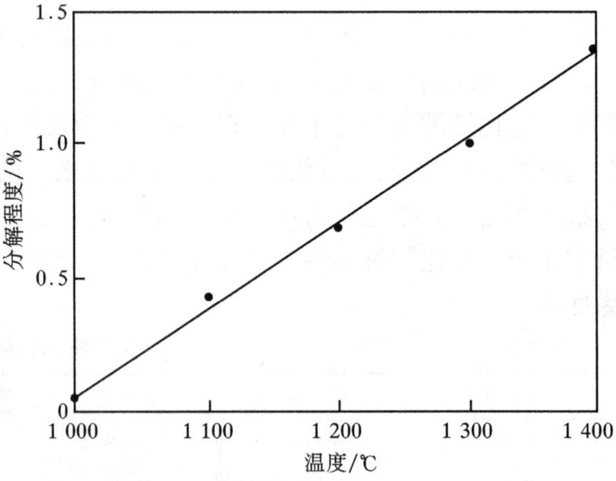

图9-1　氮化硅被空气氧化的程度与温度的关系

9.2.2　氮化硅制品的生产工艺

氮化硅制品按工艺可以分为反应烧结制品、热压制品、常压烧结制品、等静压烧结制品和反应重烧制品等。其中，反应烧结是一种常用的生产氮化硅耐火制品的方法。

反应烧结法生产氮化硅制品是将磨细的硅粉(粒度一般小于 80μm)，用机压或等静压成型，坯体干燥后，在氮气中加热至1 350～1 400℃，在烧成过程中同时氮化而制得。采用这种生产方法，原料条件和烧成工艺及气氛条件对制品的性能有很大的影响。

硅粉中含有许多杂质，如 Fe，Ca，Al，Ti 等。Fe 被认为是反应过程中的催化剂。它能促进硅的扩散，但同时，也将造成气孔等缺陷。Fe 作为添加剂的主要作用：在反应过程中可作催化剂，促使制品表面生成 SiO_2 氧化膜；形成铁硅熔系，氮溶解在液态 $FeSi_2$ 中，促进 β-Si_3N_4 按气-液-固相机理在液相中快速生长；虽然不同于促进 β-Si_3N_4 的生长机理，但也促进 α-Si_3N_4 的生成。但铁颗粒过大或含量过高，制品中也会出现气孔等缺陷，降低性能。一般铁的加入量为 0～5%。Al，Ca，Ti 等杂质，易与硅形成低共熔物。适当的添加量，可以促进烧结，提高制品的性能。

硅粉的粒度越细，比表面积越大，则可降低烧成温度。粒度较细的硅粉与粒度较粗的硅粉相比，制品中含 α-Si_3N_4 的量增高。降低硅粉的粒径，可以降低制品的显微气孔尺寸。适当的粒度配比，可以提高制品密度。

温度对氮化速率影响很大。在 970～1 000℃下，氮化反应开始，在 1 250℃左右反应速率加快。在高温阶段，由于是放热反应，若温度很快超过硅的熔点(1 420℃)，则易出现流硅，严重的将使硅粉坯体熔融坍塌。所以采用如图 9-2 所示的阶段升温制度，适当控制升温速率。

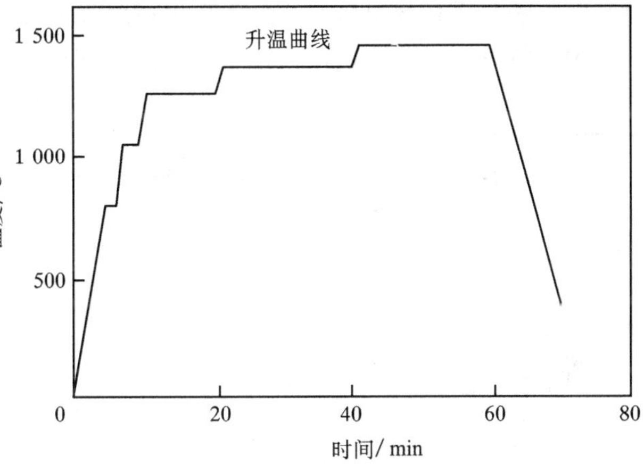

图 9-2　氮化硅升温曲线

热压氮化硅制品是将人工合成氮化硅粉及适量助烧结剂(MgO，Al_2O_3 等)混合均匀后，置于石墨模具内，在热压炉中按一定升温、升压制度，加热到 1 600 ～ 1 800℃，加压到 20 ～ 40MPa，保温保压一定时间而成的制品。

常压烧结氮化硅制品是将人工合成的氮化硅粉与助烧结剂混合均匀后成型、干燥，在常压氮气氛中以1 700～1 800℃烧结而成的制品。

等静压烧结氮化硅制品是将人工合成的氮化硅粉或生坯置于特制包套内，在热等静压机中，以高压气体为介质，在 50～200MPa 和1 500～2 100℃下，保持 0.5～3h 而制成。

反应重烧氮化硅制品是将预烧过的氮化硅制品，在 1 700～1 800℃下重烧 5～6h 而制得的制品。

9.2.3 氮化硅制品的性能

氮化硅制品表面呈灰色，致密度高的制品抛光后有金属光泽。熔点高(1 900℃升华分离)，硬度大(莫氏硬度为9)，密度为3.19g/cm^3。反应烧结制品密度较低(2.2～2.6g/cm^3)，热压或热等静压制品密度高，可达2.9～3.0g/cm^3。氮化硅制品力学强度高，耐压强度为300～900MPa，抗折强度为100～300MPa，加热至1 000℃，强度基本不变，线胀系数小，约为3×10^{-6}℃$^{-1}$，导热性好，热导率为15～20W/(m·℃)，高温下抗热震性好，抗蠕变性强，化学性能稳定，抗Al，Pb，Sn，Zn等熔融金属的侵蚀，与多数无机酸(HF除外)及浓度为50%的碱溶液不反应。电绝缘性好，常温电阻率为10^{14}～10^{15}Ω·cm，1 000℃下为10^7Ω·cm。

9.2.4 氮化硅耐火制品的应用

氮化硅有优良的抗氧化性，良好的热稳定性、化学稳定性，高的强度和硬度及自润滑性，被广泛地用作耐高温、耐蚀耐磨零部件、高速切削刀具、雷达天线罩等，其应用领域涉及机械、化工、电子、军工等行业。作为耐火材料始于20世纪70年代，氮化硅结合碳化硅用于高炉风口部位，因其优异性能迄今全世界大中型高炉都积极采用这种耐火材料。除此之外，还被用作水平连铸分离环。表9-4列出分离环用耐火材料的性能比较，以氮化硅系耐火材料制作的分离环效果最好。这类耐火材料具有高的力学强度、耐热冲击性好，又不会被钢液润湿，符合水平连铸对抗热震、耐侵蚀、不易堵塞的技术要求。

表9-4　水平连铸分离环用耐火材料性能比较

材　质	抗热震性	抗热应力	尺寸精度与易加工性能	耐磨性	耐侵蚀性
氧化铝	C	C	C	A	A
氧化锆	C	C	C	A	A
熔融石英	A	A	A	B	C
氧化锆-铝金属陶瓷	A	A	C	A	—
反应合成氮化硅	B	B	A	A	A
反应烧结氮化硅、氮化硼	A	A	A	A	A
热压氮化硅	A	A	C	A	A

在有色冶金方面，氮化硅陶瓷热电偶套管用于铝液测温已在我国普及，这种套管的使用性能比常用的不锈钢、刚玉陶瓷套管都好。不锈钢容易受铝液腐蚀，连续使用20h后即损坏。刚玉经不起热冲击，而氮化硅陶瓷在铝液中可长期稳定，间歇测温1 200次以上也不开裂。氮化硅陶瓷热电偶套管也能用于锌液测温，使用效果很好。

除氮化硅以外，氮化铝(AlN)和氮化硼(BN)也是很重要的氮化物材料。

氮化铝制品是以人工合成氮化铝(AlN)为主要原料，采用粉末冶金工艺或其他特殊工艺方法制成的耐火材料。氮化铝制品呈灰色或灰白色，真密度为3.26g/cm^3，莫氏硬度为7～9，2 450℃下升华分解，无软化点，高温无变形；力学强度好，常温耐压强度为200～250MPa，常温抗折强度为27～30MPa，1 400℃下抗折强度为12～15MPa；热导率为

30.14W/(m·℃)，线胀系数为 6.09×10^{-6}℃$^{-1}$，抗热震性能好，能耐2 200～20℃的急冷急热。化学性能稳定，耐熔融金属尤其是铝和镓的侵蚀；在空气中 700℃开始氧化，1 200℃氧化明显；电阻率 $2\times10^{11}\Omega\cdot cm$，电性能类似氧化铝，是良好的绝缘体。

氮化铝制品主要用作高温耐腐蚀材料，真空冶炼和蒸发金属的容器，如真空蒸发铝的坩埚，熔炼砷化镓半导体的容器等。氮化铝制品还可用作高温结构材料及电绝缘材料。

氮化硼制品是以人工合成氮化硼为主要原料，采用粉末冶金工艺或其他特殊工艺方法制成的氮化物耐火材料。氮化硼制品呈乳白色，真密度为 $2.27g/cm^3$，莫氏硬度为 2，熔点高(3 000℃下升华)，在惰性气氛中使用温度可达2 800℃；热导率为 25W/(m·℃)；线胀系数为$(2.0\sim6.5)\times10^{-6}$℃$^{-1}$；抗热震性优良，1 000～20℃下冷热循环数百次不破坏；抗氧化性能差，空气中赤热状态下可分解为 B_2O_3 和 N_2；化学性能稳定，抗酸、碱、熔融金属及玻璃的侵蚀，与大多数熔融金属如铜(Cu)、不锈钢、铁(Fe)、锡(Sn)、锌(Zn)、铅(Sb)等不反应；力学强度低，略高于石墨，没有高温负载软化现象；25～1 050℃下体积电阻率为 $10^{16}\sim10^{15}\Omega\cdot cm$，为良好的绝缘体；电击穿强度为 30～40kV/cm^2，是氧化铝的 4 倍。热压制品有明显的各向异性现象。制品可精加工，车削精度可达 10μm。

9.3　碳化物耐火材料

碳化物都是人工合成的最能耐高温的材料。许多碳化物的熔点(或升华点)都在3 000℃以上，一些主要碳化物的熔点如表 9-5 所示。如碳化铪(HfC)、碳化钽(TaC)的熔点分别为3 887℃和3 877℃。复杂的碳化物 4TaC·ZrC 以及 4TaC·HfC 的熔点分别为3 932℃和3 942℃。

表 9-5　一些主要碳化物的熔点　℃

碳化物	熔　点	碳化物	熔　点	碳化物	熔　点
TaC	3 877	HfC	3 887	NbC	3 500
ZrC	3 570	TiC	3 160	VC	2 830
W_2C	2 857	MoC	2 690±50	WC	2 865
ThC	2 625	SiC	2 100	Cr_3C_2	1 920

碳化物不仅耐火度高，而且抗热震性好。碳化物具有较高的导热性和导电性，缺点是抗氧化性能差，但比炭和石墨好。碳化物在工业上被广泛用作高温筑炉材料和发热材料。碳化物种类较多，作为典型的碳化物耐火材料，本节以碳化硅为代表，详细介绍其性质、生产及应用。

9.3.1　碳化硅的性质

碳化硅耐火材料是以碳化硅(SiC)为原料和主晶相的耐火制品。因为碳化硅耐火制品的原料和主晶相主要是碳化硅，所以制品的许多性质都取决于碳化硅的性质。这类耐火制品中，碳化硅为瘠性料，必须由结合剂将其黏结为整体，故结合剂的性质和黏结形式对制品的性质有相当大的影响。

碳化硅是硅与碳元素以共价键结合的非金属碳化物，分为天然碳化硅和人工合成碳化硅。天然碳化硅称为碳硅石，储量甚少，无开采价值。工业上用的碳化硅都是由人工合成的。

碳化硅是 Si-C 二元系中唯一的二元化合物，如图 9-3 所示。其原子比为 1:1，含 C 的质量分数为 29.97%，Si 的质量分数为 70.03%。SiC 有两种晶型：β-SiC 和 α-SiC。β-SiC 为立方晶系，从 2 100℃开始到2 400℃不可逆地缓慢转化为六方晶系 α-SiC。在转化温度下保温时间与转化量如表 9-6 所示。β-SiC 真密度为 3.21g/cm^3，α-SiC 为 3.22g/cm^3。通常，在碳化硅耐火制品中 SiC 多为 α-SiC。它具有很低的热膨胀性，平均线胀系数仅为 2.34×10^{-6}℃$^{-1}$，约为莫来石的 1/2。导热性很高，在室温下热导率约为 35W/(m·℃)，它随温度升高略有下降，但在高温下仍很高，例如在1 300℃仍在 11W/(m·℃)以上。

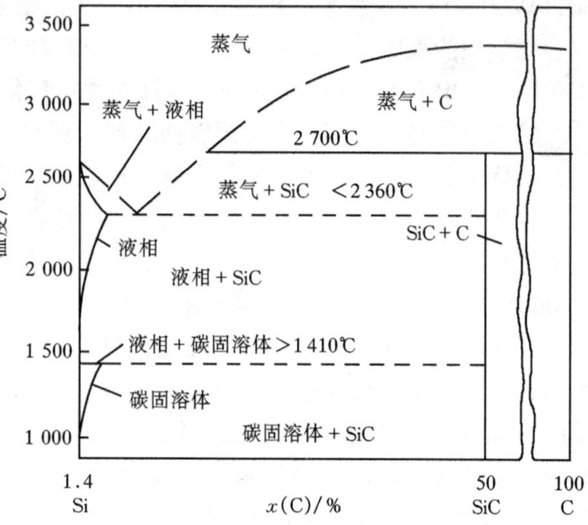

图 9-3　SiC-C 二元相图

表 9-6　β-SiC 和 α-SiC 间的转化

时间/s	2 100℃		2 300℃	
	β-SiC	α-SiC	β-SiC	α-SiC
0	100	0	100	0
300	86	14	16	84
600	81	19	5	95
900	63	37	1	99
1 200	67	33	0	100

由 SiC-C 二元相图可见，SiC 不熔化，当温度高于2 760℃时开始分解为蒸气和 C。实际上，碳化硅从2 200～2 500℃起即开始分解，到2 700℃以上已显著分解。

SiC 的化学稳定性较好，在 HCl，H_2SO_4 和 HF 中煮沸也不受侵蚀，同硅酸在高温下不发生反应，故具有抵抗酸性熔渣的良好性能，但却易受碱性熔渣侵蚀。SiC 同石灰在 525℃开始反应，到1 000℃附近反应显著，在此温度下它同 MgO 也反应显著。与氧化铜的反应在 800℃已强烈进行；同氧化铁在1 000～1 200℃进行反应，到1 300℃已明显可见崩裂现象，同氧化锰从1 360℃起出现崩裂现象。SiC 在氯气中从 600℃开始与之反应，到1 200℃可使其分解为 $SiCl_4$ 和 CCl_4。熔融碱在赤热温度下可使 SiC 分解，故不能抵抗硼砂、冰晶石、水玻璃和碳酸钾等的侵蚀。不含氧化物的金属熔融液，在1 000～1 200℃下侵蚀 SiC，但锌和铅等例外。因 SiC 在这些金属液中不受侵蚀，故在锌蒸馏用的耐火材料中，碳化硅使用最广泛。

在1 000℃以上 SiC 同强氧化性气体容易反应而分解，同水蒸气接触也容易反应分解。总之，SiC 的主要缺点是在高温下易氧化，颗粒愈细，活性愈高，愈易氧化。在氧分压很高

时，生成的氧化物有 SiO_2 和 CO_2 或 CO，即

$$SiC + 2O_2 \rightarrow SiO_2 + CO_2 \tag{9-4}$$

$$SiC + \frac{3}{2}O_2 \rightarrow SiO_2 + CO \tag{9-5}$$

SiO_2 的生成从 1 000℃开始，随温度升高而显著加速。因此，碳化硅在强氧化气氛下使用，以1 100℃以下为宜。

SiO_2 生成时，由于真密度降低，伴有体积膨胀效应，使 SiC 疏松。若生成熔融硅酸盐，则在 SiC 表面形成薄膜。此种薄膜一旦生成，正常的氧化受到抑制而减弱，形成保护层，防止进一步氧化。若生成 SiO(g)，则因其挥发，可促进氧化。但是，如果产生的 SiO(g)能够在 SiC 表面被氧化为 SiO_2，并沉积下来，则能够在 SiC 表面形成 SiO_2 致密保护层，防止进一步氧化。在真空炉中，当真空度小于1 346Pa 时，在1 300℃下，氧化速度为在空气中的 3 倍。SiC 与水蒸气反应，产生甲烷和 SiO_2。若生成的 SiO_2 保护膜因水蒸气分解而被破坏，氧化剧烈进行。

在合成 SiC 时残留的 Si，C 及 FeO 均对 SiC 的氧化有影响。在普通氧化气氛下纯 SiC 可在高达1 500℃下安全使用，而含杂质的碳化硅，在1 220℃下即严重氧化。

由于碳化硅不熔化和分解出蒸气的温度很高，并具有很高的导热性和低的热膨胀性，从而具有很好的抗热震性。此外，SiC 抗化学侵蚀和酸性熔渣侵蚀的能力很强，故可认为是一种良好的耐火材料的原料，在耐火材料中占有重要地位。

9.3.2　碳化硅的合成

生产碳化硅的主要原料是纯净的硅石($w(SiO_2)>98.5\%$)和焦炭、无烟煤等碳素材料。由于冶金焦中的灰分较高(质量分数为 8%～12%)，用之甚少，而多用石油沥青焦(灰分的质量分数为 0.2%～1.9%)和煤沥青焦(灰分的质量分数为 0.3%～0.6%)，有的也用低灰分无烟煤(灰分的质量分数为 1.7%～4.5%)。此外，为了排除原料中的铁、铝等杂质，添加食盐使之生成氯化物挥发。为了防止爆炸，加入一些木屑，使之形成多孔烧结物，便于排除反应生成的 CO 气体。

碳化硅生产工艺如图 9-4。首先是将上述原料破粉碎，按理论质量比(Si 70.03%，C 29.97%)配料，并混入木屑和少量食盐组成混合料。然后，利用电阻炉在2 000～2 500℃下合成碳化硅，其基本反应式为

$$SiO_2 + 3C = SiC + 2CO - 4\ 704kJ \tag{9-6}$$

硅石、焦炭、食盐、木屑 → 混合 → 电阻炉 → 料块 → 粉碎 → 酸洗 → 水洗 → 干燥 → 磁选 → 筛分 → 产品

图 9-4　碳化硅生产工艺示意图

上述 SiC 化的过程大致在 1 500℃开始先形成 β-SiC，在 2 100℃ β-SiC 向 α-SiC 转化，到 2 400℃转化结束。在实际生产中一般控制在2 000～2 500℃。上述反应是通过气相进行的多级反应，主要反应为

$$SiO_2 + 2C = Si(g) + 2CO \tag{9-7}$$

$$SiO_2 + C = SiO(g) + CO \tag{9-8}$$

$$SiO(g) + C = Si(g) + CO \tag{9-9}$$

$$Si(g) + C = SiC \tag{9-10}$$

在 SiC 形成过程中，其中一些杂质也在与 NaCl 作用后形成氯化物而气化，其中的 Na_2O 也随之气化，并皆沿木屑碳化形成的通道逸出，如

$$Al_2O_3 + 6NaCl = 2AlCl_3\uparrow + 3Na_2O \tag{9-11}$$

$$Fe_2O_3 + 6NaCl = 2FeCl_3\uparrow + 3Na_2O \tag{9-12}$$

纯净的 SiC 是无色透明的，但实际上多为黑色和绿色的，其中黑色的 SiC 含铁、铝、硼、碳等杂质较多；绿色的 SiC 含杂质少，但掺杂有氮和磷等元素。

9.3.3　碳化硅制品

碳化硅耐火制品是以碳化硅(SiC)为原料和主晶相的耐火制品。当前，碳化硅耐火制品常依主晶相间结合物的差别分为以下几类：黏土和氧化物结合碳化硅制品，碳结合碳化硅制品，氮化物结合碳化硅制品，赛隆结合碳化硅制品，自结合和再结晶碳化硅制品。另外，还有半碳化硅制品。

9.3.3.1　黏土和氧化物结合的碳化硅制品

(1) 制品的生产。黏土结合的碳化硅制品是用耐火度和可塑性都较高的耐火黏土(质量分数为 10%～15%)与 SiC(质量分数为 50%～90%)，以及其他瘠性耐火材料配合，加密度为 1.25～1.35g/cm³ 的亚硫酸纸浆废液或糊精等作结合剂，使泥料含水约 4%～5%，以生产黏土耐火制品的工艺方法制成。

配料中碳化硅颗粒应粗、中、细适当配合。极限粒度为 3～0.5mm，依制品要求而定。细粉量多，坯体体积密度较高，但易氧化。可塑黏土量多和 SiC 细粉量适当减少，易成型，坯体较易致密化，制品不易氧化，但荷重软化温度低，蠕变大。

制备泥料时，为防止 SiC 颗粒氧化，黏土可部分以泥浆形式加入。坯体的致密性高，有利于导热性和防氧化，因此应尽量减少泥料水分和高压成型。依结合黏土种类和数量，一般在氧化气氛下，经1 350～1 400℃烧成。

在配料中可以纯净 SiO_2 细粉代替结合黏土，并采用上述黏土结合碳化硅制品的生产方法制成氧化物结合碳化硅制品。SiO_2 组分在坯体烧成时，在 SiC 颗粒表面形成 SiO_2 薄膜，将 SiC 颗粒结合为整体。

(2) 制品的性质。黏土结合和氧化物结合的碳化硅制品，含 SiC 的质量分数多为 50%～90%，体积密度 2.3～2.55g/cm³，气孔率 17%～24%，依制品组成和烧成温度而定。常温强度很高，上述密度的制品，一般耐压强度大于 50～100MPa。热导率很高，在1 000℃下为 3.99～10.58W/(m·℃)，其中黏土结合者较低，纯净 SiO_2 结合者较高。制品的抗热震性很强。由于主要由 SiC 构成，故抗渣性和耐磨性也较高。

(3) 制品的应用。此种制品可作为炼铁高炉炉腰、炉腹和炉身内衬，金属液的出液孔砖和输送金属液的通道砖和管砖，也可作为有色金属锌、铝等冶炼设备的内衬砖、铸造容器和各种加热炉内衬和换热器管材，还可用作焦炉碳化室和陶瓷窑具用耐火制品。

9.3.3.2　氮化硅结合碳化硅制品

此种制品是由氮化硅(Si_3N_4)将碳化硅晶粒结合为整体而构成的耐火制品。

(1) 氮化硅结合碳化硅制品的生产。以氮化硅作为结合剂生产碳化硅制品，一般皆采取

反应烧结的方法，特别是硅氮直接反应法。这种方法是将一般小于 44μm 的碳化硅细粉与细粉状的硅(Si)混合，经成型制成多孔的坯体，在电炉中于1 250～1 450℃下，充氮气，当坯体在氮气中加热相当时间后，如升温 5～6h，保温 5～10h，依制品形状而定，其中的 Si 可与 N_2 在坯体烧结过程中互相反应，生成 Si_3N_4，反应式为

$$3Si + 2N_2 = Si_3N_4 + 723.8kJ \tag{9-13}$$

反应结合形成的 Si_3N_4 结合 SiC 材料的微观结构，由 Si 与 N_2 反应生成的 Si_3N_4 颗粒结合坯体中的 SiC 颗粒所决定。同时材料中还存在 10%～25%的气孔。反应生成的 Si_3N_4 存在两种相：α-Si_3N_4 和 β-Si_3N_4。α-Si_3N_4 一般以尺寸较小的晶须存在，而 β-Si_3N_4 则以较粗大的粒状晶体存在。在低温氮化时，形成的氮化硅主要是呈晶须状的 α 相，而在较高温度，尤其是工艺温度高于硅的熔点时，形成的主要是粒状的 β 相，且工艺温度越高，晶粒就越粗大。材料中含 Si_3N_4 和 SiC 的量由原始坯体中的 Si 与 SiC 的比例决定。

采用此种通过氮气扩散进行氮化的方法，在材料的制备过程中材料的形状和尺寸几乎不变化(烧成收缩为 0.1%～0.5%)，因而可制成形状很规整的制品。

除了上述氮化硅结合的制品以外，还有以氧氮化硅(Si_2N_2O)结合的碳化硅制品。这种制品是在 SiC 与 Si 粉的配料中，再加入 SiO_2 细粉，成型，并在 N_2 气中于1 450℃下反应烧结而制成。在烧结过程中发生的反应为

$$Si + SiO_2 = 2SiO(\text{中间产物}) \tag{9-14}$$

$$Si + SiO + N_2 = Si_2N_2O \tag{9-15}$$

另外，Si_3N_4 与 SiO_2 在 1 450℃下反应，也可直接形成 Si_2N_2O。Si_2N_2O 在 SiC 颗粒表面形成后，可使颗粒上的 SiO_2 薄膜结合牢固，并形成连续保护膜。较 Si_3N_4 结合者，在氧化气氛中的稳定性高，结合强度更高，抗侵蚀也强。北京科技大学洪彦若等以 SiC 和 Si_3N_4 为原料，在常规炉子中(氧化性气氛)，采用逆反应烧结工艺，制成了性能优良的氧氮化硅结合碳化硅制品。

(2) 制品的性质和应用。此种氮化硅结合或氧氮化硅结合的碳化硅制品，一般含 SiC 的质量分数为 70%～80%，Si_3N_4 的质量分数为 25%～15%，气孔率为 10%～18%。常温耐压强度大于 100MPa。在1 000℃时，抗拉强度为 20MPa。0.2MPa 荷重下加热至1 800℃仍未变化。体积密度为 2.69g/cm^3 的制品弹性模量为 18×10^4MPa。它的热膨胀性仍很小，20～1 200℃下平均线胀系数为 3.8×10^{-6}℃$^{-1}$。800℃下的热导率为 9.65W/(m·℃)。对具有内部空腔的质量为 2.5kg 的异型制品，从单面加热，在 900～1 100℃下反复冷热 500 次，无任何损毁。在1 600℃下保温 5～15h，制品的抗氧化性比纯碳化硅制品好。制品的耐侵蚀性与纯 SiC 和纯 Si_3N_4 性质相当。

此种以氮化硅结合的碳化硅制品可以完全代替以氧化物结合的碳化硅制品，用于各种高温设备中，而且适用于工作温度更高，重负荷更大，温度急剧变化更严重的条件。

9.3.3.3　赛隆(Sialon)结合碳化硅耐火制品

Sialon 是由 Si，Al，O，N 组成的四元化合物，英文全称为“Sialon Aluminum Oxynilnile”，简称为 Sialon。Sialon 化学式为 $Si_{6-z}Al_zO_zN_{8-z}$，式中 z 为 O 原子置换 N 原子数，同时，Si 原子被 Al 原子替代。在正常压力下 $0<z<4.2$。Sialon 具有与 Si_3N_4 相似的结构，其韧性略优于 Si_3N_4，线胀系数和热导率略低于 Si_3N_4，由于 Sialon 中固溶有 Al_2O_3，其化学性质接近于 Al_2O_3，具有优良的抗氧化与抗熔融金属侵蚀性能，因此，Sialon 是一种物

理性能接近氮化硅而化学性质与氧化铝相似的高性能陶瓷。

以 Sialon 为结合相的碳化硅耐火材料具有较高的高温强度和热导率，较低的线胀系数，良好的抗热冲击性，抗高温蠕变性，耐熔体、酸碱侵蚀等一系列基本性能，在已广泛应用于有色、冶金、建材等行业的 Si_3N_4 结合碳化硅材料的基础上开发出来的第二代产品。通过在配料中加入一定量的活性添加剂，在氮化反应时，铝氧离子固溶到氮化硅晶体中形成 Sialon 结合相，改善了材料的抗氧化，抗热震，抗碱、熔渣和冰晶石等熔体的侵蚀性能。

Sialon 结合碳化硅材料的生产，是在 Si_3N_4 结合碳化硅材料生产工艺基础上，通过在原料中加入一定量的活性氧化铝微粉和添加剂及对工艺进行适当的调整，在 N_2 气氛下，对金属微粉和活性添加剂进行氮化反应，铝氧离子固溶到氮化硅晶格中形成 Sialon 结合相。其合成机理为

$$(6-z)Si + (4-\frac{2}{3}z)N_2 + \frac{z}{3}Al_2O_3 + \frac{z}{3}AlN \rightarrow Si_{6-z}Al_zO_zN_{8-z} \qquad (9\text{-}16)$$

当 $z=3$ 时，即有

$$3Si + 2N_2 + Al_2O_3 + AlN \rightarrow Si_3Al_3O_3N_5 \qquad (9\text{-}17)$$

生成的六方柱状的 Sialon 晶体将碳化硅颗粒紧密结合起来，就形成了以 Sialon 为结合相的碳化硅制品。

表 9-7 是国内某公司生产的三种碳化硅制品与美国生产的 Sialon 结合碳化硅制品的性能指标。可以看出，Sialon 结合碳化硅制品的性能优于硅酸盐结合和氮化硅结合碳化硅制品。而且，国产的 Sialon 结合碳化硅制品的性能指标已达到或部分超过美国同类产品水平。

表 9-7　不同结合相的碳化硅制品的化学组成及理化指标

项　目	硅酸盐	氮化硅	Sialon	美国 Sialon
$w(SiC)$/%	>80	>70	>70	
$w(Sialon)$/%		>20(Si_3N_4)	>20	
体积密度/(g/cm^3)	2.50	2.62	2.70	2.70
显气孔率/%	20	1.7	16	14
耐压强度/MPa	110	150	167	172
抗折强度/MPa	25	40	50	47
热导率/[W/(m·℃)]		16.5	16.4	17

Sialon 结合碳化硅制品可广泛应用于竖罐锌蒸馏炉的蒸馏罐炉壁以及冷凝器的转子、锌精馏塔塔壁、冷凝器和各种通道等部位的工作层，以及决定炼锌连续精馏精炼设备使用寿命的塔盘；承受铅雾冲刷和化学侵蚀作用的铅锌密闭鼓风炉铅雾室的侧墙，以及室内的轴和转子；炼铝反射炉放铝口、流铝室内的轴和转子；炼铝反射炉放铝口、流铝槽及其衬体、铝水罐的铸口部位以及铝电解槽的侧墙衬体等部位；精铜熔化竖炉炉壁工作层和烧嘴区等易损部位。经在锌厂、炼铝反射炉、流铝槽上试用，完全满足使用要求，具有很好的推广前景。Sialon 结合碳化硅材料还可用于炼铁高炉炉身下部、炉腰、炉腹等部位，垃圾焚烧炉内衬，作为陶瓷及砂轮烧成用推板、棚板、匣钵等窑具材料亦有广泛的应用。

9.4　氧化物-非氧化物复合耐火材料

氧化物-非氧化物复合耐火材料是由氧化物和非氧化物构成的一种新型耐火材料。

氧化物-非氧化物耐火材料是随着耐火材料的应用条件日益严格而产生的新一代耐火材料。高纯氧化物制品(如刚玉、刚玉-莫来石、氧化锆、锆英石和方镁石等)虽已广泛应用于高温窑炉的重要部位，但是它们存在抗热震性较差、易于产生结构剥落的弱点。近20年来，具有优良抗热震性和抗侵蚀性的碳结合材料迅速崛起，并已占据了炼钢过程的重要部位。它们的弱点是抗氧化性和力学性能较差。综合考虑高温强度、抗热震性、抗侵蚀性和抗氧化性等各项高温使用性能，氧化物-非氧化物复合材料表现出明显的优越性，并由此而发展起来。目前，氧化物-非氧化物复合耐火材料已成为新一代的高技术、高性能的优质高效耐火材料，并用于高温关键部位。鉴于这种耐火材料的良好的化学性能和力学性能等，氧化物-非氧化物耐火材料还将得到进一步发展。

9.4.1　氧化物-非氧化物复合耐火材料的种类

氧化物-非氧化物复合耐火材料中的氧化物主要包括 Al_2O_3，MgO，ZrO_2 和锆英石等，非氧化物包括 SiC，BN，Si_3N_4，Sialon，AlON，MgAlON，ZrB_2 等。由这些氧化物和非氧化物所组成的耐火材料主要包括 Al_2O_3-SiC，Al_2O_3-ZrO_2-SiC，β-Sialon-Al_2O_3，Al_2O_3-A_2S_3-SiC，ZrO_2-Al_2O_3-A_2S_3-SiC，ZrO_2-Al_2O_3-A_2S_3-BN，β-Sialon-Al_2O_3-SiC，O′-Sialon-ZrO_2-SiC，MgAlON-Al_2O_3 等体系。研究结果表明，与碳结合材料比较，这些复合耐火材料具有优越得多的常温和高温强度以及抗氧化性；与氧化物材料比较，它们具有较好的抗热震性以及抗渣性。

9.4.2　氧化物-非氧化物复合耐火材料的生产

氧化物和非氧化物复合材料，根据原料组成有不同的合成工艺方法。

(1) 一步合成法。这种方法以要合成的复合材料矿物组成为原料，成型后在一定的保护气氛下直接一步烧成。如在还原性气氛中烧成 Al_2O_3-SiC 制品；在氮气气氛中合成 ZrO_2-Al_2O_3-A_2S_3-BN 等。这种工艺方法在烧成过程中只有烧结致密化过程，没有物相的变化。

(2) 二步合成法。首先合成非氧化物原料，然后再将其与氧化物原料混合成型后，在一定气氛条件下烧结。如合成 β-Sialon-Al_2O_3 系复合材料，首先合成 β-Sialon，然后将其与刚玉混合烧成，制得 β-Sialon-Al_2O_3 复合材料。这种方法在第二步烧成过程中也不存在物相变化。

(3) 反应合成法。这种方法也是采用一步工艺，但在烧成过程中有化学反应，复合材料中的非氧化物成分通过上述化学反应在烧结过程中形成。如以锆英石和刚玉为原料，采用碳热还原氮化法合成 Al_2O_3-ZrO_2-SiC 系复合材料，其中的非氧化物组分 SiC 就是在烧成过程中形成的。如果反应合成法的原料中有金属成分，则这种工艺又称为金属过渡相工艺。

金属过渡相工艺合成氧化物-非氧化物耐火材料是以金属作为一种原料，将非氧化物的合成以及非氧化物复合氧化物两个过程一步完成的一种工艺方法。如合成 β-Sialon-Al_2O_3 复合耐火材料，以金属 Si 粉、Al 粉和 Al_2O_3 颗粒料为原料，成型后在氮气中烧成，在烧成过

程中，发生的反应为

$$3(6-z)Si + zAl_2O_3 + zAl + (12-1.5z)N_2 = 3Si(6-z)Al_zO_2N_{(8-z)} \quad (9\text{-}18)$$

在通过这个反应合成 Sialon 的同时，完成 Sialon 与氧化物 Al_2O_3 的复合和烧结。这种借助金属的氮化反应烧结的工艺，可以充分发挥金属的过渡作用。金属 Si 和 Al 在生产工程中有以下几方面作用：

① 塑性成型作用。金属的晶格可滑移、有塑性，和硬颗粒在一起可发挥“软”的作用，使砖坯更致密。

② 在其反应生成氮化物之前，利用它们的熔点低，在烧结过程起助烧剂作用以及产生塑性流动，使烧结在较低温度下进行，如 β-Sialon-Al_2O_3 复合砖设计在1 450℃下进行。

③ 与氮反应生成氮化物并与 Al_2O_3 反应(固溶)生成 β-Sialon。新生氮化物加速 β-Sialon 形成；而新生成的 β-Sialon 又使之成为活性烧结。可简单地说，起反应烧结作用。

④ 如果存在没有反应完全的金属残存，主要是 Si，当它露出表面时会与高炉气氛中的 N_2 和 CO 等化合生成氮化物、碳化物或 β-Sialon，再次形成优良的抗侵蚀表面，使之具有自修复的功能。

总之，金属除了转化为增强相外，还起塑性相作用，因此其实质是既起到“金属过渡相”，又起到“过渡塑性相”作用，应说是“金属过渡塑性相工艺”，简称为“金属过渡相工艺”。

9.4.3 氧化物-非氧化物复合耐火材料的性能及其应用

图 9-5 和图 9-6 示出了氧化物-非氧化物复合材料在常温和1 350～1 400℃下的抗折强度。可以看出：它们的常温强度多数在 100MPa 以上，比碳结合材料的强度高出一个数量级；它们在1 350～1 400℃、N_2 气氛条件下的高温强度为 68～200MPa，也比碳结合材料(10～15MPa)高出一个数量级，可与氧化物材料(约 100MPa)相媲美。

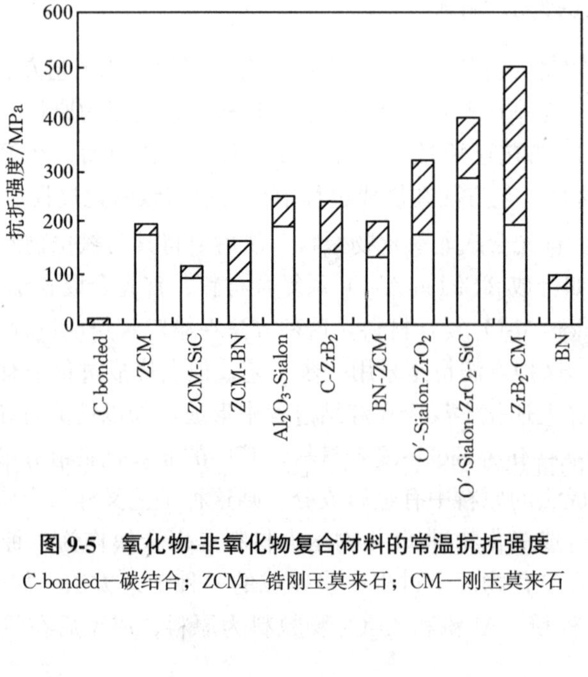

图 9-5 氧化物-非氧化物复合材料的常温抗折强度

C-bonded—碳结合；ZCM—锆刚玉莫来石；CM—刚玉莫来石

这些复合材料的强度-温度曲线都属于第一类型，即强度先随温度上升而增加，至转折点(T_m)后逐渐下降。它们的 T_m 为1 000～1 200℃，高于锆刚玉莫来石材料的 T_m(800℃)。它们在1 000～1 200℃下强度最高，比常温强度高 20%～50%。此外，它们在1 350～1 400℃下强度保持率(σ_{HT}/σ_{RT})为 50%～80%，比纯氧化物(约 50%)高。

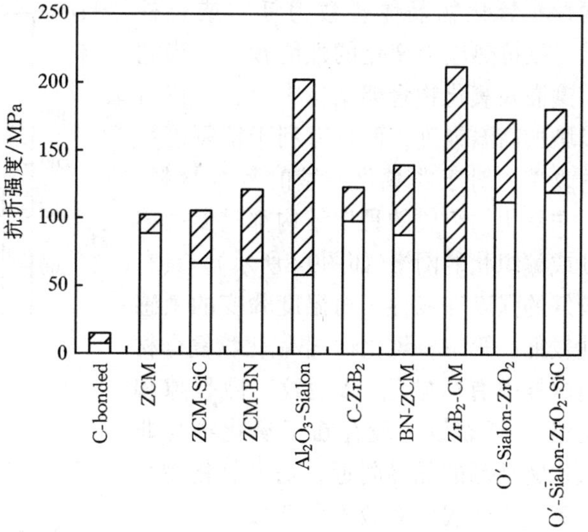

图 9-6　氧化物-非氧化物复合材料在 1 350～1 400℃ 下的抗折强度

氧化物-非氧化物复合材料高温强度的优越性可归因于其显微结构特征：由于含玻璃相的量很低(甚至没有)，主导因素为结晶效应，即晶体之间接触或结合的程度和方式；次晶相镶嵌或弥散在主晶相骨架结构里，可增加晶体间的接触程度，导致强化效应。

一些氧化物-非氧化物复合材料的氧化特性如表 9-8 所示，氧化物-非氧化物复合材料的开始氧化温度为 800～1 200℃，比碳结合制品(400～600℃)要高。

表 9-8　一些复合耐火材料的氧化特性

材　料	氧化开始温度/℃	表观活化能/$\times 10^5$J
ZCM-SiC	800	0.7～1
ZCM-BN	1 000	6～10
BN-ZCM	1 000	2～3
O′-Sialon-ZrO_2	1 200	4～9
Al_2O_3-β-Sialon	1 200	3～4
ZrB_2-CM	1 000	2～3
O′-Sialon-ZrO_2-SiC	1 200	5.195

这些复合材料的氧化多数属于保护性氧化，如 ZCM-SiC 试样。这是由于该试样表层的 SiC 氧化为 SiO_2 后，在试样表面逐渐形成保护层，阻碍了氧气向试样内部的进一步渗透。氧化物-非氧化物复合材料在氧化过程的早期受化学反应控制，在后期受渗透控制，在两者之间的中期则受化学反应和渗透共同控制。因此，这些复合材料的抗氧化性明显优于碳结合材料。

在氧化物基质中引入非氧化物，可以明显提高材料的抗热震性。图 9-7 所示为一些氧化物-非氧化物复合材料的抗热震温差(ΔT_C)。在 ZCM 基质中加入非氧化物 SiC，BN 等以后，其临界热震温差显著提高。例如，当 BN 加入量为 30%时，其 ΔT_C 从 400℃提高到 700℃。当氧化物加入到非氧化物基质中时，热震临界温差更高，可达 800～1 100℃。

氧化物-非氧化物复合材料所具有的优良的抗热震性，可以从以下三点得到解释：首先，非氧化物本身具有较好的抗热震性，因为它的热导率较高，线胀系数较低，强度较高。其次，非氧化物晶体多数为针状或长柱状，抵抗热应力变化的性能较好。当它们镶嵌入氧化物骨架结构中时，不仅可以增加高温强度，而且有利于抗剥落性的改善。对于非氧化物基的复合材料，由非氧化物组成的骨架结构都是交叉连锁或编织状的网络(如图9-8所示)，具有较好的强度和韧性，对温度骤变的敏感性较低。第三，氧化物-非氧化物复合材料试样中有微缺陷(微裂纹、微裂隙和位错)。微裂纹一般存在于氧化物与非氧化物结晶的晶界附近，是由氧化物与非氧化物的线胀系数不同造成的。由于微裂纹具有微裂纹增韧作用，因此可以改善材料的抗热震性。一些氧化物-非氧化的热震参数如表 9-9 所示。

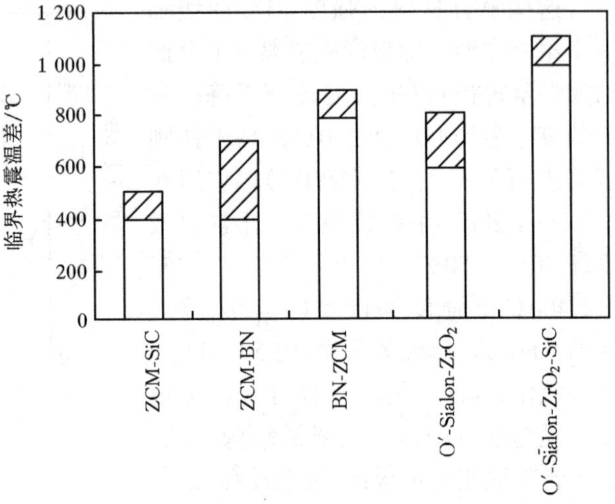

图 9-7　氧化物-非氧化物复合材料的临界热震温差(ΔT_C)

表 9-9　氧化物-非氧化物材料的热震参数

材　料	常温抗折强度/MPa	断裂韧性/($MPa\cdot m^{1/2}$)	断裂表面能/(J/m^2)	弹性模量/GPa	线胀系数/($\times10^{-6}℃^{-1}$)	热震参数		
						R/℃	R''''/μm	$RST/\mu m^{-1/2}$
ZCM	189.1	5.2	529.0	72.3	5.98	437	756	1.43
ZCM-BN1	164.0	5.3	72.5	66.9	5.81	423	1 094	1.79
ZCM-BN2	136.1	4.7	42.5	35.2	5.50	703	1 197	2.00
ZCM-BN3	92.8	3.9	46.2	24.2	4.8	797	1 175	2.87
BN	90.0	1.9	35.2	18.7	4.05	1 190	464	3.93
BN-ZCM1	138.3	2.8	47.1	28.7	4.12	1 171	404	3.11
BN-ZCM2	150.3	3.1	52.2	31.7	4.24	1 121	422	3.03
BN-ZCM3	197.2	3.2	39.3	48.4	4.38	930	163	2.05
O′-Sialon-Z1	179.6	2.43	150.1	51.0	3.42	1 028.9	183.1	5.02
O′-Sialon-Z2	228.7	2.66	157.3	65.3	3.84	910.3	135.9	4.04
O′-Sialon-Z3	249.6	3.21	185.0	67.9	4.31	852	165.3	3.83
O′-Sialon-Z4	316.7	2.91	144.2	90.0	4.83	728.7	84.4	2.62
CZB10	145.7	—	75.5	55.1	9.1	—	—	4.07
CZB20	215.4	—	139.3	68.3	8.8	—	—	5.13
CZB30	235.0	—	170.7	70.1	8.2	—	—	6.02

此外，由于非氧化物组分对炉渣的浸润性较低，氧化物-非氧化物耐火材料还具有良好的耐炉渣侵蚀能力。如图 9-9 所示，Al_2O_3-β-Sialon 复合材料在1 525℃以下几乎不受高铁炉渣的侵蚀，只是在1 550℃以上才开始出现转折点。

总之，氧化物-非氧化物耐火材料具有常温和高温强度高，抗热震性、抗氧化性及抗渣侵蚀性好等许多优良特性，这些耐火材料在许多领域得到了广泛的应用。如 Sialon 结合刚玉砖在大型高炉的陶瓷杯上使用，Al_2O_3-Sialon 滑板等都取得了良好的使用效果。此外，在连铸浸入式水口、钢包和精炼包渣线部位、特种窑具、陶瓷过滤器、滚筒和热交换器等方面的开发与应用，也取得了一定的成果。而且，据专家预计，氧化物-非氧化物复合耐火材料还有很大的发展空间，并建议进一步加强这方面的投入。

图 9-8　BN 编织状结构的 SEM 照片

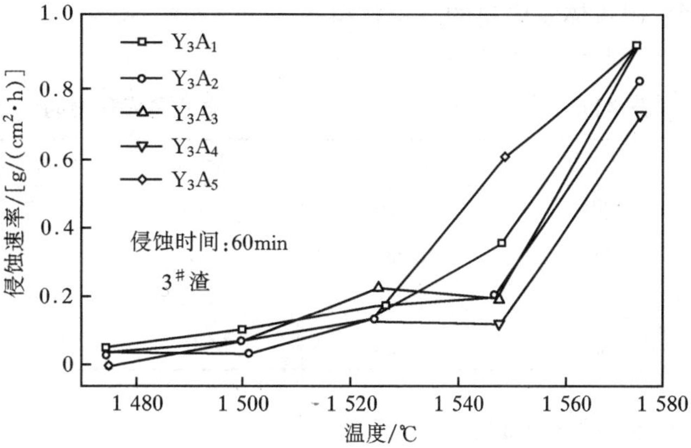

图 9-9　Al_2O_3-β-Sialon 复合材料的侵蚀速率随温度的变化

9.5　硅化物、硼化物、硫化物材料

与碳化物和氮化物一样，硼化物、硅化物及硫化物都是熔点在2 000℃以上的难熔化合物，都是一些优良的特种耐火材料。

这些化合物的共同特点是：具有间隙结构，有明显的固溶体性质；具有明显的金属特性，如金属光泽、导电性、导热性及正的电阻系数；具有比金属高的熔点、强度、硬度和耐磨性；抗热震性好，但较脆。

9.5.1　硅化物制品

硅化物最突出的特点是熔点高，如表 9-10 所示。

表 9-10　一些主要硅化物的熔点　℃

硅化物	熔　点	硅化物	熔　点	硅化物	熔　点
TaSi	2 400	P-$NbSi_3$	2 400	W_5Si_3	2 350
Zr_6Si_2	2 250	WSi_2	2 150	Ti_5Si_3	2 120
$MoSi_2$	2 030	$NbSi_3$	1 950		

硅化物具有良好的抗氧化性。$MoSi_2$ 在空气或氧气中可使用到 1 700℃左右。硅化物同时是电的良导体，许多硅化物可作为发热体使用，如 $MoSi_2$ 常用作电炉发热元件、高温热电偶、原子能反应堆的热交换材料，也可用作飞机、火箭的零部件。其缺点是高温下蠕变速度快。

9.5.2　硼化物制品

硼化物强度大，熔点高。抗氧化性不及氧化物，在氧化气氛中只能使用到 1 400℃，中性及真空或还原气氛中可达2 000℃以上。TiB_2，ZrB_2，CeB_2 在真空条件下可达2 500℃以上，这是其突出特性。

硼化物导电性好，具有很高的导热性和热稳定性。能长期抵抗氟化物的作用，但抵抗熔融金属 Ni 和 Fe 侵蚀的能力较差。硼化物可制成电接触器及电极材料、火箭喷嘴、热电偶套管、磁流体发电机的高温材料等。

一些硼化物的熔点如表 9-11 所示。

表 9-11　一些主要硼化物的熔点　℃

硼化物	熔　点	硼化物	熔　点	硼化物	熔　点
HfB_2	3 250	ZrB_2	3 040	TaB_2	3 000
TiB_2	2 850	WB_2	2 920	WB	2 860
NbB	2 900	W_2B	2 770	ThB_2	2 500
MoB	2 180	MoB_2	2 180	CB_2	2 760

9.5.3　硫化物制品

硫化物熔点高。在空气及水蒸气中会发生氧化，只能在干燥惰性气氛或真空中使用。硫化物线胀系数很小，加热速率可达 100℃/min。除铂族金属外，不与其他金属发生作用。硫化物坩埚提纯金属加热速率快，可防止污染。几种常见硫化物熔点如表 9-12 所示。

表 9-12　一些主要硫化物的熔点　℃

硫化物	YS	TbS	CeS	US
熔　点	2 400	>2 200	2 450±100	>2 200

9.6　金属陶瓷

金属陶瓷为用物理或化学方法将陶瓷相与黏结金属(或合金)相相互合成为整体的非均质复合材料。两相彼此不发生化学反应或仅限于在表面发生极轻微的化学反应和扩散渗透。

陶瓷相指高熔点氧化物或难熔化合物(碳化物、氮化物及硼化物等)。其中一种或数种都可用作陶瓷相材料，常用陶瓷相为 Al_2O_3，ZrO_2，MgO，Cr_2O_3，TiC，SiC，WC，TiB_2，BN，Si_3N_4，TiN 等。金属相为过渡族金属或合金，常用金属相有 Fe，Cr，Ni，Mo，Ti，Al，Co 等。

9.6.1　金属陶瓷的种类

按生产工艺方法，金属陶瓷的种类主要有：

(1) 涂层制品，在金属材料表面上涂上一层陶瓷保护层或表面膜得到的制品；

(2) 结合制品，将金属粉末与陶瓷粉末按比例配料、成型，经热压或保护气氛下烧结而得到的制品；

(3) 浸渍制品，把素烧的多孔陶瓷材料浸渍在熔融金属液中得到的制品；

(4) 层状制品及金属丝加固制品。

9.6.2　金属陶瓷的性能

金属陶瓷硬度高，高温强度大，高温蠕变性好，抗热震性好，且具有抗氧化、抗腐蚀和抗磨损等性能。

金属陶瓷由于微小的陶瓷粒子均匀分布在连续的金属相中，形成一种连续的薄膜，将分散而均匀分布的陶瓷颗粒包裹，导致金属陶瓷同时具有金属和陶瓷的特性，既通过金属的优良塑性、导热性提高材料承受机械及热应力的能力，同时陶瓷相强化金属基体使材料获得更高的强度与硬度。

形成金属陶瓷的必要条件如下。

(1) 金属对陶瓷的润湿性要好，润湿力愈强，金属形成连续相的可能性越大，而陶瓷颗粒聚集成大颗粒的趋势就愈小，金属陶瓷的性能就愈好。改善两相润湿途径可在金属陶瓷相中加入第二种多价金属，其点阵类型要与第一种金属相同。例如向 Al_2O_3-Cr 中加入 Mo，也可以加入少量其他氧化物(如 V_2O_3，MoO_3，WO_3 等)，以降低金属陶瓷的烧结温度，改善润湿性。

(2) 金属和陶瓷相在烧结和使用中应无剧烈的化学反应发生。反应也仅限于在两相的界面上生成新的陶瓷相。若反应剧烈，则金属相不以纯金属状态存在而变成化合物，成为数种化合物聚合体，无法起到利用金属相来改善陶瓷抵抗机械作用和温度急变的作用。在高温下金属相与陶瓷相之间应有一定的溶解作用。通过溶解和析晶过程及陶瓷相均匀分布，改善制品的性能。溶解作用过大或出现低熔物，会降低金属陶瓷的高温强度。

(3) 金属相和陶瓷相的线胀系数相差不能太大，否则会降低金属陶瓷的抗热震性。如在 TiC-Ni 的金属陶瓷中，碳化钛的线胀系数为 7.61×10^{-6}℃$^{-1}$，而镍的线胀系数为 17.7×10^{-6}℃$^{-1}$，二者相差一倍多，因而存在较大的内应力，制品的抗热震性差。金属陶瓷中两相线胀系数差小于 5×10^{-6}℃$^{-1}$时，对于制品的抗热震性影响不大。

几种常见金属陶瓷的性能如表 9-13 所示。

表 9-13　　金属陶瓷性能

性　　能	$70Al_2O_3$-30Cr	Ni(10～40)+TiC	Co-Cr-Ni
体积密度/(g/cm^3)	4.6～4.65	5.5～6.5	8.3～8.7
硬度(洛式)		83～93	61～65
弹性模量/($\times10^4$MPa)	3.7	248～379	207
热导率/[W/(m·℃)]		243～301	147～272
相对导电性(与 Cu)/%		1.65～5.0	1.37～1.80
线胀系数 (650℃)/($\times10^{-6}$℃$^{-1}$)	9.45	8.0～11.2	12.1～13.1
抗拉强度(100℃)/(MPa)	13	2 700	620～750

9.6.3　金属陶瓷的生产及应用

金属陶瓷的生产工艺是以工业纯金属氧化物、合成碳化物(或氮化物)和金属或合金粉末为原料，放在用钨钢球作研磨体的不锈钢球磨筒内，用无水乙醇作介质，研磨成小于 5μm 的细粉。铁基金属陶瓷中的铁可直接在钢球研磨时引入。经排去无水乙醇后，在低温或真空下干燥，然后再将细粉制备成供各种成型方法所需的泥料。金属陶瓷的成型方法如下。

(1) 注浆成型，在细粉中加入少量阿拉伯树胶作为黏结悬浮剂，于石膏模内注浆成型。

(2) 干压成型，在细粉中加入适量的油酸作为润滑结合剂，在 100～200MPa 下于合金模具内成型。

(3) 挤压成型，在细粉中加入一定量的糊精、工业糖浆及油酸作为有机黏结剂，用真空挤泥机挤出成型。

(4) 轧膜成型，在细粉中加入聚乙烯醇溶液作为黏结剂，于轧膜机上轧成 0.5～1mm 薄片。

(5) 等静压成型，把细粉放在橡胶(或塑料)模内，在等静压机上于 200～300MPa 下进行压制成型。

(6) 热压成型，将细粉放在石墨模内，于通保护气氛的碳管热压炉中热压烧结(成型与烧结同时进行)。

除热压产品外，其他成型方法的坯体经干燥或素烧加工后的半成品，放在碳管炉、钼丝炉或高频真空炉内，用氢气保护或在真空下进行烧结。氧化物基金属陶瓷烧成温度为1 650～1 850℃。碳化物基金属陶瓷为1 400～1 900℃。热压产品是在压力为 15～25MPa，1 300～1 600℃下烧结获得的。烧结后的产品根据使用要求，有的需要研磨抛光、精加工，有的则制成颗粒。

金属陶瓷材料在冶金工业中用于测量金属熔体温度的热电偶保护管(如 Al_2O_3-Cr，ZrO_2-Mo，MgO-Mo，ZrB_2-Mo)，熔融金属用的坩埚(如 ZrO_2-Ti，ZrO_2-Zr)。在机械工业中作为高速切削材料和高温轴承材料(如 Al_2O_3-MgO-Fe，Al_2O_3-Mo(Ni，Co，Fe，Cr)，TiC-Co(Ni，Cr))，高温机械密封环材料(如 Al_2O_3-Fe，Al_2O_3-TiO_2-Cr-Mo)，透平叶片材料。在航空航天工业中用于火箭导弹喷管内衬(Al_2O_3-W-C，ZrO_2-W)，飞机发动机(如 CV_3C_2-Ni-Cr)。由 WC，TiC，TaC 和 Co，Ni，Cr，Mo 组成的硬质合金已成为优良的工具材料之一，广泛应用于石油、机械和冶金工业中。

9.7 高温无机涂层

高温无机涂层亦称高温陶瓷涂层，是一种加涂在金属或合金及其他结构材料表面上的耐热无机保护层或表面膜的总称。它起着改变基底材料表面的化学组成、结构及形状，从而改善材料性能或赋以新性能的作用。能延长基底材料使用寿命，扩大应用范围，节省贵重金属的消耗。

高温无机涂层的基底材料主要有：铸铁、合金钢、轻金属、高温合金、活性金属及难熔金属等。其他结构材料有塑料、石墨、陶瓷及耐火材料等。

高温无机涂层材料种类很多，主要有耐火氧化物涂层(如 Al_2O_3，Cr_2O_3，稳定 ZrO_2)，非氧化物难熔化合物涂层(如 TaC，TiC，WC，ZrB_2)和金属陶瓷涂层(如 Al_2O_3-Ni，MgO-Ni，WC-Co，Cr_2C_3-Ni-Cr)等。

高温无机涂层的生产方法很多，一般陶瓷涂层采用高温焙烧法，结构致密的层状涂层采用火焰喷涂法；碳化物及金属陶瓷涂层采用等离子喷涂法；致密高熔点涂层多用气相沉积法。

根据涂层材质及其加涂工艺方法不同，特性也不同。其特性主要有：高温抗氧化耐腐蚀、高温电绝缘、高温绝热、耐磨、防原子辐射、高温润滑、抗红外辐射以及耐冲刷、抗热震等。几种材料涂层的特性如表 9-14 所示。

表 9-14　高温无机涂层材料的性能

材料		化学组分的质量分数/%	熔点/℃	气孔率/%	线胀系数/($\times10^{-6}℃^{-1}$)	主要特性
纯氧化物材料	Al_2O_3	≥98	2 050	<10	5.7~7.4	耐磨，抗腐蚀，抗氧化，电绝缘
	ZrO_2（含稳定剂）	≥98.5	2 710	<10	7~8	隔热，抗金属腐蚀
	Cr_2O_3	≥98	2 300	<10		耐磨，抗氧化，抗腐蚀
难熔化合物	Cr_3C_2		1 895		11.7	高温耐磨
	WC		2 720		3.8	高温耐磨
	ZrB_2		3 040		6.8	抗腐蚀，抗热震
金属陶瓷材料	WC-Co	WC+5-15Co		<5	7.2~8.1	高温耐磨，抗热震
	Cr_3C_2-NiCr	$m(Cr_3C_2):m(NiCr)=3:1$		<5	11.5	高温耐磨，抗腐蚀，抗火焰冲刷

高温无机涂层材料用于汽轮机叶片，飞机高温部件，火箭喷嘴、燃烧室、燃烧筒、喷气发动机燃烧室，涡轮机叶片，导弹发动机内衬，大型发电机排气管及原子反应堆，石油化工机械器件，船舶引擎，电子元件，热电偶套管，化学物品储存器，各种轴、泵、火花塞等。另外还可作为高温耐磨、耐腐蚀、抗冲刷隔热层、抗红外线辐射层及电子工程用各种绝缘层，陶瓷绝缘电线、火箭导弹用化学气相沉积薄膜等。

第 10 章 耐火材料的应用

耐火材料作为高温炉窑及热工设备的结构材料及元部件材料，广泛用于钢铁、有色金属、建材、石油化工、机械工业等部门。耐火材料产品单位消耗在很大程度上与经营管理状况有关系。它在国民经济中的技术经济效率，国民经济吨钢产量所消耗的耐火材料千克数称耐火材料综合消耗指标，它是衡量一个国家的工业水平，尤其是耐火材料质量的重要指标。

任何产品生产的目的都是为了应用，耐火材料也不例外。一般来说，质量好的耐火材料在炉窑上使用的效果好，寿命长。但使用条件不容忽视，如同一种耐火材料在同一热工设备上使用，由于使用条件改变，往往使用结果差别很大。因此，耐火材料科技工作者应该很好地学习和研究各种炉窑热工设备的使用条件，特别是冶金等使用部门创造新的高温工艺过程时，研究使用条件有特别大的意义。

耐火材料使用的科学技术问题有：

(1) 制定经营管理规则(温度、时间、气体介质成分、机械应力、加热过程各种强化剂的作用等)；

(2) 在经营管理规则的影响下，耐火材料发生的物理化学变化和化学矿物组成变化的研究；

(3) 保护耐火材料采取的措施；

(4) 选择和开发新的耐火材料，其性能应该最好地适合于使用条件。

10.1 耐火材料的选用

10.1.1 冶金炉窑对耐火材料的要求

冶金炉窑种类繁多，结构也很复杂，耐火材料的选择和应用往往有很大差别。但是，必须满足下列要求：能承受高温作用而不软化、不熔化；能承受高温荷重作用，不丧失结构强度，不发生变形和坍塌；有好的体积稳定性，在高温下不发生过大的体积膨胀和收缩，重烧线变化小；能抵抗温度急剧变化；能抵抗高温熔体的化学侵蚀和物理冲刷作用；外形尺寸规整，公差小。

10.1.2　耐火材料在使役中损毁的机理

冶金炉窑长期连续处在高温下运行，耐火材料工作条件恶劣，极易损毁，其中以熔炼炉最为典型。造成耐火材料损毁的因素很多，但归纳起来主要有以下几点。

(1) 渣蚀作用。是由于熔渣和金属液或含尘腐蚀性气体的物理化学作用而引起的侵蚀。据统计有色冶金炉窑的炉衬60%～70%是由于熔渣的侵蚀而损毁。炼钢转炉和电炉渣线区域主要是由于渣蚀，而成为损毁最严重的部位，并决定着炉衬的寿命。

(2) 温度剧烈变化作用。许多炉窑，特别是间歇式操作炉窑，温度波动大，骤然变化产生很大的内应力，砖砌体开裂、剥落，严重时变形或坍塌倾倒。如炼钢转炉、电弧炉和铜锡熔炼反射炉，熔炼期最高炉温可达1 250～1 650℃，而放渣和出钢、出铜后，炉内温度急剧降至600～800℃，温度在短时间内波动太快太大，造成耐火材料内应力大，产生崩裂、剥落而损毁。

(3) 气相的沉积作用。很多熔炼炉和火焰炉，在生产过程中会产生CO分解和铅、锌及碱金属氧化挥发，并在耐火材料气孔及砌缝内沉积，造成砖砌体龟裂、变形和化学侵蚀。这种现象在高炉、鼓风炉、竖窑及焦炉的上部较为突出，甚至成为这些部位损毁的主要原因。

(4) 机械冲击和磨损作用。许多炉窑内的物料是运动的。如高炉、鼓风炉及竖窑内的物料连续不断地由炉顶向下运动；回转窑内物料作回转前进运动；转炉内液态金属作沸腾搅动等。并且在运动的同时，物料还要发生一系列的物理化学变化。因此，对炉衬产生很大的机械冲击和严重的磨蚀作用，破坏性非常大。例如高炉炉喉磨损严重，不得不采用铸钢板加以保护。氧气转炉由于钢水的剧烈搅动，常发生炉衬被刷掉的现象，而需经常补炉。

(5) 单纯熔融作用。许多耐火材料在高温热负荷作用下，往往发生重烧线变化，造成砌筑体失稳。有时操作温度过高，还会造成局部软化甚至熔融，形成熔滴，导致砌体坍塌。

10.1.3　耐火材料选用的原则

(1) 掌握炉窑特点。根据炉窑的构造、各部位工作特性及运行条件，选用耐火材料。要分析耐火材料损毁的原因，做到有针对性地选用耐火材料。例如各种熔炼炉渣线及以下部位的炉衬及炉底，以受渣和金属熔体的化学侵蚀为主，其次才是温度骤变所引起的热应力作用，一般选用抗渣性优良的镁质、镁铬质耐火砖砌筑。渣线以上部位可选用镁铝砖或镁铬砖或高铝砖砌筑。

(2) 熟悉耐火材料的特性。熟悉各种耐火材料的化学矿物组成、物理性能和工作性能，做到充分发挥耐火材料的优良特性，尽量避开其缺点。如硅砖荷重软化温度高，能抵抗酸性炉渣的侵蚀，但在600℃以下发生β晶型向α晶型的快速转变，抗热震性很差，在600℃以上使用时抗热震性较好，高温下只会膨胀而不发生体积收缩，因而可选用作火焰炉炉顶砖、焦炉炭化室隔墙砖等。

(3) 保证炉窑的整体寿命。要使炉子各部位所用各种耐火材料之间合理配合，确定炉子各部位及同一部位各层耐火材料的材质时，既要避免不同耐火材料之间发生化学反应而熔融损毁，又要保证各部位的均衡损耗，或在采取合理的技术措施下达到均衡损耗，保证炉子整体使用寿命。

(4) 实现综合经济效益合理。选用的耐火材料要在满足工艺条件和技术要求的前提下，对材料的质量、来源与价格、使用寿命与消耗以及对产品质量的影响进行综合分析，力求做到综合经济效益合理。

耐火材料是工业炉窑的主要构筑材料，是发展钢铁、有色金属、建材、石油化工、机械和电力等工业的基础材料。耐火材料在冶金工业中占有重要的地位，我国冶金工业消耗的耐火材料约占全国耐火材料总量的70%，日本约71%，美国60%，英国73%。其中又以熔炼炉、加热炉及其附属设备消耗的耐火材料所占比例最大。如砌筑容积5 000m^3高炉，需要消耗黏土砖、高铝砖、碳砖和刚玉砖等耐火材料3 500t；高炉的3个热风炉和其他辅助装置为27 500t。砌筑210m^3的炼铜反射炉，需要镁砖、镁铬砖、高铝砖、黏土砖及各种轻质绝热材料等约1 500t。耐火材料的使用不仅关系到生产过程能否顺利进行，而且在生产成本中占有一定的比重。目前，我国耐火材料消耗很大，以耐火材料年总产量与钢的年总产量相比(耐/钢)，高达300kg/t钢以上，远远高出先进工业国家。熔炼1t粗铜也需消耗优质耐火材料2～5kg。因此，无论从技术的观点，还是经济的角度，正确选择和合理使用耐火材料，都具有重要的意义。

随着工业炉窑大型化、高效化和自动化，炉窑操作条件日趋苛刻，对耐火材料的生产和使用提出了更高的要求。能源消耗急剧增长，供需矛盾日益紧张，工业炉窑节能已成为发展生产的关键环节之一，耐火材料必须满足节能的需要。因此，应根据炉窑结构特点及热工制度和生产工艺条件，正确选择和合理使用相应的耐火材料，研究开发新型优质耐火材料，以进一步保证高温炉窑的高效运行，提高炉窑的使用寿命，降低耐火材料消耗和节能。

前已述及，耐火材料长期处在高温下，还可能经受熔融炉渣和金属及高温高尘腐蚀性炉气的冲刷、侵蚀；经受温度骤变及各种应力的综合影响；经受机械和物料的撞击和磨损作用。时至今日，没有一种耐火材料能完全满足上述使用条件的要求。虽然有些耐火材料品种性能优良，但价格昂贵，尚无法在炉窑上大量应用。这就需要认真分析各种工业炉窑的工作条件，研究耐火材料的损毁机理，做到有针对性地就具体炉窑、具体部位的特殊需要，选择和应用具有相应材质的耐火材料，并注意各部位耐火材料之间在使用寿命上的配合和协调一致。

10.2 炼铁用耐火材料

10.2.1 高炉用耐火材料

高炉是以焦炭还原铁矿石熔炼铁水的大型高温冶金炉。

高炉炉体剖面结构如图10-1所示。高炉炼铁过程是在高温下连续进行的。炉料(矿石+熔剂+焦炭)从炉顶加入，进入炉喉以后，向下运动，经过不同温度区域，随即发生矿石的还原、软化、熔融，渣铁分离等过程，炉渣和铁水分别由底部放出。由下部鼓入的高温热风(900～1 300℃)进入炉内后立即与赤热的焦炭发生氧化反应，生成含CO的高温炉气，并放出大量热量来维持冶炼过程的进行。含尘高温炉气由下至上透过炉料向上运动，并与矿石发生化学反应。含有一定量的CO高炉煤气(炉气)由炉顶逸出。由此可见，高炉内每一高度的炉衬所经受的温度、压力、物理化学变化的性质和强度、工作条件苛刻程度都是不同的，炉衬损毁机理、损毁的状况也各异，耐火材料的选用也因此而明显不同。高炉炉衬的侵蚀线和损毁原因如图 10-2 所示。

由图 10-1 及图 10-2 可知，高炉炉衬损毁很严重的部位是炉腰、炉腹、炉身下部及炉底。损毁的原因是多方面的，主要是渣铁的侵蚀及热负荷的作用；还有碱金属侵蚀和铅锌渗透，碳素沉积和机械磨损等。损毁过程中，温度是决定因素。

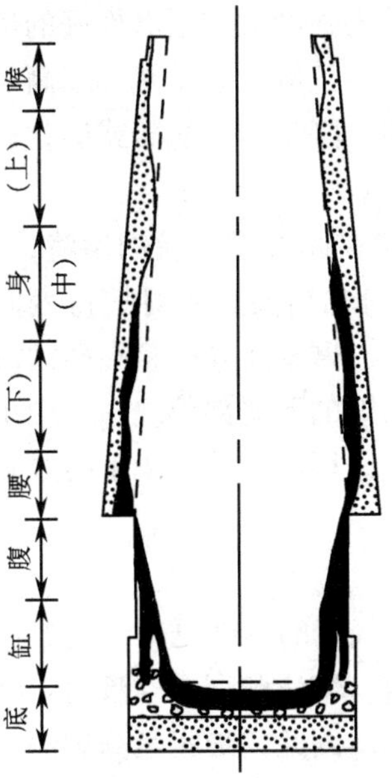

图 10-1　高炉炉体剖面图

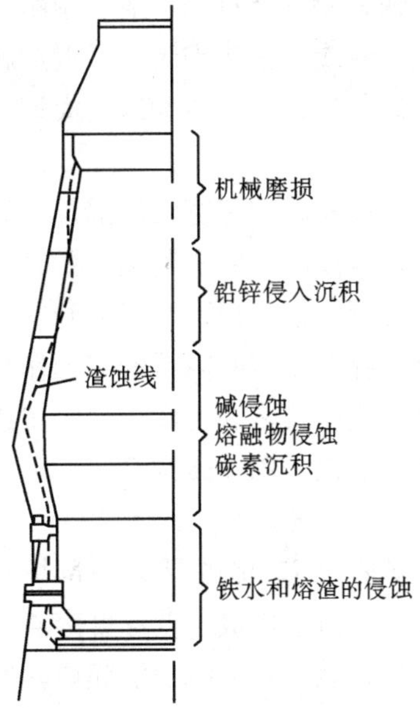

图 10-2　高炉炉衬的侵蚀线和损毁原因

(1) 炉喉。

炉喉为高炉的咽喉，受到固体炉料下降时的直接冲击和摩擦等物理作用，极易损毁。曾采用硬度高和密度大的高铝砖砌筑，但不耐久。因此，目前都采用耐磨铸钢护板保护。

(2) 炉身。

炉身可分为上、中、下三带。从上至下炉料由 300～400℃ 逐渐被加热至 1 250～1 300℃，物料在下降过程中发生一系列的物理化学变化。炉身上部和中部温度为 400～700℃，熔渣尚未形成，没有渣蚀情况发生。炉衬主要受到下降炉料和上升含尘气流的磨损和冲蚀；部分 CO 在砖缝、裂纹、气孔中分解产生碳素沉积，引起衬砖龟裂、变质、组织疏松，导致剥落损毁。有的还受到锌蒸气、铅蒸气向砖内渗透，以 $ZnO \cdot PbO$ 形式沉积，并进一步与砖发生化学反应，生成硅酸锌（$2ZnO \cdot SiO_2$）和硅酸铅（$2PbO \cdot SiO_2$），使砖组织变脆、剥落。碱金属的行为类似。上述过程的化学反应为

$$2K + CO = K_2O + C$$

$$Zn + CO = ZnO + C$$

$$K_2O + SiO_2 = K_2O \cdot SiO_2$$

$$2ZnO + SiO_2 = 2ZnO \cdot SiO_2$$

炉身上部和中部由于损毁程度较轻，一般采用含游离 Fe_2O_3 量较低的高炉专用黏土砖、致密黏土砖、高铝砖砌筑，或由黏土质不定形耐火材料构成。

炉身下部温度较高，有大量初渣形成，炉渣与炉衬表面直接接触。炉衬在经受下降物料

和含尘炉气的摩擦、冲蚀作用的同时，炉渣的化学侵蚀严重。高温下产生的碱金属蒸气与砖的化学反应也较上部和中部突出。若炉衬为硅酸铝质材料，砖内形成钾霞石（$K_2O\cdot Al_2O_3\cdot 2SiO_2$）、白榴石（$K_2O\cdot Al_2O_3\cdot 4SiO_2$）及玻璃相（$K_2O$-$SiO_2$）。由于这些新相的生成会产生较大的体积膨胀，破坏了砖的组织结构。强度和耐火性能明显下降，炉身下部炉衬损毁较快，而且严重。一般选用耐火性能好、抗渣性强、高温结构强度大和耐磨性好的优质致密黏土砖或高铝砖砌筑。靠近炉腰部位可采用高铝砖或用耐磨、抗渣性好、热导率高的刚玉砖、碳化硅砖或炭砖砌筑。大型高炉炉身下部主要采用高铝砖、刚玉砖、炭砖或碳化硅砖。

(3) 炉腰。

炉腰是高炉最宽大的部位。炉料体积膨胀至最大，并开始在此形成大量的熔渣，因此，渣的化学侵蚀和碱金属蒸气的侵蚀较炉身下部严重。下降炉料和高温焦炭对炉衬表面的磨损、冲刷也很突出，高温上升气流的冲蚀作用也比炉身部分强。碱金属和碳素在砖内沉积作用仍然存在。这些因素的综合作用，使得炉腰成为高炉最易损毁的薄弱部位之一。中小高炉可采用优质致密黏土砖或高铝砖或刚玉砖。大型现代高炉一般采用高铝砖或刚玉砖或碳化硅砖。有的也采用碳砖砌筑。

(4) 炉腹。

炉腹位于炉腰之下。下部炉料温度可达 1 000～1 650℃，气流的温度更高，高温作用特别强烈。由于形成了低黏度熔渣，对炉衬的化学侵蚀特别严重，熔渣和高温气流对炉壁的冲刷突出，碱金属的沉积引起炉衬的膨胀作用仍有相当大的影响。因此，炉腹是高炉炉衬损毁最严重的部位。一般高炉开炉后不久就几乎全部损毁，而靠覆盖在炉腹处一层坚实的渣层来保护钢壳。因此，炉腹部位采用高铝砖（$w(Al_2O_3)>70\%$）、刚玉砖砌筑。现代化大型高炉，普遍采用碳砖和石墨-石油焦、石墨-无烟煤等半石墨砖，外加水冷或汽化冷却，以提高使用寿命。炉腹用碳砖的性能如表 10-1 所示。

表 10-1　炉腹用碳砖的性能

性　能	焦炭质	人造石墨质	半石墨质(A)	半石墨质(B)
体积密度/(g/cm³)	1.62	1.69	1.67～1.70	1.67
显气孔率/%		12.8	15～18	15.5
耐压强度/%	41.16	45.27	29.4～34.3	29.4
工业分析灰分的质量分数/%	5.10	8.34		
工业分析固定碳的质量分数/%	94.5	90.13		

(5) 炉缸和炉底。

炉缸是盛装铁水和炉渣的部位。炉缸上部是高炉温度最高部位，靠近风口区的温度达 1 700～2 000℃以上。炉底温度为 1 450～1 500℃。炉缸的炉衬主要受到熔渣和铁水的化学侵蚀和冲刷以及碱侵蚀的膨胀作用。当熔渣和铁水侵入砖缝和裂纹之中，加速了炉渣的化学侵蚀和物理溶解损毁。炉底主要因为铁水渗入砖缝，使耐火砖浮起而损毁。当铁水渗入炉底碳砖后，还发生碳砖被溶解的作用。因此，高炉炉底并不实行绝热保温，而是对炉底进行强化冷却，以减缓对碳砖的熔蚀反应，把铁水凝固在炉底的上部，即当炉底上部温度控制在 1 150℃（铁水熔点）以下时，可以防止炉底继续熔蚀，延长炉底寿命。

基于上述原因，并考虑到炉缸和炉底一旦被侵蚀损毁后，不易修补，严重时必须停炉大修，所以一般采用耐火度高、高温强度大、抗渣性好、导热能力强、体积密度较高和体积稳定性好的碳砖砌筑。我国高炉炉底工作表层也采用碳素捣固，其整体性好，缝隙少，铁水不易渗入。炉底的砌法主要是两种：一种为上部 2～3 层用碳砖，下面为优质黏土砖或高铝砖。大型高炉，由于铁水温度提高，炉底损毁的危险性增大，因此，采用全碳砖炉底。也可用沥青浸渍碳砖代替普通碳砖。砌法上采用干砌、锁砌、错缝或楔形砌法，防止碳砖漂浮损毁。

10.2.2 高炉热风炉

热风炉是蓄热式热交换器，其作用在于空气鼓入高炉前加热，再吹入高炉中。在燃烧室里高炉煤气或高炉与焦炉混合煤气的气体燃烧，燃烧产物升起至热风炉圆顶下面，又把格子砖通道加热，而它在热风炉下部离开。通过它加热格子砖后，让冷空气通过(从下往上)，接受格子砖的热量而被加热。现在提高热风温度，达到 1 400～1 500℃甚至更高。热风炉拱顶下将达到 1 500～1 700℃。热风炉中使用条件最苛刻的是热风炉圆顶，格子砖上部和燃烧室内衬。

耐火材料经受温度变化和下层格子砖的质量压力。格子砖很快地被加热、蓄热，而后很快地把热量交还空气。如果预热空气富氧(30%)，格子砖按含氧量经受可变的气体介质作用。格子砖和气流之间的温差约 150℃，一般不至于因应力导致耐火材料破坏。下层砌体由于自身的压力，在长期使用期间引起耐火材料蠕变。高温格子砖砌体上部的载荷尚小；下部的耐火材料经受相当大的压力(约 0.4～2MPa)，然而下部的温度相对不高。这可以按层高度选配格子砖材料，如表 10-2 所示。

表 10-2 某研究院推荐的高温热风炉用耐火材料

最高温度/℃		荷重/MPa		推荐耐火材料
上	下	上	下	
1 500	1 100	0	0.2	硅砖、莫来石刚玉砖
1 100	900	0.2	0.5	高岭石砖
900	700	0.5	1.0	特级黏土砖
700	400	1.0	2.0	高级黏土砖

砌筑热风炉和格子砖用的耐火制品，按 1 000h 内蠕变试验结果选择。实际目的是确定蠕变期间变形速率如何和在实验室测定的这种速率到何种程度可以外推到 15 000～20 000h(即最低 2 年，到格子砖上部检修)。

硅砖在热风炉工作条件内的主要优势在于升高温度时的体积稳定性，高温下没有残余收缩，而 600℃以上及高温下线胀系数小。作为格子砖材料，硅砖的缺点是体积密度小和导热系数不高。

硅砖在 0.4MPa 荷重下，1 500℃时快速破坏。为将鼓入的空气预热到 1 550℃或更高(拱顶下 1 700℃)，圆顶内衬和格子砖适合采用刚玉耐火材料。高密度刚玉耐火材料在 0.35MPa 荷重下，1 700℃下保温 8h 不变形。作为格子砖它还有热导率和熔点高的优势。此外，刚玉耐火材料在碳、氢和其他还原剂作用下，高温时(1 600～1 750℃)有很高的稳定性，因此，这种耐火材料成为还原气氛下有前途的内衬材料。

我国大型高炉设计风温 1 250℃，热风炉炉体一般选用高级黏土砖、高铝砖、硅砖、莫来石砖、硅线石砖、红柱石砖和一些不定形耐火材料。当风温高于 1 100℃时，蓄热室高温部位选用低蠕变高铝砖、莫来石砖和硅砖。燃烧室与蓄热室用耐火材料基本相同，莫来石砖或莫来石砖与硅砖配用。

10.2.3 焦炉

焦炉是将炼焦煤在隔绝空气的条件下，经加热分解、干馏、炭化为焦炭用的高温炉。它的结构比较复杂，炉体主要由燃烧室、炭化室、蓄热室和斜烟道等组成。

10.2.3.1 炭化室与燃烧室隔墙用耐火材料

炼焦煤结焦温度为950～1 050℃。为保证炼焦，焦炉隔墙炭化室一侧表面温度应加热到1 100～1 250℃。出焦加煤后，可降至700℃左右。而燃烧一侧波动在1 200～1 450℃，炭化室一侧隔墙要受到推焦磨损。由于煤的干馏、结焦过程在隔绝空气的条件下进行，要求隔墙气密性好，高温下不透气，不发生收缩变形，制品形状规整、尺寸准确，砌筑砖缝小和不致引起砌缝开裂。炭化室内在炭化过程中低温阶段有水分排出，燃烧室内燃气中含有少量的水分，同时由于煤中盐类的化学侵蚀和煤气的分解与碳素的沉积，可能破坏隔墙的组织和性能，导致强度下降等。

基于上述特点，此种隔墙用耐火材料，应选用在 700～1 450℃下稳定的、结构致密的、导热性和高温强度较高且耐磨的材料，这种材料还应不易水化和耐还原性气体侵蚀，并能防止碳素沉积，在高温下不易发生残余收缩。硅砖与其他材料相比，基本具有上述各种性能，故世界各国几乎全部选用硅砖，特别是高密度高导热性的硅砖，作为焦炉的隔墙衬料。随着焦炉大型化和强化生产的需要也可采用导热性、体积稳定性、高温强度都很高的碳化硅耐火材料。但这种材料价格昂贵，在氧化气氛中易氧化损毁，故目前仍很少使用。掺加金属氧化物(Cu_2O，TiO_2)的高密度高导热性硅砖，可以使隔墙厚度减薄，强化传热，提高焦炉的生产率，而且可提高炉子使用寿命。

10.2.3.2 其他部位用耐火材料

炭化室底部除承受煤、焦炭等较大的压力外，还承受推焦过程中的推挤、摩擦作用，易磨损和破坏。炭化室顶部受上面覆盖层和加煤机的静负荷、动负荷作用。因此，应选用高温强度大、耐磨损的耐火材料。通常，由于其工作条件和要求与炭化室其他部位相似，仍采用硅砖。

炭化室炉门的内衬和炭化室两端的炉头，当炉门开启时，温度由 1 000℃左右骤然降至500℃以下，超过了硅砖体积稳定的极限温度(573℃)，一般采用抗热震性较好、荷重软化温度高的高铝质耐火材料。

斜烟道不直接与煤和焦炭接触，其他工作条件与炭化室和燃烧室相近，为保证焦炉整体结构的稳定性，一般采用硅质耐火材料。

蓄热室侧墙冷热交替温差大，采用优质黏土砖。有的为了保证整体性，也采用硅质材料，外侧用黏土砖保护。蓄热室格子砖，一般采用黏土砖。

10.3　炼钢炉用耐火材料

10.3.1　炼钢转炉用耐火材料

顶吹和复吹氧气转炉炼钢法是目前世界上最主要的炼钢方法。它成功地应用了碱性含碳耐火材料，特别是采用溅渣补炉后，使炉龄达到 10 000 炉以上，耐火材料单耗大大降低，生产成本大幅度减少。

氧气转炉结构如图 10-3 所示。总体呈直筒状，借助于水平耳轴支承和倾动。炉体倾倒在水平位置时，为加料或出钢，吹炼时置于垂直位置。

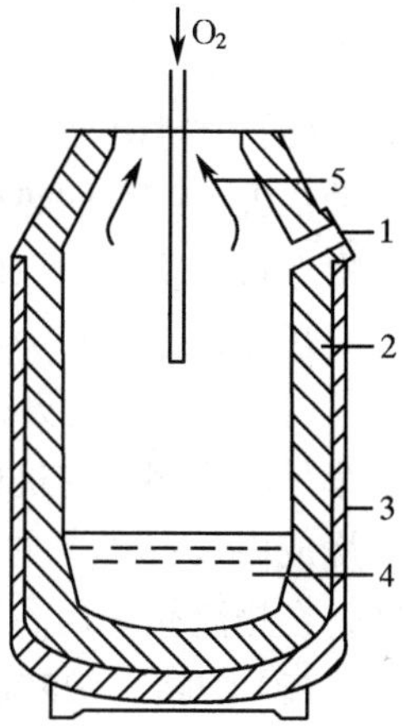

图 10-3　氧气顶吹转炉炉体结构及各部位使用耐火材料情况示意图

1—出钢口（约 1 700℃）；2—工作层（焦油白云石砖）；3—永久层（镁砖）；4—钢水；5—废气

10.3.1.1　转炉炉衬的工作条件及损毁机理

转炉炼钢是在高温下进行的。碳素钢出钢温度为 1 540～1 670℃，吹炼后期可达 1 700℃，而出钢后炉衬温度又常降到 1 000℃以下，故炉衬材料受到高温和热震作用。炼钢过程也是造渣过程，由于炉渣及熔剂的化学侵蚀作用和钢水的搅动，炉衬受到磨损和冲刷等。

造成氧气转炉炉衬损毁的主要原因是：在高温下炉渣和钢水的化学侵蚀和机械冲刷作用；频繁装料、出钢操作使炉衬受周期性急冷急热的应力作用，装料时废钢和铁水的冲击及机械磨损作用，粉尘和烟气的侵蚀作用。其中以高温熔渣的侵蚀作用最严重，而且这些作用往往互相促进。

目前，氧气转炉的工作衬主要采用含碳的 MgO-CaO 系耐火材料。其具体损毁过程如下。

(1) 炉衬中脱碳层的形成。由于炼钢温度比碳与 MgO 反应温度 (1 520℃)高，碳与 MgO 发生氧化-还原反应，碳氧化。另外，在出钢的间歇期间，炉衬暴露于空气之中，碳也易被氧化，使炉衬材料形成脱碳层，并使其气孔率增加，结合强度降低。而且，炉渣易渗入脱碳层，其中铁的氧化物和其他易还原的氧化物起到传递氧的作用，而使碳进一步被氧化。其结果使脱碳层加厚，砖的表面层疏松或脱落，炉衬逐渐损毁。特别是耳轴部位的炉衬，由于不易覆盖炉渣保护层，其中的碳更易氧化。

(2) 炉渣对炉衬的润湿、渗透、熔蚀和熔损。转炉炉衬一旦形成脱碳层，高钙熔融钢渣润湿耐火材料，并沿气孔和基质等向材料内部渗透。在润湿与渗透的同时，变质层炉衬组分溶解于熔渣之中，继续发生化学反应，不断形成脱碳层，使炉衬逐渐被侵蚀而损毁。这个侵蚀过程随吹炼发生周期性变化。吹炼前期，渣中存在大量 SiO_2，炉渣碱度低，炉衬中 MgO 和 CaO 易溶于中渣中，熔渣也可渗入材料之中。吹炼后期，熔渣中含铁的氧化物量相对增高，与材料接触时，便形成黏度很低的液相。特别是耐火材料中含 CaO 量较高时，吸收少量的 FeO 就可出现液相，侵蚀尤为严重。在吹炼时熔体的搅动等机械力作用下，被侵蚀形成的熔融层从表面脱落。耐火材料中杂质愈多、结构愈不紧密，气孔率愈高，渣蚀速度愈快，损毁愈严重。

(3) 炉衬变质层引起的崩落损毁。由于熔渣侵入炉衬内部后，在残留碳素层的前面聚集，并与炉衬材料发生化学反应，形成变质层。一般情况下，变质层在含碳材料中很薄。当材料中含 MgO 的量较 CaO 高时，MgO 溶于熔渣后，熔渣润湿性降低不多，渗透度较大，变质层较厚。相反，含 CaO 量较高时，含 CaO 的熔渣碱度较高，润湿性明显降低，变质层较薄。随着吹炼过程中熔体的运动与冲击，炉衬表面的变质层产生结构崩裂和剥落。研究表明，转炉镁砖损毁的主要原因是所形成的变质层产生结构崩裂和剥落。白云石质耐火制品的损毁原因主要是熔渣的化学侵蚀作用引起热面的熔蚀损毁。

(4) 炉衬的机械磨损和剥落。在转炉吹炼过程中装料和吹入氧气，钢水发生强烈的搅动引起对炉衬的机械撞击、磨损和冲蚀是转炉炉衬损毁的直接原因，特别是在装料侧和炉口处最为严重。

(5) 炉衬由热震引起的热崩裂。氧气转炉炼钢速率快，由装料到出钢的时间很短，温度波动很大，产生的热应力也很大，周而复始，致使炉衬因热崩裂、剥落而损毁，特别是在炉口附近最严重。如果砌筑或烘炉不当，会使热应力集中而加剧崩落和剥落。

10.3.1.2 转炉用耐火材料

(1) 炉口。耐火材料必须耐熔渣和高温废气冲刷，不易挂钢挂渣并易清除，能耐废钢和吊车吊除渣圈时的机械冲击，耐氧化。一般采用抗渣、抗热震性和耐磨损撞击的烧成砖，常以烧成白云石砖为主，但其寿命较低，有的采用不易挂钢和挂渣的镁碳砖。为提高耐侵蚀性，在排渣侧采用高温烧成高纯镁砖和熔铸耐火制品。

(2) 炉帽。炉帽位于取样和出钢时的渣线区域，是受炉渣侵蚀最严重的部位之一。同时受到含尘废气的冲刷和温度骤变引起的热应力的作用，砖中碳也易氧化。因此，常采用焦油沥青结合白云石砖和镁砖，为避免焦油沥青中碳的氧化，导致耐磨性降低，有的也采用烧成砖。

(3) 炉腹。

① 装料侧。这是转炉炉衬中最薄弱的环节，损毁最严重的部位。它受到吹炼时炉渣和钢水的喷溅、渣蚀、磨损、冲刷及装入废钢和铁水时的撞击和冲蚀，机械损伤严重，因而造成装料侧炉衬熔损、冲蚀和崩裂。受温度波动引起热应力的影响也大。要求所用耐火材料具有较高的抗渣性和高温结构强度以及较好的抗热震性。一般选用含杂质量低的高温烧成合成白云石油浸砖，和 $m(CaO)/m(SiO_2)>2$ 的高温烧成高纯度直接结合油浸镁砖或镁碳砖和镁白云石砖，也有使用焦油沥青结合的白云石砖或镁砖以及轻烧油浸砖。由于生产过程中经常有局部损毁，一般采用相同或相近材质的不定形耐火材料进行喷补。

② 出钢侧。这一部位主要受到出钢时钢水的热冲击和冲刷作用，损毁程度远比装料侧轻。常采用焦油沥青结合的白云石砖或镁砖，也可采用烧成油浸砖或镁碳砖。当采用与装料侧相同的材质时，为保持炉衬的均衡寿命，常采用厚度较装料侧薄的结构形式。

③ 渣线部位。渣线部位是炉衬长期与熔渣接触而受渣蚀最严重的部位。出渣侧的渣线位置随出钢而变，不很明显。出渣侧由于受到炉渣强烈侵蚀和吹炼过程中其他作用的共同影响，损毁严重。所用耐火材料特别重视抗渣性能，一般选用高温烧成并油浸的致密的含 MgO 量较高的合成白云石砖或高纯镁砖，以及镁碳砖和镁白云石碳砖。

④ 耳轴两侧。炉腹中耳轴区属易损毁部位。经受吹炼时各种损毁作用的影响和炉体转动时机械应力的影响。在出钢和排渣时耐火材料不与熔渣接触，表面暴露于空气之中，砖中

的碳极易被氧化。因此，耳轴两侧使用焦油白云石砖和轻烧白云石砖，也可使用高温烧成的高纯白云石油浸砖或高纯油浸镁砖，或镁碳砖和镁白云石碳砖，有的采用电熔再结合镁砖。

(4) 炉壁和炉底。炉壁和炉底在吹炼过程中受到钢水的剧烈冲蚀，在出渣和出钢时受到炉渣的侵蚀。但与其他部位相比，损毁一般较轻。只有采用高速浅池吹炼时，炉底中心部位损毁可能加重。当采用底吹或顶底复合吹炼时，这一部位的损毁较顶吹法时严重。一般选用焦油沥青结合的白云石砖或镁砖砌筑，或采用与炉腹相同材质的耐火材料。

(5) 出钢口。出钢口受钢水冲蚀和温度急剧变化产生的热应力的影响，损毁极为严重。常在服役期内中修 2～3 次，以延长使用寿命。过去常使用焦油沥青结合的白云石砖或镁砖以及烧成的白云石砖或镁砖，或稳定性白云石砖，但寿命都不高。现在多采用电熔镁砂制成的烧成镁砖或套管砖。也有采用高纯镁质捣打料或高纯烧成镁质管砖。

常用的几种转炉炉衬性能如表 10-3 所示。

表 10-3　几种常用转炉炉衬砖的主要性能

性　质	焦油白云石砖	焦油镁白云石砖	烧成镁白云石砖(二段)	烧成镁白云石砖(合成)
显气孔率/%	5.5～6.0	5.5～6.0	14.6(浸前)	1.5(浸前)
体积密度/(g/cm^3)	2.9～2.95	2.9～3.0	2.9	3.15～3.20
耐压强度/MPa	40～45	35～40	55	50～75
荷重软化温度/℃	>1 650	>1 650		
抗折强度/MPa				
常温			13	
1 260℃			5.0	
1 400℃				3.0～4.5
1 500℃				
化学组分的质量分数/%				
MgO	56.0～60.5	69.3～78.5	60.4	70.4～88.7
CaO	28.5～33.2	14.8～19.8	38.5	11～17.8
SiO_2	1.5～1.7	0.6～1.0	0.6	0.5～1.3
Fe_2O_3	1.9～2.0	0.7～1.5	0.2	0.4～1.1
灼减	6.0～7.0	5.5～9.0		4.0～5.5

性　质	烧成油浸镁砖	再结合镁砖	高钙镁砖	镁碳砖
显气孔率/%	15.4～15.6(浸前)	2.0～13.7(浸前)	14.0	3.3～3.5
体积密度/(g/cm^3)	2.93～2.96	3.06～3.15	3.07	2.82～2.90
耐压强度/MPa	55～71.4	55～70.5	52.0	>40
荷重软化温度/℃				
抗折强度/MPa				
常温	13			
1 260℃				
1 400℃		2.5		>3.0
1 500℃	5.0～7.3	2～3	4.6	
化学组分的质量分数/%				
MgO	95.3～97.1	98.7～99.5	96.43	>79
CaO	1.6～2.6	0.25～0.7	3.19	
SiO_2	0.8～1.2	0.16～0.2	0.06	<0.5
Fe_2O_3	0.2～0.6	0.02～0.2	0.06	
灼减		6.0		>20

10.3.2　电炉用耐火材料

10.3.2.1　电弧炉的结构特点及耐火材料的工作条件

电弧炉结构如图10-4所示，包括炉盖(炉顶)及炉体两大部分。炉盖为可移动式，外环为钢制，多为水套式，除水冷件外，其余为耐火材料构筑。炉盖上设有三个电极孔，三根石墨电极由此插入炉内。炉体由炉底、炉坡及炉墙组成，用耐火材料砌筑，外包钢制炉壳。炉墙上一侧设有炉门，另一侧为出钢口并与出钢槽相连。

电弧炉是利用电弧发热将金属熔化进行冶炼的，所处理的原料为废钢。熔化期长，炉内温度高，气氛变化大，一般熔化期占冶炼时间的一半左右。电弧炉炼钢法一般采用氧化期炉渣和还原期炉渣精炼，即碱性双渣法。有的则在造氧化渣后将钢水倒入盛钢桶进行炉外精炼和合金化。

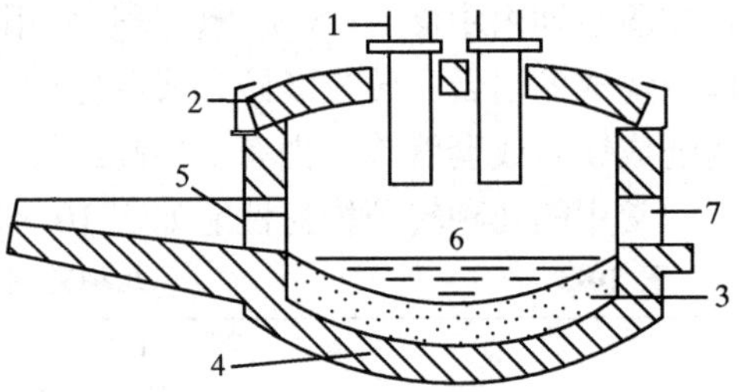

图10-4　电弧炉的结构及各部位使用耐火材料情况示意图

1—电极；2—炉顶；3—捣打料；4—炉底；5—出钢口；6—熔池；7—加料口

电弧炉炉衬主要受熔渣的侵蚀，钢水、熔渣和空气的冲蚀及装废钢的机械撞击等，并受高温强烈热辐射作用，炉衬的热点部位极易损毁。随着加料熔化等操作频繁地进行，炉盖经常启开，炉顶和炉衬热震作用也很突出。如出钢时炉衬表面温度达1 600℃以上，加料时约1 000℃，补炉时只有500℃左右。所以耐火材料的工作条件是恶劣的、苛刻的。

10.3.2.2　电弧炉各部位常用耐火材料

(1) 炉盖。在熔化及精炼过程中，炉盖温度很高。在出钢时，炉盖移开后，立即处于室温之下，温度骤变，热应力很大。熔化及精炼时，还受熔渣和炉尘的喷溅侵蚀以及气氛变化的影响。

过去电炉炉盖主要采用硅砖砌筑，但由于其耐火度不高，抗热震性差，发生渣蚀熔滴和剥落损毁，寿命短。现在则普遍采用性能优良的高铝砖和高铝质不定形耐火材料，使用寿命比硅砖高2～3倍。在大型超高功率电炉上，由于工作条件更加恶劣，则采用烧成或不烧碱性砖，但是由于砖的高温强度较低，自重大，多为吊挂结构。采用直接结合的镁砖和镁铬砖比一般镁砖和镁铬砖好，可以大大减轻结构崩裂和热崩裂引起的剥落损毁。

(2) 炉墙。电弧炉的炉墙接近电弧和熔池，受高温热辐射、熔渣和钢水飞溅作用比炉盖严重。炉内气氛和温度变化很大，同时受废钢的撞击和熔体的冲蚀。炉墙受到多种作用综合影响而极易损毁。靠近电极附近的热点部位，常发生局部熔损，此处炉墙损毁更严重。

根据电炉熔炼工艺特点、热工制度和炉渣的性质，炉墙几乎全部采用碱性耐火材料。在一般炉墙部位，多选用镁砖和镁铬砖。除用烧成制品和烧成砖与不烧砖配合使用外，使用不烧砖效果也很好。国内小型电炉主要采用焦油沥青结合白云石砖和焦油浸渍烧成白云石砖，以及焦油沥青结合的镁质和白云石质捣打料捣制。渣线区域是电弧炉的薄弱环节，大多数已采用直接结合的镁砖和镁铬砖。在大型电炉上则使用熔铸镁铬砖或电熔再结合镁砖、镁铬砖或镁碳砖或碳砖。这些耐火材料作为热点部位的炉衬材料，使用寿命提高2倍以上。电炉热点部位常用材料性能如表10-4所示。

表 10-4　　电炉热点部位常用耐火材料性能

性　能	直接结合镁铬砖	直接结合镁砖	熔铸镁铬砖	镁碳砖 A	镁碳砖 B	镁碳砖 C	碳砖
化学组分的质量分数/%							
SiO_2	2.2	1.1	2.5		0.3	0.4	
Al_2O_3	4.8	0.1	15.2		0.2	0.2	
Fe_2O_3	4.2	0.1	11.0		0.1	0.1	
MgO	80.2	95.4	54.3	595.0	72.2	87.7	
Cr_2O_3	8.5		15.8				
C				39.0	26.2	10.4	99.4
可视密度/(g/cm^3)	3.6	3.5	3.6				
体积密度/(g/cm^3)	3.0	3.0	3.3	2.4	2.5	2.8	1.8
显气孔率/%	16.9	14.8	8.1	7.1	8.5	5.0	6.9
耐压强度/MPa	70.0	108.0	>300	47.3	35.0	35.0	56.4
荷重软化温度/℃	1 680	>1 700	>1 700	>1 700	>1 700	>1 700	>1 700
抗折强度/MPa	11.5	12.5		9.0	9.0	10.0	19(1 400℃)

(3) 炉底。炉底和堤坡组成熔池，是装料和盛装钢水的部位，直接与钢水和熔液层接触。有的电炉还向钢水吹氧、造渣，进行精炼。因此，炉底遭受钢液和熔渣的侵蚀，在渣线附近渣蚀很严重。炉底与熔渣和氧化铁反应后形成变质层，除产生熔蚀、渣蚀和结构崩裂外，往往发生钢水渗入炉底，而使炉底起层漂浮。与此同时，炉底还要经受高温的作用和废钢的撞击及温度变化的影响。因此，炉底常有局部损毁现象，一般应及时修补，维持正常生产。

基于上述原因，过去炉底多采用镁砂和白云石砂或两者混合捣制工作衬，下面非工作层为烧结镁砖。现在烧结镁砖层上面，多采用高纯镁砂和合成镁白云石砂捣制工作衬，或使用镁质或白云石质烧成砖砌工作衬。

堤坡上部与渣线部位相连，渣蚀严重，多采用与炉墙热点部位相同或相近材质的耐火材料。如采用直接结合砖、镁碳砖、熔铸镁铬砖或电熔再结合镁铬砖。

出钢槽衬体要求具有导热性好、耐渣蚀性能强、抗冲击和不挂渣等性能。因此，一般采用大块异型材。如高铝碳质、碳化硅质、碳质、镁质和高铝质材料。可以砌筑或捣制，也可采用振动浇注成型。

10.4　炉外精炼用耐火材料

炉外精炼是将熔炼炉中(经熔化和精炼)的钢液在熔炼炉外再次精炼的炼钢过程，使钢液脱气、排除杂质、调整成分和调整温度，提高钢水质量。随着现代工业对钢铁质量要求的日益提高，炉外精炼已经成为现代冶金中的一个重要环节。

随着炉外精炼技术的飞速发展，对耐火材料的质量、品种提出了新的要求，要求耐火材料必须适应炉外精炼特殊的工艺特征，如间歇式操作带来的强烈的热震破坏，吹氧脱磷期近

1 800℃的高温熔蚀，高碱度渣的熔渣侵蚀，长时间的冶炼过程，以及合金化过程中的化学作用和强烈的吹氧搅拌冲刷等。正是这种苛刻的使用条件，使得很多传统的耐火材料无法胜任，一大批高强、高密、高纯和执行特殊功能的耐火材料得到开发和应用，使得耐火材料得到了较快的发展，可以说，没有这些优质的耐火材料，难以想像当今炉外精炼的状况。

10.4.1　RH 真空脱气炉用耐火材料

RH 炉在世界上开发较早，发展也较快，目前有 160 多台。耐火材料使用最苛刻的部位是吸嘴(插入管)和真空室 R 部槽，主要采用镁铬砖，典型的理化性能如表 10-5 所示。

RH 炉其他部位，如插入管外衬浇注料多采用刚玉质或铬刚玉质，插入管和循环管之间的接缝料也多采用铬刚玉质。

表 10-5　RH 炉用耐火材料化学组分及其性能

性　能	高温烧成直接结合镁铬砖	高温烧成直接结合镁铬砖	超高温烧成再结合镁铬砖	超高温烧成再结合镁铬砖
化学组分的质量分数/%				
SiO_2	2.3	1.9	2.5	1.4
Al_2O_3	10.8	10.4	12.6	12.4
Fe_2O_3	5.9	5.4	7.6	9.0
MgO	67.5	64.0	53.8	53.9
Cr_2O_3	12.6	16.6	22.6	22.3
显气孔率/%	15～18	14～17	12～15	11～14
常温耐压强度/MPa	3.00～3.10	3.05～3.15	3.25～3.35	3.30～3.40
荷重软化温度/℃	40～70	60～90	50～80	70～100
抗折强度(1 400℃)/MPa	7～12	10～15	15～20	16～20
特　点	很强的抗热剥落性	高纯镁砂、高纯铬铁矿	电熔镁铬大颗粒铬	有大量的电熔镁铬
使用部位	真空室 R 部	真空室 R 部循环管	真空室 R 部	合金添加孔电极插孔

10.4.2　钢包炉用耐火材料

(1) LF 精炼钢包。LF 炉是目前世界上发展最快的一种精炼炉。LF 炉用典型耐火材料是纯白云石砖、轻烧白云石砖、镁砖、镁碳砖，炉盖采用高纯刚玉质浇注料。其中近年来我国自行开发的镁钙碳砖，展示了良好的使用效果。一些国家 LF 炉用耐火材料情况如表 10-6 所示。

(2) VAD，ASEA-SKF 精炼钢包。这两种精炼钢包较类似，不同的是 VAD 采用电弧加热，吹氧搅拌，ASEA-SKF 采用电磁搅拌。通常采用的耐火材料是镁铬砖、镁白云石砖和镁碳砖，寿命为 30～90 次。

表 10-6　LF 炉用耐火材料

国别		容量/t	包底	包壁	渣线
德国	1	110	碳结合白云石砖	碳结合白云石砖	镁碳砖(C10%～12%)
	2	60	直接结合白云石砖	碳结合白云石砖	碳结合镁转
美国	1	70	碳结合白云石砖	碳结合白云石砖	碳结合白云石砖
	2	—	Al_2O_3(70%)砖	碳结合高铝砖(Al_2O_3 80%)	镁碳砖(C 10%)
日本	1	—	Al_2O_3(80%)砖	Al_2O_3(80%)砖	镁碳砖或镁铬砖
	2	—	镁碳砖	镁碳砖	镁碳砖
	3	80		镁碳砖	镁碳砖
瑞典		60	碳结合白云石砖	碳结合白云石砖	碳结合白云石砖
丹麦		120	碳结合白云石砖	碳结合白云石砖	碳结合白云石砖

10.4.3　不锈钢精炼炉用耐火材料

(1) VOD 精炼钢包。VOD 精炼炉主要冶炼超低碳不锈钢，所用耐火材料主要是镁铬砖、白云石砖。主要性能如表 10-7 所示。

表 10-7　VOD 炉用耐火材料的理化性能

砖种	化学组成的质量分数/%						
	SiO_2	Al_2O_3	ZrO_2	Fe_2O_3	MgO	Cr_2O_3	CaO
烧成镁铬砖	1.0	6.5		4.0	76.0	11.0	
锆英石铝铬砖	23	14	52	1.5		2.0	
合成镁白云石砖	0.7	0.2		0.6	78.5		19.7
天然镁白云石砖	0.5	0.3		0.7	53.2		43.8

砖种	显气孔率/%	体积密度/(g/cm^3)	耐压强度/MPa	高温抗折强度/MPa
烧成镁铬砖	14.0	3.1	80	73.5
锆英石铝铬砖	17.0	3.5	100	
合成镁白云石砖	11.2	3.07	95	4.5
天然镁白云石砖	10.7	3.05	89	9.8

(2) AOD 精炼炉。AOD 精炼炉又称氩氧炉，是二步炼钢用吹氩氧的转炉，外形与炼钢转炉相似。其任务是将电弧炉熔化的钢水移至 AOD 炉吹氩气和氧气，进一步脱碳，还原脱硫，调整成分或合金化。AOD 炉是冶炼不锈钢的理想设备。

AOD 炉采用底吹或周边吹氩、氧、氮的混合气体或纯氩气进行吹炼。由于高温钢水和熔渣剧烈搅动和强烈的涡流对炉衬产生激烈的冲蚀磨损和化学侵蚀；由于它为间歇式操作，温度最高达 1 620～1 730℃，出钢后炉衬表面温度降至 900℃ 以下，温度骤然变化，热应力大，造成炉衬热崩裂和剥落损毁；由于精炼过程中要加造渣剂、冷却剂和合金剂，熔体的酸碱度变化很大，炉衬材料很难适应而被严重侵蚀损毁。

AOD 炉应采用耐火度高、高温强度大、抗热震性好、抗渣能力强和不污染钢水的耐火材料。常用的耐火材料主要有镁铬砖、直接结合镁砖、直接结合镁白云石砖和镁碳砖，也可用锆英石砖。其中镁铬质制品多为预合成镁铬砖和再结合镁铬砖。风眼是 AOD 炉的一个关键部位，为了构成均衡炉衬，风眼上部多采用熔粒再结合镁铬砖，其他部位采用直接结合镁铬砖。风嘴部分使用预反应镁铬砖，其余用镁白云石砖。炉顶部位可采用高铝质浇注料或可塑料，也可用镁砖砌筑。

10.4.4 透气砖

大部分炉外精炼设备都要用透气砖进行吹氩搅拌，以达到去气、去夹杂物，均匀和控制钢水温度及合金化的目的。可以说，没有优质的透气砖，炉外精炼要顺利进行是不可能的。

透气砖的结构形式有弥散型、狭缝型、定向狭缝型及直通孔型和迷宫型。

透气砖的安装部位有两种，即底部和底侧部。透气砖不但要有较高的强度、抗热震稳定性、耐冲刷性及耐钢液和渣液侵蚀性，还要有安全性、吹成率和寿命。典型透气砖的理化性能和材质如表 10-8 所示。

表 10-8 透气砖的材质及理化性能

	镁铬砖	刚玉砖	镁 质	刚玉质	铬钢玉质
化学组分的质量分数/%					
MgO	60.8	—	95.5～96.3	—	—
Cr_2O_3	20.0	—	—	—	2.5～5.0
Al_2O_3	—	93～95	—	97	80.0～92.0
体积密度/(g/cm^3)	2.23	2.50～2.65	2.57～2.65	2.85	≥2.90
显气孔率/%	17.4	33～35	26～29	—	—
常温耐压强度/MPa	91.4	25～35	17～20	30	80
透气度/μm^2	150	1 520～2 200	800～1 000	—	—
供气量(0.3MPa)/(L/min)	60	—	—	500	200～6 500

10.5 连铸用耐火材料

目前世界上 80%以上的钢坯采用连铸技术生产。连续铸钢使用的主要设备有盛钢桶、塞棒、水口系统、中间包和结晶器等。连铸用耐火材料性能好坏直接影响连铸效率和钢坯质量。随着现代高速高效连铸技术及洁净钢冶炼技术的发展，必须进一步提高现有连铸用耐火材料的性能，开发新型材质，连铸用耐火材料正向着高性能、多功能、长寿命的方向发展。

连续铸钢系统用耐火材料的主要技术要求是：耐 1 600～1 650℃以上高温；抗热震性好；高温抗折强度和耐压强度高；热膨胀和重烧收缩变化小；具有良好的抗渣蚀能力；抗钢水冲击能力高；施工方便，成本低。

10.5.1 盛钢桶用耐火材料

盛钢桶是贮运钢水的容器，俗称钢包，有时用于二次精炼。盛钢桶结构为钢制壳体，内衬一般由三层耐火材料构成：紧靠壳体一层为耐火纤维毡；第二层为永久衬，即非工作层；与钢水接触的为工作衬。

盛钢桶工作衬用耐火材料损毁的主要原因是：盛钢水和空桶循环时温度骤变引起的热崩裂；高温下钢水和炉渣对耐火材料的化学侵蚀和冲刷损毁；消除桶壁粘钢、结渣、结瘤时的机械力的破坏。因此，盛钢桶用耐火材料的使用寿命都不高。使用过程中对局部损毁要及时进行检修和喷补。

工作衬过去常用普通黏土砖砌筑，有的国家采用蜡石砖等半硅砖。为了提高盛钢桶内衬的抗渣性、抗热震性和高温强度，可采用焦油沥青浸渍黏土砖，经油浸增碳，降低了气孔率，黏土砖的性能得到了很大的改善。

近20年来，我国十分重视钢包内衬材料的开发，并已经发生了多次变革。首先为了提高抗侵蚀性，由黏土砖改为用高铝砖，特别是大型钢包寿命明显得到提高。有些钢厂试用蜡石砖，投射捣打石英整体内衬，由于这些材料有微膨胀，在使用温度下整体性好，不挂渣，但抗侵蚀性差，寿命不长。可是从中得到启发，认为钢包内衬必须是在使用温度下整体性好，最好用高温下有微膨胀的材料。为了缓解高温钢水的热冲击，在高温下材料内应有一定量的液相，因此采用不烧铝镁砖、铝镁捣打料。为了提高抗侵蚀性又开发了铝镁碳砖、铝尖晶石碳砖。典型的铝镁碳砖和铝尖晶石碳砖的性能如表10-9所示。

表10-9　　铝镁碳砖和铝尖晶石碳砖的理化性能

性　能	铝镁碳砖		铝尖晶石碳砖			
	A	B	C	D	E	F
化学组分的质量分数/%						
Al_2O_3	61.28～62.28	74	65.2	59.97	74	59.1
MgO	13.22～13.34	8～10	10.72	16.59	8～10	19.3
C	9.78	5～8	9.93	6.67	5～9	
体积密度/(g/cm^3)	2.81～2.84	3.14	2.90	2.69	3.09	2.69
显气孔率/%	6.7～8.7	4	6～10	1.2	3	8.1
耐压强度/MPa	48～65	94	66.4～114.1	46.8	92.2	74
荷重软化温度(0.2MPa)/℃	1 620	>1 700	>1 700	>1 700	1 510	
高温抗折强度(1 400℃)/MPa		7.1			7.8	
线变化率(1 600℃×3h)/%		+2.1		+0.71	+1.5	+0.17

现在中小型钢包广泛采用以天然高铝熟料为基，添加镁铝尖晶石、镁砂粉、硅微粉结合的浇注料，使用寿命普遍在100～200次以上。宝钢等厂的大型钢包(300t)采用以刚玉为基，加入镁铝尖晶石等的浇注料，使用寿命达250次以上。典型的钢包浇注料性能如表10-10所示。

表10-10　　典型的钢包浇注料性能

性　能	A	B	性　能	A	B
化学组分的质量分数/%			耐压强度/MPa		
Al_2O_3	>70	>58	110℃×24h	>15	>15
MgO	5～10	>20	1 500℃×3h	>40	>40
体积密度/(g/cm^3)	>2.5	>2.5	抗折强度/MPa		
			110℃×24h	>2.5	>1.5
			1 500℃×3h	>8.0	>8.0

10.5.2 塞棒系统和水口系统

10.5.2.1 包塞棒用耐火材料

整体塞棒主要用于中间包，采用塞棒可以降低事故率，提高钢坯质量。在整体塞棒内还可设计吹氩孔以向浸入式水口吹氩，防止水口堵塞。目前整体塞棒本体材料主要为铝碳质，并含有一定的熔融石英。塞棒头部受钢水冲蚀严重，它抗侵蚀、抗冲刷性能的好坏是决定其使用寿命的关键因素。为提高塞棒的使用寿命，根据所浇钢种的不同，棒头可采用 Al_2O_3-C 质、MgO-C 质或 ZrO_2-C 质材料。如在浇铸钙处理钢时采用 MgO-C 质，浇铸高锰钢或高氧钢时采用 ZrO_2-C 质材料。此外，在设计棒头材质时应注意与浸入式水口腕部材质相同，以防止黏连等现象的发生。为提高钢水洁净度，减少浸入式水口内 Al_2O_3 结瘤，还研制了具有吹氩通道的塞棒(塞头部位安装了透气塞)，主要有单孔和多孔两种形式。

塞棒渣线部位是影响其寿命的另一因素。根据浇铸钢种及中间包覆盖剂的种类，其材质可采用 Al_2O_3-C 质、MgO-C 质或 ZrO_2-C 质。表 10-11 给出了塞棒不同部位材质的组成、物理性能及所适用的钢种。

表 10-11　　塞棒头和渣线部位材质的组成和性能

项　目	本　体	棒头和渣线	棒头和渣线	棒头和渣线
化学组分的质量分数/%				
C	31.2	15.6	13.3	14.8
B_2O_3	0.6	—	2.0	0.6
ZrO_2	0.9	—	4.6	73.5
CaO	—	—	—	3.1
Al_2O_3	52.0	1.1	82.5	0.7
MgO	—	71.3	—	1.0
SiO_2	15.7	15.5	0.8	4.6
体积密度/(g/cm^3)	2.35	2.53	2.87	3.61
显气孔率/%	17.9	16.8	16.3	15.6
抗折强度/MPa	7.4	4.9	9.4	8.1
浇铸钢种	普通钢	Ca 处理钢	高氧钢	高 Mn 钢

10.5.2.2 水口系统

水口系统包括滑动水口、长水口和浸入式水口。

(1) 滑动水口。滑动水口是用耐火材料制成的上下滑板和机械驱动机构，安装在盛钢桶底部的外面，以代替塞棒系统进行浇钢。一般为高铝质、刚玉质、铝碳质、锆英石质、铝镁碳质、镁质和镁铬质耐火材料。成型后，不烧制品仅经焦油浸渍处理，烧成制品还需经高温烧成。所有制品皆需经机械加工将滑板接触面磨光。

为适应多炉连浇需要，我国成功地生产了铝碳和铝锆碳优质复合滑板，其应用范围从大包扩大到中间包。铝锆碳滑板以烧结氧化铝为主原科，配有一定量的锆莫来石和石墨，形成以单斜氧化锆、刚玉及莫来石为主晶相，碳链网络和陶瓷结合的高级耐火制品，具有高强度和优良的抗热震和抗侵蚀性能，达到多炉连铸的目的。典型滑动水口性能指标如表 10-2 所示。

表 10-12　滑动水口的理化指标

项　目	滑　板	大包上水口	大包下水口	中间包下水口
化学组分的质量分数/%				
Al_2O_3	75.61	92.10	81.65	85.50
C	9.46	4.52	4.75	4.07
体积密度/(g/cm^3)	3.11	3.21	3.00	2.88
气孔率/%	6.5	4.6	3.55	7.00
耐压强度/MPa	136	132	110	102
荷重软化温度/℃	>1 700	>1 700	>1 700	>1 700

(2) 长水口。长水口是钢水从盛钢桶注入中间包的导流管，其作用是导流、防止钢水飞溅和二次氧化。

长水口材质的设计主要依据浇铸钢种、浇铸时间及中间包覆盖剂的种类。目前主要采用 Al_2O_3-C 质，该材质对钢种的适应性强，特别适合浇铸特殊钢，对钢水污染小。为了满足高效连铸的需要，可根据长水口各部位不同的使用条件进行最佳组成设计，以获得最长的使用寿命。在腕部，由于磨损大并容易吸入空气，通常采用低 SiO_2 或不含 SiO_2 的 Al_2O_3-C 材料或适当降低石墨含量。由于受中间包覆盖剂及钢水侵蚀，渣线部位往往成为影响长水口寿命的主要因素，为了提高渣线部位的抗侵蚀性，根据浇铸钢种和中间包覆盖剂的不同，可采用 ZrO_2-C 或 MgO-C 材质。

目前，长水口主要有两个发展方向。一是不含 SiO_2 长水口的研制。传统的 Al_2O_3-C 质长水口通常含有一定数量的熔融石英以提高抗热震性。然而，由于 SiO_2 与 MnO 或 FeO 反应生成低熔点物质，从而降低了材料的抗侵蚀和抗冲刷性能。因此，在浇铸高锰钢或高氧钢时，研制开发了不含 SiO_2 的 Al_2O_3-C 材料。相对于传统的 Al_2O_3-C 材料，该材料线胀系数较大，必须精确控制预热条件。此外，可合理设计氧化铝的颗粒级配或添加 ZrO_2-莫来石及适量的低熔点物质，改善材料的抗热震性能。长水口的另一个发展方向是免烘烤及多中间包浇铸用长水口，此类长水口通常含有较多的石墨及一定量的熔融石英，材料的抗氧化和抗冲刷性能较差，但能节约时间和能源。

长水口存在的主要问题是在使用过程中颈部断裂和抗侵蚀、抗冲刷性差，不能满足多炉连铸的要求，制约了连铸工艺过程。为此，根据长水口不同部位的使用环境设计材质组成，同时通过调节组成，在抗侵蚀、抗冲刷性与抗热震性之间找出最佳平衡点，对提高长水口使用寿命非常重要。这也是目前开发高性能长水口研究的重点。

(3) 浸入式水口。浸入式水口是钢水从中间包注入结晶器的导流管。作用与长水口一样，也是导流、防止钢水飞溅和二次氧化。

浸入式水口的性能和使用行为直接影响连铸效率和铸坯质量。在使用过程中要求浸入式水口耐钢液和结晶器保护渣侵蚀，不与钢水中的物质反应生成堵塞物。最初的浸入式水口采用熔融石英材料，但其抗侵蚀性差，不能满足多炉连铸和洁净钢生产的需要。目前主要采用本体为 Al_2O_3-C 质、渣线复合 ZrO_2-C 质的复合式浸入式水口。在满足抗热震性的前提下，渣线材质抗结晶器保护渣的侵蚀性能和水口内部抵抗 Al_2O_3 结瘤的性能是决定浸入式水口使用寿命的关键因素。

在浇铸一些特殊钢及 Al 或 Al-Si 镇静钢时所用 Al_2O_3-C 质或 Al_2O_3-ZrO_2-C 质浸入式水口往往产生 Al_2O_3 结瘤现象，造成钢液流态不稳定，甚至水口堵死，破坏了正常铸流，并影响钢坯量，现已成为限制 Al_2O_3-C 质或 Al_2O_3-ZrO_2-C 质浸入式水口实现多炉连铸、提高连铸效率的主要障碍。目前，对防 Al_2O_3 堵塞浸入式水口的研究主要集中在水口内衬材质上。已研究开发的材质有 Sialon-ZrO_2，CaO-MgO-Al_2O_3，ZrO_2-ZrB_2-C，BN-AlN-C，ZrO_2-CaO-C 等，最近还开发了无硅无碳型内衬材料。

浸入式水口渣线部位的抗侵蚀性能是影响其寿命的另一个重要因素。目前在渣线处普遍采用 ZrO_2-C 材料，与以往的 Al_2O_3-C 材料相比，抗侵蚀性得到明显的提高。为了进一步提高渣线材质的抗侵蚀性，可从水口结构及材料组成两方面考虑。根据 ZrO_2-C 材料的侵蚀机理，降低 ZrO_2-C 材质中含碳量可能提高其抗侵蚀性，然而含碳量的减少必将牺牲抗热震性能。为此，DiDier 研制开发了渣线部位由三层结构组成的浸入式水口，如图 10-5 所示。外层采用普通 ZrO_2-C 材质是为了保证在最初与钢水接触时材料有足够的抗热震性，中间层采用的低碳 ZrO_2-C 材质保证材料具有优良的抗侵蚀性能。内壁材料根据浇铸钢种的不同可采用本体材质、防氧化铝堵塞(Al 或 Al-Si 镇静钢等)材质或尖晶石-碳(高氧钢等)材质，以保证内壁工作面的整体性、光滑性及对钢液不产生污染，从而获得浸入式水口的最佳使用性能和寿命。

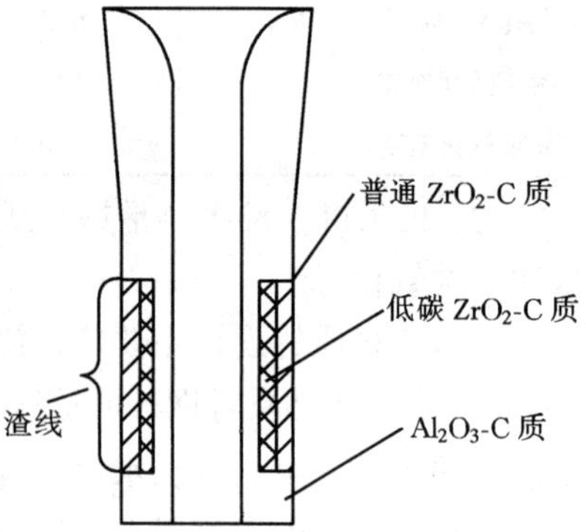

图 10-5　三层复合式浸入式水口结构示意图

10.5.3　中间盛钢桶用耐火材料

连续铸锭用中间盛钢桶也称中间包或钢水分配槽。它是连铸系统中使用耐火材料品种最多的设备之一。

中间包在工作时，包衬要经受 1 530～1 580℃ 钢水长时间(400～800min)的浸泡以及中间包渣的侵蚀作用。所以，要求中间包工作层耐火材料具有良好的抗钢水和熔渣侵蚀的能力；对于设置在中间包中的钢液过滤器和挡渣堰板，要求能承受钢水的热冲击和一定的静压力。

中间包永久衬一般由耐火砖砌筑而成。在使用过程中，由于砖缝的存在导致砖体脱落而损坏，严重影响到中间包的使用寿命。随着中间包涂料的成功应用，其永久层已改为整体浇注料，使用寿命得以大幅度提高。

中间包内衬一般采用半硅砖、蜡石砖、黏土砖砌筑。也可采用高铝砖、锆英石砖、镁铬砖或不定形耐火材料捣制。此外，随着中间包涂料，如镁质、镁铬质、硅酸铝质耐火涂料的应用，内衬的寿命显著提高。近年开发的中间包碱性涂料，特别是高钙涂料，不仅有效地提高了中间包的寿命，还改善了钢水洁净度。典型高钙涂料性能指标如表 10-13 所示。

表 10-13　高钙涂料主要性能指标

项　目	数　值	项　目	数　值
化学组分的质量分数/%		耐压强度/MPa	
MgO	38.58	110℃×24h	11.8
CaO	54.05	1 500℃×24h	3.4
体积密度(110℃×24h)/(g/cm³)	1.93	线变化率(1 500℃×24h)/%	−2.3

10.6　轧钢用耐火材料

10.6.1　均热炉用耐火材料

均热炉是初轧厂用于加热和均热钢锭的热工设备。我国现有均热炉坑400多个。均热炉种类很多，常用的有蓄热式及中心换热式均热炉炉型。均热炉由炉盖、炉体、蓄热室等部分组成。

均热炉内温度一般为1 200～1 300℃，炉盖工作面则高达1 350～1 450℃。炉盖开启时温度降至300℃以下，温度骤变频繁，机械振动也大，炉体受温度骤变、机械磨损、碰撞、渣侵蚀等作用。一般采用高铝质可塑料或黏土结合高铝质浇注料。

由于频繁开启炉盖，炉口温度骤变，还受装出料的撞击和振动的影响，炉口常采用刚玉、莫来石质低水泥或无水泥浇注料，使用寿命显著提高。

蓄热室用格子砖，上部采用高铝砖，下部为黏土砖。换热器层用黏土砖、电熔镁铬砖、镁白云石砖或黏土-碳化硅砖砌成，目前一般采用高铝碳化硅浇注料，使用效果很好。

10.6.2　加热炉(蓄热室)用耐火材料

加热炉是加热钢坯或小型钢锭的热工设备，使用温度一般为1 300～1 400℃。

加热炉的种类很多，其中，蓄热式加热炉是近年来发展起来的一种新式加热炉。由于蓄热式加热炉节能效果特别显著，可达20%～50%。而且可以显著减少 CO_2 和 NO_x 的排放，因此，这类加热炉受到冶金行业的极大重视。

蓄热式加热炉炉体材料一般采用快干型、快干自流型和快干抗渣浇注料(有的厂家采用微膨胀低水泥浇注料)，理化性能如表10-14和表10-15所示。采用这类材料，可以保证蓄热式加热炉炉体具有优良的整体结构和气密性、极高的强度、优良的抵抗气流冲刷性、优良的抗结构剥落性和抗渣性。而且，采用这类材料，施工速度快，烘烤周期短(3～5天)，为企业带来了显著的经济效益。

水冷管包扎采用快干自流浇注料。水冷管包扎部位，由于材料厚度小，一般为40～60mm，采用快干自流浇注料，不仅材料可以自行充填致密，材料的整体性和强度能够得到保证，而且易于施工和烘烤，所以，快干自流浇注料是加热炉水冷管理想的包扎材料。

蓄热体是蓄热式加热炉的换热介质，是蓄热式加热炉的关键材料。鉴于蓄热体的特殊使用条件，要求蓄热体必须具备良好的蓄热和放热能力，同时，在频繁的废气与空气和燃料的换向作用下，蓄热体承受着剧烈的热冲击，所以，蓄热体还必须具有优异的热震稳定性。蓄

表 10-14　快干浇注料主要理化指标

项　目	A	B	C	D	E	F
化学组分的质量分数/%						
Al_2O_3	>50	>55	>60	>65	>68～75	—
Al_2O_3+MgO	—	—	—	—	—	70～80
体积密度/(g/cm^3)						
110℃×16h	>2.4	>2.45	>2.50	>2.55	>2.55	2.8～3.0
1 350℃×3h	>2.35	>2.40	>2.45	>2.50	>2.50	2.8～3.0
耐压强度/MPa						
110℃×16h	>40	>50	>50	>80	>80	>50
1 350℃×3h	>60	>70	>70	>95	>95	>70
抗折强度/MPa						
110℃×16h	>6	>8	>8	>9	>9	>8
1 350℃×3h	>8	>10	>10	>11	>11	>10
线变化率/%						
110℃×16h	<0.1	<0.1	<0.1	<0.1	<0.1	<0.1
1 350℃×3h	<0.5	<0.5	<0.5	<0.5	<0.5	<0.5
长期使用温度/℃	1 350	1 350	1 350	1 350	1 350	1 350
最高使用温度/℃	1 600	1 600	1 600	1 600	1 600	1 600
用　途	炉顶 炉墙	炉顶 炉墙	炉顶 炉墙	炉顶 炉墙	炉顶 炉墙	抗渣 部位

表 10-15　快干自流注料主要理化指标

项　目	A	B	C	D
化学组分的质量分数/%				
Al_2O_3	>55	>60	>65	>60
体积密度/(g/cm^3)				
110℃×16h	>2.35	>2.40	>2.45	>2.45
1 350℃×3h	>2.30	>2.35	>2.40	>2.45
耐压强度/MPa				
110℃×16h	>25	>25	>28	>30
1 350℃×3h	>50	>50	>55	>60
抗折强度/MPa				
110℃×16h	>5	>5	>6	>8
1 350℃×3h	>9	>10	>10	>12
线变化率/%				
110℃×16h	<0.2	<0.2	<0.2	<0.2
1 350℃×3h	<0.5	<0.5	<0.5	<0.5
长期使用温度/℃	1 350	1 350	1 350	1 350
最高使用温度/℃	1 600	1 600	1 600	1 600
用　途	炉顶、炉墙	炉顶、炉墙	炉顶、炉墙	水冷管、包扎

热体主要有如下三种形式：蜂窝体、蓄热球和蓄热管。在成型方式上，蜂窝体和蓄热管采用挤注法成型，而蓄热球则分为手工成型和机制成型两种；在材料上，蜂窝体主要有堇青石质和莫来石质，而蓄热球和蓄热管主要有高铝质和莫来石质。

10.7　有色冶金用耐火材料

有色金属在国民经济中占有极其重要的地位，应用十分广泛。普遍应用铜、铝、铅、锌、镍等5种有色金属。冶炼有色金属的方法很多，使用炉窑的类型也很多，一般分为熔炼炉、精炼炉和熔铸炉。本节仅选择生产量大、具有代表性的有色金属冶炼用耐火材料作以下介绍。

10.7.1　炼铝用耐火材料

金属铝是目前应用最广泛的有色金属之一。炼铝工艺过程复杂，使用的炉窑种类较多，但炉子工作温度都比较低(最高1 200℃)，使用条件也不太苛刻，所以一般采用黏土砖和高铝砖，即可满足生产要求。随着耐火材料技术进步，近年来炼铝工艺过程用的耐火材料有所改进。

(1) 生产氧化铝的回转窑及闪速炉。首先将天然铝土矿变成氢氧化铝，再将氢氧化铝经950～1 200℃煅烧成氧化铝，一般采用回转窑和闪速炉煅烧。回转窑的绝热层靠窑壳铺一层耐火纤维毡，然后用硅藻土、漂珠砖或轻质黏土砖砌筑，现有的改用轻质耐火浇注料。预热带用黏土砖，烧成带、冷却带用高铝砖，现改为磷酸盐结合不烧高铝砖。闪速炉是先在炉壳上焊接耐热钢锚固钉或陶瓷锚固件，然后铺一层20mm厚的耐火纤维毡，最后浇注200～300mm厚的耐火浇注料。

(2) 电解氧化铝的电解槽。电解槽既是电解装置，又是高温冶金设备。电解槽的形式很多，但基本构造一致，应用最广的是密闭式自焙阳极电解槽。炉体的基本结构如图10-6所示。

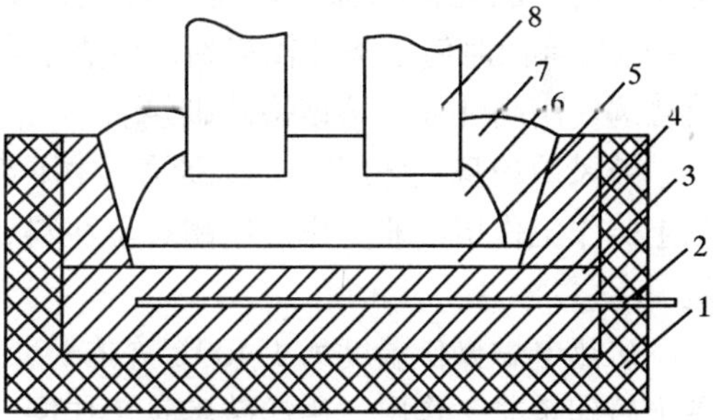

图10-6　铝电解槽示意图

1—非工作层；2—阴极导体；3—槽底碳砖；4—槽壁碳砖；5—铝液；6—电解质；7—Al_2O_3；8—石墨电极

铝电解采用冰晶石($NaAlF_6$)、氟化铝(AlF_6)、氟化锂(LiF)等熔液为电解质，将Al_2O_3加入电解槽，通电熔化，虽然Al_2O_3熔点为2 050℃,但在氟化盐熔体中可降至970℃左右。在电场力的作用下Al_2O_3电离，Al在阴极聚集，可用真空泵吸入铝水罐送去进一步处理和铸锭。电解槽内衬实际上既是导电材料(如槽底炭砖)，又是高温耐火材料。

根据上述过程，电解槽用耐火材料应具有耐高温、抵抗熔融氟化物的侵蚀和良好的导电能力，少含或不含SiO_2，以避免SiO_2被金属铝还原，同时要求气孔率低和致密度高，以防铝液渗漏，因此，一般电解槽内衬采用致密优质炭砖砌筑，非工作层为高铝砖砌筑，绝热层多采用轻质高铝砖和耐火纤维制品，并用钢制壳体固定。

目前，电解槽靠槽壳铺一层耐火纤维毡，接着砌漂珠砖或轻质浇注料，再砌黏土砖，工作层用导电性良好的碳或氮化硅结合碳化硅砖，能抵抗铝液的渗透、氟化物和电解质及熔融钠盐的侵蚀，延长使用寿命。槽壁和槽底工作层采用炭块砌筑或用碳质捣打料，捣打成整体衬。

(3) 熔炼炉。主要有反射炉、转筒炉和感应电炉等，操作温度一般为 700～1 000℃。其炉衬的损毁主要是铝液的渗透和冲刷所致。一般使用黏土砖、高铝砖及刚玉莫来石砖砌筑。近年来，普遍使用高铝质浇注料和耐火可塑料，炉子寿命长者可达 5 年。

(4) 铝精炼。电解槽操作温度为 720～800℃，槽壁用镁砖砌筑，其余为黏土砖和高铝砖。

(5) 铝水罐。铝水罐是盛装铝液的高温容器，要求能耐铝水的侵蚀，能承受急冷急热，保温性能好。非工作层一般采用体积密度为 1.7g/cm^3 的轻质浇注料或轻质高铝砖，为了加强保温效果，减轻罐体质量，采用氧化铝空心球耐火浇注料。工作衬一般采用含 SiO_2 量低的高铝砖砌筑。现有的罐底内衬采用刚玉质耐火浇注料，出铝口周围采用碳化硅砖、刚玉砖或熔融石英砖砌筑。

铝工业炉窑大量使用不定形耐火材料，对节能和提高使用寿命都有显著效果。

10.7.2 炼镍用耐火材料

炼镍工艺过程比较复杂，先将硫化镍或镍精矿制成烧结矿，再熔炼成低冰镍，后经吹炼制成高冰镍，最后电解成金属镍。

(1) 焙烧炉。焙烧炉操作温度一般低于 1 400℃，无化学侵蚀作用，通常采用黏土砖砌筑，个别部位用高铝砖。

(2) 熔炼炉。熔炼炉有鼓风炉、矿热电炉、反射炉和闪速炉等炉型。由于闪速炉具有冶炼强度高、能耗低和保护环境等优点，是应用最多的炉型。闪速炉的工作温度最高可达 1 600℃，炼镍时使用条件较苛刻，熔渣中含氧化镁和氧化铁量较高，因此内衬损毁较快。目前普遍使用高纯或电熔镁铬砖砌筑。

鼓风炉炉身上部用黏土砖砌筑，中下部有水冷套，并衬砌致密黏土砖。炉缸底和侧壁用黏土砖作工作层，非工作层用耐火浇注料，放低冰镍口和放渣口周围内衬用镁砖或镁铬砖砌筑。

矿热电炉操作温度为 1 400℃左右，炉底的非工作层用耐火浇注料做成锅底状，然后用黏土砖砌筑非工作层，用镁砖砌筑工作层。炉墙渣线以上用黏土砖砌筑，渣线及以下工作层用镁砖及镁铬砖砌筑。为了提高渣线及放低冰镍口的寿命，采用水冷铜套强制冷却，炉顶可采用高铝质浇注料，使其整体性好，结构稳定。

(3) 吹炼炉。吹炼炉是将低冰镍炼成高冰镍的热工设备，主要有转炉和反射炉两种炉型。转炉为圆筒形，分立式和卧式，我国普遍用卧式转炉，吹炼时工作温度为 1 350～1 500℃，每炉吹炼时间约 7～10h，内衬一般采用全合成镁铬砖，预反应镁铬砖和铝铬渣砖。在转炉中损毁最严重的是风口及风口区，采用镁铬砖砌筑，寿命仅为 18 炉左右，而用铝铬渣制造的一种铝镁铬风口砖，使用寿命可达 50 炉。

反射炉为长方形，卧式，炉底工作层由石英砂捣打而成，炉墙下部工作层一般采用镁砖砌筑，其余则用硅砖，使用寿命约 3 个月，如果渣线及以下部位工作层全部采用镁砖，其余部位工作层采用高铝砖，各部位非工作层全部用黏土砖，使用寿命可达 1～1.5 年。

10.7.3 炼铜用耐火材料

炼铜工艺过程中由焙烧、熔炼、吹炼、精炼及熔化等几个部分组成。其中，冰铜的冶炼目前应用最广的为鼓风炉、反射炉、电炉、闪速炉。由于原料、燃料及工艺技术条件的差异，炉用耐火材料也有差别。

熔炼的原料为铜精矿(或烧结块、熔剂、硅石及石灰石)，产物为冰铜($Cu_2S \cdot nFeS$)、炉渣(SiO_2-FeO-CaO)及含 SO_2 的炉气。冰铜品位一般为 25%～55%。炉料和产品对耐火材料的侵蚀都很强。

(1) 焙烧设备。焙烧过程为放热反应，一般不需另加燃料，工作温度一般不超过 820℃，也无侵蚀和磨损作用，通常用黏土砖，重要部位用高铝砖砌筑，寿命较长。

(2) 熔炼设备。主要有鼓风炉、反射炉、白银炼铜炉、矿热电炉和闪速熔炼炉等。另外，还有顶吹转炉和三菱连续炼铜炉等，可将铜精矿直接熔炼成纯度较高的粗铜。

鼓风炉：上部受炉料机械磨损，砌黏土砖。风口及斜炉墙采用汽化冷却，内衬砌黏土砖。主炉床承载铜液，工作层砌镁砖、镁铬砖或铬砖。

反射炉：反射炉是我国主要的冰铜熔炼炉。使用煤或重油作燃料，炉温最高可达 1 750～1 800℃。炉温高，物料熔化快、产品质量好，成本低。但耐火材料耗量大，材质要求高，筑炉要求严格。拱顶一般用硅砖，使用寿命为 3～6 个月。吊顶普遍使用镁铝砖或镁铬砖，炉墙用烧成镁砖、镁铬砖和镁铝砖砌筑。

白银炼铜炉：该炉是白银有色金属公司在反射炉基础上开发的新炉，炉体工作层采用烧成镁砖和镁铝砖砌筑，渣线区炉衬外部安装水冷铜套，炉底用卤水镁砂、铁粉捣打，风口用铝铬渣制的大砖拼砌。

矿热电炉：炉衬损毁主要是高温铜液和熔渣的化学侵蚀和冲刷。炉顶的电极孔和装料口，一般用致密黏土砖或高铝砖砌筑，也可使用高强浇注料整体浇注。炉墙和炉床工作层均用镁砖或镁铬砖砌筑。放出口区衬体外侧安装水冷铜套，以延长炉体的使用寿命。

闪速炉：是将焙烧和熔炼两道工序合为一体的新炉型。炉型种类较多，一般采用芬兰奥托昆普型炉较多，炉内操作温度为 1 400～1 500℃，炉衬工作层受高温、化学侵蚀和炉料摩擦作用，较易损坏，因此普遍用镁铬砖砌筑，渣线区安装水冷铜套，保护衬体，炉体用镁铬质捣打料，有的部位采用镁铬质耐火浇注料，使用寿命比砖砌的长。

(3) 吹炼炉。普遍为圆筒形卧式转炉，操作温度约为 1 400℃，装料时温度降到 600～700℃，温度波动频繁，受熔融物的侵蚀和冲刷。普遍采用烧成镁铬砖、直接结合镁铬砖和熔铸镁铬砖综合砌筑炉衬，使用寿命为 300～500 炉。

(4) 精炼设备。有反射炉和转炉两种。我国普遍采用反射炉精炼粗铜，炉衬工作层一般用镁砖和铝镁砖砌筑，耐火材料消耗为 4～10kg/t 铜。采用转炉精炼粗铜时普遍采用烧成镁铬砖内衬，耐火材料消耗为 1～5kg/t 铜。

(5) 熔化设备。熔化炉亦称阴极炉，主要炉型有反射炉、竖炉和感应电炉等。

反射炉：操作温度大约 1 600℃，炉体渣线及以下部位用镁砖砌筑，其余用铝镁砖砌筑，使用寿命为 2 年左右。

竖炉：炉墙及烧嘴区等易损部位使用碳化硅砖砌筑，其余部位用高铝砖，靠炉壳部位用轻质浇注料整体浇注，炉底用碳化硅捣打料。

感应电炉：炉衬一般用高铝砖砌筑，熔沟周围线圈通过的部位，一般采用硼砂结合的硅质捣打料，熔化紫铜寿命为3～4个月，熔化黄铜寿命为10个月。

10.7.4 炼铅用耐火材料

铅的冶炼基本上采用烧结-鼓风炉法(即焙烧还原冶炼法)。炉型为鼓风炉、铅锌密闭鼓风炉、氧气底吹炼铅炉和基夫赛特(KIVCET)法直接炼铅炉。

(1) 鼓风炉。为竖式圆筒状，炉身上部工作层为黏土砖砌筑，中部工作层一般用镁砖、镁铬砖或铬砖砌筑。炉身下部及风口区温度为1 300℃，个别部位为1 500℃，使用条件苛刻，有水冷板保护，工作层一般使用致密黏土砖、高铝砖或镁铬砖，或高铝质浇注料。炉缸工作层用镁砖、镁铬砖或铬砖砌筑。由于铅液密度大，渗透力强，易使炉底砖上浮，因此采用高铝质磷酸盐结合捣打料捣制炉缸，使用效果较好。

(2) 铅锌密闭鼓风炉。是处理铅锌氧化矿或铅锌混合硫化矿的新炉型，是直接冶炼铅和锌的热工设备。由密闭鼓风炉、冷凝器(即铅雾室)和烟道等部分组成。该炉炉缸工作层和炉腰水冷板衬里，一般采用镁铬砖砌筑，炉顶及与铅雾室连接处的斜道衬体等部位，普遍采用高铝水泥耐火浇注料现场浇注，也可做成预制块吊装砌筑。铅雾室的底和顶，采用致密黏土砖砌筑，也可用耐火浇注料浇灌。侧墙承受铅雾的冲刷和化学侵蚀作用，损毁较快，用黏土结合碳化硅砖砌筑。铅锌分离室的底和顶一般用致密黏土砖砌筑，铅液流槽和出铅槽的格底，采用 Al_2O_3 的质量分数为65%的高铝砖砌筑，槽壁用镁铬砖或铬砖砌筑。也可用同材质的浇注料浇注，形成整体性强的槽衬。槽盖板用高铝水泥浇注料预制块。

(3) 氧气底吹炼铅炉。用铅精矿直接炼铅的热工设备，呈长形圆筒状，水平放在两个托圈上，可以回转90°，炉子长约22m，分为还原区和氧化区，二者间设有隔墙。其下部留有孔洞，使两区相通，氧化区安有氧气喷嘴，上方设有装料口，还原区安装套筒式喷嘴等。炼铅炉的熔池、渣线区、隔墙、装料口及喷嘴对面的炉墙等部位一般采用熔铸镁铬砖砌筑。其余部位采用直接结合镁铬砖或烧成镁铬砖砌筑。

(4) 基夫赛特法直接炼铅炉。将焙烧和熔炼合并在同一炉中完成，它由直筒状熔炼塔和电炉两部分组成，二者共用炉膛，用水冷式隔墙隔开。隔墙插入熔池深度为200～400mm。该炉的电炉内衬及熔炼塔高温区受高温及化学侵蚀作用，渣线电极孔及隔墙插入熔池中损毁较快，因此炉子工作层全部采用镁铬砖砌筑，易损部位还采用水冷铜套保护。水冷板隔墙也可在板上焊接锚固钉，浇注或捣打镁铬质不定形耐火材料。

10.7.5 炼锌用耐火材料

炼锌主要采用炼锌焙烧炉、还原蒸馏炉和精馏设备等。

(1) 焙烧炉。焙烧温度为1 070～1 120℃，一般用黏土砖和高铝砖即可满足要求。

(2) 还原蒸馏炉。是生产金属锌或粗锌用的热工设备。先在焙砂中配入29%～33%的优质焦煤、焙烧炉烟尘灰及适量的结合剂，经混合并压制成团块，然后在800℃的条件下，形成具有一定强度的团块，即为还原蒸馏炉的原料。

竖罐蒸馏炉。由竖式蒸馏罐、燃烧室和空气道等部分组成。蒸馏罐一般由传热性能好和强度高的黏土结合碳化硅砖砌筑。我国某厂采用碳化硅波纹砖砌筑蒸馏罐内壁，比用标型砖增加热辐射面18%左右，同时将砖砌成竖沟状，减弱了气流上升阻力，降低了炉内压力，加快了反应速度。当罐内壁蚀损较大或局部出现孔洞，可用碳化硅质喷涂料进行热喷补。燃烧室工作温度为300～1 360℃，工作层用硅砖砌筑，其余部位用黏土砖砌筑。冷凝器、水平底和边墙工作层用高铝砖砌筑，其他部位用黏土砖砌筑。冷凝器内装有转子，转子用轴由石墨质材料制作，用碳化硅材料能显著提高寿命。

电热蒸馏炉主要由圆筒形炉体冷凝器和电极加热装置等部分组成。该炉易损部位的工作层用碳化硅砖砌筑，其余各部位工作层用黏土砖砌筑，非工作层用黏土隔热砖砌筑，使用寿命较高。

(3) 精馏设备。由熔化炉、精炼炉、燃烧室、精馏塔和冷凝器等组成。

精馏塔中部，即蒸馏室两侧，设有燃烧室和换热器，塔体上部设有冷凝器，借助通道与铅塔和镉塔及熔化炉相连。塔内一般安装40～60块塔盘，分为蒸馏盘和回流盘两种，均用碳化硅质材料制作，厚度为30～50mm，冷凝器和各种通道等部位工作层普遍用碳化硅砖砌筑。熔化炉、精炼炉、精馏塔的燃烧室及换热器和下延部等部位的工作层，一般用黏土砖砌筑，非工作层用漂珠砖等隔热砖砌筑，塔壁用碳化硅砖砌筑。粗锌连续精馏精炼设备的使用寿命，取决于碳化硅质塔盘的工作寿命，其损毁主要是温度波动及化学侵蚀所致，铅塔寿命一般为1～2年，镉塔寿命为2～3年。

目前，有色冶金行业不断采用新工艺和新技术，更新炉窑设备，强化冶炼操作，提高生产率。因此，随着有色冶金炉窑大型化和高效化，使用的耐火材料品种扩大，质量提高，数量增多。

一般情况下，有色冶金用耐火材料占耐火材料总消耗量的2%～6%，其中黏土砖占25%，高铝砖占5%～16%，碱性砖占10%～17%。使用不定形耐火材料的比例也在不断上升。

有色金属冶炼用炉衬的损毁机理，主要是熔融金属、金属氧化物或熔渣的浸透和温度应力作用造成的。在炉窑衬体中存在温度梯度，当熔融金属、氧化物或熔渣沿着衬体的缝隙或气孔渗透到纵深内部时，则发生三种情况：第一，熔融金属发生氧化、还原或形成低熔点矿物，致使衬体遭到侵蚀，或产生龟裂剥落；第二，熔融金属或氧化物发生沉积，造成衬体膨胀而塌落；第三，强碱性熔融金属或熔渣流动性很强，对衬体的冲刷和侵蚀较为严重。

在冶炼过程中，熔融金属铜向衬体内部渗透，发生氧化并伴随着体积膨胀。当铜氧化生成Cu_2O时，体积增大0.64倍，氧化成CuO时，则体积增大0.75倍。由于体积的不同变化，致使内衬的组织结构产生龟裂、裂缝，甚至发生剥落。

在一定温度下，铜的氧化物能与耐火材料内衬的某些氧化物发生反应而生成液相，例如CuO与SiO_2的共熔点为1 060℃，与MgO的共熔点为1 135℃，与Cr_2O_3的共熔点为1 560℃以上。由于低熔点物质的形成，破坏了炉衬的组织结构，并发生熔蚀现象，降低了使用寿命。另外，在有色金属冶炼过程中，熔渣里含有大量的铁硅酸盐，对镁砖侵蚀较严重，对含铬的尖晶石的镁铬砖侵蚀要轻一些，因此有色金属熔炼炉普遍使用镁铬砖做内衬。

在冶炼过程中，由于炉内温度的骤然变化，可能使炉衬产生龟裂以及发生剥落。另外，在适当的温度下，废气中的SO_2对碱性砖的方镁石发生作用，生成含镁的硫酸盐，使砌体的组织结构产生崩溃，降低了其使用寿命。在一般条件下，与金属熔液和熔渣接触的炉衬部位，目前普遍采用高级碱性砖、碳化硅砖、氮化硅砖或石英砖等材料砌筑，使用效果较好。

10.8 建材工业用耐火材料

建材工业用耐火材料，虽然在数量上比不上钢铁工业，但使用条件之苛刻，对耐火材料某些性能要求之高，甚至超过钢铁工业的要求。目前，国产耐火材料几乎能全部满足钢铁工业需要，可是建材行业用耐火材料的某些品种，例如玻璃窑用的某些熔铸制品、陶瓷用匣钵或棚板还大量使用进口材料。

10.8.1 水泥窑用耐火材料

传统的水泥窑主要是立窑和回转窑，近年来又有许多预分解窑(PC 窑)和预热器窑(SP 窑)投入运行。我国是水泥生产大国，但不是强国，水泥的产业结构不够合理，到目前为止的水泥产量中立窑和小回转窑生产的水泥仍占很大的比例。尽管我国预分解窑水泥窑的产量所占比例不大，但近年已经呈现出快速发展的良好势头，并且已经形成了一批规模较大的企业。

(1) 立窑。20 世纪 60 年代末以前，我国水泥立窑一般采用普通高铝砖和黏土砖作为耐火窑衬。与磷酸盐砖相比，高铝砖和黏土砖更易于与水泥熟料反应，形成 C_2AS 和 CAS_2，导致“炼边”，因此现已采用磷酸盐砖取代高铝砖和黏土砖。立窑的隔热层通常采用轻质隔热黏土砖、隔热浇注料、硅酸铝纤维制品等。

(2) 回转窑。传统回转窑一般分为预热带、过渡带、烧成带和卸料带等几个区域。20 世纪 40 年代开始把高铝砖配用在回转窑烧成带碱性砖两侧的过渡带和冷却带，其余部位使用黏土砖。后来发展为烧成带用镁铬砖代替普通镁砖，用抗热震性好的特种高铝砖或磷酸盐结合高铝砖代替普通高铝砖，预热带用隔热砖、耐碱黏土砖。窑的卸料端通常采用高铝砖或磷酸盐结合高铝砖，热负荷过重的窑侧采用碳化硅砖，卸料端变形较重的窑上可采用高铝质浇注料或钢纤维增强浇注料。预热带和分解带，碱在耐火制品表面富集并渗入内部，与黏土砖或高铝砖反应形成理霞石和白榴石等矿物，产生膨胀导致“碱裂”，使砖开裂和剥落。

耐碱砖与碱反应表面形成高黏度釉层，阻止向砖内部进一步渗透。窑口可用耐磨的碳化硅砖或钢纤维增强浇注料和低水泥型高铝浇注料。另外，预热带和分解带可用耐碱隔热砖，能减少表面散热损失 40%以上。

(3) 预分解窑和预热器窑。大型 PC 窑温远高于传统回转窑的相应部位，SP 窑窑内各工作带波动较大，窑皮不稳定，窑衬寿命比同规模的 PC 窑更短，窑速更快。传统回转窑的转速，一般只有 60～70r/h，大型 PC 窑常达 180～210r/h，甚至 240r/h。高转速、大直径和高温度的大型窑口，窑衬所受热应力、机械应力和化学侵蚀的综合破坏效应比传统窑大得多，碱等挥发性组分增大 5～5.3 倍，甚至更高。此外，窑系统结构复杂，节能要求高。

新型干法窑用耐火材料，大体来说，在 SP 窑和 PC 窑的窑筒内直接结合镁铬砖用于烧成带，尖晶石砖或易挂窑皮且抗热震性好的镁铬砖用于过渡带，高铝砖用于分解带，隔热型耐碱砖用于窑筒后部，耐火浇注料或适用的耐火制品用于前后窑口；在预热系统内，普通型耐碱砖用于预热器本体，拱顶用耐碱砖或耐碱浇注料。高强型耐碱砖用于二次风管，并配用大量系列浇注料、系列隔热砖和系列硅酸钙板。在窑门罩和冷却机系统内，除选用上述部分适用材料外，还配用碳化硅砖和碳化硅复合砖。

随着以煤代油的变换，节能要求提高，以及防止铬公害的环保需要，开发低铬甚至无铬碱性耐火材料以及耐碱蚀、抗剥落、低导热的轻质和超轻质耐火材料已成为新型干法窑用耐火材料发展的总趋势。1975年镁尖晶石砖的出现是水泥回转窑不使用镁铬砖的转折点。在这以前，水泥回转窑的过渡带、烧成带和冷却带基本上都使用镁铬砖。水泥回转窑烧成带使用的无铬碱性砖，从材质上分为镁白云石砖和镁尖晶石砖两大类。美国是水泥回转窑耐火材料无铬化比较早的国家，1982年无铬砖已占60%，2003年达到99%，烧成带主要使用各种白云石砖，约占87%，其次为尖晶石砖，如表10-16所示。

表10-16　美国水泥回转窑各区带使用的耐火材料

	冷却带/%	烧成带/%	过渡带/%
白云石砖	0	7.0	0
白云石-氧化锆	4.7	77.7	1.3
氧化镁-白云石-氧化锆	17.2	2.2	0.6
镁尖晶石	69.1	9.4	86.6
镁铬砖	2.9	0.5	5.7
其他	6.1	3.2	5.8

日本从1983年至1995年开始大范围试验镁白云石砖，但效果不好，没有推广使用，现在主要使用镁尖晶石砖。16%的水泥窑实现无铬化，50%的水泥窑在无铬化方面取得了进展。2003年对日本正在运转的61条窑中56条窑调查结果表明，其中有11窑基本使用无铬砖，大部分窑还是无铬砖与镁铬砖混合使用。原来使用镁铬砖的部位，大约有38%使用无铬砖，62%仍在使用镁铬砖。在无铬砖中，加ZrO_2的镁尖晶石砖占37%，加Fe_2O_3的镁尖晶石砖占33%，普通镁尖晶石砖占21%，其他砖占9%。德国水泥回转窑烧成带主要使用镁铬砖和各种白云石砖，最近也开发了镁尖晶石砖、镁铁尖晶石砖和镁锆砖。

水泥回转窑烧成带用碱性砖的无铬化，已取得了稳步的进展。但实现完全无铬化尚需时间，还有许多技术问题需要研究解决。使用镁尖晶石砖和镁白云石砖是两条不同的技术路线，从近来的发展趋势看，都走向了$MgO-CaO-ZrO_2$砖系列，即都认为加CaO和ZrO_2的镁砖有可能最后取代镁铬砖，成为大型水泥回转窑烧成带使用的优质耐火材料。

10.8.2　陶瓷工业用耐火材料

传统的陶瓷制造主要以煤为燃料，采用倒焰窑和钟罩式窑等烧成。为防止煤灰污染陶瓷制品，要将陶瓷坯体放到匣钵中，将匣钵烧至高于陶瓷烧成温度，耗用大量的热。据统计，卫生瓷能耗一般为27 598kJ/kg制品，有的高达82 219kJ/kg制品；地砖能耗一般为5 060kJ/kg制品；马赛克能耗为20 072～25 090kJ/kg制品；轻工日用瓷能耗约20 908～29 710kJ/kg制品。传统窑及匣钵大都采用黏土制品，由陶瓷厂自己生产，使用寿命很低。

现代新型陶瓷窑炉使用洁净的气体燃料，裸装制品直接烧制，热耗仅为传统陶瓷炉窑的1/6～1/10。现代陶瓷炉窑用耐火材料围绕炉窑的节能降耗、提高产品质量和延长使用寿命等目的来制作。例如窑车材料，当使用普通黏土砖时，一辆车往往重达1t，但新型轻量窑车耐火材料仅重250～500kg，往往采用多种材料组合而成，如采用立柱作为支撑，配以各种轻质耐火材料和棚板组成轻量窑车，可使炉窑节能15%左右。这些组合式窑车材料在隧道窑中频繁进出，经受温度变化，耐火材料需有良好的抗疲劳能力，特别是实现快烧以后，烧成周期大大缩短，耐火材料必须有高的抗热震性。无论隧道窑还是辊道窑的窑体和窑具材料都要预先组合拼装，要求制品的外形及尺寸精确，抗热震性和力学强度高。具有各种温度等级的耐火纤维是窑体和窑车用耐火材料的主要品种，含铁低的硅酸铝质隔热制品，包括莫来石和硅线石质耐火材料，轻质堇青石质耐火材料也是窑体和窑车用耐火材料的重要品种。堇青石-莫来石、重结晶碳化硅、氮化硅结合碳化硅、莫来石结合碳化硅及 Sailon 结合碳化硅制品是窑具材料的重要品种。随着现代陶瓷用耐火材料的发展，促进了人工合成原料的发展，如合成堇青石、合成莫来石、合成钛酸铝、合成碳化硅等。

目前，我国应用的碳化硅窑具制品与国外同类制品差距较大，国外制品使用 800～1 000 次，国内一般只能用 60～150 次，少数能达到 300 次，主要是出现裂纹和弯曲。近年来，国外出现莫来石结合碳化硅窑具，采用 SiO_2 超微粉和 α-Al_2O_3 超微粉，其粒径小于 1μm，甚至小于 0.5μm，可使莫来石在较低温度下形成。据资料介绍，制品烧成温度为 1 380℃左右，由于微粉包裹在 SiC 的周围，在形成莫来石的同时，使 SiC 与空气隔离，起到防氧化作用。还有反应烧结渗硅碳化硅窑具 SiSiC，这种制品比重结晶 SiC 制品具有更长的使用寿命，约为 3～4 倍。

10.8.3　玻璃熔窑用耐火材料

熔铸耐火材料是玻璃熔窑用的主体材料。优质的熔铸耐火材料不但使炉窑寿命有所提高，而且使玻璃缺陷减少。例如日本使用 ZrO_2 砖（ZFC，ZrO_2 的质量分数为 93%）比 AZS（$ZrO_2$41%）抗侵蚀能力提高 1 倍，成为熔炼洁净玻璃（无缺陷或极少缺陷）和一些特种玻璃的适用炉衬材料。我国熔铸耐火材料有 Al_2O_3-ZrO_2-SiO_2 和 Al_2O_3 两大系列。常用品种有氧化法 33 号、36 号、41 号锆刚玉砖，熔铸 α-β 氧化铝砖和 β-氧化铝砖 5 种。此外，还有熔铸氧化铝流槽砖和熔铸十字形锆刚玉砖等。这些品种用在与玻璃接触的部位和上部结构关键部位以及蓄热室格子体，就品种而言可以满足需要。

烧结耐火材料有碱性耐火材料（包括高纯镁砖、直接结合镁铬砖、镁铝砖、镁橄榄石砖、镁锆砖等）、锆质耐火材料（包括高致密型、致密型、压制锆英石砖和烧结锆刚玉砖（ZrO_2 的质量分数为 17%～20%））、高级硅砖、蜂窝状硅砖、莫来石砖、硅线石砖、抗剥落高铝砖、低气孔率黏土砖、锡槽底转等。上述制品大都用于不与玻璃液接触的部位，如碹顶、蓄热室、胸墙、吊墙、过渡砖等。但烧结锆刚玉砖、锆英石砖等可用于池底铺面砖和熔制硼硅酸盐玻璃的池壁砖。

不定形耐火材料有锆英石捣打料、锆英石质热补料、锆英石质火泥、锆刚玉质火泥和优质硅火泥、高温黏结剂等。此外，还有镁质、氧化铝质和黏土质不定形耐火材料。隔热保温材料主要有无石棉耐高温硬质硅酸钙制品，体积密度为 $200kg/m^3$，使用温度为 1 000℃，是一种很好的隔热保温材料。

我国玻璃熔窑各部位使用的耐火材料的合理配置可以实现，其效果体现在玻璃产品质量明显提高，因耐火材料造成的缺陷显著减少，熔窑寿命延长。由于采取全保温等措施，能耗下降。然而与工业发达国家相比，我国仍有明显差距，如熔窑寿命，国外浮法熔窑已达 8～10 年，我国多数为 4 年左右，个别达到 5 年。此外，尚有部分耐火材料仍需进口。

10.9　垃圾焚烧用耐火材料

随着我国城市化进程加快，城市人口不断增加，城市垃圾及废弃物也逐年增多，为了实现无公害和资源再利用，目前最有效的办法就是采用焚烧和熔融处理城市垃圾和废弃物。焚烧炉和熔融炉亦需要耐火材料。日本焚烧垃圾耐火材料占总耐火材料消耗量的4%左右。

10.9.1　焚烧炉

焚烧炉类型较多，如间歇式、炉算式、流动床式、回转窑式等。焚烧炉用耐火材料主要是黏土砖、高铝砖和碳化硅砖。不定形耐火材料主要是黏土质、碳化硅质浇注料和黏土质、高铝质可塑料。各种焚烧炉的操作条件与使用耐火材料的关系如表10-17所示。

表10-17　焚烧炉的操作条件及耐火材料的选择

炉　型	间歇式和炉算式	流动床式	回转窑式		
部　位	投入部位	干燥、燃烧室	管道、气体冷却	流动床	回转窑
操作条件	① 与废弃物的接触和装入物的落下； ② 温度变化	① 熔渣附着； ② 杂质的浸入； ③ 高温； ④ 与废弃物的接触； ⑤ 温度变化	① 喷水； ② 温度变化； ③ 杂质的侵入	① 砂和废弃物的混合； ② 杂质的侵入	① 废弃物的回转； ② 温度变化
耐火材料性能要求	① 耐磨损性； ② 抗热震性	① 难附着性； ② 抗碱性； ③ 耐蚀性； ④ 抗氧化性； ⑤ 耐磨损性	① 抗热震性； ② 抗碱性、耐水性	① 耐磨损性 ② 抗碱性	① 耐磨损性； ② 抗热震性
选用耐火材料种类	黏土砖	① 黏土砖； ② 高铝砖； ③ SiC砖； ④ 浇注料； ⑤ 可塑料	浇注料	① 黏土砖； ② 浇注料	① 黏土砖； ② 高铝砖； ③ SiC砖； ④ 浇注料

近年来，耐磨性好的碳化硅质浇注料和磷酸盐结合的高铝质可塑料逐年增加。日本的焚烧炉用不定形耐火材料已占75%左右，原因是一部分砖壁被水管壁取代，这种形状复杂的水管必须采用施工方便的不定形耐火材料。

10.9.2　熔融炉

熔融炉分为灰熔融炉和气化熔融炉。灰熔融炉是处理焚烧炉产生的灰及除尘器收集的飞灰。为了使飞灰中含有的重金属和二噁英等有害物质无公害化和再资源化，用熔融炉进行最终处理，欧洲多半采用飞灰单独熔融处理，日本一般采用飞灰与焚烧灰混合后再熔融处理。

气化熔融炉是直接熔融废弃物的方式，由干燥、热分解气化、燃烧和熔融4个部分组成。熔融炉受高温(1 400～1 600℃，有时达1 700℃及以上)熔渣侵蚀，不同的气氛以及压力等作用，使用条件比较苛刻，因此对耐火材料的选择十分重要。由于含铬耐火材料具有耐火度高、耐蚀性好等特性，因此被大量应用。但因 Cr^{3+} 与渣中 CaO，Na_2O，K_2O 等碱类相反应，易生成对人体有害的 Cr^{6+}，因此希望开发无铬系耐火材料，可选用 Al_2O_3，ZrO_2，MgO 等氧化物系耐火材料。在还原气氛中使用，可选择 C，SiC 等非氧化物系耐火材料。

10.10 用后耐火材料的再生利用

由于我国钢铁冶金工业的迅速发展，每年消耗耐火材料约 800 万吨，用后耐材达 300 万吨以上。这不但浪费了资源，而且也污染了环境。这些用后耐材若经过拣选、分类和特殊的工艺处理后能够获得价值很高的再生料。使用再生料，不但可以生产优质的不定形耐火材料，而且还能再生出优质的定形产品以及其他材料。不仅节约了国家的矿物资源和能源，而且也减少了环境污染，大大降低了耐火材料的生产成本，对提高企业效益和社会效益有重要意义。

耐火材料对环境的污染有：

(1) 粉尘；

(2) 结晶二氧化硅的矽肺病；

(3) 氧化锆原料的放射性；

(4) Cr 的致癌性；

(5) 耐火纤维和石棉的致癌性；

(6) 沥青和树脂挥发分的污染。

对于二次原料的使用，优先考虑的是循环利用，其次是在其他领域使用或应用，随意扔掉是最坏的事情。对于用后耐材能够利用起来的真正动力是做出高技术含量的产品，给使用者带来大的效益。

10.10.1 国外对用后耐火材料再利用的状况和发展趋势

日本钢铁工业用后的耐火材料主要用作造渣剂，也可作为型砂的替代物。A-MA 浇注料回收后作修补料和喷补料，也可以再加工制成耐火砖。新日铁开发出用废料生产连铸用长水口的生产方法。鹿岛钢铁厂研究了滑板的再利用工艺，他们用浇注料浇注复原的方法和圆环镶嵌法，取得了成功，使修复后的滑板的使用寿命与新滑板一样。大同钢厂以废砖为主原料，开发了不定形耐火材料。用后镁铬砖料作 EBT 填料，开浇率大于 98%；用后镁碳砖再生镁碳砖的性能如表 10-18 所示，使用效果如表 10-19 所示；再生料作为钢包底周边捣打料和钢包浇注料。不同部位的用后耐材的再利用率达到了 50%～100%。日本已有 50%的出铁沟 ASC 浇注料得到再利用，它们主要作为出铁沟不定形耐火材料骨料。

表 10-18 日本新砖和再生砖性能

	$w(MgO)$ /%	$w(C)$ /%	显气孔率 /%	体积密度 /(g/cm^3)	耐压强度 /MPa	在电炉渣线使用侵蚀速度/(mm/次)
再生砖	81.0	13.1	5.1	2.83	50	0.11
原石砖(新砖)	84.0	12.0	4.0	1.80	40	0.10

法国在 1987 年成立的 Valoref 公司专门经营全球废弃耐火材料生意。该公司专门处理来自法国和国外玻璃窑用耐火材料。法国压铸玻璃窑用耐火材料回收利用率 1993 年是 24%，

表 10-19　日本再生砖使用情况

项目	应用范围	质量分数/%	
		再生料	新原料
镁碳砖	电炉渣线	90	10
不烧镁砖	电炉钢液处	85	15
烧成镁铬砖	RH底	100	0

1997年是60%。Valoref公司发明了许多回收利用来自玻璃工业、钢铁工业、化学工业、焚烧工业的大多数废弃耐火材料的技术，也开发了一种最佳回收利用拆炉法。

意大利一家公司开发出一种回收及利用钢铁用后耐火材料的方法。此方法主要用于回收各种炉子、中间包、铸锭模和钢包内衬的耐火材料，并将所回收的耐火材料直接喷吹入炉以保护炉壁。

美国每年钢厂产生100万吨废弃耐火材料，除少量耐火材料厂从钢厂回收用过的耐火材料，几乎全被掩埋。1998年美国能源部、工业技术部和钢铁生产者联合制定了三年计划，来延长耐火材料的使用寿命和回收利用废弃耐火材料。政府支持、企业和研究机构合作加强了对用后耐材的研究。可能应用的范围是脱硫剂、炉渣改质剂(造渣剂)、溅渣护炉添加剂、铝酸钙水泥的原料、耐火混凝土骨料、铺路料、陶瓷原料、玻璃工业原料、屋顶建筑用粒状材料、磨料、土壤改质剂和再生原来的耐火产品。耐火厂与用户合作，使废弃耐火材料量减至最少。美国对用后白云石砖作为土壤调节剂和造渣剂进行了研究，取得了良好的结果。

总之，国外对用后耐材的再利用非常重视，有的公司和大学以及研究机构合作对用后耐材的再利用进行了深入研究。因此，国外对用后耐材的再利用率很高，发展也很快，有的钢厂对用后耐材的再利用率达到80%以上。有的地方建立了专门回收和再加工用后耐材的公司，政府对废弃用后耐材者加收排放税。用后耐材正在向全部利用发展，有的企业也在向耐火材料的零排放发展。

10.10.2　国内对用后耐材再利用的状况和发展趋势

有些企业已在不同程度上利用用后耐火材料。据报道，国内有的钢厂把用后镁碳砖再贴补在转炉和电炉衬上，以降低耐火材料的消耗，有的则把用后镁碳砖加工成颗粒作为电炉填充料，有的耐火厂生产镁碳砖和铝碳砖时，加少量的用后镁碳砖和连铸铝碳材料，以降低成本。但这种粗糙的利用，显著地降低了产品的性能，给使用效果带来不利的影响。因此对用后耐火材料利用的经济效益和社会效益都不很显著，更何况仍有更大部分的用后耐火材料被废弃。但是玻璃窑上用后的AZS砖，多数被耐火厂回收，做成各种散装耐火材料，有的作为滑板的原料，在这方面效果显著。总之，国内对用后耐火材料的再利用率是很低的，即使利用的部分，也是以降低产品质量为代价的，因此，社会效益是很低的。

近几年随着环保政策的贯彻实施和耐火材料市场经济机制的健全，降本增效、节约资源和改善环境的意识越来越强。因此，对用后耐材的再利用逐步受到重视。

世界各国充分认识到用后耐火材料是廉价的再生资源，能显著提高企业的经济效益和社会效益，而且用后耐火材料的再生利用也是对环保的贡献。因此，在不久的将来，以用后耐火材料为原料生产的高附加值的优质再生产品会迅速发展，用后耐火材料的再利用率会迅速提高，并有向零排放发展的趋势。

下篇　燃料燃烧

第 11 章　燃　料

第 12 章　常用工程的燃烧计算

第 13 章　气体燃料的燃烧

第 14 章　液体燃料的燃烧

第 15 章　固体燃料的燃烧

第 11 章

燃　　料

11.1 概　述

凡是在燃烧时能够放出大量的热，并且此热量能够经济地利用在工业和其他方面的物质统称为燃料。

燃料按其物态可分为气体燃料、液体燃料和固体燃料，按其获得的方法可分为天然燃料和人造燃料。表 11-1 给出了燃料的一般分类。

表 11-1　　燃料的一般分类

燃料物态	来　源	
	天然燃料	人造燃料
固体燃料	木材、煤、硫化矿、页岩等	木炭、焦炭、粉煤、块煤、硫化精矿等
气体燃料	天然气	高炉煤气、发生炉煤气、沼气、石油裂化气等
液体燃料	石油	汽油、煤油、重油、酒精等

11.1.1　世界能源利用概况

在世界燃料构成中，各种燃料的使用比例是不断变化的。18 世纪 60 年代世界能源结构发生了第一次大转变，即从木材转向煤炭。到 20 世纪 20 年代世界能源发生第二次转变，即从煤炭转向石油和天然气。20 世纪 50 年代，煤一度成为燃料的主角，之后其所占比重日益下降，而石油所占比重则日益增加。到 20 世纪 80 年代，石油已成为燃料中的主角。然而，由于现有能源的资源有限，特别是新的技术革命的兴起，促使新兴工业(电子和电脑工业、空间工业、海洋和生物工程等)蓬勃发展，将使世界能源结构经历第三次大转变，即从油、气为主的能源系统转向可再生的、分散的和多样化的能源。表 11-2 给出了专家们对世界能源情况及可使用年代的估计值。

表 11-2 世界能源状况

能源类型	已探明储存量 /×10^{18}J	最大储存量 /×10^{18}J	1979 年消耗量(%)[1] /×10^{18}J	2000 年消耗量(%) /×10^{18}J	可能使用时间 /年
天然气	3 000	8 000	50(16)[2]	80(13)	60
石油	4 000	20 000	140(42)	—	30
油页岩	2 000	23 000	—	190(21)	60
沥青砂	3 000	10 000	—	—	—
煤	20 000	300 000	70(22)	150(25)	280
铀	11 000	3×10^8	10(3)	100(16)	1 100
增殖反应堆	$>10^{12}$	$>10^{17}$	—	—	—
可再生能源	—	—	50(16)	90(15)	—
世界总量	—	—	320(100)	610(100)	—

注:1——假定 2000 年以前每年增长 2.9%;
2——括号内数字为该种燃料占总燃料量的百分比。

11.1.2 我国能源工业现状和能源政策

11.1.2.1 能源产量迅速增长，需求压力依然很大

经中华人民共和国成立后 50 多年特别是改革开放以来 20 多年的持续努力，我国能源产量逐步增加，供需矛盾有所缓解(见表 11-3)。2003 年，我国一次能源总产量 16.03 亿吨标准煤，约占全球能源生产总量的 11%，是世界第三大能源生产国，其中煤炭 16.67 亿吨，位居世界首位；原油 1.7 亿吨，是世界第五大石油生产国；天然气 $350\times10^8m^3$，居世界第 17 位；节水电 2800×10^8kW·h，居世界第 4 位。

表 11-3 我国能源产量(万吨标准煤)及其构成

年 份	能源生产总量 /万吨标准煤	占能源生产总量的比例/% 原 煤	原 油	天然气	水 电
1980	63 735	69.4	23.8	3.0	3.8
1990	103 922	74.2	19.0	2.0	4.8
1995	129 034	75.3	16.6	1.9	6.2
1996	132 616	75.2	17.0	2.0	5.8
1997	132 410	74.1	17.3	2.1	6.5
1998	124 250	71.9	18.5	2.5	7.1
1999	109 126	68.3	21.0	3.1	7.6
2000	106 988	66.6	21.8	3.4	8.2
2001	120 900	68.6	19.4	3.3	8.7
2002	138 369	71.2	17.3	3.1	8.4
2003	160 300	74.2	15.2	2.9	7.7

从改革开放至今，我国能源供需变化大致可分为 3 个阶段：第一阶段是 1978—1996 年，

由于经济发展拉动能源消费迅速增长，能源短缺，严重制约经济发展。第二阶段是1997—2000年，经济增长相对平缓，能量消费总量不但没有增长反而呈逐年下降趋势。从1997年开始，我国能源逐步进入买方市场，部分能源品种供应相对“过剩”，能源建设步伐放慢。第三阶段始于2001年，当人们仍在探究“能源过剩”的原因时，国内能源供求局势发生了转折性变化，能源消费量迅速增长，能源供求再度全面紧张。以2003年为例，尽管国内能源生产和原油进口分别创造了年均增长15.9%和31.3%的历史新高，但还不能满足快速增长的能源需求。从未来发展看，据初步预测，2004—2020年我国能源需求量年均增长速率约3.7%，增加能源供给的压力依然很大。

11.1.2.2 能源结构逐步优化，结构调整任重道远

在我国一次能源消费中，煤炭消费比重由1990年的76.2%，下降到2003年的67.1%；原油、天然气、水电等的比重分别由1990年的16.6%，2.1%，5.1%提高到2003年的22.7%，2.8%和7.4%(见表11-4)，新能源和可再生能源开发进一步得到重视。在一次能源向二次能源转换方面，电力用煤占国内煤炭消费的比例已从1990年的25%，上升到2003年的53.5%。优质和清洁能源比重的增加，对改善我国能源结构，提高能源利用效率、节约运力和减少环境污染作出了一定的贡献。

表11-4 我国一次能源消费总量及其构成

年 份	能源生产总量/万吨标准煤	占能源生产总量的比例/%			
		原 煤	原 油	天然气	水 电
1980	60 275	72.2	20.7	3.1	4.0
1990	98 703	76.2	16.6	2.1	5.1
1995	131 176	74.6	17.5	1.8	6.1
1996	138 948	74.7	18.0	1.8	5.5
1997	138 173	71.5	20.4	1.7	6.2
1998	132 214	69.6	21.5	2.2	6.7
1999	130 119	68.0	23.2	2.2	6.6
2000	130 297	66.1	24.6	2.5	6.8
2001	134 914	65.3	24.3	2.7	7.7
2002	148 222	65.6	24.0	2.6	7.8
2003	167 800	67.1	22.7	2.8	7.4

与世界平均水平比较，我国一次能源消费结构中，煤炭比重过高，多年来保持在65%以上。这种以煤为主的一次能源消费结构特点，造成了环境污染严重、运输压力大和能源利用效率低等多方面的问题。同时，也意味着如果煤炭利用技术没有重大突破，如果不能走出一条有别于世界其他先进国家的独特能源发展道路，未来中国石油、天然气需求将呈现较快的增长趋势。

在电力结构方面，水电占有一定比例，可开发潜力还很大；核电比重过小；燃气电站刚刚起步。同时，受天然气价格制约，竞争力不高；采用清洁煤技术的发电装机在煤电中的比例很小；风能、太阳能等新能源发电存在成本高、技术特性差等问题，大规模开发利用需要强有力的组织规划和政策支持。

11.1.2.3 能源技术水平不断提高，与国际先进水平仍有差距

(1) 煤炭工业。已具备设计、建设、装备及管理千万吨级露天煤矿和大中型矿区的能力，综合机械化采煤等现代化成套设备广泛使用，拥有了一批世界先进水平的大型煤矿。但与国际先进水平比较，我国多数煤矿规模小、生产技术水平低、装备差、效率不高。2003年我国平均单井产量约6万吨，采煤机械化程度仅45%，远低于国际先进水平。

(2) 电力工业。总体装备水平进步很快，300，600MW等级大型机组正在成为发电装备的主力军，水电设备达到国际先进水平。形成了以区域电网为主，比较完备的500kV和330kV主网架750 kV示范工程启动，电网运行基本实现了自动化、现代化管理；电网发展进入大规模跨区送电和全国联网的新阶段，并向高效、环保、安全、经济的更高目标迈进。全国供电标准煤耗从1978年的471g/(kW·h)下降到2003年的381g/(kW·h)。我国制造600MW及以下常规燃煤发电设备的性能价格比具有明显的国际竞争优势。另一方面，我国电力工业还存在关键技术设备自主开发生产能力弱等问题。清洁煤发电、核电、大型(超)临界机组、大型燃气轮机、大型抽水蓄能电站和高压直流输电设备技术开发和设备生产与国际先进水平还有相当差距。

(3) 石油天然气工业。建立了从科学研究、勘探开发、地面工程建设到装备制造的完整体系，复杂断块勘探开发、提高油田采收率等技术达到国际领先水平。同时，我国石油天然气技术发展也面临着严峻挑战：近些年来，石油地质理论一直没有大的突破，地球物理勘探技术还不适应复杂地区、南方海相地层和深海勘探需要，亟待理论发展和技术创新。

(4) 新能源与可再生能源。我国在小水电设计、施工、管理和设备制造方面处于国际先进水平，但在风力发电、太阳能发电等具有大规模开发利用潜力的新能源和可再生能源技术方面，与世界先进水平差距很大。目前，世界风力发电的主力机型为1 000～2 000kW，4 000kW以上风电机组已在试运行，而我国刚刚掌握单机容量750kW及以下风电机组的制造技术。另外，世界主要国家都在抓紧研究有可能成为新一代主力能源技术的氢能技术、天然气水合物开发技术和核聚变发电技术等，我国在此方面的重视程度和投入力度相对不够。

11.1.2.4 能源体制改革取得突破性进展，体制约束尚未完全消除

煤炭生产、销售已全面市场化，煤炭价格基本取决于市场供求状况。石油天然气行业已经形成了几个上下游、内外贸一体化的大型企业集团。国家战略石油储备等石油安全保障体系和应急机制建设已起步。电力体制改革方面，明确了改革的总体目标是“打破垄断，引入竞争，提高效率，降低成本，健全电价机制，优化资源配置，促进电力发展，推进全国联网，构建政府监管下政企分开、公平竞争、开放有序、健康发展的电力市场体系”；提出了厂网分开、重组国有电力资产，组建电网、发电公司及竞价上网、实行电价新机制等改革方案。根据“总体设计，分步实施，积极稳妥，配套推进”和“先主后辅，先上后下，先易后难”的原则，2002年底，国家电力监管委员会、两大电网公司、5个发电集团和4个辅业公司相继成立，标志着厂网分开在中央层面的改革基本完成。

目前，电力体制改革正稳步推进，电价机制和电力项目审批制度改革也在积极进行中。政府宏观调控，企业自主经营、适度竞争，市场在资源配置中起基础性作用的新型能源工业体制正逐步形成。但必须清醒地认识到，我国能源体制约束尚未完全消除，许多工作需要进一步深入。煤炭工业体制存在的问题，一是企业机制转换滞后、不适应建立社会主义市场经济体制的要求，主要表现在产业集中度低、社会负担沉重、大多数企业竞争力不强；二是煤

炭流通的市场化体制尚未建立，铁路运输改革、建立煤炭交易市场等配套改革滞后；三是宏观管理体制不健全，支持煤炭企业优胜劣汰，鼓励优势煤炭企业跨区经营的体制环境没有完全形成。石油天然气领域，油气资源市场准入，建设适应 WTO 要求的原油、成品油和天然气市场体系及完善政府宏观调控与监管体系等方面还有大量需要解决的问题。全面落实国务院发布的《电力体制改革方案》还需要做大量艰苦细致的工作，付出较长时间的努力。

11.1.2.5　能源可持续发展逐步受到重视，能源与资源、环境和社会发展的矛盾日益突出

随着我国经济社会发展水平的提高，能源可持续发展问题受到政府和社会各界的普遍关注，加强环境保护已作为中国能源发展的重要政策目标。在相关政策指导下，我国在实施能源可持续发展方面采取了一系列重大行动，取得了显著的成绩。以电力工业为例，从 20 世纪 80 年代初即开始实施控制烟尘排放措施，20 多年来，尽管火电装机大大增加，目前电厂烟尘排放总量仍基本维持在 1980 年的水平，电厂粉煤灰利用率超过 50%。与世界发达国家比较，我国能源可持续发展还有很多问题，主要表现在几个方面：一是能源开发利用技术落后仍是造成环境污染的重要因素；二是资源利用率低，损失浪费严重；三是能源生产安全形势严峻。

11.1.2.6　农村能源建设成绩显著，偏远地区农村生活用能状况亟待改善

长期以来，为解决广大农村能源供应问题，按照“因地制宜，多能互补，综合利用，讲求实效”的方针，国家先后实施了改灶节柴、推广沼气、农村电气化县、农村能源综合建设试点县、农村电网改造和送电到乡等一系列重大工程，使我国农村能源面貌发生了巨大变化。农村生产用能商品化进程加快，逐步走上主要由市场配置解决的轨道。当前农村用能发展存在的主要问题是：第一，生活用能商品化程度总体偏低，多数农民仍以薪柴和秸杆为主要生活燃料，不仅影响生活条件的改善，而且导致植被严重破坏，使农村生态环境日趋恶化；第二，地区发展不平衡，西部农村普遍存在生活能源短缺问题，东中部山区和贫困地区农村生活用能状况也需要进一步改善。

11.1.2.7　节能成效明显，能源效率与国际先进水平差距较大

通过经济结构调整、技术进步和加强管理，我国节能提效工作取得了显著成绩。万元 GDP 能耗由 1990 年的 5.32t 标准煤减少到 2002 年的 2.68t 标准煤，下降了 50%；主要用能产品单位能耗与国际先进水平差距明显缩小；能源加工、转换、贮运和终端利用综合效率达到 33%，比 1990 年提高 5 个百分点。12 年来，我国以年均增长 3.6% 的能源消费支持了 9.7% 的经济发展速度，但与世界先进水平比我国能源效率还有很大差距。目前，我国综合能源利用效率比发达国家低 10 个百分点，钢铁、有色、建材、化工等八大行业主要产品单位能耗平均比国外先进水平高 40%；锅炉、电机、机动车等主要用能设备和建筑物普遍存在能效低的问题。根据有关专家测算，不考虑产业结构调整因素，仅通过改进技术装备，我国节能潜力就有 26% 以上。按 2003 年能源消费水平，可减少能源消耗 4.36 亿吨标准煤，相当于 3 亿吨石油，如表 11-5 所示。

表 11-5　我国一次能源消费总量和构成

项　目	中　国	国际先进	差距/%
一、主要产品			
火电供电煤耗/[kg 标准煤/(kW·h)]	392	316	24.1
钢可比能耗/(kg 标准煤/t)	781	646	20.9
铜冶炼综合能耗/(kg 标准煤/t)	1 352	820	64.9
水泥综合能耗/(kg 标准煤/t)	181	125.7	44.0
平板玻璃综合能耗/(kg 标准煤/重量箱)	25	14	78.6
乙烯综合能耗/(kg 标准煤/t)	1 212	714	69.7
合成氨综合能耗/(kg 标准煤/t)	1 200	970	23.7
纸和纸板综合能耗/(kg 标准煤/t)	1 540	700	120.0
二、主要能耗设备			
工业锅炉/%	65	80	15.0
中小电机/%	87	92	5.0
汽车平均燃油经济性/(L/100km)	9.5	6.7	41.8

11.1.3　我国主要能源政策

为了促进能源工业的健康发展，我国政府制定了一系列政策措施，进行了卓有成效的工作。

（1）大力优化能源结构。多年来，以推进多元化、清洁化为主要目标，制定了一系列能源结构调整政策，清洁能源的比重不断提高。按照中国政府确定的能源结构调整方向，预计未来水电、核电、新能源等清洁能源的比重将进一步提高，一次能源向二次能源转化的力度也将不断加大。在电力领域，将优化发展煤电，大力开发水电，积极推进核电建设，适度发展天然气电站，鼓励新能源发电，加快推广热电联产和集中供热，加强电网建设，优化电力资源配置，扩大“西电东送”规模。

（2）不断提高能源利用效率。早在 20 世纪 90 年代中期，中国政府就提出了“坚持开发与节约并举，把节约放在首位”的能源发展方针。进入 21 世纪后，根据经济发展的新形势和新任务，在中国能源发展第十个五年规划中明确提出，要“在坚持合理利用资源的同时，把能源工作重点放到提高能源生产和消费效率，促进经济增长和提高人民生活水平上来”。从未来的发展来看，要实现能源可持续发展，“节能优先、效率为本”是必然选择。在经济总量稳步扩大，人民生活用能水平不断提高，资源、环境约束矛盾日益突出的历史条件下，不考虑能源的承载能力，需要多少能源就生产多少能源的粗放型发展模式已经难以为继。全方位提高能源效率，进一步提升能源节约在经济社会发展战略中的重要地位，调整经济结构和能源结构是解决能源发展主要矛盾的根本性举措，也是贯彻科学发展观，走新型工业化道路的内在要求。

（3）高度重视环境保护。我国是少数以煤为主要能源的国家，也是最大的煤炭消费国。鉴于煤炭在中国能源结构中的重要地位，长期以来，中国政府坚持能源生产、消费与环境保护并重的方针，把支持清洁煤技术的开发应用作为一项重要的战略任务，采取多种有效措施，降低能源开发利用对环境的负面影响，减轻能源消费增长给环境保护带来的巨大压力，促进人与自然的和谐发展。

(4) 切实保障能源安全。中国是发展中国家，人口众多，能源需求量大。保障能源安全既是中国政府高度重视的问题，也备受世界瞩目。中国将长期坚持能源供应基本立足国内的方针，把煤炭作为主体能源。这既是中国能源安全的基石，也是有别于世界其他能源消费大国的重要特点。为了应对突发事件，防止石油供应短缺给经济发展和人民生活带来严重影响，中国将逐步建立和完善石油储备制度，加强石油安全建设，中央政府非常重视这项工作，在新组建的国家发展和改革委员会设立了国家石油储备办公室，专门处理国家石油储备方面的事务。目前，石油储备基地建设已经启动。同时中国政府还高度重视能源生产、运输和消费环节的安全问题，以确保电力、煤炭、石油、天然气的稳定供应和人民生命财产安全。

(5) 积极开发西部能源。中国西部地区有丰富的煤炭、水力、石油、天然气资源，还有较好的风能和太阳能资源，具有明显的比较优势和良好的开发前景。中国政府实施西部大开发战略以来，制订了一系列优惠政策，实施了西气东输、西电东送等具有战略意义的重点工程，既加快了西部地区的资源优势向经济优势的转化，又促进了能源的合理开发和有效配置。目前，西气东输工程东段已投产供气，西段主体工程基本完成。西电东送工程进展顺利，南、中、北三大通道已全面进入建设阶段。目前已形成约 20 000MW 的送电能力，有效缓解了东部地区的电力供应的紧张局面。

11.2 燃料的组成及其表示方法

燃料是由多种可燃与不可燃物质组成的混合物。由于不同燃料的组成差别很大，因此对气体燃料、液体燃料和固体燃料分别介绍。

11.2.1 气体燃料

任何一种气体燃料都是由多种可燃性气体成分(如 CO，H_2，CH_4，C_2H_2，H_2S 等)、不可燃性气体成分(如 CO_2，N_2，O_2 等)以及水蒸气等组成的混合气体。含不可燃气体成分量越高，气体燃料的热值就越低。表 11-6 和表 11-7 分别列出了常用气体燃料的成分。

表 11-6 常用人造气体燃料的组成及主要特性

名　称	气体成分的体积分数/%								ρ/(kg/Nm^3)	Q_{dw}^{g}/(kJ/Nm^3)
	CH_4	H_2	CO	C_mH_n	O_2	CO_2	N_2	H_2S		
焦炉煤气	22.5	57.5	6.8	1.9	0.8	2.3	7.8	0.4	0.483	16 600
水煤气	0.5	50.0	37.0	—	0.2	6.5	5.5	0.3	0.715	10 300
发生炉煤气	2.3	13.5	26.5	0.3	0.2	5.0	51.9	0.3	1.122	5 870
高炉煤气	0.3	2.7	28.0	—	—	10.2	58.5	0.3	1.296	4 000
地下气化煤气	1.8	11.1	18.4	—	0.2	10.3	57.6	0.6		4 300

表 11-7　　几种发生炉煤气的比较

名　称	气化剂	气体成分的体积分数/%						Q^{g}_{dw}/(kJ/Nm^3)	主要用途
		CH_4	H_2	CO	O_2	CO_2	N_2		
空气/水蒸气混合发生炉煤气	空气和水蒸气	0.5	13.5	27.5	0.2	5.5	52.8	5 020～6 700	工业炉燃料
空气发生炉煤气	空气	0.5	2.6	10	0.2	14.7	72	3 800～4 600	化工原料工业炉燃料
水煤气	水蒸气	0.5	48.4	38.5	0.2	6.0	6.4	10 000～11 300	化工原料切割焊接

气体燃料的组成常采用各气体组分的体积百分数来表示，并有所谓的“湿成分”和“干成分”两种表示方法。所谓气体燃料的湿成分，是指包括水蒸气在内的成分，也称全气体成分；而干成分则是不计入水蒸气的成分。图 11-1 中表示出干气体、湿气体燃料成分间的关系。

(1) 干气体燃料组成(采用上角标 g 表示)

$$CO^{g}\% + H_2^{g}\% + CH_4^{g}\% + \cdots + CO_2^{g}\% + O_2^{g}\% + N_2^{g}\% = 100\% \tag{11-1}$$

式中，$CO^{g}\%$，$H_2^{g}\%$，…，$N_2^{g}\%$分别对应于干气体燃料中 CO，H_2，…，N_2 诸成分的体积百分数。

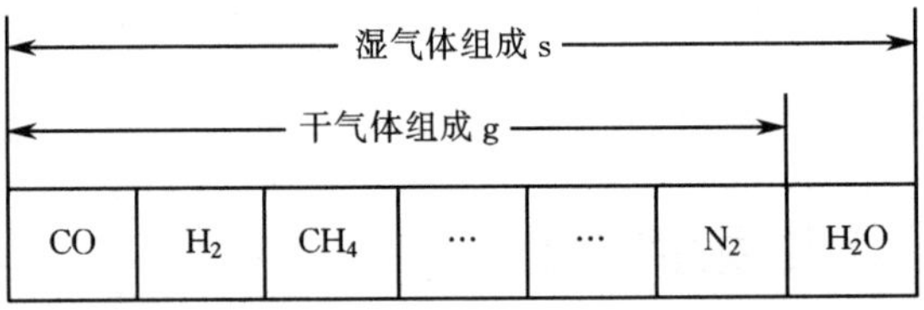

图 11-1　气体燃料干成分、湿成分间的关系

(2) 湿(全)气体燃料组成(采用上角标 s 表示)

$$CO^{s}\% + H_2^{s}\% + CH_4^{s}\% + \cdots + CO_2^{s}\% + O_2^{s}\% + N_2^{s}\% + H_2O^{s}\% = 100\% \tag{11-2}$$

式中，$CO^{s}\%$，$H_2^{s}\%$，…，$N_2^{s}\%$，$H_2O^{s}\%$分别对应于湿气体燃料中 CO，H_2，…，N_2，H_2O 诸成分的体积百分数。

在进行燃料燃烧计算时，由于要采用气体燃料的湿成分作为计算的依据，因此应首先根据该温度下的饱和水蒸气量将干成分换算成湿成分。

气体燃料干湿成分的换算关系为

$$\frac{x^{s}}{100 - H_2O^{s}} = \frac{x^{g}}{100} \tag{11-3}$$

即

$$x^{s} = x^{g}\,\frac{100 - H_2O^{s}}{100} \tag{11-4}$$

式中，H_2O^{s} 为 100m^3 湿气体中所含水蒸气的体积。式(11-4)说明，在已知干气体燃料成分 $x^{g}\%$时，只需乘上换算系数$\frac{100 - H_2O^{s}}{100}$即可求出湿气体燃料成分 $x^{s}\%$。

在上述干湿成分换算时，需要知道水蒸气的湿成分 $H_2O^{s}\%$。气体燃料所含水蒸气量一般等于该温度下的饱和水蒸气量。当温度变化时，气体中的饱和水蒸气量也随之变化，因而气体燃料的湿成分也将发生变化。为了排除这一影响，在一般技术资料中都用气体燃料的干成分来表示其化学组成的情况。

11.2.2 固体燃料

本节主要介绍能源工业中最常使用的固体燃料煤。煤是由多种有机可燃质、不可燃的无机矿物及水混合组成。

11.2.2.1 可燃质

煤中的可燃质是多种复杂的高分子有机化合物的混合物，有关这些化合物的分子结构至今还不十分清楚。通过化学元素分析，可以了解这些可燃的有机化合物是由碳、氢、硫、氧、氮等元素组成。由于这些元素都已化合成各种有机化合物，因此，虽然不能根据这些元素组成全面了解燃料的燃烧特性，但可用它粗略区分燃料品种和估算燃料发热量。此外，燃料的化学元素组成还是进行燃料燃烧计算的重要原始数据。以下介绍煤中各组成元素及其对燃烧的影响。

(1) 碳。碳是煤中的主要可燃元素，它在燃烧时放出大量的热。煤的含碳量越高，其碳化程度越高。各种煤的可燃质中的含碳量如表 11-8 所示。

表 11-8 煤中可燃质的含碳量

煤的种类	w（C）/%	煤的种类	w（C）/%
泥煤	～70	粘结煤	83～85
褐煤	70～80	强黏结煤	85～90
非黏结性煤	78～80	无烟煤	>90
弱黏结性煤	80～83		

(2) 氢。氢也是煤的主要可燃元素，它的发热量约为碳的 3.5 倍，但它的含量比碳小得多。表 11-9 给出了煤的含氢量与炭化程度的关系。由表可看出，当煤的炭化程度加深时，由于含氧量下降，含氢量维持在较高的水平，并且在含碳量为 85% 左右时达到最大值，约 6%。以后在接近无烟煤时，含氢量又随着炭化程度的提高而不断降低。

表 11-9 煤中化学元素的质量分数 %

煤 种	C	H	O	N	S
泥煤	60～70	4～5	25～35	1～3	0.3～0.6
褐煤	70～80	4～5	15～25	1.3～1.5	0.2～0.35
烟煤	80～90	5～6	5～15	1.2～1.7	0.3～0.4
无烟煤	90～98	1～3	1～3	0.2～1.3	0.4

煤中所含氢以两种形式存在，一种是与碳、硫等化合为各种可燃有机化合物，这部分称为自由氢，这些可燃有机化合物在煤受热时易裂解析出，且易于着火燃烧，所以也称为有效氢。有一部分氢则与氧化合成结晶水，这部分氢称为化合氢，显然它不能再燃烧放热。在计算煤的发热量和理论空气需要量时，含氢量应以有效氢为主。

含氢量高的煤种燃烧时易生成带黑头的火焰，即燃烧时易生成碳黑。此外，含氢量高的煤种在储存时易风化而失去部分可燃物质，故在储存与使用时应加注意。

(3) 氧和氮。煤中的氧和氮都是不可燃成分。由于氧使可燃质中部分元素(如碳和氢)氧化，这将使燃料燃烧时放出的热量减少。所以严格来讲将氧与氮列入可燃质中是不确切的。

煤中所含氧量随碳化程度加深而减少，如泥煤中含氧体积分数约为 40%，而无烟煤中含氧体积分数仅为 1.2%左右。煤中含氮量很少，约为 0.5%～2.5%。在一般情况下氮不会氧化，而是以自由状态转入燃烧产物。但在高温下或有触媒存在时，部分氮可形成 NO_x，污染环境。由表 11-9 可看出各煤种的含氧量与含氮量。

(4) 硫。硫是燃料中一种极为有害的物质，硫在燃烧后会生成 SO_2 与 SO_3 气体，这些气体会与燃烧产物中的水蒸气结合，形成对金属燃烧装置表面有严重腐蚀作用的亚硫酸和硫酸蒸气。SO_2 与 SO_3 排入大气还会严重污染大气。我国煤的含硫量大约为 0.5%～3%，亦有少数煤超过 3%。

煤中的硫常以三种形式存在，即存在于有机物中的有机硫 $S_{机}$、黄铁矿硫 $S_{矿}$ 和硫酸盐硫 $S_{盐}$，三者合称全硫 $S_{全}$。其中前两种可参与燃烧，放出热量，故计入燃料可燃质中称可燃硫 $S_{燃}$ 或挥发硫，后者则不能参与燃烧而计入燃料灰质之中。

11.2.2.2 灰分

灰分是指煤中所含矿物杂质(主要是硫酸盐、黏土矿物质及微量稀土元素)在燃烧过程中经过高温分解和氧化后生成的固体残留物。直接测定燃料中的灰分的质量分数比较困难，通常是测定燃料在燃烧后形成的固体残渣量。各种煤的灰分量差别较大，一般质量分数为 5%～50%。灰分主要成分为 SiO_2，Al_2O_3，各种氧化铁(FeO，Fe_2O_3，Fe_3O_4)，CaO，MgO 及 K_2O，Na_2O 等。大致成分的质量分数为 $SiO_2$40%～60%，$Al_2O_3$15%～35%，Fe_2O_3 5%～25%，CaO1%～15%，MgO0.5%～8%，Na_2O+K_2O1%～4%。

煤中灰分是一种有害成分，对煤的发热量有较大影响，由此而引起的燃烧装置堵塞、磨损、恶化传热等问题也更多，这给设备的维护与运行增加了困难。煤中的灰分还影响燃料的着火与燃烧。因此，煤灰分的高低是评价煤质优劣的主要依据。

灰分在低温下呈固体状态，当加热至一定温度时，灰分将会软化并带有黏性，再继续加热将达到灰分熔点，这时灰分将呈流体状态。

在燃煤装置中，灰分的熔点对运行的经济性与安全性有很大影响。如灰分熔点过低，则灰分易产生裹灰(熔化的灰分包在尚未烧透的焦炭之外)，造成煤的不完全燃烧，并在炉栅结块，影响通风，恶化燃烧，还给清灰除渣带来困难。所以一般要求灰分熔点不低于 1 200℃，在设计燃烧装置时必须考虑灰分的熔点。

灰分的熔点通常采用实验方法测定。测定时将灰分堆集成高度为 20mm，锥底为边长 7mm 的等边三角形的正棱锥形灰锥，再将灰锥体放入调温电炉中，逐步升温后可以看到灰锥体的三个变形阶段。

(1) 在测定过程中，灰锥尖端开始变圆或弯曲时温度为变形温度 *DT*，如有的灰锥在弯曲后又恢复原形，而温度继续上升，灰锥又一次弯曲变形，这时应以第二次变形的温度为真正的变形温度 *DT*。

(2) 当灰锥弯曲至锥尖触及托板或锥体变成球形或高度不大于底长的半球形时的温度为软化温度 *ST*。

(3) 当灰锥变形至近似半球形，即高等于底长的一半时的温度为半球温度 *HT*。

(4) 当灰锥熔化成液体或展开成高度在 1.5mm 以下的薄层或锥体逐渐缩小，最后接近消失时的温度为流动温度 *FT*。

某些灰锥可能达不到上述特征温度，如有的灰锥明显缩小或缩小而实际不熔，仍维持一定轮廓；有的灰锥由于表面挥发而锥体缩小，但却保持原来形状；某些煤灰中 SiO_2 含量较高，灰锥易产生膨胀或鼓泡，而鼓泡一破即消失等，这些情况均应在测定结果中加以特殊说明。

11.2.2.3 水分

水分是燃料中不可燃杂质，它不仅降低了燃料的可燃质，而且在燃烧时还要消耗热量使其蒸发和将蒸发的水蒸气加热。固体燃料煤中水分含量较高，从技术角度考虑，常将煤中所含水分 W 划分为外部水分 W_w 与内部水分 W_n。W_w 指不被燃料吸收而机械地吸附于煤炭表面的水分，其含量与大气湿度和外界条件有关，并可用自然干燥的方法去除。W_w 随运输和储存条件变动很大。W_n 指达到风干状态后吸附于燃料内部的水分，它需在干燥箱中加热到102～105℃并持续1～2h才能去除，W_n 比较稳定。至于存在于煤中矿物杂质内部的结晶水，则计入前述的化合氢之中，它需加热到更高的温度才能去除，因其含量很少，分析时一般不予考虑。

11.2.2.4 成分表示法及其换算

固体燃料的组成通常用各组分的质量分数表示。

各种煤都是由C，H，O，N，S、灰分、水分7种组分组成，即使是同一种煤也会因水分或灰分量的变动，造成燃料组成的质量分数变化，给燃料的研究带来不便。为此，常根据实际需要采用不同的“基”来表示燃料的成分。

(1) 应用基成分(以上角标 y 表示)。按实际进入燃烧装置的燃料来计算成分，计入燃料中全部水分和灰分，即

$$C^y\% + H^y\% + O^y\% + N^y\% + S^y\% + A^y\% + W^y\% = 100\% \qquad (11\text{-}5)$$

式中，$C^y\%$，$H^y\%$，$O^y\%$，$N^y\%$，$S^y\%$，$A^y\%$ 和 $W^y\%$ 分别表示燃料中C，H，O，N，S、灰分和水分的应用基质量分数。

(2) 分析基成分(以上角标 f 表示)。当煤样在实验室正常条件下放置时，煤样会失去一些水分，留下的稳定的水分称为实验室正常条件的空气干燥水分，以该空气干燥过的煤样各组分的质量分数表示煤的成分，称为分析基成分，即

$$C^f\% + H^f\% + O^f\% + N^f\% + S^f\% + A^f\% + W^f\% = 100\% \qquad (11\text{-}6)$$

式中，$W^f\%$ 为分析基水分质量分数，由于分析基水分为煤内在水分，故也可写成 $W_n^f\%$。

(3) 干燥基成分(以上角标 g 表示)。将燃料经过干燥，以去掉全部水分，即得干燥燃料。按干燥燃料计算燃料成分称为燃料干燥基成分。即

$$C^g\% + H^g\% + O^g\% + N^g\% + S^g\% + A^g\% = 100\% \qquad (11\text{-}7)$$

由于去掉了不稳定的水分含量，燃料干燥基成分比较稳定，因此，能更确切地反映煤中所含灰分的高低。

(4) 可燃基成分(以上角标 r 表示)。按去掉燃料中所含全部水分及灰分后的可燃组成的百分数来表示燃料成分，即可以只用C，H，O，N，S五种元素在可燃组成中的百分数来表示煤的成分，称可燃基成分，即

$$C^r\% + H^r\% + O^r\% + N^r\% + S^r\% = 100\% \qquad (11\text{-}8)$$

由于可燃基成分不会受到由于外界因素造成的水分和灰分变动的影响，故同一煤井开采的煤其可燃基成分比较稳定，至多随煤层的转移略有变化，因此，它比较合理地反映了煤的特性。故煤矿的煤质资料常以可燃基成分表示煤的组成，并用它来区分煤种(如泥煤、烟煤

等)。

图 11-2 表示出燃料各种基间的关系。

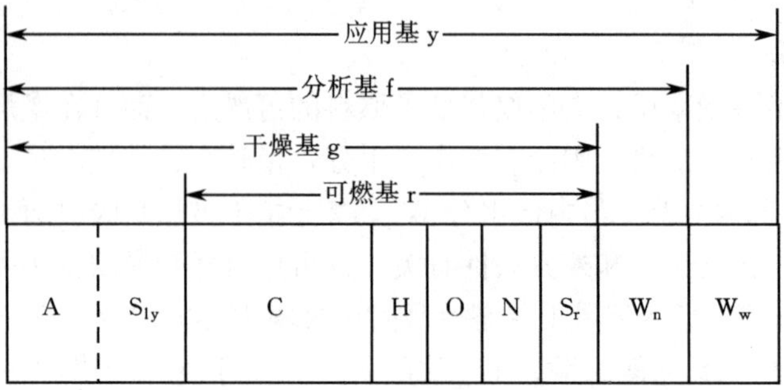

图 11-2　燃料各种基成分间的关系

(5) 各种“基”成分间的换算。在进行燃料燃烧计算时，常需在各种基成分间进行换算，例如煤质特性常用比较稳定的可燃基成分表示，但在进行燃料燃烧计算时却又需按燃料实际应用时的成分(即煤应用基成分)计算，这时就需将煤可燃基成分换算为煤应用基成分。

由图 11-2 可以得到关系式为

$$C^y + H^y + O^y + N^y + S^y = 100 - (A^y + W^y)$$

又由于

$$C^r + H^r + O^r + N^r + S^r = 100$$

因此，有以下关系

$$\frac{C^y}{C^r} = \frac{100 - A^y - W^y}{100}$$

$$\frac{H^y}{H^r} = \frac{100 - A^y - W^y}{100} \cdots\cdots$$

即

$$C^y = C^r \times \frac{100 - A^y - W^y}{100}$$

$$H^y = H^r \times \frac{100 - A^y - W^y}{100} \cdots\cdots$$

由此可以看出，上式中$\frac{100 - A^y - W^y}{100}$即为由可燃基成分换算为应用基成分的换算关系，只要求出换算系数(这要求已知 A^y 及 W^y)，即可进行换算。在表 11-10 中给出了各种基间的换算关系。但应注意，表 11-10 不能用于分析基水分量和应用基水分量之间的换算。这是因为分析基水分仅包括内在水分，而应用基水分则为包括内在水分与外在水分的全水分，两者既然不是针对同一种水分，当然也不可能进行换算。根据图 11-2 所表示的关系，分析基水分 W^f%与应用基水分 W^y%的换算关系为

$$\frac{W^f}{100} = \frac{W_n^y}{100 - W_w^y}$$

$$W^y = W^f \times \frac{100 - W_w^y}{100}$$

式中 $W_w^y\%$——应用基外在水分。

应用基(全)水分为

$$W^y = W_w^y + W_n^y = W_w^y + W^f \times \frac{100 - W_w^y}{100} \tag{11-9}$$

表 11-10 燃料各种成分换算系数(%)

已知成分的基	所求成分的基			
	应用基	分析基	干燥基	可燃基
应用基	1	$\frac{100-W^f}{100-W^y}$	$\frac{100}{100-W^y}$	$\frac{100}{100-W^y-A^y}$
分析基	$\frac{100-W^y}{100-W^f}$	1	$\frac{100}{100-W^f}$	$\frac{100}{100-W^f-A^f}$
干燥基	$\frac{100-W^y}{100}$	$\frac{100-W^f}{100}$	1	$\frac{100}{100-A^g}$
可燃基	$\frac{100-W^y-A^y}{100}$	$\frac{100-W^f-A^f}{100}$	$\frac{100-A^g}{100}$	1

11.2.3 液体燃料

常用的液体燃料为石油及其加工产品，它的元素组成主要是碳和氢。其中碳的质量分数为85%～87%(液体燃料均以质量分数表示其化学组成)，氢的质量分数为11%～14%。此外，还常含有少量S，N，Ga，Na，Ca，Mg等元素。在燃料中氢与碳化合成各种有机化合物，称为烃。其中包括多种烷烃、环烷烃、芳香烃等。

根据含硫量高低可将液体燃料分为低硫油(含硫的质量分数低于0.5%)、中硫油(含硫的质量分数为0.5～1%)、高硫油(含硫的质量分数高于1%)。由于液体燃料含氢量高，燃烧后生成大量水蒸气，它会与硫的燃烧产物生成硫酸，对金属造成腐蚀，所以液体燃料中含硫比煤中含硫更为有害。

液体燃料灰分很少，质量分数一般在0.05%以下，即使重油也不超过0.3%，这些灰分主要由碱金属的氯化物和硫酸盐组成。在燃料燃烧后，灰分以飞灰形式被烟气带走，所以会引起对燃烧装置的堵塞、磨损，当其沉积于受热面时，还会影响传热。如灰分中含有V，K、Na时，还会生成引起高温腐蚀的化合物，故对其含量有严格限制。

液体燃料的组成中含水分量较低，一般规定不超过2%。液体燃料的组成用其应用基质量分数表示。

11.3 各种燃料的发热量

对燃料而言，单位质量(kg)或单位体积(Nm^3)燃料燃烧后放出的热量是一个非常重要的特性。燃料的发热量(又称热值)，是指在某一温度下(通常为15～25℃)，1kg液体(或固体)燃料或1Nm^3气体燃料，在与外界无机械功交换条件下，完全燃烧后，再冷却至原温度时所释放的热量，其单位相应为kJ/kg或kJ/Nm^3。由于燃烧产物的焓与温度有关，故燃料发热量与测定时的温度有关，但在工程计算中常忽略这一影响。在第二节已经介绍了燃料的组成可表示成各种基，显然对应不同基燃料的发热量是不同的，在计算中应加以区别。

在实验条件下测定发热量时，燃烧产物最终被冷却到实验温度，这时燃烧产物中的水蒸气将凝结为水，而将气化潜热释放出来，由此测定的发热量称为燃料高位发热量 Q_{gw}。在实际燃烧装置中，燃烧产物的温度相当高，一般都超过 100℃，而水蒸气在燃烧产物中的分压远高于大气压力，这时水蒸气不能凝结为水，也就不能放出水的气化潜热。考虑到上述情况，从燃料高位发热量中扣除气化潜热就得到所谓的燃料低位发热量 Q_{dw}，在实际应用中都使用 Q_{dw}。在已知燃料产物含水蒸气量时，即可由 Q_{gw}求出 Q_{dw}。以下以煤为例，给出各种基 Q_{gw}与 Q_{dw}换算公式。对应用基有

$$Q_{dw}^{y}=Q_{gw}^{y}-2\ 512\left(\frac{9H^{y}}{100}+\frac{W^{y}}{100}\right),\ kJ/kg \tag{11-10}$$

式中 Q_{dw}^{y}——燃料应用基低位发热量，kJ/kg；

Q_{gw}^{y}——燃料应用基高位发热量，kJ/kg；

2 512——水的气化潜热，kJ/kg；

$\frac{9H^{y}}{100}+\frac{W^{y}}{100}$——1kg 应用基燃料产物中所含水蒸气，kg。

对煤的分析基，有

$$Q_{dw}^{f}=Q_{gw}^{f}-2\ 512\left(\frac{9H^{f}}{100}+\frac{W^{f}}{100}\right),\ kJ/kg \tag{11-11}$$

对煤的干燥基和可燃基，由于不含水分而含有燃烧后可生成水的氢，有

$$Q_{dw}^{g}=Q_{gw}^{g}-226H^{g},\ kJ/kg \tag{11-12}$$

$$Q_{dw}^{r}=Q_{gw}^{r}-226H^{r},\ kJ/kg \tag{11-13}$$

式中，$226H^{g}$ 和 $226H^{r}$ 分别为对应干燥基与可燃基 1kg 燃料中所含氢燃烧后生成水蒸气的凝结放热。

对液体和气体燃料也可根据低位发热量的定义导出高位发热量与低位发热量的关系。表 11-11 给出了各种常用燃料的低位发热量。

表 11-11　　一些常用燃料的低位发热量

固体燃料	发热量 Q_{dw}^{y}/(kJ/Nm³)	液体燃料	发热量 Q_{dw}^{y}/(kJ/kg)	气体燃料	发热量 Q_{dw}^{y}/(kJ/Nm³)
泥　煤	8 380～10 500	航空汽油	＞43 100	天然气	33 500～46 100
褐　煤	10 500～16 700	航空煤油	＞42 900	高炉煤气	3 350～4 200
烟　煤		柴　油	～42 500	焦炉煤气	13 000～18 800
长焰煤	20 900～25 100	重　油	39 800～41 000	发生炉煤气	3 770～6 700
贫　煤	25 100～29 300			水煤气	10 000～11 300
无烟煤	20 900～25 100				

由于各种燃料发热量差别很大，即使同一煤种也会因水分和灰分的不同而变动。为了便于比较燃用不同燃料的燃烧装置的燃料消耗量，也为了统计部门便于计量，提出了一种能源标准计量单位——标准煤。其定义为以进入燃烧装置的燃料为准(例如对煤基为应用基)，每放出 29 300kJ 热量(按低位发热量计算)折算为 1kg 标准煤。如燃料的消耗量为 Bkg，其应用基低位发热量为 Q_{dw}^{y}，则折合标准煤 B_{bz}为

$$B_{bz}=\frac{BQ_{dw}^{y}}{29\,300} \tag{11-14}$$

以下介绍一些有关燃料发热量计算的问题。

11.3.1 气体燃料发热量的测定与计算

气体燃料的发热量可由实验(容克斯量热计)测定或通过计算求出。气体燃料是由若干可燃与不可燃气体混合而成，这些气体的 Q_{dw}^{g}(干气体的低位发热量)已由实验精确测定(见表11-12)，因此如果已知干气体成分 $r_i^g\%$，则可按混合气体的关系计算干气体低位发热量 Q_{dw}^{g}，即

$$Q_{dw}^{g}=\sum r_i^g\% Q_{dwi}^{g} \tag{11-15}$$

湿气体低位发热量为

$$Q_{dw}^{s}=\frac{Q_{dw}^{g}}{1+0.001\,24g_{H_2O}^{g}} \tag{11-16}$$

表 11-12　　各种气体的低位发热量

气体名称		低位发热量	
		kJ/kg(25℃)	kJ/Nm³
氢	H_2	120 036	10 743
一氧化碳	CO	10 111	12 636
甲烷	CH_4	50 049	35 709
乙烷	C_2H_6	47 520	63 581
丙烷	C_3H_8	46 383	91 029
正丁烷	C_4H_{10}	45 770	118 407
异丁烷		45 653	—
正戊烷	C_5H_{12}	45 385	145 776
正己烷	C_6H_{14}	45 134	—
正庚烷	C_7H_{16}	44 954	—
正辛烷	C_8H_{16}	44 820	—
乙　烯	C_2H_4	47 194	59 469
丙　烷	C_3H_6	45 812	86 407
丁烯-1	C_4H_8	45 347	113 713
戊烯-1	C_5H_{10}	45 029	138 374
环戊烷	C_5H_{10}	44 225	—
环己烷	C_6H_{12}	43 865	—
苯	C_6H_6	40 604	145 994
甲　苯		40 968	—
乙　炔	C_2H_2	—	56 451
硫化氢	H_2S	—	23 362

11.3.2 液体燃料发热量的测定与计算

液体燃料的发热量通常使用氧弹量热计测定。各种石油产品类液体燃料发热量差别不大，可根据燃料在15.56℃(60℉)时的相对密度数据由表11-13查出其低位发热量。在缺少实验条件或资料时可利用表11-13估算燃料低位发热量。

表 11-13 几种液体油燃料的低位发热量

15.56℃时的相对密度	低位发热量/(kJ/kg)	15.56℃时的相对密度	低位发热量/(kJ/kg)	15.56℃时的相对密度	低位发热量/(kJ/kg)0
1.000 0	40 779	0.910 0	42 035	0.834 8	42 957
0.993 0	40 905	0.904 2	42 077	0.829 9	42 998
0.986 1	40 989	0.898 4	42 161	0.825 1	43 040
0.979 2	41 073	0.892 7	42 245	0.820 3	43 124
0.972 5	41 198	0.887 1	42 329	0.815 5	43 166
0.965 9	41 282	0.886 1	42 370	0.810 9	43 208
0.959 3	41 366	0.876 2	42 454	0.806 3	43 250
0.952 9	41 449	0.870 8	42 493	0.801 7	43 292
0.946 5	41 533	0.865 4	42 580	0.797 2	43 375
0.940 2	41 617	0.860 2	42 622	0.792 7	43 417
0.934 0	41 700	0.855 0	52 705	0.788 3	43 459
0.927 9	41 784	0.849 8	42 747	0.782 9	43 501
0.921 8	41 808	0.840 8	42 881		
0.915 9	41 952	0.839 8	42 873		

11.3.3 固体燃料发热量的测定与计算

固体燃料的发热量用氧弹式量热计(见图 11-3)测定。其原理是：使煤样在充满压力为2.6～3.3MPa 的高压氧气密封弹筒内完全燃烧，放出的热量由弹筒外的水吸收，测定水温的升高，即可计算出煤的发热量。由于煤样为去除外在水分的分析基煤，由此而测定的发热量称为分析基弹筒发热量，以 Q_{dt}^{f}表示。由于煤在高压氧中燃烧时，燃料中的硫和氮都被氧化，并溶于弹筒内的水(预先放入筒内的蒸馏水)，生成了硫酸和硝酸，且对外放出生成热和溶解热，故 $Q_{dt}^{f} > Q_{gw}^{f}$，而

$$Q_{gw}^{f} = Q_{dt}^{f} - (94.2S_{dt}^{f} + \alpha Q_{dt}^{f}) \tag{11-17}$$

式中 Q_{gw}^{f}——燃料分析基高位发热量，kJ/kg；

Q_{dt}^{f}——燃料分析基弹筒发热量，kJ/kg；

S_{dt}^{f}——由弹筒洗液测出的煤含硫量，在含硫量不太高且煤发热量不太低时，一般就等于分析基全硫 S^{f}；

α——考虑由氮生成硝酸并溶于水时的放热系数，对于贫煤、无烟煤，$\alpha = 0.001\,0$，对其他煤种 $\alpha = 0.001\,5$；

94.2——考虑由 SO_2 生成硫酸溶液时的放热量系数。

在进行燃料燃烧计算时，常需要应用基低位发热量 Q_{dw}^{y}或可燃基低位发热量 Q_{dw}^{r}等，这就需要进行不同基间发热量的换算。对高位发热量，不同基间的换算系数与燃料成分换算系数相同，因此可直接查表 11-10。对低位发热量不同基间的换算，尚需考虑在不同基时，由于成分中所含水分不同而引起的气化潜热差异。例如由 Q_{dw}^{f}换算为 Q_{dw}^{y}时，就需先将它们均折算为相应的高位发热量，即

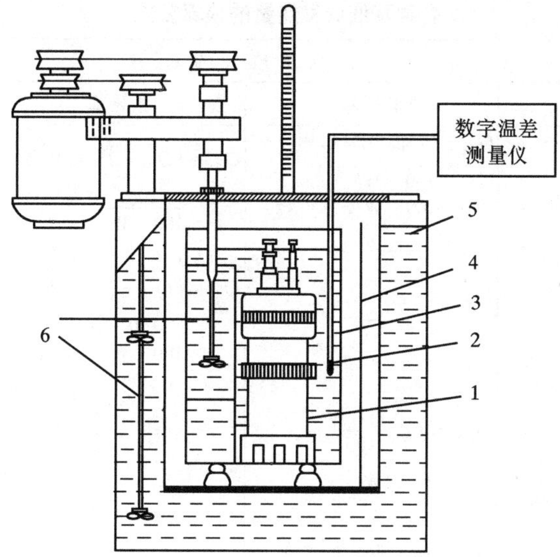

图 11-3　氧弹式量热计的构成

1—氧弹；2—温度传感器；3—内筒；4—空气隔层；
5—外筒；6—搅拌器

$$Q_{gw}^{f} = Q_{dw}^{f} + 25.12(9H^{f} + W^{f}))$$

$$Q_{gw}^{y} = Q_{dw}^{y} + 25.12(9H^{y} + W^{y})$$

式中 25.12 为将常温、常压下的水加热至 100℃ 并气化所需热量系数。然后由表 11-10 查出 Q_{gw}^{f}与 Q_{gw}^{y}之间的换算系数，于是可得出

$$Q_{gw}^{y} = Q_{gw}^{f}\frac{1\ 000 - W^{y}}{100 - W^{f}}$$

代入 Q_{gw}^{f}与 Q_{gw}^{y}后可导出

$$Q_{dw}^{y} = (Q_{dw}^{f} + 25.12W^{f}) \times \frac{100 - W^{y}}{100 - W^{f}} - 25.12W^{y} \tag{11-18}$$

为便于进行各种基间低位发热量的换算，在表 11-14 中给出了相应的换算公式。这些换算公式的推导原理与式(11-18)相同。从以上的讨论可知煤中的水分、灰分对燃烧装置的燃烧和运行工况有很大影响，但直接用燃料中所含水分、灰分的高低来评价燃料有时并不十分合理，因为有的燃料尽管含水分、灰分量较高，如果其发热量较高，则当其放出一定的热量时，它所带入的水分、灰分量可能反而比发热量较低而水分、灰分量也低的燃料少。故提出以折算到每放出 1MJ 热量所带入的水分 W_{zs}^{y}和灰分 A_{zs}^{y}来评价燃料，而

$$W_{zs}^{y} = 1\ 000 \times \frac{\frac{W^{y}}{100}}{Q_{dw}^{y}} = 10\frac{W^{y}}{Q_{dw}^{y}},\ \mathrm{kg/MJ} \tag{11-19}$$

表 11-14　各种基低位发热量的换算公式

已知的“基”	所求成分的基			
	应用基	分析基	干燥基	可燃基
应用基	—	$Q_{dw}^{f}=(Q_{dw}^{y}+25.12W^{y})\times\frac{100-W^{f}}{100-W^{y}}-25.12W^{f}$	$Q_{dw}^{g}=(Q_{dw}^{y}+25.12W^{y})\times\frac{100}{100-W^{y}}$	$Q_{dw}^{r}=(Q_{dw}^{y}+25.12W^{y})\times\frac{100}{100-W^{y}-A^{y}}$
分析基	$Q_{dw}^{y}=(Q_{dw}^{f}+25.12W^{f})\times\frac{100-W^{y}}{100-W^{f}}-25.12W^{y}$	—	$Q_{dw}^{g}=(Q_{dw}^{f}+25.12W^{f})\times\frac{100}{100-W^{f}}$	$Q_{dw}^{r}=(Q_{dw}^{f}+25.12W^{f})\times\frac{100}{100-W^{f}-A^{f}}$
干燥基	$Q_{dw}^{y}=Q_{dw}^{g}\frac{100-W^{y}}{100}-25.12W^{y}$	$Q_{dw}^{f}=Q_{dw}^{g}\frac{100-W^{f}}{100}-25.12W^{y}$	—	$Q_{dw}^{r}=Q_{dw}^{g}\times\frac{100}{100-A^{g}}$
可燃基	$Q_{dw}^{y}=Q_{dw}^{r}\frac{100-W^{y}-A^{y}}{100}-25.12W$	$Q_{dw}^{f}=Q_{dw}^{r}\frac{100-W^{f}-A^{f}}{100}-25.12W^{f}$	$Q_{dw}^{g}=Q_{dw}^{r}\times\frac{100-A^{g}}{100}$	—

11.4　气体燃料

气体燃料在各种工业炉窑、冶金炉及锅炉中得到广泛应用。它具有以下优点。

(1) 燃烧方法比较简单，且能达到较高的燃烧效率；

(2) 易于控制燃烧过程，使炉温、炉内气体成分等参数达到生产工艺要求；

(3) 可对燃料实现高温预热，这不仅有利于回收烟气余热，且能达到较高的燃烧温度；

(4) 对已净化的气体燃料，其烟气中几乎无固体灰渣，这不仅大大减少了设备的磨损，而且降低了对环境的污染；

(5) 某些气体燃料实际上是生产过程的副产品，如加以利用，可达到节能的效果。

气体燃料在使用时，应注意以下问题。

(1) 对管道的腐蚀。由于 NH_3 在水中呈碱性，H_2S，HCN，SO_2 及 CO_2 在水中呈酸性，O_2 在水中会引起氧化性腐蚀。因此，当燃料中含有上述成分并含有水分时将会腐蚀管道，为此应去除燃料中所含水分。

(2) 对人的毒性。气体燃料中常含有 H_2S，HCN，CO，SO_2，NH_3，C_6H_6 等有毒成分，当其超过毒性极限时可致死，在使用气体燃料时必须十分重视这一问题。

(3) 爆炸极限范围。气体燃料中某些气体成分，当它与空气达到一定的混合比例时，就可能达到爆炸极限范围。表 11-15 给出了一些气体与空气混合后的爆炸浓度范围。在燃烧装置停止工作时，由于燃料供气阀关闭不严或阀门损坏，可能使燃料漏入燃烧装置并与空气混合而达到爆炸极限，当再启动点火时就会引起爆炸事故。因此除了要求阀门气密以外，在燃烧装置启动点火前，应先用空气吹扫。

表 11-15 一些气体与空气混合后的爆炸浓度极限

气体名称	爆炸浓度范围/%
甲 烷	2.5～15
乙 烯	2.5～15
氢	4～80
一氧化碳	12.5～80
乙 烯	2.75～35
硫化氢	4.3～45.5

以下介绍一些常用气体燃料特性。

(1) 天然气(natural gas)。天然气是由低分子的碳氢化合物、硫化氢(H_2S)以及少量的N_2、CO_2、水蒸气和矿物杂质组成的。其热值很高，一般均在33 500～54 400kJ/Nm^3。由于产地不同，天然气成分存在很大区别。

气田气是从地下气层中引出的，其主要成分是甲烷，体积分数可高达95%～98%，还有2%～3%的相对分子量稍大的烷类化合物，如乙烷、丙烷等。气田气中的CO_2，N_2和H_2S的体积分数很少，通常在1%～2%以下，其密度为0.5～0.7kg/Nm^3。

油田气主要产于油田附近，为石油的伴生物，是伴随石油一起开采出来的，主要成分仍是甲烷，但其体积分数比气田气稍低些，约为75%～87%；乙烷、丙烷等稍重的碳氢化合物约占10%，CO_2约占5%～10%，氮和硫的的体积分数一般较低。其密度为0.6～0.8kg/Nm^3。

气田气的压力很高，而油田气的压力略低些，将它们送入燃烧设备前必须进行减压。为了存贮和运输的方便，常将油田气加压液化。而气田气液化较难，常压下要冷冻到-162℃才能液化，因而通常使用管道输送。

天然气是一种优质燃料，同时也是理想的化工原料。

(2) 焦炉煤气(coke oven gas)。焦炉煤气是用煤炼焦时的副产品。煤在1 000℃高温的焦炉炭化室内进行干馏，得到的可燃气体称为焦炉煤气。1t煤炼焦大约可得到730～780kg焦炭，同时得到300～350Nm^3焦炉煤气。焦炉煤气密度约为0.5kg/Nm^3。其中所含氢气的比例最大，约为46%～61%。甲烷约为21%～30%、一氧化碳约为5%～8%。焦炉煤气的热值很高，低位热值约为13 200～20 900kJ/Nm^3。焦炉煤气可作为生活用煤气，也可以和高炉煤气混合成热值约为8 360kJ/Nm^3的混合煤气作为锅炉和加热炉的燃料。由于从焦炉煤气中尚可提炼出苯、萘、氨等重要化工产品，因此它也是一种化工原料。

(3) 高炉煤气(blast furnace gas)。高炉煤气是高炉炼铁时的副产品。高炉煤气的成分与高炉燃料的种类、炼铁的品种及高炉的冶炼工艺有关。一般说，其主要可燃成分是CO(约占25%～31%)，其次是H_2(约占2%～3%)，甲烷的体积分数不超过1%，并含有大量的N_2(约占57%～60%)和CO_2(约占4%～10%)，因而高炉煤气的热值不高。低位热值约为3 450～4 180kJ/Nm^3。高炉煤气中还含有相当多的灰尘，因此使用前应当净化，例如用水洗涤。这种处理将使煤气中水分量较高，一般会达到煤气在该温度下的饱和含水量。高炉煤气主要作为热风炉、锅炉和加热炉的燃料，也可用于发电。

由于CO的燃烧速度较慢，因而高炉煤气是一种较难燃烧的气体燃料。此外，由于CO

的毒性较大，使用时应特别注意人身安全。

(4) 液化石油气(liquefied petroleum gas)。大部分液化石油气是炼油过程中的副产品，其主要成分是具有3～4个碳原子的烃类化合物，例如丙烷、丁烷、丁烯等。这些烃类化合物在常温下加压(约1.01MPa)便可使其液化。然后由高压罐储存、运输。在使用时令其减压气化，因而它既具有气体燃料的燃烧组织方便的特点，又具有液体燃料的存储与运输方便的特点。

液化石油气的热值相当高。在气态时的低位热值约为87 900～108 900kJ/Nm^3，当处于液态时低位热值约为45 200～46 100kJ/kg。液化石油气除了可在石油炼制过程中获得外，还可以在开采石油和天然气时分离得到。

(5) 转炉煤气(converter gas)。在纯氧顶吹转炉炼钢过程中会产生大量的转炉煤气(每冶炼1t钢约产生70Nm^3转炉煤气)。其主要成分为CO，体积分数达45%～65%，其低位发热值约为6 300～7 500kJ/Nm^3，所以是一种较好的燃料。在冶金工业中常作为混铁炉、热风炉、钢包烘烤设备的燃料，也可作为化工原料用于生产染料、草酸、甲酸等产品。

(6) 发生炉煤气。在高温下气化剂与煤的化学反应，可使煤转化为可燃气体，这一过程称为煤的气化。目前常用的气化剂有空气、水蒸气、空气加水蒸气三种。由此产生的煤气称为空气发生炉煤气、水煤气以及混合发生炉煤气。

(7) 地下气化煤气。对某些不宜开采的薄煤层及混杂大量硫和矿物杂质的煤矿，可利用地下气化法使其转化为可燃气——地下气化煤气。这是一种合理利用煤矿资源的方法。地下气化煤气组成变化范围较大，其 $Q_{dw}^{g}=3\ 300 \sim 4\ 200$ kJ/Nm^3，属低发热量煤气。

(8) 人工沼气。利用人畜粪便、植物秸杆、野草、城市垃圾和某些工业有机废物等，经过厌氧菌发酵，在菌酵解下可获得一种可燃气体——人工沼气。人工沼气原料来源广泛、价廉，在农村可使有机肥料先制气、后肥田。人工沼气主要成分为CH_4(体积分数约为60%)及少量的CO，H_2及H_2S等，其 $Q_{dw}^{g}=20\ 900$ kJ/Nm^3，高于一般城市煤气，属中等发热量煤气。

(9) 氢。氢是一种很有应用前景的气体燃料，可以生产氢的水资源极其丰富，而且可以利用氢作为“能”的载体，将不能储存运输的太阳能、风能、水能及核能等能量转换成氢能，储存并输送到用户。

氢的单位质量发热量比汽油和柴油约高3倍，但单位体积的发热量只有汽油和柴油的1/3～1/4。氢的可燃界限比汽油宽，最低点火能量只有汽油的1/10。氢的自燃温度为586℃，比汽油高。氢燃烧产物是水及少量氮氧化合物，对空气污染少，故可视为一种清洁燃料。氢的火焰传播速度很高，这对于提高燃烧强化程度是很有利的。

早在20世纪20年代已有人研究将氢应用于内燃机，至70年代对氢的研究更为广泛，目前液态氢已成为火箭发动机的燃料。氢被认为是一种良好的燃料，但目前还存在生产成本高，在储运及使用中尚有一些技术难题未解决，这就阻碍了氢作为一种商品燃料的应用。

11.5 液体燃料

液体燃料包括天然液体燃料和人造液体燃料两大类。天然液体燃料主要指石油及其加工产品，人造液体燃料主要指从煤中提炼出的各种燃料油。此外，近年来许多国家还在积极研究各种生物代用液体燃料，如甲醇、乙醇、脂化动植物油等，并取得重大进展，目前已成功地应用于汽车发动机和农业动力机械。生物代用液体燃料是一种来源广泛且可再生的能源，因此有十分广阔的前景。

液体燃料具有发热量高、使用方便、燃烧污染较低等优点，是一种较理想的燃料，但其使用受到各国具体资源条件限制。

石油不仅是重要的能源资源，也是宝贵的化工原料。从石油中不仅可炼制出各种液体燃料和润滑油脂，并且可生产出许多重要的工业产品，如合成纤维、塑料、染料、医药用品、橡胶、炸药等。因此，石油在国民经济建设和国防建设中都起着十分重要的作用。

11.5.1　石油产品概述

石油是主要的天然液体燃料，它是从很深的地层下开采出来的液体矿物，工业上用的液体燃料多数是由石油炼制得到的各种产品。由地层开采出的石油称原油，原油一般不宜直接作为燃料使用，一方面是因为其性能不稳定，不能适应某些特定场合的使用要求；另一方面是由于从原油中能够提取出一些更有用的成分，进行炼制有利于石油的综合利用。分馏是原油加工的基本方法，在分馏塔内对原油进行加热，利用各种分馏产物的沸点不同而把它们分别提取出来。根据分馏塔工作压力可分为常压分馏和减压分馏。常压分馏塔中的工作压力接近大气压力。经过常压分馏，可以得到石油气、汽油、重汽油、煤油和柴油等沸点在350℃以下的各种石油产品，表11-16为这些产品的馏出温度。

表 11-16　主要石油产品的馏出温度

油　品	石油气	汽油	重汽油	煤油	柴油	重油
馏出温度/℃	<35	35～180	120～230	190～260	260～350	>350

分馏剩下的高沸点油将从塔底排出，这种油称为常压重油。常压重油约占原油质量的65%～80%，显然将它们作为劣质产品使用是不经济的。目前通常采用减压分馏法作进一步处理。当气压降低时，液体的沸点亦降低。减压塔内的压力一般在1.01×10^4Pa以下，这样重油中烃的沸点可降低200℃左右，从而可以把常压下沸点在700℃以下的各种成分部分馏出来。其中较轻的为重柴油，从塔的上部馏出；各种蜡油从塔侧排出，从塔底流出的油称为减压重油或减压渣油。通常将常压重油与减压重油统称为直馏重油。还可以采用裂化的方法使分子较大的烃类裂解为分子较小的烃类，用以增产轻质油产品。裂化方法又可分为热裂化和催化裂化。经过上述加工方法可获得可燃气、汽油和润滑油等产品，残留的高沸点重质油称为裂化重油，其初沸点高于500～550℃。与直馏重油相比，其密度、黏度及所含杂质量均较高，燃料稳定性差，易沉淀堵塞油管，燃烧性能亦较差。近年来还采用加氢等工艺来增加轻质油产品。通过以上介绍可以看出，通过提高石油加工深度，可以获得更多的轻质石油产品。

由于煤的主要成分是碳，其中所含氢低于液体燃料，因此可以通过加氢工艺制取汽油、柴油等石油产品，也可先由煤制取水煤气，然后利用触媒使水煤气中的CO与H_2化合、从而获得气体燃料、汽油和柴油等产品。目前从煤制取液体燃料成本较高，所以这些加工方法尚处于中间试验阶段。从开辟液体燃料新来源考虑，由煤制取液体燃料有很广阔的前景。

汽油、煤油、轻柴油主要作为内燃机、燃气轮机的燃料。重柴油除作为中速、低速柴油机和重型固定式燃气轮机的燃料外，有时亦作为锅炉及工业炉窑的燃料。用于锅炉和工业炉窑的燃料油主要是重油和渣油。前者是将常压重油、减压重油、裂化重油等油种按适当的比例调和，以达到一定的质量控制指标的一种燃油。如以炼油过程的残余油(它可以是常压重油、减压重油、裂化重油等)，不经处理就直接作为燃料油，则称为渣油。重油、渣油是原油提取轻质馏分后的残余油，其密度、黏度、沸点均较高，分子结构复杂，且含有较多的固体杂质和水分，故须采取较多的技术措施方能正常燃烧，但价格较低。

11.5.2 液体燃料的主要特性

11.5.2.1 密度

在20℃下，燃油的密度一般为0.7～0.98kg/m^3，表11-17给出了一些常用燃油的密度。

表11-17 一些常用燃油的密度

油 种	汽车用油	航空用油	柴油	重油	宽馏分煤油	航空煤油
密度/(kg/m^3)	0.712～0.731	0.730～0.750	0.831～0.862	0.94～0.98	0.775	0.780～0.820

燃油的密度通常采用密度计测定，如浮子式密度计等。燃油的密度与温度关系密切相关。如果密度不是在20℃时进行测定的，计算时需要把测量结果换算成20℃时的密度，换算关系为

$$\rho^{20}=\rho^{t}+\beta(t-20) \tag{11-20}$$

式中β为温度修正系数，其取值随油品密度的增大而减小，两者关系如图11-4所示。

11.5.2.2 黏度

黏度是影响燃料雾化质量的主要因素，也是衡量燃油流动性的指标，它体现了燃油流动时内摩擦力或阻力、重力作用下变形率的大小，因此各种喷油嘴都规定了燃料的黏度。一般来说，对机械雾化和低压空气雾化喷油嘴，其燃油黏度应不超过4°E(°E定义见下说明)，对高压空气雾化喷油嘴，其燃油黏度则要求不超过6°E。燃油的黏度与其输送也有很大关系。为了保证油泵的润滑条件及泵吸性能，泵前黏度应不大于30～40°E，在输油管线中要求黏度为20～80°E，以获得较好的经济效果。如果燃油达不到上述要求就必须对燃油进行加热，以降低其黏度。

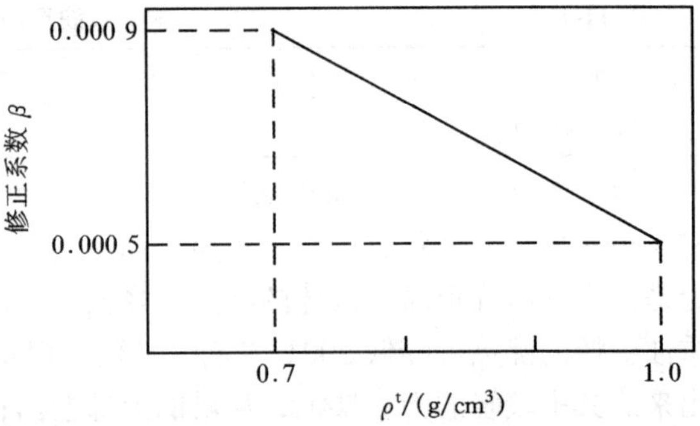

图11-4 油品密度与修正系数的变化曲线

表示黏度的指标除常用的动力黏度(单位为Pa·s)、运动黏度(单位为m^2/s，即10^{4}cSt)以外，在我国工程技术部门和商业部门还常使用恩氏黏度。恩氏黏度是一种条件黏度，它表示温度为t(单位为℃)的20mL燃油通过恩氏黏度计标准容器流出时所需时间，与同体积20℃蒸馏水由同一标准容器流出所需时间之比，以符号E_t表示，单位为°E。恩氏黏度与运动黏度的换算为

$$\nu_t=0.073\,19E_t-\frac{0.063}{E_t} \tag{11-21}$$

式中 ν_t——在温度 t℃下，燃油的运动黏度，cm^2/s；

E_t——在温度 t℃下，燃油的恩氏黏度，°E。

有些国家还采用其他条件黏度，如美国采用赛氏黏度、英国采用雷氏黏度等。它们是用一定体积(50mL 或 60mL)的燃油从标准仪器流出所需时间(单位为 s)来表示黏度。

燃油的黏度随温度升高而降低，但温度对这种燃油黏度的影响并不是均衡的。图 11-5 表示出某种重油黏度随温度变化的关系。由图可见，在 50℃以下影响强烈，50～120℃之间，影响逐渐减弱，高于 120℃后温度影响已不起主要作用。

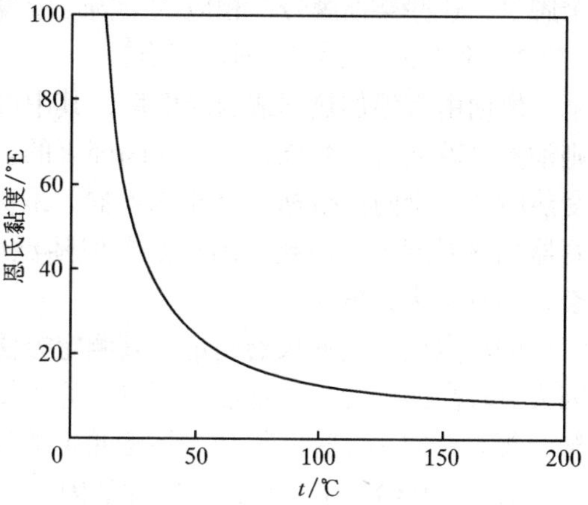

图 11-5 某种重油的黏度-温度曲线

压力对燃油的黏度也是有影响的。燃油压力不超过 1～2MPa 时，黏度随压力的变化可以忽略不计。超过此范围，黏度将随压力增高而增大，当燃油中所含馏分沸点较高时，这种趋势更加明显。燃油黏度还与燃油成分有关，随着燃油馏程的提高，燃油相对分子质量加大，黏度亦相应增高。汽油的黏度最低，且随温度变化不明显，故在汽油技术指标中一般不作规定。煤油的黏度稍高于汽油，且随温度的变化较汽油明显，故对燃烧有一定影响。柴油黏度比煤油高得多，且各种柴油黏度相差较大。重油黏度则更大，重油的品种就是按它们在 50℃时的恩氏黏度值划分为 20 号、60 号、100 号及 200 号 4 个牌号。在常温下，重油是一种黏稠的黑色液体，流动性差，为此在管道输送时需将它预热到 30～60℃。为了保证雾化质量，要求在喷油嘴前将重油预热到 80～130℃，在此温度下重油的黏度才能达到要求。

11.5.2.3 表面张力

燃油的表面张力系数也是影响燃油雾化质量的主要因素，燃油的雾化滴径大致与表面张力系数成反比。燃油馏程越高，其表面张力系数越大；随着油温的提高，表面张力系数降低。表 11-18 给出了一些常用燃油的表面张力系数。

表 11-18 常用燃油和水的表面张力 $\times 10^{-3}$N/m

名 称	表面张力(20℃)	名 称	表面张力(20℃)
航空汽油	21	轻质燃料油	27
商用汽油	22	重质燃料油	30
煤 油	23.93	水	74
柴 油	29		

11.5.2.4 凝固点

凝固点是指当燃油温度降低到某一值时，由于燃油变得很稠，当盛有燃油的试管倾斜至 45°时，油面在 1min 内可保持不变，这个温度就定义为燃油的凝固点。它是保证燃油流动和泵吸所必须超过的最低温度，燃油的凝固点越高则其流动性越差。

重质燃油凝固点较高，轻质油较低。重油的凝固点一般为 15～36℃或更高。其中直馏石蜡型重油凝固点较高，但当加热温度略高于凝固点时，就可使它成为流态物质。裂化重油的凝固点则较低，但经加热后其黏度仍相当大，比较难以流动和泵吸。因此在输送重油时，除需预热外，对管道的保温至关重要。

轻柴油的凝固点低于重油，通常为 -35～20℃。我国就是根据凝固点的高低将轻柴油分为 10 号、0 号、-10 号、-20 号以及 -35 号五个牌号，重柴油则分为 RC-10 与 RC-20 两个牌号，这些柴油牌号即相应的凝固点温度值。

11.5.2.5　闪火点(简称闪点)

燃油由常温加热到适当温度后，其中沸点较低的成分将先蒸发。这时如果有火源接近，则油蒸气就会着火燃烧，出现瞬间即灭的蓝光，此时的油温称为该油的闪点。闪火点是燃油受热时的安全防火指标。对开式容器，最高加热温度应低于闪火点 10～20℃，对闭式压力容器加热温度虽允许超过闪火点，但随温度的升高，防火安全性将降低，因为一旦管道破裂，仍有着火的危险。

闪火点用专门的仪器测定，其测定方法有开口杯法与闭口杯法。开口杯法一般用于测定闪火点较高的油种，如重油、润滑油等；闭口杯法则用于测定闪火点较低的油种，如汽油、柴油等。对同一油种，用开口杯法测定的闪火点较闭口杯法要高出 15～25℃。

表 11-19 给出了几种常用燃油的闪点。由表可以看出，由于轻质油所含轻馏分较多，故闪点明显低于重质油。

表 11-19　　几种燃油的闪点

燃油类别	汽油	煤油	轻柴油	重柴油	重油	原油
闪点/℃	-20(闭)	20～30(闭)	50～60(闭)	65～80(闭)	80～130(开)	30～50(闭)

在有些燃油资料中还可见到所谓“燃油燃点”指标。它是指燃油加热到此温度时，油汽遇明火即能着火持续燃烧(不少于 5s)的最低温度。这一温度通常比闪点高 0～30℃或更高。

通过闪点的高低可估计燃油中所含轻质成分的高低，故可用以判断燃油着火的难易程度。闪点越低越易着火。

11.5.2.6　馏程

馏程是表示燃油蒸发性能的指标，它表示的是燃油蒸发出不同百分数时所需要的温度。各种燃油的馏程范围：航空汽油，40～180℃；汽车汽油，35～205℃；航空煤油，150～280℃；轻柴油，200～350℃；重油，初沸点 340℃(甚至大于 500℃)。

燃油初沸点越高，起动点火越困难，初沸点低的燃油则表明燃油易汽化，有利于燃烧。通常所谓轻质燃油、重质燃油就是根据馏程温度范围来划分的。燃油的馏程还对燃烧冒烟和积炭有一定影响。

11.5.2.7　热安定性

热安定性表示燃油在某一温度下发生分解并产生沉淀物倾向的指标。重质燃油由于常需预热，这一指标就更显得重要。热安定性差的重油易于产生析碳和胶质沉淀物，从而堵塞油过滤器和喷油嘴。热裂重油由于含有大量不饱和烃，故热安定性很差，在储运和加热过程容易发生分解和产生沉淀物。

11.5.2.8　掺混适应性

掺混适应性是表示不同燃油掺混时产生分层和沉淀倾向的指标。为了达到使用要求，有时需将重油与柴油掺混以降低黏度，有时需将不同重油掺混使用等。这些混合油在储运过程中可能发生种种问题，例如某些重油与柴油掺混时可能产生分层，某些重油掺混时可能发生沉淀物、沥青、含蜡物或胶状半凝固物等堵塞管路与油过滤器等现象。实践表明，直馏重油对掺混适应性较好，不会产生沉淀物，故不同直馏重油可掺混使用；裂化重油则掺混适应性较差，故燃油在掺混前必须先作掺混适应性检验。常用的检验方法是将掺混后的燃油在315℃下加热20h，观察有无固体凝块附着于器壁上。为了避免掺混性差的燃油相混，当更换油种时应先用蒸气吹扫管道和全部设备。

11.5.2.9 残炭

残炭是表示燃油燃烧时积炭、结焦倾向的指标。所谓残炭是指将燃油在隔绝空气的条件下进行加热，油蒸气蒸发后所剩下的固体炭分占燃油的质量分数。重质燃油所含残炭较高，残炭量高的燃油燃烧火焰黑度高，可增强火焰辐射，但在燃烧时易析出大量固体炭粒，不仅很难燃烧，而且还会导致喷油嘴结焦堵塞，使燃油雾化不良，破坏正常燃烧。我国重油残炭较高，一般在1%左右，所以应该特别加强对燃烧装置的维护。通常认为，当残炭不大于0.25%时可采用机械雾化或低压空气雾化喷油嘴；当残炭大于0.25%时就需采用高压空气或蒸气雾化喷油嘴，否则在燃烧装置中易形成严重的积炭。

11.5.2.10 爆炸浓度极限

当空气中燃油蒸气达到一定体积分数时，会与空气形成爆炸性混合气，表11-20给出了这些数据。当混合气的体积分数处于爆炸的上限与下限时，将会引起爆炸。

表 11-20 各种燃油的爆炸浓度极限(体积分数计) %

燃料名称	空气中的体积分数	
	爆炸下限	爆炸上限
汽油	1	6.96
煤油	1.4	7.5
重油	1.2	6
原油	1.1	5.4

11.6 固体燃料

11.6.1 煤的分类

11.6.1.1 按炭化程度分类

煤是古代植物经过长时期(几千万年甚至更长)埋藏于地下，受到因地质条件变化引起的物理、化学和生物的作用演变和沉积而形成的。在煤的形成过程中，由于受到压缩而坚固，其中所含水分及挥发物不断减少，因此C的质量分数不断增加，而O，H、N等的质量分数则不断减少，这一过程称为煤的炭化过程。炭化程度越高，煤中含C越高。根据煤的炭化程度可将煤分为泥煤、褐煤、烟煤及无烟煤四大类，表11-21给出四种煤中水分的质量分数。

表 11-21 煤中水分的质量分数 %

煤 种	泥煤	褐煤	烟煤	无烟煤
原煤水分	60～90	30～60	4～15	2～4
风干后水分	40～50	10～40	1～8	1～2

(1) 泥煤。泥煤是炭化程度最低的煤，是由植物刚刚变过来的煤，在煤中尚保留有植物

残体痕迹，质地疏松，含水量很高，故需经露天风干后使用。风干后的泥煤单位体积质量为300～450kg/m^3，与其他煤种相比，其含氧量最高而含碳量较低，故发热量较低(Q^y_{dw}约为8 000～10 000kJ/kg)。泥煤在使用性能上具有挥发分高(V^r%可达70%左右)，可燃性好，很容易着火燃烧，反应性强，含硫量低，灰分熔点低，但力学强度较低。因此，泥煤在工业上使用价值不高，更不宜长途运输，一般只作为地方性燃料使用。

我国泥煤产量不多，产区在西南各省及浙江等地。

(2) 褐煤。褐煤是泥煤经过近一步炭化后形成的，是一种炭化程度较高的煤种。在煤中已不再含有木质纤维、纤维素和植物残体。由于褐煤能将热碱水染为褐色，它也因此而得名。与泥煤相比，褐煤较坚实，单位体积质量为750～800kg/m^3；含碳量较高而含氢与含氧量较低。由于褐煤V^r%较高，一般可达45%～55%，个别可达60%，且挥发物析出温度较低，因此易于着火燃烧。由于褐煤所含水分与灰分较高，故其发热量不高(Q^y_{dw}约为10 000～21 000kJ/kg)，且需干燥后使用。褐煤灰分熔点一般较低，燃烧时易结渣，故需采用低温燃烧等技术措施。褐煤由于在空气中易风化破碎并易自燃，故不宜远途运输和长期储存，只宜作为地方性燃料使用，主要作为民用燃料，也可将它作为气化原料与化工原料。

我国主要褐煤产地为东北(沈阳矿区、舒兰矿区)、华北(平庄矿区、扎赉诺尔矿区)等。

(3) 烟煤。烟煤炭化程度较高，与褐煤相比，含碳量较高而含氢、氧量较低，挥发分亦较低。一般烟煤中所含水分、灰分量均不高，故发热量较高，Q^y_{dw}约为20 000～30 000kJ/kg。

烟煤外观呈黑色或暗黑色，并带有光泽，较坚实，单位体积质量较大，力学强度较高。由于烟煤挥发分较高，而含水分量较低，故易于着火燃烧，且火焰较长，有利于炉中温度的合理分布。

烟煤是重要的动力工业燃料和化学工业原料。由于烟煤具有其他煤种所缺少的焦结性，因此某些烟煤可作为炼焦原料而成为冶金工业不可缺少的燃料。

在烟煤中含水分、灰分较多者常称为劣质烟煤，其Q^y_{dw}约为11 000～12 500kJ/kg，灰分A^y%却达40%～50%，不易着火燃烧，在燃烧时需采取必要的技术措施。烟煤、劣质烟煤的产地遍布全国，烟煤中的贫煤产地在华北(西山矿区、东山矿区)、西北(铜川矿区、蒲白矿区)、华东(淄博矿区)及中南(新密矿区、鹤壁矿区)等。

(4) 无烟煤。无烟煤是炭化程度最高的煤种，含碳量可达90%以上，且几乎全由固定碳组成，挥发分极低(V^r%仅为3%～9%)，水分、灰分量都较低，发热量则较高(Q^y_{dw}达25 000～32 500kJ/kg)。

无烟煤挥发分不仅析出温度高，而且量少，故着火燃烧困难并较难燃尽，属低反应能力燃料。其中V^r%≤5%和挥发分中含氢量低的无烟煤更难燃烧。

无烟煤无焦结性，焦炭呈粉状，灰分量较少但熔点低，故主要作为动力燃料使用。我国无烟煤产地主要分布在华北、中南及西南等地区。

11.6.1.2　我国动力用煤的分类

我国动力用煤(包括电厂锅炉用煤和工业锅炉用煤)的分类主要是根据煤的挥发分高低，并参考其含水分与灰分量。这是一种比较粗略的分类方法，它把煤分为泥煤、褐煤、烟煤(包括贫煤及劣质烟煤)和无烟煤四类，即基本上按炭化程度分类。由于工业锅炉的使用特点，要求对煤种进行更细的分类，以利于锅炉设计，为此又将无烟煤、烟煤及石煤又分别分为三类。表11-22给出了工业锅炉用煤(其中包括了页岩与甘蔗渣)分类标准(JB2816—80)。

表11-22 工业锅炉用煤的分类

燃料类别	V^r	W^y	A^y	Q^y_{dw}/(kJ/kg)
石煤煤矸石				
Ⅰ类			>50	<5 500
Ⅱ类			>50	5 500~8 400
Ⅲ类			>50	>8 400
煤矸石			>50	6 300~11 000
褐 煤	>40	>20	>20	8 400~15 000
无烟煤				
Ⅰ类	5~10	<10	>25	15 000~21 000
Ⅱ类	<5	<10	<25	>21 000
Ⅲ类	5~10	<10	<25	>21 000
贫 煤	>10，<20	<10	<30	≥18 800
烟 煤				
Ⅰ类	≥20	7~15	<40	>11 000~15 500
Ⅱ类	≥20	7~15	>25，<40	>15 000~19 700
Ⅲ类	≥20	7~15	<25	>19 700
页 岩		10~20	>60	<6 300
甘蔗渣	≥40	≥40	≤2	6 300~11 000

11.6.1.3 我国冶金用煤的分类

在冶金工业中煤主要用作炼焦原料，再以所生产的焦炭作为冶金燃料。冶金用煤主要是根据煤的焦结性强弱和挥发分高低进行分类。在各煤种中烟煤具有其他煤种所缺少的焦结性，某些煤种可作为炼焦原料。为此冶金工业对烟煤进行了进一步分类，并划分为以下煤种。

(1) 长焰煤。其挥发分较高(V^r%>37%)。易于着火燃烧，燃烧时火焰很长。这种煤不耐烧，结焦后呈粉状，贮存时易风化和自燃，故只宜作动力用煤。

(2) 气煤。其挥发分较高(V^r%>37%)。易于着火燃烧，具有焦结性，发热量略高于长焰煤。这种煤宜用于制气。

(3) 弱还原煤。这种煤根据焦结性可再分为不黏结煤和弱黏结煤。其挥发分甚高(V^r%>20%~37%)，易于着火燃烧，火焰短而明亮，但焦结性很差，不结焦或稍结焦，故宜作动力用煤。

(4) 半炼焦煤与焦煤。这两种煤挥发分均偏低，故较难着火燃烧，火焰短而明亮，但焦结性强(尤其是焦煤)，制出的焦炭质量很高，强度也较高，故这两种煤主要作为炼焦原料。

(5) 肥煤。其挥发分很高(V^r%>26%~37%)，燃烧时有长而亮的火焰。这种煤有很好的焦结性，因此是最理想的炼焦原料，用于生产优质冶金焦。

(6) 瘦煤。其挥发分不高(V^r%=14%~20%)，较难着火燃烧，火焰短而眩目。这种煤在长期贮存时会丧失焦结性，故常用作动力煤，亦可掺和其他煤种炼焦。

(7) 贫煤。为烟煤中最接近无烟煤的煤种。由于炭化程度高，含碳量高而挥发分低(>10%~20%)，故着火燃烧困难，火焰短而呈黄色，焦炭呈粉状。此煤种通常作为动力用煤。

在冶金工业中考虑到无烟煤有些性质与焦炭相近(如挥发分低、含碳量高、燃烧火焰比较集中等)，因此，在有些场合下，当缺乏焦炭时，可用无烟煤代替焦炭。无烟煤受热后易爆裂为碎粒，但经过热处理后，可提高其抗爆裂性，而得到热稳定性好的无烟煤(白煤)。其热处理法是将无烟煤隔绝空气逐渐加热到 300℃，保温 12～14h，再经 6～3h 冷却，以缓慢去除煤中的结晶水、碳化物及挥发分(特别是氢)，这样就可得到不易碎裂的无烟煤，可在小型高炉、化铁炉中代替焦炭。在高炉中喷吹的煤粉也常用无烟煤磨制。

11.6.2　煤的挥发分和焦炭

在隔绝空气的条件下对煤加热，则煤中的水分将首先蒸发逸出，其后煤中的有机物开始热分解，并逐渐逸出各种气态产物。这些气态产物称为挥发分，余下的固体残余物称为焦炭，它主要由非挥发性碳(固定碳)与灰分组成。所谓固定碳，并非纯碳，其中尚残余少量的 H，O，N 和 S 等成分。图 11-6 给出了煤按水分、挥发分、焦炭和灰分等组成的示意图。通常用字母 V 表示挥发分，C_{GD}表示固定碳，对水分与灰分仍沿用字母 W 与 A 表示。

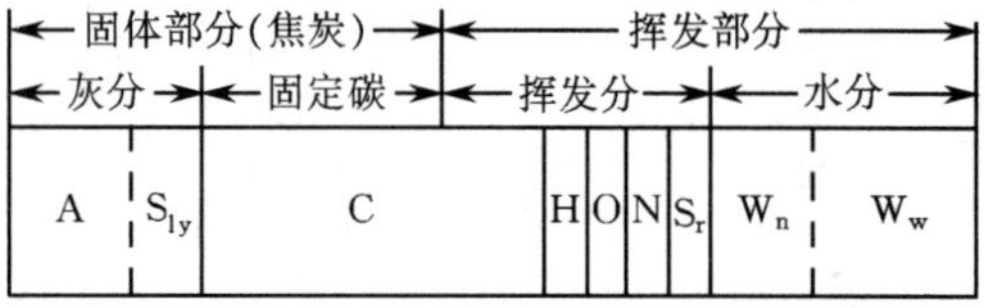

图 11-6　煤中各成分间的关系示意图

挥发分中主要含有 H_2，CH_4 等可燃气体和少量的 O_2，N_2，CO_2 等不可燃气体。挥发分与固定碳构成了煤中可燃物质。挥发分一般随煤的炭化程度加深而减少，但挥发分的发热量却因其中所含可燃物质改变而有所提高。随着加热温度和持续时间的增加，挥发分的产量亦将增加，成分亦有变化，所以在测定挥发分时必须说明当时的条件。挥发分的数量与成分对煤的燃烧有很大的影响。因为在煤燃烧时，挥发分最先逸出并着火燃烧，如挥发分产量高或其中所含可燃气体多，则煤易于着火燃烧，并由于挥发分的释热使焦炭也随之燃烧。挥发分量的高低是选用煤种时需考虑的重要因素，由于煤中含固定碳量一般均超过挥发分量，所以固定碳是煤中的主要放热部分。

由不同煤种干馏后所得焦炭有很大差别，其中有的呈粉末状，有的则呈多孔性硬块状。焦炭的这种结块特性称为煤的热结性。焦结性对煤的分类和使用有重要意义，对能形成粉末状焦炭的煤，称为“不焦结性煤”；对能形成坚硬焦块的煤，称为“强焦结性煤”；界于两者之间的则称为“弱焦结性煤”。一般地说，大多数烟煤焦结性较强，而褐煤、贫煤、长焰煤和无烟煤焦结性很差，几乎无焦结性。焦结性强且挥发分高的煤，其焦炭一般均为多孔性焦块，易与 O_2 或 CO_2 发生化学反应，具有很高的化学活性。

将焦结性强的烟煤在 900～1 000℃下干馏可得到冶金工业和机械工业所需的焦炭。焦炭呈银灰色或无光泽灰黑色，为多孔性块状，其 $Q_{dw}^{y}=5\ 400\sim6\ 500kJ/kg$。焦炭的性质优劣对生产过程影响很大，故对它提出以下要求。

(1) 化学成分，以冶金用焦为例，原冶金工业部标准 YB287—64 规定，高炉用焦炭的要求为 $V^r\%<1.2\%$，$W^y\%<12\%$(一般为 3%～5%)，$A^y\%<15\%$，$S^y\%<1.0\%$。其他部门亦根据其特殊要求制订了对化学成分的要求，请查阅有关技术资料。

(2) 应有一定的力学强度，以承受炉中料柱的压力和料块间的冲击和摩擦，而不致碎裂，以免影响炉内正常工作。

(3) 有一定的尺寸大小，以保证炉内的透气性，使化学反应和燃烧过程能正常地进行。

(4) 灰分应尽量低，灰分高不仅耗热量大，排渣量高，而且增加了被灰渣带走的金属。

(5) 焦块应具有一定的空隙度，以满足所需的化学活性要求，例如对冶金用焦炭要求孔隙度为45%～55%，并要求孔隙分布较均匀。

11.6.3　煤的工业分析

为了合理使用煤，选择恰当的燃烧装置和制订燃烧操作规程，必须了解煤的使用特性。通过煤的工业分析可以较好地了解煤的使用特性。所谓煤的工业分析，就是通过实验测出煤中水分、灰分、挥发分和固定碳四种成分所占质量分数(对照图11-6)，以及测出煤的发热量。煤的工业分析不仅方法简便易行，而且可以较好地说明煤的使用性能，所以很适合生产部门使用。为了统一煤的工业分析实验方法，我国颁布了有关的国家标准，在实验时必须按其规定方法进行。煤的工业分析中各项指标如下。

(1) 水分是一项重要的煤质指标，它在煤的基础理论研究和加工利用中具有重要的作用。根据煤中水分随煤的变质程度加深而呈规律性变化：从泥炭、褐煤、烟煤到年轻无烟煤，水分逐渐减少，而从年轻无烟煤到年老无烟煤，水分又增加。煤的水分对其加工利用、贸易和储存运输都有很大影响。锅炉燃烧中，水分高会影响燃烧稳定性和热传导；在炼焦工业中，水分高会降低焦炭产率，且由于水分大量蒸发带走热量而延长焦化周期；在煤炭贸易中，煤的水分是一个重要的计质和计量指标。在现代煤炭加工利用中，有时水分高反是一件好事，如煤中水分可作为加氢液化和加氢气化的供氢体。在煤质分析中，煤的水分是进行不同基的煤质分析结果换算的基础数据。

(2) 灰分是另一项在煤质特性和利用研究中起重要作用的指标。在煤质研究中由于灰分与其他特性，如含碳量、发热量、结渣性、活性及可磨性等有不同程度的依赖关系，因此可以通过它来研究上述特性。由于煤灰是煤中矿物质的衍生物，因此可以用它来计算煤中含矿物质量。此外，由于煤中灰分测定简单，而它在煤中的分布又不易均匀，因此在煤炭采样和制样方法研究中，一般都用它来评定方法的准确度和精密度。在煤炭洗选工艺研究中，一般也以煤的灰分作为一项洗选效率指标。在煤的燃烧和气化中，根据含煤灰量及其熔点、黏度、导电性和化学组成等特性来预测燃烧效率和气化中可能出现的腐蚀、沾污、结渣问题，并据此进行炉型选择和煤灰渣利用研究。

(3) 挥发分。煤的挥发分产率与煤的变质程度有密切的关系。随着变质程度的提高，煤的挥发分逐渐降低。如煤化程度低的褐煤，挥发分产率为65%～37%；变质阶段进入烟煤时，挥发分为55%～10%；到达无烟煤阶段，挥发分就降到10%，甚至3%以下。因此，根据煤的挥发分产率可以大致判断煤的煤化程度。在我国煤炭分类方案以及前苏(联)、美、英、法、波和国际煤炭分类方案中都以挥发分作为第一分类指标。根据挥发分产率和测定挥发分后的焦渣特征可以初步确定煤的加工利用途径。如高挥发分煤，干馏时化学副产品产率高，适于作低温干馏或加氢液化的原料，也可作气化原料；挥发分适中的烟煤，黏结性较好，适于炼焦。在配煤炼焦中，要用挥发分来确定配煤比，以将配煤的挥发分控制在25%～31%。此外，根据挥发分可以估算炼焦时焦炭、煤气和焦油等产率。在动力用煤中，可根据挥发分来选择特定的燃烧设备或特定设备的煤源。在气化和液化工艺的条件选择上，挥发分也有重要的参考作用。在环境保护中，挥发分还作为制定烟雾法令的依据之一。此外，挥发分与其他煤质特性指标，如发热量、碳和氢的质量分数都有较好的相关性。利用挥发分可以计算煤的发热量和碳、氢、氯的质量分数及焦油产率。

(4) 固定碳是煤炭分类、燃烧和焦化中的一项重要指标，煤中固定碳随变质程度的加深而增加。在煤的燃烧中，利用固定碳计算燃烧设备的效率；在炼焦工业中，根据它来预计焦炭的产率。

煤的工业分析步骤如下。

11.6.3.1　取样及制备试样

保证试样具有充分的代表性非常重要，如果选取的样品不能代表实验煤的平均性质，则实验结果将失去意义。关于取样方法应按国家标准进行。

11.6.3.2　分析测定

按国家标准 GB212—77 煤的工业分析方法进行。

(1) 水分的测定。

① 外在水分的测定。取 200g(精确至 0.1g)试样放入 45～50℃烘箱内干燥 8h，取出后在室温下冷却称重。煤干燥后失去的质量占煤样原有质量的百分比即外在水分。

② 分析基水分的测定。取 1g(精确至 0.001g)分析试样放入去盖的坩埚中，置于干燥箱内。对烟煤及无烟煤在 105～110℃下干燥 1～1.5h；褐煤在 145 ± 5℃下干燥 1h。然后将坩埚取出加盖，放入干燥器中冷却至室温后迅速称量。然后去盖再次放入干燥箱中干燥，并加盖冷却后再称量。重复上述过程，直至所称质量不再变化为止。这时失去的质量占分析试样原有质量的百分比即分析基水分 W^f%。

(2) 灰分的测定。

在预先灼烧并称出空重的矩形坩埚中加入粒度小于 0.2mm 的煤样 1 ± 0.1g，称量时准确至小数点后 4 位。将坩埚置入已预热到 850℃的马弗炉中，在 815 ± 10℃下灼烧 40min，取出坩埚在空气中冷却 5min 后，放入干燥器内冷却至室温(约 20min)，称重。称重后的样品再进行每次 20min 的检查性灼烧，直至质量变化小于 0.001g 为止(当灰分的质量分数小于 15%时可不进行检查性灼烧)，并取最后一次测定质量进行计算。最后一次称得的质量占分析试样质量的百分数即分析基灰分 A^f%。

(3) 挥发分的测定。

由煤干馏出的挥发物并非煤中不变的一种确定的物质，而是煤在一定的时间内，在一温度下的热分解气态产物。在测定煤的挥发分时所规定的条件为：取 1g 分析试样(精确至 0.001g)两份，分别放入经精确称量的带盖坩埚内，盖好坩埚，然后放入 900 ± 10℃的高温电炉恒温区内灼烧 7min 后取出，在空气中冷却片刻再放入干燥器冷却至室温。称出所失去的质量占分析试样原质量的百分比，再减去该煤样的 W^f%，所得即为该煤样的分析基挥发分。在实验时如果两份试样实验结果的差别小于 0.5%，则取基平均值作为最终结果，否则应重做。在实验的后 4min 内，如果炉温变化超过 910 ± 10℃，实验亦需重做。

(4) 固定碳的计算。

计算分析基固定碳含量的公式为

$$C^f_{GD}\% = 1 - (W^f + A^f + V^f)\% \tag{11-22}$$

11.6.4　其他固体燃料

在热能工程中使用的主要固体燃料为煤，但在某些特定情况下，为了合理利用当地资源，还可能使用一些其他的固体燃料，如油页岩、石煤等。

油页岩是在矿物机体中含有固体可燃有机质的沉积岩，在化石燃料中它的储量折算为发热量仅次于煤而列第二位，如果将它折算成页岩油，世界上的油页岩储量约为4 750亿吨，相当于目前世界天然原油探明可采储量的5.4倍，是一种潜在的巨大能源。中国已探明的油页岩储量为315.67亿吨，主要分布在吉林、辽宁、广东、山东、内蒙古等省区。油页岩的能源开发利用已有近200年历史，由于油页岩含有很高的矿物质成分，通常不能直接燃烧而炼制页岩油加以利用。国内外的实践证明，自天然石油大量开采以来，利用油页岩炼制页岩油由于成本过高而失去竞争能力，因此，各国油页岩企业规模愈来愈小，甚至大都转为炼制天然石油。寻找油页岩能源有效、经济利用的途径是一个新的课题，我国在这方面进行了一些有益的探索。我国第一台65t/h油页岩循环流化床电站锅炉的研制成功，为我国含量丰富的油页岩的高效洁净能源利用开辟了一条新路。

石煤是由古代菌藻类植物形成的，它具有较高的挥发分和含氢量及含氧量。大部分石煤常含有大量的无机矿物杂质。上述这些特点都是在选用它作为燃料时应特别考虑的问题。

11.7 燃煤新技术概述

在燃料资源中，煤的贮藏量远大于天然气与石油，所以大力增加煤的开采和改进其利用方法，已成为国内外极为关注的课题。

以煤直接作为燃料与气体燃料和液体燃料相比，不仅燃烧装置复杂、能量转换效率低，而且由于灰分含量高，排放烟气量大，对环境保护极为不利。在某些场合下，例如某些运输式或移动式动力装置中，更难以以煤为燃料。为此，从20世纪70年代以来各国纷纷致力于研究煤的气化和液化新技术，以期由煤制取使用方便、能量转换效率高、燃烧污染低的燃料。目前有些研究已进入工业性中间试验阶段，并逐步投入使用。

除此之外，将煤制成流态化的煤浆燃料也是一种引人广泛注意的燃煤新技术。它在改进煤的运输方式、降低燃烧污染等方面都有许多突出的优点，因此，也是一种有发展前途的燃煤新技术。以下对这些燃煤新技术作一概述。

11.7.1 煤的气化

煤的气化是一个在高温条件下借气化剂的化学作用将固体碳转化为可燃气体的热化学过程。

11.7.1.1 煤制气的传统方法

由煤制气已有相当长的历史，传统方法如图11-7所示。其中煤干馏主要是生产焦炭，焦炉煤气是其副产品。故由煤制气主要是使用气化剂使煤在煤气发生炉中气化。

利用气化剂与煤在高温下的化学反应，可使煤转化为气体燃料，这一过程称为煤的气化，所使用的气化设备称为煤气发生炉。

在一般的煤气发生炉中，煤是由上而下地、气化剂则是由下而上地进行逆流运动，它们之间发生化学反应和热量交换。这样在煤气发生炉中形成了几个区域，一般称为“层”。目前常用的气化剂有三种：空气、水蒸气、空气+水蒸气，由此产生的煤气分别称为空气发生炉煤气、水煤气以及混合气发生炉煤气。现以混合气发生炉煤气为例说明煤的气化原理。

按照煤气发生炉内气化过程，可以将发生炉内部分为六层，即六个区域(混合煤气发生炉结构如图11-8所示)：灰渣层，氧化层(又称火层)，还原层，干馏层，干燥层，空层。其

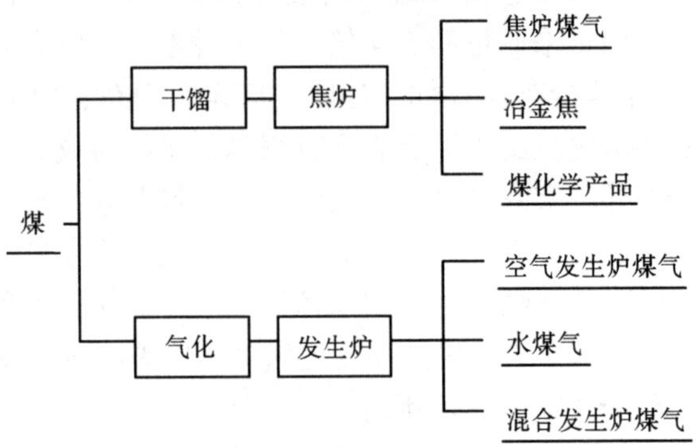

图 11-7　煤制气的传统方法

中氧化层和还原层又统称为反应层，干馏层和干燥层又统称为煤料准备层。

(1) 灰渣层。煤燃烧后产生灰渣，形成灰渣层，它在发生炉的最下部，覆盖在炉篦之上。其主要作用为：

① 保护炉篦和风帽，使它们不被氧化层的高温烧坏；

② 预热气化剂，气化剂从炉底进入后，首先经过灰渣层进行热交换，使灰渣层温度降低，气化剂温度升高。一般气化剂能预热至 300～450℃；

③ 灰渣层还起到布风作用，使进入的气化剂在炉膛内尽量均匀分布。

(2) 氧化层，也称燃烧层(火层)。从灰渣中升上来的气化剂中的氧与碳发生剧烈的燃烧而生成 CO_2，并放出大量的热量。它是气化过程中的主要区域之一，主要反应为

$$C + O_2 \rightarrow CO_2 + 406.9\text{kJ/mol} \qquad (11\text{-}23)$$

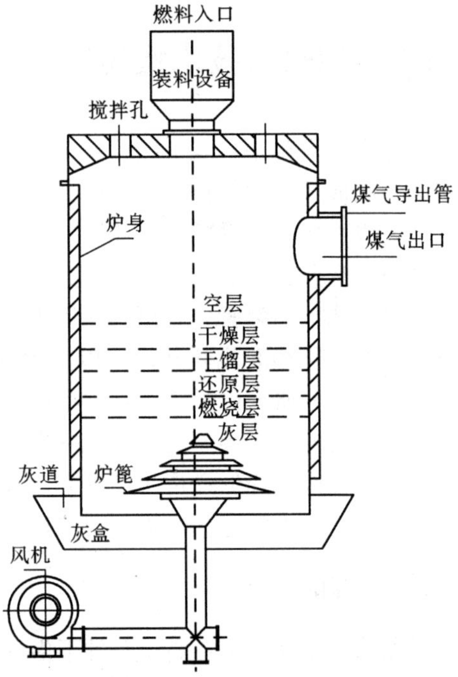

图 11-8　煤气发生炉结构图

氧化层的高度一般为所有燃料块度的 3～4 倍，100～200mm。气化层的温度一般要小于煤的灰熔点，控制在 1 200℃左右。

(3) 还原层。还原层在氧化层的上面。赤热的碳具有很强的夺取氧化物中的氧而与之化合的能力，所以在还原层中，CO_2 和水蒸气被碳还原成 CO 和 H_2。这一层也因此而得名，称为还原层，其主要反应为

$$CO_2 + C \rightarrow 2CO - 160.7\text{kJ/mol} \qquad (11\text{-}24)$$

$$H_2O + C \rightarrow H_2 + CO - 118.7\text{kJ/mol} \qquad (11\text{-}25)$$

$$2H_2O + C \rightarrow CO_2 + 2H_2 - 75.2\text{kJ/mol} \qquad (11\text{-}26)$$

$$H_2O + CO \rightarrow CO_2 + H_2 - 43.6\text{kJ/mol} \qquad (11\text{-}27)$$

由于还原层位于氧化层之上，从上升的气体中得到大量热量，因此还原层有较高的温

度，约800～1 100℃，这也为需要吸收热量的还原反应提供了条件。严格地讲，还原层还有第一层、第二层之分，下部温度较高的地方称为第一还原层，温度达950～1 100℃，其厚度为300～400mm；第二层为700～950℃，其厚度为第一还原层的1.5倍，为450mm左右。

(4) 干馏层。干馏层位于还原层的上部，由还原层上升的气体随着热量的消耗，其温度逐渐下降，故干馏层温度约为150～700℃，煤在这个温度下，历经低温干馏的过程，煤中挥发分发生裂解，产生甲烷、烯烃及焦油等物质，它们受热成为气态，即生成煤气并通过上面干燥层而逸出，成为煤气的组成部分。干馏层的高度随燃料中含挥发量及煤气炉操作情况而变化，一般大于100mm。

(5) 干燥层。干燥层位于干馏层上面，即是燃料的面层，上升的热煤气与刚入炉的燃料在此层相遇，进行热交换，燃料中的水分受热蒸发。一般认为干燥温度在室温至150℃，这一层的高度也随各种不同的操作情况而异，没有相对稳定之层高。

(6) 空层。空层即燃料层上部炉体内的自由空间，其主要作用是汇集煤气。也有人认为，煤气在空层停留瞬间，在炉内温度较高时还有一些副反应发生，如CO分解，放出一些炭黑，反应为

$$2CO \rightarrow CO_2 + C \tag{11-28}$$

$$2H_2O + CO \rightarrow CO_2 + H_2 \tag{11-29}$$

通过炉内六层的简单叙述，可以看出煤气发生炉内进行的气化过程是比较复杂的，既有气化反应，又有干馏和干燥过程。在实际生产的发生炉中，分层不是很严格，相邻两层往往相互交错，各层的温度也是逐步过渡的，很难具体划分，各层中气体成分的变化就更加复杂了，即使在专门的研究中，看法也是有分歧的。

11.7.1.2 煤的气化新技术

传统制气方法自20世纪60年代以来，由于受到天然气大量开采和使用的冲击，在不同程度上受到限制，水煤气炉已濒于淘汰，发生炉也正在被其他新的气化技术所取代。

煤的气化新技术近些年来发展较快，目前研究的气化新技术主要从以下几方面考虑。

① 进一步扩大使用煤种。传统气化方法对煤质要求较高，只适用于弱黏性煤，且反应区温度受灰渣熔点限制，一般不能超过1 000～1 200℃，以免堵塞气化设备，影响气化过程。新的气化方法则要求能使用黏性强、强度差、灰分高、灰熔点低的各种劣质煤。

② 提高煤气发热量。传统气化方法所制的煤气的 Q_{dw}^{g} 一般仅6 000kJ/Nm^{3}左右，远低于天然气(Q_{dw}^{g}达36 000 kJ/Nm^{3}以上)，故应设法提高发热量。

③ 提高气化强度，以降低设备的质量和尺寸。

④ 减少对环境的污染。

目前已工业化的几项气化新技术如下。

(1) 加氢气化和煤气甲烷化法。

通过加氢可以使煤气甲烷化，以达到提高煤气发热量的目的。其化学反应为

$$C + 2H_2 \rightarrow CH_4 + 75.6kJ/mol$$

$$CO + 3H_2 \rightarrow CH_4 + H_2O + 205.0kJ/mol$$

$$2CO + 2H_2 \rightarrow CH_4 + CO_2 + 103.5kJ/mol$$

$$CO_2 + 4H_2 \rightarrow CH_4 + 2H_2O + 163.8kJ/mol$$

这些反应都表现为体积的减少，说明增加压力有利于提高 CH_4 生成量。这些反应又都是放热反应，故有利于促进气化过程中其他反应的完成。由这些原因引导出煤加压气化的设想。

德国鲁奇(Lurgi)公司根据上述设想建成了煤加压气化装置——鲁奇气化炉。它以蒸汽和氧气的混合气为气化剂气化劣质煤(褐煤)，最终生产出含 CH_4 量较高的代用天然气。根据当前技术水平，各类煤的气化压力范围，一般对褐煤取 1.8～2.2MPa，对不黏结性烟煤取 2.0～2.4MPa，对黏结性烟煤取 2.2～2.6MPa，对无烟煤取 2.4～2.8MPa，对焦炭取 2.2～2.6MPa。如将气化压力提高到 10MPa，不仅气化炉生产能力大大增加，煤气中含 CH_4 量亦将提高 1 倍左右，因此，采取各种技术措施以提高气化压力是今后发展趋势之一。鲁奇炉以蒸汽和氧为气化剂时，粗煤气 Q_{dw}^{y} 可达 11 300kJ/Nm^3，脱除 CO_2 后还可提高到 14 700～16 700kJ/Nm^3，适宜作城市煤气。如以蒸汽与空气为气化剂可生产低发热量煤气，可供燃气轮机使用。鲁奇炉的优点是气化效率高，氧耗量低，炉顶带出灰分少。但它不适用于强黏性煤及煤粉，副产品如焦油等处理也较麻烦。

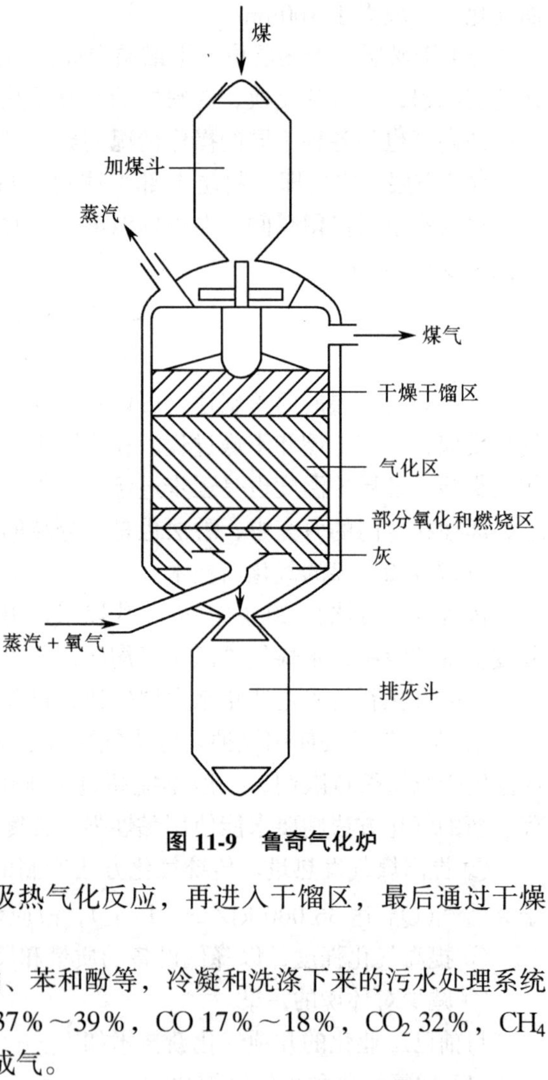

图 11-9　鲁奇气化炉

图 11-9 给出了鲁奇气化炉结构示意图。炉体由耐热钢板制成，有水夹套副产蒸汽。煤自上而下移动，先后经历干燥、干馏、气化、部分氧化和燃烧等几个区域，最后变成灰渣，由转动炉栅排入灰斗，再减至常压排出。气化剂则由下而上通过煤床，在部分氧化和燃烧区与该区的煤层反应放热，达到最高温度点并将热量提供给气化、干馏和干燥用。粗煤气最后从炉顶引出炉外。煤层最高温度点必须控制在煤灰熔点以下。煤灰熔点的高低决定了气化剂比例的大小。高温区的气体含有 CO_2，CO 和蒸汽，进入气化区进行吸热气化反应，再进入干馏区，最后通过干燥区出炉。粗煤气出炉温度一般为 250～500℃。

鲁奇炉由于出炉气带有大量水分和煤焦油、苯和酚等，冷凝和洗涤下来的污水处理系统比较复杂。生成气的组成(体积分数)约为 H_2 37%～39%，CO 17%～18%，CO_2 32%，CH_4 8%～10%，经加工处理可用作城市煤气及合成气。

据悉，鲁奇炉使用褐煤较为适宜，煤中所含水分最好不超过 25%，所含灰分虽然可以较高但以不超过 19%为宜，灰分熔点最好高于 1 250℃。对煤的粒度要求：褐煤 6～40mm，烟煤 5～25mm，焦炭和无烟煤 5～20mm。

鲁奇炉是采用加压气化技术的一种炉型，气化强度高。目前共有近 200 多台工业装置，用于生产合成气的只有中国的 9 台。鲁奇炉现已发展到 Mark Ⅴ型，炉径为 5.0m，每台产气量可达 100 000m^3/h，已分别应用于美国、中国和南非。

正在开发的鲁奇新炉型有：鲁奇-鲁尔-100 型煤气化炉，操作压力为 9MPa，两段出气；英国煤气公司和鲁奇公司共同开发的 BGL 炉，采用熔融排渣技术，降低蒸汽用量，提高气化强度，并可将生成气中的焦油、苯、酚和煤粉等喷入炉中回炉气化。

(2) 流化床气化法。

如使气化剂以足够高的速度从煤气化炉下方炉栅引入，可使原来放置于炉栅布风板上的煤粒(粒径一般小于 8mm)在炉中呈悬浮状态，在一定高度范围内上下翻滚。这样就大大加强了煤粒与气化剂的相互作用，并可防止凝聚成块，从而保证气化过程强烈而迅速地进行。在气化炉中还可加入适量的石灰石，以便在气化过程脱硫。

流化床气化的优点是：

① 可扩大使用煤种，如黏结性煤和高灰分煤；

② 对煤粒尺寸限制不严，由煤粉到 8mm 的煤粒均能使用；

③ 煤粒逗留时间较长，有利于煤的充分气化和热量利用；

④ 在气化过程可以脱硫；

⑤ 气化强度较高。缺点是生产的煤气发热量较低，煤气中含灰量较大，故必须设置复杂的煤气净化系统。

德国温克勒(Winkler)博士根据上述原理建成了温克勒气化炉。它在常压下进行气化过程，生产出的煤气属低发热量煤气（当以蒸汽和空气为气化剂时，$Q_{dw}^{g}=4\ 200\sim4\ 600\ kJ/Nm^3$，以蒸汽和富氧空气为气化剂时，$Q_{dw}^{g}=10\ 000\sim11\ 000\ kJ/Nm^3$）。可使用褐煤、烟煤及半焦为制气原料。这种气化炉的缺点是从炉顶带出的灰分量较高。

图 11-10 给出了温克勒气化炉结构示意图，炉体用钢板制成。煤用螺旋加料器从气化炉沸腾层中部送入，气化剂从下部通过固定炉栅吹入，在沸腾床上部二次吹入气化剂，干灰从炉底排出。整个床层温度均匀，但灰中未转化的碳量较高。改进的温克勒炉将炉底改为无炉栅锥形结构，气化剂由多个喷嘴射流喷入沸腾床内，改善了流态化的排灰工作状况。

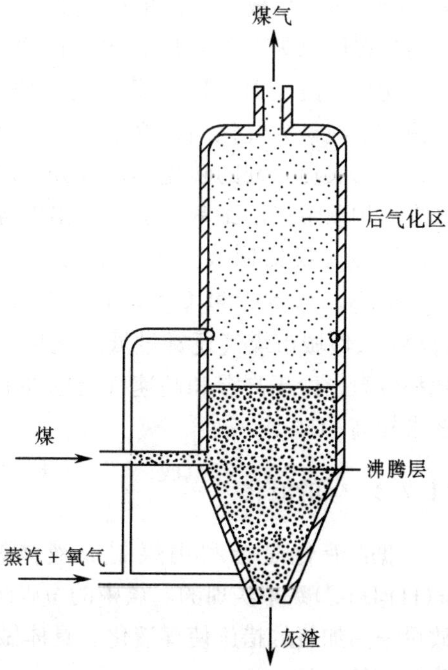

图 11-10 温克勒煤气化炉

温克勒炉以高活性煤，如褐煤或某些烟煤为原料，生成气的组成(体积分数)为：$H_2$35%～46%，CO30%～40%，$CO_2$13%～25%，$CH_4$1%～2%。目前多用于制氢、氨原料气和燃料煤气。

正在开发中的改进炉型是高温温克勒炉，它是在常规温克勒炉的基础上发展起来的加压炉型。另一种加压加氢气化炉也是从温克勒炉发展起来的，反应压力 12MPa，气化温度 900℃，以 2mm 的煤粒在床层中进行沸腾加氢气化，目的是生成甲烷以制造人造天然气。

煤在干燥和破碎后，用螺旋给料器从气化炉下部侧边送入炉内。与此同时，气化剂以高速从布风板喷出，使煤层起沸，形成流化床。所发生的主要化学反应则是煤的燃烧反应和水煤气反应，产生以 CO，CO_2 及 H_2 为主要成分的煤气。反应温度达 1 000～1 100℃，使从煤中分离出来的焦油和烃类都完全气化。

(3) 煤粉气化法。

将煤制成煤粉后再送入气化炉，与气化剂进行化学反应以制取煤气。这种方法有以下优点：

① 对煤种适应性强，对煤的黏结性、热稳定性、力学强度、灰分熔点等无特殊要求；

② 允许灰分的质量分数达到 40％；

③ 由于炉温高，可利用液态排渣，渣中几乎不含碳；

④ 煤气质量高，所含 CO，H_2 的质量分数大于 90％；

⑤ 煤气中无焦油、酚等有害和难处理物质，故净化和污水处理都较方便。其缺点为反应率较低，煤气出口温度较高，氧气消耗量较大，制备煤粉需消耗动力。

采用煤粉气化法的较成熟的气化炉为柯柏斯-托切克气化炉(K-T 气化炉)。图 11-11 给出了 K-T 炉结构示意图。气化剂(蒸汽与氧)将煤粉夹带进入气化炉。煤粉细度为 74μm，与气化剂均匀混合后，通过喷嘴喷入反应室。在 2 000℃ 的高温下，煤粉与气化剂在常压下进行反应，由于煤粉急速通过高温区来不及熔结而气化，故可使用强黏性煤。煤粉在强烈的热辐射作用下与周围的氧进行反应，生成 CO_2，并放出热量。然后 CO_2 再被高温的炭粒还原为 CO 与 H_2，生成的煤气在 1 500℃ 下流出气化炉。由于磨细以后煤粉大大增加了反应表面积，又使用了纯氧为气化剂，故化学反应可在高温下很快进行，可大大提高碳的转化率，灰分形成为熔渣排出，可减少由炉顶带出的细灰。由于排出的煤气温度较高，故需设置热交换器回收。所产生的煤气主要可燃成分为 CO 和 H_2，只含少量 CH_4，故发热量不高，约 10 500 kJ/Nm^3，做城市煤气还嫌过低。这种气化炉的电耗、氧耗都较高，由于高温和高速气流的冲刷，故对炉衬材料要求较高。

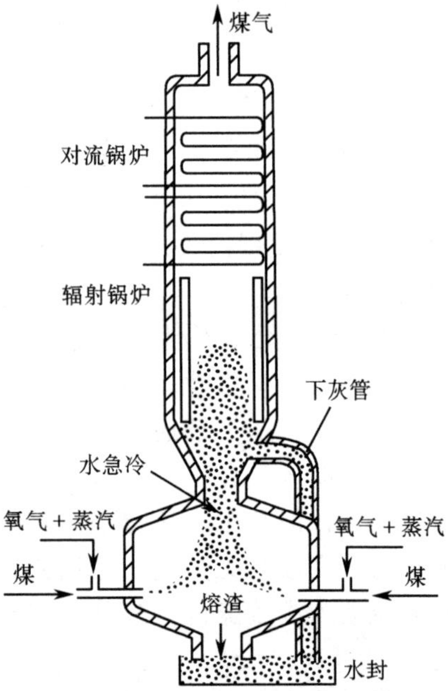

图 11-11 K-T 煤气化炉

11.7.2 煤的液化

煤的液化是指利用煤制取液体燃料。煤的液化原理是基于改变燃料中的氢碳比 $n(H)/n(C)$ 系来实现的。煤中的 $n(H)/n(C)$ 约为 0.8，石油的 $n(H)/n(C)$ 则为 1.8 左右，故可采用加氢的措施使煤液化。具体做法有直接加氢法、干馏加氢法、溶剂萃取法、合成液化法等等。

11.7.3 煤浆燃料

为了节省石油，许多国家都纷纷致力于煤浆燃料的研究。所谓煤浆燃料就是将煤磨为煤粉后再和某些液体以及添加剂混合成浆状的燃料。根据所采用的液体，煤浆可分为油煤浆（常称COM燃料）、水煤浆（常称CWM燃料）及醇（甲醇）煤浆（常称CMM燃料）等。

(1) 油煤浆。它是由质量分数大约为30%（按质量分数计在煤浆中所占份额）的煤粉和70%的重油混合而成。为防止煤粉从油浆中沉淀析出，可采用加入添加剂或其他机械混合法（如超声波法）使煤浆稳定。由于煤浆是一种流体化燃料，可用泵及管道输送。油煤浆与煤相比具有使用方便、运行费用低的优点。油煤浆可代替石油类燃料用于锅炉、高炉喷吹等燃烧装置。由于它仅能以煤代替较少部分的燃油，代油效果有限，没有获得大规模的发展。其经济性（以生产单位热量的成本计）大约介于煤和油之间。如果从燃料费和电厂基建费综合而得的发电成本计算，则与燃煤或煤油电厂大致相同。因此，一般认为油煤浆可考虑作为一种以煤代油的过渡性燃料。

(2) 水煤浆。它是以质量分数为50%～70%的煤粉（粒度约300μm）加水及少量添加剂（防止煤粉沉淀析出）混合而成。水煤浆是在20世纪80年代迅速发展起来的一种新型燃料，制备工艺比较简单，可在煤矿所在地制备，然后通过管道长距离输送。其燃烧效率可达90%～95%。水煤浆作为一种代油燃料对于我国国民经济具有重大意义，主要有以下表现。

① 它具有液体燃料易于输送的优点。我国煤炭生产基地主要集中于山西、内蒙古等一带，需大量运至全国各地，目前每年经铁路的运煤量达4.2亿吨，约占铁路总运输量的40%，到2000年时，每年有近10亿吨煤炭需运至沿海工业发达地区。在煤炭生产基地将煤制成水煤浆，采用管道输送，是煤炭运输技术的新发展。与其他运输方式相比，具有投资少、建设快、效率高、成本低、占地少、运输途中无损耗、无污染等优点。以管道运输与铁路运输相比，基地投资要低一半，运输费用可降低1/3，管道坡度可达16%，耗用钢材只有铁路的一半。

② 与油煤浆相比，它具有100%代替油的优点。在传统的燃烧装置上不需脱水即可燃烧。目前我国电站锅炉、工业锅炉及炉窑每年烧油达3 000多万吨。压缩烧油、以煤代油是我国的燃料政策，对原来烧油的锅炉及炉窑，如由于堆煤场等限制而不能改烧煤时，采用水浆代油是一个近期现实可行的办法。

③ 与燃煤相比，水煤浆燃料能降低SO_2，NO等有害物质的排放。这是由于在制备水煤气时，可以对煤进行洗选，降低了燃料中的含灰量，并在水煤浆中加入可以脱硫的碳酸钙。

④ 由于水煤浆集中制备、采用管道输送，可大大减少对周围环境的污染。

目前世界各国对水煤浆进行了广泛的研究，取得了较大的进展。已证明这种燃料在制备输送、储存和燃烧等方面都是可行的，并成功地进行了工业性实验。我国自1981年以来，已有不少单位先后开展了这方面的实验研究，这一课题已被列入国家重点项目。经过我国工程技术人员的研究，目前已在水煤浆的制备、输送、雾化及燃烧技术上取得重大进展，1984年8月首先在工业锅炉上全烧水煤浆获得成功。为了加快发展水煤浆技术，国家在北京矿务局投产兴建年产25万吨的大规模制浆示范工厂，它可满足5万千瓦电站锅炉的燃烧实验所需。

根据目前的研究，水煤浆的下述特性对于它作为燃料至关重要。

(1) 黏度。水煤浆是一种高浓度煤粉在水中悬浮而呈浆状的混合物。它的黏度较高，流变特性属于非牛顿流体(即黏度与速度梯度不服从牛顿流体应有的正比关系)。在输送管道雾化喷嘴设计时必须考虑这一特性，目前这方面公开发表的资料很少。影响水煤浆黏度的因素很多，诸如煤粉颗粒的形状、大小、浓度、装填密度等，目前尚需进一步的系统研究，以提供较完整的设计资料。

(2) 稳定性。它是指水煤浆中煤粉抗沉积的能力。要水煤浆无限期地不沉积是不可能的，但要求它有足够的稳定时间，至少要求数周，最好能达数月。对稳定性的要求包括静态稳定性及动态稳定性。前者是指在静止状态下的稳定性，后者是指在运输、输送过程中的稳定性。

由研究得知，水煤浆起始浓度越高，煤粉越细，则沉积速率越低。此外，煤粉颗粒的形状、大小、尺寸分布、装填密度等也有很大影响。为了改善水煤浆的稳定性主要靠加入适当的添加剂。目前正在积极研制各种价格适中、稳定效果好的添加剂。

(3) 雾化性质。水煤浆的雾化性质将影响它是否能在燃烧装置中很好地喷散雾化及分布。为了保证良好的燃烧，雾化后的煤浆滴直径应小于 300μm。

(4) 点火性能及着火性能。水煤浆比干煤粉难于着火燃烧，因此研究其点火特性及点气火装置是一个重要课题。

(5) 磨削性。由于水煤浆具有较强的磨削性，这将大大影响输浆泵、喷嘴及管道的寿命，尤其是喷嘴的寿命(因为这里水煤浆流速高)，为此采取的技术措施主要是研制各种耐磨材料作为各易磨损零件材料。

第 12 章

常用工程的燃烧计算

燃烧是一种复杂的物理化学过程，实质是燃料中的可燃成分与氧进行的氧化反应。燃烧产物的成分，与参加燃烧的空气量有关，也取决于燃烧装置的设计。当空气充足和燃烧过程进行完善时，燃料中的可燃成分如 C，H，S 都能与 O 分别化合成 CO_2，H_2O 以及 SO_2 等诸燃烧产物，这种燃烧称为完全燃烧。当空气不足或燃烧过程进行不够完善时，燃烧产物中除了上述成分外，还可能生成 CO，H_2，CH_4 等未燃尽气体及固态颗粒，构成所谓的不完全燃烧。燃料的不完全燃烧，不仅意味着热量损失、能源浪费，而且会引起环境污染，造成公害，因此，一般燃烧装置都要求作到完全燃烧。

为了达到燃料完全燃烧，应很好地组织燃烧过程，并对燃烧过程是否完善进行检验，为此必须进行燃料的燃烧计算，以获得燃烧过程的有关重要数据：

① 燃料燃烧时所需供给的空气量；

② 燃烧产物(简称烟气)生成量及成分；

③ 根据燃烧装置测出的烟气成分，求出燃料与空气的配合比例和不完全燃烧损失；

④ 燃烧温度和燃烧完全程度。

为了简化计算，在工程计算准确度允许的范围内作以下假定：

① 将空气和烟气中所有成分，包括水蒸气都作为理想气体处理，这种处理能够满足工程计算的需要；

② 当温度不超过 2 000℃时，在计算中不考虑烟气的热分解，亦不考虑固体燃料中灰分的热分解产物，因为这些热分解产物的数量是很少的；

③ 略去空气中微量的稀有气体和 CO_2。

12.1 燃烧所需空气量的计算

12.1.1 燃料燃烧所需理论空气量

使单位量的燃料完全燃烧所需要的最少空气量称为“理论空气需要量”，简称“理论空气量”。在这种情况下空气中所含氧气与燃料中可燃物全部反应，得到完全氧化的产物。理

论空气量以符号 V^0 表示，其单位为 Nm^3 空气/kg 燃料（对液体燃料和固体燃料）及 Nm^3 空气/Nm^3 燃料（对气体燃料）。

12.1.1.1　液体燃料与固体燃料燃烧所需理论空气量

已知燃料成分（质量分数）为

$$C^y\% + H^y\% + S^y\% + O^y\% + N^y\% + A^y\% + W^y\% = 100\% \tag{12-1}$$

对 1kg 燃料而言，其中所含可燃元素为 $C^y/100$(kg) 的碳，$H^y/100$(kg) 的氢以及 $S^y/100$(kg) 的硫。因此单位质量燃料完全燃烧所需空气量可由各元素燃烧所需空气量相加而得。

按化学反应完全燃烧方程式，其中碳燃烧时为

$$C + O_2 \rightarrow CO_2$$

数量关系为 $12kgC + 22.4Nm^3O_2 \rightarrow 22.4Nm^3CO_2$，即 1kg 碳完全燃烧时需要 $22.4/12 = 1.866Nm^3$ 的 O_2，而生成 $1.866Nm^3$ 的 CO_2。因此 1kg 燃料中所含的 $\frac{C^y}{100}$(kg) 碳完全燃烧时所需 O_2 为 $1.866\frac{C^y}{100}(Nm^3)$，而生成的 CO_2 为 $1.866\frac{C^y}{100}(Nm^3)$。

按化学反应方程式，氢完全燃烧的反应式为

$$H_2 + 0.5O_2 \rightarrow H_2O$$

其数量关系为 $2.016kgH_2 + 11.2Nm^3O_2 \rightarrow 22.4Nm^3H_2O$，即 1kg 氢完全燃烧时需要 $5.55Nm^3O_2$ 而生成 $11.2Nm^3$ 水蒸气，因此 1kg 燃料中所含的 $\frac{H^y}{100}$(kg) 氢完全燃烧时所需 O_2 为 $5.55\frac{H^y}{100}(Nm^3)$，而生成 $11.1\frac{H^y}{100}(Nm^3)$ 的水蒸气。

按化学反应方程式，硫完全燃烧的反应式为

$$S + O_2 \rightarrow SO_2$$

数量关系为 $32kg\ S + 22.4Nm^3\ O_2 \rightarrow 22.4Nm^3SO_2$，即 1kg 硫完全燃烧时需要 $0.7Nm^3\ O_2$ 而生成 $0.7Nm^3\ SO_2$，故 1kg 燃料中所含的 $\frac{S^y}{100}$(kg) 硫完全燃烧时所需 O_2 为 $0.7\frac{S^y}{100}(Nm^3)$，而生成 $0.7\frac{S^y}{100}(Nm^3)SO_2$。

此外，若 1kg 燃料中含有 $\frac{O^y}{100}$(kg)O_2，这些 O_2 相当于

$$\frac{O^y}{100} \times \frac{22.4}{32} = 0.7\frac{O^y}{100}(Nm^3)$$

因此，1kg 燃料完全燃烧时所需 O_2 为

$$V_{O_2}^0 = 1.866\frac{C^y}{100} + 5.55\frac{H^y}{100} + 0.7\frac{S^y}{100} - 0.7\frac{O^y}{100}(Nm^3/kg) \tag{12-2}$$

空气中 O_2 所占体积分数为 21%，因此每千克燃料完全燃烧所需的理论干空气量为

$$V^0 = \frac{V_{O_2}^0}{0.21} = 0.0889C^y + 0.265H^y + 0.0333S^y - 0.0333O^y(Nm^3/kg) \tag{12-3}$$

理论干空气量如以质量表示，则为

$$L^0 = 1.293V^0(kg/kg) \tag{12-4}$$

不同燃料完全燃烧所需的理论空气量是不同的。对于液体燃料来说其元素组成主要是 C

和H，而且其质量比差别不大，因而其理论空气量的差别不大。

12.1.1.2 气体燃料燃烧所需理论空气量

已知气体燃料成分(体积百分数)为

$$CO\% + H_2\% + CH_4\% + \sum C_nH_m\% + H_2S\% + CO_2\% + O_2\% + N_2\% + H_2O\% = 100\% \tag{12-5}$$

其中各可燃成分的燃烧反应式为

$$CO + 0.5O_2 \rightarrow CO_2$$

$$H_2 + 0.5O_2 \rightarrow H_2O$$

$$C_nH_m + \left(n + \frac{m}{4}\right)O_2 \rightarrow nCO_2 + \frac{m}{2}H_2O$$

$$\begin{matrix} H_2SP & + & 1.5O_2 & \rightarrow & H_2O & + & SO_2 \\ \vdots & & \vdots & & \vdots & & \vdots \end{matrix}$$

上述化学反应式表明 $1Nm^3CO$ 完全燃烧时需 $0.5Nm^3O_2$。故 $1Nm^3$ 气体燃料中所含的 $\frac{CO}{100}$ (Nm^3)的 CO 完全燃烧时所需 O_2 为 $0.5\frac{CO}{100}(Nm^3)$。依此类推，可求出 $1Nm^3$ 气体燃料完全燃烧时所需 O_2 为

$$V^0_{O_2} = \frac{1}{100}\left(0.5CO + 0.5H_2 + \sum\left(n + \frac{m}{4}\right)C_nH_m + 1.5H_2S - O_2\right)(Nm^3/Nm^3) \tag{12-6}$$

故 $1Nm^3$ 气体燃料完全燃烧时所需理论干空气量为

$$V^0 = \frac{4.76}{100}\left(0.5CO + 0.5H_2 + \sum\left(n + \frac{m}{4}\right)C_nH_m + 1.5H_2S - O_2\right)(Nm^3/Nm^3) \tag{12-7}$$

式(12-7)中如果代入气体燃料的包含含湿量的全气体成分，则计算出来的是对应 $1Nm^3$ 湿气体燃料的理论空气需要量。如代入的是干气体成分，则计算出来的将是对应 $1Nm^3$ 干气体燃料的理论空气需要量，由于通常需要的是对应于实际送入燃烧装置里的全气体成分燃料理论空气需要量。因此这时还需根据含湿量进行折算。

表12-1给出计算各种燃料燃烧所需理论空气量。

表12-1 **各种燃料的理论空气量**

燃　料	理论空气量	
	$L^0/(kg/kg)$	$V^0/(Nm^3/kg)$
木　材	4~5	3~4
褐　煤	5~7	4~6
无烟煤	11~11.3	8.5~8.8
木　炭	10~12	8~9
焦　炭	10~12	8~9
汽　油	14.5~15	11.3~11.5
重　油	14~14.5	10.3~11.0
苯	13.4	10.4
酒　精	9.4	7.1
煤　气	4~5	4.0~5.5
水煤气	4~5	2.3~5.5
发生炉煤气	4~5	1.0~1.1

注：对气体燃料其 V^0 单位为 Nm^3/Nm^3。

12.1.2 燃烧时实际空气需要量和过量空气系数

在实际燃烧过程中，供应的空气量往往不等于燃烧所需要的理论空气量。例如，在实际条件下为了保证炉内燃料完全燃烧，常常供给炉内比理论值多的空气；有时为了得到炉内的还原性气氛，便供给少一些的空气。因此，实际空气需要量 V_k 与理论空气需要量 V^0 是有差别的。实际空气量与理论空气量之比用空气消耗系数 α 表示，即

$$\alpha=\frac{V_k}{V^0} \tag{12-8}$$

在 $\alpha>1$ 时，称为“空气过剩系数”。在设计炉子或燃烧装置时根据经验预先选取 α，或根据实测确定。确定 α 后，即可求出实际空气需要量为

$$V_k=\alpha V^0 \tag{12-9}$$

上述的计算未计入空气中的水分。实际上，空气中含有一定量的水分，当水分量较多或要求精确计算时，应把空气中的水分估计在内。空气中的水分以符号 d 表示，相当于折算到 1kg 干空气中的含水量(以 g 计)，故对应于 $1Nm^3$ 干空气的含水量体积为

$$V_s=1.293\times\frac{d}{1\ 000}\times\frac{22.4}{18}=0.001\ 61d(Nm^3/Nm^3) \tag{12-10}$$

在计入空气中含水量后，1kg 液体燃料或固体燃料在燃烧时所需实际空气量为

$$V_{ks}=V_k+V_s=\alpha V^0(1+0.001\ 61d)(Nm^3/kg) \tag{12-11}$$

对气体燃料也可导出其计算公式，可查阅有关资料，这里不再赘述。

$\alpha>1$，表明实际空气供给量大于理论空气需要量。在实际燃烧装置中，绝大多数情况下均采用这种供气方式。这样既可节省燃料，有时还具有其他益处。例如在喷气发动机的燃烧室中，空气适当过量可以降低其出口气体温度，从而达到保护某些部件的目的。

$\alpha=1$，表明实际空气供给量正好等于理论空气需要量。理论上，此时燃料中的可燃物质可以全部氧化，燃料与氧化剂的配比符合化学反应式的当量关系。这时燃料和空气量之比称为化学当量比。

$\alpha<1$，表明实际空气供给量小于理论空气需要量。显然，这种燃烧过程是不可能完全的，燃烧产物中尚剩余可燃物质，而氧气却消耗完了，势必造成燃料的浪费。

实际燃烧中存在一个最佳 α 值。最佳 α 值随燃料性质和燃烧装置的结构而改变。原则上，易燃燃料及设计完善的燃烧装置，其最佳 α 值较小(更接近于 1)。根据经验，对于液体和气体燃料，最佳 α 值约为 1.10，烟煤约为 1.20，而贫煤和无烟煤约为 1.20～1.25。

12.2 完全燃烧时烟气的计算

燃烧产物的生成量及成分根据燃烧反应的物质平衡进行计算。完全燃烧时，单位质量(或体积)燃料燃烧后生成的燃烧产物包括 CO_2，SO_2，H_2O，N_2，O_2，其中 O_2 当 $\alpha>1$ 时才会存在。燃烧产物的生成量，当 $\alpha\neq1$ 时称为“实际燃烧产物生成量”，当 $\alpha=1$ 时称为“理论燃烧产物生成量”。

12.2.1 液体燃料与固体燃料燃烧生成烟气量的计算

为了燃料完全燃烧，供给燃料的空气量常大于理论空气需要量，但在实际燃烧中真正与

燃料起化学反应的仍为理论空气需要量。因此，完全燃烧的烟气量可看成由燃料与理论空气需要量燃烧后生成的理论烟气量与过剩空气量两部分组成。

12.2.1.1　理论烟气量的计算

燃料完全燃烧时，燃烧产物的主要成分为 CO_2，SO_2，H_2O 以及 N_2 四种气体。根据化学反应式可以得出每 1kg 燃料燃烧时所产生的上述气体的体积。

(1) CO_2 的体积为

$$V_{CO_2}=22.4\times\frac{1}{12}\times\frac{C^y}{100}=1.866\frac{C^y}{100}(\mathrm{Nm^3/kg}) \tag{12-12}$$

(2) SO_2 的体积为

$$V_{SO_2}=22.4\times\frac{1}{32}\times\frac{S^y}{100}=0.7\frac{S^y}{100}(\mathrm{Nm^3/kg}) \tag{12-13}$$

将 $V_{CO_2}+V_{SO_2}$ 合并写为 V_{RO_2}，即

$$V_{RO_2}=1.866\frac{C^y}{100}+0.7\frac{S^y}{100}(\mathrm{Nm^3/kg}) \tag{12-14}$$

(3) 理论水蒸气体积 $V_{H_2O}^0$ 由四部分组成：

① 燃料中所含氢燃烧后生成的水蒸气为

$$V_{H_2O}^{01}=\frac{2\times22.4}{2\times2.016}\times\frac{H^y}{100}=0.111H^y(\mathrm{Nm^3/kg}) \tag{12-15}$$

② 燃料中所含水分汽化产生的水蒸气为

$$V_{H_2O}^{02}=\frac{22.4}{18}\times\frac{W^y}{100}=0.012\,4W^y(\mathrm{Nm^3/kg}) \tag{12-16}$$

③ 由理论空气量 V^0 带入的水蒸气。由于干空气的密度为 1.293kg/Nm^3，水蒸气的密度为 0.804kg/Nm^3，所以单位体积空气中的水蒸气量为

$$V_{H_2O}^{03}=0.001\,6dV^0(\mathrm{Nm^3/kg}) \tag{12-17}$$

④ 在采用水蒸气雾化燃油时，随同燃油一起喷入的水蒸气为

$$V_{H_2O}^{04}=\frac{22.4}{18}\times W_{wh}=1.24W_{wh}(\mathrm{Nm^3/kg}) \tag{12-18}$$

式中　W_{wh}——雾化用水蒸气消耗量，kg/kg。

由式(12-18)，有

$$V_{H_2O}^{0}=0.111H^y+0.124W^y+0.001\,6dV^0+1.24W_{wh}(\mathrm{Nm^3/kg}) \tag{12-19}$$

(4) 理论 N_2 的体积 $V_{N_2}^0$。$V_{N_2}^0$ 有两个来源：燃料中的含氮量和理论空气量 V^0 中所含氮，即

$$V_{N_2}^0=\frac{22.4}{28}\times\frac{N^y}{100}+0.79V^0=0.8\frac{N^y}{100}+0.79V^0(\mathrm{Nm^3/kg}) \tag{12-20}$$

故理论烟气量为

$$V_y^0=V_{RO_2}+V_{H_2O}^0+V_{N_2}^0(\mathrm{Nm^3/kg}) \tag{12-21}$$

如果不计入 $V_{H_2O}^0$，则称之为理论干烟气量 V_{gy}^0，即

$$V_{gy}^0=V_{RO_2}+V_{N_2}^0(\mathrm{Nm^3/kg}) \tag{12-22}$$

干烟气体积的引入很有实用意义，在某些测定烟气成分的仪器中，所得到的各种组成气

体的百分比都是对于干烟气而言的。

12.2.1.2　实际烟气量的计算

当 $\alpha>1$ 时，燃烧过程中实际供应的空气量多于理论空气量，燃料的燃烧应当是完全的。在计算实际烟气量 V_y 时，需要将理论烟气量 V_y^0 加上过剩的干空气量及与之对应的水蒸气，即

$$V_y=V_y^0+(\alpha-1)(1+0.00161d)V^0(\mathrm{Nm^3/kg}) \tag{12-23}$$

如果不计入烟气中的水分，则得实际干烟气量为

$$V_{gy}=V_{gy}^0+(\alpha-1)V^0(\mathrm{Nm^3/kg}) \tag{12-24}$$

在烟气量 V_y 中的水蒸气体积为

$$V_{H_2O}=V_{H_2O}^0+0.00161d(\alpha-1)V^0(\mathrm{Nm^3/kg}) \tag{12-25}$$

故又可写出

$$V_y=V_{gy}+V_{H_2O}(\mathrm{Nm^3/kg}) \tag{12-26}$$

12.2.2　气体燃料燃烧烟气量的计算

12.2.2.1　理论烟气量的计算

与固体和液体燃料一样，理论烟气由 CO_2，SO_2，H_2O 及 N_2 四种气体组成，根据前述的化学反应式，可以得出 1Nm^3 湿气体燃料完全燃烧时所产生的各成分体积。

(1) CO_2 与 SO_2 的体积为

$$V_{RO_2}=V_{CO_2}+V_{SO_2}=\frac{1}{100}\left(CO_2+CO+\sum nC_nH_m+H_2S+SO_2\right)(\mathrm{Nm^3/Nm^3}) \tag{12-27}$$

(2) 理论水蒸气的体积为

$$V_{H_2O}^0=\frac{1}{100}\left(H_2O+H_2+\sum\frac{m}{2}C_nH_m+H_2S\right)+0.00161dV^0(\mathrm{Nm^3/Nm^3}) \tag{12-28}$$

(3) 理论氮气的体积为

$$V_{N_2}^0=\frac{N_2}{100}+0.79V^0(\mathrm{Nm^3/Nm^3}) \tag{12-29}$$

故理论烟气量为

$$V_y^0=V_{RO_2}^0+V_{H_2O}^0+V_{N_2}^0(\mathrm{Nm^3/Nm^3}) \tag{12-30}$$

理论干烟气量为

$$V_{gy}^0=V_{RO_2}^0+V_{N_2}^0(\mathrm{Nm^3/Nm^3}) \tag{12-31}$$

12.2.2.2　实际烟气量的计算

实际烟气量 V_y 为理论烟气量 V_y^0 与剩余空气量之和，即

$$V_y=V_y^0+(\alpha-1)(1+0.00161d)V^0(\mathrm{Nm^3/Nm^3}) \tag{12-32}$$

实际干烟气量为

$$V_{gy}=V_{gy}^0+(\alpha-1)V^0(\mathrm{Nm^3/Nm^3}) \tag{12-33}$$

在烟气量 V_y 中水蒸气体积为

$$V_{H_2O}=V_{H_2O}^0+0.00161d(\alpha-1)V^0(\mathrm{Nm^3/Nm^3}) \tag{12-34}$$

$$V_y = V_{gy} + V_{H_2O} (Nm^3/Nm^3) \tag{12-35}$$

12.3 不完全燃烧时烟气量计算

燃料不完全烧烧时，燃烧产物中会出现 CO，H_2 和 CH_4 等未燃成分。显然，含这些气体的量越多，表明燃烧过程越不完善，能量损失也越大。因此，分析烟气中未燃成分的种类和数量，评价燃烧过程的完善程度，为调整燃烧过程提供了科学依据。不完全燃烧的烟气量不能像完全燃烧时那样，直接由燃料成分求出，一般只有在已知烟气成分的条件下才能求出不完全燃烧时的烟气量。

12.3.1 液体燃料与固体燃料烟气量的计算

在已知燃料成分中 C^y%与 S^y%时，如能测出干烟气成分中含 C，S 元素的组成气体所占体积分数(如[RO_2]%，[CO]%，[CH_4]%等)，则可利用燃烧前后的物质平衡关系，求出不完全燃烧时的干烟气量 V_{gyb}。考虑到

$$[RO_2] = 100\frac{V_{RO_2}}{V_{gyb}};\ [CO] = 100\frac{V_{CO}}{V_{gyb}};\ [CH_4] = 100\frac{V_{CH_4}}{V_{gyb}}$$

式中 V_{gyb}，V_{RO_2}，V_{CO}，V_{CH_4}均是对应单位质量燃料的燃烧产物，Nm^3。有

$$V_{gyb} = \frac{100(V_{RO_2} + V_{CO} + V_{CH_4})}{[RO_2] + [CO] + [CH_4]} \tag{12-36}$$

根据燃烧前后的碳平衡关系，可写出碳平衡方程为

$$\frac{C^y}{100} = V_{CO_2} \times \frac{44}{22.4} \times \frac{12}{44} + V_{CO} \times \frac{28}{22.4} \times \frac{12}{28} + V_{CH_4} \times \frac{16}{22.4} \times \frac{12}{16}$$

即

$$V_{CO_2} + V_{CO} + V_{CH_4} = \frac{C^y}{100} \times \frac{22.4}{12}$$

而硫平衡方程为

$$\frac{S^y}{100} = V_{SO_2} \times \frac{64}{22.4} \times \frac{32}{64}$$

即

$$V_{SO_2} = \frac{S^y}{100} \times \frac{22.4}{32}$$

因此

$$V_{RO_2} + V_{CO} + V_{CH_4} = \frac{22.4}{100}\left(\frac{C^y}{12} + \frac{S^y}{32}\right)$$

于是计算 V_{gyb}的公式为

$$V_{gyb} = \frac{1.866(C^y + 0.375S^y)}{[RO_2] + [CO] + [CH_4]} (Nm^3/kg) \tag{12-37}$$

12.3.2 气体燃料烟气量的计算

利用燃烧前后的物质平衡关系，求出不完全燃烧时的干烟气量为

$$V_{gyb}=\frac{100(V_{RO_2}+V_{CO}+V_{CH_4})}{[RO_2]+[CO]+[CH_4]}(Nm^3/Nm^3) \tag{12-38}$$

式中 V_{gyb}，V_{RO_2}，V_{CO}，V_{CH_4} 均为 $1Nm^3$ 气体燃料的燃烧产物。

根据碳平衡方程

$$\sum C_{燃料} = V_{RO_2} + V_{CO} + V_{CH_4}$$

即

$$\frac{CO}{100}+\frac{CO_2}{100}+\frac{\sum nC_nH_m}{100}=V_{CO_2}+V_{CO}+V_{CH_4}$$

同理，可写出硫平衡方程为

$$\frac{H_2S}{100}=V_{SO_2}$$

由于

$$V_{RO_2}=V_{CO_2}+V_{SO_2}$$

$$V_{RO_2}+V_{CO}+V_{CH_4}=\frac{CO+CO_2+\sum nC_nH_m+H_2S}{100}(Nm^3/Nm^3)$$

于是，V_{gyb} 的计算公式为

$$V_{gyb}=\frac{CO+CO_2+\sum nC_nH_m+H_2S}{[RO_2]+[CO]+[CH_4]}(Nm^3/Nm^3) \tag{12-39}$$

12.3.3 燃料不完全燃烧烟气量与完全燃烧烟气量的关系

如果将不完全燃烧时烟气中含 CO，H_2 以及 CH_4 等可燃成分进一步燃烧，就达到了燃料的完全燃烧。如果将相应的空气中所含氮也一并列入，则可得出

$$CO+0.5O_2+0.5\times\frac{79}{21}N_2\rightarrow CO_2+0.5\times\frac{79}{21}N_2$$

即

$$CO+0.5O_2+1.88N_2\rightarrow CO_2+1.88N_2 \tag{12-40}$$

同理还可写出

$$H_2+0.5O_2+1.88N_2\rightarrow H_2O+1.88N_2 \tag{12-41}$$

$$CH_4+2O_2+7.52N_2\rightarrow CO_2+2H_2O+7.52N_2 \tag{12-42}$$

由这些反应式可以看出，不完全燃烧烟气量与完全燃烧烟气量之间有一定的关系。由于完全燃烧时烟气量可以由燃料成分求出，因此可利用这一关系，计算不完全燃烧烟气量。

12.3.3.1 $\alpha\geqslant1$ 的情况

由式(12-40)可以看出，烟气中每含有 $1Nm^3CO$，当它燃烧后，烟气体积将由 $1+0.5+1.88=3.38(Nm^3)$变为 $1+1.88=2.88(Nm^3)$，即不完全燃烧时的烟气体积在它完全燃烧后，将减少 $0.5Nm^3$。同理，由式(12-41)，在烟气中每含有 $1Nm^3$ H_2，则意味着完全燃烧后其体积将减少 $0.5Nm^3$。但由式(12-42)可以看出，烟气中的 CH_4 在完全燃烧后，气体体积不变。因此，在不完全燃烧烟气中如果含有 CO，H_2 和 CH_4 的体积分别为 V_{CO}，V_{H_2} 和 V_{CH_4}，则不完全燃烧烟气量 V_{yb} 与完全燃烧烟气量 V_y 的关系为

$$V_y = V_{yb} - 0.5V_{CO} - 0.5V_{H_2}$$

如已知不完全燃烧烟气成分：[CO]%，[H_2]%，[CH_4]%，则有

$$V_y = \frac{V_{yb}}{100}(100 - 0.5[CO] - 0.5[H_2])$$

即

$$\frac{V_{yb}}{V_y} = \frac{100}{100 - (0.5[CO] + 0.5[H_2])} \tag{12-43}$$

同理，由式(12-40)，(12-41)，(12-42)，对干烟气可得

$$V_{gy} = V_{gyb} - 0.5V_{CO} - 1.5V_{H_2} + 2V_{CH_4}$$

如已知不完全燃烧烟气成分：[CO]%，[H_2]%，[CH_4]%，则可写出

$$\frac{V_{gyb}}{V_{gy}} = \frac{100}{100 - (0.5[CO] + 1.5[H_2] + 2[CH_4])} \tag{12-44}$$

12.3.3.2 $\alpha < 1$ 的情况

这时空气量供给不足，可能存在以下两种情况。

(1) 燃料与空气充分混合

这时烟气中仅含 CO，H_2，CH_4 等可燃成分，但无过剩氧，式(12-40)，(12-41)，(12-42)表示的化学反应不能进行。这就意味着，烟气中每含有 1Nm^3 CO，由于缺少了 0.5Nm^3 的 O_2 和 1.88Nm^3 的 N_2，因而不能生成完全燃烧时的理论燃烧产物 1Nm^3 CO_2 和 1.88Nm^3 N_2，即不完全燃烧产物比理论燃烧产物少 1.88Nm^3。同理，烟气中每含有 1Nm^3 H_2，将使燃烧产物比理论燃烧产物烟气少 1.88Nm^3。烟气中每含有 1Nm^3 CH_4，将使燃烧产物比理论燃烧产物少 9.52Nm^3。因此，如不完全燃烧烟气中含有 V_{CO}的 CO，V_{H_2}的 H_2，V_{CH_4}的 CH_4 等不完全燃烧产物，则

$$V_{yb} = V_y^0 - (1.88V_{CO} + 1.88V_{H_2} + 9.52V_{CH_4})$$

如已知不完全燃烧烟气成分：[CO]%，[H_2]%，[CH_4]%，则

$$V_y^0 = \frac{V_{yb}}{100}(100 + 1.88[CO] + 1.88[H_2] + 9.52[CH_4])$$

即

$$\frac{V_{yb}}{V_y^0} = \frac{100}{100 + 1.88[CO] + 1.88[H_2] + 9.52[CH_4]} \tag{12-45}$$

同理，对干烟气则可导出

$$\frac{V_{gyb}}{V_{gy}^0} = \frac{100}{100 + 1.88[CO] + 0.88[H_2] + 7.52[CH_4]} \tag{12-46}$$

但应指出，式(12-46)中的烟气成分为干烟气成分。

(2) 燃料与空气未能充分混合。

这时虽然供给的空气不足，但烟气中除含有 CO，H_2，CH_4 等可燃成分外，尚含有剩余的氧。如烟气中氧的体积为 V_{O_2}，则相当于有$\frac{1}{0.21}V_{O_2} = 4.76V_{O_2}$的空气未参与燃烧，而存在于不完全烟气之中。在不完全燃烧烟气的 V_{yb}中将这部分空气扣除后，即可得出参与燃烧的空气与燃料生成的不完全燃烧烟气，由以上讨论已经知道它比理论烟气量 V_y^0 少 $1.88V_{CO}$

$+1.88V_{H_2}+9.52V_{CH_4}$($V_{CO}$，$V_{H_2}$，$V_{CH_4}$分别为不完全燃烧烟气中所含 CO，$H_2$ 及 CH_4 的体积)，有

$$V_{yb}-4.76V_{O_2}=V_y^0-(1.88V_{CO}+1.88V_{H_2}+9.52V_{CH_4})$$

即

$$V_y^0=\frac{V_{yb}}{100}(100-1.88[CO]-1.88[H_2]-9.52[CH_4]+4.76[O_2]) \tag{12-47}$$

$$\frac{V_{yb}}{V_y^0}=\frac{100}{100+1.88[CO]+1.88[H_2]+9.52[CH_4]-4.76[O_2]}$$

同理，对干烟气，有

$$\frac{V_{gyb}}{V_{gy}^0}=\frac{100}{100+1.88[CO]+0.88[H_2]+7.52[CH_4]+4.76[O_2]} \tag{12-48}$$

式(12-48)中的烟气成分为干烟气成分。

12.4 烟气分析及空气消耗系数的检测计算

为了判断燃烧室中燃料所达到的实际燃烧程度，必须对正在进行的实际燃烧过程进行检测和控制。燃烧过程检测的主要内容是燃烧质量的检测，包括烟气成分分析和空气消耗系数的检测。通过对烟气成分的分析不仅可以了解燃料的燃烧完全程度、燃烧污染物(如 SO_2，CO，NO_x 等)的排放情况，而且通过烟气成分还可计算出影响燃烧过程的重要参数，即空气系数。因此，烟气分析是判断燃烧过程是否完善的重要手段。

测定气体成分的方法是先用一取样装置由燃烧室(或烟道系统)中规定的位置(称为取样点)抽取气体试样，然后用气体分析仪器进行成分分析。燃烧室或烟道内各点气体成分是不均匀的，因此，取样点必须选择适当，力求该处成分具有代表性，或者设置合理分布的多个取样点而求出各点成分的平均值。取样过程中不允许混入其他气体，也不允许在取样装置中各种气体之间发生化学反应。

气体分析仪的类型很多，按其工作原理可分为两大类：一类为化学式，它是利用特定的化学药品对烟气中各种成分进行吸收，从而测定其体积分数，例如目前常用的奥塞特(Orsat)烟气分析仪等即属此类；另一类则为物理式，它是利用各种烟气成分的物理特性不同，从而测定其品种及含量，例如利用各种气体对红外线吸收波长具有选择性的特点制成的红外气体分析仪等。在这两类分析仪中，化学式由于不能实时、连续地指示烟气中各种成分的量，故使用不够方便；物理式虽能做到实时、连续指示烟气中各种成分的量，但高精度的物理式烟气分析仪(如红外气体分析仪)价格昂贵，故其实际应用不及化学式气体分析仪广泛。

12.4.1 烟气成分的检验方程

烟气分析结果的正确性受取样、仪器等许多因素影响，因此检验烟气分析结果是否正确至关重要。利用燃料计算的基本原理，可以建立燃烧产物各成分之间的关系式，这些关系式可以用来验证气体成分分析的准确性。同时，这些关系式还进一步反映出燃料和燃烧产物的

特性。

燃料在理论空气量配合比例下，如能达到完全燃烧，则干烟气中所含[RO_2]%将达到最大值，即

$$[RO_2]_{max} = \frac{V_{RO_2}}{V_{gy}^0} \times 100 \tag{12-49}$$

式中 $V_{RO_2} = V_{CO_2} + V_{SO_2}$。$V_{CO_2}$，$V_{SO_2}$及 V_{gy}^0的计算公式已在 12.2 节中导出，将它们代入式(12-49)，经整理后可得

$$[RO_2]_{max} = \frac{21}{1+\beta} \tag{12-50}$$

式中 β 为一个燃料特性系数，取决于燃料成分。在空气中燃烧时，对于液体和固体燃料，有

$$\beta = 2.27\frac{H^y - 0.125O^y + 0.038N^y}{C^y + 0.375S^y} \tag{12-51}$$

对于气体燃料，有

$$\beta = \frac{0.79\left[0.5H_2 + 0.5CO + \sum\left(n + \frac{m}{4}\right)C_nH_m + 1.5H_2S - O_2\right] + 0.21N_2}{CO + \sum nC_nH_m + H_2S + CO_2} - 0.79 \tag{12-52}$$

表 12-2 给出了几种常用燃料的 β 和[RO_2]$_{max}$。

表 12-2　几种常用燃料的 β 和[RO_2]$_{max}$

燃料	β	$[RO_2]_{max}$	燃料	β	$[RO_2]_{max}$
碳	0	21	烟煤	0.10～0.15	19.1～18.3
H_2	—	0	褐煤	0.05～0.11	20.0～18.9
CO	0.395	34.7	泥煤	0.07～0.08	19.6～19.4
CH_4	0.79	11.7	重油	0.29～0.35	16.2～15.6
无烟煤	0.02～0.10	20.6～19.1	甲烷	0.19	11.7
贫煤	0.09～0.12	19.3～18.9	天然气	0.75～0.80	11.8

按式(12-51)或(12-52)计算 β 值后，可按式(12-50)计算[RO_2]$_{max}$。另一方面，由已知的烟气成分可反推出[RO_2]$_{max}$，利用这种关系就可导出烟气成分的验证方程。

现在讨论当 $\alpha \geqslant 1$ 时，烟气成分与[RO_2]$_{max}$的关系。假设干烟气中含有的不完全燃烧产物体积成分为[CO]%，[H_2]%及[CH_4]%，氧的体积成分为[O_2]%。

已知在完全燃烧时有

$$V_{gy}^0 = V_{gy} - (V_k - V^0) \tag{12-53}$$

由式(12-44)可知

$$V_{gy} = V_{gyb}\frac{100 - 0.5[CO] - 1.5[H_2] - 2[CH_4]}{100}$$

烟气中所含氧不仅包括过量空气($V_k - V^0$)带来的氧，还包括由于不完全燃烧而少消耗的氧。由于不完全燃烧而少消耗的氧可利用式(12-40)，(12-41)，(12-42)求出，即

$$V_{O_2} = V_{gyb}\frac{[O_2]}{100} = \frac{21}{100}(V_k - V^0) + V_{gyb}\frac{0.5[CO] + 0.5[H_2] + 2[CH_4]}{100}$$

于是，可得出

$$(V_k - V^0) = \frac{V_{gyb}}{21}([O_2] - 0.5[CO] - 0.5[H_2] - 2[CH_4]) \tag{12-54}$$

将式(12-44)中 V_{gy}和式(12-54)中 $V_k - V^0$ 代入式(12-53)，可得

$$V_{gy}^0 = V_{gyb}(100 - 4.76[O_2] + 1.88[CO] + 0.88[H_2] + 7.52[CH_4]) \tag{12-55}$$

另一方面，如果烟气中所含 CO 和 CH_4 完全燃烧，则能生成同样体积(以 Nm^3 计)的 CO_2，故完全燃烧时，有

$$V_{RO_2} = V_{gyb}\frac{[RO_2] + [CO] + [CH_4]}{100} \tag{12-56}$$

将式(12-55)的 V_{gy}^0与式(12-56)的 V_{RO_2}代入式(12-49)，则由烟气成分可求出

$$[RO_2]_{max} = \frac{[RO_2] + [CO] + [CH_4]}{100 - 4.76[O_2] + 1.88[CO] + 0.88[H_2] + 7.52[CH_4]} \times 100 \tag{12-57}$$

于是，由式(12-50)与式(12-57)可得出

$$[RO_2] + [O_2] + 0.605[CO] - 0.185[H_2] - 0.58[CH_4] + \beta([RO_2] + [CO] + [CH_4]) = 21 \tag{12-58}$$

式(12-58)表示了诸烟气成分间应满足的关系式，常称为烟气分析方程。应用式(12-58)可检验烟气分析结果，如果测出的烟气成分不能满足该方程，则表明测试结果不正确，因此该式又称为烟气分析检验方程。

当不完全燃烧时，产物中$[H_2]$%及$[CH_4]$%较低而可以忽略，式(12-58)可简化为

$$[RO_2] + [O_2] + 0.605[CO] + \beta([RO_2] + [CO]) = 21 \tag{12-59}$$

式(12-58)还可用于计算烟气成分，例如可将简化的式(12-59)改写为

$$[CO] = \frac{21 - [O_2] - (1 + \beta)[RO_2]}{0.605 + \beta} \tag{12-60}$$

因此，在准确测定$[O_2]$%，$[RO_2]$%后即可计算出[CO]%。由于含 CO 量较低，用简单烟气分析仪较难测准，故通常只测定$[RO_2]$%，$[O_2]$%，而[CO]%则用式(12-60)计算。

在燃料完全燃烧时，式(12-59)简化为

$$[RO_2] + [O_2] + \beta[RO_2] = 21$$

即

$$[RO_2] = \frac{21 - [O_2]}{1 + \beta} \tag{12-61}$$

这说明在燃料完全燃烧时，$[RO_2]$的变化趋势与$[O_2]$相反，亦即$[RO_2]$的变化趋势与空气系数 α 相反，因此在燃烧装置运行时，如果发现$[RO_2]$过低，就意味着空气量供给过多，或燃烧装置漏入了较多的冷空气(例如由炉体、烟道等处漏入冷空气)。因此，通过测定$[RO_2]$可以了解燃烧装置内的空气系数是否符合要求。

12.4.2 空气系数的检测计算

空气系数 α 对燃烧过程有很大的影响，是燃烧过程的一个重要指标。

在设计炉子时，α 是根据经验选取的。例如，对于要求燃料完全燃烧的炉子，α 可以参考表 12-3 选取。对于要求不完全燃烧的炉子，α 则根据工艺要求而定。

表 12-3　　空气系数 α 值表

燃料种类	燃烧方法	α
固体燃料	人工加煤	1.2~1.4
	机械加煤	1.2~1.3
	粉状燃烧	1.05~1.25
液体燃料	低压烧嘴	1.10~1.15
	高压烧嘴	1.20~1.25
气体燃料	无焰燃烧	1.03~1.05
	有焰燃烧	1.05~1.20

对于正在作业的炉子，炉内实际的 α 值受炉子吸气和漏气的影响，不便用式(12-8)计算，而是按烟气成分计算。

按烟气成分计算空气过量系数 α 的方法很多，下面介绍两种计算方法。

12.4.2.1　由氮平衡原理计算 α

由空气系数的定义可写出(当 $\alpha \geqslant 1$ 时)

$$\alpha = \frac{V_k}{V_0} = \frac{V_k}{V_k - \Delta V_k} = \frac{1}{1 - \dfrac{\Delta V_k}{V_k}} \tag{12-62}$$

式中 $\Delta V_k = V_k - V^0$ 为过剩空气量，可由式(12-54)求出。

根据空气的体积成分关系可知

$$V_k = \frac{V_{N_{2a}}}{0.79}$$

式中 $V_{N_{2a}}$ 为烟气中由空气带入的氮。

在已知干烟气体积成分 $[RO_2]\%$，$[CO]\%$，$[H_2]\%$，$[CH_4]\%$，$[N_2]\%$，$[O_2]\%$ 时，当 $\alpha > 1$ 时，由式(12-54)可求出

$$\Delta V_k = \frac{V_{gyb}}{21}([O_2] - 0.5[CO] - 0.5[H_2] - 2[CH_4])$$

由氮平衡关系可知，在烟气中由空气带入的氮应等于烟气中所含 V_{N_2} 减去由燃料带入的氮 $V_{N_{2f}}$，即

$$V_{N_{2a}} = V_{N_2} - V_{N_{2f}}$$

因此

$$V_k = \frac{V_{N_{2a}}}{0.79} = \frac{V_{gyb}}{79}([N_2] - [N_{2f}]) \tag{12-63}$$

将 ΔV_k 与 V_k 代入式(12-62)，得

$$\alpha = \frac{1}{1 - \dfrac{79[O_2] - 0.5[CO] - 0.5[H_2] - 2[CH_4]}{21([N_2] - [N_{2f}])}} \tag{12-64}$$

式(12-64)中的$[N_{2f}]$可由燃料成分求出，从而可得出计算 α 公式的最终形式。

(1) 对液体燃料与固体燃料

$$[N_{2f}]=\frac{V_{N_{2f}}}{V_{gyb}}\times 100=\frac{N^y}{100}\times\frac{22.4}{28}\times\frac{100}{V_{gyb}}=\frac{0.8N^y}{V_{gyb}} \tag{12-65}$$

将由式(12-36)得到的 V_{gyb}代入，于是

$$[N_{2f}]=\frac{0.428N^y([RO_2]+[CO]+[CH_4])}{C^y+0.375S^y} \tag{12-66}$$

将$[N_{2f}]$代入式(12-64)，可得出计算液体燃料和固体燃料的 α 公式为

$$\alpha=\frac{1}{1-\frac{79}{21}\times\frac{([O_2]-0.5[CO]-0.5[H_2]-2[CH_4])}{[N_2]-\frac{0.428N^y([RO_2]+[CO]+[CH_4])}{C^y+0.375S^y}}} \tag{12-67}$$

(2) 对气体燃料

$$[N_{2f}]=\frac{V_{N_{2f}}}{V_{gyb}}\times 100=\frac{[N_2]}{100}\times\frac{100}{V_{gyb}}=\frac{[N_2]}{V_{gyb}} \tag{12-68}$$

将由式(12-39)得出的 V_{gyb}代入，有

$$[N_{2f}]=\frac{[N_2]([RO_2]+[CO]+[CH_4])}{CO+CO_2+\sum nC_nH_m+H_2S} \tag{12-69}$$

将求出的$[N_{2f}]$代入式(12-64)，可得计算气体燃料的 α 公式为

$$\alpha=\frac{1}{1-\frac{79}{21}\times\frac{([O_2]-0.5[CO]-0.5[H_2]-2[CH_4])}{[N_2]-\frac{N_2([RO_2]+[CO]+[CH_4])}{CO+CO_2+\sum nC_nH_m+H_2S}}} \tag{12-70}$$

(3) 对 α 计算公式的进一步讨论。在燃料完全燃烧时，$[CO]=0$，$[H_2]=0$，$[CH_4]=0$，则式(12-64)可简化为

$$\alpha=\frac{1}{1-\frac{79}{21}\times\frac{[O_2]}{([N_2]-[N_{2f}])}} \tag{12-71}$$

当燃料中所含氮很少(固体燃料、液体燃料、天然燃料、焦炉煤气等)而可略去时，式(12-71)可进一步简化为

$$\alpha=\frac{1}{1-\frac{79}{21}\times\frac{[O_2]}{[N_2]}} \tag{12-72}$$

当烟气中$[N_2]\approx 79$时，式(12-72)简化为

$$\alpha\approx\frac{21}{21-[O_2]}\approx\frac{\frac{21}{1+\beta}}{\frac{21-[O_2]}{1+\beta}}\approx\frac{[RO_2]_{max}}{[RO_2]} \tag{12-73}$$

因此，由式(12-73)，可根据烟气中所含$[O_2]$%或$[RO_2]$%估计出大致的空气系数 α。

12.4.2.2　按氧平衡原理计算 α

出于技术上的需要，可能采用富氧(即向空气中添加氧气)甚至纯氧燃烧，这时不能用式(12-62)及导出的公式计算 α。以下讨论在这种情况下 α 的计算。

(1) 在燃料完全燃烧时，由空气系数的定义，当 $\alpha\geqslant 1$ 时，有

$$\alpha=\frac{V_k}{V_0}=\frac{V_{kO_2}}{V_{O_2}^0}=\frac{V_{O_2}^0+\Delta V_{O_2}}{V_{O_2}} \tag{12-74}$$

式中 $V_{O_2}^0$ 与 V_{kO_2} 分别为理论需氧量与实际供氧量。应注意此时 $V_{O_2}^0\neq 0.21V^0$，$V_{kO_2}\neq 0.21V_k$，ΔV_{O_2}为过剩氧量，它可表示为

$$\Delta V_{O_2}=V_{gy}\frac{[O_2]}{100} \tag{12-75}$$

在燃料完全燃烧时，单位燃料(对气体燃料为 $1Nm^3$，对液体燃料、固体燃料则为 1kg)的 $V_{O_2}^0$与 V_{RO_2}均取决于燃料成分，且$\frac{V_{O_2}^0}{V_{RO_2}}$= 常数(以 K 表示)，于是可得

$$V_{O_2}^0=KV_{RO_2}=KV_{gy}\frac{[RO_2]}{100} \tag{12-76}$$

$$V_{kO_2}=V_{gy}\left(\frac{K[RO_2]+[O_2]}{100}\right) \tag{12-77}$$

代入式(12-74)，可得

$$\alpha=\frac{K[RO_2]+[O_2]}{K[RO_2]}=\frac{KV_{RO_2}+\Delta V_{O_2}}{KV_{RO_2}} \tag{12-78}$$

因此根据烟气成分中的$[RO_2]\%$与$[O_2]\%$即可求出 α，式中的 K 可根据燃料成分计算。表 12-4 给出了一些常用燃料的 K 值计算结果。

表 12-4　常用燃料的 *K* 值与 *R* 值

燃　料	K	$R\times10^3/(m^3/kJ)$
C	1.0	5.485
CO	0.5	7.936
CH_4	2.0	2.796
天然煤气	2.0	2.820～2.916
烟煤发生炉煤气	0.75	5.859
无烟煤发生炉煤气	0.64	6.459
焦炉煤气	2.28	2.379
高炉煤气	0.41	9.958
重　油	1.35	3.922
烟　煤	1.12～1.16	4.727～4.830
无烟煤	1.05～1.10	5.276

(2) 在燃料不完全燃烧时。

根据 α 的定义，式(12-75)与式(12-76)中的 ΔV_{O_2}与 V_{RO_2}均指完全燃烧时的值。当燃料不完全燃烧时，烟气中尚含有 CO，H_2，CH_4 等可燃烧成分，当这些成分完全燃烧后就达到了燃料的完全燃烧。因此由不完全燃烧烟气的成分可计算出当燃料完全燃烧时的 ΔV_{O_2}与 V_{RO_2}。由式(12-76)可得出在 $\alpha>1$ 时，有

$$\Delta V_{O_2}=\frac{V_{gyb}}{100}([O_2]-0.5[CO]-0.5[H_2]-2[CH_4])$$

由式(12-56)可得

$$V_{RO_2}=\frac{V_{gyb}}{100}([RO_2]+[CO]+[CH_4])$$

故

$$V_{O_2}^0=KV_{RO_2}=\frac{KV_{gyb}}{100}([RO_2]+[CO]+[CH_4])$$

因此

$$\alpha=\frac{[O_2]-0.5[CO]-0.5[H_2]-2[CH_4]+K([RO_2]+[CO]+[CH_4])}{K([RO_2]+[CO]+[CH_4])} \quad (12\text{-}79)$$

12.4.3 燃料不完全燃烧损失计算

在燃料不完全燃烧时，烟气中含有 CO，H_2，CH_4 等可燃成分，从而带走燃料的一部分化学能，由此而引起的损失，称为燃料的化学不完全燃烧损失。单位燃料(对气体燃料为 $1Nm^3$，对于液体和固体燃料则为 1kg)燃烧时的化学未完全燃烧损失则定义为化学不完全燃烧损失系数 q，即

$$q=\frac{V_{CO}Q_{CO}+V_{H_2}Q_{H_2}+V_{CH_4}Q_{CH_4}}{Q_{dw}} \quad (12\text{-}80)$$

式中 Q_{CO}—CO 的发热量，12 636kJ/Nm^3；

Q_{H_2}——H_2 的发热量，10 743kJ/Nm^3；

Q_{CH_4}——CH_4 的发热量，35 709kJ/Nm^3。

而

$$V_{CO}=V_{gyb}\frac{[CO]}{100}$$

$$V_{H_2}=V_{gyb}\frac{[H_2]}{100}$$

$$V_{CH_4}=V_{gyb}\frac{[CH_4]}{100}$$

所以

$$q=\frac{V_{gyb}(126.36[CO]+107.43[H_2]+357.09[CH_4])}{Q_{dw}} \quad (12\text{-}81)$$

式中的不完全燃烧干烟气量 V_{gyb}在已知燃料成分和烟气成分时，可用以前导出的公式计算。

这里再介绍一种 V_{gyb}的计算方法。对于一定的燃料，燃烧后所生成的 V_{O_2max}为一定值，因此

$$V_{RO_2max}=V_{gy}^0\frac{[RO_2]_{max}}{100}=V_{gyb}\times\frac{([RO_2]+[CO]+[CH_4])}{100}$$

故

$$V_{gyb}=V_{gy}^0\times\frac{[RO_2]_{max}}{[RO_2]+[CO]+[CH_4]} \quad (12\text{-}82)$$

因此

$$q=\frac{[RO_2]_{max}V_{gy}^0}{Q_{dw}}\left(\frac{126.36[CO]+107.43[H_2]+357.09[CH_4]}{[RO_2]+[CO]+[CH_4]}\right) \tag{12-83}$$

对一定的燃料$\frac{[RO_2]_{max}V_{gy}^0}{Q_{dw}}$为一定数，以 R 表示。表 12-4 给出了常用的几种燃料的 R 值，于是可得出

$$q=R\times\frac{126.36[CO]+107.43[H_2]+357.09[CH_4]}{[RO_2]+[CO]+[CH_4]}$$

因此在已知烟气成分时，即可求出 q。

第 13 章

气体燃料的燃烧

气体燃料在日常生活和工农业生产中有着广泛的应用。与其他类型燃料相比，气体燃料具有一系列优点，如燃烧装置结构比较简单，输送和调节控制比较方便，燃烧产物中含污染物量较低，有利于保护环境；使用气体燃料还可以减轻操作人员的劳动强度，因此开发和利用气体燃料具有重要意义。

常用的气体燃料有天然气、液化石油气和人工煤气三大类，其可燃成分主要是 H_2，CO，CH_4 和低分子碳氢化合物。

13.1 扩散燃烧和动力燃烧

在气体燃料的燃烧中，由于燃料与氧化剂(空气或氧气)同为气相，所以这是一种均相燃烧。燃气和氧化剂可以在送入燃烧室之前预先混合，也可以分别送入燃烧室后再进行混合。通常根据燃料与氧化剂是否预先混合把燃烧分为两类：一类为预混燃烧，另一类为非预混燃烧。预混燃烧的特点是燃料与氧化剂预先按一定比例均匀混合，形成可燃混合气后燃烧，故燃烧速率决定于化学反应速率，燃烧受化学动力学因素控制。非预混燃烧的特点是燃料与氧化剂在燃烧装置内边扩散混合边燃烧，这时燃烧过程受到化学动力学因素与扩散混合因素的影响。如果燃烧过程主要受扩散混合因素控制，则称之为扩散燃烧。反之如果主要受化学动力学因素控制，则称之为动力燃烧。

在气体燃料、液体燃料与固体燃料的燃烧过程中，根据燃烧条件可能会出现动力燃烧和扩散燃烧，或处于两者之间的过渡燃烧。本章只讨论气体燃料的扩散燃烧，它是研究扩散燃烧的基础。

一般来说，燃烧所需的全部时间通常包括两部分：气体燃料与氧化剂混合所需时间 τ_{mix} 以及燃料进行化学反应所需时间 τ_{che}。如果不考虑两种过程的重叠，整个燃烧时间 τ 就是上述两种时间之和，即 $\tau=\tau_{mix}+\tau_{che}$。如果 $\tau_{mix}\ll\tau_{che}$，则 $\tau\approx\tau_{che}$，即燃烧过程受化学动力学因素控制，而为动力燃烧工况。这是在预混与非预混燃烧中都可能存在的情况。这时燃烧速率将强烈地受化学动力学因素控制，可燃混合气的性质、温度、压力、浓度等的变化将强烈地影响燃烧速率，而气流速度、气流流过的物体形状和尺寸等与扩散混合有关的因素，对燃烧速率并无显著影响。反之，如果 $\tau_{mix} \gg \tau_{che}$，则 $\tau \approx \tau_{mix}$，即化学反应进行得很快，燃烧过程受混合扩散因素控制，为扩散燃烧工况，这时燃烧速率与化学动力学因素的关系不大，而流体动力学因素对燃烧速率起决定作用。这种混合过程是通过分子扩散或气团扩散完成的。例如对非预混燃烧，当燃烧区温度高到足以使化学反应瞬间完成时即处于这种燃烧工况。

实际上，有些燃烧过程可能处于上述两种极端情况之间，这时 τ_{mix} 与 τ_{che} 相差不大，故燃烧过程同时要受到化学动力学因素与流体力学因素影响，这是一种最复杂的燃烧工况。

燃料的燃烧处于何种燃烧工况并不完全取决于是否与氧化剂预混，而取决于 τ_{che} 与 τ_{mix} 在整个燃烧时间中所占比例，而且在一定条件下还会互相转换。通过下面的讨论有助于理解这一问题。燃料与氧化剂是否预混以及预混气中燃料与氧化剂的配合比例可用空气系数 α（当氧化剂为空气时）表示。图 13-1 表示将具有不同 α 的预混可燃气喷入空气中进行燃烧时，燃烧工况的变化。

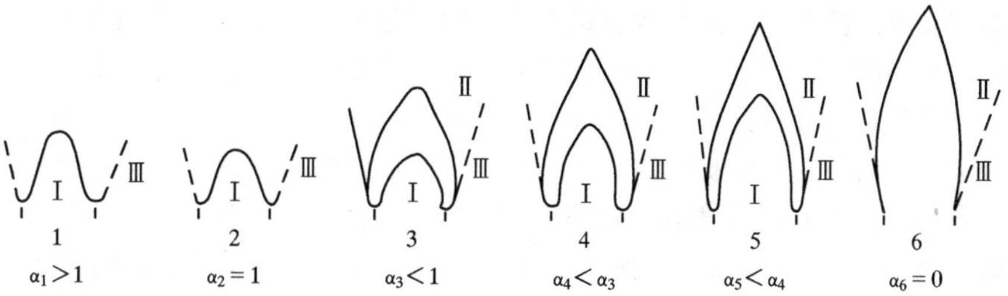

图 13-1　气体燃料燃烧火焰在不同空气系数条件下的变化情况

13.1.1　$\alpha \geqslant 1$ 的情况

当 $\alpha \geqslant 1$ 时为纯动力燃烧（图 13-1 中 1 和 2 两种工况）。这时只有一层动力燃烧火焰前锋Ⅰ，并且随着 α 的增加，动力燃烧火焰前锋将伸长。

在燃烧技术中常根据火焰的外观将燃烧分为有焰燃烧和无焰燃烧。所谓有焰燃烧，实际上是指非预混燃烧，这是由于燃料在进行边混合边燃烧过程中，因燃料经受较长时间的加热而分解，在火焰中生成较多的固体炭粒，炭粒的发光效应使火焰明亮且有鲜明轮廓，有焰燃烧也由此而得名。也有人称它为火炬式燃烧。所谓无焰燃烧，实际上是指 $\alpha>1$ 的预混气燃烧火焰中含发光炭粒较少且火焰较短，在炽热的炉壁背景下几乎看不出火焰，无焰燃烧也因此得名。

13.1.2　$\alpha<1$ 的情况

对于 $\alpha<1$ 的情况，由于可燃混合气中空气不足，在燃烧火焰中将出现动力燃烧火焰前锋Ⅰ与扩散燃烧火焰前锋Ⅱ两层火焰前锋。这是由于在动力燃烧火焰前锋处只能把可燃混合气中相当于化学当量比的那部分燃料烧掉，而形成动力燃烧火焰前锋Ⅰ，其余没有烧掉的燃料就与完全燃烧后生成的燃烧产物混合起来，形成一种相当于掺杂了惰性气体的气体燃料。这种气体燃料将与周围空气相互混合并继续燃烧，形成扩散火焰前锋Ⅱ。随着 α 的减小，由于火焰传播速度的降低，动力燃烧火焰前锋变长，与此同时在动力燃烧火焰上未燃烧的剩余燃料将增加，故需从周围空气中扩散进来更多的空气才能使燃料完全燃烧，因此扩散燃烧火焰前锋也将伸长。当发生极端情况 $\alpha=0$ 时（即非预混燃烧），燃烧过程就变为纯扩散燃

烧。这时只有一层扩散燃烧火焰前锋Ⅱ。这种现象如图 13-1 上的 3，4，5 和 6 所示。

13.2 扩散燃烧火焰结构

在实际的气体燃料燃烧装置中，燃料与空气通常采用射流形式供给。由于燃烧装置结构的差异，射流的形式多种多样。如圆柱形射流、平行射流、交叉射流、旋转射流等。射流的流动以及燃料与空气间的动量、质量和能量交换各有特点，其燃烧过程亦有差异。

在扩散燃烧中，燃料与空气的混合依靠它们之间的质量扩散，因此扩散燃烧的速度也主要取决于扩散速率。流动介质中的质量扩散过程与流动状态有关，在层流状态，以分子扩散方式进行；在湍流状态，由于大量气团的无规则运动强化了质量扩散，使燃料与空气之间的质量扩散速率大为增加。

燃料作圆柱形射流时的层流扩散燃烧火焰结构如图 13-2 所示。气体燃料从直径为 d_f 的喷口喷出后，与周围的空气进行分子间扩散混合，通过着火燃烧后形成扩散火焰。如果对于理想情况，可认为化学反应速率很高，故火焰前锋厚度极薄，可视为一无限薄的几何面。这一火焰前锋位于燃料与空气经扩散混合而达到化学当量比的那一层表面处，否则火焰前锋不稳定。如果火焰前锋处有过剩燃料，则它将扩散到火焰前锋外侧的空间，遇到空气继续燃烧，故火焰前锋必定向外移动而不能稳定在这一位置，反之，火焰前锋将向内移动。由此可见，火焰前锋面对燃料和空气都是不可渗透的，故火焰前锋内侧只有燃料与燃烧产物，不存在氧气。在火焰前锋外侧则为空气与燃烧产物，不存在燃料。

扩散火焰某断面处的气体浓度和温度分布如图 13-3 所示。由图可以看出，在火焰前锋面上化学反应十分迅速，燃烧产物浓度 C_p 和温度均最高，并由燃料侧向火焰锋面逐渐递增，而氧浓度由空气侧向火焰锋面逐渐递减，在火焰锋面上 C_f 与 C_O 均接近于零。在图 13-2 中由喷口到火焰前锋顶部的距离则称为火焰高度 h_f，它是燃烧装置选择燃烧器的重要依据。

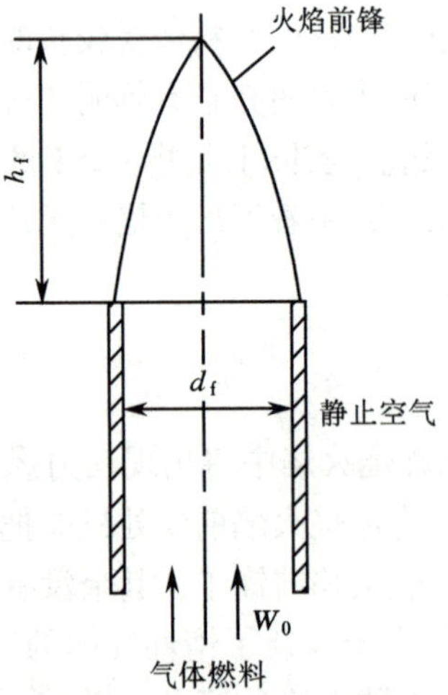

13-2 理想状况下的层流扩散火焰

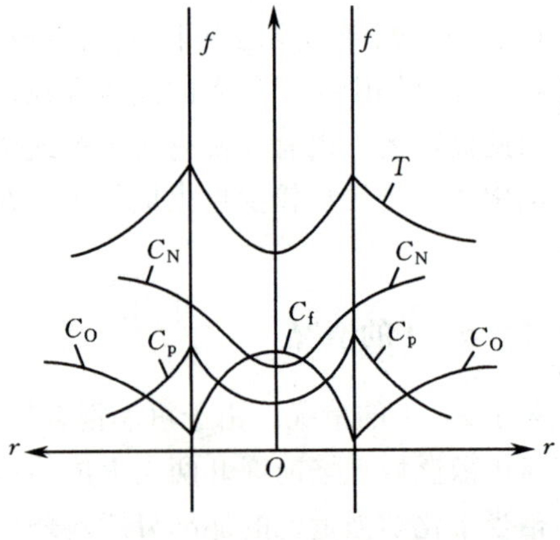

图 13-3 理想状况下层流扩散火焰断面上的浓度与温度分布

C_f—燃料浓度；C_O—氧浓度；C_p—燃烧产物浓度；C_N—氮浓度；T—温度；f—火焰锋面

实际上的扩散火焰有一定厚度，如图 13-4 所示的 A，B 面分别为火焰前锋的内、外表面。由图可以看出，在燃料一侧的预热区为一含氧极少的高温区，因为几乎很少有氧气能通过火焰锋面进入燃料区，故缺氧。在高温而缺氧的情况下燃料将会产生热分解，热分解的程度视燃料与温度而不同，一般来说，碳氢化合物相对分子质量越大，稳定性越差，温度越高，热分解反应越强烈。甲烷的分解温度为 683℃，在 950℃约分解 26%，在 1 150℃时分解 99%；乙烷分解温度为 485℃；丙烷为 400℃；丁烷为 435℃。氢和一氧化碳的热稳定性则较好，它们在 2 500～3 000℃下也能稳定存在。碳氢化合物分解产生的游离炭粒，如来不及燃烧，将被烟气带走，这不仅会造成不完全燃烧损失，而且形成的黑烟还会污染大气。在高温下炭粒燃烧时会产生明亮的淡黄色火焰，可增加火焰辐射传热强度，故对增强炉内传热有其有利的一面。

在管口直径不变时，如逐渐提高气体燃料流出速度，当雷诺数超过某一临界值，气体的流动将从层流转变为湍流，扩散过程便由分子扩散变为气团扩散，这时燃烧状态由层流射流扩散转变为湍流射流扩散。

图 13-5 表示火焰高度和火焰状态随管口流出速度(管径不变时)的变化。在层流区，火焰前锋清晰，光滑和稳定，火焰高度 h_f 几乎同流速(或雷诺数)成正比。在过渡区，火焰末端出现局部湍流，火焰前锋明显起皱，并随流出速度的增加，火焰末端的湍流区长度增加，即由层流转变为湍流的“转变点”向管口移动，而火焰的总高度 h_f 明显降低。当到达湍流区之后，火焰总高度 h_f 几乎与流出速率无关，“转变点”与管口的距离则随流速的增加稍有缩短，这时几乎整个火焰前锋都产生严重皱褶，火焰亮度明显降低，并且出现燃烧噪声。

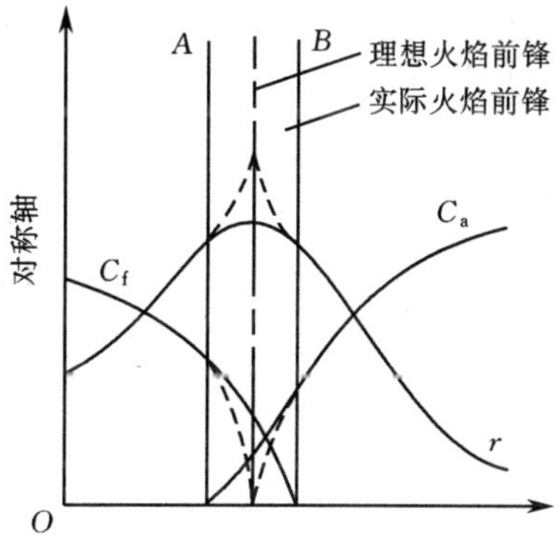

图 13-4　实际射流扩散火焰结构

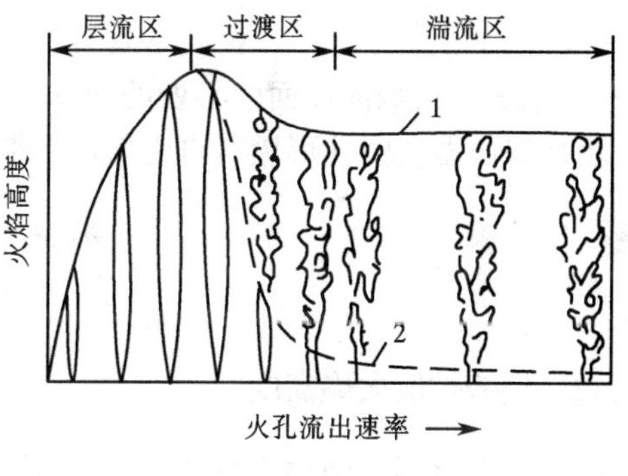

图 13-5　扩散火焰长度与火孔流出速率的关系

1—火焰顶点；2—由层流向湍流的转变点

以下进一步讨论扩散火焰高度问题。根据射流理论可以计算出圆柱形燃料自由射流扩散火焰的高度。

13.2.1　湍流扩散火焰高度

如前所述，火焰高度是指火焰在中心轴上($r=0$)火焰前锋与喷嘴出口的距离，如图13-2所示。为了计算火焰的高度 h_f，必须先求出火焰中的速度和组分的分布规律，然后根据火焰前锋在中心轴上的特征，确定火焰高度。

为此，可利用在常流动和不可压缩情况下，湍流圆柱形自由射流扩散火焰的动量、能量、质量守恒方程求出射流扩散火焰中的速率和组分分布规律。由湍流自由射流的研究可知，对射流基本段各断面的气流速率分布可近似表示为

$$\frac{w}{w_{\mathrm{m}}}=1-\frac{r}{b} \tag{13-1}$$

式中 w_{m}——该断面中心轴线上的最大速率；

b——火焰在该断面处的宽度。

经推导(详细推导略)可得

$$\frac{w}{w_0}=F(h,r)=\left(1+8\sqrt{\frac{3}{2}C}\frac{h}{d_0}\right)^{-1}\left[1-\sqrt{\frac{2}{3}}\frac{r}{d_0}\left(1+8\sqrt{\frac{3}{2}C}\frac{h}{d_0}\right)^{-1}\right]$$

$$\frac{w}{w_0}=\frac{(C_{\mathrm{ox}}-\beta C_{\mathrm{f}})-C_{\mathrm{ox},\infty}}{(C_{\mathrm{ox},0}-\beta C_{\mathrm{f},0})-C_{\mathrm{ox},\infty}}$$

式中 d_0，w_0——喷嘴直径和喷嘴出口处速率；

C_{ox}，$C_{\mathrm{ox},0}$，$C_{\mathrm{ox},\infty}$——氧化剂浓度，喷嘴出口处和环境处氧化剂浓度；

C_{f}，$C_{\mathrm{f},0}$——燃料浓度，喷嘴出口处浓度；

β——消耗单位质量燃料所需氧的质量；

C——常数，0.012 8。

考虑到火焰前锋在中心轴处($r=0$，$h=h_{\mathrm{f}}$)有 $C_{\mathrm{ox,f}}=0$(第二下角标表示对应于火焰前锋面的参数)以及喷口处有 $C_{\mathrm{f},0}=0$，$C_{\mathrm{ox},0}=0$ 的条件，有

$$\frac{w_{\mathrm{hf}}}{w_0}=\frac{C_{\mathrm{ox},\infty}}{C_{\mathrm{ox},\infty}+\beta}=\left(1+8\sqrt{\frac{3}{2}C}\frac{h_{\mathrm{f}}}{d_0}\right)^{-1} \tag{13-2}$$

式中 w_{hf}——火焰前锋面中心处的速率。

由此得出湍流圆柱形燃料自由射流扩散火焰高度为

$$h_{\mathrm{ft}}=\frac{\beta d_0}{8\sqrt{\frac{3}{2}C}C_{\mathrm{ox},\infty}} \tag{13-3}$$

13.2.2 层流扩散火焰高度

同理可求得层流圆柱形燃料自由射程扩散火焰高度为

$$h_{\mathrm{fl}}=\frac{\beta w_0 d_0^2}{8\nu C_{\mathrm{ox},\infty}} \tag{13-4}$$

式中 ν 为燃料黏性系数，$\mathrm{m^2/s}$。

式(13-3)，(13-4)表明 h_{fl}和燃料的容积流量$\frac{\pi}{4}d_0^2 w_0$ 成正比，但 h_{ft}和燃料容积流量无关，h_{fl}和燃料喷嘴直径成正比。这些结论都被试验所证实，因此这些结论对确定燃烧器的尺寸有很大参考价值。

13.2.3 扩散火焰的主要特点

13.2.3.1 扩散火焰的稳定性

稳定性是指火焰既不会脱火，也不产生回火，而始终“悬挂”在管口的情况。扩散燃烧时由于燃料在管内不与空气预先混合，因此不可能产生回火，这是扩散燃烧的最大优点。但

管口流出速率超过某一极限值时，火焰可能脱离管口并最终熄灭。此外，扩散火焰的温度较低，对有效利用热能是不利的。

湍流扩散燃烧是当前工业上广泛采用的燃烧方法之一，并常用一些人工稳焰方法来改善火焰的稳定性。

13.2.3.2　碳氢化合物的热分解

碳氢化合物在高温和缺氧的环境中会分解成低分子化合物，并产生游离的炭粒。如果这些炭粒来不及完全燃烧而被燃烧产物带走，会导致能量损失，造成环境污染。扩散燃烧时，火焰的根部及火焰的内侧容易析碳，因此，如何控制炭粒生成及防止冒烟乃是扩散燃烧中值得注意的问题。

13.3　气体燃料燃烧器

对气体燃料燃烧过程影响最大的是燃烧器的结构，它影响燃烧过程的完全程度和安全性，因此如何合理设计燃烧器是十分重要的。

燃烧器因用途不同而种类繁多。对燃烧器的评价标准也因要求不同而各异，并非仅以燃烧速率和燃烧完全程度来评价，而是根根使用它的设备的各项要求来判定。例如，轧钢厂大型连续加热炉并不需要迅速而强烈的燃烧，而需要较长的火焰，以保证达到各部分的温度要求，这时燃烧的完全程度并不具有重要意义。因此，评价一种燃烧器，要看其火焰形状及温度分布能否满足热加工的要求，以及燃烧器负荷的调节范围能否满足炉子供热制度的要求等。有时，在某种条件下使用可能是比较好的燃烧器，在另一种生产条件下可能完全不能使用。所以在选择燃烧器和分析其结构特点时，必须和使用条件结合起来。一般来说，一个性能良好的燃烧器应能保证燃料(煤气)和空气进行充分的混合，为混合提供必要的条件，并应在规定的负荷变化范围(调节比)内保证着火，燃烧稳定既不脱火也不回火，还应保证在规定的负荷条件下燃烧效率高。

燃烧器可以从不同角度进行分类，按照燃烧方法的不同可分为有焰燃烧器和无焰燃烧器两大类。以下对它们作一简要介绍，其设计方法可参阅有关资料。

13.3.1　有焰燃烧器

在有焰燃烧器中，煤气和空气在燃烧器以外边混合边燃烧，形成可见的较长火焰，故又称火炬燃烧器。在锅炉上特别是大型电站锅炉上燃用高发热量的天然气时，一般都采用火炬燃烧器。

有焰烧嘴的具体结构繁多，为便于掌握各种烧嘴的基本特点，可将有焰烧嘴按下列特征进行分类。

(1) 按煤气的发热量分为高发热量煤气烧嘴(天然气、焦炉煤气、石油气烧嘴)，中发热量煤气烧嘴(混合煤气烧嘴)，低发热量煤气烧嘴(发生炉煤气、高炉煤气烧嘴)。

(2) 按烧嘴的燃烧能力分为小型烧嘴($100m^3/h$以下)，中型烧嘴($100\sim500m^3/h$)，大型烧嘴($500\sim1\,000m^3/h$)。

(3) 按火焰长度分为短焰烧嘴和长焰烧嘴。

(4) 按火焰长度的可调性分为火焰长度固定(煤气量不变时)的烧嘴和火焰长度可调的烧

嘴。

(5) 按煤气和空气的混合原理分为煤气和空气分别送入炉内的燃烧器，煤气和空气分成若干同心气流进入炉内的燃烧器，煤气和空气以两股平行或相交气流送入炉内的燃烧器，煤气和空气呈许多交错状小气流而分层输入的燃烧器，一种介质呈细流状进入另一种介质的燃烧器，旋流式燃烧器，用机械方法混合的燃烧器。

(6) 按空气和煤气的预热情况分为空气和煤气不预热的烧嘴，空气和煤气预热的烧嘴。

以上燃烧器的结构，就不一一进行列举，下面仅介绍一些常用的燃烧器。

根据我国的燃料政策，作为燃烧用的燃料以煤为主，因而锅炉一般不用气体燃料，但是，有些工业窑炉，由于工艺要求，不允许用固体燃料，只能燃用液体或气体燃料，如玻璃窑炉，就不宜烧煤。近年来，由于环境保护的要求，某些宾馆及旅游点使用的锅炉也常采用气体燃料。下面介绍的燃烧器多用于工业窑炉。

(1) 直管式燃烧器。最简单的有焰燃烧器，如图 13-6 所示。在一根直管上钻一排或互成 90°～120°交叉排列的两排孔，气体燃料在一定压力下进入管内，经这些孔(称火孔)喷出后，在大气或炉膛中扩散燃烧。燃烧所需的空气，依靠扩散(或自然抽力)从周围空间或从炉排下面吸入,故又称自然引风式扩散燃烧器。这种燃烧器生产能力小，热效率低，常用于小型工业炉和民用生活炉。如果炉膛为圆形，还可将直管加工成圆环形，称圆环形燃烧器，以满足该炉的热工要求，如图 13-7 所示。

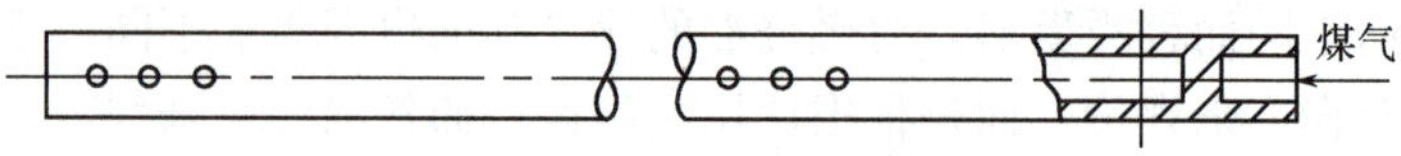

图 13-6　直管式扩散燃烧器

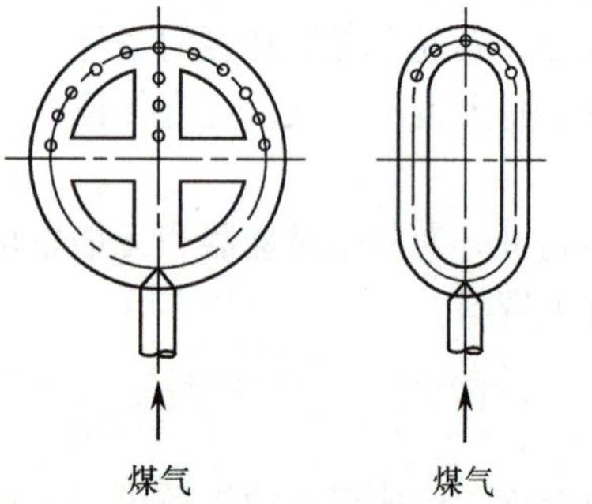

图 13-7　圆环形燃烧器

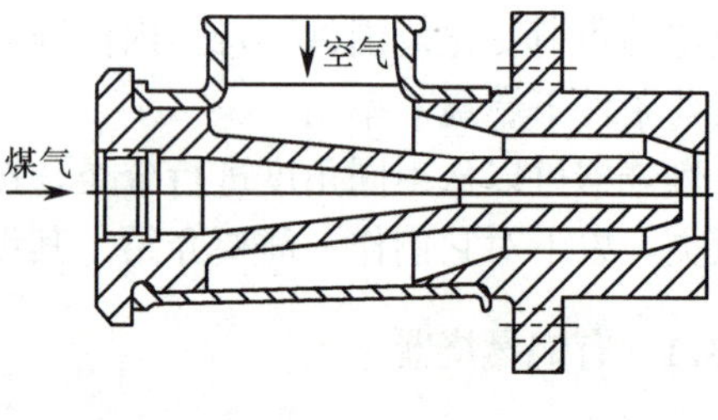

图 13-8　单套管燃烧器

(2) 套管式扩散燃烧器。套管式燃烧器是一种强制鼓风式有焰燃烧器。其煤气通道和空气通道是两个同心套管，煤气和空气为两股平行气流，当其离开喷嘴后才开始混合，如图 13-8 所示。这种结构是为了使混合放慢，把火焰拉长。这种燃烧器不易产生回火，结构简单，气体流动阻力小，但混合较差。煤气和空气的压力较低，一般只需 800～1 000Pa，它主要用于民用生活炉及小型工业炉窑，如沸水器、热水器及纺织、食品等工业的加热设备。

(3) 旋流式燃烧器。旋流式燃烧器是目前工业炉窑上应用比较广泛的一类强制鼓风式有焰燃烧器，因其结构和燃烧能力不同，旋流燃烧器又分多种类型。以下简单介绍四种。

① 带旋流片的旋流式燃烧器，又称低压涡流式烧嘴(DW-I 型)。煤气由中心喷口喷出，空气流经空气通道上的旋流片(图中零件 1)后与煤气混合，因此煤气和空气在烧嘴内部开始

混合，如图13-9所示。由于空气道装有旋流片，使空气产生了切向分速，在旋转前进中与煤气相遇，强化了混合过程，因而可以得到比较短的火焰，但是也增加了流动阻力。它可燃用发生炉煤气、混合煤气和焦炉煤气，如把烧嘴尺寸减小，也可用来燃烧天然气。燃烧器设计的煤气压力为800Pa，空气约为2 000Pa。

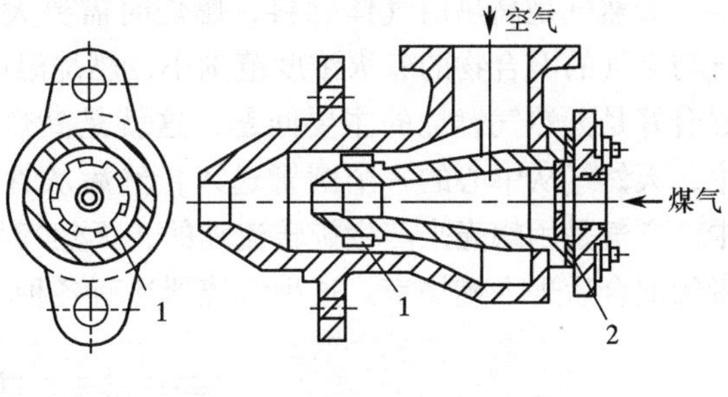

图13-9　低压涡流式燃烧器

1—旋流片；2—节流圈

② 扁缝旋流式燃烧器，又称扁缝涡流式燃烧器(DW-II型)，其结构如图13-10所示。在燃烧器的煤气通道中安装一个锥形的煤气分流短管，煤气沿其外壁形成中空的筒状旋转气流。空气则沿着蜗壳形通道，以与煤气相切的方向通过煤气管壁上的扁缝，并分成若干

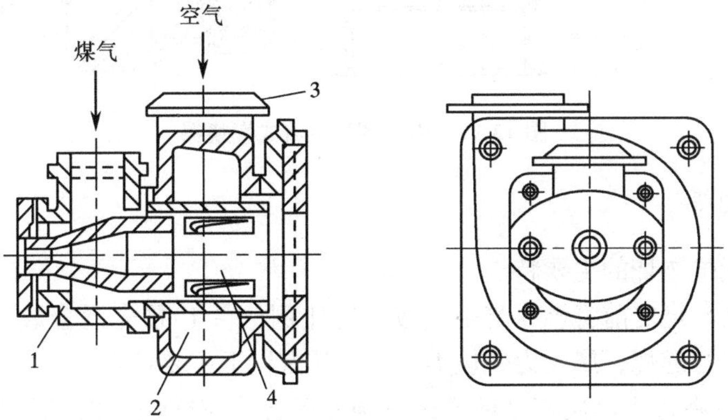

图13-10　扁缝旋流式燃烧器

1—锥形煤气分流短管；2—蜗壳形空气室；3—缝状空气入口；4—混合室

片状气流进入混合室，在混合室中与中空的筒状煤气进行混合，因此混合条件较好，火焰很短。这种燃烧器较适合燃烧热值为5 450～8 380kJ/Nm^{3}的发生炉煤气和混合煤气。煤气和空气压力均为500～2 000Pa。

③ 环缝旋流式燃烧器。这种燃烧器的结构如图13-11所示，煤气由管1引入，在圆柱形分流短管的作用下，形成中空筒状气流，并经过喷头的环状缝隙3进入烧嘴头4，空气从蜗壳形空气室5通过空气环缝6旋转喷出，在烧嘴头中与煤气相遇而开始混合。这种燃烧器主要用来燃烧低热值煤气（其发热值为3 770～9 220kJ/Nm^3），出口断面缩小后也可用于焦炉煤气和天然气。燃烧器出口的煤气和空气压力约为2 000～4 000Pa。煤气应清洗干净，否则容易堵塞喷口。为防止回火，最小出口速率为10m/s左右。

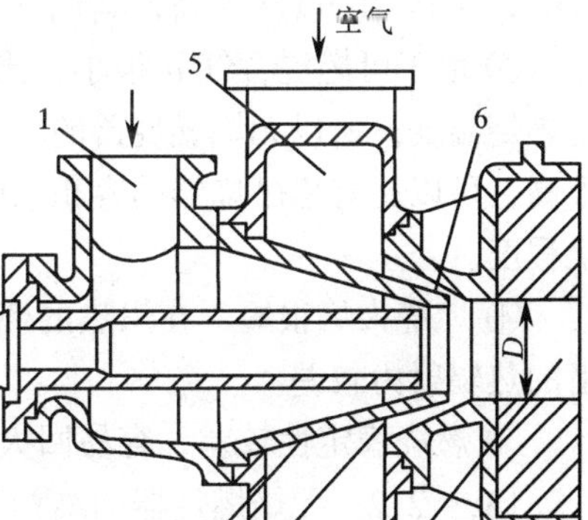

图13-11　环缝旋流式燃烧器

1—煤气入口；2—煤气喷头；3—环缝；4—烧嘴头；5—蜗壳形空气室；6—空气环缝

④ 中心进气旋流燃烧器。这是一种燃烧天然气的燃烧器，如图13-12所示。

天然气是高热值气体燃料，燃烧时需要大量的空气（$V^0=9\sim10Nm^3/Nm^3$），由于天然气与空气的混合物的着火浓度范围小，燃烧温度高，因此如何使少量的天然气与大量的空气混合好是天然气燃烧的主要问题，这就是高热值燃烧器的特点。在中心进气旋流式燃烧器中，天然气从中心的一个圆管送入，然后从管子末端的多排小孔喷入作旋转运动的空气流中。空气是用蜗壳来产生旋转流动的，天然气与空气混合后，经缩放型喷口，进一步加强两者的混合后进入燃烧室。这种燃烧器还有各种不同的结构形式，在此不再一一介绍。

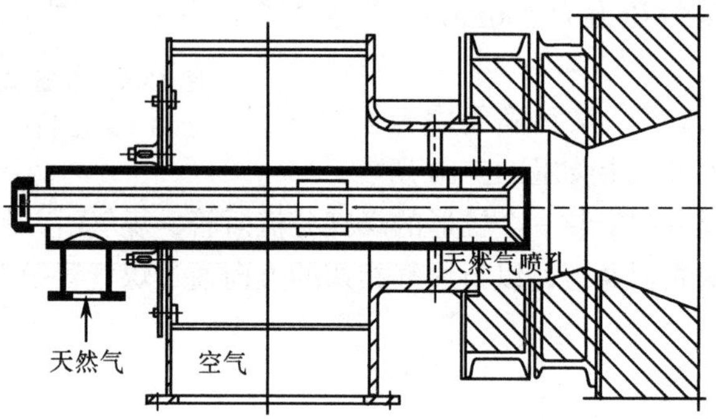

图 13-12　中心进气旋流式燃烧器

13.3.2　无焰燃烧器

13.3.2.1　无焰燃烧的主要特点

无焰燃烧是在燃烧之前将燃料与空气按一定比例（$\alpha\geqslant1$）预先混合成可燃混合气，然后再从燃烧器喷出进行燃烧，属动力燃烧类型。它具有以下主要特点。

① 燃料与空气在进入燃烧室之前已进行预先混合，在燃烧过程中不需要混合时间，因此燃烧过程总的时间实际上决定于化学反应的时间。

② 燃料完全燃烧时所需空气系数很小，一般 $\alpha=1.05\sim1.15$，甚至可低到 $\alpha=1.03\sim1.05$，而燃尽程度却很高，其化学不完全燃烧损失接近于零。

③ 由于可燃混合气 α 很小，当它在绝热的燃烧道内燃烧时，燃烧温度很高，接近于理论燃烧温度，所以无焰燃烧器的容积热强度（指在单位燃烧室体积内单位时间的燃烧放热量）很高，可以比有焰燃烧器的容积热强度高 100 倍以上，即在较小体积内可达到较高的燃烧完全程度。

④ 燃烧火焰很短，在炽热的燃烧道背景下，甚至看不到火焰，所以称无焰燃烧，其火炬的热辐射力较差。

⑤ 燃烧稳定性较差，容易回火。

13.3.2.2　无焰燃烧器的结构

无焰燃烧器主要由三部分组成，即混合部分、喷头和燃烧道。

（1）混合部分。包括混合器和混合管，其作用是使煤气和空气混合良好，一般说来，混合方法通常有以下三种。

① 利用煤气和空气流的交角和速度差，使两者混合。这种方法简单，但可能因煤气和空气压力不稳定，使燃烧难以控制，所以很少采用这种方法。

② 空气利用鼓风机增压后再与煤气混合，这种燃烧器具有结构紧凑、单个燃烧器热负

荷高、调节比大、空气可以加热等优点，故广泛用于各工业部门。

③ 利用引射原理，空气被煤气引射吸入并与之混合，这种燃烧器应用也极广。

(2) 喷头。喷头是用来使可燃混合气以一定的速度送入燃烧道的设备。一般为收缩状，其出口断面上的流速分布比较均匀，有利于防止回火。从喷头喷出的流速必须超过火焰传播速度(为避免回火)。更确切地说，燃烧器在最小负荷时，混合物的喷出速度至少要比火焰传播速度高出 25%，但不宜超过 100%。可燃混合气出口的流速一般为 30～50m/s。由于燃烧在喷头出口附近进行，故喷头易被高温烧坏，为此对生产率不大的喷头可采用喷头上的散热片散热，对于生产率大的喷头可做成水冷喷头，它同时也是防止结焦和回火的一个有效措施。

(3) 燃烧道。燃烧道的作用是加热可燃混合气，并在其中进行燃烧。其容积强度可达 $60\times10^3 kW/m^3$以上。这表明在这里气体燃料的燃烧速率很高，为了保证迅速地燃烧，燃烧道必须很快地将冷的可燃混合气加热至着火温度，这可依靠燃烧道壁面的高温辐射，或者利用旋转气流的中心回流作用，将高温燃烧产物回流到火焰根部加热可燃混合气，同时它也是一个可靠的点火源。

燃烧道内的温度接近于燃烧的理论温度，因此燃烧道的材料必须具有高耐火性，且导热性要小。为了增加燃烧道的内表面积，使更多的可燃混合气受热，要求内表面有一定的粗糙度。

图 13-13 为引射式无焰燃烧器结构示意图。这种燃烧器结构简单，操作方便，故被广泛用于工业与民用炉。现将图 13-13 中各部分结构简介如下：煤气喷嘴为一收缩形喷嘴，当煤气由此喷出时，出口断面上的气流分布比较均匀，流速高，从而提高喷射效率。这一部件的尺寸直接影响燃烧器的热负荷，是燃烧器的关键部件。空气调节阀，用以改变空气的吸入量，以便根据燃烧过程的需要调节空气系数。收缩管，是空气吸入口，为了减少空气阻力，常做成渐缩式锥形管。实验指出，收缩角为 25°时阻力最小。混合管，使煤气和空气进行混合，一般为圆柱形，气流通过圆柱形喉管时，能得到较均匀的速度场。扩压管，当气流通过扩压管时，流速降低，一部分动压头变成静压头，以满足所需要的压力。实验证明，当扩张角 6°～8°时效率最高。喷头，呈收缩状，主要是为了使出口断面上流速分布比较均匀，以防止回火。燃烧道，用耐火材料砌成，可燃混合气在这里被迅速加热到着火温度，并完成燃烧反应。实验指出，燃烧道的张角不宜小于 90°。

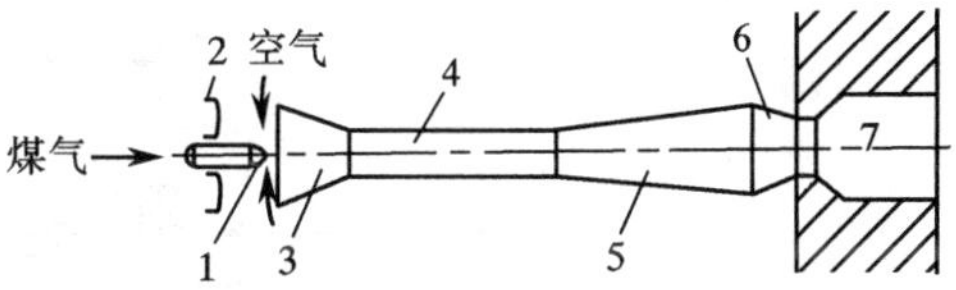

图 13-13　引射式无焰燃烧器结构示意图

1—煤气喷嘴；2—空气调节阀；3—收缩管；4—混合管；5—扩压管；6—喷头；7—燃烧道

引射式无焰燃烧器因使用条件不同有不同类型。例如，根据煤气发热量高低可分为高发热量煤气引射式和低发热量煤气引射式燃烧器。

引射式燃烧器具有以下优点：

① 吸入的空气量随煤气量的变化自动调节，因此空气系数能自动保持恒定，即燃烧器具有自调性。

② 混合装置简单可靠、混合均匀，所需空气系数小，燃烧速度快。

③ 不需要风机，管路系统和自控系统简单。

引射式燃烧器的主要缺点是：

① 大容量喷射式燃烧器的外形尺寸很大，故安装、操作不甚方便。对大容量锅炉来说，单个燃烧器容量太小，而燃烧器数量太多安装又有困难。

② 与有焰烧嘴相比，无焰烧嘴需要较高的煤气压力，因此煤气系统的动力消耗大，有时需设加压站。

③ 燃烧器负荷调节比小，即烧嘴最大和最小燃烧能力的比值不如有焰烧嘴大，容易发生回火。

④ 空气和煤气的预热温度受到限制。

⑤ 对煤气发热量、预热温度、炉压等波动非常敏感；烧嘴的喷射比(自调性)实际情况偏离设计条件时便不能保持。

13.3.3　引射式大气燃烧器

引射式大气燃烧器是最为常见的一种实用燃烧器，在工业和生活燃烧装置中有着广泛的应用。它由引射器和头部两部分组成，如图 13-14 所示。其工作原理是具有一定压力的气体燃料以一定的速度从喷嘴喷出，进入收缩型吸气管，并借助燃料射流的吸卷作用带入一次空气。燃料与空气在引射器内混合，把动能转变为压力能，然后从头部的火孔流出，并从周围大气中获取二次空气，完成整个燃烧过程，其相应的一次空气系数为 0.45～0.75，总空气系数约为 1.3～1.8。

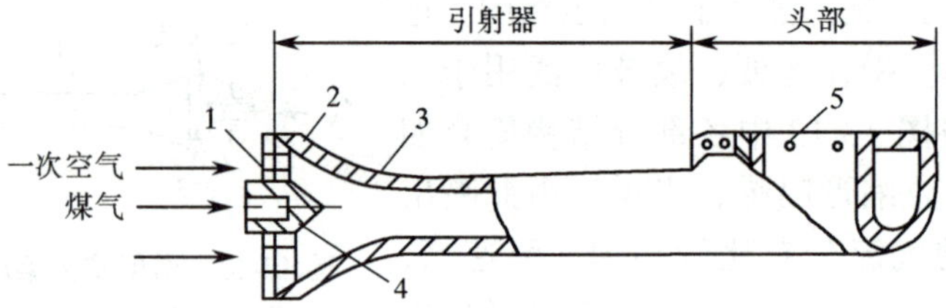

图 13-14　大气式燃烧器

1—调节板；2—一次空气进口；3—引射器喉部；4—煤气喷嘴；5—火孔

由以上引射式大气燃烧器工作原理可以看出，它是一种带有部分预混的燃烧器，具有以下特点。

① 和纯扩散式燃烧器相比，引射式大气燃烧器的火焰温度高，火焰短，火力强，燃烧比较完全，燃烧产物中含 CO 量低，但结构较复杂，燃烧稳定性稍差。

② 与强制鼓风式燃烧器相比，它不需要专设空气鼓风机，从而减少了投资；但热负荷不宜太大，否则结构相当笨重。

③ 与火道式无焰燃烧器相比，其热负荷调解范围较宽，可燃烧低压煤气，但热强度和燃烧温度则较低。

④ 根据理论分析，低压煤气引射式大气燃烧器的引射能力只与燃烧器的结构参数有关。也就是说，这种燃烧器的一次空气系数基本上不随煤气压力而变，具有可贵的自动调节特性。

引射式大气燃烧器广泛应用于各种生活燃具(采用多火孔)，如家用灶具、热水器及公用食堂灶具，在中小型锅炉及炉温低于 1 000℃ 的工业炉中也常采用。

13.3.4　平焰燃烧器

平焰燃烧技术是20世纪60年代中期在热加工领域中出现的一种燃烧技术，由于它有许多显著的优点，这种燃烧技术自出现后发展非常迅速，20世纪70年代已得到广泛的应用。在我国，20世纪70年代末期已有不少机械和冶金工厂在轧钢、热处理炉、隧道窑等要求炉内温度场均匀的工业炉中开始应用，目前应用更为广泛。

平焰燃烧器的最突出优点是对工件的加热比较均匀。这是因为，一方面火焰附着于炉壁表面，不与被加热工件接触；另一方面，炉内气体产生有规律的循环流动，促进了搅动混合过程，使得炉内温度场相当均匀。此外，采用平焰燃烧器的工业炉中，燃烧过程与燃烧产物的扩展均贴着壁内表面进行，灼热的火焰及热燃烧产物与炉壁的对流换热极为强烈，对炉壁的辐射也大为增加，因此在启动加热过程中整个炉膛的升温时间大为缩短。由于炉壁吸热增加，排烟温度明显下降，这对节能是十分有利的。

平焰燃烧器的形式多种多样，如果按空气供给方式分类，则有引射式平焰燃烧器(燃烧所需空气由煤气射流吸入)和强制鼓风式平焰燃烧器(燃烧所需空气由鼓风机送入)。按燃烧方法又可分为扩散式、全预混式和大气式等。各种平焰燃烧器结构虽有不同，但原理基本一致。为了获得圆盘式的平面火焰，基本条件是必须在烧嘴砖出口形成平展气流。为此可以使空气沿切线方向或经螺旋导向片从燃烧器旋转喷出，造成旋转气流，然后经过喇叭形或大张角的烧嘴砖喷出，一方面由于旋转气流产生了较大的离心力，使气流获得较大的径向速度；另一方面由于气体的附壁效应，气体靠近炉墙表面，因而形成平展气流。煤气可以沿轴向喷出，然后靠空气旋转时形成的负压把它引到平展气流内，与空气边混合边燃烧，形成平面火焰。有的还在煤气喷孔中加旋转叶片、开径向孔，或在喷孔前加分流挡板，使煤气喷出后有较大的张角，以利于煤气与平展气流的混合。

螺旋叶片式平焰燃烧器的工作原理为，空气切向进入装有螺旋叶片的风道而旋转喷出，煤气从中心管端头的径向孔流出，在燃烧器喷嘴出口处与空气达到良好的混合后，沿喇叭烧嘴旋转喷出，按扇形展开，形成平面火焰。

13.4　火焰的稳定性、火焰监测和保焰技术

13.4.1　火焰的稳定性

所谓火焰的稳定性，是指在规定的燃烧条件下火焰能保持一定的位置和体积，既不回火，也不断火。

导致回火的根本原因是火焰传播速度与气流喷出速度之间的动平衡遭到破坏，火焰传播速度大于气流喷出速度所致。因此，为了防止回火，可燃混合气体从烧嘴喷出的速度必须大于某一临界速度，后者与煤气成分、预热温度、烧嘴口径及气流性质等因素有关。例如，对于火焰传播速度较大的煤气来说(例如焦炉煤气)，可燃混合气体的喷出速度应不小于12m/s。当空气或煤气预热时，其出口速度还应提高。

除了使气流出口速度不小于回火临界速度以外，还应注意保证出口断面上速度的均匀分布，避免使气流受到外界的扰动。

对于燃烧能力较大的烧嘴来说，将烧嘴头进行冷却也是防止回火的重要措施之一。当烧嘴口径较小时可用空气冷却，较大时则用水冷。

在断火方面(火焰脱离和熄灭)，以有焰燃烧时的火焰比较稳定。这是因为在扩散燃烧条件下，烧嘴出口附近的煤气和空气在混合过程中能形成各种浓度的可燃混合气体，其中包括火焰传播速度最大的气体，因而有利于构成稳定的点火热源。与此相反，无焰燃烧时，从烧嘴流出的是已经按化学当量比混合好的可燃气体，甚至是稍贫的气体(空气过剩系数大于1)，这种气体由于被大气冲淡，其火焰传播速度明显下降，因而容易造成火焰的脱离和熄灭。

在生产条件下，为了防止断火，除了应使气体的喷出速度与火焰传播速度相适应外，还应采取某些措施来构成强有力的点火热源，常用办法有：

① 将燃烧通道做成突扩式以保证部分高温燃烧产物回流到火焰根部；

② 采用带涡流稳定器或带点火环的烧嘴；

③ 在燃烧器上安装辅助性点火烧嘴或者在烧嘴前方设置起点火作用的高温砌体。

13.4.2 火焰的监视和保焰技术

13.4.2.1 火焰监视和保焰技术的意义

工业炉在操作中有时会发生不同程度的爆炸事故。据文献报道，其中约有80%的爆炸事故是由于火焰熄灭、着火滞后或点火失败等原因造成的。由此可见，火焰不稳是造成爆炸事故的主要原因。

随着生产技术的发展，大型、快速、自动化的工业炉不断出现，并要求燃烧装置能有更大的燃烧强度。与低强度的燃烧情况相比，增加了产生爆炸事故的倾向。此外，在某些工业加热设备中，有时要求燃烧装置能在低于750℃的低温条件下实现稳定燃烧。以上情况的出现，说明有必要保持火焰的稳定。目前采用的主要措施之一就是采用火焰监视装置和保护措施，以便及时发现火焰的熄灭和确保燃烧的稳定。

火焰监视系统的作用主要有以下三个方面。

① 对点火过程进行程序控制，提供切实可行的点火措施和确认点火的成功与否；

② 核实燃烧所需的正常条件，使燃料和空气的比例及压力始终处在火焰的稳定范围；

③ 执行经常性的火焰监视任务，当火焰熄灭时，能立即作出反应，发出警报，并切断通向该燃烧装置的燃烧供料系统。

13.4.2.2 火焰的监视方法

(1) 直接监视法。这是最原始的火焰监视方法，由操作人员对燃烧情况直接进行观察，以发现火焰是否中断。这种方法显然不利于对火焰进行连续监视，而且也不能保证及时发现火焰的中断或在火焰熄灭时立即作出反应(现代化的火焰监视系统要求在火焰熄灭后2～4s内立即在监视和切断燃料供应方面作出反应)。

(2) 整流棒式火焰监视装置。这是一种利用导电和整流作用的监视装置。它的工作原理是由于电离作用使火焰中出现自由电荷，因而使火焰具有导电性。在使用整流棒式火焰监视器时，为了产生最大的火焰电流，接地电极的面积与伸向火焰中的棒状电极面积之比越大越好。

(3) 紫外线火焰监视系统。所有的火焰几乎都能产生足够多的紫外线，根据这一性质，可以利用紫外线监测管制成火焰监视装置，叫作紫外线火焰监视器，它能检出火焰发出的 1 900～2 500nm 的紫外线。采用这种火焰监视装置时，应特别注意避免由于电火花发出的紫外线而产生的误操作。

除了采用火焰监视装置以外，现代燃烧装置中还采用各种保焰措施，以保证燃烧的安全和稳定。各种保焰技术根据工作原理大体上可分为以下几种类型。

（1）分焰点火，即采用能够分出的部分火焰担任点火，这种烧嘴的工作原理如图 13-15 所示。这种烧嘴，由于靠分焰来预热主焰的根部，因而能加快主焰的燃烧速度，得到非常稳定的火焰，主焰的燃烧强度高达 21×10^{6}kJ/($m^{3}\cdot h$)，所以在需要高温和高强度的工业炉中得到广泛的应用。

（2）反向气流，即在空气煤气的混合气流的出口附近人为地制造一个反向漩涡流，通过它对周围气体的卷吸作用保持火焰的稳定，如图 13-16 所示。

图 13-15　分焰点火烧嘴

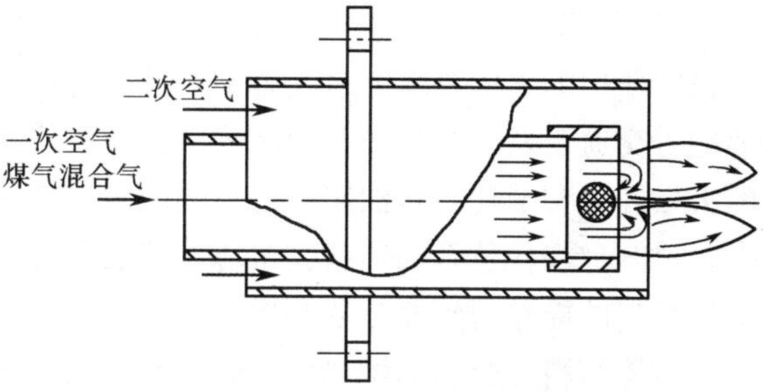

图 13-16　反向气流烧嘴

（3）在煤气空气混合气流的通道上设置某种靶类障碍物作为点火的高温热源，如图 13-17 所示。

（4）燃烧坑道，利用燃烧坑道壁的高温辐射作用和贴壁气流的对流作用来强化点火，如图 13-18 所示。

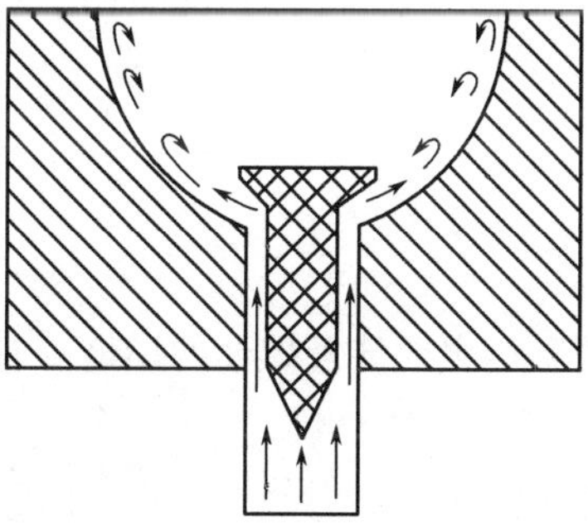

图 13-17　靶类障碍物式高温热源

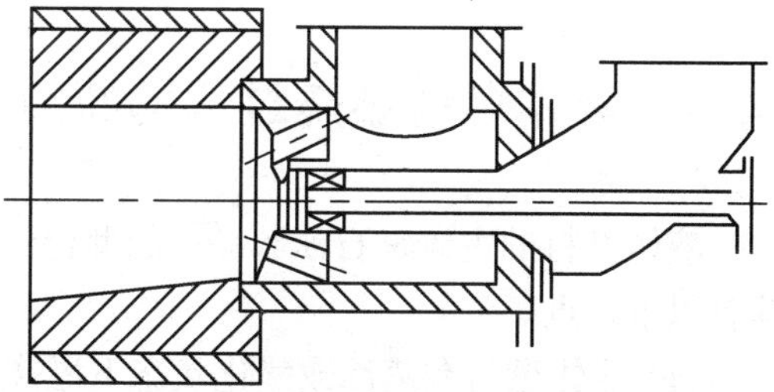

图 13-18　燃烧坑道

第 14 章

液体燃料的燃烧

目前使用的液体燃料大多是石油产品。这些燃料不仅应用于飞机、汽车、拖拉机、机车和船舶等交通工具，在各类工业装置，甚至民用灶具中也有广泛使用。由于长期以来石油资源的大量开采和消耗，石油储量已急剧减少。因此，科技工作者的任务是：既要尽可能以其他燃料(如煤炭)代替石油燃料，也应从节能角度出发改善燃烧装置的性能，提高燃烧效率，使液体燃料的能量得到充分的利用。

在液体燃料(燃油)的燃烧中，燃料和氧化剂分属不同物态，是非均相燃烧。一般地说，液体燃料燃烧时，其化学反应速率比其扩散和混合的速率快得多，因此它属于一种非均相的扩散燃烧。

在燃油炉中，液体燃料通过供油系统输送到炉前，需经过雾化器雾化成细滴后进入燃烧室燃烧。在管路中设有加热器加热液体燃料，降低其黏度，以保证良好的雾化效果和流动性。雾化器又称喷油嘴或烧嘴，它与燃烧室等组成燃烧系统，即燃烧装置。

本章主要讲述液体燃料燃烧过程的特点，雾化器的工作原理和结构，并对液体燃料的燃烧机理进行一些讨论。

14.1 液体燃料燃烧过程的特点

液体燃料的主体是石油制品，因此讨论液体燃料的燃烧主要涉及燃油的燃烧。它的燃烧具有以下特点。

(1) 液体燃料在蒸汽或气化状态下燃烧。

液体燃料的着火温度往往高于其蒸发气化温度，液体燃料在着火前实际上已先蒸发气化。因此，液体燃料的燃烧实质上是燃料蒸气(油气)和空气的有效接触，并最终完成混合燃烧。燃料的蒸发气化和混合过程对液体燃料的燃烧起着决定性的作用。加快燃料的蒸发气化是强化其燃烧的主要手段。

轻质液体燃料的气化基本上属于物理过程，但重质液体燃料的气化还包括化学裂解过程，使燃料裂解成轻质可燃气体和碳质残渣，在分析燃烧过程时必须考虑这些特点。

(2) 液体燃料具有扩散燃烧的特点。

在一般情况下，液体燃料燃烧时的化学反应极为迅速，相对而言，其蒸发气化以及与空气的扩散和混合却慢得多，因此，液体燃料的燃烧速率取决于后者，其燃烧属于扩散燃烧类型。

(3) 液体燃料需雾化后再燃烧。

如上所述，液体燃料燃烧属于扩散燃烧，对燃烧起制约作用的因素是燃料的蒸发和扩散，而其蒸发速率除了与燃料性质和热交换条件有关外，在很大程度上与液体燃料的蒸发表面积有关，如果将油破碎成细小油滴，可大大增加其蒸发表面积。通过计算可知，如果将直径1mm的油滴破碎成10μm的油滴，则有10^6个小油滴，其蒸发面积可增大100倍，油滴燃尽时间，前者如果为1s，则后者仅为10^{-4}s。由此可见，将燃油破碎得越细，蒸发速率就会越快，燃烧速率也会加快。这种使液体燃料粉碎成细滴，并在空气中弥散成燃料雾化炬的过程称为雾化。

(4) 液体燃料的热分解特性

液体燃料由不同类型的烃所组成，它在受热后会蒸发气化和热分解，在氧气充足的情况下对燃料加热，这些烃类将由于氧化而变成甲醛，给燃油的完全燃烧创造了条件。也就是说，在以后的燃烧过程中就不会产生难以着火和难以燃尽的重碳氢化合物和碳黑，这时，即使局部氧气不足，也不过生成一些CO和H_2，只要在其流出炉膛以前，使CO和H_2再与氧气混合，是易于完全燃烧的。如果空气供应不充分或与燃油混合不均匀，就会有一部分高分子烃在高温缺氧的条件下发生裂解，分解出炭黑。重油燃烧时获得发光火焰就证明了这一点。炭黑是直径小于1μm的固体粒子，它的化学性质不活泼，燃烧缓慢，所以一旦产生炭黑就不易燃尽，使烟囱冒黑烟。因此，燃烧重油必须及时供应燃烧所需的空气，以尽可能减少重油的高温缺氧分解，燃烧系统需备有适当的配风器。

另外，还必须指出，液体燃料在500～600℃下进行热分解时，所得产物为易于着火的轻质碳氢化合物，而在650℃以上进行热分解时，产物中除了有轻质碳氢化合物外，还有难以着火的重碳氢化合物，最后甚至析出碳黑。为此，在材料燃烧的初始阶段，应将足够的空气集中送入火焰根部，使燃料周围拥有充分的氧气进行氧化过程，以避免由于氧气不足发生碳氢化合物的热分解。同时当足够的空气集中地送入火焰根部后，燃料周围的温度得以适当降低，这样即使是发生热分解，亦只是在低温下进行的热分解，得到的是易于着火的轻质碳氢化合物，这对提高液体燃料的燃尽程度是有利的。

14.2 液体燃料的雾化过程

把液体燃料破碎成细小油珠群的过程称为雾化过程，液体燃料的雾化，不仅可以加速燃料的蒸发气化过程，而且还有利于燃料与空气的混合，从而保证燃料迅速而完全的燃烧。液体燃料的雾化是通过雾化器实现的，雾化器性能的好坏对液体燃料的燃烧过程起着决定性的影响。

14.2.1 液体燃料的雾化机理

雾化过程是一个复杂的物理-化学过程。以工业炉常用的离心式雾化器为例，说明液体燃料(以下简称燃油)的雾化机理。在离心式雾化器中，液体燃料获得旋转动量，流出喷嘴时燃油呈锥形油膜状，由于湍流的横向扰动，油膜表面带有若干波纹(皱纹)，离喷口愈远，油膜愈薄，因而容易失稳。在扰动作用下，当油膜失稳后将分裂成若干环形油圈，油圈的稳定性很差，很容易再碎裂成若干大小不一的油滴，如图 14-1 所示。此外，当喷嘴进出口间的压力差较小时，射流微弱，液膜破碎点远离喷嘴，但当压力很大时，几乎一离开喷嘴即被破碎雾化。

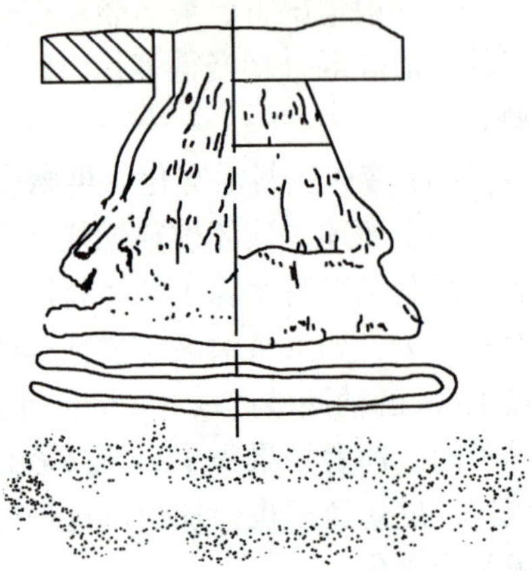

图 14-1　离心式雾化器锥形油膜破裂示意图

由于还存在气体与油膜的相对运动，这时的气体流线(如图 14-2 所示)由于波纹迎向气流一方的气流受到阻力，速度降低而压力增高(以“+”表示)，而背向气流一方的压力则下降(以“-”表示)。显然在上述压差作用下，燃油膜凸出部分将更加突出，当压差足够大(即相对速度差足够大)时，凸出部分将脱离油膜而形成油滴。破裂的油

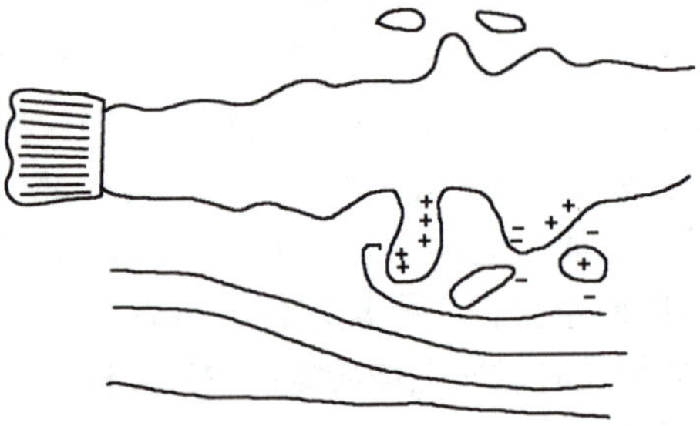

14-2　由于气动力作用使油膜破裂示意图

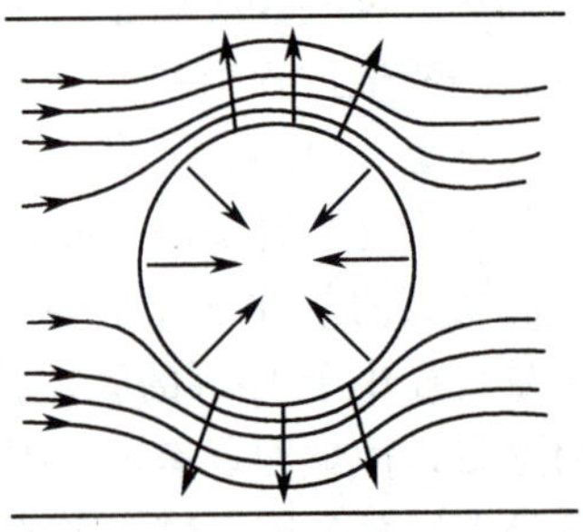

图 14-3　油滴周围气流流场及其所受气动力示意图

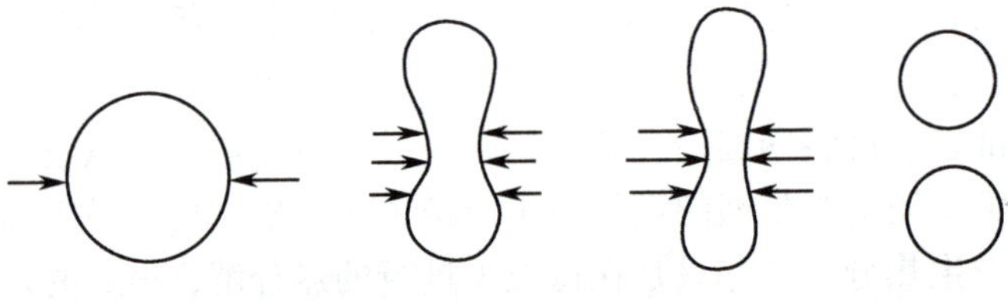

图 14-4　油滴在气动力作用下的破碎过程

滴在气体中运动时，由于受到燃油表面张力(使油滴保持球状)和气动力(使油滴压扁变形、失稳以致破裂的外力)的作用，还会使油滴进一步碎裂。图 14-3表示出油滴周围的流线和气动力作用方向(以箭头表示)。如果气动力很大，能够克服表面张力引起的油滴变形，则大油滴可碎裂成小油滴。图 14-4 表示出了这种碎裂过程。作用于油滴的气动力正比于$\frac{1}{2}\rho(\Delta W)^2$，其中 ρ 为气体密度，ΔW 为油滴与周围气体的相对速度。表面张力使油滴内部产生一正压力 p，图 14-5 表示出作用在油滴上的表面张力 $\pi d\delta$(δ 为表面张力系数)与正压力的平衡关系，即

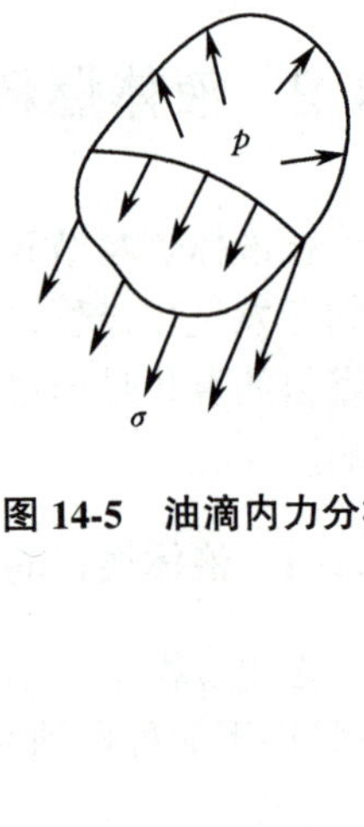

图 14-5　油滴内力分析

$$\pi d\delta = \frac{\pi}{4}d^2 p$$

$$p = \frac{4\delta}{d} \tag{14-1}$$

式中 d 为油滴直径。

油滴的碎裂条件常用韦伯数 We(或称碎裂准则)表示。其定义为

$$We = \frac{\text{作用于油滴表面的气动力}}{\text{油滴内压力}} \approx \frac{\frac{1}{2}\rho(\Delta W)^2}{\frac{4\delta}{d}} \approx \frac{\rho d(\Delta W)^2}{8\delta} \tag{14-2}$$

实验表明，We 增大，油滴碎裂可能性增加。当 $We > 14$ 时，油滴将严重变形而碎裂(可参见图14-4)。在喷油嘴中采用各种措施来提高 ΔW，从而达到燃油雾化的目的。

根据雾化理论，燃油雾化过程可分为以下几个阶段：

(1) 液体由喷嘴流出形成液柱或液膜。

(2) 由于液体射流本身的初始湍流以及周围气体对射流的作用(脉动、摩擦等)，使液体表面产生波动、褶皱，并最终分离出液体碎片或细丝。

(3) 在表面张力的作用下，液体碎片或细丝收缩成球形油珠。

(4) 在气动力作用下，大油珠进一步破碎。

14.2.2　雾化质量的主要指标

雾化质量的好坏，直接影响燃油的燃烧过程。衡量雾化质量的主要指标有雾化粒度、雾化均匀度、雾化角和流量密度的分布等。

14.2.2.1　雾化粒度

燃油雾化后所产生的油滴大小是评定雾化质量的一个重要指标，这一指标称为雾化粒度。在油雾中，油滴的大小是不均匀的，最大的与最小的粒度可能差50～100倍，因此，只能用平均直径表示雾化粒度。通常采用以下两种平均方法。

(1) 质量中间直径法。所谓质量中间直径，是指一个假设的直径，认为大于这一直径的所有油滴的总质量正好等于小于这一直径的所有油滴的总质量，即

$$\sum M_{d \geqslant dm} = \sum M_{d \leqslant dm} \tag{14-3}$$

显然，质量中间直径越小，雾化就越细。

(2) 索太尔(Sauter)平均直径法。此方法是将由不同直径油滴组成的油雾假想成由单一直径，即索太尔平均直径 d_{SMD} 油滴组成的油雾，而油雾的总表面积和总体积都保持与实际油雾相同，即

$$V = \frac{N}{6}\pi d_{\mathrm{SMD}}^3 = \frac{\pi}{6}\sum N_i d_i^3$$

$$S = N\pi d_{\mathrm{SMD}}^2 = \pi \sum N_i d_i^2$$

$$d_{\mathrm{SMD}} = \frac{\sum N_i d_i^3}{\sum N_i d_i^2} \tag{14-4}$$

式中　N——油雾中总油滴数；

N_i——具有直径 d_i 的油滴数。

由 d_{SMD}的定义可以看出

$$d_{SMD}=\frac{6V}{S} \tag{14-5}$$

即 d_{SMD}越小，则油滴的表面积越大，这对液体燃料的蒸发气化有利。因此，从 d_{SMD}的大小可以分析燃料的燃烧工况。

另外，还有平均直径法和条件平均法等。用平均直径法评定雾化质量时，一般要求统计5 000滴以上的油滴，然后再平均，这样才有代表性。如果用条件平均法(在油雾最密集处取样，计算它们的平均直径)也需要取200滴以上，在统计和整理数据方面工作量很大。有些文献还建议采用较简单的用最大直径法来评定雾化质量，它规定只测量样片上一些较大的油滴，并由此推算出最大直径，作为评定雾化质量的标准。燃烧过程的快慢最终决定于最大油滴，采用这种方法也有一定道理。

对于同一液雾，采用不同定义的平均直径可以差别很大，但它们之间有一定的关系，当已知按某一定义的平均直径后，便可求得其他任何一种平均直径，其转换关系可参考有关文献。

14.2.2.2 雾化均匀度

燃油经过雾化后产生的油滴是不均匀的，仅用液滴平均直径来表达雾化质量不够全面。比较完善的表达方法，应当既表示出其直径的大小，又表示出不同直径油滴的数量和质量，即采用液滴尺寸分布表达式表示油滴特点，但至今还没有从理论上得到这个表达式。目前所采用的油滴分布表达式均属于经验公式，用得较多是Rosin-Rammler关系式，即

$$R=100\exp\left[-\left(\frac{d_i}{\bar{d}}\right)^n\right]\% \tag{14-6}$$

式中 R——尺寸大于 d_i 的油滴的质量占全部油滴质量的百分数；

d_i——油滴直径；

n——反映油滴分布均匀性的指数，由实验确定，通常 $1.8\leqslant n\leqslant 4$；

$\bar{d}$——尺寸常数。

由式(14-6)可知，当 $d_i=\bar{d}$ 时，则 $R=36.8\%$，$\bar{d}$ 就是关系式中与 $R=36.8\%$ 相对应的油滴直径。显然 R 越大，雾化粒度越粗。

当 $d_i=d_m$ 时，$R=50\%$，因此

$$\bar{d}=\frac{d_m}{(\ln 2)^{1/n}} \tag{14-7}$$

图14-6为Rosin-Rammler的理论计算曲线，由图可以看出，油滴分布较为均匀，可以用 n 来表示雾化的均匀性。对式(14-3)取对数可得

$$\ln\frac{100}{R}=\left(\frac{d_i}{\bar{d}}\right)^n$$

$$\lg\ln\frac{100}{R}=n\lg\frac{d_i}{\bar{d}}$$

$$n=\frac{\lg\ln\frac{100}{R}}{\lg\frac{d_i}{\bar{d}}} \tag{14-8}$$

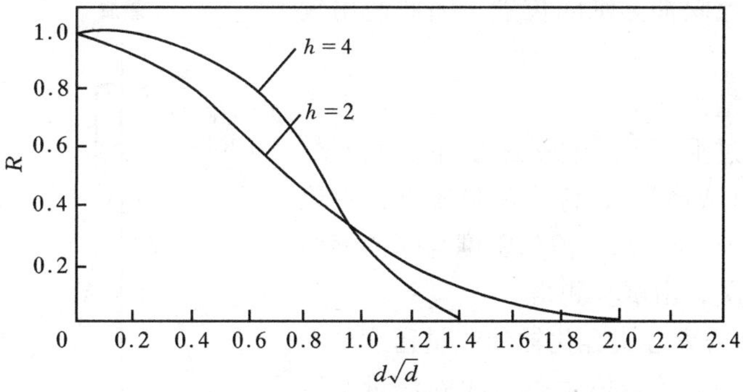

图 14-6　Rosin-Rammler 理论计算曲线

如果由实验已得出对应于直径 d_1 和 d_2 的 R_1 和 R_2，且实验结果符合 Rosin-Rammler 关系式，则由式(14-8)可求出均匀性指数 n，因为

$$n=\frac{\lg\ln\dfrac{100}{R_1}-\lg\ln\dfrac{100}{R_2}}{\lg d_1-\lg d_2} \tag{14-9}$$

目前对雾化均匀度与燃烧特性之间的关系研究得还不充分，一般认为 d_m 相同时，如雾化均匀度差，可缩短燃油点燃延迟时间，但均匀度高的油雾蒸发速率高，燃尽时间短。

14.2.2.3　雾化锥角

燃油由雾化器喷出后，形成一油雾锥。由于燃油射流的卷吸作用，在油雾锥中心的气体压力有所下降，使油雾锥角在离开雾化器一定距离后有收缩现象，图 14-7 为油雾锥的示意图。为了表征油雾锥的特征，常采用雾化锥角这一参数。所谓雾化锥角就是油雾锥的张角，是雾化器的一个重要参数，可以在一定程度上表示燃油在空间的分布。雾化锥角对燃烧完善程度有很大影响，若雾化锥角过大，油滴可能穿出湍流最强的空气区域造成混合不良，降低燃烧效率，此外它还会因燃油喷射到炉墙或燃烧室墙上造成结焦或积炭。若雾化角过小，则油滴不能有效地分布到整个燃烧室空间，造成与空气混合不好，导致燃烧效率下降。雾化锥角还直接影响火焰长度和形状，雾化锥角大则火焰短而粗，锥角小则火焰长而细。一般雾化锥角约为 60°～120°。

雾化锥角有不同的表示方法，下面介绍两种常用的表示方法。

(1) 出口雾化角。在雾化器出口处，作油雾边界的切线，两条切线的夹角为出口雾化锥角，即图 14-7 中的 α，它和理论计算值较接近。

(2) 条件雾化角。在离雾化器一定距离 x 处，作一垂直于油雾锥中心线的直线(或以出口中心为圆心作一圆弧)，它们与液雾边界有两个交点，该两点分别与喷口中心相连，两连线的夹角即定义为条件雾化锥角，如图 14-7 所示的 α_x。在实验中圆弧半径常取为 200～250mm。

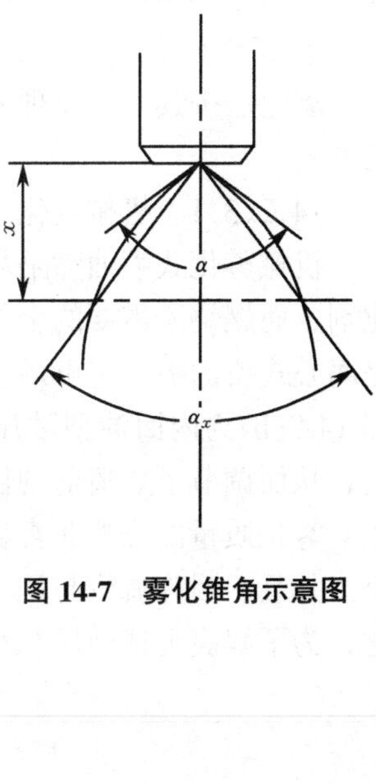

图 14-7　雾化锥角示意图

显然条件雾化角小于出口雾化角，二者差值有时可达 20°以上，条件雾化角还随所取距离或半径而变，但条件雾化角便于

测量，并能较好地反映油雾锥的位置，因此使用较多。

14.2.2.4　流量密度

单位时间内通过垂直于燃油喷射方向上单位横截面积的燃油体积(或质量)，称为流量密度，单位为 $cm^3/(cm^2 \cdot s)$或 $g/(cm^2 \cdot s)$。流量密度与喷油嘴的结构及工况参数有关，由试验测得。

图 14-8(a)所示为离心式雾化器的流量密度分布曲线，呈马鞍形，中心流量密度低，四周流量密度高。这说明油量分布是比较散开的，火焰张角大。图 14-8(b)所示为蒸汽或空气雾化器的流量密度分布曲线，其最大流量密度在轴心线上，故火焰较长。

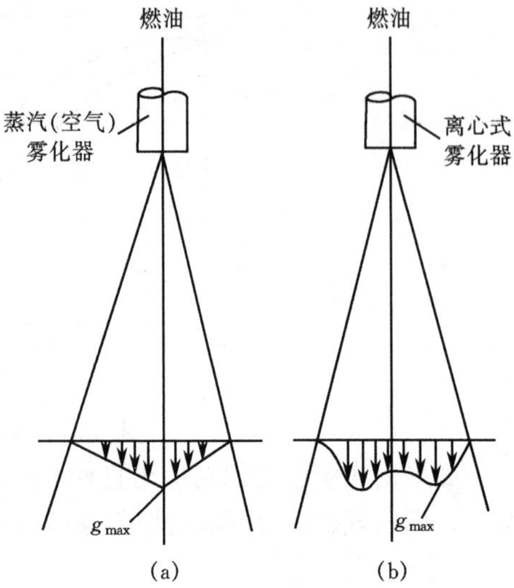

图 14-8　雾化器流量密度分布曲线

(a) 离心式雾化器；(b)蒸汽或空气雾化器

流量密度也是表征雾化特性的一个重要参数。流量密度分布合理的雾化器能将燃油恰当地分散到燃烧室内各个位置，以保证燃油和空气很好地混合和燃烧。为了保证各处的油雾都有适量的空气与之混合，故沿圆周方向流量密度分布应较均匀。

14.2.3　雾化器(喷油嘴)简介

液体燃料的雾化通过雾化器实现。雾化器对雾化质量起着决定性的作用，对雾化器的要求如下。

① 有一定的喷油量调节范围，以适应燃烧装置各种工况的要求；

② 在一定调节范围内能保证雾化质量；

③ 能造成一定的空气与油雾混合的良好条件；

④ 有一定的火焰长度的调节能力，火焰的形状和长度要稳定；

⑤ 调节方便，易于实现自动调节；

⑥ 结构简单，便于拆装；

⑦ 工作可靠等。

雾化器按其工作原理分为机械雾化式与介质雾化式两大类。此外，还有将两者结合起来的方式。

14.2.3.1　机械雾化式喷油嘴

机械雾化式喷油嘴是靠燃油在本身压力能作用下由喷嘴喷出而雾化的。此时，不需要雾化剂，而燃烧所需要的全部空气用鼓风机另行供给。在工业上广泛采用的机械雾化式喷油嘴是离心式喷油嘴。它可用于锅炉及工业炉窑等燃烧设备。图 14-9(a)为简单型油压式喷嘴，图 14-9(b)为内回油型油压式喷嘴。简单型油压式喷嘴的油量调节是调节供油管道上的阀门，从而调节了烧嘴前的供油压力，油量即随之变化。这种烧嘴结构比较简单。但是由于油压对雾化质量的影响非常显著，油压降低将导致雾化质量变坏，所以这种烧嘴的调节倍数很小。并且，因为流量与压力的平方根成正比，即使流量有一定变化时，压力要有很大的变化，为了解决上述油压和雾化质量之间的矛盾，可采用图 14-9(b)中的调节方案，即采用有回油路的烧嘴。该烧嘴中，在分流片上开一个回油孔，引入回油管路。这样在供油压力不变的条件下，采用改变回油量的办法调节烧嘴能力。由于供油压力不变，在涡流片中油的切线速度基本不变。当需要减小烧嘴油量时，可使回流量增加，但油仍以高速度旋转喷出，可以在低负荷时保持较好的雾化质量，油雾张角也变化不大。这种回油型的油压式喷嘴的调节倍数可达到 4 左右。

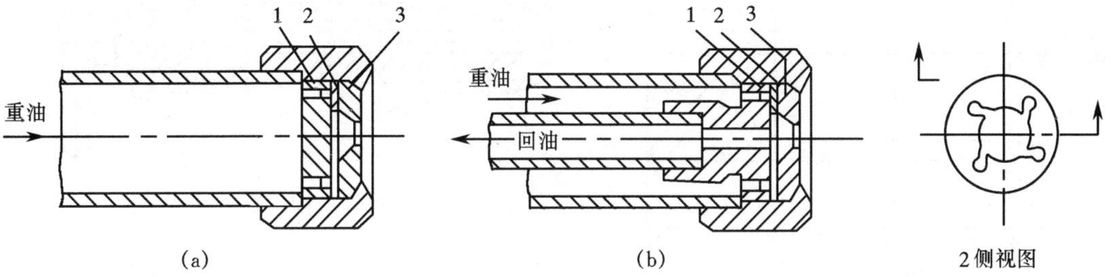

图 14-9　油压式烧嘴

(a) 简单型油烧嘴；(b)内回油型油烧嘴；

1—分流片；2—离心涡流片；3—雾化片

另一种保持雾化质量的调节方案是采用带针阀的可调式离心烧嘴，如图 14-10 所示。这种烧嘴是用操作手柄使针阀前后移动，通过改变油喷口的有效流出断面来调节烧嘴的负荷。该烧嘴的调节倍数可达 2～3。图 14-11 的测定结果表明，采用可调式离心烧嘴，可以在调节烧嘴负荷时，保证雾化质量基本不变；相反，采用简单的、不可调的离心式烧嘴，当负荷变化时，颗粒平均直径将显著增加，雾化质量变坏。因此，要求调节负荷的烧嘴，必须选用适当的调节方案，以保证良好的雾化效果。

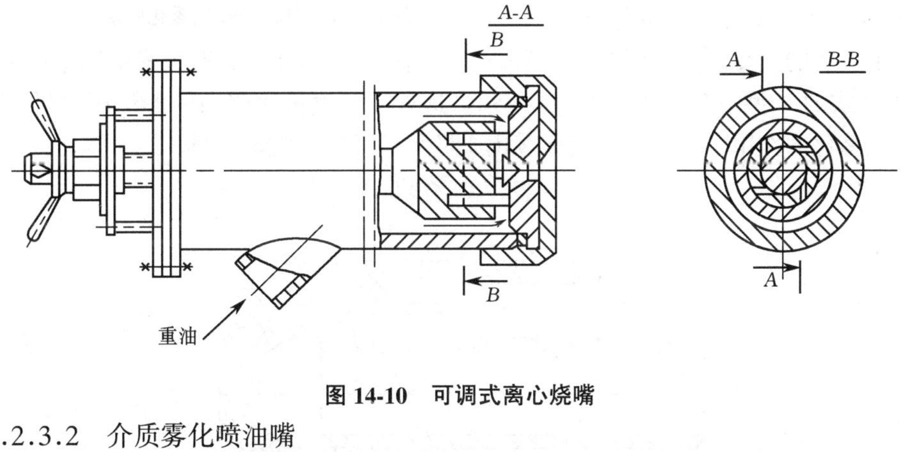

图 14-10　可调式离心烧嘴

14.2.3.2　介质雾化喷油嘴

介质雾化喷油嘴是利用高速喷射的雾化介质的动能将燃油粉碎成细滴。雾化介质可以是蒸汽，也可以是空气。由于利用了高速雾化介质的动能来雾化燃油，故不要求再利用高压油产生高速射流。它可以雾化黏度较高的重质燃油，雾化质量一般优于机械雾化式喷油嘴。这种喷油嘴要消耗一定的雾化介质，雾化燃油所耗能量较高。常见介质雾化喷油嘴有下列几种。

(1) 蒸汽雾化喷油嘴。

图 14-12 为目前应用较广的外混式兼汽雾化喷油嘴，燃油在中间套管内流动，具有一定压力的蒸汽在隔套内流动并膨胀加速为高速流动的蒸汽，最后两者同时从喷口喷出，并在喷

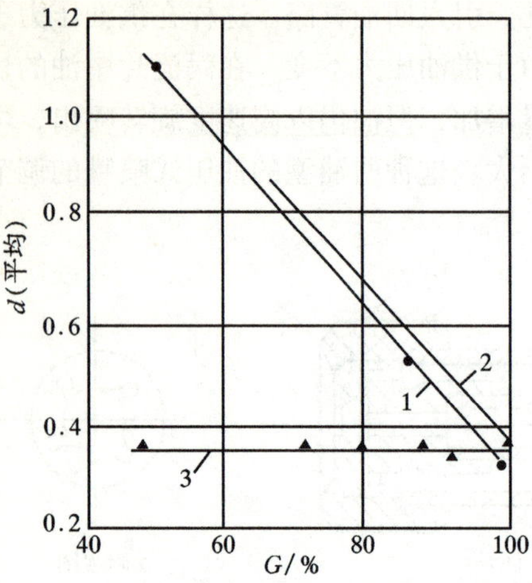

图 14-11　烧嘴雾化颗粒与负荷的关系

（油压 2MPa，额定负荷为 0.86kg/s）

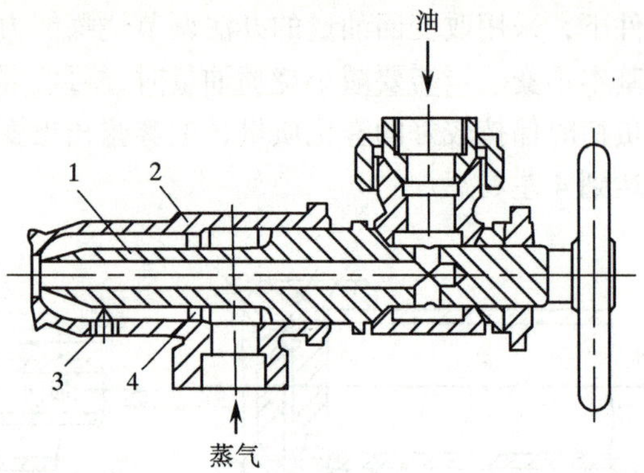

图 14-12　外混式蒸汽雾化喷嘴

1—油管；2—蒸汽套管；3—定位螺丝；4—定位爪

口处相撞而使燃油雾化，故称为外混式。此外，还有一种内混式蒸汽雾化喷油嘴。这种喷油嘴使燃油先与蒸汽在混合室相遇而初步雾化，形成燃油与蒸汽的混合物再喷出进一步雾化。图14-13给出了这种喷油嘴的简图。

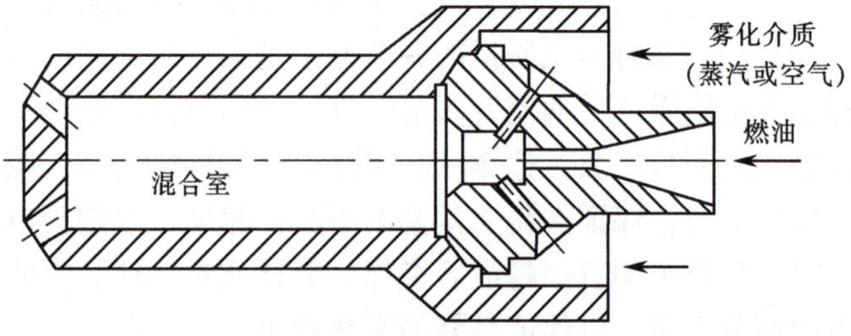

图 14-13　内混式蒸汽雾化喷油嘴

蒸汽雾化喷油嘴目前大多用于石油和化工工业的加热炉上，而在一般锅炉上使用较少。近年在某些大容量锅炉中采用了蒸汽-机械组合式的 Y 型喷嘴，如图 14-14 所示。这种喷油嘴采用较高的燃油压力(约 2MPa)，以加强机械雾化的作用，这样既可提高雾化质量又可降低蒸汽消耗量。

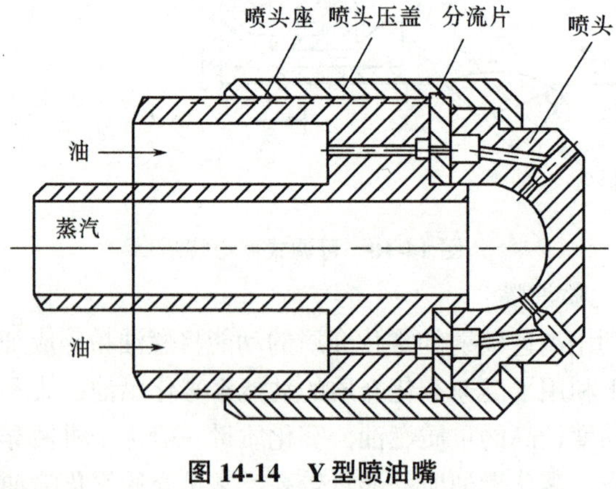

图 14-14　Y 型喷油嘴

(2) 空气雾化喷油嘴。

空气雾化喷油嘴是以空气作雾化介质，根据雾化空气压力的高低可分为低压空气雾化喷油嘴和高压空气雾化喷油嘴。

低压空气雾化喷油嘴利用全部的助燃空气作为雾化介质。空气由鼓风机供入，压力为 0.003～0.02MPa，燃油压力也较低，一般为 0.03～0.15MPa。这种喷油嘴由于空气与燃油混合得较好，故可在较小的空气系数下燃烧，且火焰较短。它一般用来燃烧柴油或轻质燃油，虽然也能燃烧重油，但效果较差。这种喷油嘴因受空气管道尺寸的限制，每一个喷油嘴燃烧能力一般不超过 150～200kg/h。低压空气喷油嘴类型较多，如果按燃油与空气的相对运动方式来分，有直流式(C 型)、旋转式(K 型)、相遇气流式等。图 14-15 为 C 型低压空气雾化喷油嘴的结构简图。这种喷嘴广泛用于冶金工业中的加热炉、热处理炉以及隧道窑等。

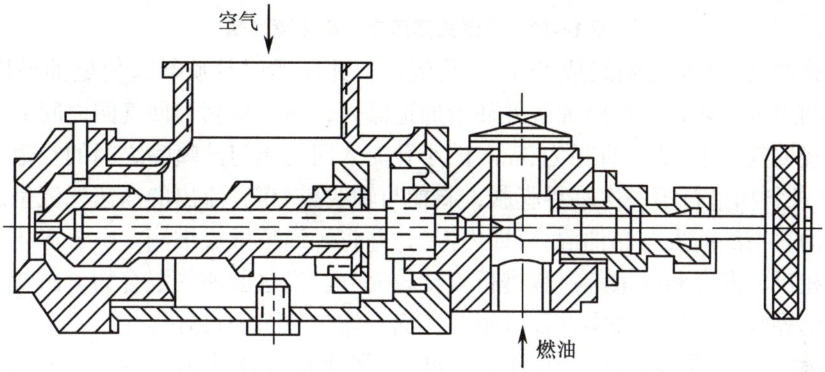

图 14-15　C 型低压空气雾化喷油嘴

在低压油烧嘴中，空气的预热温度受到限制。特别是对于流经油管外面的空气，如果预热温度太高，油管内的燃油会被加热至过高的温度，以致在油喷出前便裂化产生焦粒，造成喷嘴堵塞。一般，当全部空气用作雾化剂时，预热温度应控制在 400℃以下。如果要求将空气预热至更高的温度，可将空气分为两部分：一部分流经烧嘴，为一次空气；另一部分由烧嘴之外通入燃烧室，为二次空气，二次空气的预热温度不受烧嘴的限制。

高压空气雾化喷油嘴以压缩空气为雾化介质，其压力为 0.3～0.7MPa。每雾化 1kg 燃油约需雾化空气 0.3～0.6kg。喷油嘴结构形式与蒸汽雾化喷嘴基本相同，有些喷油嘴就是压缩空气与蒸汽两用的。这种喷油嘴也有外混式与内混式两种。图 14-16 为一种套管式高压空气雾化喷油嘴简图。该喷油嘴雾化空气的喷口为收缩形，故雾化空气喷出的速度略低于音

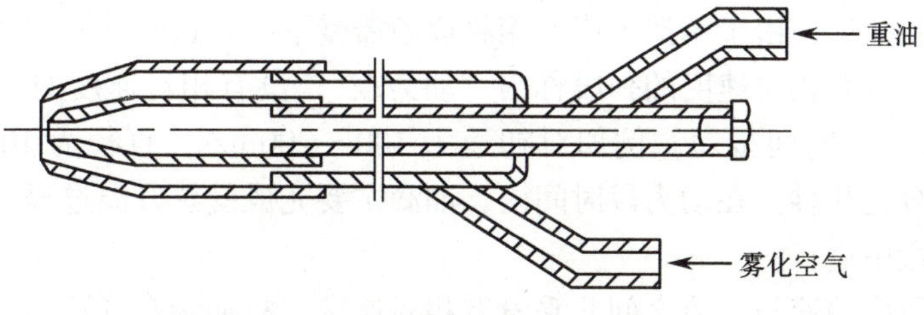

图 14-16　套管式高压空气雾化喷油嘴

速。雾化空气喷出时与油流之间呈 25°左右的交角以改善雾化。由图可以看出，该喷油嘴显然为外混式，当雾化空气压力较高时，其雾化质量良好，火焰瘦长。这种类型喷油嘴燃烧能力小型者为 7～10kg/h，火焰长度为 2～4m；大型者燃烧能力可达 350～400kg/h，火焰长度可达 7m。这种喷油嘴常用于反射炉以及连续加热炉和化学工业的炉窑上。

图 14-17 示出了一种内混式高压空气雾化喷油嘴。其工作原理如下：燃油由进油管流至

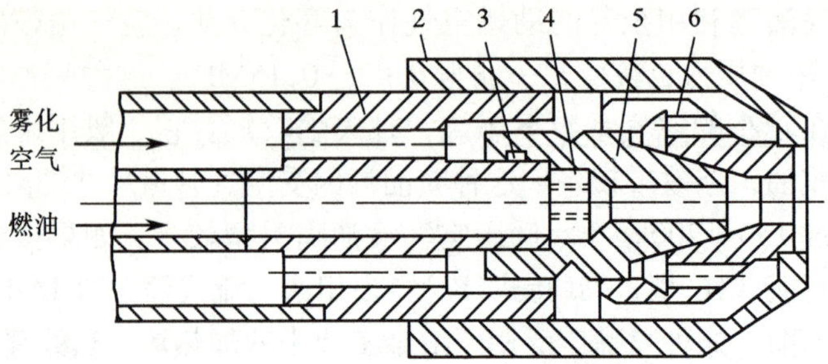

图 14-17 内混式高压空气雾化喷油嘴

旋油器时从旋油器上4个与轴线成20°的小孔流出，并作顺时针旋转，使燃油沿周向均布于喷油嘴内孔的周围。雾化空气沿油管外环形通道流入，通过螺帽与回气圈之间的环形空间折转180°，再经回气圈上12个直径为3mm的小孔流入回气圈与油喷嘴之间的空隙。然后沿油喷嘴外的10条斜槽进行第一次临界膨胀，斜槽与轴线成10°，流出的高速气流呈逆时针方向旋转，它在油喷嘴的前方与燃油混合(即内混)，并将燃油喷散成细滴。由于雾化空气与燃油的旋转方向相反，混合和喷散的过程进行得比较充分。当这股油气混合物流出喷油嘴时，再进行第二次临界膨胀，保证油雾在油雾炬横截面上均匀分布和良好雾化。

该喷油嘴工作参数为：燃油压力 0.2MPa，雾化空气压力 0.27MPa，喷油量在 20～500kg/h 之间分为 11 档，以便使用者选择。该喷油嘴主要用于玻璃窑炉和冶金工业炉。

14.3 油滴燃烧和油雾燃烧

14.3.1 油滴燃烧概述

燃油雾化成许多大小不一的油滴后，在燃烧室的高温下受热而蒸发气化。其中一些小的油滴很快就完成蒸发气化，并与周围空气形成可燃混合气，其燃烧过程类似于气体燃料的均相燃烧。

当油雾中直径较大的油滴以较高速度喷入空气时，在最初阶段与气流间有一定的相对速度，但经过一定距离后，由于摩擦效应油滴将逐渐滞慢下来，这时油滴与气流之间的相对速度几乎完全消失。具有相对速度的一段称为“动力段”，没有相对速度的一段则称为“静力段”。通常动力段所占时间很短，例如对初速为 100～200m/s，直径为 10～40μm 的油滴，其动力段只有千分之几秒。在动力段时间内，油滴主要完成受热升温过程，蒸发气化与燃烧过程主要在静力段中进行。

由于在静力段中油滴与气流之间几乎没有相对速度，故油滴在气流中的燃烧现象与它在静止空气中的燃烧情况相近。因此，单颗油滴在静止空气中的燃烧规律可作为进一步研究油滴群(即油雾)燃烧的基础。

单颗油滴在静止空气中的燃烧情况如图 14-18 所示。由于受到高温火焰的作用，油滴表面的燃油将首先蒸发气化，形成的油气则向周围气体扩散，并在油滴附近被点燃，形成一离开油滴表面一定距离的球形火焰前锋。由扩散燃烧火焰的讨论可知，在稳定的火焰前锋处，氧与燃料的配合比例正好是化学当量比。假设在火焰前锋中进行的化学反应很快，则火焰前锋很薄，在理论上可将它作为一个几何面处理，火焰前锋把油气和氧隔开，在内侧只有油气和燃烧产物，在外侧只有氧和燃烧产物。实际上火焰前锋有一定厚度，在火焰前锋上温度最高，为火焰温度 T_f。由火焰前锋放出的热量用于加热油滴，使之蒸发气化。由油滴表面蒸发气化产生的油气在其向火焰前锋扩散的同时，由于受热和化学反应而升温，使温度由油滴表面的 T_0(近似等于该压力下的饱和温度)逐渐升高到火焰前锋上的温度 T_f，氧则从周围空气向油滴扩散，并在火焰前锋面处与油蒸气相遇而达到化学当量比的配合比例。

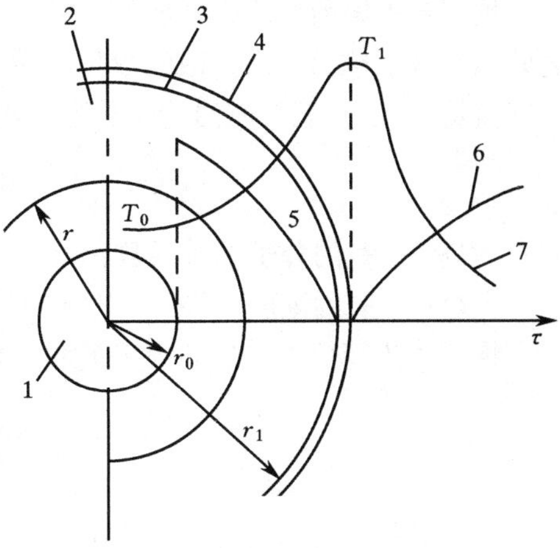

图 14-18　油滴燃烧示意图

1—油滴；2—油气区；3—燃烧区；4—外层空气区；5—油气浓度；6—氧浓度；7—温度

14.3.2　油滴的燃烧速率和燃尽时间

为了简化油滴燃烧速率的计算，作以下假设。

① 油滴为球形，在蒸发气化和燃烧过程中，油滴和火焰前锋均保持球对称；油滴在静止的气体中进行稳态的蒸发气化和燃烧。

② 燃烧反应只在火焰前锋反应区内进行。

③ 忽略火焰辐射换热与对流换热的影响。

④ 不计热导率、扩散系数等特性系数随浓度和温度的变化。

⑤ 不考虑油滴表面生成的油气向周围扩散时所引起的斯蒂芬质量流。

对半径为 r 的球面(见图 14-18)，通过球面向油滴传导的热量应等于燃油气化所需热量和使油气温度由 T_0 升至 T_f 所需热量，即

$$4\pi r^2\lambda\frac{\mathrm{d}T}{\mathrm{d}r}=m\left[L+c_p\left(T-T_0\right)\right]$$

式中　λ——热导率；

T——半径 r 处的温度；

T_0——油滴表面的温度；

m——油滴表面的燃油气化量；

L——燃油的气化潜热；

c_p——燃油蒸气的比热容。

将上式改写，然后从油滴表面(r_0 和 T_0)至火焰前锋(r_f 和 T_f)积分，得

$$\int_{T_0}^{T_f}4\pi\lambda\frac{\mathrm{d}T}{c_p(T-T_0)+L}=\int_{r_0}^{r_f}m\frac{\mathrm{d}r}{r^2}$$

$$\frac{4\pi\lambda}{c_p}\ln\frac{c_p(T_f-T_0)+L}{L}=m\left(\frac{1}{r_0}-\frac{1}{r_f}\right)$$

于是

$$m=\frac{4\pi\lambda}{c_p\left(\dfrac{1}{r_0}-\dfrac{1}{r_f}\right)}\ln\left[1+\frac{c_p}{L}(T_f-T_0)\right]\tag{14-10}$$

现在求火焰前锋所在球面的半径 r_f。假设在火焰前锋之外有一半径为 r 的球面，氧从远处通过这个球面向内扩散的数量必然等于火焰前锋上所消耗掉的氧，即等于式(14-10)的油气流量 m 乘上氧与燃油的化学当量比 β，即

$$4\pi r^2 D \frac{dC}{dr} = \beta m$$

式中　D——氧的分子扩散系数；

C——氧的浓度。

将上式改写后在离油滴很远处和火焰前锋之间积分，即

$$\int_0^{C_\infty} 4\pi D dC = \int_{r_f}^{\infty} \beta m \frac{dr}{r^2}$$

$$4\pi D(C_\infty - 0) = -\beta m\left(\frac{1}{\infty} - \frac{1}{r_f}\right)$$

于是，可得出火焰前锋半径为

$$r_f = \frac{\beta m}{4\pi D C_\infty} \tag{14-11}$$

式中，C_∞为远处的氧浓度。将式(14-11)代入式(14-10)可解出

$$m = 4\pi r_0\left\{\frac{\lambda}{c_p}\ln\left[1 + \frac{c_p}{L}(T_f - T_0)\right] + \frac{dC_\infty}{\beta}\right\} \tag{14-12}$$

这就是在半径 r_f 的油滴表面上的气化量，也就是单位时间烧掉的燃油量。

将式(14-12)除以 $4\pi r_0^2$ 即得油滴在单位时间、单位面积上蒸发气化(或燃烧)掉的质量 m'(其单位为 $kg/(s\cdot m^2)$)，通常称它为蒸发(或燃烧)速率，即

$$m' = \frac{1}{r_0}\left\{\frac{\lambda}{c_p}\ln\left[1 + \frac{c_p}{L}(T_f - T_0)\right] + D\frac{C_\infty}{\beta}\right\} \tag{14-13}$$

因此，油滴的燃烧速率取决于油滴的尺寸和初温以及燃油和氧化剂的物理化学性质，油滴越小，燃烧速率越高。

已知油滴燃烧速率，可计算油滴所需燃尽时间 τ_0。设在某一时刻 τ 油滴直径为 d_f，体积为$\frac{\pi}{6}d_f^3$，经过时间 $d\tau$ 后油滴的体积将减小为$\frac{\pi}{2}d_f^2 d(d_f)$，质量将减小 $\rho_0\ \frac{\pi}{2}d_f^2 d(d_f)$，在稳态的蒸发气化燃烧时，油滴在单位时间内减少的质量，即油滴在单位时间内烧掉的燃油量为

$$m = -\rho_0 \frac{\pi d_f^2}{2}\frac{d(d_f)}{d\tau}$$

式中　ρ_0 为燃油的密度。

将式(14-12)代入上式，在代入时将 r_0 换算为 d_f(即 $d_f = 2r_0$)代入，于是可得出

$$\frac{d(d_f)}{d\tau} = \frac{-4}{\rho_0 d_f}\left\{\frac{\lambda}{c_p}\ln\left[1 + \frac{c_p}{L}(T_f - T_0)\right] + \frac{DC_\infty}{\beta}\right\}$$

上式可以改写为

$$2d_f d(d_f) = -K_b d\tau$$

$$d(d_f^2) = -K_b d\tau$$

式中

$$K_b=\frac{8}{\rho_0}\left\{\frac{\lambda}{c_p}\ln\left[1+\frac{c_p}{L}(T_f-T_0)\right]+\frac{DC_\infty}{\beta}\right\} \tag{14-14}$$

K_b 为取决于燃料和氧化剂的物理化学常数，通常称之为燃烧常数，表 14-1 列出了一些液体燃料的 K_b。对上微分式积分；且已知当 $\tau=0$ 时，$d_f=d_0$；当 $\tau=\tau$ 时，$d_f=d_f$，得

$$d_f^2=d_0^2-K_b\tau \tag{14-15}$$

式(14-15)称为油滴燃烧的直径平方定律。

表 14-1　几种液体燃料的燃烧常数

燃　料	空气温度/℃	K_b
酒精	800	1.60
汽油	700	1.10
煤油	700	1.12
轻柴油	700	1.11
重油	700	0.93

在式(14-15)中以 $d_f=0$ 代入即可求出油滴燃尽所需的时间 τ_b，即

$$\tau_0=\frac{d_0^2}{K_b} \tag{14-16}$$

这正说明油滴燃尽所需的时间与油滴的初始直径平方成正比，这一结论已为实验证实。因此燃油雾化质量对燃烧速率有很大影响。

14.3.3　油雾的燃烧

液体燃料的燃烧通常都是通过喷油嘴，将燃油“破碎”成油滴群——油雾——以后再进行燃烧的。油雾的蒸发气化和燃烧不同于前述单个油滴在无限空间中的蒸发和燃烧。它要复杂得多，因为这时的影响因素更多，如油雾和空气的射流特性，油雾中各个油滴相互的影响、滴径的不均匀性、燃油与空气的混合情况以及炉内的燃烧工况等都将影响油雾的燃烧速率和燃尽时间。油雾的燃烧可分为以下几种主要类型。

14.3.3.1　预蒸发式气态燃烧

这种情况相应于油和气的进口温度高，或油雾较细，或者喷油的位置与燃烧区之间的距离较长，因而在进入燃烧区之前油珠已完成蒸发过程，故其燃烧受气相扩散燃烧的规律控制，火焰的结构类似于气体燃料的湍流扩散燃烧。

14.3.3.2　油滴群扩散式燃烧

这是另一种极端情况，相当于油和气的进口温度低，或燃油雾化不好，油珠比较粗大(或燃油挥发性差)，在进入燃烧区时，油珠基本未挥发，只有滴群的扩散燃烧。通常在冲压机和液体火箭发动机燃烧室中接近这种燃烧。油滴群中每一油滴独立地进行燃烧，其燃烧形式是以单颗油滴燃烧形式进行的。

14.3.3.3　复合式燃烧

一般说来，油雾是由大小不同的油滴组成的，其中较小的油滴由喷油嘴出来后很快就蒸发气化，形成一定程度的预混火焰，而较大的油滴则按油滴群扩散式燃烧进行燃烧。这种包含两种燃烧形式的燃烧称为复合式燃烧。

当油雾中各油滴十分靠近时，对油雾燃烧的影响尤甚。其影响主要表现在两方面：一方面同时燃烧着的相邻油滴相互传热；另一方面又相互妨碍着氧扩散到它们的火焰前锋面，出现竞相争夺氧气的局面。前一影响的存在可以促进油滴群的燃烧，加快油雾燃烧速率，减少燃烧时间。后一影响的存在却妨碍着油滴的燃烧，降低油雾的燃烧速率，增加燃烧时间。当油滴间的距离小于油滴火焰前锋的半径时，油滴就不可能保持自己单独的球状火焰前锋面，只能在油滴之间的可燃混合气中进行滴间的气相燃烧，即所谓滴间燃烧。

实验研究表明，油雾的燃烧仍遵循式(14-15)的直径平方定律，不过这时燃烧速度常数 K_b 与单个孤立油滴燃烧有所不同。有人认为在常数 K_b 上还要乘一个因子 $f(p)$，即

$$d_0^2 - d^2 = f(p)K_b\tau \tag{14-17}$$

这里 $f(p)$是压力 p 的函数，且 $f(p)\leqslant 1$。但燃油喷入炉膛后，其流量密度和油滴直径是不均匀的，因此，在同一时刻各个油滴的燃烧状况不同，射流各断面上的燃烧状况也不同。另外，燃油喷入炉膛空间，各油滴将到达各个不同的位置，而炉内的温度场又不均匀，因此，即使油滴直径相同，在同一时间不同的空间，油滴的燃烧状况也不同。因此不能简单地用同一个 K_b 进行计算。目前关于油雾燃烧过程还没有完善的物理模型，各研究者提出的计算方法都有一定的片面性。

这里需要指出的是油雾燃烧具有比均匀可燃混合气的燃烧更为宽广的着火界限和稳定的工作范围，它可以在较大的工作范围内稳定地燃烧。之所以如此是因为油雾的燃烧过程主要取决于油滴周围的油/气比，即局部地区的空气系数。因此当燃烧室总的空气系数已超出均匀可燃混合气可以燃烧的界限时，在局部地区仍可能会有适合油滴燃烧的空气系数，这样就扩大了油雾燃烧的稳定工作范围。油雾燃烧的这一特点，给液体燃料的燃烧提供了极大的方便，有着重要的实际意义。

14.3.4 乳化油及其燃烧

当前，燃烧科技工作者面临着两个方面的挑战，一是提高燃烧效率，节约燃料；二是降低污染物的排放量，保护环境。乳化油燃烧是解决上述问题的重要技术途径。

一般情况下，燃油和水是互不相溶的，但通过乳化措施在燃油中掺入少量的乳化剂，可使油和水均匀分布，并能稳定保持数天乃至数月不分离。目前有两种类型的油水乳化液：一种是使水成为分散相，被分裂为许多小微细水珠均匀地悬浮于油中，称为油包水型；另一种是使油成为分散相，被粉碎为许多小油珠均匀地悬浮于水中，称为水包油型。

乳化油的类型主要取决于乳化剂的性质。乳化剂(或表面活性剂)是否能溶解在水或油中，取决于其中的亲水基团与亲油基团的相对浓度，一般用“亲憎平衡值”*HLB* 来表示。*HLB* 越大则亲水性越大，当 $HLB>20$ 时，则表示该物质几乎是亲水的，不溶于油；当 $HLB=0$ 时，零则表示该物质没有亲水性，只溶于油。为了得到油包水型的乳化液，*HLB* 应为 2～6，如果 *HLB* 达到 12～18 时，则将形成水包油型乳化液。目前国内用于取得油包水型乳化液的表面活性剂包括脂肪酸失水山梨醇酯(Span 类)、聚氧乙烯醚(Tween 类)以及添加剂 801。实验表明，表面活性剂的掺入量一般为 0.5%～1.0%(体积分数)。正常情况下油包水型乳化液中水珠直径为 2～5μm。但以重油和渣油制成乳化液时，不加入任何表面活性剂即可获得令人满意的油包水型乳化液。

对燃烧有实际意义的是油包水型乳化液，因为它在燃烧时会产生所谓的“微爆现象”，

使油珠炸裂为小油珠，从而改善雾化质量，这是燃烧特性得以改善的主要物理因素。此外，当众多的油珠在燃烧装置内微爆、飞溅时，还可提高燃烧区的湍流度，有利于进一步强化燃烧过程。

“微爆现象”是由于燃油的沸点较高，油包水乳化液的油滴内的水珠在燃烧过程中，可能在油滴生存期间，其内部所含水珠已达到过热温度而突然气化，并冲破外层油膜，使较大的油滴炸裂为许多小油滴，所以有人称这种现象为“二次雾化”。

从燃烧化学反应角度看，乳化油中掺入的水分可以起催化剂作用。碳氧燃料燃烧时，尤其在缺氧条件下，会由于热分解，生成许多微炭粒，如在它排出燃烧装置前仍未燃尽，将引起冒黑烟。在乳化油燃烧时，由于水蒸气的存在会引起以下反应。

当温度高于 900℃ 时

$$C + H_2O \rightarrow CO + H_2$$

$$CO + H_2O \rightarrow CO_2 + H_2$$

当温度低于 900℃ 时

$$C + 2H_2O \rightarrow CO_2 + 2H_2$$

这些反应都消耗了燃烧室中的炭粒，这不仅有利于提高燃烧效率，还可以有效地抑制冒黑烟。此外，乳化油中的水分还会使火焰温度有所下降，这对抑制环境污染物 NO_x 的生成是有利的。

实践证明，使用乳化燃料可以取得以下效果。

① 在轻柴油、重柴油、原油以及重油中使用时，一般掺水率为 6%～20%，可节约燃料 3%～12%。

② 黑烟排放量可以减少 70%～80%，NO_x 排放量可减少 50%～70%。

因此，很多科研人员在各种锅炉工业炉窑、燃气轮机以及内燃机中进行以乳化油作为燃料的研究，并取得可喜的进展。

第 15 章 固体燃料的燃烧

固体燃料除了天然燃料，如煤、油页岩、木柴等以外，实际上还包括许多特殊用途的燃料，如硼、镁、铝以及各种火箭固体推进剂等。本章主要讨论煤的燃烧。

为了充分利用煤资源，必须研究和掌握煤的燃烧规律和特性，以改进原有的燃烧技术，并探索新的燃烧技术。本章将比较系统地介绍有关煤的燃烧理论基础知识。

15.1 固体燃料燃烧分类

15.1.1 按燃烧特征分类

(1) 表面燃烧。指在燃料表面进行的燃烧。这种燃烧现象常发生在几乎不含挥发分的燃料中，例如在焦炭和木炭表面的燃烧，这时氧和 CO_2 通过扩散到达燃料表面进行反应。如在燃料表面尚不能完全燃烧，则不完全燃烧产物(如 CO 等)离开表面后，可与 O_2 进行气相燃烧反应。

(2) 分解燃烧。对于热分解温度较低的固体燃料常发生这种情况。由热分解产生的挥发分在离开燃料表面后，与 O_2 进行气相燃烧反应。木材、纸张和煤挥发分的燃烧就属于此类燃烧。

(3) 蒸发燃烧。对于熔点较低的固体燃料会发生这种情况。燃料在燃烧前先熔融成液态，然后再进行蒸发和燃烧(类似液体燃料)。石蜡等链烷烃系高级碳氢化合物的燃烧就属此类燃烧。在很多情况下，在进行蒸发燃烧的同时也可能进行分解燃烧。

(4) 冒烟燃烧。对一些易热分解的固体燃料，当因温度较低而挥发分未能着火时，将会冒出大量浓烟，使大量可燃物散失在烟雾中。木材和纸张在温度较低的条件下燃烧时，就易于产生冒烟燃烧。

通过固体燃料的这几种燃烧现象可以看出，在分析固体燃料燃烧时，有时还需应用气体燃料和液体燃料的燃烧理论知识。

15.1.2 按燃烧方式分类

15.1.2.1 火床式燃烧

火床式燃烧又称层状燃烧，它的特征是把燃料放置于炉篦上，空气通过炉篦下方炉篦孔穿过燃料层和燃料进行燃烧反应，生成的高温燃烧产物离开燃料层进入炉膛。图 15-1 为几种典型的火床燃烧方式。在已燃烧火床添加的新燃料(小煤块)由于受到已燃高温煤层和高温炉膛的加热而被点燃燃烧。燃烧所需空气由火床下炉篦孔供入。煤层燃烧所生成的烟气进入炉膛，其中尚未燃尽的可燃成分(如 CO，H_2 等)及由烟气从煤层带出的煤屑可在炉膛空间内与空气继续混合燃烧。故火床燃烧实际上由两部分组成，但以火床上的煤层燃烧为主，因此有人称火床燃烧为层状燃烧。经过炉篦，进入煤层供燃烧的空气称一次风；在煤层上部，向炉膛送入的空气称二次风，它除了用于空间燃烧外，还用于形成炉内所要求的空气动力场。在总空气量中，一次风是主要的燃烧空气，其约占总空气量的 80%～100%，二次风则占总空气量的 0～20%。

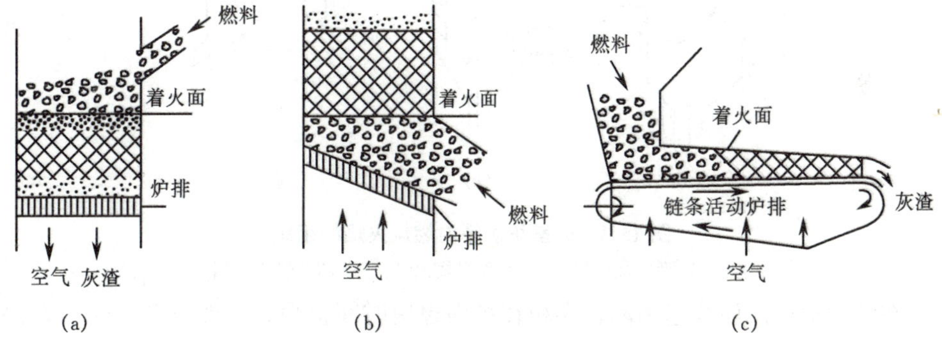

图 15-1 几种典型的火床燃烧方式示意图

(a) 上饲式固定炉排；(b) 下饲式固定炉排；(c) 链条活动炉排

火床燃烧又可分为上饲式固定炉排燃烧、下饲式固定炉排燃烧及链条活动炉排燃烧等。由图 15-1 可以看出，它们在燃煤及炉渣的运动方向、空气及烟气流动方向的差异。

采用层状燃烧法时，固体燃料在自身重力的作用下彼此堆积成致密的料层。为了保持燃料在炉篦上稳定，煤块的质量必须大于气流作用在煤块上的动压冲力，也就是要保证

$$\frac{\pi d^3}{6}(\rho_c-\rho_a)>C\,\frac{\pi d^2}{4}\cdot\frac{w_a^2}{2}\rho_a$$

式中 d——煤块直径；

ρ_c 和 ρ_a——煤块和空气的密度；

w_a——空气的流速；

C——阻力系数。

对于一定直径的煤块，如果气流速度太高，当煤块的质量和气流对煤块的动压冲力相等时，煤块将失去稳定性，如果再提高空气流速，煤块将被吹走，造成不完全燃烧。但为了能在单位炉篦上燃烧更多的燃料，必须提高气流速度，因此也必须保证煤有一定块度。但另一方面，煤块越小，反应面积越大，燃烧反应越强烈。显然，应当同时考虑上述两个方面，确定一个合适的块度。

火床燃烧的优点是燃料的点火热源比较稳定，燃烧过程也比较稳定。缺点是鼓风速度不能太大，而且，机械化程度低，燃烧强度不能太高，只适用于中小型的炉子。

15.1.2.2　火室式燃烧

火室式燃烧是将煤磨成煤粉，使煤粉在炉膛空间以悬浮状态进行燃烧过程，故又称悬浮燃烧。煤粉与燃烧所需空气可通过燃烧器上不同功能的喷口喷入炉膛，形成所需的燃烧空气动力场，以建立合适的燃烧条件。

根据燃料的燃烧特性和对炉内燃烧组织的不同要求，燃烧器有直流式和旋流式之分。前者的燃料流和空气流均不旋转，为直流射流，后者则为旋转射流。直流式燃烧器常用于在锅炉内形成 U 型或 W 型燃烧火焰，或用于组织四角燃烧火焰。旋流式燃烧器常用于在锅炉中组织 L 型火焰。图 15-2 为这几种火室炉炉膛内燃烧火焰的组织。

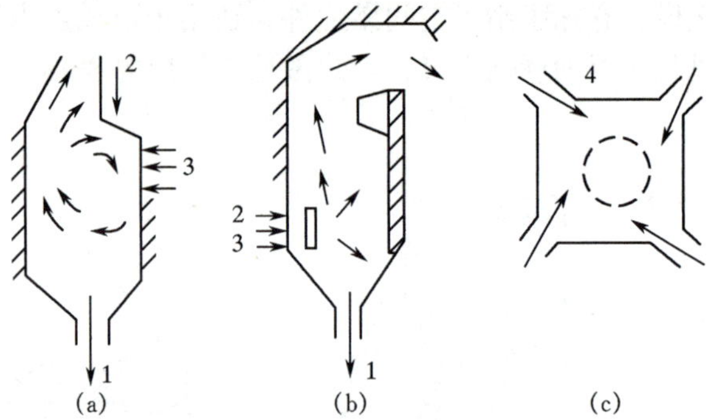

图 15-2　火室炉炉膛内燃烧火焰的组织

(a) U 型燃烧火焰；(b) L 型燃烧火焰；(c) 四角燃烧火焰

煤粉在炉中随气流而快速运动，煤粉在炉内逗留时间很短，一般仅 2～3s，故需将煤粉磨得很细，使它来得及充分燃烧。对煤粉的要求为：颗粒平均直径为 40～100μm；含水分量为(0.5～1.0)W^f%。在煤粉炉中，煤粉先与部分燃烧空气(称一次风)组成一股煤粉-空气混合流，然后再经过燃烧器喷入炉内燃烧，燃烧所需总空气量的其余部分称二次风，当把煤粉制粉系统的排气送入炉内燃烧时，称为三次风。在燃烧器中合理地安排一、二、三次风口的射流是达到所需燃烧空气动力场的关键。煤粉燃尽后的灰渣可以固态或液态排出炉外，并分别称之为固态除渣煤粉炉及液态除渣煤粉炉。

与层状燃烧相比，火室式燃烧有以下优点。

(1) 燃烧效率高；

(2) 可使用含灰分及水分高的劣质煤和无烟煤煤屑；

(3) 可实现运行操作的全部机械化和自动化；

(4) 单机容量可以大型化，适用于大型电站锅炉。

目前，蒸发量大于 75t/h 的燃煤锅炉，几乎都采用火室式燃炉，在一些冶金加热炉中也有采用火室式燃烧方式的。火室式燃炉存在以下不足之处。

(1) 金属受热面易磨损；

(2) 烟气中含飞灰量较高；

(3) 受热面积灰和结渣问题较严重；

(4) 需设置专用的制粉系统，且制粉尚需耗能；

(5) 对炉子的运行操作要求很高。

15.1.2.3　旋风式燃烧

采用火室式燃烧方式以后，可以使燃料品种的范围扩大，使炉子的操作实现机械化和自动化，并且可以适应炉子容量不断扩大的需要。虽然如此，但火室式燃烧方式也有其严重缺点。例如，因为烟气中含有大量的飞灰，占燃料全部灰分的 85%～90%，造成换热器和引风机的磨损，而且有碍环境卫生，不得不装置复杂的除尘设备。此外，燃烧粉煤还需要复杂的制粉设备，增加设备投资。

旋风式燃烧是一种利用旋风分离器的工作原理，使燃料悬浮于旋转空气中的燃烧方式。图 15-3 表示出旋风式燃烧的原理。燃料颗粒与一次风经燃烧器送入旋风炉，大量的二次风沿切线方向高速(可达 100～200m/s 以上)进入旋风炉，形成强烈的旋转运动。由于气流的旋转，使燃料颗粒紧贴圆筒壁，边旋转，边进行热分解，着火燃烧直到燃尽。燃烧生成的烟气由中心孔流出。由于气流的旋转，燃料在炉中逗留时间较长，故可燃用煤粉乃至小煤块(其尺寸可达 5～6mm，甚至更大)。燃料颗粒越大，燃尽时间越长，在炉中旋转的次数越多，满足了充分燃烧的要求。由于燃料在炉中逗留时间较长，旋风炉内存留的燃料量较大，故燃料工况比较稳定，对燃料和空气量供应的波动不太敏感。

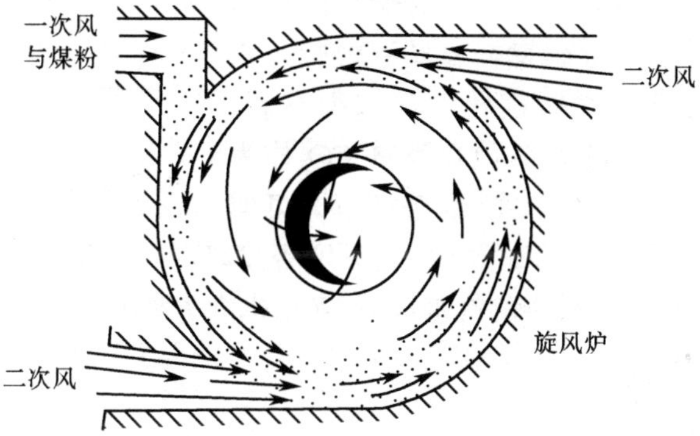

图 15-3　旋风式燃烧原理

由于旋风燃烧中燃料与空气混合很强烈，使燃烧过程大为强化，炉内温度达到很高水平(可达 1 600～1 700℃)，燃料中的大部分灰分熔化为液态从炉中排走，因而可大大减少烟气带出的飞灰。但是，旋风燃烧也存在以下问题。

(1) 化渣问题。旋风炉对燃料的适应性，主要受灰渣性质的限制，需采用适当的熔剂以降低灰渣的熔点，对于扩大旋风炉的适用范围具有很重要的意义。根据实践经验，增加成分中的金属氧化物的量可以降低灰渣的熔点。

(2) 积灰问题。当采用旋风燃烧时，虽然烟气中的飞灰大大减少，但并未彻底解决锅炉受热面的积灰问题，由于这时烟气中只有细灰，受热面积灰现象反而有所加剧，至今为止，尚未解决积灰问题，这是影响旋风炉广泛采用的一个重要因素。

(3) 灰渣物理热的利用问题。采用旋风炉后，可以减小空气系数，而燃烧却更安全，这些因素可以提高锅炉的热效率。但是，旋风炉的捕渣率很高，而且呈液态流出，带走了大量物理热。特别是对于多灰燃料，必须考虑液态渣的物理热的利用问题。

15.1.2.4　沸腾式燃烧

沸腾燃烧利用空气动力使煤在沸腾状态下完成传热、传质和燃烧反应。它相当于在火床中当火床通风速度达到煤粒沉降速度时的临界状态下的燃烧，这时煤粒失去稳定性而在煤层中作强烈的上下翻腾运动，因其颇类似于沸腾状态，故称为沸腾燃烧。由于煤粒和空气进行剧烈的搅拌和混合，燃烧过程十分强烈，燃料燃尽率可以很高(对一般煤已可达到96%～98%以上)。由此而由烟气带出的飞灰量也较大，一般需经二级除尘后才能达到排放标准。

图15-4示出了沸腾燃烧的原理。由气力系统将煤粒送入沸腾床中，燃烧所需空气经布风板孔以高速喷向煤层，使煤粒失稳而呈沸腾状并进行燃烧。由于燃烧过程十分强烈，所以沸腾燃烧能有效地燃用多种燃料，如无烟煤、烟煤、褐煤及油页岩等多种固体燃料。

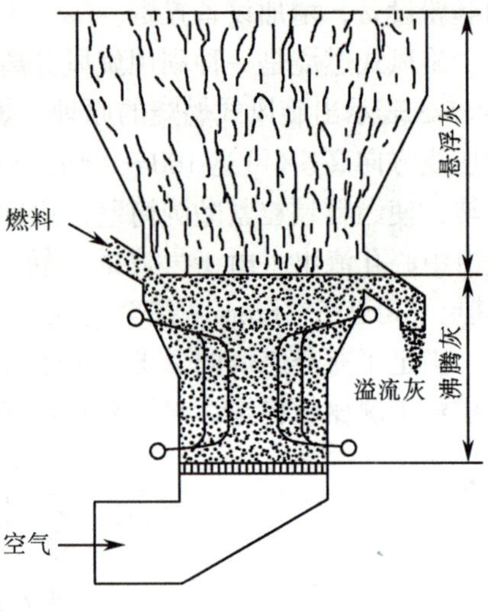

图15-4　沸腾燃烧原理图

为防止沸腾层内灰渣结块破坏燃烧过程，通常在沸腾床内设置埋管受热面，使床内温度维持在800～900℃。这些受热面受到强烈翻腾煤粒的冲刷，热阻的层流边界层常遭破坏，故受热面可达到很高的热导率(250～350W/(m^2·℃))。因此，以较小的受热面积即可传递大量的燃烧放热量。沸腾燃烧属低温燃烧，在800～900℃的床层温度下，对脱硫化学反应很有利。因此，常随燃料加入一定数量的$CaCO_3$及$MgCO_3$作为脱硫剂。据研究在$m(Ca)/m(S)\geqslant 2$的条件下，可使燃料中大部分的硫(80%～90%)化合成$CaSO_3$炉渣残留下来，从而防止有害气体SO_x对大气的污染。由于低温燃烧，废气中的有害成分NO_x也大为降低。

15.2　煤的燃烧过程

虽然煤可通过上述的各种方式进行燃烧，但其燃烧过程是相同的。煤的燃烧过程需经历干燥、挥发分析出及着火燃烧和焦炭着火燃烧等分过程，并且其中的挥发分的燃烧与焦炭的燃烧在时间上有一定的重叠。

当煤受热时，煤表面和缝隙中的水分将首先蒸发出来，使煤干燥。当温度继续升高时，将发生煤的热分解反应，使煤中所含易分解的碳氢化合物和少量不能燃烧的化合物，如CO_2等以气态析出。这些析出物即常说的挥发分。在开始阶段，挥发分的析出速度较高，在不太长的时间内便析出总挥发分的80%～90%，最后的10%～20%则要经过较长的时间才能全部析出，挥发分析出后余下者即焦炭，它主要由固定碳和一些矿物杂质组成。

挥发分是气态的，容易与空气混合，挥发分比焦炭易于着火，故当温度足够高又有空气存在时，挥发分将首先着火。当挥发分着火燃烧后，它一方面加热焦炭，同时又与焦炭争夺燃烧所需的氧。焦炭在大部分挥发分燃烧以后，才着火燃烧，与挥发分几乎同时燃尽。焦炭的燃烧一般先从其表面的某一局部开始，逐渐扩展到整个表面。焦炭中所含矿物杂质燃烧后形成的灰分，在燃烧过程中会形成妨害氧气由颗粒外部向内部扩散的逐渐增厚的灰壳，对燃尽时间有一定的影响，故灰分对燃烧是不利的。

图 15-5 为煤粒燃烧过程的示意图，它大致说明了固体燃料燃烧的基本过程。由图可见，当挥发分燃烧时将形成与煤粒有一定距离的明亮火焰，氧全部消耗于挥发分，燃烧不能达到焦炭表面，使焦炭不能燃烧，故焦炭呈暗黑色，其中心温度不超过 700～800℃。挥发分的燃烧加热了焦炭，将促进焦炭燃烧。挥发分着火后经过不长时间火焰逐渐缩短直到最后消失，这表明挥发分已基本燃尽。实验表明，这个时间约占煤粒总燃尽时间的 10%左右。当挥发分基本燃烧完毕时，焦炭的燃烧则由煤粒局部表面逐渐扩展到整个表面，焦炭的温度将达到其最大值(1 200℃)，并几乎保持不变，同时在焦炭周围出现很薄的蓝色火焰，它主要是 CO 燃烧所形成的火焰。在焦炭燃烧时间内，由于温度高，虽又有少量挥发分继续析出和燃烧，但对燃烧过程不再起主要的作用。

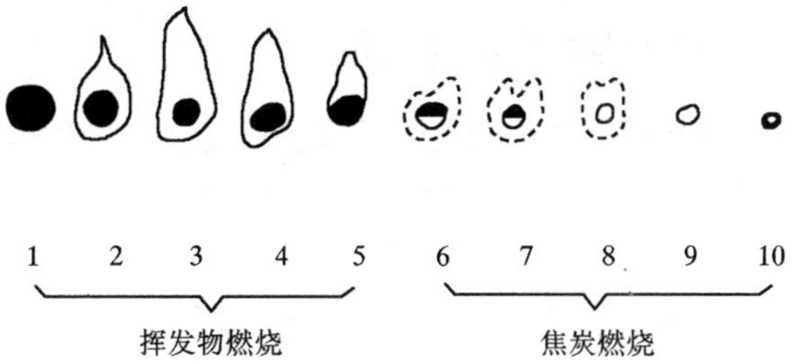

图 15-5　煤粒的燃烧过程

煤粒燃烧的热量释放过程表明，对大多数煤种，焦炭所占发热量比例要超过总可燃部分发热量 50%以上，如表 15-1 所示。

表 15-1　几种固体燃料中焦炭的发热量占燃料总发热量的百分数和焦炭占燃料可燃成分的质量百分数

燃　料	焦炭占可燃成分中的质量百分数/%	焦炭发热量占总发热量的百分数/%
无烟煤	96.5	95
烟　煤	57～88	59.5～83.5
褐　煤	55	66
泥　煤	30	40.5
木　材	15	20

由于焦炭在煤的质量中所占的份额最大，着火最迟，所需燃尽时间长，燃烧发热量占煤发热量的主要部分，因此，焦炭的燃烧在煤的燃烧中起着决定作用。以下讨论煤的燃烧，先从焦炭燃烧着手。

15.3　固体炭粒的燃烧

焦炭中除含有一定数量的不可燃矿物杂质外，其余部分主要是固定碳，因此，可以通过讨论炭粒的燃烧了解焦炭燃烧的主要特点。

15.3.1　碳的燃烧过程

碳的燃烧为固相(碳)气相(氧)之间的燃烧反应，它是在碳表面上进行的，故与在整个容积中进行均匀气相燃烧反应有很大差别。这里所指的表面不仅包括炭粒的外表面，还包括由碳粒表面裂缝(常称内孔)所构成的内孔表面。

在碳表面进行的燃烧由以下过程组成。

(1) 氧扩散至碳表面;

(2) 氧吸附于碳表面;

(3) 氧与碳进行化学反应，产生生成物;

(4) 生成物由碳表面解吸;

(5) 解吸后的生成物扩散至周围环境。

要深入了解碳的燃烧，就需对上述诸分过程进行讨论。但在这些过程中，例如“扩散过程”，其基本原理已在其他课程中讨论，所以这里重点讨论碳的化学反应和吸附问题。

15.3.2 碳在燃烧过程中所进行的化学反应综述

吸附至碳表面的氧与碳之间所进行的化学反应相当复杂，它并非经过

$$C + O_2 \rightarrow CO_2 \tag{15-1}$$

$$2C + O_2 \rightarrow 2CO \tag{15-2}$$

一步就完成了化学反应，这些化学反应式实际上只表明化学反应开始和完成时的物质平衡关系，并没有表达出整个化学反应是怎样进行的。

根据对碳的燃烧反应的研究，碳的反应过程要经历初级反应，以及其后的次级反应。在初级反应中，碳首先与吸附的氧进行反应，以及生成一种处于中间状态的碳氧络合物 C_3O_4，这种络合物在其他氧分子的撞击下再离解为 CO 和 CO_2，即

$$3C + 2O_2 \rightarrow C_3O_4 \tag{15-3}$$

$$C_3O_4 + C + O_2 \rightarrow 2CO + 2CO_2 \tag{15-4}$$

在高温条件下，这种络合物也可能热分解为 CO_2 和 CO，即

$$C_3O_4 \rightarrow 2CO + CO_2 \tag{15-5}$$

这些由初级反应产生的 CO_2 与 CO 再与碳和氧进行以下次级反应:

(1) CO_2 与炽热的碳表面进行的还原反应。这是一个吸热反应，可表示为

$$CO_2 + C \rightarrow CO \tag{15-6}$$

(2) CO 与氧在碳周围空间所进行的容积反应。这是一个燃烧放热反应，可表示为

$$2CO + O_2 \rightarrow 2CO_2 \tag{15-7}$$

在碳的整个化学反应过程中，初级反应与次级反应间的耦合关系与温度有很大关系。现在介绍如下。

(1) 当温度低于 700℃时，由初级反应生成 CO_2 与 CO，由于温度不高，CO_2 与碳表面还不能进行还原反应，CO 也不能与 O_2 进行燃烧反应。因此在炭粒周围的 O_2，CO_2 与 CO 的分布如图 15-6 所示。即 O_2 由周围环境的浓度递减到炭粒表面的浓度，而 CO_2 与 CO 则由炭粒表面向四周扩散，故浓度递减。

(2) 当温度为 800～1 200℃时，在初级反应生成 CO_2 与 CO，其中的 CO_2 在该温度下仍不能与碳进行还原反应，但 CO 却已能与氧进行容积反应生成 CO_2，并形成火焰前锋。由容积反应生成的 CO_2 与表面反应生成的 CO_2 汇合后，再向周围环境扩散。经过容积反应后剩余的氧则继续向碳表面扩散。图 15-7 表示出在炭粒周围的 O_2，CO_2 及 CO 的分布。

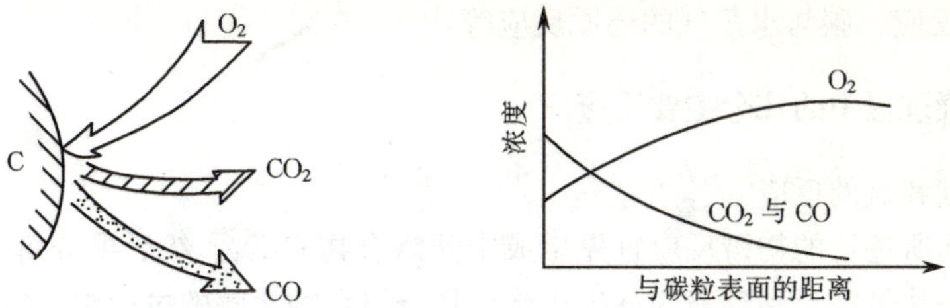

图 15-6　当温度低于 700℃ 时炭粒的燃烧情况

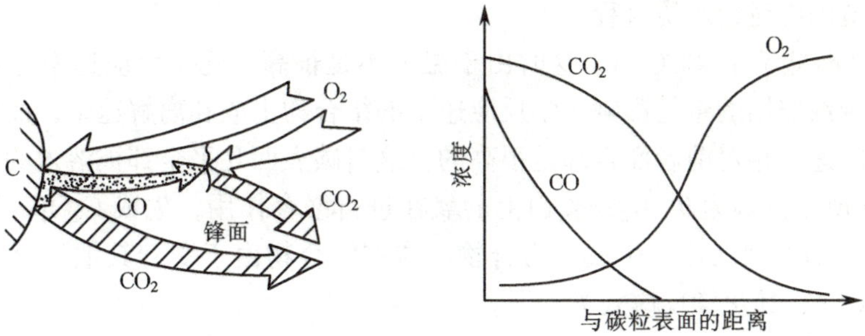

图 15-7　当温度为 800～1 200℃ 时炭粒的燃烧情况

(3) 当温度高于 1 200～1 300℃ 时，在碳表面进行的反应加速，生成了更多的 CO_2 和 CO，同时 CO_2 与碳表面所进行的还原反应也因温度升高而加速，这样就增加了向外扩散的 CO 量，这些 CO 在向外扩散的过程中又与向炭粒扩散的氧发生反应，生成 CO_2，并形成火焰前锋。在火焰前锋处 CO_2 浓度达到最大值，并向周围环境和炭粒表面扩散。扩散到碳表面的 CO_2 可与碳进行还原反应，进行还原反应所需的热量由火焰前锋供给。这时氧实际上已经不能达到炭粒表面，故碳的表面反应可以认为是借助 CO_2 作为载体，间接地将氧送到碳表面。图 15-8 表示出这种情况下 O_2，CO_2 及 CO 的分布。

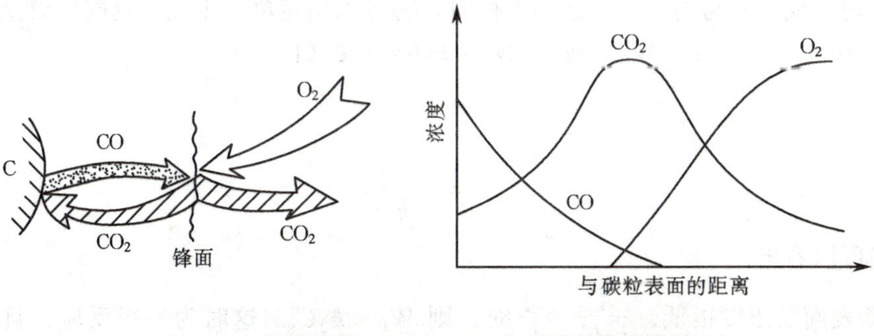

图 15-8　当温度为 1 200～1 300℃ 时炭粒的燃烧情况

以上介绍的是碳与氧之间所进行的化学反应情况。如果在燃烧过程中还有水蒸气参与，则反应过程更加复杂，这时将进行以下反应

$$C + H_2O(g) \rightarrow CO + H_2 \tag{15-8}$$

在碳表面还可能进行以下反应

$$C + 2H_2 \rightarrow CH_4 \tag{15-9}$$

$$CO + H_2O(g) \rightarrow CO_2 + H_2 \tag{15-10}$$

由此可以看出，在碳的燃烧过程中所进行的化学反应相当复杂，它包括碳的氧化反应、

碳与CO_2的还原反应、碳与水蒸气的还原反应等。

15.3.3 碳在燃烧过程中的几个主要反应

15.3.3.1 碳和氧的反应

在碳与氧之间所进行的初级反应首先生成中间络合物C_3O_4，然后再分解为CO_2与CO。在不同温度下这一从氧吸附到碳表面→生成络合物→络合物离解的过程中，每一个过程的速率不同，所起的作用也不同，并导致生成的CO_2与CO在数量上也不同，以下将在有较大现实意义的温度范围内讨论燃烧过程。

(1) 当温度略低于1 300℃时。这时由于温度不是很高，化学反应速率也不是很高，对碳燃烧速率起制约作用的将是影响化学反应速率的络合物生成和离解速率，而氧溶入碳晶格(即化学吸附)的速率相对前者而言却是很高的。这时碳表面几乎全部被溶入的氧占满，其中一部分碳表面(所占份额为θ，$0<\theta<1$)上的氧在进行络合作用，生成C_3O_4，另一部分碳表面(其份额为$1-\theta$)上则已盖满生成的络合物。这些络合物由于受到其他氧分子的撞击，正离解为CO与CO_2，其化学反应式为

$$C_3O_4 + O_2 + C_2 \rightarrow CO + 2CO_2$$

如以氧的消耗速率来表示化学反应速率，则络合物的生成速率可表示为

$$W_1 = k_1\theta \qquad (15\text{-}11)$$

式中 k_1——为络合物生成速率常数。

络合物离解速率则可表示为

$$W_2 = k_2C_s(1-\theta) \qquad (15\text{-}12)$$

式中 k_2——络合物离解速率常数；

C_s——碳表面处氧浓度。

当络合物生成速率与离解速率达到平衡时，将进入稳定燃烧工况，这时的燃烧速率为

$$W_0 = W_1 = W_2 = k_1\theta = k_2C_s(1-\theta)$$

消去θ，得

$$W_0 = \frac{1}{\dfrac{1}{k_1}+\dfrac{1}{k_2C_s}} \qquad (15\text{-}13)$$

由此式可以看出：

① 当碳表面氧浓度很低，$\frac{1}{k_2C_s} \gg \frac{1}{k_1}$时，则$W_0 \approx k_2C_s$。这时为一级反应，且燃烧速率取决于络合物离解速率常数k_2，而与络合物生成速率常数k_1几乎无关。

② 当碳表面氧浓度很高，$\frac{1}{k_2C_s}$很小时，由于$\frac{1}{k_1} \gg \frac{1}{k_2C_s}$，则$W_0 \approx k_1$。这时为一零级反应，且燃烧速率取决于络合物生成速率常数，而与络合物离解速率常数和碳表面氧浓度几乎无关。

由于在空气中氧的质量分数为23.2%，所以在碳燃烧时，碳表面氧浓度不会很高，因此在上述温度下，碳的燃烧反应可视为一级反应。

(2) 当温度超过1 600℃时。这时温度甚高，化学反应速率很高，根据前述石墨晶体结

构特点，氧化学吸附于晶体周界并进而形成络合物 C_3O_4，在这种高温条件下络合物不需经受氧分子的撞击就会自行热分解，即

$$C_3O_4 \rightarrow 2CO + CO_2$$

在这种条件下，在吸附、络合、分解三个环节中，相对而言吸附速率最慢，因此对碳燃烧速率起着制约作用。这一反应是一个与氧浓度成正比的一级反应，故燃烧速率为

$$W_0 \approx k_3 C_s$$

式中 k_3——氧吸附速率常数。

15.3.3.2 碳和 CO_2 的反应

$$C + CO_2 \rightarrow 2CO$$

这是一个吸热的还原反应，由于这一反应是煤气发生炉中造气的主要化学反应，所以常称为气化反应。这一反应由于活化能很高，故在温度不高时(800℃以下)，反应速率几乎为零，只有当温度超过 800℃以后，反应速率才较显著，而且只有当温度很高时，其化学反应速率常数有可能超过碳氧化反应速率常数。

这个反应和碳与氧的反应一样，也是 CO_2 首先吸附于碳晶体形成络合物，然后络合物分解生成 CO，并解吸离开碳表面。络合物的分解可能是由于自行分解，也可能是受了其他 CO_2 分子撞击所致。

随着温度的不同，这一还原反应的机理有所不同。在温度略高于 700℃时，制约反应速率的过程是络合物热分解过程；当温度高于 750℃时，制约反应速率的过程是络合物在 CO_2 高能分子撞击下的离解作用，反应为一级反应，当温度更高时，则化学吸附速率将成为制约反应速率的因素，这时仍为一级反应，因此在实际燃烧条件下，CO_2 的还原速率 W_{CO_2} 可表示为

$$W_{CO_2} \approx k_{CO_2} C_{CO_2} \tag{15-14}$$

式中 k_{CO_2}——反应速率常数，这一反应的活化能为$(18.4 \sim 32.2) \times 10^4$kJ/kmol；

C_{CO_2}——碳表面 CO_2 的浓度。

在碳燃烧时氧化反应与还原反应可能同时进行，显然这两种反应的速率的高低对燃烧过程有很大影响。研究表明：

(1) 就化学反应速率常数而言，如以煤为例(用以近似解释碳的化学反应)，则只有在高温下，还原反应速率常数才会超过氧化反应速率常数，如图 15-9 所示。由图可以看出，在 1 240K不同活化能 E 下的氧化反应速率常数基本相同，而在 1 540K 时，不同活化能 E 下的还原速率常数 k 交于一点。

表 15-2 给出各种煤燃烧活化能并与图 15-9 相对应。

(2) 如果考虑浓度对反应速率的影响，则应指出，由于在燃烧时，炭粒处于 CO_2 的包围之中，故碳表面上的 CO_2 的浓度要高于氧的浓度，尤其在燃尽阶段氧几乎消耗殆尽，而 CO_2 浓度却将达到最高值。在碳表面 CO_2 的浓度要高于氧的浓度，因此从这点看，对还原反应更有利一些。

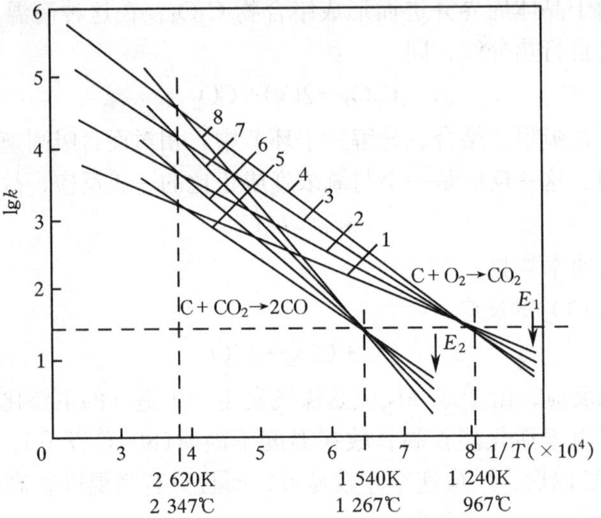

图 15-9　煤的氧化反应与还原反应的速率常数与活化能和温度的关系

表 15-2　活化能数值

反　应	煤　种	在图 15-9 上的位置	$E/(\times10^4$kJ/mol)
氧化反应	褐　煤	曲线 1，2 之间	8.4～10.5
	烟　煤	曲线 2，3 之间	10.5～12.6
	无烟煤	曲线 3，4 之间	12.6～14.7
还原反应	褐　煤	曲线 5，6 之间	18.4～23.0
	烟　煤	曲线 6，7 之间	23.0～27.6
	无烟煤	曲线 7，8 之间	27.6～32.2

综上所述，当温度很高时，炭粒表面的还原反应速率可能高于氧化反应速率，这时碳主要依靠还原反应而烧掉。据计算，在 1 200～1 300℃还原反应的速率常数仅为氧化反应速率常数的 1/10 左右，因此炭粒燃尽时间较长。在液态排渣炉中，由于温度高达 1 600℃左右，这时还原反应速率大为增加，可达到氧化反应速率的 1/2～1/3，炭粒就能很快燃尽。

(3) 由于氧化反应为一强烈放热过程，故当反应强化时放热更多，温度更高，这将进一步促进反应速率的提高，因此氧化反应具有自我促进的特点。还原反应为一吸热反应，如果强化反应，则吸热需增加，这样将导致温度的下降，使反应速率下降，故还原反应有自我抑制的特点，在强化燃烧时，就应考虑上述特点。

15.3.3.3　碳与水蒸气的反应

$$C+H_2O(g)\rightarrow CO+H_2$$

这是一个吸热反应，一般可认为它是一个一级反应，其活化能很高(据测定为 37.6×10^4kJ/kmol)，与 C 和 CO_2 反应活化能相当，因此只有在高温条件下，反应速率才较显著。这一反应也需经过吸附、络合、分解等过程，据研究其中对反应速率起制约作用的是络合物的生成与分解。

碳的燃烧速率，在有水蒸气加入时要比有 CO_2 加入时为高。其原因并不在于化学反应速率，而是由于水蒸气的相对分子质量小于 CO_2 的相对分子质量，使水蒸气的分子扩散系

数大于 CO_2 的分子扩散系数，因此加快了反应物向碳表面的扩散和化学反应产物离开碳表面的扩散，从而加快了碳的燃烧速度，一般比 CO_2 快 3 倍左右。

15.3.3.4　碳与氧、二氧化碳和水蒸气所进行的化学反应速率比较

这几种化学反应在碳燃烧时有可能同时进行，因此需了解它们在反应速率数量级上的差别。研究表明，它们在反应速率上相差很大，表 15-3 给出了 Walker 等人所估算的，在温度为 1 073K、压力为 10^4Pa 时这些反应的反应速率，由表可知，碳的氧化反应速率比其他几种反应大得多。因此在氧的浓度与其他几种气体(CO_2 和水蒸气等)属同一数量级时，碳的氧化反应速率远高于其他几种反应。这意味着，在碳与空气所进行的非均相反应中，一般只需考虑碳与氧的氧化反应，只有在讨论碳与 CO_2 和 H_2O 的气化反应时才需考虑这些反应的反应速率。

表 15-3　碳的几种非均相反应的反应速率

反应种类	$C+2H_2\rightarrow CH_4$	$C+CO_2\rightarrow 2CO$	$C+H_2O\rightarrow CO+H_2$	$C+O_2\rightarrow CO_2$
相对速率	3×10^{-3}	1	3	10^5

15.3.4　吸附与解吸对炭粒燃烧的影响

吸附与解吸都是炭粒燃烧过程中的重要环节。当温度很高时，在碳表面进行的化学反应速率很高，这时碳表面吸附氧的速率就可能成为制约碳燃烧速率的因素。

设在碳表面中吸附氧的表面占总表面积的份额为 θ，则$(1-\theta)$就是未吸附氧气的表面积所占份额，显然已吸附了氧的表面不能再吸附氧，但可以解吸氧，且解吸氧的速率与 θ 成正比，尚未吸附氧的表面积则能继续吸附周围的氧，而吸附氧的速率与$(1-\theta)$和碳表面的氧浓度 C_s 成正比。如果在碳表面上对氧的吸附与解吸已达到平衡，那末 θ 将不再变化，此时

$$k_1C_s(1-\theta)=k_{-1}\theta$$

式中　k_1，k_{-1}——吸附与解吸速率常数。

由上式可解出

$$\theta=\frac{k_1C_s}{k_1C_s+k_{-1}} \tag{15-15}$$

令 $k=k_1/k_{-1}$，则

$$\theta=\frac{kC_s}{1+kC_s} \tag{15-16}$$

由于化学反应只能在已吸附氧的表面上进行，因此当 θ 增加时，反应速率就可能增加，当 C_s 很小，且 $kC_s\ll1$ 时，则由式(15-16)可知 $\theta\approx kC_s$，即炭粒燃烧速率与 C_s 一次幂成正比；当 C_s 很大，使 $kC_s\gg1$ 时，则由式(15-16)可知 $\theta\approx1$，即炭粒燃烧速率与 C_s 无关。因此，可写出 θ 的一般形式为

$$\theta=kC_s^n \tag{15-17}$$

而 $n=0\sim1$。因此，碳的燃烧速率与其表面的氧浓度 n 次幂成正比。

15.3.5　炭粒燃烧速率综合表达式

由以上可知炭粒的燃烧过程由五个分过程组成，为了对这一复杂过程建立一个较为简单的数学模型，作以下简化假定。

(1) 不考虑炭粒表面的裂缝，认为炭粒为一致密的球体，其直径为 d；

(2) 根据以上讨论，在碳化学反应中仅考虑碳表面的氧化反应，并认为这一反应为一级反应，不考虑次级反应的影响；

(3) 不考虑吸附过程及解吸过程的影响；

由传质学原理可写出由周围环境向碳球表面扩散的氧速率为

$$W_{OD}=\alpha_D(C_O-C_s) \tag{15-18}$$

式中 α_D——传质系数；

C_O——周围环境氧浓度；

C_s——碳表面氧浓度。

这些氧扩散到碳表面并被吸附后，即与碳进行化学反应。如果用氧的消耗速率来表达碳的燃烧速率，有

$$W_{OC}=kC_s \tag{15-19}$$

在稳定燃烧时，$W_{OD}=W_{OC}$，由式(15-18)与(15-19)可解出

$$C_s=\frac{\alpha_D}{\alpha_D+k}C_O \tag{15-20}$$

$$W_{OC}=\frac{1}{\frac{1}{\alpha_D}+\frac{1}{k}}C_O \tag{15-21}$$

令

$$k_{ZS}=\frac{1}{\frac{1}{\alpha_D C}+\frac{l}{k}} \tag{15-22}$$

式中 k_{ZS}——计算反应速率系数。

于是

$$W_{OC}=k_{ZS}C_O \tag{15-23}$$

因此当 C_O 一定时，$W_{OC}=f(\alpha_D,\ k)$。由传质学原理可知

$$\alpha_D=\frac{Sh\cdot D}{d} \tag{15-24}$$

而

$$Sh=2+0.5(Re)^{\frac{1}{2}}(Sc)^{\frac{1}{3}} \tag{15-25}$$

式中 Sh——舍伍德准数；

Sc——施密特准数；

Re——雷诺数；

D——扩散系数；

d——碳球直径。

当气流与碳球之间的相对速度不大，雷诺数很低时，$Sh\approx 2$，因此 $\alpha_D=\frac{2D}{d}$。

由化学动力学可知

$$k=k_0e^{\frac{E}{RT}} \tag{15-26}$$

将 α_D 与 k 代入式(15-21)，并考虑碳与氧进行化学反应时的化学当量比 f，于是可直接得出以碳消耗量来表示的碳燃烧速率为

$$W_C = \frac{fC_O}{\frac{d}{2D} + \frac{1}{k_0 e^{-\frac{E}{RT}}}} \qquad (15\text{-}27)$$

碳与氧进行化学反应时的化学当量比，可由化学反应求出，例如对 $C+O_2=CO_2$ 反应，有 $f=12/32=0.375$。

图 15-10 为式(15-27)所示表示的 $W_C=f(T)$ 关系，根据该曲线的特征可将它划分为三个区。

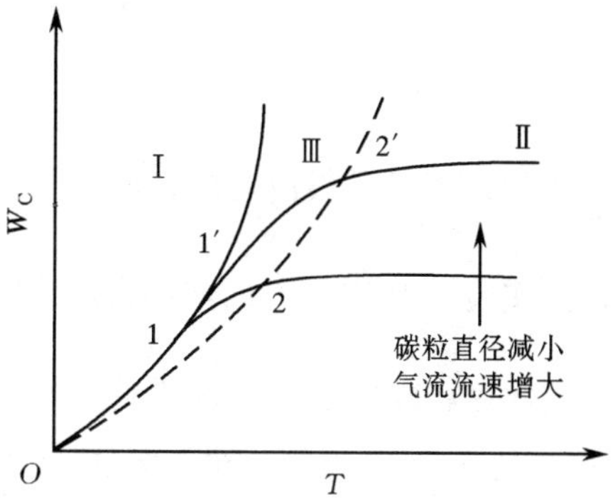

图 15-10　炭粒燃烧时碳燃烧速度随温度的变化

15.3.5.1　动力燃烧区Ⅰ

在这一区内由于温度很低，化学反应速率常数 k 很小，使 $\frac{1}{k} \gg \frac{1}{\alpha_D}$，也可能是由于碳球直径 d 很小，因而使 $\frac{1}{k} \gg \frac{1}{\alpha_D}$，故式(15-21)中 $\frac{1}{\alpha_D}$ 项可以忽略不计，这时由式(15-20)与式(15-27)可得出

$$C_s \approx C_O \qquad (15\text{-}28)$$

$$W_C \approx fkC_O = fk_0 e^{-\frac{E}{RT}} C_O \qquad (15\text{-}29)$$

即在动力燃烧区由于化学反应速率较低，耗氧速率很低，故碳表面氧的浓度几乎等于周围环境的氧浓度，如图 15-11 所示。这时碳燃烧速率主要取决于化学反应速率，并随温度的增加呈指数关系急剧增加，故本区又称为化学动力控制区。

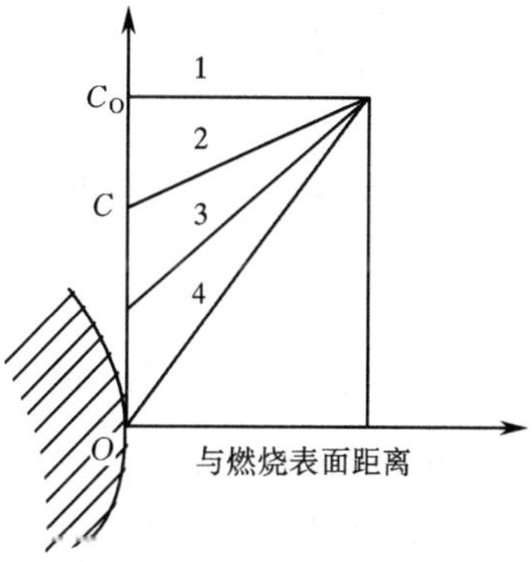

图 15-11　炭粒燃烧时周围氧浓度的分布

1—动力燃烧区；2，3—过渡燃烧；4—扩散燃烧区

15.3.5.2　扩散燃烧区Ⅱ

在这一区内由于温度很高，化学反应速率常数 k 很大，使 $\frac{1}{k} \ll \frac{1}{\alpha_D}$，故式(15-27)中 $\frac{1}{k}$ 可忽略不计。这时由式(15-20)与式(15-27)可得出

$$C_s \approx 0 \qquad (15\text{-}30)$$

$$W_C = f\alpha_D C_O = 2f\frac{D}{d}C_O \qquad (15\text{-}31)$$

在这种情况下由于化学反应速率很高，耗氧速率很高，使碳球表面的氧几乎被消耗殆尽，故碳表面氧浓度接近于零，如图 15-11 所示。这时碳的燃烧速率取决于供氧速率的高低(即氧的扩散速率高低)，而温度的影响较低，故本区又称扩散控制区。由式(15-27)可知，当处于扩散燃烧时，炭粒燃烧速率与碳球直径成反比，并与扩散系数 D 成正比，故直径越小则燃烧速率越高。这时最有效的强化燃烧措施是增强扰动、增加气流与炭粒的相对速度。

15.3.5.3　过渡燃烧区Ⅲ

本区的特点是 α_D 与 k 在数量上相差不大，因此在燃烧速率中不能忽略任何一项。

由以上讨论可知，要提高炭粒燃烧速率，应根据炭粒所处的燃烧区域有针对性地采取措施。在动力燃烧区，应设法提高炭粒的化学反应速率，如提高温度；在扩散燃烧区，则应设法提高氧扩散至碳表面的传质系数，例如提高气流速度、细化炭粒；在过渡区则应从上述两个方面都采取措施。

炭粒燃烧时究竟处于哪一区域可根据$\frac{\alpha_D}{k}$判断，而

$$\frac{\alpha_D}{k}=\frac{ShD}{kD} \tag{15-32}$$

$\frac{\alpha_D}{k}$的物理意义是很清楚的，反映了燃烧过程中氧的扩散速率与碳表面化学反应速率之比。根据实验，当$\frac{\alpha_D}{k}>10$时属动力燃烧区；当$\frac{\alpha_D}{k}<0.10$时属扩散燃烧区；当$0.1<\frac{\alpha_D}{k}\leqslant 10$时则属过渡燃烧区，故当$\frac{\alpha_D}{k}$逐渐减少时，燃烧将转向扩散燃烧区，根据理论计算，当煤粉直径$d=100\mu m$时，大约要在2 000K才会进入扩散燃烧区；当$d=10mm$时，则在1 200K左右即进入扩散燃烧区，因此在煤粉火炬燃烧中，只有粗粒煤粉在炉内高温区才接近于扩散燃烧区；在一般情况下，燃烧在动力燃烧区和过渡燃烧区进行(特别是在燃烧无烟煤时)，故提高炉温对强化燃烧意义重大。

在层燃炉中，由于煤块较大，煤层温度较高，一般处于扩散燃烧区，因此只要能保证煤的着火，再过分提高燃烧区温度对强化燃烧作用不大，这时主要应从提高气流速度加强扩散着手来强化燃烧。

15.4　炭粒燃尽所需时间及影响因素

15.4.1　炭粒所需燃尽时间

以炭粒燃尽所需时间可以更直观地表示炭粒燃烧速率的特性。

在已知碳球燃烧速率的表达式(15-27)后，就可求碳球所需燃尽时间。直径为d_c的碳球，在经过$d\tau$燃烧时间后，如碳球直径缩小$d(d_C)$，则相应的碳球质量减少速率W'_C可推导如下。

由于碳球质量为

$$M_C=\rho_C\frac{\pi}{6}d_C^3$$

故

$$W'_C=-\frac{dM_C}{d\tau}=-\rho_C\frac{\pi}{2}d_C^2\frac{d(d_C)}{d\tau}$$

式中，ρ_C为碳球的密度。因为W'_C为整个碳球的燃烧速率，故

$$W'_C=\pi d_C^2W_C$$

于是可解出

$$\frac{d(d_C)}{d\tau}=\frac{-2W_C}{\rho_C} \tag{15-33}$$

已知当碳球处于不同燃烧区时有不同的W_C表达式，故解出的燃尽时间表达式将不同。

(1) 在动力燃烧区时，将式(15-29)代入式(15-33)可得

$$\frac{\mathrm{d}(d_C)}{\mathrm{d}\tau}=\frac{-2fkC_O}{\rho_C}=-k_1$$

由于 f，k，C_0，ρ_C 均与 d_C 和 τ 无关，故 k_1 为一常数，可解出

$$d_C=d_{C_0}-k_1\tau \tag{15-34}$$

式中 d_{C_0}为碳球原始直径(即当 $\tau=0$ 时的碳球直径)。因此该球的直径随时间呈线性变化，令 $d_C=0$ 即可求出燃尽时间 τ_b，即

$$\tau_b=\frac{d_{C_0}}{k_1} \tag{15-35}$$

这时所需燃尽时间与碳球直径成正比。

(2) 在扩散燃烧区时，将式(15-31)代入式(15-33)可得

$$\frac{\mathrm{d}(d_C)}{\mathrm{d}\tau}=\frac{-2f\alpha_D C_O}{\rho_C}=\frac{-2fShDC_O}{d_C\rho_C}=\frac{-k_2}{d_C}$$

由于式中 f，Sh，D，C_O，ρ_C 均与 d_C 和 τ 无关，故 k_2 为一常数，于是可解出

$$d_C^2=d_{C_0}^2-k_2\tau \tag{15-36}$$

故碳球直径随时间的变化服从平方关系，令 $d_C=0$，即可求出燃尽时间 τ_b，即

$$\tau_b=\frac{d_{C_0}^2}{k_2} \tag{15-37}$$

图 15-12 表示出碳球与煤油滴燃烧时 τ_b 与 d_{C_0} 的关系，可见在相同的 d_{C_0} 下，炭粒燃尽所需时间比煤油滴长得多。

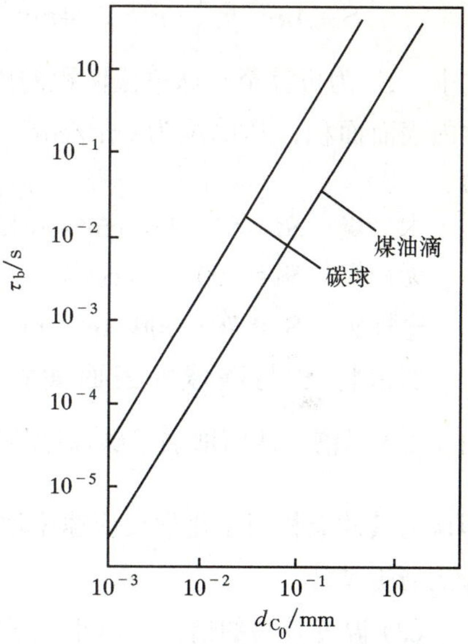

图 15-12　煤油滴与炭粒的燃尽时间和直径的关系

15.4.2　次级反应和炭粒内孔对炭粒燃烧速率的影响

15.4.2.1　次级反应对碳燃烧速率的影响

由碳初级反应所生成的 CO_2 在高温下会与碳进行还原反应生成 CO，这一反应为次级反应。由次级反应与初级反应所生成的 CO 在向外扩散时，会与正向碳表面扩散的氧相遇，并再次燃烧生成 CO_2，这时氧实际上不能达到碳表面，只能以 CO_2 作为氧的载体和碳进行反应，所以这时碳的燃烧速率主要取决于 CO_2 的还原反应速率。由此可知，在温度较低时，碳的燃烧速率主要取决于碳的氧化反应，而处于动力燃烧区；当温度较高时，碳的燃烧将处于扩散燃烧区，当温度进一步提高时，碳的燃烧将处于以还原反应为特征的动力燃烧区，当温度非常高时，碳的燃烧将转入以还原反应为特征的扩散燃烧区。图 15-13 表示出温度对燃烧速率的影响以及上述各燃烧区。

15.4.2.2　炭粒内孔对燃烧速率的影响

实际的煤粒上有许多被称为内孔的裂缝，它可能是煤粒固有的裂缝，也可能是由于水分和挥发分析出时形成的。炭粒的燃烧不仅在碳外表面上进行，而且可能在由裂缝所形成的内

孔表面上进行，但在不同温度下，炭粒内、外表面参与化学反应的情况有所不同。

(1) 温度较低的情况。这时化学反应速率较低，氧扩散速率远大于内、外表面进行化学反应所需量，因此在炭粒内外表面各处的氧浓度相同并等于炭粒外表面的氧浓度 C_s。所以这时以相同氧浓度条件参加化学反应的总表面积(这里假定炭粒为一半径为 r 的碳球)为

$$S=4\pi r^2+\frac{4}{3}\pi r^3 S_1=4\pi r^2\left(1+\frac{1}{3}S_1\right) \quad (15\text{-}38)$$

式中 S_1 为折算至碳球单位体积的内表面面积，或称为比内表面面积，其单位为 cm^2/cm^3。根据实验测定一般为

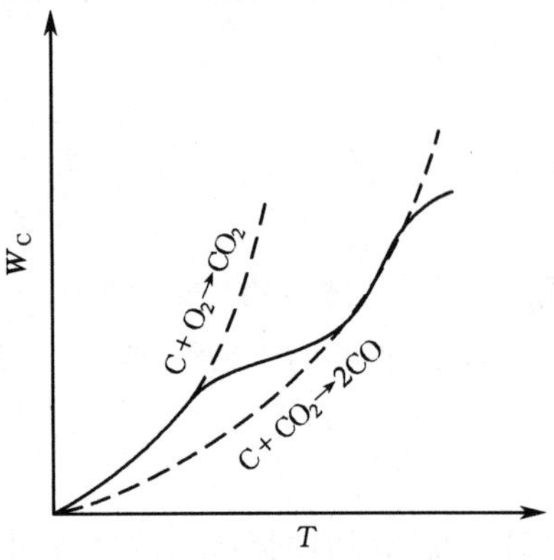

图 15-13 温度对炭粒燃烧速率的影响

木　炭　$S_1=57\sim114\ cm^2/cm^3$，

无烟煤　$S_1=100\ cm^2/cm^3$，

电极碳　$S_1=70\sim500\ cm^2/cm^3$。

所以将 S 与碳球外表面面积 $4\pi r^2$ 相比，相当于进行化学反应的表面积增大了 $\left(1+\frac{r}{3}S_1\right)$ 倍，从而增加了碳球燃烧速率。通常把这个放大系数考虑在反应速率常数 k 上，即认为其效应相当于化学反应速率增大到原有数值的 $\left(1+\frac{r}{3}S_1\right)$ 倍。因此可以称这个增大倍数为放大系数。

(2) 温度较高的情况。由于化学反应速率较快，以致扩散至碳表面的氧在外表面处已消耗殆尽，使炭粒内表面不能再参加化学反应。这时反应速率常数不需要再放大，相当于放大系数为 1。

由以上讨论可知，当温度由低温趋向高温时，相应的化学反应速率常数放大系数在 $\left(1+\frac{r}{3}S_1\right)\sim1$ 之间变化，化学反应速率常数的增加份额则在 $\frac{r}{3}S_1\sim0$ 之间变化，因此在各种温度下增加的份额可表示成通式 $\alpha\frac{r}{3}S_1$，而 $\alpha=1\sim0$。令 $\varepsilon=\alpha\frac{r}{3}$，根据 ε 代表的物理意义可以称之为化学反应有效渗透系数，因为它说明了化学反应深入到内表面的程度，显然 ε 的变化范围为 $\frac{r}{3}\sim0$。因此，考虑内表面的影响后，化学反应速率可表示为

$$W_{OC}=k(1+\varepsilon S_1)C_s \quad (15\text{-}39)$$

而由周围环境向碳表面扩散的氧速率为

$$W_{OD}=\alpha_D(C_O-C_s)$$

在稳定燃烧时，有

$$W_{OC}=W_{OD}$$

于是可解出

$$W_{OC}=\frac{C_O}{\dfrac{1}{k(1+\varepsilon S_1)}+\dfrac{1}{\alpha_D}} \quad (15\text{-}40)$$

与

$$C_s = \frac{C_O}{1 + \frac{k(1+\varepsilon S_1)}{\alpha_D}} \tag{15-41}$$

由式(15-40)与(15-41)可以看出：

(1) 在高温、大颗粒炭粒的条件下，因

$$\frac{1}{k(1+\varepsilon S_1)} \ll \frac{1}{\alpha_D}$$

这时炭粒燃烧速率取决于氧扩散速率，而

$$W_{OC} = \alpha_D C_O \tag{15-42}$$

化学反应完全在炭粒外表面进行，故有效渗透深度 $\varepsilon \approx 0$，炭粒表面的氧浓度远低于周围环境氧浓度，$C_s \approx 0$。

(2) 在低温、小颗粒炭粒条件下，因

$$\frac{1}{k(1+\varepsilon S_1)} \gg \frac{1}{\alpha_D}$$

这时炭粒燃烧速率取决于在内、外表面上的化学反应速率，而

$$W_{OC} \approx k(1+\varepsilon S_1) C_O \tag{15-43}$$

即炭粒燃烧速率与炭粒的裂缝情况以及氧在内表面的扩散有关，其有效渗透度 $\varepsilon \approx r/3$，炭粒表面的氧浓度 $C_s \approx C_O$，并向炭粒内表面逐渐降低。

一般炭粒或煤粒在燃烧时，其温度往往超过 1 000℃，因此对大颗粒的炭粒、煤粒都可不考虑内孔表面的影响；但对小颗粒的炭粒、煤粒，则要看温度范围。如果温度很高，则可不考虑内孔表面的影响；若是中等温度就要考虑内孔表面的影响。

15.5　炭粒的着火与熄火

煤的着火燃烧虽然是从挥发分的着火开始的，但这并不意味着在煤中起主要作用的焦炭也能着火，它们是两种不同性质的燃烧，各有其着火条件，焦炭能否着火取决于焦炭本身的温度能否迅速升高而达到自行着火燃烧。通过对炭粒的着火与熄火机理的讨论，有助于理解焦炭的着火与熄火条件。

要实现炭粒的着火必须使由炭粒本身化学反应放出的热量 Q_f 大于其向周围环境的散热 Q_s，以下对 Q_f 与 Q_s 进行讨论。

15.5.1　炭粒单位表面积在单位时间内由于化学反应放出的热量 Q_f

为简化问题，假定：

(1) 所讨论炭粒为一致密碳球，故化学反应仅在外表面进行；

(2) 化学反应为一步完成的 $C + O_2 \rightarrow CO_2$ 反应，在这些假定条件下，炭粒的燃烧速率为

$$W_C = \frac{f C_O}{\frac{1}{\alpha_D} + \frac{1}{k}} \tag{15-44}$$

因此得

$$Q_f = W_C Q_C \tag{15-45}$$

式中 Q_C 为碳发热量。

由前面的讨论可知 $W_C \sim T$ 为一近似S形的曲线，因此 $Q_f \sim T$ 为一近似S形的曲线，如图15-14所示。

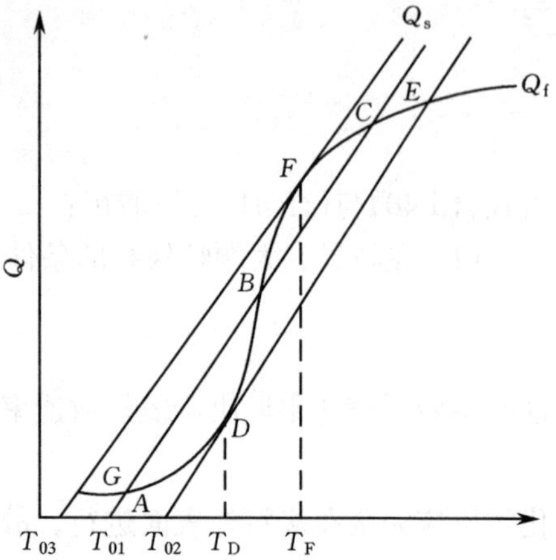

图 15-14　$Q_f \sim T$，$Q_s \sim T$ 曲线图

15.5.2　炭粒单位表面积在单位时间内的散热量 Q_s

在忽略辐射换热的条件下，有

$$Q_s = \alpha(T - T_0) \tag{15-46}$$

式中 α 为热交换系数。因此在 α 不变的条件下，$Q_s \sim T$ 为一截距为 T_0 的直线，如图 15-14 所示。

15.5.3　着火条件与熄火条件的讨论

由图 15-14 可以看出：

（1）当周围环境温度 $T_0 = T_{01}$时，Q_f 与 Q_s 曲线交于三点。其中点 A 为位于低温动力区的稳态工作点，这时炭粒处于缓慢氧化工况，炭粒不可能着火。点 C 为不稳定工作点。由图 15-15 可以看出，如无外加热量是不可能达到点 C 的。点 C 只有在对炭粒先加入一定的热量使工作点达到点 B 后，才有可能达到点 C。因此在 T_{01}炭粒不能实现自行着火。

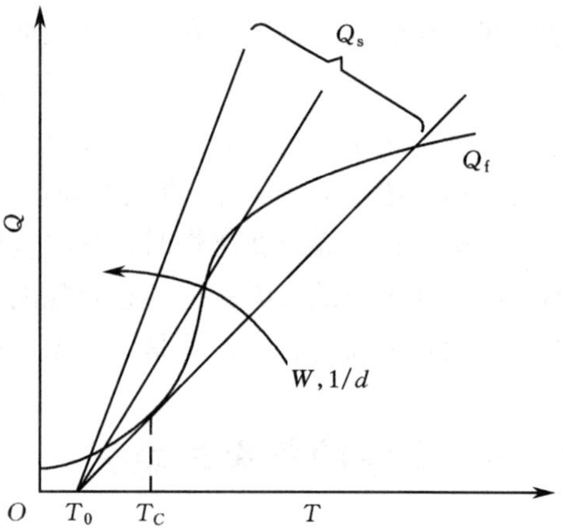

图 15-15　散热条件对着火的影响

（2）当 $T_0 = T_{02}$时，与曲线相切于点 D，这时达到了临界着火条件。因为只要 T_0 再稍微大于 T_{02}就能作到处处 $Q_f > Q_s$，从而达到自行着火，故定义 T_D 为着火温度，着火后其稳定燃烧点为 E 点，由图可知 E 点位于扩散燃烧区。

（3）当炭粒已着火燃烧后，如果周围环境温度再下降到 T_{01}，并不会引起熄火，炭粒仍可继续燃烧，只有当周围环境温度下降比 T_{03}稍低的温度才能导致熄火。当 $T_0 = T_{03}$时，Q_f 与 Q_s 曲线相切于 F 点，所以只要 T_0 再稍微低于 T_{03}，就会使处处 $Q_s > Q_f$，因此，这时达到了临界熄火条件。熄火后的稳定工作点为 G 点，它位于低温动力区，因此着火条件与熄火条件在形式上是相同的，即

$$Q_f = Q_s$$
$$\frac{dQ_f}{dT} = \frac{dQ_s}{dT} \tag{15-47}$$

将 Q_f 与 Q_s 表达式代入上述条件即可得出着火与熄火条件的具体表达式。

由此可以看出了凡是影响 Q_f，Q_s 的多因素，如周围环境温度、气流速度、炭粒尺寸等都将影响着火温度，也就是说着火温度并非燃料的固有物理化学常数。例如当气流速度 W 增加，炭粒尺寸 d 减小或放热系数 α 增大时都会使 Q_s 增加，着火温度与熄火温度均将提

高。图 15-15 表示出散热条件对着火的影响。

但应指出，这并不是说 d 越小越难着火，当 d 减小时其加热速率很高，因此在很短时间内就能达到所需的着火温度。在燃烧装置中，加热区长度是很有限的，那些在很短时间内就能达到着火点的炭粒就表现为较易着火。

还应指出，由于需要一定的时间用于积累热量使炭粒增温，故炭粒在着火前亦存在一感应期。

15.6　煤粒燃烧的特点

炭粒的燃烧虽然可以作为讨论煤粒燃烧的基础，但两者是有差别的，因此，只有了解这些差别，才能全面和正确地认识煤粒的燃烧。煤粒燃烧与炭粒燃烧的主要差别为：

(1) 在煤粒燃烧时，由于热分解，有挥发分析出。这些挥发分对煤的着火燃烧有很大影响；

(2) 煤中所含不可燃矿物杂质在燃烧后形成的灰分覆盖在煤粒之外，妨碍氧扩散到煤表面，因此也对煤的燃烧有很大影响。

15.6.1　挥发分对煤粒燃烧的影响

当煤粒加热到一定温度时将进入热分解阶段，析出挥发分，相应于挥发分开始析出的温度称热分解温度，褐煤热分解温度约为 130～170℃，烟煤约为 210～260℃，无烟煤约为 380～410℃。实验表明，挥发分的燃烧和焦炭的燃烧是同时进行的。挥发分的析出时间几乎要延续到煤粒燃完为止，即挥发分与焦炭几乎同时燃尽。

析出的挥发分成分与数量受许多因素影响，这些因素包括加热速率(℃/s)、加热温度、煤粒尺寸大小、环境压力等。提高加热速率，可缩短挥发分析出时间。当提高加热终温时，则可增加析出的挥发分数量和缩短析出时间。提高加热速率和加热终温时，析出的挥发分中碳氢比有所增加。因此，在讨论挥发分时必须考虑当时的具体条件。

挥发分的析出对煤粒的燃烧有双重作用，既有有利的一面，又有不利的一面。

有利方面，挥发分与空气形成的可燃混合气着火温度远低于焦炭，着火燃烧先于焦炭，并在煤粒周围形成火焰，提高了煤粒的温度，为焦炭的着火燃烧准备了比较有利的条件，而加热的焦炭也为挥发分的析出创造了有利的条件。由于挥发分的析出形成了许多孔隙，增加了参加化学反应的表面积，这有利于提高煤粒燃烧速度。

不利方面，由于挥发分的燃烧，消耗掉由周围空气向煤表面扩散的氧，故扩散到煤表面的氧显著减少，使煤粒燃烧速率下降。在煤粒燃烧初期，由于挥发分析出量多，所需消耗氧量大，影响更大，对煤燃烧起较大的抑制作用。随着挥发分逐渐燃尽，这种抑制作用才逐渐降低。

15.6.2　裹灰对煤粒燃烧的影响

灰分的来源可分为由内在灰质生成和由外在灰质生成。内在灰质是在煤形成过程中已存在于煤中的矿物杂质，它比较均匀地分布在煤的可燃质中，在洗煤时不能将它清除。内在灰质量约占煤质量成分的 1%～2%，外在灰质是在煤的开采和运输过程中混杂进来的矿物杂质，其含量变动较大，一般可通过洗煤等措施将其清除。

由于内在灰质均匀地分布于可燃质中，在洗煤时又不能将它除去，所以当煤粒由外层逐渐烧向内层时，外层的内在灰质就会形成包在内层煤粒上面的灰壳。由于灰壳妨碍了氧向煤表面扩散，不仅降低了煤粒燃烧速度，并且使煤很难燃尽。

为了近似计算灰壳对煤粒燃烧速率的影响，假设：

(1) 灰质在煤粒中均匀分布；

(2) 不计内孔表面的化学反应，认为化学反应为一步完成的 $C+O_2 \rightarrow CO_2$ 反应，无空间反应；

(3) 燃烧后生成的灰分均匀地裹在尚未燃烧的煤周围。

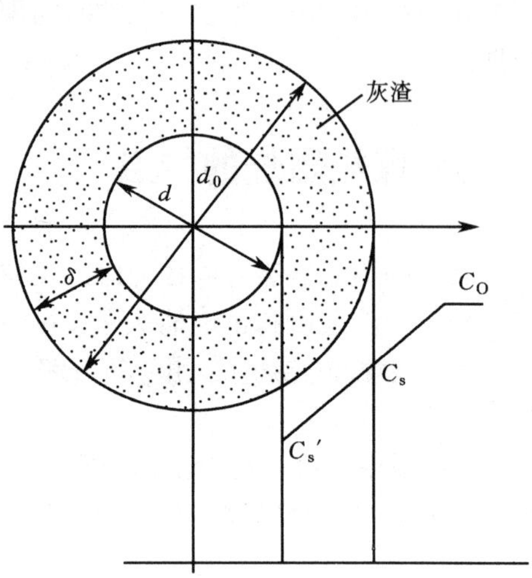

图 15-16 裹灰煤粒示意图

图 15-16 表示裹有灰壳的煤粒，图中灰壳厚度以 δ 表示，灰壳外表面处氧浓度为 C_s，煤表面氧浓度则为 C'_s。

在稳定燃烧时，由周围环境向灰壳外表面扩散的氧量应等于透过灰壳向煤表面扩散的氧量，并等于在煤表面因化学反应而消耗的氧量，即

$$W_O = \alpha_D(C_O - C_s) = \frac{D_A}{\delta}(C_s - C'_s) = kC'_s$$

式中 D_A 为灰壳中的氧扩散系数。

将上式中的 C_s 与 C'_s 消去，解出

$$W_O = \frac{1}{\frac{1}{k} + \frac{1}{\alpha_D} + \frac{\delta}{D_A}} C_O$$

相应的煤粒燃烧速率为

$$W_C = fW_O = \frac{1}{\frac{1}{k} + \frac{1}{\alpha_D} + \frac{\delta}{D_A}} C_O \tag{15-48}$$

将式(15-48)与计算炭粒燃烧速率的式(15-44)相比可见，在煤粒燃烧时增加了灰壳阻力项 δ/D_A，随着燃烧时间的增长，灰壳厚度 δ 也不断增加，从而使煤粒燃烧速率逐渐减少。实验表明，如果灰壳厚度不过分厚，影响并不太大，例如对电极碳、无烟煤等燃料，当灰壳厚度为 0.3～0.5mm 时，对煤粒燃烧速率没有很大影响。

以上所得出的一些结论是在简化条件下得出的，实际情况要复杂得多。例如：

(1) 当灰分中含有 Na、K 等元素时，灰分对煤的燃烧有催化作用。

(2) 当灰分熔点较低时，灰分将从煤粒表面淌下，这时可能不会形成灰壳。

(3) 煤粒之间由于碰撞、碾磨或煤粒与炉壁相撞等都可能使灰壳裂开。

也有人认为，造成高灰分煤不完全燃烧损失较高的原因，与其说是由于裹灰妨碍燃尽，还不如说是由于灰分升温消耗了一部分热量，降低了燃烧温度和延迟了着火所致。

参考文献

[1] 许小海，冯改山. 耐火材料技术手册. 北京：冶金工业出版社，2000

[2] 金格瑞 W D. 陶瓷导论. 清华大学无机非金属材料教研组译. 北京：中国建筑工业出版社，1982

[3] 杉田清. 制銑. 制鋼用耐火材料—高温への挑戰の記録. 地人書館 1995

[4] 徐维忠. 耐火材料. 北京：冶金工业出版社，1992

[5] 于景坤，姜茂发. 耐火材料性能测定与评价. 北京：冶金工业出版社，2001

[6] 王诚训，张义先. 碱性不定形耐火材料. 北京：冶金工业出版社，2001

[7] 张文杰，李楠. 碳复合耐火材料. 北京：科学出版社，1990

[8] 张盈森. 耐火材料. 北京：冶金工业出版社，1993

[9] 顾立德. 特种耐火材料. 北京：冶金工业出版社，1982

[10] 王诚训，栾永杰，李洪申. 炉外精炼用耐火材料. 北京：冶金工业出版社，1996

[11] 王诚训，王珏. 耐火材料技术与应用. 北京：冶金工业出版社，2000

[12] 斯特列洛夫 K K. 耐火材料结构与性能. 马志春译. 北京：冶金工业出版社，1992

[13] 李晓明，吴清顺，蔡飞虎. 特种不定形耐火材料及不烧耐火砖. 北京：冶金工业出版社，1992

[14] 王诚训. MgO-C质耐火材料. 北京：冶金工业出版社，1995

[15] 王维邦. 耐火材料工艺学. 北京：冶金工业出版社，1984

[16] 苏云卿. 硅酸铝质耐火材料. 北京：冶金工业出版社，1989

[17] 胡世平，龚海涛，蒋志良等. 短流程炼钢用耐火材料. 北京：冶金工业出版社，2000

[18] 高新魁. 熔融耐火材料. 北京：冶金工业出版社，1995

[19] 徐平坤，董应榜. 刚玉耐火材料. 北京：冶金工业出版社，1996

[20] 洪彦若，孙加林，王玺堂. 非氧化物复合耐火材料. 北京：冶金工业出版社，2003

[21] 徐平坤，魏国钊. 耐火材料新工艺技术. 北京：冶金工业出版社，2005

[22] 李晓明. 微粉与新型耐火材料. 北京：冶金工业出版社，1999

[23] 郁国成. 碱性耐火材料理论基础. 上海：上海科学技术出版社，1982

[24] 任国斌，尹汝珊，张海川等. Al_2O_3-SiO_2系耐火材料. 北京：冶金工业出版社，1988

[25] 洛阳耐火材料研究所. 耐火材料化学分析. 北京：冶金工业出版社，1984

[26] 胡宝玉，徐延庆，张宏达. 特种耐火材料实用技术手册. 北京：冶金工业出版社，2004

[27] 李楠. 耐火材料与钢铁的反应及对钢质量的影响. 北京：冶金工业出版社，2005

[28] 刘景林，陶绍平. 英汉耐火材料词汇. 北京：冶金工业出版社，1996

[29] 王诚训，张义先. 镁铬铝系耐火材料. 北京：冶金工业出版社，1995

[30] 兽企卡 G 等. 有色金属冶炼用耐火材料. 张承欣，石英宜译. 北京：冶金工业出版社，1984

[31] 梁训裕，刘景林. 炭化硅耐火材料. 北京：冶金工业出版社，1981

[32] 李锦文. 耐火材料机械设备. 北京：冶金工业出版社，1985

[33] 冶金工业部情报标准研究总所. 耐火材料标准汇编. 北京：国家标准出版社，1993

[34] 钟香崇，钟焰. 钟香崇耐火材料研究. 郑州：河南科学技术出版社，2001

[35] 王诚训，孙炜明，张义先等. 钢包用耐火材料. 北京：冶金工业出版社，2003

[36] 李庭寿等. 钢铁工业用节能降耗耐火材料. 北京：冶金工业出版社，2000

[37] 王诚训，侯谨，张义先. 复合不定形耐火材料. 北京：冶金工业出版社，2005

[38] 杨兴华. 耐火材料岩相分析. 北京：冶金工业出版社，1980

[39] 李晓明，吴清顺，蔡飞虎. 特种不定形耐火材料及不烧耐火砖. 北京：冶金工业出版社，1992

[40] 李庭寿，孙险峰，张用宾．耐火材料科技进展．北京：冶金工业出版社，1997
[41] 宋慎泰，刘开琪等．特种陶瓷与耐火材料．北京：冶金工业出版社，2004
[42] 高振昕等．耐火材料显微结构．北京：冶金工业出版社，1997
[43] 王诚训，张义先，于青．ZrO_2 复合耐火材料．北京：冶金工业出版社，2003
[44] 山口明良．高温陶瓷材料相图读解．姜茂发，刘世洲，于景坤译．沈阳：东北大学出版社，1993
[45] 山口明良．实用热力学及其在高温陶瓷中的应用．张文杰译．武汉：武汉工业大学出版社，1993
[46] Elliott J F, et al. Thermochemistry for steelmaking, Vol. Ⅱ. Addison Wesley, Publishing Company, Inc, 1963
[47] 山口明良．MgO-C系耐火物における酸化-還元反応の抑制．耐火物，1983，35(7)：365
[48] Özgen O S. Kinetics of oxidation of the graphite phase in alumina/graphite materials. Ⅰ-effect of temperature and initial pore structure at a fixed graphite content. Br Ceram Trans J, 1985, 84 (2): 70～76
[49] Özgen O S, Rand B. Kinetics of oxidation of the graphite phase in alumina/graphite materials. Ⅱ-materialswith different graphite content, graphite flake size and with clay or carbon bonds. Br Ceram Trans J, 1985, 84 (5): 213～218
[50] Morgan W C, et al. Inverse oxidation phenomenon. Carbon, 1982, 29 (1): 71
[51] Turkdogan E F, et al. Catalytic oxidation of carbon. Carbon, 1972, 10 (1): 97
[52] 田畑勝弘，市川健治，伊東克則．耐火物，1982，40 (9)：42
[53] 山口明良．実践的耐火物講座——熱力学基礎編[Ⅲ]（酸化物の安定性)．耐火物，1987，39 (1)：55
[54] 陈肇友．在炼钢炉内镁质含碳层氧压的计算．耐火材料，1981，(1)：59
[55] Brezny B, Healy G W, Smikovich G. Equilibrium partial pressures of Mg, SiO, and CO in carbon-containing magnesite refractories. J Am Ceram Soc, 1973, 56 (11): 611
[56] Carniglia S C. Limitations on internal oxidation-reduction reactions in BOF refractories. Am Ceram Soc Bull, 1973, 52 (2): 160
[57] 山口明良．炭素含有耐火物に添加されるSiCおよびAl挙動．耐火物，1983，35 (11)：3
[58] 田畑勝弘，西尾英昭，伊東克則．マグネシアと黒鉛の酸化還元反応について．耐火物，1987，39 (12)：2
[59] Leonard R J, Herron R H. Significance of oxidation-reduction reactions within BOF refractories. J Am Ceram Soc, 1972, 55 (1): 1
[60] Pickering G D, Batchelor J D. Carbon-MgO reactions in BOF refractories. Am Ceram Soc Bull, 1971, 50 (7): 611
[61] Baker B H, Brezny B, Shutz R L. Role of carbon in steel plant refractories. Am Ceram Soc Bull, 1976, 55 (7): 649
[62] Sung-Man Kim, Nicholson P S, et al. BOF Slag-induced formation and destruction of dense Mgo layers in carbon-containing magnesites. Am Ceram Soc Bull, 1978, 57 (7): 649
[63] Brezny A, Semler C E. Oxidation and diffusion in selected pitch-bonded magnesia refractories. J Am Ceram Soc, 1984, 67 (7): 480
[64] Baker B H, Brezny B, Shultz R L. Role of carbon in steel plant refractories. Am Ceram Soc Bull, 1976, 55 (7): 649
[65] 陈肇友．耐火材料，含碳耐火材料中添加剂的热力学行为．1988，22 (2)：51

[66] 佐藤康，山口明良，原田力．金属 Alを添加したAl_2O_3-SiO_2-C 系耐火物における表面保護層の形成．耐火物．1987，39（12）：37
[67] 山口明良．含炭耐火物におけるアルミニウムおよびアルミニウム化合物の反応過程の熱力学的解析．耐火物．1986，38（8）：2
[68] 山口明良．炭素含有耐火物に添加された炭化ほう素の挙動．耐火物，1984，36（10）：558
[69] 于景坤，刘承军．镁碳耐火材料表面 MgO 致密层的形成机理．耐火材料，2002，36（3）：125
[70] 于景坤，山口明良．Behavior of Al on microstructure and properties of MgO-C-Al refractories．J Ceram Soc Japan，1993，101（4）：475
[71] Zhang S，Yamaguchi A．Synthesis and some properties of Al_4SiC_4．J Ceram Soc Japan，1995，103（3）：20
[72] Zhang S，Yamaguchi A．Effects of B_4C on the crystallization and oxidation resistance of carbon from resin．J Ceram Soc Japan，1994，102（9）：830
[73] Chen M，Ito S and Yamaguchi A．Carbonation of CaO clinkers and improvement of their hydration resistance．J Ceram Soc Japan，2002，110（6）：512
[74] Chen M，Yamaguchi A．Sintering of CaO-ZrO_2 composite and its property of slaking resistance．J Ceram Soc Japan，2002，110（12）：1058
[75] 上野覚，于景坤．チタニアをコーティングしたマグネシア及びカルシアの焼結性及び耐水和特性．耐火物，2000，52（2）：54
[76] 钟香崇，赵海雷．氧化物-非氧化物复合耐火材料高温性能的研究．耐火材料，2000，34（2）：63
[77] 岑可法，姚强，骆仲泱．高等燃烧学．杭州：浙江大学出版社，2002
[78] 常弘哲，张永康，沈际群．燃料与燃烧．上海：上海交通大学出版社，1993
[79] 张松寿．工程燃烧学．上海：上海交通大学出版社，1987
[80] 顾恒祥．燃料与燃烧．西安：西北工业大学出版社，1993
[81] 韩昭沧．燃料及燃烧．北京：冶金工业出版社，1984
[82] 菲尔德等．煤粉燃烧．章明川等译．北京：中国水利电力出版社，1989
[83] 徐锭明．我国能源工业现状和能源政策．中国电力，2004(37)：9，1
[84] 胡震岗，黄信仪．燃料与燃烧概论．北京：清华大学出版社，1995
[85] 白尚显，唐文俊．燃料手册．北京：冶金工业出版社，1994